●近代経済学古典選集―――Ⅰ●

チューネン
孤立国

近藤康男
熊代幸雄 訳

日本経済評論社

J. H. von THÜNEN
(Terniteの画による)

目　次

第1部
穀物価格・土壌肥力および租税の
農業に対して与える影響の研究

著者の序言·· 5
日本訳のための各種の単位略解··· 7

第1編　孤立国の形態·· 9

　第1章　前　　提·· 9
　第2章　問　　題·· 9
　第3章　第1圏　自由式農業·· 10
　第4章　孤立国の各地域における穀価の決定····························· 12
　第5章　(A)　地代の概念·· 17
　　　　　(B)　地代に対する穀価の影響······································ 22
　第6章　農業組織に対する穀価の影響·· 39
　第7章　(A)　農業重学上の若干の命題······································ 42
　　　　　(B)　農業重学の若干の展開·· 47
　第8章　三圃式農業経営において，耕地が同一肥力を保つため
　　　　　には耕地と放牧地との割合をいかにすべきか··············· 68
　第9章　同一肥力の耕地で営まれている穀草式農業の穀収と三
　　　　　圃式農業のそれとの比較··· 71

— i —

目　次

第10章　穀草式に比較した三圃式の労働節約…………………74
第11章　農舎より耕地までの距離が労働費に及ぼす影響について…………………………………………………………75
第12章　三圃式農業の地代決定………………………………87
第13章　三圃式農業において農舎より耕地までの距離が労働費に及ぼす影響……………………………………………88
第14章　(A)　穀草式農業と三圃式農業における地代の比較………91
　　　　(B)　解　　説……………………………………………96
第15章　穀草式および三圃式農業における厩肥生産ならびに穀物栽培面積の比較……………………………………………98
第16章　肥料生産の大きい農業組織……………………………99
第17章　ベルギー農業とメクレンブルグ農業との比較の結果………107
第18章　経営組織選択上のその他注意事項……………………120
第19章　第2圏　林　　業………………………………………131
第20章　第1圏の再検討——特にバレイショ栽培に関して………148
第21章　第3圏　輪栽式農業……………………………………165
第22章　第4圏　穀草式農業……………………………………167
第23章　第5圏　三圃式農業……………………………………168
第24章　穀物価格決定の法則……………………………………168
第25章　地代の源泉………………………………………………171
第26章　(A)　第6圏　畜　　産…………………………………172
　　　　(B)　補　　説……………………………………………184
　　　　(C)　補　　説……………………………………………190

第2編　孤立国と現実との比較 ……………………………………199

第27章　研究過程の吟味…………………………………………199
第28章　孤立国と実際との差……………………………………202

— ii —

目　次

第29章　火酒醸造……………………………………………… 207
第30章　牧　　羊……………………………………………… 209
第31章　販売作物の栽培……………………………………… 220
第32章　亜麻および麻布は孤立国の各地からいかなる価格で都
　　　　市へ供給されるか…………………………………… 236
第33章　商業自由の制限について…………………………… 241

第３編　公課が農業に与える作用 ……………………………… 247

第34章　経営の大きさに比例する公課……………………… 247
第35章　穀物消費が不変の場合の税の作用………………… 253
第36章　営業および工場への賦課金………………………… 258
第37章　消費税と人頭税……………………………………… 261
第38章　土地地代への課税…………………………………… 263
付　録 …………………………………………………………… 267
　　孤立国の図解に対する説明……………………………… 293

第２部
自然労賃ならびにその利率・地代との関係

序　論　本書第１部に用いた方法の瞥見と批判ならびに第２部
　　　　の企図……………………………………………………… 305

第１編　労賃および利率に関してみた可耕荒蕪地に囲繞
　　　　された孤立国 ………………………………………… 331

第１章　不明瞭な自然労賃の概念（1842年稿）……………… 331
第２章　労働者の運命について　真摯なる夢（1826年稿）…… 335
第３章　労賃，利率，地代および価格に関するアダム・スミス

目　次

	の見解………………………………………………………	340
第4章	労　　賃………………………………………………………	351
第5章	利率の高さについて…………………………………………	354
第6章	定義と前提……………………………………………………	359
第7章	企業者所得，勤勉報酬，経営利潤…………………………	363
第8章	労働による資本の形成………………………………………	367
第9章	労賃および利率の形成………………………………………	376
第10章	資本増加の利率に及ぼす影響………………………………	380
第11章	資本製作労働が実現する賃料の大きさに及ぼす資本増加の影響……………………………………………………	381
第12章	土地生産性および気候が労働報酬および利率に及ぼす影響……………………………………………………………	387
第13章	資本の効果を労働に還元すること…………………………	393
第14章	孤立国においてはその限界に労賃・利率間の関係を定める場がある………………………………………………	405
第15章	労働による資本製作…………………………………………	413
第16章	いかなる利率の場合に賃労働者はその剰余に対して最高額の利子を得るか……………………………………	420
第17章	労働の代替物としての資本…………………………………	421
第18章	最終投下資本分の効果が利率の高さを決定する…………	425
第19章	労賃は，1つの大経営内においては，最終に投下された労働者によって産出される増収に等しい………………	435
第20章	資本の生産費および資本賃料………………………………	449
第21章	資本家と労働者間の分配の法則……………………………	454
第22章	土壌の生産力が労賃および利率に及ぼす影響……………	456
第23章	発見された公式の具体的場合への適用……………………	461
資料A	テローにおける日雇労働者家族の生計費と収入の計算	

— iv —

目　次

　　　　1833年～1847年 ………………………………………………… 464
　　資料B　農場収入のテロー村内居住者への分与規定 ……………… 512

第2編（本訳書では省略）

　第1章　労賃と利率の関係についての研究の結果によって誘起
　　　　　された考察
　第2章　発見された公式の具体的な場合への適用
　第3章　資本と労働生産物の間の関係についての研究
　第4章　本書の研究と計画からの断章
　第5章　農業重学に関する書簡
　第6章　小　論　文
　第7章　「孤立国」における研究のための基礎
　チューネンの印刷物および論文の目録

第3部
いろいろな樹齢の松造林の地代，最有利輪伐期および立木材積価値を決定する諸原理

第1編 ………………………………………………………………………… 519
　第1章　木材収量 ………………………………………………………… 519
　第2章　木材価値 ………………………………………………………… 520
　第3章　所与の樹齢の松立木の価値決定 ……………………………… 522
　第4章　種々の輪伐期における立木材積の価値計算 ………………… 524
　第5章　林地の地代 ……………………………………………………… 526
　第6章　輪伐期に関する課題 …………………………………………… 530
　第7章　間　　伐 ………………………………………………………… 534
　第8章　森林地代 ………………………………………………………… 542

目　次

第9章　矮林または萌芽林……………………………………… 544
第10章　間伐収益が最有利輪伐期および林地地代に及ぼす影響…… 548
第11章　営林官ナーゲル氏の間伐方法………………………… 550
第12章　間伐が成長量の半分を除去する場合の直播林分の林地
　　　　地代と輪伐期…………………………………………… 554
第13章　2つの間伐方法の比較………………………………… 556

第2編 ……………………………………………………………… 562

第14章　森林全体の年増価が最大になるためには，樹木相互間
　　　　の距離はその直径との割合でどの程度が必要か？ ……… 562
第15章　個別樹木の直径と材積における成長量……………… 564
第16章　間伐で除去すべき成長量部分の計算………………… 567
第17章　批　　判………………………………………………… 576
第18章　成長量のわずか3分の1を残存立木に繰り入れる場合
　　　　の林地地代と最有利輪伐期………………………………… 584

第3編 ……………………………………………………………… 588

第19章　樹木の成長量はそれに与えられる空間といかなる関係
　　　　にあるか？…………………………………………………… 588
第20章　総成長量の計算………………………………………… 599
第21章　種々の幹距に対する林地地代と最有利輪伐期……… 603
第22章　立木蓄積のどれだけの部分が，10年ごとに繰り返す間
　　　　伐によって，各時期に除去されるか？……………………… 608
第23章　われわれの計算結果の現実からの偏差……………… 609
第24章　林地の地代と農地の地代の比較……………………… 612
第25章　実際への適用…………………………………………… 617
研究計画…………………………………………………………… 621

目　次

シューマッヘル－ツァルヒリン版　編集者序 …………………… 639
ウェンチヒ版　チューネン伝 ……………………………………… 650
解説——チューネンの時代とその学説……………………………… 660
訳者あとがき………………………………………………………… 667

孤 立 国

農業と国民経済に関する
孤 立 国

ヨハン・ハインリッヒ・フォン・チューネン

第3版

シューマッヘル－ツァルヒリン編

第1部
穀物価格・土壌肥力および租税の
農業に対して与える影響の研究

ベルリン
ヴィガント・ヘンペル・パーレー社
1875年

著者の序言

　本書の第1版は，7年間売り切れていたが，1926年に出版したものである。
　この第2版においては，特に地代，農業重学，畜産および菜種に関する章に著しい補遺を加えた。全体をもう一度注意深く吟味し，若干の点をより厳密に規定し，長期にわたる経験が私の判断を改めさせたところでは，変更した。
　私が主として骨を折ったのは，一部は私の過失により一部分は私の過失によらずして誤解された諸点を詳細に論述することであって，これによって本書の理解は著しく容易になったと思う。
　なお，ここで論述されている対象と関連のある資料が，第2部をつくるに足るほど提出されたから，本書のこの版は，これまで出ていたものを第1部とした。
　第2部で孤立国が前提をかえて考察されるのは，ここで考察された以外の要素の作用を知りかつ探求するためである。さらに私は第2部において本書の基礎となっている土地の耕作費と純収益に関する計算を伝えること，林業に関する研究を拡げること，および平均距離，道路築造についての論文を付け加えることを考えた。
　そのために第2部は，ばらばらになる論文を含むことになるのと，私が全体の完成をすることができるかどうかが不確かであるので，第2部は恐らく分冊の形で出るだろう。
　なお，本書に時間と注意とを戴ける読者に乞いたいことは，最初にしたところの現実とはかけ離れた前提に驚かないこと，これを得手勝手で無用なものと思わないことである。これらの前提は，あるひとつの要素の作用——それらについては，いつも他の要素と衝突しながら同時に作用する要素として姿を現わ

すので，われわれは実際には不明瞭な姿しか見ていない——を他から離してそれ自身として明示し，認識するためには，無用どころか必要なのである。

　この観察様式は，私には多くの点で光明を与えたし，広く適用できるように思えるので，私は本書のすべての中で最も重要なものとしているものである。

　テロー，1842年3月

　　　　　　　　　ヨハン・ハインリッヒ・フォン・チューネン

日本訳のための各種の単位略解

長　さ　Rute（ルート）＝12 Fuss＝2.8〜4.6 Meter
　　　　Meter＝443.44 Pariser Linien
　　　　mecklenburgische Rute＝16 Lübeck Fuss
　　　　Fuss（フィート）＝1/3 meter＝10〜12 zoll（インチ）＝129 Pariser Linien

面　積　Hektar＝10000□Meter＝461.60 meckl.□Rute
　　　　100 meckl.□Fuss＝0.217 Hectar＝8.467□M.
　　　　meckl.□Rute＝256 Lübecker□Fuss
　　　　Morgen（モルゲン）昔の面積単位 2400□M.＝130□Rute

穀物容量　Scheffel（シェッフェル）＝54.06 liter＝1.5 bushel，穀物とジャガイモの容量単位。地方によって 55〜222 liters。略して Schfl. または単に S.
　　　　Berliner Scheffel＝2744.3 Pariser □zoll＝0.544 Hecto liter
　　　　10 Berliner Scheffel/100 mecl.□Rute の収量＝25.1 Hecto liter/Hectar の収量

重　量　Zentner（ツェントネル，cwt）＝50 kg＝100 Pfund
　　　　Hamburger Pfund＝10080 holländischen Assen＝0.4844 kg
　　　　kg＝20816 holländischen Assen

貨　幣　Taler（ターレル Tlr.）プロシアの近世広く通用した銀貨。約 3 マルク（Böhmen の Joachimstal 産の銀で鋳造されたのに因む名称）1907 年まで通用。本書で単に Taler と言った場合は Tlr. Gold（金ターレル，5 Tlr. Gold＝1 Ld'or）である。Tlr. N 2/3（Neue 2/3）で計算した場合もある。換算は
　　　　　14 Tlr. N 2/3＝15 Tlr. Gold．6 Tlr. N 2/3＝7 Tlr. Pr. Courant
　　　　　1 Taler＝48 szl.（シリング）

各　種　Ladung（輌）＝2400 Pfund，ライ麦 28 シェッフェルを積む。
　　　　Faden（棚）木材の数量単位。本来は長さの単位（尋）＝1.8 m
　　　　1 Faden の木材は輸送の際 2 Ladungen になる。
　　　　Fuder（台）厩肥運搬車の単位。

第1編　孤立国の形態

第1章　前　提

　1つの大都市が豊沃な平野の中央にあると考える。平野には舟運をやるべき川も運河もない，平野は全く同一の土壌よりなり，至るところ耕作に適している。都市から最も遠く離れたところで平野は未耕の荒地に終わり，もってこの国は他の世界と全く分離する。

　平野にはこの1大都市以外には，さらに都市がないから，工芸品はすべてこの都市が国内に供給せねばならず，また都市はそれを取り巻く平野からのみ食料品を供せられうる。

　金属と食塩に対する需要を全国的に満たす鉱山と食塩坑とが中央都市の近傍にあると考える。

第2章　問　題

　そこで問題が生ずる。上のような関係のもとにおいて農業はいかなる状態を示すか？　農業が最も合理的に経営される時には，都市からの距離の遠近は農業に対していかなる影響を与えるか？

― ― ― ― ― ― ―

　都市の近傍においては価格に比して重量が大きく，または，かさばって都市

への運送費が膨大なために，遠方からはとうてい輸送できない生産物が栽培されねばならぬことは一般的に明らかである。また腐敗しやすいもの，新鮮なうちに消費せねばならないものも同じである。しかるに都市から遠くなるに伴い，土地は漸次に価格に比して運送費を要することの少ない作物の生産を示す。

　この理由から，都市の周囲に，ある作物を主要生産物とするところの同心圏がかなり明瞭に描かれる。

　栽培する作物が異なるにつれ，農業の全形態が変わるから，われわれは各圏において種々なる農業組織を見るであろう。

第3章　第1圏　自由式農業 (die Freie Wirtschaft)

　園芸作物 (Gartengewächse) のあるものは，遠距離の荷車輸送に耐えないために，都市まで担いで行かねばならず，またあるものは少量ずつかつ新鮮なうちに売らねばならぬので，都市の近くにのみ栽培される。だから園芸が都市の最も近傍を占める。

　園芸作物のほかに新鮮な牛乳も，その生産が第1圏で行なわれねばならない都市必需品の1つである。牛乳は輸送のはなはだ困難かつ費用を多く要するのみならず，ことに暑さの激しい場合には数時間で飲めなくなるので，遠距離より都市への輸送は不可能であるからである。

　牛乳の価格は，牛乳の生産を目的として用いられる土地が他のいかなる生産物によってもこれ以上の利益があげられないほど，高くならねばならぬ。この圏においては耕地の小作料がはなはだ高いから労働が多くかかるのはあまり考慮されない。最小の土地から最大の飼料を得るのがここでの問題である。ゆえに人はできる限り多くのクローバを栽培して舎飼 (die Stallfütterung) を営むであろう。それは，舎飼の場合にはクローバを適当な時期に播くことができて，同一面積で放牧の場合（この場合には若草は踏んだり嚙み切ったりされるた

第1編　孤立国の形態

め，つねに生長中に害される）よりもはるかに多くの家畜を養いうるからである。あるいはまた，よりいっそう清潔にしたいために放牧をすることもあるが，その場合にも，放牧地は小さくてすみ，そして家畜は大部分青刈クローバやバレイショ，キャベツ，カブなどの屑で飼養される。

　この圏の特徴は，肥料は大部分町から買って，遠い地方におけるごとく，農場で自給しないことである。このことは遠方の圏に対して本圏に優越性を与え，遠方の圏では土地自身の肥力を維持するため保有しなければならない生産物がこの圏では販売される。

　ここでは乾草およびわらの販売が，牛乳生産と相並んで，主眼をなす。遠方の土地はこの場合競争に参加できないから，これらの生産物は騰貴し，それによって土地は最もよく利用される。穀物はここでは副である。それは穀物は僅少の地代と低廉な労賃とによって遠隔地で有利に栽培されるからである。もし穀作がなくても，わらを得るに差し支えないならば，われわれは穀作を放棄するであろう。そして単にわらを多く取るため厚播きを行なって穀物の収穫の一部を犠牲とする。

　牛乳，乾草およびわらのほかに，この圏は遠地から輸送するとあまりに高価となるすべての生産物を都市に供給せねばならない。バレイショ，キャベツ，カブ，青刈クローバなどがそれである。

　小さくて売却できないバレイショやキャベツ，カブの屑は，乳牛の飼料として，ここでは最もよく利用される。

　純粋休閑耕 (Reine Brache) は，この地方では2つの理由から存在しない。第1，地代があまりに高いため耕地の大きな部分を利用せずにおくことが許されない。第2，肥料を無限に買うことができるから，地力は高められ，作物は，休閑耕による土地の注意深い耕耘をしなくても，その可能収穫量の極大に近づくことができる。

　われわれは作付順序を各作物にとって土壌が最適状態にあるようにするが，価格関係上この土地に不利な作物を単なる輪作のために栽培するということを

しないであろう。ここにいわゆる自由式農業——作付順序になんらの拘束を受けない——が現われる。

都市から肥料を買うことは都市に最も接近した部分が最も有利であって，距離を増すにつれて，肥料の搬出のみならず生産物の輸送も高くつくから，この利益は急速に減少する。都市からの距離が加わる場合，ついには，肥料をなお都市より購入するのは利益であるか否かが問題となる点に至り，次いで肥料を自給するのがこれを買うよりも有利なことが明らかな点に達するに違いない——ここに第1圏が終わり第2圏の始まる点がある。

第4章　孤立国の各地域における穀価の決定

第2圏以下の農業の観察に移るに先立って，穀価が都市からの距離につれていかに変化するかを定めることをあらかじめ研究しなくてはならない。

われわれは仮定する——

1) 中央都市が穀物に対する唯一の市場であり，
2) 全国舟楫すべき水路の便なく，穀物はすべて荷馬車によって都市に運搬されねばならない。

このような関係においては都市における穀価が全国に対して標準となる。つまり地方においては穀価は都市におけるほどに高くはありえない。この標準価格を受け取るには穀物はまず都市まで運ばれねばならないのであって，この費用だけ地方における穀物の価値は都市におけるよりも低いからである。

穀物の価値減少率を数でいうためには，実際に根拠をおき，これを孤立国に適用することが必要である。

市場ロストック（Rostock）市から5マイル離れているテロー農場（die Gute Tellow）においては，穀物1輌のその市までの運送費は5年間平均ライ麦2.57ベルリン・シェッフェルと1.63金ターレルである[注]。

第1編 孤立国の形態

そして4頭立の荷馬車1輛はふつう2400ポンドである。携帯せねばならない2日間の飼料の目方が約150ポンドであるから，穀物は2250ポンド積載できる。これは26.78シェッフェルである。

仮　定　孤立国の中央都市におけるライ麦の価格は1シェッフェルにつき1.5ターレルとし，穀物運送費の標準は実際を基としてテロー農場に対して見出したものと同一とする。

そこで問題とするのは，この前提のもとで都市より5マイルの地点にある農場において，ライ麦の価格はいくらか，である。

ライ麦26.78シェッフェルの輸送に対して都市で得られるのは26.78×1.5＝40.17ターレル，運送費は1.63ターレルとライ麦2.57シェッフェル，これを引けば，収入のうち38.54ターレルマイナス2.57シェッフェルが残る。すなわち都市まで運ばれた26.78シェッフェルと輸送の費用の2.57シェッフェルとの合計29.35シェッフェルに対して，貨幣収入が38.54ターレルである。これは1シェッフェル1.313ターレルになる。

10マイルの距離に対しては運送は往復に4日を要する。すると携帯飼料は300ポンド，したがって1輛の穀物積載量は2100ポンドとなる。

運送費は　　　　　2×2.57＝5.14 Schfl. のライ麦
と　　　　　　　　2×1.63＝3.26 Tlr.

上と同様の計算により，10マイルの距離におけるライ麦の価格は1.136ターレルとなる。

この計算をより大きな距離に推してゆけば次表を得る。

このような関係においては穀物を50マイル輸送することはできない。それは，往復する間に貨物全体（またはその価値）が馬と使用人によって食い尽く

注）ロストック・シェッフェルは5/7ベルリン・シェッフェルに等しい；14 Taler N 2/3 は以下のすべての換算の場合に 15 Taler Gold と計算している。本書の途中で，付記なしでターレルおよびシェッフェルと言った場合には，いつも Taler Gold および Berliner Scheffel と理解するものとする。

孤立国　第1部

ライ麦1000シェッフェルの価格
(ターレル)

都市では	………………………………	1500
都市よりの距離　5　マイルの農場では	………………	1313
10　〃	………………………	1136
15　〃	………………………	968
20　〃	………………………	809
25　〃	………………………	656
30　〃	………………………	512
35　〃	………………………	374
40　〃	………………………	242
45　〃	………………………	116
49.95　〃	…………………………	0

されるからである。

　この理由により，たとえ穀物生産が費用を少しも要しない場合でも，50マイルの地点では土地の耕作は止めなくてはならない。しかるに穀物の生産は一般には労力および費用を要するから，農業の純収益はもっとずっと都市に近い距離においてすでに消滅し，純収益の消滅とともに耕作もまた終わるだろう。

　遠距離の運送費の算定に当たり，往き帰りに要する飼料をいずれも車で携帯するのは誤っているかのようにみえる。なぜなら帰途の飼料はこの場合の積載量減少による犠牲より安く買うことができるからである。

　もちろん，途中で買う飼料はその売却場所に真に相当する値段では得られない。必ずや農場主ないし中間商人のとる販売利益をも払わねばならないが，しかしこれは遠い道を飼料を携帯する費用ほどに大きくはならない。

　しかし遠距離に対してはなお次の諸点が観察される——

　運送費は5マイルの場合に実際要したところに準じて計算される。夏の間耕作をする馬が冬期に穀物を運搬するのであるから，専用の馬をそのために維持する必要はなく，穀物運送費とみるべきものは，蹄鉄代，車輌付属品消耗費，追加飼料等のように馬を特に激しく使役するため生ずる費用にすぎないのであって，馬資本の利子や馬の維持飼料等は計上しなくてよいのである。しかし遠

第1編　孤立国の形態

距離になると運搬専用の家畜が必要となり，そのためライ麦量で表現した運送費は増加し，遠い地方に対しては著しく増加する。

　この費用増加の額は，優に飼料を途中で購入するため生ずる運送費の減少と相殺されるほどであって，少なくとも2つのいま指摘された誤差が互いに消し合う。だから私は運送費の計算方法が種々あるなかで，上述のものを最も適当なものとして選択するのである。

～～～～～～～～～

　以下論究を進めるにさいして，われわれはしばしば上表に述べたような都市からの距離に対し穀価を知る必要に迫られる。それゆえ一般公式を必要とし，前に進むに先立って次の問題を解かねばならない。

　市場より x マイル隔たった農場におけるライ麦の価格を求める。

　荷馬車1輌の積載量は2400ポンド（ライ麦1シェッフェルを84ポンドとすれば $\frac{2400}{84}$ シェッフェル）である。そのうち携行される飼料が，5マイルに対して150ポンド，したがって x マイルに対し $30x$ ポンドである。

　だから，都市へ輸送されるものは $2400-30x$ ポンドすなわち $\frac{2400-30x}{84}$ シェッフェルで，これからの収入は，$\frac{2400-30x}{84} \times 1.50$ Tlr. となる。

　5マイルに対する運送費が2.57シェッフェルと1.63ターレルであるから，x マイルに対しては $\frac{2.57x \text{ Schfl.} + 1.63x \text{ Tlr.}}{5}$ である。

　収入 $\left(\frac{3600-45x}{84} \text{ Tlr.}\right)$ から，運送費 $\left(\frac{1.63x \text{ Tlr.} + 2.57x \text{ Schfl.}}{5}\right)$ をひけば，$\frac{18000-361.92x}{420}$ Tlr. $-\frac{2.57x}{5}$ Schfl. となる。

　これは都市へ運ばれた $\frac{2400-30x}{84}$ Schfl. のライ麦の純収入であるから $\frac{2400-30x}{84}$ Schfl. R. の価値が $\frac{18000-361.92x}{420}$ Tlr. $-\frac{2.57x}{5}$ Schfl. R. である。すなわち $\frac{2400-30x}{84}$ Schfl. R. $+\frac{2.57x}{5}$ Schfl. R. $= \frac{18000-361.92x}{420}$ Tlr. よって $(12000+65.88x)$ Schfl. R. $= (18000-361.92x)$ Tlr. となる。

これから 1 Schfl. R.（ライ麦）の価格は $\frac{18000-361.92x}{12000+65.88x}$ Tlr. となる。
この式は次のように簡略化しても誤差はわずかである。
$$1 \text{ Schfl. R.} = \frac{273-5.5x}{182+x} \text{Tlr.}$$

2400 ポンド満載の 1 輌を都市へ輸送するのに要する運送費の計算

全部の荷物を都市へ出そうとすれば生産物を積んだ車に馬糧を運ぶ別の車を伴わねばならない。

都市から 5 マイルの地点に対しては，荷馬車 1 輌は，商品たる穀物 2250 ポンドと，飼料 150 ポンドよりなる。したがって各 2400 ポンドの 15 輌を都市へ輸送するためには，飼料車 1 輌を要する。

ゆえに 16 頭の輓馬が，その労働は $16\times(2.57\,\text{Schfl. R.}+1.63\,\text{Tlr.})$ の費用を要するが，15 輌の商品を都市へ輸送することとなり，商品の運送費は 1 輌当たり $\frac{16}{15}(2.57\,\text{Schfl. R.}+1.63\,\text{Tlr.})$ となる。

10 マイルの距離に対しては，1 輌は 300 ポンドの飼料を伴わねばならない。貨物自体は 2100 ポンドしかないことになる。全部荷物を積んだ 7 輌に飼料車 1 輌がつき，1 輌分の運送費は $\frac{8}{7}(2.57\,\text{Schfl. R.}+1.63\,\text{Tlr.})$ となる。

x マイルの距離では 1 輌ごとに携帯すべき飼料 $30x$ ポンド，したがって 1 輌の貨物は $2400-30x$ ポンドとなる。いま各荷馬車に穀物のみ積もうとすれば，各輌ごとの飼料 $30x$ ポンドを別の荷馬車につけなければならない。すなわち完全に積んだ $\frac{2400-30x}{30x}$ 輌に対して飼料車 1 輌が必要である。

$\frac{2400-30x}{30x}+1$ 輌の車が，それぞれ運送費 $\frac{2.57\,\text{Schfl. R.}+1.63x\,\text{Tlr.}}{5}$ を費やし，すなわち合計 $\left(\frac{2400-30x}{30x}+1\right)\times\left(\frac{2.57\,\text{Schfl. R.}+1.63x\,\text{Tlr.}}{5}\right)$ を費やして，$\frac{2400-30x}{30x}$ 輌の貨物を都市へ輸送することとなる。

だから貨物 1 輌に対する運送費は

第1編　孤立国の形態

$$\left(\frac{2.57x \text{ Schfl. R.} + 1.63x \text{ Tlr.}}{5}\right) \times \frac{2400}{2400-30x}$$

$$= (2.57x \text{ Schfl. R.} + 1.63x \text{ Tlr.}) \frac{16}{80-x}$$

$$= \frac{41x \text{ Schfl. R.} + 26x \text{ Tlr.}}{80-x}$$

である。ところが都市より x マイルの地点におけるライ麦1シェッフェルの価格は $\frac{273-5.5x}{182+x}$ Tlr. である。

上式のライ麦にこの価格を代入すれば，

$$\frac{11193x - 225x^2}{(182+x)(80-x)} + \frac{26x}{80-x} = \frac{15925x - 199.5x^2}{(182+x)(80-x)}$$

この式は次の式とほぼ一致する： $\frac{199.5x}{182+x}$

よって，私は以下の計算においては，2400ポンドの1輌に対する運送費を $\frac{199.5x}{182+x}$ Tlr. と仮定する。

都市からの距離 $x=$ 1マイルの場合　1輌の運送費　1.09ターレル
　　　　　　　 $x=$ 5　　〃　　………………　5.33　　〃
　　　　　　　 $x=$ 10　〃　　………………　10.4　　〃
　　　　　　　 $x=$ 20　〃　　………………　19.8　　〃
　　　　　　　 $x=$ 30　〃　　………………　28.2　　〃

第5章(A)　地代の概念

　農場所得 (die Gutseinkünfte) は土地そのものが生むところの収益と厳密に区別しなければならない。

　農場はつねに建物，柵，樹木をはじめ，その他土地と分離できる有価物を備えている。ゆえに農場の所得は全部が土地より生ずるのではなく，一部分はこれら有価物に固定せる資本の利子にすぎない。

　建物，立木蓄積，柵その他すべて土地と分離できる有価物の価格の利子を農場所得より差し引いて残るもの，すなわち土地自身に属するものを，私は土地地代 (die Landrente) と名づける。

— 17 —

孤立国　第1部

　建物，樹木および柵等すべてが焼失した農場を買う人は，価値の評価に当たっては，この土地が建物等の設けられた時にこの土地の生むであろう純収益をおそらく最初に計算するであろう——しかし，その後に，建物等に投下した資本の利子を控除し，その時残る地代によって買価を決定するであろう。

　このように実際生活においては簡単にいわれていることも，科学的把握においては困難を生じ，概念の混乱に陥るものである。

　アダム・スミス (Adam Smith)[注] によれば——この点に関しては最近に至るまで多くの経済学者は彼に従っていた——農場の生産物またはこの生産物の代金のうち，借地農業者 (die Pächter) が労働者に支払いをなし，その他の経営費を支弁し，かつその投下資本に対して普通の利子を引き去った後に残る剰余が「地代」をなす。

　これにより，また氏が「地代」なる言葉に対してなしたる用法に従って，地主が小作に付した農場から収める所得を地代と呼ぶに至った。

　しかし，この地代（以下これを「農場地代」die Gutsrente と呼ぶであろう）は上に見たように，土地の地代と建物等の価格の利子より合成されている。

　このような方法で農場に投下された資本の大きさと土地からの地代との間にはなんら一定の比率は存在せず，生産物価格や土壌の性質等が異なるにつれて両者の間にはあらゆる比例が存しうるのである。ゆえにアダム・スミスの地代には本来の土地地代に対する尺度は決して存在しない。商品の価格を労賃，利子および地代の3部分に分けるけれども，地代——スミスの意味における——自身がまた利子の不定量を含んでいるから，概念の明瞭さと正確さとは失われる。

　労賃一定，地代不変の場合に利子における変動は商品の価格にいかなる影響を及ぼすかを，このようにして示そうとすれば，農場地代の中に含まれた資本利子は顧みられないことになる。また労賃と利子とに変化なき場合，地代の騰

　注）　諸国民の富に関する研究第11章を参照せよ。

第1編　孤立国の形態

貴はいかに物価を変動さすかをいわんとして，地代とともにその中に含まれている資本利子までも，これは動かずにいなければならないものであるのに，高めることになる——かくていずれの場合にも誤った結論に達するのである。

　　　　　～～～～～～～

　アダム・スミスの地代に関する見解はおそらく次の観察に基づくであろう。
　農場の建物に固定した資本はこれを回収して他の事業に投ずることができない。ゆえにそれは土地と癒合しているのと等しいのであって，土地が耕される時にのみ利子を生ずる。さて農産物の価格が下落して農場地代が建物価格中に固定する資本の利子以下になった場合には，土地地代は消滅するのみならずマイナスにさえなる。しかしこのことは農場所有者をして耕作を休止せしめない。そうしないと投下資本の収入を全部失うであろうからである。半面，農場地代が不変であってその国の普通の利率が高騰するならば，土地地代は投下資本の賃料 (die Rente) が高騰しただけ低下する。両種の地代の間には一種の相対的関係があり，そして土地地代がマイナスになっても農業は継続するから農場地代を土地地代と資本賃料とへ分離することは不可であり，同時に不要であるかのようにみえる。それは，農場地代（アダム・スミスの地代）が固有の規制者であるのだから。

　　　　　～～～～～～～

　なるほど観察を個々の場合や短期間に限ればそうらしくみえる。けれども，眼を普遍的なものに向け，終極の結果を考察する時にはこれと異なる。
　次のような場合を考える。すなわち労働と節約によって新しくできた資本は，現存する工業に普通利率では使途を見出しえないので，資本所有者は従来使用されなかった無価値の土地を開墾し建物を設けることに決し，こうして資本家は彼の資本をこのように用いることにより，ちょうどその国の普通の利潤を得るのである。さてそこで——２つの互いに全く独立の要素を同時に観察し，それによって観測を誤らないために——土地開墾費をここでは全く除いて考えるならば，かかる事情のもとでは全農場地代は資本利子からなり，土地地

孤立国　第1部

代自身は零である。
　そこで農場収入は不変として利率が4％から5％へあがると仮定すれば，土地地代は零になるけれども，建物の中に投下した資本の不動性のために農業は継続される。
　しかし建物が火災によって灰燼に帰したならば，新しい資本がその再興のために調達されることなく，土地は再び荒れたままになるであろう。
　火災は一時に破壊する。時という歯も同様に建物の破壊作用をする。ただしなはだ徐々であるというのみである。建物が古くなって一度用いられなくなって倒れるならば，この関係のもとにおいてはやはり再築されないであろう。そして土地は同じく荒れたままになるであろう。
　さて100年の間に順次100個のかかる農場が生じ，これら農場に設けられた農舎の維持年限が100年とすれば，年々1個の農場が遺棄され，100年後には新設されたものが全部再び消えてしまう。
　土地の永続的耕作に関しては農場地代の大きさではなく土地地代の大きさのみが決定的である。
　アダム・スミスの地代の考え，すなわち建物設備に投ぜられた資本の利子は土地収入であるとみられている考えから彼の体系の多くの誤りが出発する。すなわち，

1) 建物を有する土地は一般に地代を生ずるとか，
2) 農業に用いられた労働は工業に用いられたもの以上に有利かつ生産的であるとか，
3) 自然は農業の場合には共働し，工業の場合には共働しないとか，

である。これに対し簡単に反駁せねばならない。

1) もし，工業がその中で行なわれているところの建物の価値の賃料を差し引かないならば，工業にはいかなる場合にも純収益 (die Rente) を生ずるであろう。
2) かかる差引きが行なわれない場合には，労働者の労働生産物のうちか

第1編　孤立国の形態

ら，企業者が彼の努力に対してまた機械器具等（ただし建物を除く）に投ぜられた資本に対して，普通の利得を引き去った後には，労働者の消費量よりもはるかに多額のものが残るだろう。とするとこの場合には労働も同様にはなはだ生産的ということになる。

3)　自然力の共働なしには工業も農業と等しく行なわれえない。

アダム・スミスのごとき深奥な思想家——彼の国富に関する研究の中に私は研究の尽きざる泉を見出す。その中で研究し思索する人の仕事場が見る人に公開されているからである——かかる人が国家経済の他の多くの問題に関しては多くの光明を与えているにかかわらず，地代の概念については不明瞭であったということは次の原因から説明されるであろう：

アダム・スミスの体系の源はもちろん重農学派の体系から出たものであり，そしてスミスは「農業に用いられた労働のみが生産的である」という重農学派の誤った命題を緩和し訂正したとはいえ，彼は農業の内的本質を十分に知って，自己の見かたによって重農学派の誤りから完全に脱却することはできなかった。

リカアド (Ricardo) は経済学に関する彼の著——それを私は本書の最初の発行のさいには知らなかった——においてアダム・スミスの地代についての見解を訂正し，次の命題を立てている。「地代は土地の所有者が土地の本源的かつ破壊できない力の使用に対して受けるところの貨幣の額である。」

この定義によってリカアドは建物に投ぜられた資本の利子を土地そのものの収益と区別する。

セイ (Say) がリカアドの著書への注および彼の Traité d'économie politique の中でリカアドの正しい考えと争い，誤った考えを確立しようと苦心したことを見るのは興味があるとともに教えられるところが多い。

しかし，セイのような精神の明らかな人にもこのようなことがありうるということの中に，精神の自由を保つためには用心しなければならないという人々に対する教訓がある。

孤立国　第1部

われわれは自分が，もっている誤解と異なるところの真理をつかみ，これを取り入れることができるためには，自分が知っていることを忘れる力をもたねばならない。

~~~~~~~~~~~~~~~~

アダム・スミスの地代に関する概念はなお多くの信奉者を有し，かつこの概念を私の土地地代と呼ぶものに移すことは，本書において後にこの問題に関して述べるすべてに対して必ず混乱を来たすように作用するに相違ないから，両方の考えを対照することによって誤解をあらかじめ防がねばならないと信じるのである訳注)。

第5章(B)　地代に対する穀価の影響

いまや著者の研究の本来の出発点に達した。

私は内心の必要に駆られて，穀価の農業に対する影響および穀価を左右する法則に関して明瞭な見解を得たいという欲望を感じた。

この問題の解決のためには事実からとった農業および各部門に関する費用の精密な計算がなくてはならない。

著者はこの目的のために自ら行なったテロー農場のはなはだ精細な計算を基礎とする。

この農場の労働日誌には全農場で行なわれた労働がすべて示され，そしてこの日誌は年末に一目瞭然と要約され，それによって何人の人が耙耕 (Hacken)，刈取 (Mähen) 等に必要であったか，また各労働者，各輓馬などの労働量はどれくらいの大きさであったかが知られる。

訳注)　Ricardo, Principles の第1版は1817年，第2版は1819年である。Thünen, Der isol. St. の第1版は1826年，第2版は1842年，第3版は1875年である。ここは第2版のさいの改訂によってチューネンが加えたものである。

第1編　孤立国の形態

　貨幣勘定および穀物勘定は労働勘定と結合して労働力の費用計算用の材料を提供する。たとえば1賃労働者家族，輓馬1頭，交替耙耕[訳注]（Wechselhacken）等の費用のごときそれである。

　1つの圃場の耕作および作物の収納に必要な労働量，ならびに労働の費用からこの作物の生産費が出る。最後に粗収入から生産費を引けば作物栽培が生んだ純余剰（die reine Überschuss）が現われる。

　各作物，酪農（Holländerei），牧羊および各農業部門の純収益について，上のような計算を私はテロー農場で5年間，1810年から1815年まで実行した——そしてこの細目別の計算は総純収益と年に29.8ターレルの差にすぎない一致を示した。

　これらの計算の結果が本書において以下現われる計算および推論の基礎である。

　しかし，単に1個の農場が一定期間に示した経験から出発するのであるから，われわれの最初の研究問題は当然次のようでなくてはならない：

　　もし段階的に低い穀価を仮定する場合には，テロー農場の地代および農業経営法はいかに変化するか？

　孤立国は，事実に基づくこの研究においては，1個の比喩的説明にすぎない。すなわち観察を容易にかつ広くする1形式にすぎない[注]。けれども，以下

　訳注）　北ドイツにおいては夏日昼の長いころ輓畜を半日ずつに交替させる。
　注）　私が原稿を示した1人の友人がこの箇所に次のような注を加えた。
　「この理論が提出するのは，現象のもつ錯綜した糸をその中で純粋に遠近法的に見えるようにする1つの鏡である。」
　「この形式は，それによってわれわれが現象の焦点を言い当てたと主張する1形式であって，それゆえにわれわれは非常に分析的にそれから幾つかの方向を発展させることができるのである。なぜなら，われわれは同時に知的総合によって全体を自然に即して打ち立てるからである。」
　「われわれがしたことは根本において次のとおりである。すなわちわれわれは現象の一小定点たる1農場を科学的高さにまで，すなわち普遍性にまで，たかめることを追求したのである。なぜなら，実際において，有機的総体の各員はこの孤立化された形態においても必ず普遍的型そのものを示すものであるからである。」

の研究が示すように，それは多くの効果があるから放棄すべきでない。

　孤立国においては農場が都市から隔たるにつれて，穀価は漸次低下する。この漸次低下する穀価は農場の経営法にいかなる影響を与えるかをテロー農場について計算するならば，われわれは任意の価格に対して孤立国内にその価格を有する地点を示すことができる。そうするとこの点へ農場が移されたと考えることができ，もって農場が穀価の漸落によって出あった変動図に等しい絵画的説明を得るのである。

　穀物の生産に関する労働は2種類に分かれる。
1)　圃地の面積に比例するもの。
2)　収穫量に比例するもの。

　第1種に属するのは，耕起，粗耕，耙耕，播種，溝の浚渫等である。その理由はこれらの労働は収穫の多少にかかわらず同一の土地に対しては不変であるからである。これら労働の大きさは土壌の物理的性質によって決められ，収穫の大きさによっては決められない。私はこれらの労働を耕作的労働，その費用を耕作的費用（Bestellungskosten）と名づける。

　第2種に属するのは，穀物の搬入，肥料の運搬〔訳注：購入肥料ではなく厩肥堆肥のごときを圃場へ搬出する労働〕，打穀その他種々である。穀物の搬入と打穀

そしていまや，われわれは普遍的法則を一定点に対して示すことができ，かつ個々のものをその原形において提出することができるに至ったのであるから，現象の世界とその法則とが明瞭になったということができる。そしてわれわれはこのような理解に達することを正当とされ，然り，要求されている。なぜならば，社会や国家は，原因と作用とが別個のものであるところの機械ではなくて，1つの有機体であり，したがって自らが作用すると同じくすべてが作用し，簡単にいえば相互作用が行なわれているからである。」

「相互作用の場合には，次のことは明らかである。すなわち各点，各要素が全体として活動している限り，活動しうるために全体の関連もまたそれらのうちに取り入れていなくてはならない。このような関連をその必要に従って見究めることは思索的農業者の任務であって，彼自らこの関連によって国民経済の中へ流れ込んでいるのである。従来彼にとって不必要と思われたことが，いまや内部的活気を与えてくれるところの法則として彼を迎えるであろう。」

第1編　孤立国の形態

は明らかに収穫高と比例するが，肥料の運搬もそうである。なぜなら土壌は収穫量に比例して吸収され，吸収が大きくなるにつれてより多くの肥料分を要求するのである。これらの労働費を私は収納的費用 (Erntekosten) という共通名のもとに総括する。

同一土壌に対しては穀物収穫の大小は——経営および他のすべての影響ある要素が等しいならば——土地の植物栄養分の量によるものである[注1]。

耕作的費用はつねに変わらないけれども，収納的費用は穀物収穫に正比例して増減するから，2つの費用を峻別する時は，それによりわれわれは土地のあらゆる段階の豊沃度に応じて農場の貨幣収入を算定できることになる。

1等級の大麦地に，(1)休閑耕，(2)ライ麦，(3)大麦，(4)エンバク，(5)放牧，(6)放牧，(7)放牧，の作付順序を有するメクレンブルグ7区穀草式農業 (die Mecklenburgische siebenschlägige Koppelwirtschaft) で行なったテロー農場における実験によって得た材料は，次のような結果を示している。

100000平方ルートの耕地生産力は100平方ルートの穀物収穫(Kornertrag)[注2]

注1) ここではつねに同一の土壌をいっているのであるが，その肥力がさまざまな段階にあるのである。消耗的農法によれば穀物の収穫が10シェッフェルの土壌を4シェッフェルの収穫に低下せしめることができ，この低収穫の場合には，収穫費を節減することはできるが，以前の高収穫の場合と同じほどの耕作費を要するのである。

　物理的性質の異なる土壌は，肥料および有機質の含量が同一の場合においてはなはだ相異なる収量を示す——粘土質土壌は10シェッフェル，砂質土壌は6シェッフェルであって，前者は後者よりもはるかに多くの耕作費を要する。本書では土壌の種類が収穫や耕作費に及ぼす影響は研究対象としない。この機会に次のことを注意したい。すなわち，ここへ出された数字の関係は，1個の経験的な点からとられたものであるから，この1点にのみ妥当するものであること，異なる点から出発すれば計算は別個の数字で始まり，数字においては異なる結果に到達すること，しかし，ここで観察した方法は普遍的に適用されうるのであり，また，いかなる点から観察してもつねに同一の結論を認めるということ，これである。

注2) 「土壌が100平方ルートの上で何ベルリン・シェッフェルの穀物収穫をあげる」という表現は長くてわずらわしくあり，のみならず，しばしば繰り返されね

— 25 —

孤立国　第1部

がライ麦 10 ベルリン・シェッフェルであって，農場自身——すなわち，運送費を引き去って——におけるライ麦の価格が1ベルリン・シェッフェルにつき 1.291 ターレルの場合に，

　　粗収入は……………………………………………… 5074 ターレル
　　支出額は：
1)　　3 穀作およびクローバの種子費………………… 626　〃
2)　　耕作的費用…………………………………………… 873　〃
3)　　収納的費用…………………………………………… 765　〃
4A)　共通経営費（個々の経営部門に分離できないもの）：
　　a．管理費
　　b．建物維持費
　　c．火災および雹害保険会社への支払料金
　　d．牧師および教師に対する支給
　　e．経営資本利子（資産 Inventar[訳注] の価格の利子は分離）
　　f．農場における貧民の保護〔訳注：第2部資料A参照〕
　　g．夜番の給料
　　h．道路や橋，溝や境界溝の維持費
　　i．経営全体に関する雑費
4B)　建物および柵の価格の利子

共通経営費は建物等の価格の5％の利子を含めた合計[注]……1350 ターレル
すなわち粗収入の 26.6％で，この費用は，正確にではないが，大体において粗収入と比例する。

　　　ばならないので，私は以下においては収穫を穀収何シェッフェル（in Körnern）で示すことにした。穀収（Körnerertrag）といった場合には私はつねに 100 メクレンブルグ平方ルートの面積が与えるところの収穫を理解する——これによって穀収で収穫をいうことに結びついた不確定性がすべて消滅する。
　　訳注）主として家畜および農具機械。
　　注）以下において4Bに属する支出をも「共通経営費」の中に含ませる。

第1編　孤立国の形態

　以上4つの支出合計……………………………………… 3614 ターレル
　これを粗収入…………………………………………… 5074　〃
　から引いて，残り完全な土地純収益，または土地地代…… 1460　〃

　なお上述の農業に関する費目の中には，国家に対する租税はあげてなく，上の諸費目中に含まれてもいないことを注意せねばならない。われわれの研究の目的は次のことを必要とする。すなわち孤立国一般，およびその農業を特に最初は国家に対する租税はないという条件のもとに観察することを要求する。ゆえにわれわれが土地地代と呼ぶものは，土地純収益でまだ租税を引き去らないものである。

　上の命題によって植物栄養分が乏しいために豊沃度の低い土地の地代をも計算することができる。

　たとえばライ麦の穀収が8シェッフェルであるとする。ライ麦の収穫は，また同時に次の2穀作の生育，および放牧の生産力の標準でもあるから，総収穫と正比例する。

　穀収10シェッフェルに対して粗収入が5074ターレルであったから，
　　穀収8シェッフェルに対しては8/10×5074＝……………… 4059 ターレル
　種子費は不変……………………………　＝ 626 ターレル
　耕作的費用も同様…………………………　＝ 873　〃
　収納的費用は収穫に比例して8/10×765　＝ 612　〃
　共通経営費は建物価格の利子を含めて粗収入
　　と比例する。したがって8/10×1350　　＝1080　〃
　　　　　　　　　　　　　経費の合計　　　3191　〃

　　　　　　　　　　　　　地代の額　　　　868 ターレル

　しかしながら，このような貨幣を尺度とした計算は，一定地点および一定穀価——この場合には1シェッフェルにつき1.291ターレル——に対してのみ妥当する。そしてこの結果は穀価のきわめて微細なる変動とともに変化する。し

— 27 —

孤立国　第1部

かもわれわれの孤立国ではライ麦は各圏において非常に異なる価格を有するのだから，一般的な数式を得るためには，支出および収入がライ麦と比例しそれによって測定される分だけは，ライ麦自身を尺度とせねばならない。

純粋な7区穀草式農業の粗収入は，上に仮定したとおり，一部分は穀物から一部分は畜産物から成っている。ライ麦のほかになお生産された穀物（大麦およびエンバク）は，その本質的価値（innere Wert）および栄養的価値（Nahrhaftigkeit）に従って，ライ麦に換算することができるから，穀物の収穫は全部ライ麦何シェッフェルで表わされる。

ライ麦と動物性生産物——肉，バター，羊毛など——の間の価格関係は2つの場合が考えられる。

1) 肉類はその栄養力が大きいことによって多量のパンに代用するため，肉とパンとの間にはある一定の価格関係が存在する。
2) 動物性生産物の生産が穀物生産に比較して費用が多いか少ないかによって，畜産物は穀物価格に比較して高くあるいは安い価格で市場へ出されうる。

われわれの研究においては第1の場合を基礎とする。そして次のように仮定する。すなわち動物性生産物の価格は国のすべての場所において穀物に対し同一の比例を保つと。

したがって農業が産出する畜産物の価値もまたライ麦何シェッフェルで表わされ，粗収入はすべてライ麦で言うことができる。

しかし，この仮定がわれわれの孤立国に対して正しいか否かは，この研究の結果によってわかる。

農業のいろいろな支出のうち種子費はほとんど全部穀物であるから，その数量をライ麦に換算しさえすればよい。

耕作的費用，収納的費用および共通経営費の中の第1の部分は全く穀物からなる。たとえば打穀者の労賃，僕婢の食費，馬の飼料等のごときである。第2の部分は穀物と貨幣とを合わせて支払われる。たとえば，普通労働者の労賃や

第1編　孤立国の形態

職人の日当のごときで，全部が穀物の価格に従うものではない。けれどもそれらは穀物の平均価格が高い地方において高・く・，低・い・地方において安・い・。だから，これらの労賃支出は，ライ麦と貨幣とによって，しかも両者が労賃の中で占める割合に従って，表わされなければならない。支出の中で第3の，そして最後の部分は穀物の価格から全く独立で，たとえば，食塩やすべての金属のごときである。これらはそれが獲得加工される所では地方の穀物価格とある関係にあるけれども，それが用いられる地方のライ麦の価格はそれらの価格の尺度とは決してならない。実際それらは穀物が最も安い地方においても，それらが遠方から運搬されねばならない場合には，最も高くありうる。この部分の支出は，だから貨幣で表わしたままでなければならない。

　全支出の幾割を貨幣で，どれだけを穀物で支払いかつ表わすべきか――これはすべての国に対し，否，すべての地方に対し異なっていなければならない。1つの国がその必要品を自ら生産すればするほど，また全国一様に工場や鉱山が分布していることによって商品交換のさい運送費が節減されればされるほど，ライ麦は物の価値の尺度となり，そして農業に関する支出のますます多くの部分がライ麦で表わされることができる。これに反し国が工場に乏しければ乏しいほど，また国がその必要品を商品交換によって，そして遠方からの売買によって得ていればいるほど，すなわち消費者と生産者とが互いに遠く隔たって住むにつれて，上述の支出のうち，貨幣で表わされねばならない部分はますます大きくなる。

　種々の地点に対してこの関係は，数字でいい表わせば非常に違ってみえるに違いないが，このような関係が一般にすべての場所において存在するということ，たとえばこれらの支出がすべて貨幣で表わさねばならない地方は1つもなく，またそれが全部穀物で表わさねばならない地方も決してない，ということは確実である。地点を異にすれば用いる数字は異なるであろう。けれどもこの関係から結果を導き出す場合の方法はすべて同じであるだろう。

　われわれは以下の計算においては上述の支出のうち4分の1は貨幣で，4分

― 29 ―

孤立国　第1部

の3は穀物で表わさねばならない地点を仮定する。

　上に与えた100000平方ルートの耕地の収益計算は，次のような形となる：

　粗収入は穀収10シェッフェルの場合に5074ターレル。この粗収入の貨幣価値はライ麦1シェッフェルが農場において1.291ターレルの時に現われる。

この粗収入はライ麦で表わせば　　　　　　　$\frac{5074}{1.291}$ = 3930 シェッフェル

種子費626ターレルはライ麦で　　　　　　$\frac{626}{1.291}$ = 485 シェッフェル

耕作的費用は……………………………………873 ターレル；
　うち4分の1は貨幣で………………………218　〃

穀物で表わさねばならないのは………………655 ターレル；
　655ターレルは，ライ麦 $\frac{655}{1.291}$ = 507 シェッフェル

収納的費用は……………………………………765 ターレル；
　うち4分の1は貨幣で………………………192　〃

穀物で表わすべき残りは………………………573 ターレル；
　573ターレルは，ライ麦 $\frac{573}{1.291}$ = 444 シェッフェル

共通経営費は……………………………………1350 ターレル；
　うち4分の1は貨幣で………………………337[注]　〃

　　　　　　　　　　　　　　　　　残り　1013 ターレル

はライ麦で表わされ，その額，$\frac{1013}{1.291}$ = 784 シェッフェル

　上述の4つの支出は合計して　ライ麦2220シェッフェル＋747ターレルとなる。この支出を粗収入3930シェッフェルのライ麦から引く時は，穀物の残額はライ麦1710シェッフェル，そして純粋な地代を見出すためには，この中から貨幣支出の747ターレルが引き去られねばならない。この引算はここでは

注）計算をむつかしくしないため，ここおよび以下の同様な計算では，端数を一部切り捨て一部残し，全体の数字の調整をはかった。かなり大きな数の計算であるから，それによって結果の正確さを傷つけることはない。

第1編 孤立国の形態

実際には行なえないから，これはただ「−」の符号で示さねばならない。

それゆえ地代は 1710 Schfl. R.−747 Tlr. となる。地代の大きさに対してこのような単純な数式を見出したのであるから，われわれは任意の穀価に対して地代の額を貨幣で表わすことができる。

a．ライ麦1シェッフェル2ターレルの価格の場合には，

地代は 2673（1710×2−747）ターレルである。

b．1.5 ターレルの価格の場合には，

地代は 1818 $\left(1710 \times 1\frac{1}{2} - 747\right)$ ターレルである。

c．1ターレルの価格の場合には，

地代は 963（1710×1−747）ターレルである。

d．0.5ターレルの価格の場合には，

地代は 108 $\left(1710 \times \frac{1}{2} - 747\right)$ ターレルである。

これから地代は穀価の減少よりも大きな割合で減少することがわかる。1710シェッフェルのライ麦の価格が747ターレルの場合，地代はついに全く消滅する。そしてこれはライ麦1シェッフェルが0.437ターレル（または21シリング）の場合である。

豊沃度の異なる土地に対する地代の計算は下の一覧表に集める。

	a. 10シェッフェル ライ麦（シェッフェル）	a. 貨幣（ターレル）	b. 9シェッフェル ライ麦（シェッフェル）	b. 貨幣（ターレル）	c. 8シェッフェル ライ麦（シェッフェル）	c. 貨幣（ターレル）
粗収入	3930		3537		3144	
支出　種子費	485		485		485	
耕作的費用	507	＋218	507	＋218	507	＋218
収納的費用	444	＋192	400	＋173	359	＋154
出　　共通経営費	784	＋337	706	＋303	628	＋269
合計	2220	＋747	2098	＋694	1976	＋641
地代	1710	−747	1439	−694	1168	−641
地代消滅する時のライ麦価格		0.437		0.482		0.549

孤立国　第1部

		d. 7シェッフェル		e. 6シェッフェル		f. 5シェッフェル		g. 4.5シェッフェル	
		ライ麦	貨幣	ライ麦	貨幣	ライ麦	貨幣	ライ麦	貨幣
粗　収　入		2751		2358		1956		1796	
支出	種子費	485		485		485		485	
	耕作的費用	507	+218	507	+218	507	+218	507	+218
	収納的費用	312	+135	268	+116	224	+ 97	202	+ 87
	共通経営費	550	+235	472	+201	364	+167	355	+150
	合　計	1854	+588	1732	+535	1610	+482	1549	+455
地　　代		897	-588	626	-535	355	-482	220	-455
地代消滅する時のライ麦価格			0.659		0.855		1.358		2.068

穀収が10分の1だけ減じた場合に，

1. 粗収入において…………… 393 シェッフェル
2. 収納的費用において……… 44 シェッフェル＋19 ターレル
3. 共通経営費において……… 78 シェッフェル＋34 ターレル
4. 地代において……………… 271 シェッフェル－53 ターレル

だけ減ずるのである。

この表に次の一般的法則が現われている：

土壌の豊沃度が減少するにつれて穀物の生産は費用が多くかかる——そして豊沃度の小さな土壌は穀価の高い場合にのみ耕されうる。

━━━━━━━

われわれは先に進む前にあらかじめこれまで観察したところに瞥見を与え，そして1つの地点でなされた観察から普遍妥当的法則が生じうるか否かを問わなければならない。

あるいは次のように言うことができるかもしれない：

「労働の費用や粗収益の純収益に対する割合の計算は比較的正確に事実から取り出されるかもしれないけれども，それはただ1つの点に対して，1つの農場に対して妥当するのみである。すでに隣りの農場においてはすべては異な

第1編　孤立国の形態

る。そこにはもはや同一の土壌はない。そこにはもはや同一の労働者はない。土壌は耕作するのに難易があり，労働者には勤惰と強弱がありうる。ゆえに土壌自体が必要とする労働に大小があり，労働そのものが労働力の異なるに従って安くも高くもなりうる。第1の農場から借りてきた計算はここではどこにも十分にはあてはまらないであろう。つまりその正確さはそれを持ってきた場所に全く拘束されている。1つの場所にのみ妥当してその他のどこへも妥当しないものから普遍妥当的法則は決して生じえない」。

私はこれに対して答える：

もちろんこの計算が隣りの農場においては十分にはあてはまらず，まして遠く隔たった農場，熱帯温帯を異にし，労働者の国民性が異なる場合には，なおいっそうあてはまらないことは事実である。けれども私は問う，長く1つの農場に住んですべての経験をできるだけ精密に注意することによって，農業の費用および純収益の知識を得た農業者——この農業者が他の農場へ移された後に，第1の農場で得た知識をもはや少しも用いえないだろうか。もしそうであるならば，各農業者は場所を一度換えると経営を理解する前に彼の学習期を新しく始めねばならないであろう。そして誰もが彼の将来住むべき地点に対する以外には農業を習得することはできないであろう。このようなことは何人も承認できないし，また承認しようとしないであろう。ゆえに1つの場所に対して得られた知識の中には，普遍妥当的にして時空に拘束されない何物かが横たわっているに相違ない。そしてこの普遍妥当的なものこそわれわれのここに求めようと努力するものである。

前に述べたことの中には主として3つの原則が述べられ，その普遍妥当性が主張され，それが正しいことでわれわれの研究が正しいことが認められるのであるから，私はそれをここにまとめて繰り返す。

第1則　農場自身における穀物の価値は農場の市場からの距離が大となるにつれて減少する。

農場が市場から隔たれば隔たるほど穀物の運送費は大である，したがって農

場自身におけるその価値は小である。

　穀物は他の商品と同じく，それを需要する消費者がない時はなんら価値を有しない。われわれの孤立国においては，自分の必要以上に栽培された穀物に対しては都市住民の他に消費者はない。非常に遠い地方から穀物が都市へ輸送され，輓畜が運搬中に貨物（あるいはその価格）の半分を費消し，残りの半分のみが販売され都市の消費にあてられるならば，地方においてはライ麦2シェッフェルで都市において1シェッフェルをもってすると同じ貨幣が得られるのみであることは容易に了解できる。

　しかし，この原則はおそらく説明も論証も要しないであろう。

第2則　農業者の必需品の価格はすべてが穀物価格と比例してはいない。すなわち土地耕作に用いる費用は種々の地方において同一分量の穀物をもっては支払われえない。

この原則は第1原則から導かれる。都市において1シェッフェルのライ麦と同一価格の商品は，ライ麦の価値が半分である遠い地方では，価格において2シェッフェルのライ麦と同じでなければならないからである。ただしこの商品が都市以外からは得られないことを前提とする。

　われわれは前に食塩や金属をこの種の商品に数えた。これは織布やその他地方で製造されえない商品についてあてはまる。

　これはまた比較的高い階級の俸給や謝礼金にも及ぶ。医者，官吏その他は都市においてのみ教育を受けることができる。彼らがその教育に投下した資本は都市における価格に従うのであって，この資本を回収するためには彼らの労働は彼らが住む地方のライ麦の価格に比例して支払われるわけにはいかない。

第3則　穀物生産に関する費用のうち，一部分は耕地の面積に比例し，他の一部分は収穫量に比例する。

　私は種子費および耕作的費用を前の部分に数え，収納的費用および共通経営費を後の部分に数えた。

　私がなしたこの分類の正しさを疑う人がいる。すなわち種子費および耕作的

第1編　孤立国の形態

費用は同一耕地の収穫が変化する場合に変化せずにはいない，さらに，収納的費用は同一の収穫を得るのにも大面積からと小面積からとで同一ではありえないと。けれども耕耘の労働が収穫量によるとか，あるいは穀物搬入の労働が全く圃場の大きさに従うと主張することは決してできないであろう。私の述べた分類をどんなに訂正しても，労働のある部分は耕地面積に，他の部分は収穫量に比例するというところへつねに帰ってくるであろう。そしてこれはすでに上述の原則を認めることである。

～～～～～～～～～～

　ある人が他の農場——テロー農場の事情と異なる事情のもとにあるところの——を，その観察地点となし，労働の費用，穀物の生産費，地代などを実際から得た材料によって計算し，そして上の原則を基礎とし，ここで観察したと同じ方法で計算を行ない，そして結論をそれから引き出すならば，2つの調査を比較してみると，計算は全く異なる数で行なわれたことはわかるであろうけれども，多くの結論および推論は，それらを言葉でいい表わせば全く合致していることを発見するであろう。

　第3，第4等の農場で同じことをして，共通なもの，完全に合致するものとして出たものを，われわれはこれを普遍的法則と認めなければならないであろう。それは，あらゆる地点より見てつねに同一の結果を示すものは，普遍的な，時空に拘束されない妥当性をもつに相違ないからである。

　われわれは本書に展開されているさらに多くの結果を，もしそれをあらかじめ示す必要があるなら，例示することもできるが，すでにわれわれは前に述べた法則，すなわち土壌が貧弱なほど穀物生産の費用は大きくなる，という法則をあげることができる。

　この法則はそれが普遍的であるゆえに，すべての農業において，すべての農場において，作用しているに相違ない。収穫量，純収益などは場所的影響によって修飾されたこの法則の表現である。

　ある地点において自然が現われている大きさを自然界自身からとって（しか

し勝手に仮定するのではない）そして合理的に既知の数および普遍的根本原則から推論，結論を引き出すならば，われわれは確実にこれらの——ただ1つの地点から得られた——結果の中に普遍的法則が現われているということができる。しかしすべての発見された結論が普遍的法則ではなく，多くのものはただその場所に妥当する標準にすぎないことはもちろんである。

さて個々人が調査を多くの地点で行なうことは不可能である。ましてすべての地点で行なうことはできない（しかしそれをしてはじめて上述のごとく，普遍妥当的なものと単なる地方的に妥当するものとが区別されるのである）。それゆえ個々の観察者でも法則と単に地方的に妥当する規則とを区別することのできる目印を見付けることは重要である。

このような補助手段の1つを代数計算が与えてくれる。すなわち代数学なるものの性質——数の代わりに文字を置き，文字をもって行なわれた計算に対して数が与えた意味付けを与えるという性質，を認めるならば，この表現は1つの普遍的法則であって場所的関係によるところの標準ではない。

例として，かつ手続きを示すために，地代と，地代が零になる時のライ麦の価格とを，一般式で述べてみたい。

穀収を……………………………………………$= x$
とすれば，粗収入は……………………………$= ax$ ターレル
種子費……………………………………………$= b$ 〃
耕作的費用………………………………………$= c$ 〃

粗収入と，収穫量に比例する費用すなわち収納的費用と共通経営費の和との間に $1:q$ なる比例が成り立つとする（この場合 q は分数でなければならない。なぜならばこの費用は収穫の一部を取り去るものであって全収穫を取り去ることはできないから）。さて $1:q = ax:aqx$ だから，

粗収入と正比例の関係にある費用の額は………………$= aqx$ ターレル
労働費および共通経営費のうち貨幣で表わさねばならない部分を p とすれば，

第1編　孤立国の形態

穀物で表わさねばならない部分は $1-p$ となる（ここに p は分数である）。農場におけるライ麦の価格は h ターレルであるとする。

　支出を同時に穀物および貨幣で，しかも各部分がその中に占める割合において示すならば，次のような計算がなされる：

$$\text{粗収益は} \cdots\cdots\cdots\cdots\cdots\cdots\cdots \frac{ax}{h}\text{Schfl.}$$

$$\text{種子費} \cdots\cdots\cdots\cdots\cdots\cdots\cdots \frac{b}{h}\text{Schfl.}$$

$$\text{耕作的費用} \cdots\cdots\cdots\cdots\cdots\cdots \frac{(1-p)c}{h}\text{Schfl.} + pc\,\text{Tlr.}$$

$$\text{収納的費用および共通経営費} \cdots\cdots\cdots \frac{(1-p)aqx}{h}\text{Schfl.} + apqx\,\text{Tlr.}$$

すると地代は

$$\left(\frac{ax}{h} - \frac{b+(1-p)c+(1-p)aqx}{h}\right)\text{Schfl.} - p(aqx+c)\,\text{Tlr.}$$

地代が零となる場合には

$$\left(\frac{ax}{h} - \frac{b+(1-p)c+(1-p)aqx}{h}\right)\text{Schfl.} = p(aqx+c)\,\text{Tlr.}$$

すなわち　　　$1\,\text{Schfl.} = \dfrac{hp(aqx+c)}{ax-b-(1-p)(aqx+c)}\,\text{Tlr.}$

この計算の目的は，穀収の増減が地代の零となる価格に対していかに作用するか，を究めることであった。

ここに発見された式においては，x が分母にも分子にもあるから，x すなわち穀収率が増加する場合にライ麦の価格が高くなるか低くなるかはわからない。ゆえに本式に多少の変形を加えなければならない。

1シェッフェルの価格は

$$\frac{hp(aqx+c)}{ax-b-(1-p)(aqx+c)}\,\text{Tlr.} \quad \text{すなわち} \quad \frac{hp}{\dfrac{ax-b}{aqx+c}-(1-p)}\,\text{Tlr.}$$

である。いま $aqx+c=z$ と置く（z は x の増加する時に増加し，減少する時

に減少する)。すると $x=\frac{z-c}{aq}$ であって，この x の値を上式に置けば

$$\frac{hp}{\frac{az-ac-baq}{aqz}-(1-p)} \quad \text{すなわち} \quad \frac{hp}{\frac{a-\left(\frac{ac+baq}{z}\right)}{aq}-(1-p)}*$$

となる。さて $\frac{ac+baq}{z}$ は z が大となるにつれて小となる。そしてこの分母のマイナスの部分が小となるにつれて分母全体は大となる。z が大となれば x も増加するのであり，したがって x の増加とともに分母は大となるのに分子は不変であるから，x が大となるにつれて，ライ麦の価格を示す分数の値は減ずるのである。逆に x が小となるにつれてライ麦の価格は増加する〔訳注：*ウェンチヒ版は誤植〕。

「土地の豊沃度が減ずるにつれ，穀物生産費は高くなる」という原則はここにおいて全く一般的に表現されたのである。

実際のところこの苦労，単純な推理で十分に証明できるところの既知の命題を詳しい計算によって証明するというこの苦労は，もし証明はどのようにして行なわれうるかの方法と今後の研究を進める考え方とを，最終的に確立するという目的が同時にそこになかったならば，この苦労はしがいがなかったであろう。

問　題　穀収8シェッフェルの農場が都市より x マイルの距離にある時，その地代を求めること。

100000平方ルートの耕地が8シェッフェルの穀収である場合に，地代は $=1168$ Schfl. R.-641 Tlr. である。

ライ麦1シェッフェルは（第4章により）都市より x マイルの距離にある農場において $\frac{273-5.5x}{182+x}$ ターレルの価格をもつ。ゆえに地代は

$$\frac{1168\times(273-5.5x)}{182+x}-641 \text{ Tlr.} \quad \text{すなわち} \quad \frac{202202-7065x}{182+x}\text{Tlr.}$$

である。

第1編　孤立国の形態

市場からの距離別地代（100000平方ルート，穀収8シェッフェル）

市場距離 x（マイル）	1	5	10	15	20	25	28.6
地代（ターレル）	1066	892	685	488	301	124	0

第6章　農業組織に対する穀価の影響

仮　定　孤立国において，土地は，第1圏を除いて，すべて同一豊沃度を有し，7区穀草式農業において，ライ麦は休閑後100平方ルートにつき8シェッフェルの収穫を示すものとする。未耕地も耕地と同一の物理的性質および同一養殖力を有し，したがって同一の収穫力を有するものとする。

このような収穫力を有する土壌に対しては地代は第5章〔31頁〕によれば1168 Schfl.−641 Tlr. である。

地代が零になるのはライ麦1168シェッフェルが641ターレルになったとき，すなわち1シェッフェルが0.549ターレルとなる時である。

そこで孤立国のどの地点において1シェッフェルのライ麦の価格が0.549ターレルであるかという問題が生ずる。

第4章において都市よりxマイル隔たった農場においては1シェッフェルのライ麦の価格は $\dfrac{273-5.5x}{182+x}$ ターレルであることを見出した。

さて $0.549 = \dfrac{273-5.5x}{182+x}$ と置き，等式を解いて $x=28.6$ が得られる。すなわち都市から28.6マイル隔たった地点においてはライ麦1シェッフェルは0.549ターレルの価格をもつ。

それゆえ1つの農場は，仮定された関係のもとでは，都市から28.6マイルの距離においてはもはや地代を生じない。

28.6マイル以上の距離においては地代はマイナスとなる。すなわち農業は損失に帰し，したがってここではもはや土地は耕されえない。

さて穀草式農業に対しての耕作の限界はここにあるのだが，このことからこれが耕作の絶対的限界であるとはいえない。という理由は，もしも耕地の耕作が穀草式におけるよりも労働，したがって費用を要することの少ない農業組織があるならば，ライ麦1シェッフェルに対し0.549ターレルの価格においてもなお余剰，したがって地代が残るに相違ない。したがって土地の耕作は都市からもっと遠方においても可能であるに相違ない。

1つの農場に属する耕地がたとえ全く同一の性質と収穫力 (die Ertragsfähigkeit) であっても，それが農舎に遠いか近いかによって，いかにはなはだしく異なる価値を有するかを考慮しなければならない。肥料の搬出費，生産物の搬入費は耕地の農舎からの距離に正比例する。圃場で行なわれるその他の労働に対しても人畜が往復に要する時間が浪費される。そしてこの時間は農場からの距離とともに増加するから，労働費は農舎に近い耕地に対しては遠いものよりも小である。したがって豊沃度が同一の場合には，前者は後者よりも大きな純収益を生ずるに相違ない。

ライ麦1シェッフェルの価格0.549ターレルの場合には穀草式の農場全体の収益は零であるけれども，耕地の前半が遠方の半分よりもより大きな収益を生ずるとすれば次のように推論される。すなわち，最初の半分の純収益はプラス，第2の半分の純収益はマイナスであるに相違ない。そして近い耕地を耕して生ずる利益は遠方の耕地を耕すことによってもたらされる損失によって失われてしまい，全体の純収益が零になるのである。

純収益が全体として零である穀草式農業も，遠方の耕地が耕されずにおかれ，近い耕地のみが耕作される時には再び純収益を得るであろう。このような条件下においては農業は，都市より28.6マイルの距離においては終わらない。

しかしながらこの農舎に近い耕地に限る穀草式農業もまた，市場距離がもっと大となれば，またそれと同じことであるが，穀価がなお低ければ，ついには

第1編　孤立国の形態

その純収益が消滅する点を見出さねばならない。そしてその土地の耕作を終わらせないとするならば第2の労働節約が必要となる。

　穀草式農業においては休閑地の墾耕 (der Aufbruch) および冬穀物のための準備 (die Zubereitung) が特に費用を多く要求する。有毛休閑 (die Mürbebrache)——すなわち放任地 (der Dreesch) ではなく栽培作物が先行する休閑——の場合には，放任休閑では必要であった休閑畦の粗耕 (das Hacken der Dreeschfurche) および耙耕 (das Eggen) の約半分を節約される。ゆえに有毛休閑を有する農業は，穀草式農業がもはや純収益を生じないところにおいても，なお利益を生むことができる。ただし穀収が同一であることを前提とするが，これは耕地と放牧地との割合によってつねに得られるところである。

　有毛休閑地を有する農業はしかしながら，耕地を循環的に放牧地としないで毎年これを耕作し，そしてその代わり圃場の比較的遠い部分が家畜のため永久的放牧地として置かれる場合にのみ可能である。これはクローバの種子をまくことを不要とするがゆえにさらに1つの新しい節約をもたらす。

　この事物の性質より生ずる必然的変化に従って，われわれの農業は本質的な点において三圃式農業 (die Dreifelderwirtschaft) と一致する。ここにおいてわれわれはこの広く拡がっている農業組織を詳細に考察する。

　　　　　　　　　〜〜〜〜〜〜〜〜〜

　穀草式農業と三圃式農業との関係を述べるにあたっては次の4問が答えられねばならない。
1)　有毛休閑地の墾耕は放任休閑地の墾耕よりどれだけ安くなるか。
2)　耕作の労働費は耕地の農舎からの距離といかなる関係にあるか。
3)　三圃式農業が穀草式農業と同じように肥料を外部より受けることなしに同一肥力を維持するためには，その耕地と放牧地とはいかなる比例になければならないか。
4)　2つの耕地が植物に対し全く同一の栄養分を有し，一方は穀草式，他方は三圃式である場合——ライ麦の穀収は第1の農業と第2の農業において

いかなる割合であるか。

第3，第4問の解答には農業の肥力平衡の知識を前提とし，これなしには説明できないのみならず理解することもできない。

ゆえに農業の肥力平衡の原則をあらかじめ説明することが必要と考える。しかしながらこの研究のここでの詳細な説明は大きな紙面を要するであろうから，私はただこれらの命題を示すことができるのみで，根本原則の発展および論証には入らない。ゆえに私はわれわれの科学のこの新しい部門の知識がまだなく，その十分な知識を欲する私の読者に対しては，テアー Thaer, ウルフェン v. Wulffen, フォン・リーゼ v. Riese, ビュルゲル Bürger, フォン・フォークト v. Voght, サイドル Seidl[注]の諸氏のこの問題に関する書物およびメクレンブルグ年報第8巻に見出される私の論文を指示せねばならない。

第7章(A)　農業重学 (die Statik des Landbaues) 上の若干の命題

穀物の生産は土壌中に含有された植物栄養分の減少を来たす。ライ麦を100シェッフェル産出した耕地は，この100シェッフェルの生産に要した量だけ植物栄養分が少なくなっている。

いかなる作物といえども１カ年間に耕地中に存する栄養分を全部取り去ることはできない。

収穫が耕地から１年間に取り去った植物栄養分と耕地の全肥力との割合を私は相対的消耗率 (die relative Aussaugung) と呼ぶ。これは順次継続する収穫量の減少から知られる。すなわちたとえば最初のライ麦の収穫が100シェッフェ

注）　フルベック (Hulbeck) 教授の「植物の栄養と農業の肥力平衡」は本書の完成した後受け取った。したがって残念ながらここに利用することも参考にすることもできなかった。

第1編　孤立国の形態

ルであり，第2回のライ麦の収穫が，耕作，天候その他影響ある関係を等しくして，わずかに80シェッフェルであるならば，われわれはライ麦の相対的消耗率は5分の1だという。

相対的消耗率からわれわれは耕地の全肥力を推定する。たとえば第1回のライ麦の収穫は100シェッフェルであって相対的消耗率が5分の1であるならば，耕地は収穫前にはライ麦500シェッフェルの養分を有するけれども，収穫後は400シェッフェル分だけしか有しない。

ライ麦1シェッフェルの収穫が耕地から奪い去る栄養分の量が1度と呼ばれ，1°によって示される。

その他の穀物の消耗率はそれが価値上および栄養上ライ麦に対して有する割合によって決定されるが，私は次のように仮定する：

　　小麦1シェッフェルの収穫が作用する消耗は …………1⅓°
　　二条大麦　　　〃　　　　〃　　　………………¾°
　　脱稃したエンバク〃　　　〃　　　………………½°

大麦1等地における7区穀草式農業に対して私は，テロー農場で行なった実験と観察とに基づき，種々の農区の収穫の割合を次のように仮定する：

　　第1区 1000平方ルートから…ライ麦　100シェッフェル をもたらすとき
　　第2区は …………………………大　麦　100シェッフェル
　　第3区は …………………………エンバク 120シェッフェル
　　第4，5，6区は平均して270平方ルートから乳牛1頭に対する牧草を産出する。乳牛1頭は毎日乾草に換算して17ポンドの草を消費し，140日（すなわち作跡および採草地で飼う日数を除いて）は放牧地に食物を求める。
　　第7区無毛休閑地においては放牧区の産出する牧草量の5分の1を産出する。

テロー農場において1811年および1816年に試みた穀物のわらに対する割合に関する試験秤量に基づき，これを他のメクレンブルグの農場において試みた

孤立国　第1部

秤量と比較して，私は平均として次のように仮定した：

　　ライ麦1シェッフェルに伴うわらの収量は………190ポンド
　　小麦（立っている場合）　　〃　　〃　………190　〃
　　小麦（3分の1が倒伏の場合）〃　　〃　………200　〃
　　二条大麦　　　　　〃　　　　〃　　………93　〃
　　エンバク　　　　　〃　　　　〃　　………64.5 〃

　小麦は同一の穀収の場合にライ麦よりもわらの量は少ない。けれども小麦わらはライ麦わらよりも特に重く，私も後年小麦1シェッフェルに伴って収穫されたわらの目方はライ麦の場合よりも少なくないことを発見した。けれどもこの関係は茎の短い劣等な小麦については別であろう。

　1810年より15年に至る5年間に，テロー農場で飼料ならびに敷きわらとしたわら類および飼料とした乾草ならびに穀物の非常にていねいな計算を，圃場へ搬出された肥料の台数と比較して，次のような結果を生じた。すなわち肥料1台は乾燥飼料878ポンドを飼料ないし敷きわらとするところから生ずるのである。いま普通みられるように，4頭立1台の肥料の重量を2000ポンドと仮定するならば，乾草飼料1ポンドは2.28ポンドの肥料を生ずる。これは枢密院議員テアー氏の仮定と実際上驚くべき一致であって，彼は達観的に行なわれた観察によってすでに数年前に肥料増加係数を2.3と決定した。

　私は以下の計算においては係数2.3を基礎とするのであるが，この係数に対しては1台すなわち2000ポンドの肥料には $\frac{2000}{2.3} = 870$ ポンドの乾燥飼料が必要である。そして以下において1台の肥料という時はいつも，4割は乾草，6割はわらから成っているところの乾燥飼料870ポンドを飼料ないし敷きわらとすることによって生ずるところの厩肥の量と解することにする。

　ここにおいてわれわれは，穀作がそのわらによって土地に返す肥料分の量を計算することができる。

　ライ麦100シェッフェルに対してわらの収穫は $100 \times 190 = 19000$ ポンドであって，これから $\frac{19000}{870} = 21.8$ 台の厩肥が生ずる。大麦100シェッフェルに

第 1 編　孤立国の形態

対してはわらの収穫が 93×100 = 9300 ポンド，したがって肥料が $\frac{9300}{870}$ = 10.7 台である。エンバク 120 ポンドの収穫は 120×64.5 = 7740 ポンドのわら，したがって $\frac{7740}{870}$ = 8.9 台の厩肥をもたらす[注]。

　放牧地または無毛休閑地が土地を豊沃にすることはあまねく知られているところである。

　多年の観察によれば次のことは非常に確からしく私には考えられる。すなわち放牧地に生長するイネ科植物および各種クローバによって費消される植物栄養分は，土壌中に残留して土地の墾耕によって分解するところの作物根によって回収される。したがって放牧中に土地に落ちる肥料（Dung）〔訳注：家畜の糞尿〕は土壌の肥料含量の増加としてみるべきである――ただし休閑地が 3 年以上古くならないことを前提とする。

　放牧地が養う牛の数から放牧地の牧草生産力を計算することができる。生体量 500～550 ポンドの牝牛は，140 日間 17 ポンドずつ――2380 ポンドの乾草換算牧草を消費するのであって，これは牛 1 頭の必要放牧地としての 270 平方ルートの土地に生育する。1000 平方ルートには $\frac{2380 \times 1000}{270}$ = 8815 ポンドの乾草の生産がある。よって放牧地から 1 年間に生ずる厩肥の量は，ライ麦の収穫 10 シェッフェルを示す大麦土壌において $\frac{8815}{870}$ = 10.1 台に達する。

　われわれは休閑に 2 つの作用を認める。すなわち第 1 に，休閑は土壌に存在する植物栄養分を甚だしく有効ならしめる。第 2 に，休閑は土壌の肥力を，放牧地に生育する草が一部分は鋤き込まれ，一部分は家畜によって食べられて肥料に変形することにより，実質上増加する。

　肥力を増加する点において私は無毛休閑を放任放牧の 5 分の 1 に等しいと評価し，三圃式農業の有毛休閑は，それが最初ヨハニス祭〔訳注：6 月 24 日〕に耕

　　注）　この計算にはなお次の仮定が根底に置いてある。すなわち 100 ポンドのわらを飼料ないし敷きわらとするほうが 100 ポンドの乾草を飼料とするよりも多量に厩肥を生産する。そしてわらの厩肥の質が乾草からの厩肥に比し劣ることは量の多いことによって相殺される。

作されるならば，放任放牧の3分の1に等しいと評価する。

　定着状態の，すなわち収穫および土壌肥力が変わらないところの農業においては，肥力吸収は補充とつりあっていなければならない。地力を奪う穀作が示す収穫はライ麦のシェッフェル数に換算し，そして耕地が厩肥および放牧によって受ける回収分を肥料の台数で表わすならば，吸収と回収を等しいとすることにより，ライ麦何シェッフェルの養分が1台の肥料の中に含まれているか，または同じことであるが，何シェッフェルのライ麦によって土壌から1台の肥料が奪い去られるかがわかってくる。

　この計算を種々の土壌へ適用することによって，この割合が土壌の質によっていろいろであることがわかった。同一収穫をあげるのに良好な土壌は劣等の土壌よりも少量の肥料で済む。

　以下のわれわれの計算においては7区穀草式農業において外部から肥料を加えることなしに同一肥力を維持するような土壌を根拠とする——そしてこの土壌（1等大麦地とほとんど一致する）においては，ライ麦3.2シェッフェルの生産のために土壌に厩肥1台を要する。すなわち厩肥1台が3.2度である。

7区穀草式農業の肥力状態　　　（各区1000平方ルート）

	収穫量 (シェッフェル)	肥力消耗度 (度)	肥力 (度)	肥力補充 (厩肥台数)
循環開始期の肥力	—	—	500°	—
第1区ライ麦	100	100°	400°	21.8
第2区大麦	100	75°	325°	10.7
第3区エンバク	120	60°	265°	8.9
第4区放牧 第5区放牧 第6区放牧	—	—	—	30.3
第7区休閑	—	—	—	2.0
厩肥産出総量	—	—	—	73.7
エンバクが耕地に残す肥力	—	—	265°	—
73.7台の肥料は（1台3.2°）	—	—	235.8°	—
第2回循環開始期の肥力	—	—	500.8°	—

第1編 孤立国の形態

三圃式農業の肥力状態　　　（各区1000平方ルート）

	収　穫　量 （シェッフェル）	肥力消耗度 （度）	肥　　力 （度）	肥力補充 （厩肥台数）
循環開始期の肥力………	—	—	500°	—
第1圃場のライ麦………	100	100°	400°	21.8
第2圃場大　麦………	100	75°	325°	10.7
第3圃場休　閑………	—	—	—	4.1
厩肥産出総量………	—	—	—	36.6
大麦が耕地に残す肥力………	—	—	325°	—
36.6台の厩肥は（1台3.2°）	—	—	117.2°	—
第2回循環開始期の肥力……	—	—	442.2°	—

　穀草式農業において，放牧区の厩肥生産は，265度の土壌の肥力に対して 10.1台である。大麦収穫後の場合のように，肥力325度の土壌は放牧される時は，$\frac{325}{265} \times 10.1 = 12.4$ 台の厩肥を産出するであろう。しかるに，有毛休閑の肥料生産力が放牧地の3分の1なることは仮定しているから，その代わりに $\frac{12.4}{3} = 4.1$ 台が計算にもち込まれる。

第7章(B)　農業重学の若干の展開

　同一数量の植物栄養分，たとえば厩肥1台を与えて1つの土壌は他よりも大きな生産をあげるという土壌の作用を私は土質（Qualität des Bodens）と名づける。そして厩肥1台を耕地から取り去って生産されたライ麦のシェッフェル数をもってその度合を示す。粘質土壌は砂土よりも上位の土質を有し，1等小麦地の土質は3.8度，否，4度に上がるのに対し，1等エンバク地では2.5度にすぎず，砂質の含量の増加とともに低下し，軽砂土（Flugsand）では零に達する。

　経験の教えるところによれば，予措（die Vorbereitung）〔訳注：播種前に行なう耕耘肥培〕を等しくし，肥料なしで順次に続く収穫の後の2つの収穫量の相

対的減少程度は，土壌の種類によって大いに異なり，砂土において粘質土におけるよりも大である。

　この現象を生ずる土壌の作用を，フォン・ウルフェン氏は土壌の顕効度(Tätigkeit) と名づける。他の事情が等しければ，収穫量の減少は土壌中の植物栄養分の減少によるのであって，フォン・ウルフェンはこの点に関して次のような命題を立てた。すなわち豊沃度は土壌の顕効度と栄養分との2要素の積とみなすべきであると。豊沃度はその程度を生産物で示すので，顕効度を T，栄養分を R，収穫を E で示す時は，$E=TR$ である。顕効度は土壌の含有する植物栄養分のうち何割が1つの収穫の中へ移行して，その生産によって取り去られるかを示す。土壌の顕効度はその含有する砂土が増加すればするほど大となる。そしてこの関係において土壌の土質と反対の関係にある。顕効度の大きさに対する標準として純粋休閑後のライ麦をとるならば，それは大麦地では6分の1ないし5分の1であるのに，ライ麦では4分の1ないし10分の3に上がる。

　もし同一量の植物栄養分たとえば10台の厩肥を各種の土壌，たとえば土質3.8度の粘質土および土質2.5度の砂土に施すならば，前の土壌からはそれによってライ麦 10×3.8 = 38 シェッフェル分，後の土壌からはわずかにライ麦 10×2.5 = 25 シェッフェル分の養分が分かたれるであろう。すなわち前者の栄養分はそれによって38度だけ，後者のそれはわずかに25度だけ高められる。ゆえに土壌の栄養分はそれ自身2要素の積であって，土壌の肥料すなわち有機質分を H で，土質を Q で示せば，$R=QH$ である。

　土壌の豊沃度は物質ではなく生産能力である。肥料は栄養分ではなく，土壌の作用を通じてはじめて栄養分となる。同一量の肥料も異なる種類の土壌においては異なる程度の肥効を示す。

　同一土壌においては，肥料含量または可溶性栄養分の量と肥力または生産能力とは互いに正比例的関係にある。そこで——常に同一種類の土壌を問題とするところの本書においてもそうであるが——「肥度」という言葉をもって2つ

第1編　孤立国の形態

の概念,すなわち物質および生産能力の概念を結合しても,誤った結論を得ないことができる。

しかしながら重学一般を問題とする場合には,これはすべての土壌を観察の目的物とするのであるから,物質および生産能力に対して別個の表現を選ぶことは不可欠である。

私はフォン・ウルフェンとともに前者を「有機質」(Humus),後者を「肥力」(Reichtum) と呼ぶ。有機質という時私はすべて土壌に見出されうる可燃性のあらゆる物質,たとえば木や草の根,採草地や泥沼の腐敗物等は考えないで,「有機質」なる言葉の意味を以前の厩肥の残留分および2年,長くても3年の休閑地の植物腐敗分のみに限定する。それゆえ私はすべての重学的研究においては,数百年間継続して耕作されたために本源的な植物質をすべて失い,ただ厩肥のみを保有し,2～3年以上継続して放牧地としたことのないような,土壌を前提とするのである。

さて $E=TR$ なる等式において,R の代わりに QH の値を置く時は $E=TQH$ なる等式を得る。

収穫を示すこの表現において T および Q の2要素は土地自身すなわち鉱物性成分に属するところであり,H なる要素は有機質すなわち動植物質の残留分に属する。

収穫をあげることに対する土地の総作用は,だから,TQ すなわち T および Q なる2要素の積に現われる。

さてある一定の土壌Aを観察の標準にとり,そしてそれを物理的性質を異にした他の土壌Bと比較する。両種の土壌において有機質分が等しい大きさであり,かつ有機質の種類を等しくし,起源を同じくするとせよ。さて2つの土壌が全く同一の耕作をしてしかも作物の収穫が異なるならば,われわれはこの収穫の差を土壌の物理的性質における差異をもって測定せねばならない。

収穫量に対する土壌の総作用は,標準に選びかつ単位とした他の土壌と比較して,フォークト男爵[注]にならって「地力」(Erdvermögen) と名づけ,これを

孤立国　第1部

V で示す。

　ところでわれわれは上において土壌の総作用はまた TQ に等しいことを見出した。ゆえに $V=TQ$ である。または，地力は土壌の顕効度に土質を掛けたものである。

　B地の収穫が，有機質含量を等しくして，A地の収穫の10分の9であるならば，収穫量に対する土壌の作用の割合，すなわちA圃場の地力とB圃場のそれとの割合は，1に対する10分の9である。

　1に対する10分の9は10：9または100：90等である。分数の計算は不便なことがあるし，それにここでは比例の等しいことのみを問題とするのであるから，Aの地力を任意に10または100に仮定することができる。その時はBの地力は9または90である。

　フォン・フォークト氏の地力に関する整数の仮定はこれによって是認される。ただわれわれは地力に対して整数を任意に仮定することは2つの圃場の比較が行なわれる場合にのみ許されることであるのを決して忘れてはならない。比較が終わるや否や，任意に仮定した数は意味を失い計算を不明瞭にする。

　例　1圃場の顕効度が6分の1，土質が3度，他の圃場の顕効度が8分の1，土質が3.6度であるとすれば，地力は第1圃場 $1/6×3° = 0.50$，第2圃場が $1/8×3.6° = 0.45$ であって，両者の地力の割合は，$0.50：0.45 = 10：9$ である。

　D圃場はA圃場と同一物理的成分の土壌を有し，ただ両圃場の有機質含量が異なるとすれば，同一耕作を施した場合における収穫量の差は，両圃場の有機質含量が同じでない結果である。

　仮　定　植物栄養分の種類が同じでその量が異なるならば，収穫量は土壌中

注）これはもちろんフォークト男爵が，彼の重学についての見解において，地力 (Erdvermögen) に関して与えた定義，それによると，ある時は作用 (Tätigkeit) とみえるし，ある時は土質 (Qualität) のようにもみえるところの定義と，完全な合致はしない。しかし，今は亡きフォークトとの4年間の文通は，私に「地力」という言葉に，ここで与えたような意味をもたせる決心をさせた。

第1編　孤立国の形態

に含まれた可溶性の植物栄養分の量に正比例する。ただし土壌，気候，前作物，耕作法，表土の深さ，その他植生に影響するすべての要因を等しいとした場合である。

物理的性質が同一であるAおよびD圃場において，有機質含量が $1:8/10$ の割合であるならば，この仮定によってAとDの収穫の割合はちょうど $1:8/10$ すなわち $10:8$ の割合になる。

問　題　圃場AおよびBにおいては地力が異なって有機質含量が等しく，圃場BおよびDにおいては反対に地力が等しく有機質含量が異なる場合に——AとDとの間の収穫の割合を求めよ。

圃場Bの地力は，Dのそれに等しく，Aの地力の10分の9である。Dにおける植物栄養分の含量はBおよびA中のものに対して $8/10:1$ の割合である。すると収穫の割合は

$$A:B = 1:9/10$$
$$B:D = 1:8/10$$

ゆえに　$A:D = 1:9/10 \times 8/10 = 1:72/100$

一般的に表わせば

	地力	有機質含量	収穫
圃場A——	V	H	E
〃 B——	v	H	
〃 D——	v	h	x

であるならば，収穫の割合は

$$A:B = V:v$$
$$B:D = H:h$$

ゆえに　$A:D = VH:vh$

Dの収穫はAの収穫の $\dfrac{vh}{VH}$ 倍である。すなわち　$x = \dfrac{vh}{VH} \cdot E$

これを言葉でいい表わせば，この式が語るところは——2つの圃場の収穫の割合は地力と有機質含量との2要素の積の比に等しい。

$\dfrac{vh}{VH}\cdot E$ なる表現はその値を変えることなしにいろいろな形で示すことができる。

すなわち $\dfrac{vh}{VH}\cdot E = vh\cdot\dfrac{E}{VH} = vh\div\dfrac{VH}{E}$ である。

最後の形のいうところは――

圃場Aの2要素（VとH）の積をこの圃場の収穫（E）で割ると，この商は標準とした量のライ麦たとえば1シェッフェルの生産のためには（VとHとの）積の何単位が必要であるかを示し，そしてこの商をもって圃場Dの2要素（vとh）の積を割ると，この圃場の収穫量が出る。

この方法は最初にフォン・ウルフェン氏によって行なわれたが後には放棄された。しかるにその後フォン・フォークト氏がこれを引き継ぎ，いろいろな反対があるにもかかわらず固く主張している。

ここに述べた前提条件下においてはこの処理法の正しいことはなんらの疑いもない。しかるにフォン・フォークト氏は有機質含量を肥力（Reichtum）と混同している。なぜなら，彼が肥料分量（Dungvermögen）と呼んだものはこの方法の性質上 $R=QH$ ではありえないのであって，$R=H$ である。なおまた彼においては地力は TQ ではなく T を60倍したもののようである。さてフォン・フォークト氏の式をここに説明した方法と一致させるためには，度でいい表わした肥料分量を Q で除し，地力を Q 倍して60で除さねばならない――それは，フォン・フォークト氏は地力を整数にするために60倍しているからである。

いろいろな土壌における地力の大きさに関してはほとんど観察がなされていない。私のみるところでは地力の最大は砂質土壌にも粘質土壌にもないのであって，いわゆる中間土壌おそらく2等大麦地に見出されるであろう。もし新鮮な肥料においてそれが酵母として土壌中にある有機質に与える作用をそれが直接植物栄養として有する作用から分離することができ，そして後の作用をそれ自身示すことができるならば，1台の肥料を与えることにより次の収穫において得られる増収は地力の標準であるだろう。そして肥料を施すことにより次の

第1編　孤立国の形態

収穫において最大の増収を生ずる土壌は同時に最大の地力を有するのである。

上述と同様な観察を土質および顕効度の異なる土壌に適用するならば次のような結果が生ずる——

土壌AおよびBにおいて顕効度T，有機質含量Hが等しく，土質が$Q:q$の割合であるとする。

土壌BおよびCにおいては土質qと有機質含量Hが等しく，顕効度が$T:t$であるとする。

土壌CおよびDにおいては，等しい土質qおよび等しい顕効度Tであるが，有機質含量の割合は$H:h$であるとする。

この時には収穫の割合は　A:B=$Q:q$　　B:C=$T:t$　　C:D=$H:h$

ゆえに　　　　　　　　　A:D=$TQH:tqh$

すなわちAとDとの収穫の割合は，2つの土壌の顕効度，土質および有機質含量の3要素の積の比例である。

しかるに土質に有機質含量を掛ければ肥力であるから，RをQH，rをqhの代わりに置けば，AとDの収穫の割合は$TR:tr$である。そしてxすなわちDの収穫は$\frac{tr}{TR} \times E$である。

ゆえにわれわれの研究によってフォン・ウルフェンの公式に到達するのである。すなわちそれによれば，2つの圃場の収穫の間には顕効度と肥力の2要素の積の間の比例が存在する。

さてわれわれは，xすなわちDの収穫に対して，3つの異なった表現を有する。すなわち

$$\text{I.} \quad x = \frac{vh}{VH} \cdot E$$

$$\text{II.} \quad x = \frac{tqh}{TQH} \cdot E$$

$$\text{III.} \quad x = \frac{tr}{TR} \cdot E$$

これら3つのxの表現は1つの根から出ているのであってすべて正しいので

ある。その差はただ3つの要素 T, Q, H が I と III において2つずつ，しかも別々に結合されている点にあるのみである。I においては T と Q が結合されその積が V に等しいと置かれている。III においては Q と H が結びつけられその結合に R が等しいとなされている。

重学研究者が従来一致することができなかったというのは，彼らがものそれ自体に対して著しく異なる意見を有するためではなくて，取るべき方法について一致することができなかったのである。その主な原因は，私の考えによれば，彼らが収穫力に影響するすべての要素を彼らの公式の中へ取り入れないで，これらの要素を互いにしかも異なる方法で結合させるためである。

この学説の相違をなくするに貢献したいという希望，またそのことによって算式に関する議論から，ものそれ自体に関する議論へ進ませたいという希望は，著者を駆って重学専門でない刊行物では恐らく許されないほど詳細にこの問題を扱わせるに至った。

上述の3要素すなわち顕効度，土質および有機質含量のほかに前作 (die Vorfrucht) および耕作法 (die Bodenbearbeitung) が収穫量に著しい影響を及ぼす。

われわれは次のことを知っている。すなわち冬穀は穀作の跡に播種された時には，この土壌が同一肥力の場合，純粋休閑の後に生ずべき収量の70～80%，豆作の跡に播種された時には80～85%を生ずるのみである。さらに進んでエンバクはクローバまたはマメ科作物 (die Schotenfrucht) の跡に栽培する時は，土地肥力が同じとして，穀作 (die Halmfrucht) の跡よりも大きな収穫を与えることを知っている。

この前作物の影響に対し，ならびに前作物自身によって条件づけられる土壌の耕耘状態の差も考慮して，私は1つの固有の要素を仮定し，それを前作関係と名づけ，K をもってこれを示し，純粋休閑耕の次の作物に対して1に等しいと置く。

よってわれわれは中庸の作柄の年において収穫量に対し次のような等式を得る。

第1編　孤立国の形態

$$E = TQHK$$

　フォン・ウルフェン氏は前作物の影響を T（顕効度）なる要素の変化によって示し，そのため次のようなしばしばなされる非難を受けた。すなわち T は土壌の顕効度と呼ばれるのであるから，この要素は同一の土壌に対しては変化する量として取り扱わるべきでないと。

　ゆえにわれわれが前作物および耕作法——すなわち直接農業者の力の中に存在するもの——に対しては特殊な要素を仮定し，顕効度は土壌に付属した性質の1つとして考察する時に問題は明瞭になるように考えられる。天候が各年の収穫量に及ぼす影響は，農業重学においては，収穫見積りやそれに基づく農場売買価格，賃貸価格の場合におけると等しく，ほとんど問題としないのである。すべての重学的研究においては，つねに中庸の作柄の年，これに対しては長い間の平均収量が標準である，を前提とする。

　耕地が中庸の作柄の年に産出する収穫がその収穫力 (die Ertragsfähigkeit) と名づけられる。

　従来の農業重学の体系は，土壌の収穫力はその肥力——したがって同じ土壌に対しては有機質含量——と正比例する，したがって2倍の有機質含量を有する土壌は収穫もまた2倍である，という前提のもとに立っている。

　実際，重学への入門もかかる仮定なしには発見することはできなかった。

　しかし従来この問題に向けられた観察は次のことを示した——

1) 土壌の組成 (die Bodenbeschaffenheit) が同じく肥力も等しい耕地に対し，100平方ルートごとに厩肥3台，4台，5台，6台等を入れる時は，より多く加えられる厩肥は漸次に小なる増収を示すこと。
2) 地力を奪う作物を，肥料分の補給をせずに継続栽培する時は，収穫は零まで低下することなく，1つの固定点，これは土壌の物理的性質によって異なる，に漸次接近すること。

　第2に対してはテロー農場において著しい例がある。すなわちここでは掠奪

— 55 —

農業をすることに定められた土地が施肥後12回目の作において（時たま入り込む放牧が与える以外には他の補給を受けることなしに），なおはなはだ多くの収穫をあげ，かつ最後の6回の収穫においては減収が認められない。

材料が十分にあって，これらの材料が形づくる順列の各項から，一般項すなわちこの順列が従っている法則を数学的に決定することができるほどであるならば，この現象がいかなる原因によって生じても，重学そのものにはかかわりのないことである。けれども材料がなおはなはだ少なくて，その数学的方法をつかむことができない場合には，われわれには1つの説明の必要が生ずるのである——そこで私の経験した現象を基として次のような説を作り上げた。

厩肥，有機質およびわらの堆積ですら数年間空気にさらされる時は——微細な鉱物的物質になるまで——ほとんど完全に消失する。このように，物質を形成するものが漸次に流失することは目に見ることができる。けれども，土壌によって植物の栄養になる気体——これを私は「有機質ガス」(Humusgas) という集合名詞で呼びたい——が空中から再び回収されているということは，われわれの感覚にはわからず，従来の化学的分析からものがれている。けれどもこのような回収が実際に行なわれるということは次のことから知られる。すなわち地の底から掘り出した土は初めは全く養分がないが，多年空気に触れさせる時は，養分を含んで植物を養うものである。樅(もみ)の生垣の周囲に設けられた溝から出した砂ですら，10年ほど堤防に置かれてその後溝へもどされる時は著しい，といっても2，3年間続くだけだが，生産力を示す。土質の根源に関する重学的研究もまたこのような自然観察が与えるところのものと合致する命題へ先験的に導くのである。

土壌と空気との間の湿度および温度に平均化の傾向が存して，乾いた土壌は湿気を空気から奪い，これに対して湿った土壌は水分を蒸発させると同じように，土壌および空気間の有機質ガスの量に関しても，不断の交互作用，平均化の傾向が存在するであろう——そして土壌は水分を多く含んでいればいるほど強く蒸発し，乾燥した土壌は土壌と空気との水分の差が大なれば大なるほど多

第1編　孤立国の形態

くの水分を吸収すると同じく，われわれはまた類推的に次のように結論することができる。すなわち土壌はそれが有機質に富めば富むほど空気中へ多くの有機質ガスを放散し，またその有機質含量が少なければ少ないほど多くの有機質ガスを吸収する。したがって空気は豊沃な土壌からは地力を奪い貧弱な土壌に対してはこれを富ますように作用すると。

　この考えに従って次のことが考えられる。すなわち土壌は無肥料で穀作を継続する時は，有機質含量が減少するため力を強められる空中養分の摂取により，穀物の株や根からの僅少な補給の助けもあって，一定の収穫高において定着状態に達する。

　有機質含量と収穫との間には正比例的関係は存在しないとはいえ，有機質含量の増加は収穫増加を結果するから，両者は互いに連繋し，かつ一定の関係のもとにある。

　さてこの関係は何であるか？

　仮　定　土壌を等しくし有機質含量を異にする2つの圃場において，操作を同一にする時は，収穫は両圃場の数字で表わした有機質含量の平方根に比例する。

　例　圃場Aにおいて100平方ルートごとに存在する有機質は厩肥36台中にあるのと同じほどの植物栄養分が含まれているとし，この圃場の穀収は10シェッフェルとする。これに対し圃場Bでは有機質含量が価値において厩肥25台であるとすれば，AとBとの収穫の割合は $\sqrt{36}:\sqrt{25}=6:5$ である。

　さてAは10シェッフェルを産出するのであるから，Bの収穫は $\frac{5}{6}\times 10 = 8\frac{1}{3}$ シェッフェルである。

　同様にして

有機質含量16台に対しては　………収穫 $\frac{4}{6}\times 10 = 6\frac{2}{3}$ シェッフェル
　　〃　　　9　　〃　　…………　〃　$\frac{3}{6}\times 10 = 5$ シェッフェル
　　〃　　　4　　〃　　…………　〃　$\frac{2}{6}\times 10 = 3\frac{1}{3}$ シェッフェル

であることを知る。

孤立国　第1部

　空気も植物も土壌から有機質含量の最後の1滴まで取り去ることはできない。土壌の有機質含量が著しく減少して，植物が吸収することのできる有機質の量が植物の根や株により，および株跡放牧 (die Stoppelweide) によって回収されうる程度に至れば，そこに定着状態が現われる。この状態における土壌の収穫能力——これは空中の物質の吸収によって生ずる——を私は内在的 (immanent) 収穫力と名づける。

　この内在的収穫力は土壌の物理的性質，ことに保水力に依存し，砂土においては零に近くまで低下する。しかるに粘質土壌においてはおそらく3〜4シェッフェル，また有機質ガスに富んだ空気の場合には，しばしばそれ以上に達するのである。

　内在的収穫力が土壌の種類の異なるに従って，かくもはなはだしい差があるという事実から，次のような重要な結論が生ずる。すなわち有機質に乏しい土壌上の植物の栄養は植物の葉によって空中の物質を吸収することによって行なわれるのみならず，また，かなり著しい程度において，土壌によるこれら物質の吸収によって行なわれる。

　私は上の仮定——土壌の収穫力はその有機質含量の平方根に比例するという仮定——によって，自然がここで従っている法則自身が見出されたと考えるのでは決してない。しかしながらこの仮定によって（土壌は有機質に乏しいほど多くの有機質ガスを吸収するという考えと結びついて），上述の2つの事実，それは理論と矛盾していた事実であるが，これが再び矛盾しないものとなった——そして進んだ研究と観察とが法則自身の認識にわれわれをより近寄らせうる材料を提供するまでは，しばらくこれをもって満足せねばならない。

　1つの作付順序の重学的計表においては（そこでは作付順序が地力を掠奪するかそれとも肥やすかの問題の解答，またはすべての圃場の肥力の合計を確定することだけが主たる問題となるのである），収穫は肥力と正比例するという仮説は，これ以上にもっと適用の道がある。なぜなら個々の圃場の肥力と平均の肥力との間の差はあまり著しいものではなく，この仮説を用いることによっ

第1編　孤立国の形態

て大きな誤りは生じえないからである。

しかしながら土壌を豊沃にすることが何程に報いられるか，また土壌を豊沃にすることが有利でなくなる限界はどこにあるかが問題となる時は——この仮説の適用は全く許されないものとなり，かつ錯誤に導くものである。

~~~~~~~~~~~~~~~~~

収穫と有機質含量とは同一土壌において正比例の関係に立ってはいないけれども，顕効度，土質，有機質含量，したがってまた顕効度と肥力も互いに独立した量ではなく，互いに関係ある量であって，ただここでは暗示的に説明されるだけで，十分に説明しえないのみである。だから将来ある青年に対して広大な観察，実験，研究の余地がここに存している。材料が十分に集まった後はじめて，農業重学はいつかそのユークリッド (Euklid) を見出すであろう。

~~~~~~~~~~~~~~~~~

化学上の発見，ことにスプレンゲル (Sprengel) 教授の有益な研究から，次のことが知られた。すなわちあらゆる植物の中には石灰，カリ，硫酸，苦土等のような鉱物質が含まれているということ，これらの物質は植物の栄養物とみるべきであること，および耕地ははなはだ多くの場合にこれらの鉱物を加えることによって豊沃になるということである。

実際の農業においてもこのことは泥灰土 (Mergel)，石膏 (Gips) その他多くの鉱物質の大きな効能によって完全に確かめられた。

しかるに重学においてわれわれはフォン・ウルフェン氏とともに，土をただ植物栄養を準備する場としてのみ観察し，腐敗した動植物質の残滓を植物の栄養の本質的源泉として観察する。

だから土と有機質とがここでは1種の対抗するもののようにみえる。しかしながら化学的研究によって両者の間の境界はなくなり，重学の構造はそれによって根底を揺るがせられたようにみえた。われわれは重学の存在を疑おうとするのみならず，その可能をも疑おうとするに至った。

かかる真摯な疑問はその正しさの証明を必要とするのである。ゆえに私は鉱

物質肥料が大きな効能を示す条件および事情に関する私の経験，ならびにこの経験から生じた私の見解を述べようと思う。

　テロー農場で私は次のような経験をした。すなわち泥灰土は乾燥した砂土，粗質の壌土，および数百年来耕作された豊沃な農舎近くの土壌に対してはほとんど全く効かない。しかるにギシギシ Sauerampfer (Rumex) の生える湿った混砂土に対しては泥灰土の効果は著大であって，収穫はそれによって3, 4割増加した。泥灰土を十分施用した後はギシギシは耕地から全く跡を消すという事実と総合して，この経験は私に（スプレンゲルの研究を知る以前に）泥灰土の効能は土壌中の酸の存在に依存する，という考えを抱かせた。そして私はこの考えをすでに1829年に（メクレンブルグ農業年報第16巻で）発表した。

　この意見は若くして死んだキチェノフ (Quitzenow) のシュレーデル氏 (Schröder) に多くの圃場において1列の実験をさせるに至った。この実験はメクレンブルグ農業年報第16巻520頁に述べてある。

　粥状にされた土壌中へリトマス試験紙を挿入する時は次のような結果が生ずる——

　農舎に近い豊沃な土壌はかすかにリトマス試験紙を赤変させる。農舎からの距離が大で肥力が低下するとともに赤変する力は漸次に加わり，以前に永久放牧地となっていた農地においてははなはだ強くなる。泥灰土を施した農地および泥灰土が効かない圃場においては試験紙の色はほとんど全く変わらない。

　ここにおいて泥灰土の効能はリトマス試験紙の赤変の程度，すなわち土壌の酸の含量の大小に関係していることがわかる。また泥灰土の効能は土壌のリトマス試験紙に対する反応によってあらかじめ知りうることがわかる。

　さらに精密な実験によってシュレーデル氏は，リトマス試験紙が赤変した土地に泥灰土を施せば，試験紙の青色を再び回復したという。厩肥を施しても，やはり赤変したリトマス試験紙を，泥灰土よりも微弱ではあるが，再び青く色づける。羊の厩肥はこの点に関しては泥灰土に最も近く，次には馬，その後に牛の厩肥である。

第1編　孤立国の形態

　これから次の重要な結論が生ずる。すなわち糞尿ことに羊の糞尿は土壌中の酸を中和する——このことによって泥灰土は，肥料の十分与えられた土壌に対しては効能が小さいことも説明される。

　この経験および実験によれば酸，主として有機酸の存在は，石灰が栄養物となる条件である。ゆえに石灰は有機酸を可溶性植物栄養分に変化させる媒介物である。

　泥灰土が提示するところの経験から得た見解は，この問題がスプレンゲル教授の研究によって与えられた説明により，否定されずむしろ強められた。という理由は，スプレンゲルによれば有機酸石灰は植物に対して著しい栄養物であって，有機酸そのものは水にはなはだ溶け難いけれども，糞尿中に含まれたアンモニアによって溶解しやすくなるのである。

　鉱物性肥料と動植物性肥料との本質的差異は次の点に現われる。すなわち土壌が鉱物肥料の一定量を含有する時，同一鉱物の付加は植物成長の促進に対して全く無影響である。ところが動植物肥料の追加はつねにより豊かな植物の繁茂——もちろんつねに有利というのではないが——を結果する。

　テローおよびその他メクレンブルグの農場においては，1平方ルートに泥灰土を10立方フィート施すも20立方フィートまたは40立方フィート施すも効果においてなんらの差異を示さない。石灰含量11％および30％の2種の泥灰土が同量ずつ並んで与えられても，その結果になる収穫の状態にはなんらの差を生じなかった。最初の泥灰土が正しく与えられた所においては，第2の泥灰土を施すことはなんらの作用を示さない——ただし土壌が湿潤で悩んでおり，ギシギシが生える場合は別である。

　石膏の場合にも同様な現象が現われる。テローでなされた調査によれば，1平方ルート当たり石膏半ポンドを与えたクローバと12ポンドを与えたクローバとなんらの差異を生じなかった。また9年間1平方ルートに毎年半ポンドの石膏を施した採草地において，石膏は漸次その効力を失うように見えた。

　けれどもこのような現象も近代の化学においてその説明を見出す。植物の鉱

物質含量ははなはだ少量であって，土壌に含まれているこれら物質の量で多年間植物の必要を満たすのである。ゆえにこれら物質を植物の化学的構成以上，または土壌中にある酸の中和に必要な以上，を耕地に施す時は，残りは植生に対して無関係となるか，または粘土や砂土のように理学的にのみ作用するのである。

しかるにたいがいの鉱物質肥料が効かない土壌がある[注]。すなわちたとえばテロー農場の農舎近傍の耕地においては，泥灰土は高地ではなんらの効果も示さず，低地で僅少の効果を示すのみである。石膏も同様にここでは僅かな効能しか発揮しない。ただし石膏は農舎から遠い耕地において施用すれば大いに有効である。骨粉および食塩もまたそれらを用いて行なった試験によって，遠方の耕地においても全圃場においても同じように，今日まで効果がないことを示している。

このような土壌を高い収穫へ至らしめることは鉱物質肥料によっては不可能であって，ただ厩肥を多く施すことによってのみ可能である。

鉱物質肥料が効果をわずかしか，またはほとんど全く表わさないのは，主としてすでに永く耕作され排水のよいかつ厩肥の十分に施された土壌である。

化学的分析から，厩肥すなわちわらと混ぜられた家畜排泄物の中には，植物がその構成上必要とするすべての鉱物質がすでに含有されているという結論が出ている。だから少し以前まで規則正しくかつ十分に厩肥を与えられた耕地は鉱物質にはなんら不足しないということ，したがってそれを施用してもここでは効かないだろうということも了解される。

われわれの上述の定義に従えば有機質は以前の厩肥の遺留分から成り立っている。したがって有機質の中には作物栄養に必要なすべての鉱物質も存在している。

注) ただし次のことに注意せよ。私は窒素含有体，たとえば硫酸アンモニア，およびアンモニアの他物質との化合物は鉱物質肥料に数えないで有機質肥料に数える。

第1編　孤立国の形態

　しかし同一作物をあまりにしばしば繰り返すことによって，特に2，3の有機質成分が奪われる時には，たとえば菜種栽培によって有機質のカリ分が，クローバ栽培によって石膏が，亜麻栽培によって苦土分が消耗され，そのために有機質の成分における正常な割合が失われる時には，あるいは排水をわるくして長く休閑したために有機質が酸化した時には，あるいはまた有機質中に本来含まれていた塩類が洪水のために洗い出されて流失した時には——このような場合には，私の考えに従えばこのような場合にのみ，鉱物質の施用は大きな効果をもたらすであろう。

　重学で「有機質」と呼ぶものは化学者がそう呼んでいるものと決して混同してはならない。化学者はすべて腐敗した有機物に対して，その素材を問わずに，「有機質」なる名称を与えるのである。有機酸類が有機質の本質的成分をなすのであるが，これは糞尿中と等しく泥炭 (Torf) 中に含まれている。しかし作物の生長においては，この土壌中の有機酸が泥炭からのものか，それとも以前に与えた厩肥からのものかは重要な差異をなすのである。そして同一名称で呼ばれる2つの酸に対する植物の関係はこれらが決して同一物でないことを示している。このような理由から有機質含量に関する土壌の化学分析は実際上の植物栄養についてなんらの説明を与えていない。だからリービッヒ (Liebig) 教授によって，有機酸はそれが泥炭から得られたか，澱粉から得られたかによって炭素，水素，酸素の組成の割合が全く異なっていることを化学者が今日知ったのは，重要でありかつ将来に対してはなはだ役立つことである。

　さて有機質——重学的意味の——においてはそれが正常な状態にある限り，植物栄養に必要な鉱物質は含まれているのであって，この鉱物質をさらに加えても余分の土と同じく，ただ機械的理学的に作用するのみであるから，土と有機質との相違はそれによっても認められる。

　重学の使命は，土壌が収穫によって被る生産力の減少と，それが一定量の厩肥の施用によって得るところの生産力の増加とを，各種土壌に対して数字で示すことである。

重学それ自身にとっては，厩肥および有機質のどの成分が固有の養分をなすかはどうでもよい。ヘルモント (v. Helmont) に従えば水分，ハッセンフラッツ (Hassenfratz) に従えば炭素，あるいは新しい化学がやっているように，厩肥中に含まれている鉱物質成分のいずれが植生に対するその好ましい作用の原因であるかはどうでもよいのである。重学が問題とするのは厩肥中に含まれているすべての肥料分の総合作用の量のみである。したがってそれは農芸化学とは全く独立のものになり，観察と実験とによって見出されたところの一定量の厩肥の効果に関する数字は，糞尿のいかなる成分が真の栄養ある成分なりと今日および将来において認められようと，別に変わりはない。

　もしも糞尿はいかにして，またいかなる成分によって作用するかについて意見が一致するまで農業をしないならば，人類は飢えてしまうであろう。実際農業と同じように，重学もまたこの問題の解決するまで勉強を止めておくことはできない。

　しかし化学は，特にスプレンゲル教授がそれを農業に対してなした有効な適用によって，多くの問題を，それを解くためにわれわれは単なる観察の方法によってはおそらく100年を要するであろう問題を，たちまち明らかにし，もって重学を刺激した。化学は，有機質の成分における正常状態が破れた時に，耕地を豊沃にして実際農業者にできるだけ役立たせるためには，いかなる物質を耕地に与えねばならないか，を示すことができる。

　合理的農業者は化学の知識を欠くことができない。

———

　炭素は量的にいえば作物の主成分をなす。糞尿および有機質においてもまた炭素は最大成分をなす。土壌は糞尿，したがって炭素が欠乏すればするほど貧弱な収穫をあげる。土壌を継続して耕作すれば収穫はしだいに減少する。けれども土壌へ糞尿，それに伴って炭素が与えられる時には，その生産力を回復する。

　この単純な事実から，作物は必要な炭素を大部分土壌から取る，という考え

第1編 孤立国の形態

ができ上がる。

ところで近来リービッヒ教授はその著『有機化学』(Die organische Chemie) 56頁において次のような主張をしている——

「一般に植物は正常の発育状態においては炭素含量に関し土壌を消耗させない，反対にそれを豊富にする。」

この人を驚かす主張によって農業重学が動揺させられないにしても，リービッヒ教授の書は実におびただしい注目を引いた。そのうえ問題が植物栄養学に対して重要であって，それをここで黙って通過することはできない。

上の主張は主として次の2つを論拠とするものである——

1) スプレンゲルによれば，有機酸の1は水2500に溶解する。有機酸はアルカリ，石灰，および苦土と化合し，そして（これにリービッヒ教授はつけ加える）溶解度の同一な化合物を作る。

さらに著者〔訳注：リービッヒ〕は，どれだけの有機酸が植物の灰の中にあるアルカリ性塩基を伴って植物中へ移動しうるかを計算し，この有機酸中に含有される炭素は植物中の炭素量に比してきわめて微量なることを発見した。

著者がここで引用したスプレンゲルに従えば，有機酸カリは溶解のために2500でなく，その半分の水を要するのみである。

しかし正しくない仮定の上に立てられた計算に直接続いているのは無価値ということである。

2) リービッヒ教授の報告に従えば，2500平方メートル（約115平方メクレンブルグ・ルート）の面積に生育するのは——

 a．木材をもってすれば，年に2650ポンドの乾材，その中には1007ポンドの炭素を含有する。

 b．ライ麦を栽培すれば，2580ポンドの穀物およびわら，この炭素含量1020ポンド。

 c．カブ (Runkelrüben) を耕作すれば，18000〜20000ポンド，この中に葉を除いて936ポンドの炭素が含まれている。

d．同一面積の採草地においては平均2500ポンドの乾草を得る。この炭素1008ポンドである。

　このように2500平方メートルの採草地や森林が

　　　産出する炭素は……………………………… 1007ポンド

　同面積の耕地は

　　　葉を除いたカブで………………………………　936　〃

　　　穀物で……………………………………………1020　〃

　これに対して著者は次のような観察と結論を結びつけている――

「採草地の牧草，森林の木材は，人がそれに肥料や炭素を与えないのだから，その炭素をどこで取り出すかを尋ねなければならない。また土壌は炭素に乏しくなるどころか年々よくなるのはなぜであるかを尋ねなけれなばらない。」

「これは肥料の作物生育に対する影響を否定する意味にとってはならない。けれどもわれわれはたしかに次のように主張することができる。すなわち肥料は植物中の炭素生産には貢献しない，また肥料はそれに対して直接の影響も有していない，なぜなら肥料を与えた土地から取り出される炭素は肥料を与えない土地の炭素よりも量が多くないのだからと。肥料の作用方法の問題は炭素の源の問題とは少しも関係がない。植生の炭素はどうしても他の源から生じなければならない。しかしそれを発するのは土壌ではないのだから，これは空気でありうるのみである。」

　有機化学の著者はそのさいに次のことを看過した。すなわち灌漑または施肥によって補給を受けないところの採草地は2500平方メートルにつき乾草2500ポンドの収穫を維持することはできないのであって，年々しだいに収穫は小となり，定着状態においては以前の収穫の約4分の1を産出するのみである。

　この乾草収量の減少，したがって収穫した乾草中の炭素の減少も，空気はつねに同じように炭酸ガスの充満を示しているのであるから，前の収穫が土壌の炭素含量の一部を奪って自己の栄養としてしまったために，後の牧草収穫は土壌から比較的少量の炭素をとるためにのみ起こりうるのである。

第1編　孤立国の形態

　著者がその主張の正当なことの基礎としたことがちょうど反対を証明するに役立っている。

　植物が所要炭素を空気および土壌よりとる割合は，種類の異なる植生においてはなはだしく異なり，樹木の場合は穀作の場合と異なり，マメ科植物のばあいとも異なる——このことは重学において，実際農業においてと等しく，早くから知られかつ承認されている。この割合の算出は重学の最も重要な任務の1つであるが，同時に最も困難なものである。

――――――

　本書第1版の刊行以来16年経過した。農業重学という若い科学における私の見解は，たゆまざる細心な考察によってその後大いに完成し，多くの点において以上示したところと変化せざるをえなかった。しかしながら私は本書中に行なわれている重学上の命題に基づく計算を新しく行なうために必要な時間をそれに割くことができないから，この第2版は私の現在の見解からは根本的に異なる結果が生じても，全くそのままにしておかねばならないであろう。

　しかしながら幸いにして本書には，肥力の種々の段階において肥力と収穫との割合に関するところの，また土壌の種類を異にするとともに顕効度および土質が変化することに関する最も困難にして確定されることの少ない重学上の命題には少しも言及していない。それは本書においては肥力に関して固定状態にあり，そうして至るところ純粋休閑後8シェッフェルを産出する1種類の土壌のみについて論じているからである。

　もちろんここにおいても，しばしば同一の土壌が種々の段階の収穫において考察された。けれどもこの収穫の段階に対応する土地肥力については論じられていない。われわれは穀収8シェッフェルより大あるいは小さい土地肥力を一般にxと置き，すなわち未知と仮定しても，それによって結果においてなんらの変わりもないのである。ただ各種の経営組織の土地肥力に関する重学的計表においてこれと齟齬している。われわれの計算には，穀収8シェッフェルの大麦土壌において相対的消耗率が5分の1，肥力は1000平方ルートに400度で

あるという経験から得た命題を根底に置いている。ところで計表は穀収8シェッフェルではなく，10シェッフェルの土壌に対して計算され，その肥力は500度，したがって収穫と正比例すると仮定されたが，これは私の現在の見解よりすれば正しくない。ところでこの計表はただ比較のために用いるのであり，8シェッフェルの穀収を軸点として出発し，再びそこへ帰ってくるのであるから，これは重大な影響を及ぼさない。

穀収8シェッフェル，肥力400度に対する計表を置きかえることは，もし本書の印刷中校正刷を要求したのだったら，研究の結論を変えることなしに容易に行なわれたであろう。

私のその後の経験は本書中に用いられた重学の部分においても，2，3の数字上の変化を導いた。しかしながらこの変化は，言葉で表現された結論がそれによって動かされるという性質のものではない。

ただし菜種の収穫と肥料吸収に関するその後に集めた経験は，私の以前の仮定とはなはだ異なる結果を示したから，菜種に関する章は全く改訂した〔訳注：第1部第31章〕。

その後における私の重学上の見解の概観を読者に与え，同時に私の計算方法を示すために，付録第1号の中で，今日テローで農舎に接した耕地の半分に実施されているところの10区農業に関する最近の重学的計表を付け加えておいた〔訳注：本訳270～271頁〕。

第8章　三圃式農業経営において，耕地が同一肥力を保つためには耕地と放牧地との割合をいかにすべきか

　三圃式農業は循環の初めに肥力500度であったものがその終わりには442.2度を残しているのであるから，1循環の間に57.8度を失ったことになる。

　厩肥1台は3.2度であるから，57.8度には18台の厩肥が必要であり，三圃

第1編　孤立国の形態

式農業は同一肥力を維持するには年々これだけの補給が必要である。この肥料が耕地付属の放牧地のみから得られねばならない場合には，厩肥18台を耕地にもたらすために何平方ルートの放牧地が必要であるかが問題になる。

三圃式農業の放牧地は，掘り起こしおよび更新をしないのだから，穀草式農業の放牧地よりも大いに劣り，生産力はそれに比して約3分の2である。ゆえに乳牛1頭（またはこれに代わるべき頭数の羊）は270平方ルートでなく，405平方ルートを放牧のために必要とする。1000平方ルートの放牧地は穀草式の場合には10.1台の厩肥を生産することができるが，厩肥の生産は牧草の生産と比例するから，ここではその量の3分の2すなわち6台4分の3を産するにすぎない。

さて，放牧地が羊によって利用される場合には（羊が，夜間は休閑地の小屋 Hürde の中において寝るとすれば），放牧地が出す肥料の半分のみが耕地のために得られる。このような条件のもとにおいては1000平方ルートの放牧地から厩肥3台8分の3が耕地のために得られる。ところが耕地の厩肥必要量は18台であるから，これを得るには5333平方ルートの放牧地を要するであろう。

すなわち三圃式が肥力を自ら維持するとすれば，耕地3000平方ルートは放牧地5333平方ルートと結合していなければならない。あるいは8333平方ルートのうち，耕地は3000平方ルート，放牧地は5333平方ルートなければならない。

100000平方ルートの面積に対してはこの比例のもとに，耕地は36000平方ルート，放牧地は64000平方ルートである。

純粋穀草式にしろ純粋三圃式にしろ，採草地なしには成立しない。なぜならば家畜の冬期間の維持のため乾草が，もし高価な穀物による飼養（die Körnerfütterung）で代えられないものならば，不可欠であるからである。

しかし，研究の目的上，耕地を，金銭収入ならびに肥料生産に関して，単独にすなわち採草地と離して観察する必要がある。そこで問題となるのは，耕地と採草地とが一緒になった農場の純収益からいかにして両者の純収益および肥料生産を見出しうるかである。

孤立国　第1部

　乾草の価値は2つに分かれ，1つは飼料価値 (Futterwert)，他は乾草を与えることによって生じた肥料のもつ価値である。

　乾草の飼料価値は乳牛や羊がもたらす純益をもって測ることができる。

　乾草の肥料価値 (die Dungwert) を私は次の原理で決めている——すなわちある農場に属する同質同肥力の耕地が2分したと考える。その第1の部は採草地から生ずる肥料を全部受け，この肥料の助けによってちょうど同一肥力に保たれるほど穀物栽培を比較的多く有する穀草式農業を営むこととする。第2の部は穀物栽培と放牧区との比例が，その肥力を，かつてあったとおりに自ら維持するような穀草式を営むこととする。面積の同一な第1の部の純収益が多いのは，もっぱら肥料補給によるのであり，この補給量と貨幣収入の余分とを比較して，厩肥1台の貨幣価値を知ることができる。

　重学はこのような計算の材料を与えるものである。

　三圃式農業における耕地 (der Acker) と放牧地 (die Weide) との割合は，耕地の要する肥料の一部分が採草地 (der Wiese) から得られる場合には，いかに変化するかは次の例が示すだろう——

　耕地と放牧地とで100000平方ルートの面積に，乾草の年産額100台（1台につき1800ポンド）の採草地が付属しているとする。

　1800ポンドの乾草1台はこれを飼料とすることによって $\frac{1800}{870} = 2.07$ 台の厩肥を生じ，乾草100台によって耕地は厩肥207台の補給を受ける。

　3000平方ルートの耕地が毎年厩肥18台の補給を必要とするのであるから，207台は $\frac{207}{18} \times 3000 = 34500$ 平方ルートの耕地を養う。この34500平方ルートを全面積100000平方ルートから引いて残る65500平方ルートは，他からの補給が得られないから自ら肥力を維持しなければならない。このような条件下においては，耕地は前に研究したように，総面積の36％，放牧地はその64％であるから，65500平方ルートに対しては耕地に23580平方ルート，放牧地に41920平方ルートとなる。それゆえ

1)　採草地より肥料の補給によって肥力を維持する耕地…34500平方ルート

— 70 —

2) 放牧地より肥料の必要量を受ける耕地……………… 23580 平方ルート
　　　　　　　　　　　　耕地合計　　58080　　〃
3) 放牧地………………………………………………… 41920　　〃

穀収の低い耕地においては，同一の肥料補給量がより広い耕地面積を養うのである。

第9章　同一肥力の耕地で営まれている穀草式農業の穀収と三圃式農業のそれとの比較

　三圃式農業を7区穀草式に改める時，農場にある総肥料は，従来圃場の3分の1に施されていたが，それが今度は圃場の7分の1に対して施される。
　だからこの理由から変更後第1年においてはライ麦は以前の三圃式におけるより収穫が多くなければならない。しかしこの増収は，耕地全体の肥力の増加を意味せず——肥力は第1年においては変化を受けえない——単に肥料が圃場のある一部分にはなはだしく集積したのに基づくのである。
　ゆえにライ麦の穀収（Körnerertrag）を等しくする穀草式と三圃式農業とを決して比較してはならないのであって，両耕地の肥力が等しい場合に穀収がいかなる関係になるかを発見しなければならない。
　圃場全体の肥力は各農区の肥力の和をもって知ることができる。しかし，夏期中は植物の生育によって穀物圃場には不断の収奪が行なわれ，放牧区には不断の肥料増加が進行して，土壌中にある植物栄養物の量は刻々変わる。ゆえにわれわれは早春を観察の時点として選ぶものである。この時には生育はまだ始まらず，各農区はその収穫に基準を与える肥度を有しているのである。
　異なる農業組織をこの関係において比較しうるためには，耕地中に実際に存在する肥力のほかに，なお農舎にある前年の収穫から生産された，または生産されるべき肥料をも算入しなくてはならない。というのは1つの農業組織にお

孤立国　第1部

いては肥料は早春に搬出し，他の組織においては播種が終わった後搬出するから，単に耕地においてみられる肥力のみを考えるなら，全体として何程の肥力が一定の収穫をあげるに必要であるかの概観をすることはできない。すなわち後者の農業は農舎にある肥料なしには予定の収穫をあげえないからである。

　このような計算のための材料を第7章所載の穀草・三圃両式の豊沃度に関する表からとることができる。ただ次のことを注意すべきである。すなわち穀草式農業においては放牧を前提とするから，放牧地で産出された肥料は圃場自身にとどまって農舎へは集まらないということ，かつ1放牧区で出る肥料の量は10.1台であるからこの区の肥力は毎年 $10.1 \times 3.2° = 32.3°$ ずつ高められるということである。

肥　力　表

7区穀草式農業の肥力 穀収10シェッフェルの場合	三圃式農業の肥力 穀収10シェッフェルの場合
第1区　ライ麦の含有肥力………500°	第1圃場　ライ麦の含有肥力……500°
第2区　大　麦………………400	
第3区　エンバク……………325	第2圃場　大　麦……………400
第4区　放　牧……………265	
第5区　放　牧……………297.3	第3圃場　休　閑……………325
第6区　放　牧……………329.6	
第7区　休　閑……………361.9	
わらからの肥料は41.4台	わらからの肥料32.5台
1台3.2°であるから………132.5	1台3.2°であるから…………104
7000平方ルートに含まれる肥力 2611.3°	3000平方ルートに含まれる肥力 1329°
∴1000平方ルートには…………373	∴1000平方ルートには…………443

　ライ麦で穀収10シェッフェルをあげるために，三圃式農業は1000平方ルートの耕地に443度の肥力を要するのに対し，穀草式では373度で足る。1000平方ルートに373度の肥力は三圃式においては8.4シェッフェルをもたらすにすぎないであろう。なぜなら $443° : 373° = 10 : 8.4$ であるからである。

第1編　孤立国の形態

　三圃式で8.4シェッフェルの収穫がある耕地は，7区穀草式にした後には，全体の肥力を増すことなしに10シェッフェルの収穫をあげるであろう。換言すれば，穀収10シェッフェルの穀草式と穀収8.4シェッフェルの三圃式とは同一程度の肥力段階にあるのである。

肥　　力　　表

6区輪栽式農業の肥力
バレイショ区およびライ麦区がウィッケンの後にいずれも肥力500°を有する場合

第1区　バレイショ……………………………………	500°
第2区　大　　　麦……………………………………	400
第3区　刈取クローバ…………………………………	325
第4区　ラ　イ　麦……………………………………	299
第5区　青刈飼料用のウィッケン（施肥後）………	525
第6区　ラ　イ　麦……………………………………	500
6000平方ルートに含まれる肥力………………………	2549°
∴1000平方ルートには…………………………………	425

　輪栽式農業 (die Fruchtwechselwirtschaft) は前年の収穫物より生じた肥料のほとんど全部を，早春にバレイショおよびウィッケンに施用することができる。それゆえに農舎にある肥料に対してはここでは何も計算に入れていない。

　もし輪栽式農業の貨幣収益と穀草式農業のそれとを比較し，両組織に対してライ麦の同一穀収をとるならば，前者に対しては肥力425度の耕地の収益を計算し，後者に対しては373度の平均肥力のものの収益を計算したことになるであろう。

　このことを忘れるとはなはだ危険な誤りを招く。

　2種の農業組織の比較にさいしては，われわれは同一肥力の明らかな耕地を基礎としなければならない。穀草式では平均肥力はライ麦区の肥力に対して500度対373度であるが，輪栽式では500度対425度である。平均肥力373度の耕地に対して輪栽式におけるライ麦区は439度の肥力しかもたないであろう。なぜなら 425：500 = 373：439 である。すなわち換言すれば，穀草式が輪栽式に変えられた場合には，ライ麦区は500度でなく，いまや439度の肥力と

なり，穀収はこのために 10 シェッフェルから 8.8 シェッフェルに減じなければならない。

第 10 章　穀草式に比較した三圃式の労働節約

　私は有毛休閑 (die Mürbebrache) の労働費の計算を，無毛休閑 (die Dreeschbrache) の場合のように，多年同一農場で行なった労働計算に基づいてすることはできない。しかし私は先年 2 つの農場から，自分の観察とまた大部分は自分の計算によって，有毛休閑と無毛休閑との労働費の割合に関する資料を収集した。その後にもこの問題について比較研究する機会があった。前の資料にこの比較観察を総合して，次のような計算が出た。

ターレル　ターレル

穀草式農業における 10000 平方ルートの無毛休閑地の墾耕費………274.5
有毛休閑の場合に減ぜられる墾耕費は
　　1) 無毛地の粗耕 (das Hacken des Dreesches)………………43
　　2) 無毛地の畦の耙耕 (das Eggen der Dreeschfahre)…………17.6
　　3) 休閑地 (die Brache) の耙耕は 24.3 ターレルでなく
　　　　6.5 ターレルを要するのみだから，減少は………………17.8
　　4) 擺 (die Wendfahre) の耙耕は 21.4 ターレルではなく
　　　　16 ターレルであるから，減少は……………………… 5.4
　　5) 石礫の除去は 9.3 ターレルでなく
　　　　4.6 ターレルであるから ……………………………… 4.7
　　　　ゆえに節約されるのは ………………………………………88.5
有毛休閑地 10000 平方ルートの墾耕費[注)]……………………… 186.0

　　注)　第 1 部付録の 2. 第 10 章への注意を参照。

第 1 編　孤立国の形態

第 11 章　農舎より耕地までの距離が労働費に及ぼす影響について

　この問題に関して労働を次の 4 種類に分けねばならない——
　第 1 類　その量が全く距離に従う労働，たとえば肥料の運搬，穀物の搬入。
　第 2 類　毎日 2 回の往復を要し，しかも雨によってしばしば中止させられる労働，たとえば刈入，結束その他収納作業。私はこの障害が 1 日に 1 度起こるものとする。したがってこの種の労働に対しては往復に費やす時間の損失を 3 回と計算する。
　第 3 類　1 日に 2 回の往復を要するもので，収納のように雨によって中絶されることの頻繁でないところの労働，粗耕，耙耕，播種，築溝等がこれに属する。
　牛による粗耕はこの分類に属さないようにみえる。それは粗耕をする者は，朝に野に出で晩になって帰るのであって，労働の場所への道を 1 日に 1 回往復するからである。しかし，牛は日に 3 回交替させねばならないから道を 4 回往復し，そのため距離の大きな場合には疲労も大きいから，牛耕はこの種に属させるのが適当である。
　第 4 類　農舎で行なわれる脱穀，肥料積み込み，穀物積み降しなどのような労働。これらは耕地の農舎からの距離がどうあろうと同じである。
　圃場の施肥，および圃場からの穀物収納は各種の労働に属する。
　圃場の施肥にさいしては輓畜の労働は第 1 類に，肥料の圃場散布は第 3 類に，農舎における積み込みは第 4 類に属する。
　微細な計算は圃場施肥の総労働のうち，
　　　第 1 類に属するのは 7 割
　　　第 3 類に属するのは 1 割

孤立国　第1部

第4類に属するのは2割

なることを示した。

　穀物を収納する場合の労働中，輓畜労働は第1類に，圃場において杙へ掛けることや車へ積むことは第2類に，杙からおろすことや穀倉へ入れることは第4類に属する。

　私の計算において「荷のあげ降し作業」なる項目に総括された労働のうち，圃場における労働費用は全体の約3分の1，農舎における労働は全体の3分の2である。

　耕地の農舎からの平均距離は不整形で160000平方ルートの耕地を有するテロー農場で約210ルートである。

　この距離が変化した場合には労働費用はいかに変化するか。またこの距離が零となった場合にも残る労働費用はどの部分であるか？

　労働者の労働時間はここでは3月24日から10月24日まで（たいがいの野外労働がその間に行なわれる），平均10時間3分の2である。

　労働者は210ルートの往復に，私の観察によれば，約32分を要する。

　ゆえに1日3回往復を要する第2類の労働に対しては，毎日96分が実際の労働から失われるが，これは全労働時間の20分の3になる。

　第3類の労働については往復が64分を要し，そのために労働時間が10分の1だけ短くなる。

　平均距離の説明は，農舎の中心点から平均距離を表わす点に至る直線の長さに関するのである。両点の間に横たわっている穀物の圃場や採草地，あるいは深い溝のために労働者や輓畜は直線を進むことはできない。1つの点から他の点へ達するためには多少回り路をせねばならない。直線の長さが回り路の長さに対する割合を，すべての圃場に対し平均的に相当正確に説明することはほとんど不可能である。しかしこのような説明はなくともテロー農場の場所的事情を知っている読者は，この計算から他の農場に対する適用をすることができるであろうから，私はここで1つの見積りをあえてする——すなわちこの見積り

第1編　孤立国の形態

により，テロー農場においては，平均距離を示すところの直線の長さが実際に往復する道の長さに対し 100 対 115 の割合であると仮定する。

以上述べた観察によれば労働者は直線で 210 ルートある距離の往復に32分を要しているから，32分間に 2 回実際に歩いた道は $210 \times \frac{115}{100} = 241.5$ ルートであるということになる。

形が相似形で大きさが異なる場合には，実際に歩く道は 2 つの形の中心距離と正比例する。

同一農場においては直線の長さと回り路の長さとの比例は圃場の区分および区画の位置によって変化する。区画が農舎の方を向かないで，圃場を連結する道路に対し直角に交わるならば，少なくとも各区画の一部分については，直線は回り路に対して直角三角形の斜辺の長さが両底辺の長さの和に対すると同じ割合である。したがって二等辺三角形に対しては $\sqrt{2} : 2$ すなわち 100 対 141 の比である。

1 つの圃場の区の単位を選択するにさいしては，この要素は慎重に顧慮する必要がある。

〰〰〰〰〰〰〰

さてすでにしばしば引用したテロー農場の計算によれば，210 ルートの平均距離を有する 70000 平方ルートの耕地は穀収 10 シェッフェルの場合に

　　　耕作的費用　　569.8 ターレル
　　　収納的費用　　499.5 ターレル

である。

特殊な計算（それを実行することはここではスペースをとりすぎるであろう）によれば

	第1類労働	第2類労働	第3類労働	第4類労働
a．耕作的費用は			568.3Tlr.	1.5Tlr.
このうち距離に属する割合は			1/10	0
すなわち			56.8	

孤立国　第1部

```
    b．収納的費用は            160.1Tlr.   96.8Tlr.   13.8Tlr.   228.8Tlr.
       このうち距離に属する割合は    1        3/20       1/10        0
                       すなわち    160.1       14.5       1.4
```
である。

70000平方ルートの耕作が農舎から210ルートの距離にあり，かつ穀収10シェッフェルの場合に要する費用のうち（端数は切り捨てて），

　a．耕作的費用＝　　　　　　　　　　　　　　　　570ターレル
　　　うち，農舎からの距離によるもの……………57ターレル
　　　　すなわち全体の10％
　　　距離と無関係のもの……………………513ターレル
　b．収納的費用＝　　　　　　　　　　　　　　　　500　　〃
　　　うち，農舎からの距離によるもの……………176ターレル
　　　　すなわち全体の35.2％
　　　距離と無関係のもの……………………324ターレル

ここで与えられた耕地の収穫が労働費および
　　共通経営費を引いた後に残す地代は………………………954ターレル
今仮に距離による費用をしばらく除外し，距離＝0
とするならば，

耕作的費用570ターレルのうち節約分は………………………57　〃
収納的費用500ターレル　　　〃　　　………………………176　〃
それゆえ距離＝0の場合には地代は……………………1187ターレル
210ルートごとに地代の変化は………………………233　〃

　　　それゆえ距離　0の場合，地代は……………1187ターレル
　　　　　　　　210ルートの場合，地代は…………954　〃
　　　　　　　　420　　　〃　　　　…………721　〃
　　　　　　　　630　　　〃　　　　…………488　〃
　　　　　　　　840　　　〃　　　　…………255　〃

第1編　孤立国の形態

$$1050 \text{ルートの場合，地代は} \cdots\cdots\cdots\cdots\cdots\cdots 22 \text{ターレル}$$
$$1070 \quad 〃 \quad\quad\quad\quad \cdots\cdots\cdots\cdots\cdots\cdots 0 \quad 〃$$

穀収の少ない耕地に対しては，耕作的費用は同じで，収納的費用は収穫に比例して減少する。耕地の農舎からの距離に基づく費用に対しても同様な関係が存在する。

穀収9シェッフェルの場合に，距離に属するのは

a. 耕作的費用のうち $\cdots\cdots\cdots\cdots\cdots\cdots\cdots\cdots\cdots\cdots$ 57 ターレル
b. 収納的費用のうち $176 \times \dfrac{9}{10}$ $\cdots\cdots\cdots\cdots\cdots\cdots$ 158 〃

計　215 ターレル

ゆえに地代は210ルートの距離とともに215ターレルずつ増減する。

穀収1シェッフェルごとに距離の費用は18ターレルずつ（正確には17.6ターレルずつ）減少する。ゆえに210ルートごとに増減する地代は，8シェッフェルの穀収に対しては 215－18＝197 ターレルである。

このようにして次の表が計算された。

70000平方ルートの耕地の穀収率別地代額

耕地の農舎 からの距離	穀　　収　　率				
	10シェッ フェル	9シェッ フェル	8シェッ フェル	7シェッ フェル	6シェッ フェル
	ターレル	ターレル	ターレル	ターレル	ターレル
0	1187	975	763	551	339
（距離210ルートごと 変わる地代額）	(233)	(215)	(197)	(179)	(161)
210 ルート	951	760	566	372	178
420　〃	721	545	369	193	17
443　〃	—	—	—	—	0
630　〃	488	330	172	14	
646　〃	—	—	—	0	
813　〃	—	—	0		
840　〃	255	115			
952　〃	—	0			
1050　〃	22				
1070　〃	0				

孤立国　第1部

補　遺

A．耕地の農舎からの平均距離について

「平均距離」(mittlere Entfernung) という表現は，普通の意味とは違って用いられているので，説明を必要とする。

規則正しい形，たとえば正三角形をなしている農区の厩肥入れの際に，馬が第1，第2，第3以下続いて全地区の厩肥入れを完了するまで運んだ積荷によってひき起こされた道の距離を測定し，記録し，合計し，そのようにして見出した総数を運ばれた積荷の数で割るならば，ここで私がとっている意味の平均距離が出るのである。

そこで農舎から農区の端の方を向いた方向に農区を2等分する直線上に，上のようにして発見した平均距離を示すだけ農舎から隔たった1点をとるならば，この点が全農区のすべての部分の距離に対する代表者に等しい。そうすれば，厩肥を農区のすべての部分へ運ぶのも，すべての厩肥をこの点へ積み上げるのも，厩肥運びで歩く道の距離という点では，全く同じだろう。

もし厩肥運びの代わりに，泥灰土運びに対して平均距離を求めるなら，問題はもっと簡単になる。この場合，荷を降ろす圃場を，それはただし規則的にたとえば正方形でなくてはならないが，小さな正方形に分割し，その各中心点に1台分の泥灰土が来ると考えるのである。各中心点から四角形の一隅（炭坑）までのすべての距離の合計を中心点の数で割れば，平均距離がえられる。

私が知っている限りでは，数学は，上述の意味における平均距離の発見に用いられてはいない。今日に至るまでそのための公式は発見されていない。そういう公式を描き出すための私の多年の苦心も永い間効がなく，本書の第1版においても，私は平均距離を決定するための普遍的法則を見出すことはできないことを告白せねばならなかった。

この告白が経済顧問官サイドル氏 (Wirtschaftsrath Seidl) を動かし，この問

第1編　孤立国の形態

題の解決に従事し，直角三角形 ABC, その底辺 $AB = r$, 高さ $= x$ に対して，頂点 A から三角形のすべての点の平均距離は $=2/3\sqrt{\left(r^2+\dfrac{x^2}{3}\right)}$ であることを発見した (Oekonomische Neuigkeiten 1829年第4号)。

　ある優れた数学者の判断で承認された私の意見に従って，サイドル氏は，しかし，この公式を発見する際の彼の操作の正しさを証明しなかった。

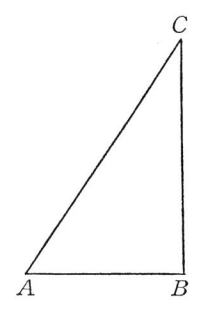

　経済顧問官サイドル氏は，積分計算によって，$\sqrt{(a^2+y^2)}$ という表現の中に変化する y から成立しているところの列の項を，各項は根の記号の下にあるにもかかわらず，根の記号は全くないかのように——それは許されない——合計をした。

　その間に，サイドル氏の私を満足させない解答のお蔭で，私は新しい研究へと進み，数年前についに長く待望した目標に達し，その正しいことを数学的精密さで証明できるひとつの公式を見つけることに成功した。

　しかしこの算式と見出した方法の説明および証明を述べることはここではあまりに多くのスペースをとり，本書の主目的をあまりに永く中断することになるだろうから，この報告は本書第2部に譲り，ここでは研究の結果を述べるのにとどめなくてはならない。

　底辺 $=r$, 高さ $=x$ の直角三角形 ABC に対して，頂点 A から三角形のすべての点の平均距離は

$$= 1/3\sqrt{(r^2+x^2)}\underset{*}{} + \dfrac{r^2}{3x}\log_e\underset{*}{*}\left(\dfrac{x+\sqrt{(r^2+x^2)}}{r}\right)$$

$r=1$ の場合この算式は，

$$= 1/3\sqrt{(1+x^2)} + \dfrac{1}{3x}\log_e(x+\sqrt{(1+x^2)})$$

サイドルの算式は $r=1$ の場合で，

$$= 2/3\sqrt{(1+1/3x^2)}$$

　＊訳注　$\log_e$ 自然対数，なお本式の＊3は2の誤りか。

孤立国　第1部

両算式の結果の比較

$r=1$ の場合の平均距離

	サイドル氏の算式によると	私　の　算　式による と	両者の間の差
$x=1/2$ の場合	0.6939	0.6935	0.0004
$x=1$	0.7698	0.7652	0.0046
$x=20$	7.7268	6.7365	0.9903

この例からわかるのは，三角形に対するサイドル氏の算式は，三角形の高さが底辺より大きくない場合はわれわれの算式とあまり差はないが，高さが底辺を何倍も超す三角形の場合は非常に大きい開きがある，ということである。$x=1$ に対しては開きはわずかに 6/10％，$x=1/2$ ではたった 6/100％，しかるに $x=20$ では 14.7％ である。

サイドル氏の算式は数学的正確さの点では主張ができないが，多くの場合に対する実用性をそのために失ってはいない。なぜなら，最終的な厳密さを言うことはできないが，あの算式は，高さが底辺の長さを超えない三角形に対しては，用いて大きな誤りがないからであるし，あの式はそれによる数字での計算が，いつも対数表の援助を受けねばならない私のものによるよりもずっと簡単かつ便利であるという点で，私の提出した算式に優っているからである。

だからサイドル氏の算式は，われわれがあらゆる特殊なばあいに対するその正確性の程度を発見できた後にも，実際の農業に対しては歓迎すべき贈物として留まっているのである。

B. メクレンブルグにおける地主の家 (Hof) の位置

メクレンブルグやポムメルンの大部分の農場所有者の家の位置を観察するとき——位置の不合理に驚かざるをえない。

明らかにそれらは最初の生成の痕跡を帯びていて，最初の植民の歴史的記念物とみるべきである。湖や，河や小川があるところでは，農場主の家はそれに

第1編　孤立国の形態

沿っており，耕地はすべて家の一方に，しばしば見えない距離に，伸びている。自然のままの荒涼としていた土地を最初に耕した人達が，その住居地を湖や河や小川に沿って建てたのは，全く正しい。なぜなら，彼はそれによって最初の必需物である水を，最も費用のかからない方法で調達したからであり，また彼が最初に耕した農地は少しばかりで，家からの距離は全くわずかであったためでもある。しかし，その後の数百年に裕福と人口とが増加し，農耕が拡張し，家畜が増えた時に——その時に家の所有者は彼の家畜を追って遠く，彼が自然の障害物，河や沼沢地等につきあたるか，あるいは境界の隣人が彼がさらに伸びるのを力をもって邪魔するところまで行くようになる。最近は家畜の放牧すらも，大部分は耕地でするようになったが，距離が遠いため，しばしばマイナスの純収益となっている。

　このようにしてわれわれの農場は発生し，時の経過の中で変わったのである。しかるに大部分の農場の家は最初の入植者が小屋を建てたその場所に依然として建っている。

　河や湖のない地方では事態はそれほど悪くはない。しかしここでもしばしば農場の境界が絡み合ったり互いに入り組んで曲っている。あるいは同時に2つの隣りあった農場の一方の耕地が他方の家の近くまで及び，かと思うとその農場の耕地は第3農場の家に近づく，ということが稀ではない。

　われわれは前に行なった計算によって，この家の位置の不規則から生ずる損失を，所与の場合について，数字で言うことができるが，事は重要であって，もう少しこれについて述べる必要がある。

　A農場は穀収8シェッフェルの70000平方ルートの耕地をもつが，その耕地はA農場の家からは400ルート，隣りのB農場の家からはわずかに100ルート離れていると仮定しよう。B農場は同じ広さで同じ質の耕地をもっているけれども，それがちょうど400ルート離れており，C農場の家と100ルートの近くにあるとする。

　もしB農場が400ルート離れている土地をCに譲渡し，その代わりに100ル

ート離れている土地をAから譲り受けたばあい，B農場の土地地代はどれほどになるだろうか？

B農場は，70000平方ルート，単収8シェッフェルであるから，

1) 100ルートの距離では土地地代は　$763-197\times\dfrac{100}{210} = 669$ ターレル
2) 400ルートの距離では土地地代は　$763-197\times\dfrac{400}{210} = 388$ 〃

交換によってB農場が儲ける地代は……………………… 281 ターレル
資本価値では，利率5％の場合…………………………… 5620 ターレル

C農場が家から100ルートしか離れていない70000平方ルートの耕地を手に入れて儲けるのは，

地代は…………………………………………… 669 〃
資本価値としては……………………………… 13380 〃

この交換によって

B農場の資本価値における利益……………… 5620 〃
C農場　　　〃　　　　　　　……………… 13380 〃

合　計　19000 ターレル

しかしA農場が70000平方ルートの耕地の
譲渡によって失う価値は……………………… 7760 〃

差　引　11240 ターレル

3農場を併せて，単に耕地の配分をよくすることによって，資本価値において11240ターレルを得たのである。

次の点を指摘せねばならない。すなわちこの土地所有権の交換によって生じた利益は，普通のいわゆるよき取引のばあいの利益の如きものではない。そのばあいは契約当事者の一方が儲けただけ他方が損しているのである。この利益はそれと異なって国民所得へのまた国富への純粋な寄与である。

建物が圃場の中央にある農場はほとんどないこと，ほとんどすべての農場が端数切捨てと交換によって利益できることを考えると，われわれはこのように

第1編　孤立国の形態

して何の代償もなしに国富に対して失われている資本の大きさに驚きかつ悲しまなくてはならない。国富へのこの損失を，メクレンブルグについて貨幣で評価しようとするならば，計算はいつも最低限数百万ターレルになるだろう。

しかし一体何ゆえにこの農場の境界はこうも換えがたいのか，換えがたいこと国境以上であるのか，と問うことができるし，問わねばならない。

交換に対して反対する第1は，従来の憑かれたような所有物への愛着である。人々は永らく所有している土地または祖先から相続してその改良のために労働と費用を投じた土地の価値は，ともすると過重評価しがちである。しかしこの愛着も，冷静な見通しや明瞭な利害とは常に衝突していることだから，もしもその他の現実的障害物が協力しなかったならば，何世代，何百年の間交換を妨げることはなかったことであろう。

この現実的障害をわれわれは次のもののなかにみる——
1) 公課の大きいこと。公課は，メクレンブルグでは，全農場を売却する場合だけでなく，一部分を売る場合にも課せられるし，また交換の場合には2重にさえ課せられる。すなわち売手買手各々の相手所有者に移した土地の各価値からもぎとられるのである。
2) 購入または売却する土地の測量，課税台帳の書き換え等々の費用。
3) 農場の債務関係。すなわち農場の土地は農場債権者全部の個別的同意なしには，売ることも交換することもできないのである。

農場全体を売却する場合の高い公課は土地の耕作に妨げとなるよりどちらかといえば好都合である。その理由は農場が1人の手から他の人へ軽率に移動することを妨げかつ減少させるからである。しかし農場の一部分の交換にかかる公課が国民福祉にとって最も有害であることは確実である。

この公課は，他の困難と結びついて，ほとんどすべての交換を妨げるほどに重いから，その廃止に何らの犠牲者はないだろう。ただ国の財政における極めてわずかな不足をもたらすだけである。その不足も補いたければ，農場全部を売却する場合の税を少し高めることによって，農業に対する損害なしに，行な

うことができる。

　第3の農場の負債関係からくる困難を退けることができるか否か，どのようにして退けるか――これについては私はあえて判断を言わない。しかし次の点は予見することができる。すなわち，われわれ旧大陸において，時代と因襲とがわれわれにからみつく束縛を解くことを知らない場合には，われわれは農業においても国民福祉においても，新大陸の新鮮で燃え立っている国に対して間もなく下位に立つことになるだろう。

　村々，そこには農民は村落をなして集まり住んでおり，彼らの耕地はかたまっているのでなく一片ずつ横たわっており，またこの一片が村落から村境にまで達しているのである。このような村々においては，土地地代の損失は，形は不恰好でも大面積にまとまった農場の場合よりも，非常に大きい。これらの村々は大農場のあらゆる不利益を受けるがその利益はなに1つ受けていない。そのような農村だけをもっている国家は，国民所得は少ししかなく，そのため外敵に対する守備に全く無力だろう。

　ここでは人力と畜力とは，圃場をだらだらとあちらへ行ったりこちらへ来たりで浪費される。そしてもしそうでなければ農業に精を出したであろう労働者家族が，恐らく2家族の生活資料を生産できる豊沃な土地で，ここでは彼らがその労働によって土地から獲得できたであろうものをほとんどすべて食い尽し，町の住人の維持のためにきわめてわずかの生活資料しか売ることができないのである。

　ここでは救済は困難である。その理由は，これら村々の遠方にある土壌は普通非常に瘦せていて，新しい建物の建設費用を支払えないし，1家族をも維持できないだろうからである。――しかしこの問題はこれ以上はわれわれの研究の対象ではない。

第1編　孤立国の形態

第12章　三圃式農業の地代決定

この地代決定は，私がテロー農場で穀草式農業に対して行なった実験を基礎として得たものであるから，ここではまずその計算の結果を掲げたい。

70000平方ルートの耕地における7区穀草式農業（穀収10シェッフェルの場合）

各区画 10000平方ルート	種子費 （ターレル）	耕作的費用 （ターレル）	収納的費用 （ターレル）	共通経営費 （ターレル）	粗収入 （ターレル）	地代 （ターレル）
第1区　休　　閑	—	274.5	—	—	21.8	—
第2区　ライ麦	143.5	2.2	217.6	—	1274.0	—
第3区　大　　麦	122.3	165.0	158.5	—	932.8	—
第4区　エンバク	125.0	125.3	123.4	—	757.8	—
第5区　放　　牧	18.5	2.8	—	—	109.4	—
第6区　放　　牧	—	—	—	—	109.4	—
第7区　放　　牧	—	—	—	—	109.4	—
合　　計	409.3	569.8	499.5	882.0	3314.6	954.0
収穫1シェッフェルごとの変化	—	—	50.0	88.2	331.5	193.3*
100000平方ルートの耕地に対しては	626.4	872.2	764.6	1350	5073.4	1460.2

〔訳注〕　* 331.5−(50.0+88.2)＝193.3

この計算は，第5章において与えた穀草式農業の地代決定の根底となっているところの計算と同じである。

　　無毛休閑の墾耕費は10000平方ルートで…………274.5ターレル
　　有毛休閑の節約する費用は第10章により…………88.5　〃
　　ゆえに10000平方ルートの有毛休閑の費用は………186.0　〃
　　これは12000平方ルートに対しては………………223.2　〃

大麦区の耕作的費用ならびにライ麦，大麦の収納的費用は穀収が同一の場合には穀草式のそれと等しい。

孤立国　第1部

100000 平方ルート，うち休閑，ライ麦，大麦が各々 12000 平方ルート，放牧地 64000 平方ルートにおける三圃式農業（穀収 10 シェッフェルの場合）

	種子費 (ターレル)	耕作的費用 (ターレル)	収納的費用 (ターレル)	共通経営費 (ターレル)	粗収入 (ターレル)	地代 (ターレル)
第1圃場　休閑	—	223.2	—	—	43.8	—
第2圃場　ライ麦	172.2	2.2	261.1	—	1528.8	—
第3圃場　大麦	146.8	198.0	190.2	—	1119.4	—
放牧 64000 平方ルート	—	—	—	—	391.0 (注)	—
合　　計	319.0	423.4	451.3	820.0	3083.0	1069.3
金ターレルでは	341.8	453.6	483.5	878.6	3303.2	1145.7

(注)　10000 平方ルートの穀草式農業においては
　　1) 放牧地の用益……………………………………91.7 ターレル
　　2) 放牧地に落ちる糞尿による厩肥搬入の節約……17.7　〃
　　　利益の合計………………………………………109.4　〃
　三圃式農業では厩肥搬入の節約はなくなる。放牧地の用益は穀草式の場合に比して同一面積で 2 対 3 の割合である。この用益が 10000 平方ルートで 91.7×2/3 =61.1 ターレル，64000 平方ルートに対して 391 ターレルとなる。

第13章　三圃式農業において農舎より耕地までの距離が労働費に及ぼす影響

36000 平方ルートの耕地に対しては前章により，
　　耕作的費用……………423.4 ターレル
　　収納的費用……………451.3　〃
これを第 11 章において行なった労働の分類に従って区分すれば

	第1類労働 (ターレル)	第2類労働 (ターレル)	第3類労働 (ターレル)	第4類労働 (ターレル)
a．耕作的費用	—	—	423.4	1.2

第1編　孤立国の形態

うち，距離に属するは	—	—	1/10	—
すなわち	—	—	42.3	—
b．収納的費用	145.9	86.8	12.3	206.3
うち，距離に属するは	1	3/20	1/10	0
すなわち	145.9	13.0	1.2	0

農舎よりの距離 210 ルートごとに増減する

　耕作的費用は……………………………………… 42.3 ターレル
　収納的費用は……………………………………… 160.1 〃
　　　　　　　　　　　　　　　合　計　202.4 ターレル

穀収 9 シェッフェルの場合に距離によって生ずるところの

　耕作的費用は……………………………………… 42.3 ターレル
　収納的費用は (160.1×9/10) ……………………… 144.1 〃
　　　　　　　　　　　　　　　合　計　186.4 ターレル

穀草式農業の耕地は可耕面積の全部にわたっている。しかるに三圃式農業は 100000 平方ルートの農場のうち耕地として利用するのは 36000 平方ルートにすぎない。

さて穀草式農業においては，農舎からの平均距離が 100000 平方ルートの耕地に対して 210 ルートであるならば，三圃式において，農舎に接近した 36000 平方ルートに対する平均距離はどれくらいの大きさであろうか？

相似形においては平均距離は面積の平方根の比をなすから，

$$\sqrt{100000} : \sqrt{36000} = 210 : x$$

すなわち　　316 ：　190 = 210 : $\frac{190}{316} \times 210 = 126$

総面積が等しい場合には，穀草式における耕地の平均距離は，三圃式におけるそれに対して 210 対 126 の割合である。

距離に属する費用は，三圃式においては穀収 10 シェッフェルの耕地 36000 平方ルートに対して，耕地の農舎からの平均距離が 210 ルートの場合に，202.4 ターレルである。

孤立国　第1部

　この費用は距離に正比例して増減する。それゆえ126ルートの距離に対しては，$210:126=202.4:\frac{126}{210}\times 202.4=$ ……………………… 121.5 ターレル

　　このうち耕作的費用は……………………………… 25.5　〃
　　　　　収納的費用は……………………………… 96.0　〃

である。

　してみると三圃式農業は，同一面積の場合に，穀草式よりも農舎に近く耕地を有していることのために費用を節約するのである。すなわち，

　　耕作的費用で　42.3－25.5＝ …………………… 16.8 ターレル
　　収納的費用で　160.1－96.0＝ …………………… 64.1　〃
　　　　　　　　　　　　　　　　合　計　80.9　〃

の節約である。

　穀収9シェッフェルの場合にはこの節約は

　　耕作的費用で………………………………………… 16.8 ターレル
　　収納的費用で　$64.1\times\frac{9}{10}$ ……………………………… 57.7　〃
　　　　　　　　　　　　　　　　合　計　74.5　〃

　　　　　穀収10シェッフェルの三圃式農業の場合

	種子費 (ターレル)	耕作的費用 (ターレル)	収納的費用 (ターレル)	共通経営費 (ターレル)	粗　収　入 (ターレル)	地　代 (ターレル)
平均距離210ルートの場合	319	423.4	451.3	820	3083.0	1069.3
平均距離126ルートの場合に節約されるのは	—	16.8	64.1	—	—	—
差　　引	319	406.6	387.2	820	3083.0	1150.2

　これを金ターレルで表わせば

穀収10シェッフェルに対しては	341.8	435.6	414.8	878.6	3303.2	1232.4
1シェッフェルごとの変化	—	—	(41.5)	(87.8)	(330.3)	(201)
穀収9シェッフェルに対しては	341.8	435.6	373.3	790.8	2972.9	1031.4

第1編　孤立国の形態

もし種子費および粗収入を全部穀物で表わし——ライ麦1シェッフェルを1.291ターレルとして計算する——労働費および共通経営費を4分の3は穀物で，4分の1は貨幣で表わすならば，上述したところから次の表が得られる（端数は切り捨て，またはラウンドしてある）。

100000平方ルートの三圃式農業

穀収	種子費 ライ麦	耕作的費用 ライ麦　貨幣	収納的費用 ライ麦　貨幣	共通経営費 ライ麦　貨幣	粗収入 ライ麦	地　　代 ライ麦　貨幣
S. 10	S. 265	S.　　Tlr. 254＋109	S.　　Tlr. 241＋103	S.　　Tlr. 510＋220	S. 2560	S.　　Tlr. 1290－432
穀収1S.ごとの変化	—	—	(24＋10)	(51＋22)	(256)	(－181＋32)
9	265	254＋109	217＋93	459＋198	2304	1109－400
8	—	—	—	—	—	928－368
7	—	—	—	—	—	747－336
6	—	—	—	—	—	566－304
5	—	—	—	—	—	385－272
4	—	—	—	—	—	204－240
3.5	—	—	—	—	—	113－224

訳注：Schfl. を略してS.で示す。

第14章(A)　穀草式農業と三圃式農業における地代の比較

この2つの農業組織が生むところの地代を互いに比較しようと欲するならば，双方に対して同一土壌，同一面積のみならず，耕地の同一平均肥力を基礎とせねばならない。

しかるに，穀草式農業でライ麦10シェッフェルの収穫がある圃場は，肥力は同一でも，三圃式の場合には8.4シェッフェルの収穫があるのみであることを第9章において見た。

ゆえにある与えられた関係に対し，2つの農業組織のいずれが有利になるか

孤立国　第1部

を見るためには，穀収 10 シェッフェル の 穀草式農業の地代と穀収 8.4 シェッフェルの三圃式農業の地代とを比較せねばならない。

第5章によれば100000平方ルートの耕地の地代は

　　穀草式で穀収 10 シェッフェルの場合……………… 1710 Schfl.－747 Tlr.
　　前章より，三圃式で穀収 8.4 シェッフェルの場合… 1000　〃　－381　〃
　　同じく穀収 8 シェッフェルの地代は………………… 928　〃　－368　〃
　　1 シェッフェルごとに地代の増減 181 Schfl.－32 Tlr.
　　$\frac{4}{10}$ シェッフェルでは (181 Schfl.－32 Tlr.)×$\frac{4}{10}$＝ … 72　〃　－ 13　〃
　　ゆえに穀収 8.4 シェッフェルに対しては………… 1000 Schfl.－381 Tlr.

したがって，地代の額は

a．ライ麦 1 シェッフェルの価格が 1.5 ターレルの場合

　　穀草式では……………………………… 1710×1.5－747 ＝ 1818 ターレル
　　三圃式では……………………………… 1000×1.5－381 ＝ 1191　　〃
　　　　穀草式の地代が多い………………………………… 699 ターレル

b．ライ麦 1 シェッフェルが 1 ターレルの場合

　　穀草式では……………………………… 1710×1－747 ＝ 963 ターレル
　　三圃式では……………………………… 1000×1－381 ＝ 619　　〃
　　　　穀草式の地代が多い………………………………… 344 ターレル

c．ライ麦 1 シェッフェルが 0.5 ターレルの場合

　　穀草式では……………………………… 1710×0.5－747 ＝ 108 ターレル
　　三圃式では……………………………… 1000×0.5－381 ＝ 119　　〃
　　　　穀草式の地代が少ない……………………………… 11 ターレル

推　論　それゆえ穀草式が絶対的に三圃式に優るということはなく，いずれの経営組織が実行上有利であるかは，穀価によって決定されることがわかる。穀価が非常に低い時は三圃式，高い時は穀草式農業が行なわれる。

ライ麦 1 シェッフェルの価格 0.437 ターレルに対して穀草式の地代は零となる。

第1編 孤立国の形態

$$1710 \times 0.437 - 747 = 0$$

その場合に三圃式の地代は56ターレルである。

$$1000 \times 0.437 - 381 = 56$$

推論 穀価が低く穀草式では費用が支払われない場合にも，三圃式によればなおよく有利に経営される。

穀草式によっても三圃式によっても地代が同じ高さであるような穀価が存せねばならない。2組織の地代を示す式を等しいと置く時はこの価格が求められる。たとえば穀収10シェッフェルに対して

$$1710 \,\text{Schfl.} - 747 \,\text{Tlr.} = 1000 \,\text{Schfl.} - 381 \,\text{Tlr.}$$

であるならば $1\,\text{Schfl.} = 0.516\,\text{Tlr.}$ である。

ライ麦の価格が0.516ターレルより高ければ，この耕地に対しては穀草式が有利であり，低ければ三圃式がより大きな純収益をもたらす。

われわれの孤立国においては，都市におけるライ麦の価格は1.5ターレルであるから，第4章によれば，都市から29.9マイル隔たった農場における価格は0.516ターレルである。もし孤立国の平野がわれわれの仮定した穀収8シェッフェルでなく10シェッフェルであるならば，穀草式農業は都市から29.9マイルまで達し，そこで終わって三圃式農業が代わって占めるであろう。

価格がさらに低下すれば，三圃式の地代も減少し，ついに零になる点に達しなければならない。それが起こるのは

$$1000\,\text{Schfl.} - 381\,\text{Tlr.} = 0$$

すなわちライ麦1シェッフェルが0.381ターレルの場合である。

この価格は都市から34.7マイルの距離にある農場において現われる。

この肥度〔10シェッフェル〕に対しては，土地は三圃式で34.7マイルまで耕作されることができる。したがって三圃式農業の占める同心円の幅は，その場合34.7−29.9＝4.8マイルである。

以上10シェッフェルの収穫に対して行なった計算を肥力の低い耕地に対して適用し，私は次のような表をまとめた。

孤立国　第1部

同一肥力のもたらす穀収		三圃式の与える地代	三圃式の地代が零となる	
穀草式で	三圃式で		穀　価	市場距離
Schfl. 10	Schfl. 8.4	Schfl.　Tlr. 1000－381	Tlr. 0.381	マイル 34.7
1シェッフェルに伴う変化	(0.84)	(－152＋27)		
9	7.56	848－354	0.417	33.3
8	6.72	696－327	0.470	31.5
7	5.88	544－300	0.552	28.6
6	5.04	392－273	0.697	23.6
5	4.20	240－246	1.025	13.3
4.5	3.78	164－232.5	1.418	2.2
一般項　$10-x$	$(10-x)\frac{84}{100}$	$1000-381-152x+27x$	$\frac{381-27x}{1000-152x}$	
∴5.4 の場合	4.53	──	0.854	18.6

同一肥力のもたらす穀収		地　　　代		両組織の地代等しくなる時	
穀草式で	三圃式で	穀草式に対して	三圃式に対して	穀　価	市場距離
Schfl. 10	Schfl. 8.40	Schfl.　Tlr. 1710－747	Schfl.　Tlr. 1000－381	Tlr. 0.516	マイル 29.9
9	7.56	1439－694	848－354	0.575	27.8
8	6.72	1168－641	696－327	0.665	24.7
7	5.88	897－588	544－300	0.816	19.8
6	5.04	626－535	392－273	1.120	10.5
5	4.20	355－482	240－246	2.052	
4.5	3.78	220－455.5	164－232.5		
一般項　$10-x$	$(10-x)\frac{84}{100}$	$1710-747$ $-271x+53x$	$1000-381$ $-512x+27x$	$\frac{366-26x}{710-119x}$	
∴5.4 の場合	4.53	──	──	1.5	0
6.3　〃	5.3	──	──	1.0	14

　これらの表をよく見れば，ある与えられた穀価において，沃地は穀草式により，瘠地は三圃式によってよりよく利用されるということ，またある地方において穀価が一定であっても土壌の生産力が種々異なる場合には，穀草・三圃両

第1編　孤立国の形態

同一の肥力		三圃式農業の		
穀草式にて穀収	三圃式にて穀収	始まる点の都市よりの距離	終わる点の都市よりの距離	幅員
シェッフェル	シェッフェル	マイル	マイル	マイル
10	8.40	29.9	34.7	4.8
9	7.56	27.8	33.3	5.5
8	6.72	24.7	31.5	6.8
7	5.58	19.8	28.6	8.8
6	5.04	10.5	23.6	13.1
5.4	4.53	0	18.6	18.6

式が並存するのは合理的でありうるということがわかる。それゆえたとえばライ麦1シェッフェルの価格1ターレルの場合に，もしも耕地が穀草式ならば6.3シェッフェル，三圃式ならば5.3シェッフェルをあげる肥力を有する場合には両農業組織の地代は同じである。この場合にはどちらの農業組織を行なってもよい。ただしすべての土地は穀草式によれば収穫量は多く，三圃式によれば少ない。しかしながら，土地の肥力は変化しうるものであって，それは多かれ少なかれ農業者の手中にあるものである。それゆえ穀価が変わらない場合にも，肥力のみを増加することによって同一農場に対してより高級な組織が合理的また有利になりうる。

　われわれの孤立国においては同一肥力の土地を扱うのみであるから，もし収穫が8シェッフェルではなくて5.4シェッフェルであったら，穀草式は三圃式によって（たとえ穀価は1.5ターレルであっても），完全に駆逐されるであろう。すなわちこの場合には，もしも第1圏の土壌が都市からの肥料購入によって高度の肥力を維持しないならば，三圃式は都市の入り口まで達するであろう。

　推　論　低廉な穀価と土壌の貧弱な生産力とは経営組織に同一の作用を及ぼし，いずれも三圃式農業に導く。

孤立国　第1部

第14章(B)　解　説

孤立国においては次のことを前提としている。
1) 農業はすべて合理的に (mit Konsequenz) 経営されること,
2) 土地の肥力に関しては農業が固定状態 (im beharrende Zustand) にあること,
3) 土壌は（自由式農業圏を除き）すべて7区穀草式において純粋休閑の後に穀収8シェッフェルをあげうるような生産力を有すること,

　これらの前提を総合すると，孤立国で見ている土壌の性質に対しては，およびそれを支配している関係のもとにおいては，土壌を8シェッフェルの点以上に肥やすことは有利でなく，また肥力をこの点以下に落すことも同様に合理的でないだろうということがわかる。

　これらの前提が互いに撞着しないか，ことに収穫量が8シェッフェルの場合に土地を肥やすことがより有利ではないだろうかの問題は——2種の別の研究を混同してここに求められている明瞭さが失われるであろうから——ここの問題ではなく，本書第2編の研究対象とするであろう。

　ここでは問題は，各種農業組織の貨幣収益を，同一肥力の土壌に対しかつ農業が固定状態にとどまる条件のもとに，研究し比較することである。そしてこの問題が解けた時はじめて，いかなる場合に，また，いかなる程度に土地を肥やすことが利益であるか，の問題を言い，解答を試みることができるのである。

　しかしわれわれの研究を始めうるためには，一定の土壌生産力を基礎に置かねばならない。そして実際に全国の平均収量として出てくるものとあまりかけ離れないために，私は孤立国の穀収を8シェッフェルと仮定した。詳しくいえば，われわれに課せられた問題に対し，この穀収8シェッフェルという仮定

第1編　孤立国の形態

が，合理性と完全に一致し適合すると見なされなければならない。

　すなわち孤立国には8シェッフェル以外の穀物収穫はないわけである。にもかかわらず，前表において土壌に対して5～10シェッフェルの収穫の段階を掲げて観察したのである——これは説明を要する。

　もし現実において，孤立国と同じ種類で同じ関係のもとにある土壌があって，それがわずかに5シェッフェルの収穫をもたらすのであるならば，合理的経営においては，収穫が8シェッフェルに達し，したがってまた三圃式でなく穀草式になるまで土壌を肥やさねばならない。しかしながら，実際においては珍しくないが，経営がしばしば合理的に行なわれないで，土壌の肥力が低い点に固定するならば，かかる場合には三圃式が穀草式よりも有利である。

　孤立国では8シェッフェルの穀収が存在するのみであるのに，前の表で土壌の収穫量がいろいろな段階に立つものとして掲げたが，その収穫量の段階は，孤立国と等しい条件下にあるにかかわらず，これらの低い収穫量に固定してしまって，合理の法則に従わない実際の経営に属するものである。

　ここで基礎にしたものと違う種類の土壌においては，合理的経営においても固定する収穫は8シェッフェルとはならない。砂質土壌（Sandboden）では低く粘質土壌（Thonboden）では高いだろう。

　それゆえ孤立国で異なる土壌を順次基礎とし，その結果を並べてみるならば，合理的経営の場合といえどもいろいろな収穫量の階梯を得るであろう。

　しかし土壌が違えば耕作費用が大いに異なるから，それ［耕作的費用］は各種の土壌について別に計算しなければならない。したがってこれらの土壌の地代は前表の中の同一穀収に対し計算した地代とは著しく懸隔することにもなろう。——たとえばライ麦の価格1シェッフェルにつき1.5ターレルに対して，われわれの計算によれば，三圃式の地代はすでに穀収3.7シェッフェルの場合に消滅しているが，砂土においては三圃式農業は3シェッフェルの場合にも経営されうる。

　実際においてはおそらく穀収2.5シェッフェルで継続する三圃式農業もある

であろう。しかしこのような場合には農業者は普通副業を営んでそれで生活する。ゆえに農業が現存する建物の利子を支払っているか，また耕作は継続されているが地代はマイナスではないかが，つねに研究されねばならない。

第15章　穀草式および三圃式農業における厩肥生産ならびに穀物栽培面積の比較

　ここでは肥料を外部から仰ぐことなく，自己自身で同一肥力を維持するような穀草式および三圃式農業のみを論ずるものであることは，前に述べたところであり，研究の進行から明瞭である。
　三圃式農業では，放牧によって生ずる肥料の半ばは，耕地したがって穀物に達せずに失われる。そしてこの放牧自身が生産力に乏しい。このように肥料の生産が小さいために，自ら同一肥力を維持しようとすれば，三圃式は100000平方ルート中わずかに24000平方ルートだけ穀物を栽培しうるにすぎない。
　これに反して，穀草式はよりよき放牧地に生ずる肥料を完全に利用し，そのために穀草式は面積の7分の3，すなわち100000平方ルート中約43000平方ルートに穀物を栽培することができて，しかもなお自ら肥力を維持する。
　このように穀草式は肥料生産量が大きいことによって，三圃式よりも広い面積に穀物を栽培できるが，穀価低廉の場合には三圃式がかえって穀草式よりも有利であって，穀草式が純収益マイナスとなり，したがって中止しなければならない場合にあっても，なおよく存続しうる。
　すなわち穀価のはなはだ低い場合には，穀草式における多額な肥料生産に要する費用が，穀物を栽培する比較的大きな面積から生ずる収穫によって償われえない。換言すれば肥料がその価値以上に費用を要するのである。
　逆に，穀価が高い場合，また土壌の生産力がはなはだ大きい場合，あるいはまたこの2つの原因が共働する場合には，穀草式の地代は三圃式の地代をはるか

に凌駕する。たとえば穀収10シェッフェル穀価1.5ターレルに対して100000平方ルートの地代は

 穀草式によって利用されるならば………………………… 1818 ターレル
 三圃式によって利用されるならば………………………… 1119　　〃
 よって穀草式の収益超過額………………………………　699 ターレル

この場合には穀草式における肥料生産が要する費用は，この肥料が穀作拡張によってもたらされる利益によって消えてしまうのである。

第16章　肥料生産の大きい農業組織

以上論じたところから，穀価がはなはだしく騰貴し，かつ土壌の生産力が大きい場合には，ついには穀草式農業におけるよりも厩肥をより多く生産しても優に引き合う点に達するに相違ないという結論になる。

こうしてより高度の肥料生産が可能であることは明瞭である。なぜなら，
1) 穀草式には，他の点では有用であるが，肥料生産力が放牧の5分の1しかなくあまり役に立たない純粋休閑 (die reine Brache) がある。
2) 放牧そのものがいつも，施肥後3穀作をあげたところの，したがって肥力の衰えたところの区画へくるので，本来可能なだけの生産力を発揮していない。

休閑の利益は主として次の点にある——
1) 休耕地 (der Dreesch) は休閑耕 (die Brache) によって僅少の労力をもって冬穀を作ることができるようになる。休耕地は早春に耕耘して作付するようにもできるが，これは労力を多く要し，夏季（夏季には草の腐敗が耕耘の助けになる）における普通の休閑耕よりも3～5割多く経費がかかる。
2) 土壌の肥料および有機質分が休閑によって有効となる程度はいかなる前作物も及ばない。

孤立国　第1部

　たとえば休閑の後ライ麦6シェッフェルをあげる土壌は，青刈ウィッケンの後には約5シェッフェルを与えるにすぎない。年によりまたある種の土壌によりこれの例外はあっても，休閑は冬穀に対する最上の準備なりという原則は覆えされえない。もちろん，数でいい表わした（6対5というような）割合は土壌，耕耘および気候の差異によってはなはだしく異なりうるだろう。

　ウィッケンの後にライ麦の収量が減ずるのは，ウィッケン収穫後耕地が休閑地と同一肥度を有してもこのことが起こるところをみると，ウィッケンのために地力が消耗されるからばかりではなく，土壌の耕耘状態が不完全であること，および土壌中の肥料分ならびに有機質全体のうち植物の栄養になるように適当になっている部分が少ないこと（それを私は「肥料有効度が小さい」という表現によって示す）から起こるのである。

　前作物（ここでは休閑作物）の利点として貸方にあげられるのは
1）　得られた家畜飼料の価値
2）　飼料の生産が土地から奪う以上に飼料が付加する肥料価値——これによって穀作の拡張が可能になる。

　前作物の借方は
1）　耕作的費用の増加
2）　種子費がかかること
3）　前作物の直後にくる冬穀の減収

である。

　そこで穀価がいくらの時に，また耕地の穀収がどれほどの時に，前作物（休閑作物）の貸方がその借方とつりあうかという問題が生ずる。

　このような算定をなすべき材料が与えられているならば，穀草式と三圃式との境界を決めた場合のように，必ず明瞭にいい表わされなければならないであろう。だがこの計算ははなはだ複雑になり，私はこれをなおまだ行なうことができない。それは一方においてまず青刈飼料の肥力消費を（今日まで行なわれているよりも）精細に計算したいのと，他方このような計算の実行に要する時

第1編　孤立国の形態

間をそれに用いることができなかったためである。ゆえに私はここでは計算をすれば現われるであろうと私の信ずる要点を述べるにとどめる。

　耕地の肥力が普通ならば，穀価がきわめて高い場合にのみ休閑をなくすることが有利でありうる。思うに労働の増加は穀価の高騰によって容易に償われるけれども，冬穀減収が純収益に及ぼす影響は甚大であって，拡張された穀作，全面積の約半ばに達する穀作はこの損失を補うことは困難で，穀価がはなはだしく高い場合にのみ，できるだろう。

　得られた飼料の価値は孤立国（そこでは未墾地との競争のために畜産物の価格が低く，飼畜は——後に示すであろうように——その純収益はきわめてわずかであるかあるいはまた皆無である）におけるような関係のもとにおいては，この損失を補うために大して役立たない。

　しかし生産力のはなはだ高い土壌をみるならば，この関係は大いに異なる。

　耕地の肥力の増加につれて穀収もある点までは増加する。

　穀収の増加は肥力の増加のように無限ではありえない。その限界は植物の性質の中にあるのであって，植物はいかに養分豊富であっても一定量の大きさと収穫とを越えることができない。土壌の上に播種された植物が極大の収穫をあげうる肥力を土壌が有するならば，その上へさらに肥料を加えるのは無用であり，穀物の倒伏，またそのために減収を招いて有害ですらある。

　ある土壌のライ麦収穫の極大を 10 シェッフェルとし，いまこの土壌の肥力を 5 分の 1 高めて，植物の性質が許すならば土壌は 12 シェッフェルを産出する可能性を得たとすれば，この土壌では純粋休閑後には倒伏を見るであろう。しかしもしも休閑の代わりに青刈ウィッケンが作られたならば，土壌中の厩肥および厩肥の残りの作用は弱められて，その土壌は今度も 10 シェッフェルの収穫をあげるであろう。

　この場合には，休閑作物の次の冬作に対する害は全くなくなり，休閑作物の借方には耕作的費用増加，および種子費のみが残るが，これは普通の穀価の場合にすでに肥料生産の増加およびそれに伴う穀作の拡張によって償われる。

孤立国　第1部

　それゆえにこのような関係においては，休閑をなくすることが合理的なのは疑いのないところである。ただし，土壌の物理的性質および気候が休閑を絶対的に必要とするようなものではないことを前提とする。

　休閑がなくなるとともに，穀草式農業の全形態が変化する。休耕地を休閑作物のため耕耘するのを容易にするためには，休耕地を3年間でなく1年，せいぜい2年間放牧しておくほうが利益であることを発見するであろう。純粋休閑がないと起こりやすいところの耕地の荒れることを避けるために，作物が次々とよく繁茂する順序に特別の注意を必要とする。作付順序の選定は各作物に対して最良の耕耘を行なうことができ，また取り去られる収穫が土壌の肥力をできる限り有効な状態で後作物に残すように行なわれるであろう——この注意は穀草式においても不要ではないが，たいして必要ではなく，そこでは他のことを優先的に顧慮しなければならないのである。——一言にしていえば，土壌の高い生産力が穀物の高価格と結びつくと，穀草式農業を輪栽式農業へ推移するのである。

　ある与えられた土壌に対し，ライ麦の平均収穫量の極大が10シェッフェルである時には（これは7区穀草式農業で1000平方ルート中に373度の平均肥力を前提とするものである），この農業組織においては373度以上の肥力の増加は利用の道がない。なぜなら肥料増加はただ倒伏，したがって減収をもたらすであろうから。穀草式農業を農業の限界と考える者は，この肥力を有する土壌においては，圃場に腐植土 (Moder) や泥灰土 (Mergel) を発見しても，これを利用することが全くできないか，あるいは，それらを用いて耕地に与えたものを穀物の播種量増加によってたちまち奪い去ってしまうため，より大きな生産力を耕地に付与することができないか，どちらかである。

　しかるに輪栽式農業になると，それよりはるかに大きい肥力を有効に用いることができる。なぜなら，

1) 肥力を全農区に均分するため，穀収10シェッフェルをあげるには，より大きな平均肥力が必要である。

第1編　孤立国の形態

2) 前作物によって肥料の有効度が減ずるから，ライ麦区が10シェッフェルの極大収穫をあげるためには，ライ麦区の肥力が非常に高くなくてはならない。

第1の理由から（第9章によって），ウィッケンの後のライ麦区が500度をもつためには，6区輪栽式農業の平均肥力は425度であるのだが，第2の理由により10シェッフェルの収穫をあげるには600度の肥力を必要とする。

バレイショの収穫の極大と青刈飼料のそれとは穀物の場合のように関係が密接でなく，これらは500度以上の土壌に栽培するのが最も有利である。いま各区相互間の肥力関係を，第9章に与えられたとおりに維持しようとすれば，ライ麦の穀収10シェッフェルの場合，バレイショ区も600度を維持し，そして平均肥力はその場合には5分の1高められて425度から510度になるだろう。

輪栽式においては肥力は冬穀に対してのみ穀草式よりも小さい有効度をもち，バレイショ，夏穀，青刈飼料に対してはそうでないから，この農業の純収益もまた穀収10シェッフェルの穀草式よりもはなはだ大きいのである。

こうして穀草式ではただ373度の平均肥力が有効に利用されるのみであるのに対し，輪栽式では510度の平均肥力が有効な生産的な使途を見出すのである。すなわち輪栽式は510度の平均肥力を有効に土地に基礎づけることができるのに穀草式は373度にすぎない。

消費が生産によってちょうど満たされ，したがって穀物を輸出もせず輸入もしない国においては，人口は必ず生産された生活資料とある割合に立っている。さて穀草式農業は同一面積から産する生活資料の量が三圃式よりは多いが輪栽式よりはなはだ少ない（ただし穀収が3つの農業組織において等しい場合である）。穀収10シェッフェルの穀草式が1平方マイルに3000人養うならば，三圃式は2000人，輪栽式はおそらく4000人の生活資料を1平方マイルで生産するだろう。

輪栽式はよい土地をよく利用するための第1の方法であるが，瘠せ地に対しては他の組織ならば生じたであろうところの純収益を失うものである。

孤立国　第1部

　休耕放牧区が1年間にあげるイネ科牧草 (Gras) の量を計算し，刈取赤クローバ (rote Mähklee) の乾草収穫量と比較するならば，同一肥力の土地の場合でも産額に著しい差があって，刈取クローバのすぐれていることを発見するであろう。

　この刈取クローバがまさっていることは，放牧地の牧草が赤クローバである時にもしかりであるから，放牧地の草が生育中始終食べられたり踏まれたりするのは，イネ科牧草やクローバの生育にははなはだ有害であることがわかる。

　ゆえに休耕放牧地を青刈牧草の畑にすれば，肥料の産出と飼料の獲得とが著しく増す。——これは放牧の代わりに舎飼を導入する。

　舎飼によって多くなる肥料生産量をもって，穀作がもう一度拡張されうる。すなわち，概略の計算で，放牧のある輪栽式農業が耕地の約50％に穀作をすることができるならば，舎飼を行なう輪栽式農業は55％を穀作に供することができ，しかも同一程度の肥力を維持するであろう注)。

　温暖な気候では豊沃な土壌に穀物を収穫した跡へカブやオオツメグサ (Spörgel) などのような裏作物を栽培することができる。これはいわば循環の促進であって，寒い国において2年を要する2作物を1年で栽培するのである。この刈跡作物はつねに家畜飼料に用いられ，そしてこれには飼料として与えることによってその生産に費やした以上の厩肥を産出するところの作物ばかりが選ばれるから，穀作の肥料分吸収は刈跡作物の肥料生産でちょうどつりあう。穀作によって被った肥料分の吸収は，刈跡作物の与える補填によって補われるのである。だからこの農業が穀物と販売作物とを総面積の6～7割栽培して土壌の肥力を消耗しないのは不思議でない。

　注）ここでは7区穀草式農業で肥料の補給なしに肥力を保ちうるような良好な土壌のみについて言っているのである。より劣等な土壌に対しては，むやみに穀作を広げることは失敗に帰する——もしライ麦でなく小麦が栽培されるならば，良好な耕地においてもしかりである。

第1編　孤立国の形態

　しかし豊沃な土壌でどっさり得た収穫が費用を償うためには，上述の土壌が豊沃であるほかに生産物の価格の高いことが必要である。

　ある信ずべき学者の実験によれば，赤クローバは多くの地方において，肥力を消耗しないでかえって土壌を肥沃にする作用をするという。

　メクレンブルグにおいては反対に，研究および一般的考えは，赤クローバは土地を消耗させる作物とみなすべきであるという結論になっている。

　またメクレンブルグや新ポムメルン（Neu-Pommern）では次のことがしばしば注意されている。すなわち三圃式から穀草式へ変わった圃場は，最初の循環にはクローバが赤も白もよくできるが，後には肥力を増しても泥灰石を施しても，最初のような大きなクローバの収穫がないということである。

　これらの一見矛盾する事実はどこに共通の原因を発見するか？

　肥料の中に穀類には吸収されないがクローバには非常に適したある要素——これが何であるか，何と称するかはどうでもよい——があると仮定すれば，これらの現象は1つの観点から了解できるように私には考えられる。

　すなわちすでに長い間耕作され，従来は穀物だけを栽培していた土壌にクローバを作れば，クローバは以前の施肥の残りのような物質を土壌中に見出し，自分にちょうど適した養分が並はずれて過剰に存在するために大いに繁茂する。土壌はクローバによって穀作に無関係の要素を失って，逆にクローバの根や株によって穀物に有効な肥料を残す。この時は穀物は自己に適する栄養分の多量を見出すであろう。そしてもしこのクローバの前後における穀物のできを肥力消費の尺度に取るならば，クローバは肥力を奪うどころか肥力を増すもののようにみえるであろう。

　しかしながらクローバが規則正しい作付順序の中へ取り入れられて，特殊の養分が尽きるまで繰り返される時には，それ以後の循環においては，この特殊要素は，新しく与える肥料が含有しているだけしかない。しかしこの量はクローバの栄養に不足であるから，クローバは穀物に適する養分を多量に奪い，もはや土壌を豊沃にしないで消耗させる姿を呈するのである

孤立国　第1部

　おそらく赤と白とのクローバに適する要素は同一物ではないにしても類似のものであろう。そして穀草式においては白クローバは各循環において全圃場に生ずるから，ここにクローバ養分の蓄積は存在しない。さて交代としてこの土壌へ赤クローバを持ってくるならば，クローバは大部分穀物に適した物質で生育しなければならず，したがって肥力を消耗するようにみえるのである。

　この説明が根拠づけられるにしても根拠づけられないにしても，私は私の実験と観察とによって，青刈ウィッケンおよびクローバに——それが各循環において規則正しく繰り返される時には——土地を肥やす力を認めることはできない。私は多量の飼料を産出し規律的にこれを繰り返す時は，土壌中に肥力を見出す分量においてのみ生育するこれらの作物は，土壌を消耗する作用をなすとしなければならない。しかし赤クローバは，それの生産に要する肥料を差し引いても——その適地においては——この土壌で休耕放牧をして得られるであろうよりはるかに多くの余剰の肥料を生ずることは確実である。

　舎飼を放牧に比較した場合，その利益となるのは：
1) 飼料の増加
2) 肥料生産の増加，それによる穀作の拡張である。

損失となるのは：
1) ウィッケンおよび赤クローバの播種が放牧のクローバ播種よりも費用を多く要すること
2) ウィッケン栽培のために増加した耕作的費用
3) 農舎へ青刈飼料を搬入する費用
4) 青刈飼料から生ずる厩肥の搬出費——これは放牧の時には全くない。

　舎飼にしたために生ずる費用は小さくない。そして価値の高い土地においてのみ穀作拡張および飼料増加がこの費用を償って余りあることができる。

　生産力の小さい土壌はこの費用を償いえない。ことに予期された飼料および肥料の増加がかえって減収になるような土壌に対しては，この経営法はますます有害である。それはこの場合飼料用葉菜 (die Futterkräuter) は全くだめで，

放牧クローバや放牧イネ科牧草よりも収穫は少なく，種子の費用を回収することも困難であるためである。

穀収 10 シェッフェルの穀草式農業においては農舎から 535 ルート隔たった耕地でも第 11 章によると農舎に近接した耕地の半分の価値である。

舎飼を有する輪栽式農業においては，農舎からの距離に比例する労力，すなわち収穫物搬入および厩肥搬出の労力がはなはだ多くなる。ここで穀草式に対して行なったと同様な精細な計算をしたならば，おそらくこの農業組織に対しては農舎から 300 ルート隔たった耕地がすでに農舎付近の耕地の価値の半分に下がっていることを見出すであろう。

だから舎飼を有する輪栽式は，小農場の場合にのみ全面積にわたって行なわれるものであること，大農場においては，土地の価値の高い場合でも，この組織は近くの耕地にのみ有利に行なわれうること，遠方の耕地は穀草式によるのを有利とするということはおそらく確実にいうことができるだろう。

土地の価値が高い場合には——これは土地の生産力と生産物の価格との両方から共働的に生ずる——舎飼のある輪栽式が穀草式よりも小農場にとっては利益があるから，われわれは逆に，地価が高騰するにつれて中位の大きさの農場が漸次に大農場よりも優位を占める，ということを結論することができる。実際また高度の土地耕作が行なわれる地方において，われわれは中小面積の農場のみを見るのである。

第 17 章　ベルギー農業とメクレンブルグ農業との比較の結果

ここでは両農法に対して，ライ麦の相対的消耗率が 6 分の 1 である土壌を基礎におく。

ここで観察の対象とするベルギー農業の作付順序は，(1)バレイショ，(2)ライ

麦および跡作カブ，(3)エンバク，(4)クローバ，(5)小麦および跡作カブである。

この比較において基準とするメクレンブルグ農業の作付順序は，普通の7区穀草式農業において見る作付順序であって，前においてすでに述べている。

ベルギー農業とメクレンブルグ農業の肥力，収穫量の比較（各区10000平方ルート）

ベルギー農業			メクレンブルグ農業		
	肥力	収穫量		肥力	収穫量
1. バレイショ	7680°	11500シェッフェル	1. ライ麦	6336°	1056シェッフェル
2. ライ麦	6974°	1056 〃	2. 大麦	5280°	1056 〃
カブ	—	6500ツェントネル	3. エンバク	4488°	1267 〃
3. エンバク	7650°	1650シェッフェル	4. 放牧	3854°	乾草898ツェントネル
4. クローバ	6910°	乾草3150ツェントネル	5. 〃	4145°	〃 898 〃
5. 小麦	7349°	1056シェッフェル	6. 〃	4435°	〃 898 〃
カブ	—	6500ツェントネル	7. 休閑—早春の保有量	4726°	〃 180 〃
			わらによる肥料追加	1552°	
合計(50000平方ルート)	36563°		合計(70000平方ルート)	34816°	
平均(10000平方ルート)	7313°		平均(10000平方ルート)	4973°	

すなわち冬穀の穀収率が等しい場合に，メクレンブルグ耕地の平均の肥度がベルギーのそれに対する割合は 4973°：7313° すなわち 100：147 である。

私の計算は最後の結果として次の費用および地代の概観を示す〔次頁〕。

1

ベルギーにおける冬穀の収穫高は，テローにおいて小麦が示す平均収穫高とほとんど等しいことをまず注意しなければならない。テローにおける小麦の平均収量をもっと多くしようという試みは，そうすると小麦が倒伏するのであきらめねばならなかった。だから，ベルギーの平均収量 10.56 シェッフェルを良

第1編　孤立国の形態

ベルギー農業とメクレンブルグ農業の費用，粗収入および地代(各10000平方ルート)

		種子費	耕作的費用	収納的費用	共通経営費	経費総額	粗収入	地代
		ターレル	ターレル	ターレル	ターレル	ターレル	ターレル	ターレル
A.ベルギー農業	穀収10.56シェッフェルの場合	672	2060	2383	3188	8302	11081	2779
	〃 10 〃	672	2060	2256	3046	8034	10494	2460
	(1シェッフェルに伴う変化)	0	0	(225.6)	(254.4)	(480)	(1049.4)	(569.4)
	〃 9 〃	—	—	—	—	—	—	1890
	〃 8 〃	—	—	—	—	—	—	1321
	〃 7 〃	—	—	—	—	—	—	751
	〃 6 〃	—	—	—	—	—	—	182
	〃 5.68 〃	—	—	—	—	—	—	0
B.メクレンブルグ農業	〃 10.56 〃	612	814	754	1357	3537	5137	1600
	〃 10 〃	612	814	714	1296	3436	4865	1429
	(1シェッフェルに伴う変化)	0	0	(71.4)	(109.7)	(181.1)	(486.5)	(305.4)
	〃 9 〃	—	—	—	—	—	—	1123.6
	〃 8 〃	—	—	—	—	—	—	818.2
	〃 7 〃	—	—	—	—	—	—	512.5
	〃 6 〃	—	—	—	—	—	—	207.4
	〃 5.32 〃	—	—	—	—	—	—	0

好な高地における平均収量の極限とみなすことができる(注)。

注)　テローでは100平方ルートの平均収量はベルリン・シェッフェルで次の通りであった。

	小　麦	ライ麦
1810～20年	10.92 シェッフェル	9.65 シェッフェル
1820～30	11.37　〃	11.30　〃
1830～40	10.03　〃	11.10　〃
30年平均	10.78 シェッフェル	10.68 シェッフェル

　小麦の最近の収穫が以前の2期に比べて少ないのは，一部は泥灰土の作用の減少，一部は作付順序の変化で，小麦が前作物の刈跡に播かれるのが以前より多くなったからである。

孤立国 第1部

2

　穀収 10.56 シェッフェルの場合には，穀草式において地代は 1600 ターレルである。穀収率はこれ以上増加されないから，純粋休閑を行ないすべての肥料がそれへ供給される純粋穀草式農業においてもこれ以上の地代は得られない。

　これに対して，ベルギー農業は同じ穀収率の場合に 2779 ターレルの地代を出す。すなわち，10.56 シェッフェルの収穫の場合に，メクレンブルグ農業の地代はベルギー農業のそれに対し 100：174 の割合をなす。

　両農業の粗収入の比は 5137：11081 すなわち 100：216 である。

　いま，これら 2 つの農業が，面積の同一である 2 つの国において行なわれていると考えるならば，両国の富，人口および力において非常な差が生ずるに違いない。

　人口は粗収入と正比例しないにしても密接な関係をもつ。われわれは先に単に推量をもって，穀収 10 シェッフェルの穀草式農業は 1 平方マイル 3000 の人口に食物を供するとみなしたが，これに従えば，穀収率 10.56 シェッフェルの穀草式農業は 1 平方マイルに約 3200 人を養うであろう。しかしこの関係においては，穀草式農業はベルギー農業に対して 100：216 の割合であるから，ベルギー農業の行なわれている国は 1 平方マイルに約 6900 人を維持することができるであろう。

　この仮定的計算を事実と比較して，その正しいことを証明するのは骨折り甲斐があるだろう。

　ハッセル（Hassel）の地理統計辞典〔次頁の表〕によれば，1817 年にこれらのベルギー農業が最もよく行なわれている 6 地方において，420.54 平方マイルに 3150299 人の住民を有し，これは 1 平方マイルに対しては 7491 人となる。

　私が知っている限りではベルギーは通常には穀物輸入を必要としない。もしもこれが正しくて，ベルギーはその人口を自ら養うものであるならば，われわれの計算はまだ事実より後れているものである。

第1編　孤立国の形態

州	広さ(平方マイル)	住民数	1平方マイル上の住民数
ヘ　ネ　ガ　ウ	79.99	430156	5419
南　ブ　ラ　バ　ン　ト	66.24	441222	6660
ア　ン　ト　ワ　ー　プ	47.88	287347	6001
東　フ　ラ　ン　ダ　ー	49.10	600184	12223
西　フ　ラ　ン　ダ　ー	68.04	519400	7634
北　部　州	109.90	871990	7932
	420.54	3150299	

　国の富が増加せず，静止状態にある場合には，地代は国民の不生産的階級によって消費される。1国が養いうる不生産的人口の数は，だからもっぱら地代の大きさにつながる。

　軍隊もまた国民の中のこの不生産的階級に属するから，地代が大きいほど大きな軍団を備えて維持することができ，外国に対して力が強い。

3

　ベルギー農業の優秀性の根本原因たる力は何であるか。この優越は気候，土壌，地理的位置のすぐれていることによるのであろうか。それとも——同一でないにしても——類似した高度の農法を導入することは農業者の力の中にあるものであろうか。

　この問に答えるためには，われわれはベルギー農業の場合に耕地が保持する肥力をメクレンブルグ農業の場合のそれと比較しなければならない。

　この章の初めに行なった計算に従えば，ベルギー農業は1000平方ルートに731.3度の平均耕地肥力を必要とし，メクレンブルグ農業はただ497.3度で，すなわち前者は234度だけより多くを必要とする。

　ベルギー農業は同一面積上において，そして冬穀の穀収が等しい場合において，メクレンブルグ農業よりも約5割多くの耕地肥力を保有する。

　だからベルギー農業の大きな地代は同一面積から得られるのであって，同一

耕地肥力から得られるのではない。そしてベルギーの気候，土壌，作付順序，国民性等がその耕地のより高い収穫に対していかなる関係をもつにしても，土壌の肥力の高いことがいつも根本条件であって，それなくしては他のいかなる有力な作用も収穫を高めることはできない。

4

耕地の豊沃度が低い場合における両農法の比較

　前掲の両農法の地代に関する表をよく観察すれば，ベルギー農業の著しい優越性は，穀収率が減少するにつれて漸次に消滅することを発見する。6シェッフェルの穀収の場合には，穀草式農業はすでにベルギー農業よりも大きな地代を生じ，後者の地代がすでに穀収5.68シェッフェルで消滅するにもかかわらず，穀草式農業の地代は穀収5.32シェッフェルに至ってはじめて消滅する。

　ベルギー農業は同一穀収率の場合にメクレンブルグ農業よりも非常に大きな地力を保つことを考える時，この結果はいっそう注目を引く。

　ベルギー農業は100000平方ルートの耕地において，穀収10.56シェッフェルの生産に73130°の肥力を必要とし，これは1シェッフェルの収穫に対しては6925°となる。メクレンブルグ農業は100000平方ルートの耕地で同一の生産に49730°，すなわち1シェッフェルに対して4710°の肥力を要するのみである。

　だから6シェッフェルの収穫の場合に

　　ベルギー農業は　　　6×6925＝41550°
　　穀草式農業は　　　　6×4710＝28260°

を含んでいる。

　ベルギー農業はこの場合には，穀草式農業よりも3290°高い肥力で，より少ない地代を生むのである。

　5.68シェッフェルの穀収の場合に，ベルギー農業の地代は零となるが，耕地はまだ39334°(5.68×6925) の肥力を有する。

　これに対して，メクレンブルグ農業の地代は，耕地が穀収5.32シェッフェ

第1編　孤立国の形態

ル，肥力が $5.32 \times 4710 = 25057°$ となってはじめて消滅する。

　100000平方ルートに $39334°$ の肥力を有し，ベルギー農業によって利用されると地代を少しも生じない耕地が，穀草式で利用されると $139334/4710 = 8.35$ シェッフェルの穀収があって，$818.2 + 0.35 \times 305.4 = 925.1$ ターレルの地代を生ずる。逆にこの生産力の土壌にベルギー農業が導入されたときには，穀草式農業が従来与えていた地代925.1ターレルがそれによって全部なくなるであろう。

　このことは，外国の農業は，それが基礎としているすべての関係を明らかに見，農耕の内部的性質をあらかじめ究めていなければ，決してこれを模倣し輸入すべきでないということを教えるのに役立つであろう。

　さらにこれはなぜベルギーからの移民の定着がいつも不結果になったかを説明するであろう。すなわちそこで彼らの故郷の農法を継続するのは愚であって，その地方普通の農業に移りゆかなくては滅亡しなければならないような土地が彼らには与えられるのが普通である——だからこの例は模倣への刺激でなくすべての改良に対する警告である。

　北部ブラバント (Brabant) には今日なお雑木の生えた大平野が荒れたままになっている。この地の土壌は物理的性質においては最劣等には属さず，かつこの平野の周囲には大都市が取り巻いているのであるから，ベルギー人の勤勉をもってこの地の開拓に失敗するのは不思議である。なぜだろう。

　費用の多く要るベルギー農業がこの種の土地では引き合わないことは確かであり，ベルギーの作付順序は，痩せ地を肥やさないで全く消耗させることも同じく確かである。だから，もしベルギー人が彼らの豊沃な土壌におけると同じような農業をここで試みたのなら——そうらしいが——その試みは必ず失敗する。おそらくここでベルギー農業者に今日までできなかったことがメクレンブルグの農業者にはできるであろう。私は，次のように言いたい。穀草式がマース河の沿岸で知られており，あの地方に普通のものとなっていたら，この荒地はずっと前に耕地になっていただろう。

孤立国　第1部

穀収 10.56 シェッフェルの穀草式農業と穀収 7.18 シェッフェルのベルギー農業とは同一肥力，すなわち 100000 平方ルートに 49730°をもつのである。

穀草式農業がこの肥力から生む地代……………… 1600 ターレル
ベルギー農業がこの肥力から生む地代…………… 854.3 〃

ゆえに土地の肥力は穀草式農業によってベルギー農業によるよりもはるかに高く利用され，後者は土地の肥力が高くなって，穀草式農業では穀物が倒伏して土地をもはや利用できなくなったところで，はじめて有利になるのである。

5

ベルギー農業は全耕地面積の60％に穀物を栽培して同一生産力を維持するけれども，メクレンブルグ農業は自分で同一肥力を維持するには穀物を耕地の43％に栽培しなければならない。

ベルギー人がこのような結果を得るのは彼らが次のようにしてである。

1) クローバを，最重要な肥料生産作物として，冬穀作と同じく肥えた土壌に栽培するのである。しかるにメクレンブルグ人は3回の穀作によってすでに肥力の大部分を失った畑に牧草地をとっている。

2) ベルギー人はクローバを家畜の放牧に任せないのである。家畜の放牧に任せると，クローバ生産高がほとんど半減し，厩肥生産額は約3分の1ほど減少するであろう。そうするのでなくそれを刈り，家畜に畜舎で飼料として与える——これら2原因が合わさってベルギーのクローバ畑1つ（耕地面積の20％）は厩肥生産高においてはメクレンブルグの放牧畑3つ（耕地面積の43％）にほぼ匹敵するのである。

3) ベルギー人は冬穀物の刈跡になお同一年内にカブを栽培する。すなわち穀作の後に穀作が耕地から取り去るより以上の肥料を還元する作物を同一圃場から収穫するのである。

金銭収入および費用の計算ならびに個々の畑の厩肥消費高および個々の圃場の厩肥補塡についての私の計算が示すところによれば，10000平方ルートのバ

第1編　孤立国の形態

レイショ畑は，バレイショの家畜肥料として有する価値により，投下労働費用を引いた後にただ25.5ターレルの余剰を生ずるのみである。またバレイショを飼料とすることによる厩肥補塡はその収穫がひき起こした厩肥消費を約46.2°ばかり超過するのみである[注]。

これによってバレイショは2つの関係において中性作物(die neutrale Frucht)とみなすべきであろう。われわれは休閑をその代わりに入れても，そのために金銭収益も厩肥生産額も大して変わらないであろう。バレイショは穀草式農業において費用を多く要するところの休閑耕を大いに節約する。というのは，バレイショの後にはただ1回ライ麦のために粗耕すればよいが，休閑耕の場合には数回しなければならないのである。――そしてこのことによってバレイショ栽培はベルギー農業の純収益に対して大きな意義をもつのである。

飼料作物の栽培は，だから，ベルギーにおいては他地方以上に著しい純収益をあげはしないが，クローバおよびカブの栽培は厩肥生産（これのみが広い穀作を可能にする）によって，バレイショ栽培は休閑耕作の節約によって，重要かつ必要なのである。

6

この章の初めに掲げた収穫量および耕地肥力の比較から次頁の表が出る。

小麦とライ麦とを一括にして，ベルギーでは1シェッフェルの冬穀生産には $\frac{6.96+6.6}{2} = 6.78°$ の肥力を要するが，メクレンブルグでは6°である。

ゆえに純粋休閑耕の後の6°の肥力が，前作の後の6.78°と同じ作用を植物の生長に対して与える。だからその肥料の有効度の比は6.78：6すなわち11.3：10であって，つまり純粋休閑耕の後に11.3シェッフェル生じうる所では，前作の後にはただ10シェッフェルの生育があるのみである。

土壌の耕耘がベルギーにおけるよりも不完全な地方では，肥力の効力に対す

[注] この問題に関しては付録5に述べたところと比較せよ。

孤立国 第1部

下記の生産のために	耕地に必要な肥力	
	ベルギー農業の場合	メクレンブルグ農業の場合
1シェッフェルの　小　麦	6.96°	―
1　〃　　　　ライ麦	6.6°	6°
1　〃　　　　エンバク	4.64°	3.54°
1　〃　　　　大　麦	―	5°
1　〃　　　　バレイショ	0.667°	―
1ツェントネルの　クローバ	2.2°	―
乾草1ツェントネルのイネ科牧草	―	4.3°
メクレンブルグ農業に対してはさらに次の仮定をする		
1シェッフェルの小麦生産	―	6°
1シェッフェルのバレイショ生産	―	0.667°

る前作の不利益もいっそう大きくなり，普通の耕耘に対しては，前に仮定した12対10の割合があてはまるであろう。

　エンバクについては，これは休閑耕の後にくることはないから，耕地肥力はベルギーにおいてもメクレンブルグにおけると同じ力をもっていなければならない。しかし，ベルギーでは1シェッフェルのエンバクの生産に4.64°，メクレンブルグでは3.54°の肥力を要することを見出す。この相違に対する説明はわれわれはエンバク耕作方法の差異に発見する。すなわちベルギー人は，後にその間へクローバを播こうと思うエンバクに対しては，初め畦立てのさい，多量の厩肥を敷き込む。こうしても厩肥はエンバクに対してはほとんど全く作用しない。ベルギー人がこうするのは，エンバクが倒伏してクローバを窒息させることなく，全肥料を完全にクローバに利用させようとするためであろう。

　クローバがベルギーにおいては同一肥力から約2倍の収穫をあげることは，1つはベルギーの気候にあるが，主としてはメクレンブルグでは放牧をしてそれを食べ散らさせるのに対して，ベルギーでは家畜に踏ませず，規則的に刈るからである。

第1編　孤立国の形態

7

穀物およびバレイショの収穫量から種子を差し引き，かくして生ずる剰余を，その生産に投じた労働費用と比較する時は，これら作物の1シェッフェルがどれだけの労働費用（だからこれには共通経営費は除外する）を必要としたかがわかる。

私の計算はこの点に関して次の結果を示している。

下記の生産のために	必要な労賃 ベルギー農業の場合	メクレンブルグ農業の場合
1シェッフェルの　小　麦	19.7シリング	ーシリング
〃　　　　　ライ麦	18.7	25.9
〃　　　　　大　麦	—	15.3
〃　　　　　エンバク	13.4	11.5
〃　　　　　バレイショ	3.3	
	必要な種子費および労賃	
1ツェントネルの　乾草クローバ	4.3	—
1　〃　　　カ　ブ	1.3	—
乾草換算1ツェントネルのイネ科牧草，ただし刈り取らず家畜に食べさせた	—	0.3

注意すべきことは，この計算においてライ麦1シェッフェルが1ターレル12シリングの価格を基礎としたこと，また労賃は穀価とともに騰落するから，この計算もまたこの1つの穀価に対してのみ適用することである。

1シェッフェルのライ麦生産に要する労働費用がメクレンブルグでは25.9シリング，ベルギーでは18.7シリングである。ここに休閑耕に代わるバレイショ栽培が労働費用の節約に対してもつ大きな影響が現われる。

ライ麦をバレイショの後に作ることはまずい作付順序である。にもかかわらずベルギー人はこの作物が多年の平均において出しうる極限の収穫をしている。これによって，作付順序の欠陥は，肥えた土壌に対しては，最高の注意深

い耕作によって無害になしうることがわかる。しかし，このように作物交替の規則を破ることは，貧弱な土壌に対しては厳に禁ずべきである。

注意と説明

　著者をベルギーとメクレンブルグの農業の比較へ駆ったのは，シュヴェルツ (Schwerz) のベルギー農業に関する著書であった。私はこの著作の中に多くの貴重な資料を見出した。私はこの報告が予見と見通しをもって語られており，その中に内的関係を発見したので，それを私自身の経験と総括し比較することによって，私自身にとって，最高の啓発的労作を企てられると確信した——そしてこの期待は私を裏切らなかった。

　著者がこの比較を企てた時には，大部分が印刷発行の6年前にすでに最初の下書をしていたこの本に併せて加えるつもりはなかった。しかしそれを完成してみると，結論のなかに本書の中にすでに展開した命題と非常に共通しているのをみたので，著者は結論を読者に分つべきだと確信するに至った——もとより比較のための視点の統一性を欠くというこの比較の不完全なことはよく知っており，それゆえこの労作は研究のためだけに発表することができ，またそうしたいのである。

　計算がシュヴェルツの著作では触れていない点に来ると，その欠落はテローで発見した関係で補わなくてはならなかった——これは収納的費用の決定の際に一部分，特に共通経営費の決定の際には避けられなかった。

　計算を続けるために根菜類や緑飼料の吸収力並びにそれらが与える補充物の性質と価値について仮定が避けられなくなったところでは，著者は経験により，また観察の総括によって正しいと考えられる命題を仮定した。しかし決してこれらの命題が決定されたものとして支持するのではなく，むしろ私の意見が徹底的研究と大局的観察によって正される時を待望しているのである。

　シュヴェルツによって導入された家畜用バレイショ，クローバ，藁その他家

第1編　孤立国の形態

畜飼料となる作物の市場価格と，私がこれらの作物を評価した市場価格との間に存在する大きな違いはここで説明を必要とする。

これらの作物の市場価格に含まれるのは：
a．飼料価値
b．肥料価値
c．これら作物の生産の場所から市場までの輸送費。

注意深い試験と比較計算で，ベルギーにおいても家畜の純収益，したがって家畜の食べる作物の飼料価値も高くはないこと，これらの作物がベルギーでもつところの高い市場価格の大部分は，ベルギーで肥料の価格が高いことから生じていることを私は確信した。

私の計算ではベルギー農業の100000平方ルートの耕地に対し3797.2ターレルの賃貸価格 (Pachtpreis) となる。

この計算を行なった実際の農地の賃借料はディレクセン(Dierexsen)氏の報告（シュヴェルツ氏の著書の第2部398頁）によるとブンデル (Bunder) あたり54フロリン (Florin) で，これは100000平方ルートの耕地に3706ターレルに相当する。

すると，私の計算と現実に支払われた賃借料の間に91.2ターレル約2.5％の差があることになる。

穀物価格は，私の計算においては，ディレクセン氏が彼の備忘録の中で記載している通りに仮定している。それによると1シェッフェルのライ麦が1ターレル12シリングである。ベルギー農業をメクレンブルグ農業と比較する際には，両農業経営に対して同じ穀物価格を基礎に置かねばならないから，ここではメクレンブルグ農業では同様にライ麦1シェッフェルを1ターレル12シリングに評価している。これらの価格はほとんど同じであるが，本書の他の部分で仮定している価格と完全には一致しない。この理由からと，また共通経営費の分割の場合や重学の若干の評価において小さい変更もあるので，ここに穀草式農業を基礎にして見出した土地地代がこの農業について計算した土地地代と

完全に一致することはできないのである。

　さらにベルギー農業に関する計算は，われわれの以前の研究と同一の観点から出発していないから，ベルギー農業がわれわれの孤立国において占めることのできる点を示すには役立たない。それゆえここで行なった比較はひとつの挿入した独立論文とみなくてはならない。

第18章　経営組織選択上のその他注意事項

　以上われわれは穀価と土地肥力の2要素が選択すべき経営組織をいかにして決定するかを検討した。これらの要素は最も重要なものであるが，経営組織選択に作用を与える唯一のものでは決してない。その両要素の影響を研究するためには，それらが実際においては他の要因に対して競合しているところからそれらを分離し，それらをいわば自由にしなければならなかった。このようにして思うとおりに動かせるものが——与えられた条件のもとで——観察しうるようになる。この目的のためわれわれはすべて他の要素を一定不変の大きさと仮定し，これら2要素が可変のものとしてわれわれの研究で観察された唯一のものであった。

　しかしながら他の関係のもとでは，あるいは見かたをかえれば，われわれが一定の大きさとみなした要素が変化するようにみえ，あるいは考えられる。この場合この量の増減が農業組織に及ぼす影響は新しい研究の対象となる。

　このような仮説の変わったことから生ずる新しい研究は本書本来の目的ではない。しかし，誤解をできる限り避けるために，2，3の最も重要なこの種類の顧慮をしなければならないと信ずる。

A　土壌肥力の増加を伴う経営

　われわれはややもすると2つの農業組織を比較するにあたって，その組織に

第1編　孤立国の形態

よって耕地がしだいに肥力と収穫とを増加することを，一方のあるいは他方の優越であると言い勝ちである。

けれども土壌を肥やすか奪うかは，一方のまたは他方の農業組織の本質的な属性ではない。われわれは耕地を穀草式組織や輪栽式組織によっても三圃式農業によると同じく消耗することができる。4穀作を有する6区輪栽式は4穀作を有する7区穀草式農業と同じく消耗農業である。これに反して3穀作の7区輪栽式農業と2穀作の6区穀草式農業とは地力を富ます農業である。1つの農業が地力を肥やす農業であるか消耗させる農業であるかは，作付順序，農業組織にはなく，単に肥料を生産する作物と，これを消費する作物との間の割合——簡単のため私は作付比例 (das Saatenverhältnis) と呼ぶ——にある。

もしわれわれが2つの異なった農業組織をもつ2農場を対立させて，一方に対し増肥的作付比例，他方に対し消耗的作付比例を仮定し，そして終極の結果から——これが正確な計算によるにしろ，また実際経験によるにしろ——いずれの農業組織が優れているかを確かめようとするならば，この研究は結局，ただていねいにする経営によって肥えた土地は，以前のままの状態にとどまっている瘠せた土地よりも大きな価値を有するか否かという明白な問題に答えるにすぎない。

このような対立をすれば最も肥えるような作付比例を与えた経営組織が必ず勝つに決まっている。

2つの農業組織の比較が，概念の混乱に導かずして，明らかな洞察に導かせるためには，次の点を区別しなければならない。

1) 農業の目的が，土地をその肥力からみて固定状態に維持することであるならば，どの農業組織が最高の貨幣収益をあげるか。
2) 収益を犠牲にして地力を高めることがいかなる関係のもとで有利であるか，またどの程度まで地力を増加して有利であるか。
3) 農業の目的が最高貨幣収益ではなく，土地を肥やすことであるならば，いかなる農業組織によれば肥力の増加が最小の費用でとげられるか。

第1の問題の解答が本書の研究題目で，第2，第3はそうではない。われわれはいろいろな段階の肥力の耕地を並べて比較したけれども，つねに耕地を固定状態にあるものとみなしてきたし，またみなさねばならないのである。第2，第3の問題は，第1よりも重要であるが，その解答はむしろ農業重学の今後の進歩に期待するものである。

B 採草地よりの乾草収穫量が耕地の大きさに対する割合

穀草式農業または三圃式農業を営んでいる農場に採草地 (die Wiese) が欠けていて，用畜 (das Nutzvieh) が冬期にわらだけで養われるならば，家畜は冬期間に衰弱してしまい，放牧地で食べる草の大部分はその体の回復に用いねばならず，僅少な部分を乳あるいは毛の生産に向けうるのみである。この状態では家畜の粗収益ははなはだ少なく，家畜飼養費用がほとんど償われず，したがって飼料として与えたわらばかりでなく放牧もなんらの効果を示さない。

こういう事情においては，少なくとも放牧の効果が全部なくなることのない状態に家畜を維持するためには，冬期家畜を穀物飼料で補うことが必要である——穀物を純粋に与えるにせよ，わらを混ぜて与えるにせよ。

輓畜 (das Zugvieh) はいつでも必要な労力を出すことのできるような状態に保たなければならない。乾草がなくなったら直ちに穀物飼料で補わねばならない。しかし乾草，クローバおよびバレイショの生産費を穀物の生産費と比較するならば，後者がはるかに高価な飼料であることを発見するであろう。

ベルギー式農業に関した計算のさいに次のことを発見した。

　　エンバク1シェッフェルの生産に要する労力費……………13.4 シリング
　　バレイショ1シェッフェル　　　〃　　　……………　3.3　〃
　　乾草クローバ1ツェントネル　　〃　　　……………　4.3　〃

他の観察および計算——それはここでは述べることができないが——に従って，私はさらに1シェッフェルのエンバクは，同時に収穫されたわらを含めて，用畜および部分的には輓畜に対しても——輓畜の場合には穀物の全量を乾

第1編　孤立国の形態

草で代置しえないが——117ポンドの乾燥クローバ，あるいは2.3シェッフェルのバレイショと同一の飼料価値を有するものと仮定する。

乾草117ポンドの生産に要する労働費 …………… $\frac{117}{100} \times 4.3 = 5.3$ シリング

バレイショ2.33シェッフェル　　〃　　………2.33×3.3＝7.7　〃

エンバク1シェッフェルの　　　　〃　　………　　　　13.4　〃

である。

エンバク飼料の費用がバレイショ飼料の費用に対する割合は 100：58 そして乾草クローバ飼料の費用に対しては 100：40 である。

すなわち，従来 100 ターレルだけエンバクを用畜に与えていたならば，これをバレイショで代置することによって 42 ターレル節約ができる。クローバの乾草で代置すれば 60 ターレル節約できる。

そこで次のようになる。乾草が全く欠けているかまたは十分には存在しない三圃式および穀草式農業においては，その活路を穀物飼料に求めずに飼料作物の栽培に求めねばならない。ところでこの飼料作物は他のいかなる農業組織でも輪栽式農業より安く生産されえない。そこでこれらの農場は，たとえ穀価の高さや耕地の生産力の程度が輪栽式農業を全耕地で行なうのを適当とする点に達していなくても，その耕地面積のうちで乾草・バレイショなど必要な冬期飼料を供給するに足るだけの部分を，輪栽式農業にしておかねばならない。

けれども豊沃な土壌においてのみ飼料作物の生産は安くなる。痩せた土壌ではクロバーは全くだめであり，バレイショも収穫量が少なく，その生産は，ややもすれば上に計算したところの2倍の費用を要する。よってわれわれは1つの新しい興味ある問題に導かれる。すなわち肥力中等以下の耕地に採草地が不足する場合には，耕地の一部分の肥力を高くしておき，輪栽式農業をその上に行なうことはよいだろうか，ただし，耕地の一部を肥やすことは他の大部分の犠牲においてのみ行なわれうる場合においてである。

私はこれに対してなんら決定的な判断を与えることはあえてしないが，この問題を十分に研究すれば肯定的な解答になるだろうと信ずる。

孤立国　第1部

　ただ耕地全体が貧弱であればあるほど，また土壌の物理的性質がわるければわるいほど，飼料作物栽培のさいの困難は大きい——そしてこのことから，このような土壌の多い地方では採草地の価格ははなはだ高く，それを所有するということが農耕を行ないうるための条件であるほどである，ということの理由が明らかになる。

　孤立国に対してはわれわれは，穀草式および三圃式農業に対し必要な乾草を供給する採草地が耕地には結合していることを仮定した。かつ採草地の乾草から生ずる厩肥は，全耕地にでなく循環の特殊な順番にある耕地にのみ与えられることを仮定した。そしてわれわれはこの部分をもはや考えず，研究はもっぱら耕地の大きい部分——自ら肥力を維持しなければならない部分，飼料代の支払に対しまたそれから生ずる肥料を返還するのに対して必要な採草地の乾草が供給される部分——に向けられた。

　われわれはまた次のように仮定することができたであろう——おそらくそれらによって事柄はもっと明確になったであろう——すなわち採草地が少しも存在せず，各農場の耕地は2つに分かれ，その小さい部分は必要な冬期飼料を得るために用い，輪栽式によって利用され，他方大きな部分は経営組織の種類の点では穀価および地力の変化から生ずる法則に従うというのである。

C　舎　飼

　濃厚飼料で豊かに養われた牛は，その消費する飼料を栄養のわるい時よりもはるかに有効にするということを経験は教える。

　舎飼の場合には牛は普通に夏季の飼料が潤沢であるのみならず，また濃厚な冬期飼料を与えられる。

　夏冬ともに等しく潤沢に飼料を与えられた1匹の牛の収益を，夏は栄養がよいが冬はわるい放牧牛のそれと比較するならば，単に粗収益においてだけでなく，純収益においても大きな差がある。舎飼のほうがよい。

　しかし冬期飼料が貧弱なことは放牧農業に必然的に結びついているのではな

第1編　孤立国の形態

い。舎飼の場合のように潤沢に与えられえないという理由は少しもない。

　舎飼と放牧とを比較する場合には，だから次の2点をよく分析せねばならない。

1) 　年中濃厚な変わらない飼料を与えることが舎飼牛の高い収益に対していかなる役割をもつか。
2) 　放牧牛が舎飼牛と同じように潤沢にかつ年中変わらずに養われた場合，いかなる利益がなお舎飼にあるか。

　1年中家畜を平等に潤沢に飼うことは最も重要なことである。夏季舎飼の場合にはこの平等ということは青草が十分にありさえすれば容易に期待できる。しかし放牧の場合にはこれには大きな困難がある。なぜなら5，6月には草の生長はきわめて活発で，家畜はすべてを消費することができないが，7，8月には草の生長が衰え，家畜は放任放牧地（Dreeschweide）にのみ放牧される時は，普通には不足を感ずる。

　この欠点を除くためには7，8月に1度刈った採草地やクローバの跡に時々新鮮放牧をすることを認めることができなくてはならない。あるいはまた間に合せのため多少の青刈飼料を放牧地へ運ばねばならない。

　このようにして家畜の栄養における均整さが確保され，放牧牛が舎飼牛に与えられるような冬期飼料を貰うならば，放牧牛が同一量の飼料から舎飼牛と同じほど多くの牛乳，バターを生産しないという理由は少しも見受けられない。だから私は舎飼を論じた第16章において，舎飼牛によって放牧牛以上に飼料の利用ができるものとみなすことなく，ただ舎飼を本質的な，それと切り離せない長所と短所をプラス・マイナスとして述べた。

　舎飼が一般に可能である根本的な条件は，土地が肥えていて，放牧地クローバ（Weideklee）やイネ科植物（Gräser）の代わりに刈取クローバ（Mähklee）を栽培できるということである。

　この根本条件が満たされるならば，舎飼の本質的な利益は，クローバが放牧の代わりに刈られて，そのために著大なほとんど2倍の量の飼料およびより大

きな厩肥の生産が，すなわち吸収に対する補給の超過が，同一の面積および土壌の肥力から得られる点にある。

厩で得られる厩肥は放牧畑に落ちたもの（それには多量の植物栄養ガスが家畜の排泄のさいに混入しているのである）よりも価値が大きいか小さいかは私には長く疑問であった。しかし長い間の経験で私は次のように考える。牧草の生産に変わりのない場合にも，2年の放牧で土壌を肥やすことは1年の放牧が土壌に肥力を与えるところの2倍にはならない。3年の放牧はそれの3倍よりもずっと少ない。また放牧畑に落ちる肥料のうちで蒸発する部分は，それが長く空気にさらされていればいるほど，すなわち放牧畑の鋤き返しを遅くすればするほど，大きくなると。

しかし他方において，放牧の場合に存在しなくて舎飼に特有な，かつ離れることのできない労働および費用がある。たとえば青草の搬入，夏期厩舎で作られた厩肥の搬出等である。

さて舎飼と放牧のいずれが有利であるかは，舎飼によってより多く得られた飼料および厩肥の価値が，舎飼に基づく費用の額に比して多いか少ないかにもっぱらつながる。

これはしかし，さらに飼料および厩肥の価格の大小につながるのだから，この場合にもまた，農業生産物の価格が，土壌の肥力と並んで，舎飼が放牧より優越性をもつか否か，いつ，どこで優越性をもつか，について，この場合にも結局決定的であるのを認めるのである。

D　さまざまな農業組織の修正型

われわれの研究は次のこと示した。すなわち低い穀価の上昇によっても，土壌の肥力の段階的な向上によっても，3つの農業組織すなわち三圃式，穀草式および輪栽式農業が必要となるということである。

これら農業組織の特徴は，ここでわれわれが観察した関係においては，次のとおりである。

第1編　孤立国の形態

a．三圃式農業では
  1) 圃場の一部がつねに放牧地となっている，
  2) 耕地の3分の1が毎年純粋休閑耕地である，
  3) すべての厩肥が純粋休閑耕の後に施される。

b．穀草式農業では
  1) 全耕地面積が交互に穀作と放牧とに用いられる，
  2) 各循環に1つの純粋無毛休閑区がある，
  3) 全部の厩肥が休閑耕の後に施される，
  4) 穀物および成熟するマメ科作物は，クローバあるいは青刈エンドウによって中断されることなく，交互に作られ，放牧は穀作の後に肥力が最小の畑にくる。

c．輪栽式農業では
  1) すべての耕地が作物を有し純粋休閑がない，
  2) 施肥は飼料作物に対してなされる。そして飼料作物は最大の肥力を有する畑にくる，
  3) 穀作と飼料作物は互いに交代する。

　これら農業組織は多くの修正が可能である。それは，1組織の特徴的性質を捨てて，その代わりに他の組織の性質を採用できるからである。それによって純粋な形態の中間にあってある形態より他の形態に移りゆく過渡をなす混合式農業が生ずる。

　混合式農業は無数の段階をなし，あるいは多くあるいは少なく純粋な農業組織の特質に接近しうるから，それを全部列挙することはできない。ましてこれを理論的にみることはとうていできない。ここでは純粋形態の段階へ2,3の主な修正型を収めて満足する。

  1) 純粋三圃式農業
  2) 三圃式農業で，その放牧地を時々，たとえば約9年ごとに一度鋤き返し，肥料なしに穀作を2,3作行なって，再び放牧地となすもの。

この農業が，穀作ではおそらく引き合わない放牧地の鋤き返し費用を投ずるのは，収穫したわら類で本畑に対する厩肥を得るため，ならびに放牧地を若返らすためである。

3) 穀草式農業で1つの輪作中に無毛休閑畑 (die Dreeschbrache) と並んで有毛休閑畑 (die Mürbebrache) をも有し，土地を3年以上放牧地としておくもの。このような農業は12区穀草式農業であって，次の作付順序をもつ。(1)無毛休閑耕，(2)冬穀，(3)夏穀，(4)有毛休閑耕，(5)冬穀，(6)夏穀，(7)夏穀，(8)～(12)放牧。これは有毛休閑耕を伴い，かつまた土地を多年順次に放牧するから，三圃式よりの過渡の痕跡をもっている。鋤き返しを圃場の12分の1に限るから，反墾費を節約する代わりに，4，5年の放牧は牧草および厩肥の生産量が少ない短所を伴う。

4) 純粋穀草式，有毛休閑耕はなく無毛休閑耕だけをもつ。

5) 穀草式農業で休閑耕のほかになおその前後の畑 (das Nachschlag, das Vorschlag) にも一部施肥を行なうもの。この農業は外形においては，純粋な穀草式に完全に似ているが，放牧が痩せた耕地にこずに輪栽式農業と等しく肥えた耕地に——少なくとも一部分——くるという本質的性質をもち，したがって輪栽式への過渡とみなされる。

6) 純粋の輪栽式農業

上述の修正は全耕地が農舎から境界まで同一肥力である場合にも現われる。しかし遠方の耕地が，実際に普通あるように，他よりも痩せている場合には，それによって新しい修正が基礎づけられる。

遠い耕地の耕作に基づく多大の費用は，遠方の耕地を経営方法において他の耕地と離す傾向を生ずる。なおこれに肥力の差が加わるならば，この分離は全く目的にかなう。穀草式農業の場合は，それによって，いわゆる内野 (Binnenfeld) と外野 (Aussenfeld) とが生ずる。両者は経営方法に関し次の点において異なる。内野においては穀物畑と放牧畑の比が，全農場が1つの循環をした場合よりも，より大きく，外野においてはより小さい。すなわち前者は割合に多く穀

第1編 孤立国の形態

作に供され，後者はもっぱら放牧に供される。

　われらの孤立国においては，三圃式農業はライ麦の価格 0.470 ターレルの場合すでに行なわれることができ，また価格 0.665 ターレル以上になってはじめて穀草式農業が三圃式農業よりも大きな純収益を与える（第14章）。もし純粋な農業形態以外のものがないならば，価格が 0.470 ターレルと 0.665 ターレルの中間にある場合には，耕地は三圃式農業によってのみ利用されうるであろう。しかるにここではすでに純粋三圃式が供給する以上の厩肥生産が，ただそれが純粋穀草式が実現できるよりも少ない費用でできさえすれば，有利になっているのだ——この両者は混合式農業によって実現される。

　さらに，純粋な穀草式においては1000平方ルートで373°の平均肥力が利用されうるのみであるが，輪栽式は510°の平均肥力を有効に用いることを見た（16章）。肥力が増進しつつある場合に穀草式農業が突然にかつ一度に輪栽式に移行するとなると，ここにおいて土壌がまたそれに適するほどよく肥えておらず，したがってそのために純収益は減少するような農業が出てくる。後区 (Nachschlag) に施肥する穀草式農業はその組織上費用が純粋穀草式農業以上になることなしに，373°以上の肥力をよく利用することができる——そしてそれは純粋な穀草式と輪栽式との間の有用な中間段階になる。

　さて固定状態ではなく，微弱かつ漸次的な，しかし継続的な穀価および地力の向上を考えるならば，われわれは個々の経営の中に，ここでは別々に並列的に観察したすべての形態を，時間の経過につれてみるであろう。

　穀価および土壌肥力の両要素が増進して，三圃式農業より多少多く費用を要する農業は引き合うであろうけれども，純粋な穀草式を利益あるようにするには足りない程度であるならば，1つの混合した両形態から合成した農業が出現するであろう。さてこの混合式農業は無数の修正形態において，あるいは一方に，あるいは他方により多く従うことができるから，各段階の穀価および地力に対しても，またそれによく適応する農業形態が見出されうる。農業の合理性を前提すれば，両要素の微かな増進はつねに農業形態における微かな変化を伴

い，ついにこれは純粋な穀草式農業に移行するのである。

しかしこの場合にも上述の2要素が絶えず向上するならば，一時的の休止だけで，安定や固定はない。

休閑耕も肥力増進の効果をもたらさないほどの肥力に達した農業は，肥力がなお増加する場合には，不要の厩肥を後区，すなわちクローバがまかれてある第3の穀物畑に用いる。クローバは，そうでない場合には最も痩せた耕地にくるが，この場合には数年の放牧の後の休閑耕で少しも肥やす必要のない，あるいはちょっと肥やせばよい肥沃な土地を貰う。そのようにして後区の肥やされることのできる部分が順次に加速度的に増加し，ついに厩肥をここへ使用した目的を達するに至る。さらに肥力が増進すれば休閑耕の廃止を伴い，それと同時に穀草式農業は消失し，輪栽式農業がその代わりに現われる。

～～～～～～～～～～

山地では渓谷のみが農耕に供され，山はただ放牧に利用される。山に耕作が全然できない場合には，ここでは穀草式農業が全面積に広がることは不可能である。だから穀価が騰貴し肥力が増進しても，三圃式から輪栽式への移行は，平地におけるように穀草式を通してはできない。

さて平地が山の放牧地および草地に比して小さくて，耕地の肥力が消耗的な三圃式農業であるにかかわらず増進するならば，いかにして，またいかなる程度の肥力においてこの農業は輪栽式農業に移行しなければならないかという問題が起こる。

私の計算はこの特別の場合までは及ばないから，私は理論的にはこれに対してなんら決定できない。しかし実験はこのような事情においては，休閑耕地の一部あるいは全部がバレイショ，クローバ，ウィッケン，亜麻等を栽培するというふうにしてこの問題は早くに解決されている。しかし栽培された休閑耕地ではなくなり，三圃式農業はこの事情においてその最も本質的な特徴を失い，むしろ主な点においては，すなわち休閑耕がなくなって耕地全部を利用するという点で，輪栽式農業と一致する。けれども正常な輪栽から生ずるすべての利

益はない。だから，このような事情のもとにあっては，輪栽式農業は栽培された休閑耕をもつ三圃式農業より有利であるかという疑問はおそらくないであろう。そして，実際において，農学の師テアー（Thaer）によって輪栽式農業がわれわれに唱導され，すべての教養ある農業者の熟考の対象となって以来，シュレジェン，メーレンおよびザクセンの山岳地方における三圃式農業の多くが輪栽式農業に移行した。

～～～～～～

われわれの研究においては，土壌は肥力段階は異なっても，つねに同一の物理的性質を有する土壌を観察した。しかし現実においては，各農場においていろいろな性質の土壌を発見する。本書の目的はこの点にさらに入り込むことを許さないが，農業組織選択の問題は，耕地肥力の差，および土質の差を同一農場における耕地の農舎よりの距離の遠近と並べて考えた場合には，いかに複雑になるかは明らかである。また農業の理論はひとたびいかに完全に確立されようとも，農業者の仕事は，もし彼が盲目的な模倣者でなく，彼の行為の根拠をつねに意識していようと欲するならば，決して機械的にはなりえない，つねに彼の立場および社会の関係のまじめな深い研究を求めるだろうということも明らかでなければならない。

～～～～～～

研究がこの点に達したから，われわれはいまや孤立国，しかも都市を取り巻いている圏の決定に立ち返ることができる。

第19章　第2圏　林　業

孤立国の平野は都市に食料を供給するのみならず，薪，建築材，用材，木炭等に対する都市の需要を満たさねばならない。

そこで孤立国のどの地方において木材の生産が行なわれるかの問題が起こる。

孤立国　第1部

　木材が都市において有する価格を与えられたものとし（たとえば224立方フィートのブナの薪材1棚 Faden 16 ターレル），1棚の運送費を1マイルにつき2ターレルと計算すれば，8マイル以上の距離からは，たとえ木材の生産には費用を要せず土地は少しも地代を生まないとしても，薪材は都市へ運搬されえないことになる。

　したがって遠方の土地は都市に向けて販売する目的の木材生産から除外され，木材生産は都市の近傍において行なわれねばならないことになる。

　これに対して単に穀価を既知とし（たとえば1.5ターレル），そして与えられた関係においては木材の価格は都市においていくらであるだろうかと尋ねるならば，問題はきわめて困難となる。

　木材と穀物とはその使用価値の共通基準がない。一方は他方によって置き換えられない。

　「誰しも次のようにいうことができるでしょう。なぜ木材1棚は，ライ麦が1.5ターレルしかしないとしても，40ターレルの価格をもたないのだろうかと。もしこれが可能であるならば，木材は都市の近傍で生産されねばならないという貴下の結論は全く妥当せず，非常な遠方からも供給されうるのである。こういう価格関係は決して存在しないという貴下の反対はなんら決定的ではない。なぜなら至るところに古い原始林の残りが存在しているし，それがもはや存在しないところでも，市場は多かれ少なかれ原始林の木材を供給されるからである。原始林の生産物は労働，管理，資本投下を必要としないから，それの存在する地方では，その使用価値がいかに高くとも水以上の交換価値をもたない。しかるに孤立国においては最後の——時間には関係なしに——結果が研究対象であるのだから，すべての原始林はとっくに消滅し，すべての林は人の労働によって作られたとみなくてはならない。貴下の結論が妥当であるためには，貴下は穀価と木材価格の内部的関係を示さねばならない。」

　われわれはこの抗議が合理的であることを認め，その要求を満足させること

第1編　孤立国の形態

ができるか否かを考えねばならない。

　木材1棚の都市における価格は未知で，y ターレルとしよう。

　さて100000平方ルートのブナ林 (die Buchenwaldung) が100林区 (Kavel) に分けられ，年々その1林区が伐られると考えるならば，規則正しい経営においては，1林区は1年生，1林区は2年生，等100年生に至る木があることになるだろう。

　伐採された林区の収量が500棚，間伐（幼樹を有する林区から密植樹を除去することによって得られるもの）もまた500棚とすれば，収量の合計は1000棚である。

　この森林の経営に必要な経費（管理費，伐採区の播種または植替え費，補植等）をわれわれは，肥育や狩猟の利益を差し引いて，年500ターレルとする。

　農業の場合に1農場の全純収益でなく，建物その他の有価物件に固定した資本の利子を差し引いて残る部分を地代とみたように，われわれは林業の場合にも全収益でなく樹木に固定した資本の利子を差し引いて残る部分のみを地代，あるいは土地そのものの収益とみなすべきである。

　農業は建物等に固定する資本の投下なしには経営されえない。林業の経営は1年生より100年生またはそれ以上の樹木が存在することを前提とする。

　われわれは100林区のすべての貯材 (Holzbestand) を——十分に大きな市場が前提となるが——一度に伐採して売り，こうして生じた金を利子をとって貸すこともできる。木材からの年純収益がこのようにして得た利子の額を超過する限りにおいてわれわれは土地自身に価値を与えることができる。

　仮に100林区の貯材を15000棚の十分生長した木材としよう。利率5％の場合には貯材に固定した資本の利子は750棚の木材の価値に等しい。この利子を森林の年収益1000棚から差し引けば，土地自身の効用は——250棚である。

　さてこの250棚の上にすべて林業に結びついた支出がかかるのである。なぜなら，ある人が全貯材を伐採し貨幣資本にしたならば，すべてこれらの支出はもはや彼にはかからないのであろうから——また250棚の余剰収益を維持する

孤立国　第1部

ためにのみ林業経営に必要な費用は続いて支出されるのであるから。

　1年の支出が500ターレルならば1棚の生産費は，立木自体に対して——それゆえに伐木費なしで——2ターレルとなる。

　生産費の中には——私の言う意味において——地代は含まれていない。それは，実際価格が生産費を超過する剰余からのみはじめて地代が生ずるからである。

　さて伐木費が1棚につき0.5ターレルかかるならば，1棚は現場において2.5ターレルするだろう。

　この価格は（およそ貨幣で表わした価格は他も同じであるが）1つの場所に対してのみ妥当し，穀価の変動とともに変化する。しかるにわれわれの問題の解決は孤立国の各地点に対して妥当するものが欲しいのである。

　ゆえにこの場合にも，農業に関する計算の場合のように，費用の4分の1を貨幣で，その4分の3をライ麦で表わさねばならない。

　1棚の生産費2.5ターレルのうち，$1/4 \times 2.5 = 0.62$ ターレルが貨幣で示され，$3/4 \times 2.5 = 1.88$ ターレルがライ麦で示されねばならない。1棚2.5ターレルの費用を要するという計算が，ライ麦の価格1.291ターレルの点に対して行なわれるならば，1.88ターレルの価値は $\frac{1.88}{1.291} = 1.46$ シェッフェルに等しく，1棚の木材生産費は一般に 1.46 Schfl. Roggen＋0.62 Tlr. で表わされる。

　しかるに第4章によってライ麦の価格を孤立国の任意の地点で計算することができる。ライ麦1シェッフェルは都市から x マイル離れた地点において $\frac{273-5.5x}{182+x}$ ターレルである。ライ麦がこの値で計算されるならば 1.46 Schfl. R.＋0.62 Tlr.＝$\frac{511-7.4x}{182+x}$ ターレルすなわち都市から x マイル離れた地方における生産費は1棚に対して $\frac{511-7.4x}{182+x}$ ターレルである。

　次に1棚の運送費は，これが x マイル離れた地方から都市へ供給される時には，どれだけとなるか。

第1編　孤立国の形態

2400 ポンド 1 輌 (die Ladung) の運送費は，x マイルに対し $\dfrac{199.5xx}{182+5x}$ ターレルとなる（第4章）。

さて 1 棚 (der Faden) が 2 輌になるから，1 棚の運送費は $\dfrac{399x}{182+2x}$ ターレルになる。

そして木材が無地代地で生産されるならば，木材は，生産費と運送費を償うに足る価格をもって，都市へ供給されうる。

われわれがここでその地代を標準にとらねばならない穀草式農業においては，都市から 28.6 マイル隔たった地方が地代をもはや生まなくなる。そこで木材の生産費および運送費に対し発見した式の中へ x に 28.6 なる値を代入すれば，都市自身における木材 1 棚の価格は 55.6 ターレルでなければならないことになる。

木材は都市において欠くことのできない必需品であるから，木材が近所から安く供給できない場合には，この高い価格も支払われねばならない。

都市に近い地方で育成された木材に対しては運送費は減少するけれども，この場合には木材は地代を有する土地で生産されねばならず，したがって木材の価格によって生産費，運送費，ならびに地代もまた支払われねばならない。

都市から x マイル離れた 100000 平方ルートの耕地の地代は $\dfrac{202202-7065x}{182+x}$ ターレルである（第5章）。木材による土地の収量は 100000 平方ルートに 250 棚であるから，1 棚には，地代 $\dfrac{809-28.3x}{182+x}$ ターレルがかかる。

すると都市における木材の価格を構成する3部分は

a．生　産　費 ……………… $\dfrac{511-7.4x}{182+x}$ ターレル

b．運　送　費 ……………… $\dfrac{399x}{182+x}$ 〃

c．地　　　代 ……………… $\dfrac{809-28.3x}{182+x}$ 〃

　　　　合　　計　　$\dfrac{1320+363.3x}{182+x}$ ターレル

すなわち木材 1 棚の都市における価格は $\dfrac{1320+363.3x}{182+x}$ ターレルでなくて

はならない。そしてxに対して漸次異なる値を仮定する時は，孤立国のどの地方から木材は最も安く都市へ供給されうるかがわかる。

都市よりの距離xが　　　　　　　都市における木材1棚の価格yは
28.6（マイル）の場合…………………………55.6 ターレル
20………………………………………42.5　〃
10………………………………………25.8　〃
7………………………………………20.4　〃
4………………………………………14.9　〃
1………………………………………9.2　〃
0………………………………………7.2　〃

さてわれわれがしばらく木材の生産は地代のない地方で行なわれると考えるならば，1棚の都市における価格は 55.6 ターレルとなるであろう。この場合は都会付近の住民は直ちに，その土地を木材生産によって穀作による以上に利用できることに気づくであろう。彼らは木材をより安価に供給して，木材を有する孤立国の遠方住民を市場より放逐する。このことは結局木材生産が，販売を目的としては，そこから木材が最も安く供給されうるところの都市の最近傍地方に制限されるに至るまで継続するだろう。

播種後100年にしてはじめて完全な収穫ある植物の栽培は，突然にかつ一時にある所から他へ移ることができない。だから，現実において，その土壌からみても位置からみても林業に適している地方が，現在全く森林を欠いているのを発見するのは不思議ではない。

最後に，木材がわれわれの孤立国の中央都市においてもつであろう価格を決定するためには，需要量が与えられねばならない。都市が木材を需要する量が，木材の生産に供されねばならない面積を決定し，この範囲のうち最も遠い地点から都市へ供給されうる価格が都市における木材の価格の基準である。たとえば木材生産が都市から7マイルまで広がらねばならないならば，都市における1棚の価格は 20.4 ターレルとなるだろう。

第1編　孤立国の形態

　この場合木材生産に供された圏の最も外縁にある土地は，この土地が農業によって利用されて生んだであろうと同一ないし僅かに高い地代を生む。しかし，都市へわずか1マイルだけ近くにある同一の面積は，木材運送費の著しい節約によって，はなはだ高い地代を生み，木材生産に利用される土地の地代は，市場に近づくにつれて穀草式農業で土地を利用する場合よりもきわめて大きな割合で増加する。

　したがっていまや，一方をもって他に代替できない2生産物——穀物と薪材——の価格の割合における内面的関係を示すことができるに至った。

　一方が他をもって代替できる生産物，すなわち使用価値の共通基準をもつ生産物においては，価格の騰落も両者に共通的であり，双方の間の価格の割合もそれによってほとんど変化しない。

　しかるにこの共通の基準がない生産物の場合には，一方の生産物の需要における変動は価格の比率に大きな変動をもたらす。

　たとえば孤立国において節約ストーブの発明により都市における木材使用が減少し，半径5マイルの円が——以前は7マイルであったが——木材の需要を満たすに足るならば，木材1棚の価格は4ターレルほど，すなわち約20％下落するであろう。

　このために不用となった木材圏の外縁は，この時は農耕に供され，穀物を生産するであろうが，この部分は全農耕地面積に比較して微々たるもので，それによって穀価はわずかで認められえないほどの下落しか生じえないのである。

　初めに薪1棚がライ麦14シェッフェルと同一価格であったならば，この変化の後には，薪はライ麦約12シェッフェルの価格を維持するであろう。

　生産上の発見および改良は消費の減少と似た作用をもたらす。

――――――

　著者は林業に関する上掲の計算において費用および収量に関する材料を——農耕の場合のように——事実から取ることができず，数字を見積りによって仮定しなければならなかった。見積りと仮定とをもって出発する研究は，しかし

ながら，結論および推定において正しい場合にも，かかる仮定に対して結果はどうであるかを示すことができるのみで，それが現実においてはどうであるかを示すことができない。

しかしながらその仮定した数字が事実からはずれうる範囲を定めることができて，得られる結果がこの可能な範囲に対しては妥当することを示すことができるならば，その結論の正しいことがそれによって証明される。

われわれはこの範囲をできるだけ広く，実際ありうる以上に広げて，第1の場合には木材生産費をわれわれの仮定の8倍，第2の場合にはその8分の1と仮定したい。

第1の場合 生産費が上の仮定の8倍するものとする。

生産費の増加は2つの異なる原因によって起こりうる——(1)木材の収量が不変で林業の全体に結合する支出の増加によるか，(2)支出が不変で木材収量の減少によるかである。

a．全体として林業と結合する支出はわれわれの仮定の8倍に増加し，木材収量がそのままであるとする。すると

生　産　費 $\left(\dfrac{511-7.4x}{182+x}\right)\times 8$

運　送　費 $\dfrac{399x}{182+x}$

地　　　代 $\dfrac{809-28.3x}{182+x}$

合　　計 $\dfrac{4897+311.5x}{182+x}$

ゆえに木材1棚の価格は

$x=20$ マイルに対しては……………… 55 ターレル
　　10　　〃　　　　………………… 42　〃
　　 0　　〃　　　　………………… 27　〃

b．木材の収量がわれわれの仮定の8分の1に落ち，支出はそのままとする。この時は1棚当たりの

第1編　孤立国の形態

生　産　費……………………………$\left(\dfrac{511-7.4x}{182+x}\right)\times 8$

運　送　費……………………………$\dfrac{399x}{182+x}$

地　　　代……………………………$\left(\dfrac{809-28.3x}{182+x}\right)\times 8$

　　　　　　　　　　計　$\dfrac{10560+113.4x}{182+x}$

ゆえに1棚の価格は

　$x=20$ マイルに対しては………………… 63 ターレル

　　10　　　〃　　　………………… 61　　〃

　　 0　　　〃　　　………………… 58　　〃

第2の場合　生産費がわれわれの仮定した8分の1とする。

a．支出が8分の1に減少し，収量は同一とする。この時は1棚当たりの

生　産　費……………………………$\left(\dfrac{511-7.4x}{182+x}\right)\div 8$

運　送　費……………………………$\dfrac{399x}{182+x}$

地　　　代……………………………$\dfrac{809+28.3x}{182+x}$

　　　　　　合　　　計　$\dfrac{870+369.8x}{182+x}$

ゆえに1棚の価格は

　$x=20$ マイルに対しては………………… 41 ターレル

　　10　　　〃　　　………………… 24　　〃

　　 0　　　〃　　　………………… 5　　〃

b．支出は全体として同一で，収量はこれに反して8倍に上るとする。この時は1棚当たりの

生　産　費……………………………$\left(\dfrac{511-7.4x}{182+x}\right)\div 8$

運　送　費……………………………$\dfrac{399x}{182+x}$

孤立国　第1部

地　　　代 …………………… $\left(\dfrac{809+28.3x}{182+x}\right)\div 8$

合　　計　$\dfrac{162+394.6x}{182+x}$

ゆえに1棚の価格は

$x=20$ マイルに対して …………………… 40 ターレル

10　〃　…………………… 21　〃

0　〃　…………………… 1　〃

ここに観察した場合はつねに，都市の近くに生産された木材は遠方で生産されたものより安く都市へ供給されることができるという結果になる。合理的経営――不合理には法則も制約もない――においては，森林生産の収益と支出とはここに仮定した範囲（8倍と8分の1）の外側にありえないことを強く主張できるから「木材の生産は都市の近傍において行なわれねばならない」という法則もまたこれによって証明される。

この研究によってわれわれは1つの方式を得た。それは単に木材の価格決定に役立つのみならず，実際において普遍的妥当性を有し，われわれはそれによって孤立国に対して各農産物の価格を決定し，その耕作が行なわれなければならない地方を示すことができるのである。――ただし生産費，地代および需要が既知の場合である。

これを例示するために私は「いかなる価格に対して1シェッフェルのライ麦は都市に供給されることができるか，またいかなる地方においてその耕作が最も有利であるか」の問題を提出して解答してみたい。

第5章に従えば，100000平方ルートの耕地は，ライ麦3144シェッフェルの粗収入をあげる。1輌は2400/84すなわちライ麦28.6シェッフェルであるから，3144シェッフェルは$\dfrac{3144}{28.6}=110$輌に等しい。

この収穫物の生産に要する支出，つまり生産費は 1976 Schfl. R. +641 Tlr. であって，それを110輌に分割すれば，1輌に対して 18 Schfl. R. +5.83 Tlr.

第1編　孤立国の形態

となる。

ライ麦1シェッフェルに対して価格 $\frac{273-5.5x}{182+x}$ ターレルを代入すれば，1輛当たり生産費は $\frac{4914-99x}{182+x}+5.83=\frac{5975-93.2x}{182+x}$ ターレルとなる。地代は100000平方ルートの耕地すなわちライ麦110輛に対して $\frac{202202-7065x}{182+x}$ だから1輛には地代 $\frac{1838-64.2x}{182+x}$ が当たる。

すなわち，1輛のライ麦28.6シェッフェルに対しては

生　産　費 …………………… $\frac{5975-93.2x}{182+x}$ ターレル

運　送　費 …………………… $\frac{199.5x}{182+x}$ 〃

地　　　代 …………………… $\frac{1838-64.2x}{182+x}$ 〃

　　　　　　　　　　合　　計　$\frac{7813+42.1x}{182+x}$ ターレル

これによれば　　　　ライ麦1輛の価格　　ライ麦1シェッフェルの価格
$x=20$ マイルに対し　　42.9ターレル　　　　1.5ターレル
　　10　　〃　　　　　42.9　〃　　　　　　1.5　〃
　　 0　　〃　　　　　42.9　〃　　　　　　1.5　〃

それゆえわれわれの問題に対して次の解答をえた。孤立国のすべての地方から（土地が穀作によって地代を実現しうる限り）ライ麦1シェッフェルが1.5ターレルで都市へ供給されることができる。そして穀物栽培は孤立国のあらゆる地方に対し等しく有利であると。

しかしこれはそうなるはずである。なぜなら各地方に対する地代の計算を都市におけるライ麦が1.5ターレルの値をもつという前提によっているのだから。だからこの計算はなんら観察を広めることにならない。しかしこの計算は観察した経験の正確さについて1つの興味深い論証を与え，われわれがあらゆる作物，穀物に比較して生産費および1輛に相当する地代のわかっている作物，に対して，それが都市においてもたねばならない価格，およびそれが生産

—141—

されねばならない地方を決定することができる，という点において最も重要である。

この公式のその他各種作物に対する適用。

第1種の作物　地代が穀物の場合と同じで，生産費が半分であるもの

生　産　費 …………………………… $\dfrac{2987-46x}{182+x}$

運　送　費 …………………………… $\dfrac{199.5x}{182+x}$

地　　　代 …………………………… $\dfrac{1838-64.2x}{182+x}$

　　　　　　　　合　　計　$\dfrac{4825+88.7x}{182+x}$

　　$x=20$ マイルに対し1輌の価格は………… 32.7 ターレル
　　　　10　　〃　　　………………………… 29.7　　〃
　　　　 0　　〃　　　………………………… 26.5　　〃

ゆえにこの作物は遠方よりも都市の近傍からより安く供給され，都市における価格が定まれば直ちに，その需要を満たすためにはどこまでその栽培が広がらねばならないかが知られる。

第2種の作物　地代が同一で，生産費が2倍のもの

　この場合は費用合計 $\dfrac{13788-51.1x}{182+x}$ となり，

　　$x=20$ マイルに対し1輌の価格は ……… 63.2 ターレル
　　　　10　　〃　　　………………………… 69.2　　〃
　　　　 0　　〃　　　………………………… 75.7　　〃

ゆえにこの種の作物の栽培は，都市から遠い地方で行なわれねばならない。

第3種の作物　生産費が同一で，地代が半額のもの

　この作物の費用は合計 $\dfrac{6894+74.2x}{182+x}$ となり，

　　$x=20$ マイルに対する1輌の価格は……… 41.5 ターレル
　　　　10　　〃　　　………………………… 39.7　　〃

第1編　孤立国の形態

　　　$x = 0$ マイルに対する1輌の価格は……37.9ターレル

この作物の栽培は都市の近傍で行なわれる。

第4種の作物　生産費が同一で，地代が2倍のもの

費用合計 $\dfrac{9651-22.1x}{182+x}$ となり，

　$x = 20$ マイルに対し1輌の価格は……………45.6ターレル
　　　10　　　〃　　……………………49.1　〃
　　　 0　　　〃　　……………………53.0　〃

この作物の栽培は都市から遠方のものである。

ここに展開された4つの場合を観察することにより次の法則を得る。

1) 1輌の生産費が同一の場合には，地代が最も多くかかる作物が最も遠方で栽培される。
2) 1輌にかかる地代が同一の場合には，最も多く生産費を要するものが遠方で栽培される。

問　題　1輌がライ麦生産費の14倍，運送費が2倍を要する1つの生産物は，それが地代を生むことが許されない場合に，いかなる価格で都市へ供給されることができるか。

　生　産　費……………………$\dfrac{83650-1305x}{182+x}$
　運　送　費……………………$\dfrac{399x}{182+x}$
　　　　　　費用合計　$\dfrac{83650-906x}{182+x}$

$x = 30$ マイルの場合1輌の価格266ターレル　1ポンドの価格5.3シリング
$x = 10$　　　〃　　………388　〃　　　　〃　　7.8　〃
$x = 0$　　　〃　　………460　〃　　　　〃　　9.2　〃

それゆえこの生産物は，30マイル隔たった遠方からは，都市に直ちに接した地方で必要とする価格の約半分で，都市へ供給される。遠方の地方が都市の需要を満たすことができるならば，都市に近い地方でのこの生産物の生産は，必ず大損害をもたらすに相違ない。

— 143 —

孤立国 第1部

　以上の中断の後，林業の観察にかえる。

　われわれの計算では1年の木材収量を1000棚，全林区の貯材を合わせて価値で15000棚に等しいと仮定した。これに従えば価値における生長分は蓄積に対して1対15の割合である。すなわち毎年の木材増加分は貯材の15分の1である。

　しかるに経験はおそらく次のことを教える。農場に結合した森林を貯材量によって評価し，その評価に従って買うことは農場を購入するにあたって最も危険なことであると。多くの購入者がそのため大きな損害を招いており，全財産を失った者すらある。すなわち後になって，木材は十分な利子をもたらさず，毎年の木材の収量は貯材の20分の1でなく，しばしば30分の1または40分の1にすらなり，したがって森林購入に投じた資本は3.3％あるいはわずか2.5％の利子をもたらすにすぎないことがわかるのである。

　年生長分を貯材の40分の1とした林業専門家の森林評価もある。

　さて経験が教えていることが樹木の性質に基づいているとし，この性質によって森林はその蓄積の40分の1以上は1年では増加できないと仮定し，その中にある結論を展開すると，はなはだ注目すべき結果に達する。

1) 木材を有する土地は地代を生まないばかりでなく，貯材に固定した資本の利子がすでに年収益の2倍であるから，土地の収益はマイナスである。
2) 自己の利益を知っている森林所有者は，全部の木材を一度に伐採して売却するに違いない。なぜなら，木材を販売して得られる資本によって2倍の利子を受け，かつその上に森林の土地を得て，それを同様にまた売却することができる。市場が狭く，すべての木材を一時に売却できないならば，所有者は毎年伐採された区域に再び樹木の種を播かないに相違ない——したがって，徐々にではあるが彼は確実に森林の消滅を招くであろう。
3) 森林がこのように漸次消滅すれば木材の価格は騰貴するに違いない。しかし木材の価格の高いことが林業を有利にせず，森林の消滅を阻止するこ

第1編　孤立国の形態

とはできないということがこの場合の特色である。それは木材の価格が騰貴するにつれて貯材に固定される資本もまた増加し，その利子はいつも森林からの収入の2倍であるからである。木材の価格の高いことは森林の消滅をいっそう促進し，ますますそれを刺激する。利率が2.5％以下になってはじめて森林の消滅を止めることができる。利率の低下が起こらず，かつ薪のような不可欠の資材を全然地上から消失させないためには，政府はすべての個人から営林に関する自由処分権を取り上げ，所有者をその所有財産から受けえた収益の半分だけを受け取るべく権力をもって強制せねばならない。しかしこの所有権侵害の後には，植林は最も放縦に経営され，したがって調整も短期間役立つのみである。

これと違って，若木の生長，たとえばモミ (die Tanne) の生長を観察する時は，2年生のモミは1年生に比べてその容積はおそらく10倍以上となり，3年生のモミはまた2年生の7倍となる，というように，1年の増加分は樹木がすでに有する容積の何分の1ではなく，その容積自身をしばしば越えることを発見する。樹木のその後の生長においては，容積の絶対的増加分は年々多くなるが，相対増加分（樹木の容積で比較した年増加分）は増加分を比較すべき容積が大きくなるから，漸減する。5年目に年生長分が樹木のすでに有する容積に等しいとすれば，6年目には10分の9，7年目にはおそらく100分の81となるであろう。

このように相対的増加分が段階的に低下する場合には，ついには1年の増加分が樹木の容積の20分の1となる点に必ず到達しなければならない。

個々の木でなく同一年生の樹木の立っている1つの林区を考えてもやはり木材増加分が貯材の20分の1になる時がくる。

さてちょうどこの点に達した時に林区を伐採してその木材収量を，1年生から伐採期に至る樹木を有するすべての林区の貯材の合計と比較するならば，年年の収量は木材蓄積量の20分の1以上となることがわかるであろう。なぜなら伐採林区における年増加分すら20分の1であるから，若い樹木を有する林

孤立国　第1部

区においてはもっと著しく大きく，平均すなわち全林区に対する増加分も20分の1以上であるからである。

　だから一方において樹木の性質は20分の1以上の相対的増加を可能とするのは確実であり，他方において多くの森林の増加分は40分の1だけであるという経験も争うことができないから，結局こうした森林の経営法がはなはだ当を得ず欠陥を有するに相違ないことになる。

　100年，200年の老木が10年，20年の若木と一緒に混在する森林では，そこにはもはや生長しないで広い場所を占領し若木を圧迫する樹木があって，そのために絶対的増加分ははなはだ小さく，これをはなはだ大きな貯材と比較せねばならぬ所では，相対的増加分もまたややもすれば40分の1以下に下がり勝ちである。

　こうした営林，むしろ非営林は，木材が販売されない場所や，土地の価値が少なく樹根の除去費および林地を耕地に変更する費用が償われない場所においてのみ肯定される。

　前世紀においてはドイツの大部分はこうであっただろう。その後事情は大いに変わったが，事情の変化は森林経営法における変更を一般にはもたらさず，今日なお多くの森林が旧来のはなはだ不合理な方法で経営されているのをみる。

　しかし，正しい考えで経営している所においても，森林はただ徐々にその自然状態を脱することができる。なぜなら，樹木の寿命は人の寿命より永いから，正しい森林経営を全林地へゆき渡らせるには，数世代を要するからである。

　正しい森林経営の場合には，同年生の樹木だけが1箇所にある必要があり，そしてこれは相対的価値増加が5％（孤立国の仮定した利率）以下にならないうちに伐採せねばならない。そうすると喬木林 (Hochwaldung) の場合には，樹木は生長しきることを許されず，更新期間は樹木の寿命よりもはなはだ短くなければならない。そこでわれわれが100年としたところのブナ林の更新は，この原理に従ってもっと短くなければならないだろうかの問題が起こる。

　よりよく生長した樹木の木材は若い樹木よりも薪として高い価値をもち，高

第1編　孤立国の形態

く売れることを考慮する時は，更新を相対的木材生長率が5％となる点以上に延ばすことができる。しかしそれも数年間のことで，薪としての木材のこの価値増加は，利子を失うため増加するところの生産費を長くは超過しえないからである。

これが建築材となると事情が全く違う。建築材は一定の強さをもたねばならないから，この強さに達するまでは伐採されない。したがって更新は薪の場合よりも長くなければならず，建築材の生産費はそのため著しく増加するけれども，建築材は欠くことのできないものであるから，同一の容積でも木材が堅いほど高く支払われ，しかもその価格はさまざまな強さの建築材の生産費が十分に償われる高さまで，またその程度において，騰貴するに相違ない。

したがって建築材は重量を等しくすれば薪よりも価値は高く，価値に比較した運送費は前者の場合は後者の場合よりも少ない。

この理由から，林業に供された圏内でも建築材の生産は都市から最も離れた部分において行なわれる。

建築材の屑は薪に利用されては都市への運送費に堪えないが，木炭にすることによって重量の軽い物質に変形され，有利に都市へ輸送される。ゆえに木材圏の外縁は都市へ建築材のみならず木炭をも供給する。

木材圏で都市に最も近い内縁には速やかに生長する樹木を栽培するのが有利である。こうした樹木の材は，薪としてブナ材のように高価でないが，同一面積から大きな年収益をあげる。しかるにより遠い地方では高価な薪をのみ都市へもたらすことができる。

こうして森林栽培に供された圏内に，種類の異なる樹木を得るために向けられる多くの部分，すなわち同心圏が生ずる。

この圏は都市と自由式農業圏とへ木材を供給せねばならないが，後方すなわち都市から遠くにある圏へは供給しない。すなわちこれらの圏は，木材に対する需要を自足するが都市へ供給することは少しもできず，この関係においては都市と無関係である。だからその他の圏を観察する場合には森林栽培のことは

もはや述べないだろう。

薪材の価格を1棚21ターレルとすれば，地代は林業圏の各地においていくらとなるか。

1棚に対する収入は，21ターレル，

生産費は1棚につき$\frac{511-7.4x}{182+x}$ターレル，運送費は$\frac{399x}{182+x}$ターレルである。

この2つの支出を収入から差し引けば，

1棚の木材が生長する面積に対する地代 $\frac{3311-370.6x}{182+x}$ ターレルが出る。

250棚が生長する面積100000平方ルートに対する地代は
$\left(\frac{3311-370.6x}{182+x}\right)250$ ターレルとなる。

$x=0$ マイルに対して………………地代 4548 ターレル
　　　1　　〃　　………………　〃　4017　〃
　　　2　　〃　　………………　〃　3492　〃
　　　4　　〃　　………………　〃　2458　〃
　　　7　　〃　　………………　〃　 948　〃

木材圏の外縁に対しては林業の与える地代は境界地の耕地の地代と等しい。けれどもこの地代は都市に近づくにつれて，運送費が著しく節約されるため急激に増加し，都市においては4548ターレルとなる。しかるに純粋穀草式農業は遠い地方と同様に経営される時は，ここで1111ターレルの地代を生むことができるだけである。

第20章　第1圏の再検討——特にバレイショ栽培に関して

前章における研究は，薪材の生産は都市の近傍で行なわれねばならないこと，また林業は農業に比べ都市の近くで経営されるにつれてより大きな地代を実現することを示した。

— 148 —

第1編　孤立国の形態

　しかるにわれわれは以前に自由式農業圏が都市の最も近くに位置を占めるものとし，根拠をもってこれを主張したが，その根拠自身が十分深く展開されず，その主張を論証できるまでに至らないから，われわれはこの対象を再び研究せねばならない。

　自由式農業と林業とは，いわばそれが経営されるべき場所が競合し，両者は都市の最も近傍を要求する。しかし両者は同時に並んで経営できないから，両経営方法のいずれがこの地点で勝利を得て，他を駆逐するだろうかの問題が起こる。

　さて合理的にはここにおいてもそれによって土地が最高に利用されるような経営が行なわれなければならない。だから上の問題は「都会の最も近傍ではいかなる経営方法が最大地代を与えるか」の問題に帰着する。

　ゆえにわれわれは，都市の近傍において他の作物の栽培が林業以上の地代を実現するか否かを検討せねばならない。これを論ずるにあたり，われわれはバレイショ栽培の観察に向かう。

都市におけるバレイショの価格

　バレイショとライ麦の間には共通尺度すなわち栄養価値が存在する。そしてそのいずれに対してもなんら特別な偏向がない——と仮定する——ならば両者の価格はその栄養価値にちょうど比例するだろう。

　さて化学分析と，家畜に飼料を給するさいの経験とは，乾燥バレイショ3シェッフェルがデンプン量においても栄養価においてもライ麦1シェッフェルに等しいということにほとんどすべての人が一致しているから，都市におけるバレイショの価格もライ麦の3分の1すなわち1シェッフェル0.5ターレルと仮定する。

　以下のバレイショ収穫およびその栽培に関する費用の計算においては，第17章に述べたベルギー農業に関する研究が基礎となる。

　そこでは土壌の肥力が同一の場合に1シェッフェルのライ麦が生長する面積上にバレイショ9シェッフェルが生長するものと仮定し，バレイショ5.7シェ

ッフェルの生産はライ麦1シェッフェルの生産に要する労働しか要らないことを発見した。

　ライ麦に比べて同一面積より栄養物3倍を供給し，人の労働に対して2倍の栄養物をもって報いる作物は，全く注目すべきであり，それが一般的に広がることは，農業経営に全面的革命をもたらすため，われわれは，たとえわが孤立国第1圏の限界決定をすることにそうする必要がないにしても，本書においてこの作物の観察に1つの場の提供をせねばならなかった。

　われわれは前に，孤立国の平野は穀収8シェッフェルの肥力を有することを仮定し，自由式農業圏をその例外とし，これに，都市よりの肥料購入の結果，はなはだ高い肥力を与えた。次の計算においてはこの圏に対し第17章で見出したベルギー農業の土壌肥力を仮定する。

　収穫されたバレイショが家畜に飼料として与えられる時は，その生産のため耕地が費やしたと同じほど多くの厩肥が耕地へもどる。しかしバレイショが販売される時は事情が全く異なる。

　穀物栽培の場合に一部分増肥作物を栽培せねばならなかったように，販売目的のバレイショ栽培の場合にも全耕地にバレイショを栽培することはできない。

　一定面積，たとえば100000平方ルートが毎年どれだけのバレイショを供給できるかを計算するには，またこの面積がバレイショ栽培によって生産した栄養物の収量をこの面積が穀作によればもたらすであろうものと比較するには，耕地がそれ自身で同一肥力を維持しようとする時，全面積の何割にバレイショ栽培を行なうことができるかをまず見出さねばならない。

　穀作の場合には穀粒とともにつねにわら類が収穫され，これがもちろん地力消耗の一部を補塡するけれども，わら類による補塡は消耗全部を補うには足りない。(1)休閑耕，(2)ライ麦，(3)大麦，(4)エンバク，(5)放牧，(6)放牧，(7)放牧という作付順序を有する7区穀草式農業においては，穀物区と同数の放牧区がある。よい土壌において，この農業が自分で同一肥力を維持するためには，穀物

第1編　孤立国の形態

区1つは，穀作が同時に収穫したわら類による回収を差し引いた後に残るところの地力消耗が補塡されるべきものなら，放牧区1つと結合せねばならないこととなる。すなわち1穀物区の地力消耗の大きさは1放牧区の厩肥生産高とわらによる補塡を合わせたものと同じでなくてはならないこととなる。

　バレイショは，その茎葉(das Kraut)を耕地に残すけれども，わら(das Stroh)をもどさないから，その地力消耗は厩肥生産作物の栽培によって全部補充されねばならない。

　さて容易な観察ができるように，1放牧区を単位にとれば，次のように質問することができる。バレイショの消耗を放牧の厩肥生産のみで回復するには，どれだけの放牧区が1バレイショ区と結合せねばならないか。

　さてバレイショの絶対消耗量は，それがよい土地にくるほど，またその収量が大きいほど大であり，放牧の厩肥生産量も同様に，肥えた土地に多く，痩せた土地に少ない。一定肥力の1バレイショ区の消耗を回復するためには，放牧が痩せた土地にきた時は多くの放牧区が必要であり，肥えた土地にきた時には，数が少なくてよい。

　この点に関して私のした計算は次のとおりである。

　a．バレイショ区が大麦区と同一肥力を有し，放牧区は穀草式農業の放牧区と同一肥力を有する場合には，バレイショによる消耗の回復に放牧区2.76を必要とする。

　b．バレイショ区と放牧区が同一肥力を有する時は，1バレイショ区が放牧区1.83と結合せねばならない。

　c．バレイショが非常に肥えた土地，そこではクローバ栽培と舎飼が行なわれ，クローバとバレイショとが同一肥力の土地へくるような肥えた土地で生産されるならば，クローバ区1.46が1バレイショ区の消耗を補充する。

　バレイショ栽培があげる栄養素の収量を穀作と比較するには，(a)においてみた場合に次のようなことを発見する。(1)各区1000平方ルートの3穀物区は，穀草式農業で10シェッフェル生産する土壌において，ライ麦に換算して235

孤立国　第1部

シェッフェルの収量を生む。(2)大麦区と同一肥力の1バレイショ区は，バレイショ720シェッフェルすなわちライ麦に換算して240シェッフェルを生産する。この消耗を回復させるためには，3穀物区は3放牧区と，バレイショ区は2.75放牧区と結合せねばならない。ゆえにライ麦235シェッフェルをもたらすには6区を要し，バレイショ720シェッフェル，すなわちライ麦240シェッフェルの生産には3.75区を要する。

ゆえに1000平方ルートの1区は穀作の場合にはライ麦に換算して$\frac{235}{6}=39$シェッフェルの栄養物を生産し，バレイショの場合にはライ麦に換算して$\frac{240}{3.75}=64$シェッフェルを生産する。穀物とバレイショとの間の収量の割合は39：64すなわち100：164である。

最初の表面的観察のさいに出てきた関係，バレイショは同一面積からライ麦の3倍の栄養物を生ずるという関係は，だから厳格な証明をする時は大いに割引を受けるが，それにもかかわらずバレイショの優越性はつねに著大である。

けれども肥料が農場において生産されず，バレイショの消耗が購入肥料によって補填される所では，バレイショは同一面積のライ麦に比べ3倍の栄養物を人間のために供給する，という命題は正しい。

それゆえバレイショ栽培をも，(A)バレイショの要する肥料が，農場で生産される場合，(B)バレイショ用肥料が買われる場合の2つの関係において研究せねばならない。

A．自ら同一肥力を自力で維持する経営内でバレイショ栽培が行なわれ，このためにバレイショ区がクローバ区1.5と結合されている場合。

この農業に対して行なった私の計算によれば，バレイショ1輌（24シェッフェル）に対し

生　産　費 …………………………………… $\frac{489-4.7x}{182+x}$ ターレル

運　送　費 …………………………………… $\frac{199.5x}{182+x}$ 〃

収益 12 ターレル ………………… $12\left(\frac{182+x}{182+x}\right)=\frac{2184+12x}{182+x}$ 〃

第1編　孤立国の形態

であって，収益から生産費と運送費を引けば

地　　代 $\cdots\cdots\cdots\cdots\cdots\cdots\cdots\cdots\cdots\cdots\cdots \dfrac{1695-182.8x}{182+x}$ ターレル

が残る。

これが毎年1輌の販売用バレイショが生産される面積に対する地代である。さて私の計算に従えば，100000平方ルートの耕地（そのうち40000平方ルートはバレイショ，60000平方ルートはクローバを栽培する）から，小さくて飼料用にしかならないバレイショを除いて，毎年1440輌を販売に回すことができる。

したがって100000平方ルートの地代は

$$1440\times\left(\dfrac{1695-182.8x}{182+x}\right)=\dfrac{2440800-263232x}{x}$$

都市よりの距離　　　　　　　　　　100000平方ルートの地代

　0マイルであるなら$\cdots\cdots\cdots\cdots\cdots\cdots\cdots\cdots$ 13411 ターレル
　1　　　〃　　　　$\cdots\cdots\cdots\cdots\cdots\cdots\cdots\cdots$ 11899　〃
　4　　　〃　　　　$\cdots\cdots\cdots\cdots\cdots\cdots\cdots$ 7462　〃
　7　　　〃　　　　$\cdots\cdots\cdots\cdots\cdots\cdots\cdots$ 3165　〃
　9.3　　〃　　　　$\cdots\cdots\cdots\cdots\cdots\cdots\cdots\cdots$ 0　〃

B. バレイショ栽培に要する肥料が都市から買われる場合。

第1の農業において耕地のわずか4割がバレイショ栽培に用いることができたのに対し，この場合には全面積にこの作物が栽培され，100000平方ルートの耕地は1440輌でなく3600輌のバレイショを都市へ供給することができる。

しかしこの農業にはAになかった次の支出がある。

1) 都市より耕地への肥料運送費

2) 肥料購入費

バレイショ24シェッフェルの生産は，私の算定に従えば，耕地に0.94台の肥料を要し，計算の容易のためにいまこれを1台とみなせば，都市へ供給されるバレイショ各1輌 (Ladung) ごとに肥料1台 (Fuder) が戻されねばならない。

さてバレイショを積んで都市へいく車が1台の肥料を持ち帰るには，肥料の

調達に特別な輸送を要しない。しかし馬は往復とも荷物があるので疲労がはなはだしい。実際からとった規準がないから，私は復路の荷物の運賃は普通運賃の半額，すなわち肥料1台の運送費は $\frac{199.5x}{182+x} \div 2 = \frac{99.7x}{182+x}$ と仮定する。

さて都市における肥料1台の価格はいくらであり，いかなる原理に従ってこの価格は規制されるか。

アダム・スミス (Adam Smith) に従えば，すべての商品の価格は労賃，資本利子および地代の3要素に分解される。われわれはわれわれの研究によって，農産物の価格を生産費，運送費および地代の3部分に分割した。生産費，運送費はさらに労賃および資本利子に分解されるのはもちろんであるけれども，われわれの研究の進行中この分離をすることは今まで必要でなかった。

さてここでその価格決定を論じている物質は，商品とも生産物ともいえない。どれだけの労賃，資本利子および地代がそれを生ずるに要したか尋ねても，またその生産費，運送費の大きさ，およびその生産に要する地代の額を尋ねてもむだであろう。この物質は，その生産が不随意で，その量は需要の増減によって増減されえず，その所有者はいかに大きな費用を伴ってもこれを除かねばならず，したがってマイナスの価値をもつ——こういう物質は，実際一種特別なものであって，その価格は前述の法則によって決定されず，どうしたらその価格が見出されるかの問題は，だから独特な興味がある。

われわれはしかしここではまだこの問題に答えることはできないから，しばらく町肥 (Stadt Dung) 1台の価格を a （ターレル）と仮定せねばならない。

肥料を買うこの農業において，私の計算に従えば，バレイショ1輌に対して，

生 産 費 ………………………… $\frac{526-7.5x}{182+x}$ ターレル

バレイショの運送費 ……………… $\frac{199.5x}{182+x}$ 〃

肥料運送費 ………………………… $\frac{99.7x}{182+x}$ 〃

肥料購入費 ………………………… a 〃

第1編　孤立国の形態

$$費用合計 \quad \frac{526+291.7x}{182+x}+a \; ターレル$$

収益は12ターレル，すなわち，　$12\left(\dfrac{182+x}{182+x}\right)=\dfrac{2184+12x}{182+x}$　〃

費用を収益から引き，1輌に対する地代……　$\dfrac{1658-279.7x}{182+x}-a$　〃

100000平方ルートでは3600輌のバレイショを生産するから，これに対して地代は……………………………$3600\left(\dfrac{1658-279.7x}{182+x}-a\right)$　ターレル

さて，自由式農業圏に住む農業者は，つねに肥料を自己の農場において生産するか，都市から購入するかの選択権をもっている。そして彼らは町から買った肥料が自己の農業の中で得た厩肥よりも彼らにとって安くなる時にのみ後者を選ぶであろう。

われわれは両農業の地代を見出したから，これを等しいと置けば，いかなる価格で1台の肥料が支払われうるかを知ることができる。

A農業の地代が　　　　　B農業の地代に等しいならば，

$$\left(\frac{1695-182.8x}{182+x}\right)\times 1440 = \left(\frac{1658-279.7x}{182x+x}-a\right)\times 3600$$

これより　　　　　　　$a = \dfrac{980-206.6x}{182+x}$

都市よりの距離	肥料1台の価格 a
$x=0$ マイルである場合	5.4 ターレル
1　〃	4.2　〃
2　〃	3.1　〃
3　〃	1.9　〃
4　〃	0.83　〃
4.75　〃	0　〃

これをみると，都市自身に住む農業者は1台の肥料に5.4ターレル払っても，それを自己の耕地で生産する場合以上に高くつくことはない。しかるに都市よりの距離が大きくなればその地方の農業者が肥料に対して支払いうる価格は急に減り，ついに4.75マイルの地点に住む農業者は町肥を得るために運送費

孤立国　第1部

を投ずることはできても肥料自身に対しては少しも金を払うことができない。

　町肥の価格決定の場合には，だから，種々さまざまな利害関係が働く。都市民は肥料に対して何物をも得ないのみでなく，肥料汲み取りに金を払わねばならない場合にも，ぜひともこれを汲み取らせねばならない。都市近くの農業者は高い価格を払うことができ，遠くの農業者は低い価格しか払えない。これら種々の利益のいずれが優越を得て価格を決定するか。

　われわれはここで2つの場合を区別せねばならない。
1) 町肥が多量に存在し，都市から4.75マイルまで隔たっているすべての農場で全部を用いてしまうことのできない場合。
2) 町肥の全量が少なく，そのため4.75マイルまで隔たっているすべての農場の肥料需要額が満たされない場合。

　第1の場合には，都市から4.75マイルまでのすべての地方が肥料を供給された後，なお一部分が残り，これは都市の費用で取り去らねばならない。この事情において，もし農業者の汲み取る肥料に金を支払わせようとするならば，たとえば1台に対し0.83ターレルとろうとするならば，都市より4マイル以上の遠方に住むすべての農業者は汲み肥を放棄するから，残りが増大し，それの除去に投ずる費用は著しく増加するであろう。ゆえに都市は，自己の利益に逆らわないためには，遠方の農業者に肥料を無料で与えねばならない。しかしこの場合，遠方の農業者が町肥を無料で受けるのに，町の近所に住む農業者から町肥に金を支払わせることができるだろうか。ある商品の販売者はその価格を商品が買手に与える効用に従って決定し，1人には安く1人には高く売ることができるだろうか。これは人為的強制がなくては得られないもののようである。だからわれわれは所与の事情においては，町肥は価格を有せず無料にて得られるものと仮定せねばならない。

　第2の場合，町肥を有利に用いうるすべての地方の需要を満たすに足るだけの量が存在しない時には，近所に住む農業者と遠方に住む農業者は互いに競争する。たとえば肥料が最初無料で得られるならば，肥料は一部分遠方へももた

第1編　孤立国の形態

らされ，肥料が大きな価値をもつ近傍の地方はその需要を満たされなくなる。この需要を確保するためには，近傍の農民は，肥料に対してこれを遠方へ運搬するのを不利とするに足るような価格を払うことを余儀なくされるであろう。町肥の分量が都市の周囲4マイルの圏の需要を満たすだけであるとすれば，彼らは0.83ターレルを1台に対して支払わねばならないだろう。もしこれより少なく，たとえば1台に対し0.5ターレル与えようとするならば，4マイルの圏の外にある地方も肥料を買って運搬しても利益があり，そうすると近傍がその需要を満たされなくなるのである。

さて地代に関する計算をする場合には，この後の場合を基礎とし，1台の肥料は都市において0.83ターレルするものと仮定する。

上に見出した式の中へaに対して0.83ターレルという値を置けば，B農業の地代は100000平方ルートの耕地の上に $\left(\dfrac{1658-279.7x}{182+x}-0.83\right)\times 3600$ ターレルである。

　　都市よりの距離　　　　　　　100000平方ルートの地代
　　$x=0$ マイルの場合 ……………… 29808 ターレル
　　　1　〃　　………………………… 24126　〃
　　　2　〃　　………………………… 18504　〃
　　　3　〃　　………………………… 12948　〃
　　　4　〃　　………………………… 7467　〃

この圏においては，土地の地代は都市に1マイル1マイルと接近するとともに，異常な割合で増加する。これは2つの原因の共働する作用によって生ずるのであって，第1にここでは価格に比べて大きな運送費を要する生産物が栽培され，第2には肥料の運送費が都市よりの距離の減少に正比例して減少する。

われわれの計算が都市の近傍にある土地に対して与える地代は，一見膨大であって，われわれは現実においてどこにこうも高い地代の例が現われているかの質問を発せざるをえない。

しかし，現実においてかかる例が示されないにしてもなんら怪しむに足りな

— 157 —

い。なぜなら第1に，われわれの計算は最高の利用をなすべき肥力を有し，かつまた優れた物理的性質の土地を基礎としているが，こうした土地は大面積にまとまってはめったに現われないものだ。第2に, 現実においては, 相当な都市いわんや大都市にして舟運のある河流に沿っていないものはない。河流によってバレイショを都市に供給する圏ははなはだ拡大し，それは後に見るとおり，バレイショの価格がライ麦の価格の3分の1以下になるという結果をもたらす。

十分に研究すればこれと同一どころかもっと高い地代を発見するであろう。

今世紀〔19世紀〕の最初の10年に，ハンブルグの付近では，町のすぐ近くにある家畜放牧地は1平方ルートにつき1マルクの賃貸料を生んだが，これは100平方ルートに約37ターレルとなる。

シンクレヤ (Sinclair, Grundgesetze des Ackerbaues S. 558) に従えば，ロンドン近傍で園芸地1エーカーは，

小作料 (Pachtzins) に……………………………………… 10 ポンド
救貧税, 十分一税等の公課 (Armentax, Zehnten) に………… 8 〃
合　計　　18 ポンド

を負担したが，これは100平方ルートに対しては約58ターレルとなる。

もちろん小作料は決して純粋な地代ではなく，実際の土地地代を見出すには，これから固定資本の利子を引かねばならない。この利子ははなはだ大きいのであるが，土地の純収益は，それでもなおわれわれが孤立国に対して見出したものをしのぐ。

高度の利用によって大都市近傍の土地売買価格がいかに騰貴せねばならないにしても，これは都市自身における地価の無類の騰貴の序曲にすぎない。都市の入口の外側に新しい家を建てその敷地を買おうと欲する人は，この土地が園芸作物の生産に対して有する価格以上をそれに払う必要がないであろう。家屋を建築した後は，この土地がもしそうでなければ，あげたところの土地地代 (Landrente) は土地賃料 (Grundrente) に変わる。けれども両者の額はこの場所ではまだ全然同一である。都市に入るにつれ，この土地賃料はますます高く

第1編　孤立国の形態

なり，ついに都市の中心や主な市場においては，家屋が建てられる地所が1平方ルートに対し100ターレル以上支払われるに至る。

　家屋の土地賃料が都市の中心へいくにつれて何ゆえに漸次上昇するかの原因を十分に究めるならば，われわれはそれが業務を行なう場合の労働の節約，利便，時間損失の減少にあるのを発見する。それゆえわれわれは土地地代と小作料とは同一原理によって規制されるのをみるのである。

～～～～～～～～～～～～～

　ここでつぎのことを注意せねばならない。われわれはバレイショ栽培が生むところの地代を計算したが，それでもってこの圏における土地が実際に与える地代はまだ決まらないのである。なぜならば，第1に作物の性質は他の作物との交替なしに何年も同一場所に栽培することを許さない。また第2には，この圏の中になお，一部分はバレイショよりも高い地代，一部はより少ない地代を実現するあまたの他の作物が生産されるに相違ないからである。

　だから，バレイショは，各農場で圃場の一部を占めることができるのみで，全圃場の地代は1循環内に現われるすべての作物の純収益からはじめて生ずる。しかし，この計算は，大都市の近傍に住み，計算の材料を自己の農業からとる農業者によってのみ実行されうる。こうした研究ははなはだ困難であるが最も建設的であろう。そしてそれは農業理論における多くの不明瞭な点に言及して解明するであろう。

　しかしながら，バレイショは自由式農業圏においてはいつも耕地の大部分を占めるだろう。そしてわれわれはバレイショ栽培が実現する地代の知識から，実際の地代を十分推知することができ，いかなる場所を自由式農業および林業が孤立国において占めるであろうかの問題を決定することができるだろう。

　都市の最近傍における地代は
　　A農業（バレイショの肥料を自給する）では……13411ターレル
　　B農業（バレイショの肥料を購入する）　〃　……29808　〃

孤立国　第1部

　　林　業 $\begin{pmatrix}木材1棚都市において\\21ターレルの場合\end{pmatrix}$ では ………… 4548ターレル

4マイル都市から離れると，土地地代は

　　A農業では……………………………………… 7462ターレル
　　B農業　〃　…………………………………… 7467　　〃
　　林　業　〃　…………………………………… 2458　　〃

　作物の必要な交替のために作付順序中同一面積の利用力がバレイショ以下の作物が採用されねばならない場合にも，またそのために全圃場の地代がバレイショ区のもたらすものの半分に低下しようとも，それにかかわらず都市の近傍において，自由式農業の地代は林業の地代を超過することは甚大である。

　林業はここでは土地のもっている高い地代のために後退し，より低い地代の土地へと移行する。

　都市から4マイル，都市からの肥料購入範囲までは，自由式農業の優越が決定的である。それからさき林業は，バレイショの肥料を自給するA農業と衝突し，土地がここでも都市の近傍と同一肥力をもつ場合には，A農業によってまた1区域押しのけられるであろう。ただしわれわれは，土地は都市よりの購入肥料が届く限りにおいてのみ平野の他の部分よりも大きな肥力をもつと仮定したが，この仮定を忘れてはならない。

　それゆえ，なお研究すべき事項として，穀収8シェッフェル以下の土地において販売目的のバレイショ栽培によって，林業が圧迫される程度に地代が上昇するか否かの問題のみが残る。それによって1つの独特な農法をもった新しい圏が自由農業圏と林業圏との間にできるであろう。

　この研究のためには次の問題の解決を要する。すなわちバレイショ生産に要する労働費用は種々の穀収の土地においていかに異なるか。

　T農場における経験に基づく私の計算はこの点に関して次の結果を示す。

　　　100平方ルートの与える収穫が　　　　1シェッフェル当たりの労働費用
　　バレイショ115シェッフェルの時には………………… 3.8シリング
　　　　　　100　　〃　　　〃　　………………… 4.2　　〃

第1編　孤立国の形態

バレイショ　90 シェッフェルの時には……………………4.6 シリング
　　　　　　80　　　〃　　　　　……………………5.1　　〃
　　　　　　70　　　〃　　　　　……………………5.7　　〃
　　　　　　60　　　〃　　　　　……………………6.5　　〃
　　　　　　50　　　〃　　　　　……………………7.8　　〃

　この計算はもちろん穀作について行なった計算のように完全ではない。その理由はバレイショ栽培が大きく経営されない点もあるが，主としては，バレイショのさいに現われる労働は一部分が合計においてのみ示されて個別的には計算に現われない。そのため，費用を収穫に比例するものや圃場面積に比例するものに分類する場合に，若干の見積りが避けられないからである。けれども，ここに述べたものは完全な計算が与えるであろうものから，著しくはかけ離れてはいないと信ずる。

　注意せねばならないのは，上掲の労働費用は全生産費でないことである。それは，後者〔全生産費〕には労働費のほかに共通経営費を含むからである。

　100平方ルートに115シェッフェル収穫の場合には，バレイショ1シェッフェルは労働費3.8シリングを要することをここで見出すが，ベルギー農業においては（第17章）これに対して，同一収穫の場合に1シェッフェルの労働費は僅かに3.3シリングである。この差は，1つにはここではバレイショの貯蔵費を算入したが前の場合には算入せず，したがってこの計算はバレイショの消費の時の費用を示すが，前者は収納直後の費用を示すからでもあるが，他面においてはバレイショの栽培が多く行なわれ，人々がその労働に習熟しているベルギーにおいては，バレイショがここよりも安く生産されるということもあるためであろう。

　上にまとめたところから次の結果が生ずる。すなわちバレイショ1シェッフェルの生産に要する労働費は，土地からの収穫が漸減する場合にはなはだ急に増加し，100平方ルートから50シェッフェル生産する土地においては，同一面積に115シェッフェルの収穫がある土地におけるものの2倍に達す。もし肥え

た土地においてバレイショ6シェッフェルの生産はライ麦1シェッフェルとほぼ同一の労働を要するならば，痩せた土地においてはバレイショ3シェッフェルの生産がライ麦1シェッフェルとほぼ同一の費用を要するだろう。労働を基準にとれば，これより次の結論が出る。すなわち肥えた土地においては，同一の労働がバレイショ栽培によって穀作によるよりも2倍の栄養量を人間にもたらす。しかし痩せた土地においては，バレイショ栽培に用いた労働は穀物栽培に投入した労働以上に大きな生産物を決して生じない。

さて一方穀収8シェッフェルの土地においてバレイショの生産費がこうして著しく上昇する時，他方において，この肥力の土地に舎飼を伴うクローバ栽培が起こりえないこと，しかしバレイショ区の消耗を回復するために放牧区2.75が必要であること，したがって耕地の一小部分のみがバレイショを栽培できることを考えるならば，われわれは詳しい計算なしに次のように信ずることができる。すなわちこの肥力で都市より4マイルに横たわる土地は，販売を目的とするバレイショ栽培によっては2458ターレルの地代には達しえない，したがってまた林業はこのような農業によっては圧倒されえないと。

ゆえに林業圏は自由式農業圏に直接続く。

～～～～～～～～～～

われわれはいつもバレイショの価格を既知とし，バレイショを栽培する土地がもたらす地代をそれから計算した。いま逆に地代が所与の場合に対して，バレイショがそれに対し供給されうる価格を決定せねばならない。

この研究において私は再びベルギー農業（第17章）を基礎とする。

このバレイショをも乾草やわら類をも販売せず，その全収入を穀物および畜産物から得るところの農業の地代は 3749 Schfl. Roggen－2044 Tlr. である。

ライ麦1シェッフェルが $\frac{273-5.5x}{182+x}$ ターレルであるならば，

地代は貨幣で表わして $\frac{651469-22664x}{182+x}$ ターレルとなる。

第1編　孤立国の形態

　普通の農業経営によってこの地代を生ずるひとつの土地に，前に観察したバレイショの販売を目的とするA農業が導入されるならば，この農業がもたらすバレイショ1440輛の1輛ごとに，

　地　　　代は……………………………… $\dfrac{452-15.7x}{182+x}$

　生　産　費はA農業と同じで…………… $\dfrac{489-4.7x}{182+x}$

　運　送　費は……………………………… $\dfrac{199.5x}{182+x}$

　　　　　　　　　　費用合計　$\dfrac{941+179.1x}{182+x}$

都市よりの距離	1輛の価格	1シェッフェルの価格
$x=0$ マイルの場合には	5.2 ターレル	10.4 シリング
1　〃	6.1　〃	12.2　〃
2　〃	7.1　〃	14.2　〃
3　〃	8　〃	16　〃
4　〃	8.9　〃	17.8　〃
7.5　〃	12　〃	24　〃

　バレイショが市場へもたらされうる価格は，生産地と消費地との間の距離にはなはだ多く依存する。この距離が1マイルならばバレイショの価格は1シェッフェルにつき12.2シリングである。距離が7.5マイルに増加すると，価格は24シリングに高騰する。

　さてバレイショ栽培はできる限り消費地に近く行なわれる。そして都市の需要がはなはだ多く，近傍の地方からでは満たされえない場合にのみ，バレイショは遠方から市場へもたらされねばならない。

　需要の大きさがバレイショの価格を決定し，したがってこれは大都市において小都市におけるよりもはなはだ高くなる。しかしある都市の需要の大きさが，これを満足するためにバレイショの価格がライ麦の価格の3分の1以上でなければならないほどであるならば，穀物はバレイショより廉価な栄養物とな

— 163 —

り，バレイショの消費は価格が再びライ麦の3分の1に下がるまで制限されるであろう。

だからライ麦とバレイショとの間に栄養価値の関係によって存在する同一の尺度が，需要がはなはだ大きい場合に，バレイショの価格の極大を決定する。需要が小さい場合にはバレイショの価格は栄養力のこの関係によらずして，それを市場に持ち出すのに要する費用によって規制される。

孤立国の都市の広さが，そのバレイショに対する需要が自由式農業圏によって全部は満たされえないほどであるなら，バレイショの価格は極大になり，そしてわれわれの上述の仮説，バレイショは都市においてライ麦の価格の3分の1であろうという仮説はそれによって是認される。

次のことは注意する値打ちがある。すなわち，バレイショは穀物に比べより多くの栄養物を同一面積から供給するとはいえ，穀物の共助なしに大都市の生活資料を賄うことはできない。

A農業においては，はなはだ肥えた土地にバレイショを栽培する場合の地代が，都市から9.3マイルの距離ですでに消滅することを発見した。しかるに穀作は肥力のはるかに低い土地で31.5マイルまで地代を生ずる。もしバレイショが唯一の植物性栄養物であったならば，土地の耕作は都市より9.3マイルで終わり，したがって孤立国は狭い広がりをもち，都市ははるかに少ない人口を保たねばならないであろう。

バレイショはなお多くの問題に材料を提供する。たとえば次の問題を出すことができる。

1) バレイショが人間の食物に供される場合，バレイショ栽培の拡張はいかなる影響を穀価に対してもつか。
2) バレイショが家畜飼料に供される場合，バレイショ栽培の導入は畜産物の価格および畜産が与える地代の大きさに対していかなる影響を有するか。

このような研究およびその解答は，私にはそれに必要な先だつものが欠けて

第1編　孤立国の形態

いるからここではできない。ただ次の注意をその代わりにしておく。

　バレイショは，すでに見たごとく，孤立国において小都市へは大都市でそれが有する価格の半分で供給されうる。現実においては，都市が河流に対する位置によって，この差は減少するけれども，なくなりはしない。バレイショは漸次主要食物となり，穀物の消費が減るにつれて，両方の都市において支払われる労賃の差も漸次大きくなるに相違ない。なぜならば実質労賃，すなわち労働者がその労賃で求めることのできる生活必需品の総計は，両都市において完全に同一であっても，この労賃を貨幣で表わせば，第1生活必需品の価格が異なるにつれて，はなはだ異なった結果になるに相違ないからである。

　さて工場生産品は，他の事情が同一ならば，労賃の最も安い所で低廉に製造されうる。したがってバレイショが人の食料により多く用いられることの中に，人間の大都市集中を阻止するものが横たわっている〔付録5〕。

第21章　第3圏　輪栽式農業 (Fruchtwechselwirtschaft)

　輪栽式農業が第3圏で立地を見出すかどうかの問題に対する判断を容易にするために，孤立国の諸関係中この問題に決定的影響のある事項を概観するのが役に立つであろう。

1) 土壌は一般に7区穀草式農業において，純粋休閑耕の後ライ麦で8シェッフェル生産することのできる肥力を有し，かつ肥力に関して固定状態を保つ。
2) 都市におけるライ麦の価格は1シェッフェルにつき1.5ターレル。
3) 孤立国には家畜飼養のみをする圏があり，この圏の競争のため畜産物の価格ははなはだ低下し，孤立国の他の地方にあっては——自由式農業圏を例外として——飼料作物の栽培はきわめてわずかの地代を生ずるか，あるいは全く生じない。

4) 輪栽式農業に与えられた定義（第15章）に従えば，穀類と茎葉作物 (Blattfrüchten) の単なる交替は決して輪栽式農業ではなく，穀類と茎葉作物との交替に純粋休閑耕の廃止が結びつく時はじめて農業はこの名称を受ける。

5) 各種農業組織の収益に関し，本書に現われる計算は，1つの農場の実験に基づく。そこでは土壌と気候との共同作用によって，青刈ウィッケン後のライ麦は，肥力同一の場合に，純粋休閑耕後のライ麦が生ずる収益の6分の5を出す。すなわちウィッケンの後のライ麦に対する耕作因子 (der Faktor der Kultur) は 0.83 である。

6) 農舎に近い耕地の耕作に要する費用が，遠くの耕地に要する費用に比べて少ないことは，両者の耕地の経営方法を分離し，近くにある耕地には，より集約な農業を行なう傾向をもたらす。

これと逆の関係になるのが，かかる分離をすると家畜を連れて遠方の放牧地へいくのに支障がある。それは多くの場合家畜通路でやっと間に合わせることができる。それだから現実においても，圃場の形が内野と外野に分けることを許さない場合には，普通こうした分離は見ないのである。

そこで孤立国に対してもわれわれは同様に次のことを仮定する。すなわちこの困難が優越的で，したがって分離傾向は実現せず，圃場全体が同一農業形態であると。

7) われわれの研究には，第15章においても述べたが，次の前提が基礎になっている。すなわち耕地には三圃式および穀草式農業に必要な乾草を供給する採草地が結合していて，それによって厩肥が特定の循環をしている耕地の一部分（それはここではこれ以上考察に入らないが）に役立つのである。

それゆえ三圃式および穀草式農業に対しては，家畜の冬期飼料用に乾草を耕地自身で栽培する必要はない。それだから，耕地で乾草を増産し，それによって輪栽式農業へ接近する方向にこの農業が動かされうるのは，より多く生産さ

第1編　孤立国の形態

れた厩肥の価値とより多く飼養された家畜の純収益とが，飼料作物の栽培費用をカバーする場合のみである。

　これらの条件（それは一部はすでにわれわれの前提の中に含まれており，一部は必然的結果としてそれから生ずる）を輪栽式農業に関して行なった研究（第16章）の基礎に置くならば，別に計算をしなくても次の結果が生ずる：

　　純粋休閑耕を有することなく，全農場に広がったところの輪栽式農業は，孤立国においては決して存在しない。

　ベルギー農業の詳細にわたった収益計算の結果（第16章）も，はなはだ明確に，集約経営は，孤立国で仮定したものよりはるかに高い肥力の場合にはじめて，粗放経営よりも有利になることを示す。

　しかしとにかく，国民の富が増加する場合には，いつかは支配的となるべき農業組織〔輪栽式〕に対し，ここでは第3圏として地位を与えなくてはならない。その地位たるやそれ〔輪栽式〕が孤立国における前提がちがえば占めるであろうところの地位であるのに，ここでは単なる前提条件，主として全平野の均等なしかも高くない生産力の仮定によって，それから退けられた地位である。

第22章　第4圏　穀草式農業 (Koppelwirtschaft)

　穀草式農業が行なわれる圏は，第14章によれば，都市より24.7マイルの距離において終わる。この地点で穀草式農業はそこでは有利となる三圃式農業に席をゆずらねばならない。

　穀草式農業は第4圏において見られるけれども，このはなはだしく広がった圏のすべての地方において同一形態をもつわけではなく，第18章に従って可能なすべての修正を受ける。

　この圏の前方部分においては，穀草式農業はその純粋な形態において現われ

る。けれども都市からの距離が加わり，穀物の価値が減少するとともに，労働節約を目的とするところの変化が絶えず起こるであろう。そしてこの圏の外縁においては，穀草式農業は過渡的段階として三圃式農業にはなはだよく似てくるであろう。

第23章　第5圏　三圃式農業 (Dreifelderwirtschaft)

　三圃式農業は，第14章に従えば，都市より24.7マイルの距離において始まり，農業が穀物の販売を基礎とする時，その地代が零になる31.5マイルの距離において終わる。

　この限界の外側では，ライ麦価格1.5ターレルの場合には，都市へ向けて販売を目的とする穀物は栽培されえない。したがってこれら5つの圏が供給する穀物の余剰が都市の穀物需要とつりあいがとれていなければならない。

第24章　穀物価格決定の法則

　この問題に答えるためには，われわれはしばらく次の仮定をせねばならない。すなわち，これまでの研究において展開した形態を孤立国がとった後において，孤立国の都市のライ麦価格が1.5ターレルより1ターレルに低下すると仮定せねばならない。

　都市から31.5マイル隔たった農場にはライ麦1シェッフェルの生産は0.4ターレルかかり，運送費は都市まで1.03ターレルである。

　この農場はライ麦が都市でわずか1ターレルとなるや，穀物を都市へ供給できない。1シェッフェルのライ麦が生産費と運送費で1ターレル以上要するすべての農場が同様の状態にある。そしてこれは都市から23.5マイル以上隔た

第1編　孤立国の形態

っているすべての農場に対してあてはまる。

さて都市から23.5マイル以上隔たっているすべての地方は，もはや穀物を都市へ供給しないから，人口および消費が不変であると前提すれば，都市において欠乏が生じ，そのために価格はみるまに再び上昇するであろう。すなわち他の言葉をもっていえば，1ターレルという価格はここでは不可能である。

都市は，その穀物を都市がなお必要とする最も遠い生産者に，少なくとも穀物の生産費と運送費とを弁償するに足る価格を支払う時にのみ，その穀物需要を支給されることができる。

さて都市の穀物需要は，その生産のために穀物栽培が都市から31.5マイルまで広がらねばならないほどの大きさであり，そしてこの距離においては，ライ麦の中心価格が1.5ターレルである時はじめて穀物が都市のために栽培されうるのであるから，それより低い価格はまた起こりえないのである。

われわれの孤立国に対してのみならず，現実においても，穀物の価格は次の法則によって決定される。

　　穀物の価格は，市場への穀物生産および輸送が最も多く費用を要し，そして穀物需要を満たすためにはその栽培がなお必要であるような農場の地代が零以下に下がらないほどの高さでなければならない。

だから穀価は任意的でも偶然的でもなく，一定の法則に縛られている。

継続的な変化が需要に起こるならば，これはまた穀価において継続的変化をもたらす。

たとえば消費が減少して半径23.5マイルの円が都市の需要を満たしうるほどになったならば，穀物の価格もまた1ターレルまで低下するであろう。

逆に，消費が増加するならば，従来耕された平野は都市の需要をもはや満足させることができず，市場への供給不足は高い価格を生むであろう。価格騰貴によって，従来地代を生じなかった最遠の農場が剰余を実現し，これが地代の基となる。穀物生産がなお地代をもたらす限りこれらの農場の後方に横たわる土地も有利に耕作され，耕地は広がるであろう。

そうなるや否や，生産と消費とが再びつりあうけれども，穀価は永久に高められて止まる。

生産の増加は穀価に対して，消費の減少と類似の作用をもたらす。

たとえば孤立国における土地の穀収が8シェッフェルより10シェッフェルに高まり，都市の需要が同一であるならば，平野のより少ない部分で都市の生活必需品を供給するに足るようになるであろう。この場合は平野の残りの部分は，都市に対してなくてすむものになり，そして土地がこの生産力〔10シェッフェル〕の時には，半径23.5マイルの円が都市の需要を満たしうるならば，ライ麦の価値は1ターレルまで低下するであろう。

これに対して穀収の増加が消費の増加を伴い，穀価がいつも同一であるならば，これは人口と国富との大きな増加に導くであろう。

土地の穀収が8シェッフェルである農場が約4シェッフェルを都市へ供給することができる時には，穀収10シェッフェルの土地の農場は，少なくも5.5シェッフェルを供給することができるであろう。同時に第14章によると，土地の穀収増加とともに平野の耕作は都市よりの距離31.5マイルから34.7マイルの点まで広がる。この集約的と粗放的の耕作が同時に増すことによって，全国の人口は約5割ほど増えるだろう。そしてこの多くの人口が以前の少ない人口と同じほど豊かに養われるであろう。

都市における消費の大きさは，個々の年ではなく長い時間を概観する時は，その都市の収入の大きさと比例する。ゆえに土地の穀収が同一の場合に，穀価の騰落は国民の消費階級が受けるところの収入の増減に依存する。

穀物の市場価格はその中心価格とめったに一致しない。それはむしろ絶えず動揺しているものという概念であり，中心価格よりもあるいは高くあるいは低く止まっており，一時的な過剰あるいは不足に依存している。

農耕の場合の建物等の建設への投下資本は，数年の後にはじめて償還されうるのであるから，ある年の市場価格およびそれに基づく農場収入はこの資本の使用法の当否を決定しない。

第1編　孤立国の形態

　だから，従来つねに最後の結果を目標とし，1つの状態から他の状態への移行の際に現われる現象には向けられなかったわれわれの研究においては，いつも数年間の市場価格の平均から生ずる穀物の中心価格のみを基礎とすることができたのである。

第25章　地代の源泉

　ライ麦が遠い地方からと都市の近傍からと同時に市場へ持ち込まれる時，遠方で栽培されたライ麦は1.5ターレル以下では売ることができない。それは生産者にそれだけ費用がかかったからである。これに対して，近傍に住む生産者はそのライ麦を約半ターレルで売ることもできるだろう。それでも彼はライ麦の生産と運送とに投じた総費用を回収する。

　しかし前者は後者に対して同一品質の商品を，彼がそれに対し受けているより低い価格で売ることを，強いることも要求することもできない。

　購買者に対しては，市場の近くから持ち込まれたライ麦も，遠方から運搬されたものも，同一価値を有し，両者いずれが生産により多く費用を要したかは彼の関与するところではない。

　都市近傍の生産者が，ライ麦のため要した費用以上にそのライ麦に対して受け取るものが，彼にとって純利益である。

　この利益は継続的で毎年繰り返されるから，その農場の土地もまた年々の地代を生ずる。

　1農場の地代は，その位置 (Lage) あるいは土性 (Boden) の点において最悪の農場，需要を満たすためになお生産物をあげねばならない最悪の農場に対して，それが有する優越性から生ずる。

　この優越性の価値を，貨幣または穀物で表わせば，地代の大きさを示す。

　われわれのこれまでの研究から出てくる地代発生のこの説明は完全無欠では

― 171 ―

ない。なぜならば，本書第2部において述べるであろう他の研究は，農場が土地の生産力，生産物販売上の位置，およびすべてその価値に影響する要素において，全く同一な場合にも，無料で得られる未耕地がもはや存在しない場合には，土地は地代を生むことができるからである。

それゆえ1つの農場が他にまさるという原因とは別個のより深く横たわっている地代発生の原因が存在するに違いない。

しかしながら，ここに指摘した原因は，そのことによって否定もできないし，取り消しもできない。普遍的法則中に含まれるに相違ない。

だから，現実においてもまた——現実においては普通に，地代を生じない土地がすでに耕作に取り入れられている——低い生産力と悪い位置によって最悪ではあるがすでに耕作されている土地に対して1つの土地の価値がまさっていることが，地代の大きさの尺度として役立ちうるのである。

第26章(A)　第6圏　畜　産

われわれは第23章で，土地の耕作は，農業が穀物販売を基礎とする時は，都市から31.5マイルで終わることを見た。しかしそのことから，これが耕作の絶対的限界であるということは出てこない。なぜならば，その価格に比べ運送費を要することが穀物より少ない生産物があるなら，その生産物はここでなおまだ有利に生産されうるからである。

かかる生産物を畜産が提供する。よってわれわれはいまや，いわゆる酪農場(Holländerei od. Kuherei) がここで与えるであろうところの収益の計算を行なう。まず，ここから都市までのバターの輸送に要する費用を決めねばならない。

2400ポンドの1輛に対する運賃は第4章によって $\frac{199.5x}{182+x}$ ターレルである。 x に31.5マイルと置けば，この距離に対して運送費は，1ポンドにつき0.6シリングとなることがわかる。

第1編　孤立国の形態

　バターの運送はさまざまな理由によって，穀物ほどに安くありえない。すなわち(1)バターの取り扱いは穀物のように冬季（冬季には馬はしばしば遊んでいる）にまで延期されることはできず，新鮮に，したがって少量ずつ販売されかつ取り扱われねばならない。それゆえしばしば半輌で都市へ送られねばならなかったり，あるいは運送を運送業者にしてもらわねばならない。しかるにこの運送業者は，荷物運搬を業として生活するのであるから，農業者自身の馬による運送の費用よりも高い運賃を取らねばならない。かつこの場合においては，バターの販売は生産者以外の人によって行なわれねばならないから，運賃のほかになおバター販売費用が付け加わる。(2)バターは輸送の場合に樽に詰められねばならないが，これを作るのに費用がかかり，かつそれ自身の重量によってバターの運賃を増加する。

　これらの理由により，バター1ポンドに対し，5マイルの運送および販売費を0.2シリング，25マイルが1シリング，すなわち穀物に対して計算した約2倍の費用を要すると仮定する。このさいわれわれは1マイル当たりの運送費は，都市よりの距離の遠近とともに変化することを顧慮せず，これを同一にみたい。思うにバターの運送費は，その価格に比べればはなはだ少なく，このように同一とみなすことは計算の正確さの上に著しい影響を及ぼしえないほどであり，しかもそれにより計算がはなはだ簡明になるからである。

　さてそれではバターの価格が市場において36ロット〔Lotは半オンス〕の1ポンドにつき9シリングである時，

都市よりの距離	運送費	農場におけるバター1ポンドの価格
5マイルに対し	……0.2シリング	8.8シリング
10　〃	……0.4　〃	8.6　〃
20　〃	……0.8　〃	8.2　〃
30　〃	……1.2　〃	7.8　〃
40　〃	……1.6　〃	7.4　〃
50　〃	……2.0　〃	7.0　〃

孤立国　第1部

　第4章によるとライ麦1シェッフェルの価格は，都市より30マイル隔たった農場において，0.5ターレルすなわち市場価格の約3分の1である。バターの価格は，これに対し，この距離においてなお1ポンドにつき7.8シリングで市場価格の約8分の7である。

　穀作の場合にはなはだ著しかった近距離地方の優越性は，畜産に関してははなはだ微弱である。しかり，運送費の少ないことから生ずるこの優越性に対し，遠い地方における畜産物生産に結びついているより少ないコストが正面衝突するのである。

　家畜飼養に要する人達の生活費，家畜に必要な建物の建築費および維持費，ならびに家畜飼養の場合のその他多くの支出は，大部分は穀物価格に依存するものであって，ライ麦の価格が0.5ターレルの所では，1.5ターレルする所よりも，はなはだ少ないに相違ない。

　遠い地方における生産費の節約が，運送費の増加と一致するのか，それともそれ以上に超過するかを，われわれは次の計算からみるであろう。

　ただし，本書第1版において，私が計算の結論のみを述べたために招いた誤解を避けるために，私はその結論がよっているところの計算と結果とをまずここで述べねばならないと思う。

　乾草，わらおよび生草の飼料価値を述べるために，メクレンブルグにおける改良酪農場 (die besseren Holländereien) が1810～15年の期間（これは本書のすべての計算の根底となっている）において賃貸 (die Verpachtung) の場合に与えた純収益を基準にとる。

　乳牛1頭の賃借料は，酪農者（乳牛賃借人）は，穀物の分け前 (Deputat an Korn) を貰わないが，賃借乳牛10頭につき無賃の乳牛1頭とほかに馬2頭分および子馬1～2頭分の放牧地および粗飼料を貰う条件で，12.5ターレルとなっていた——この賃貸料は当時改良酪農場に対し普通のものであった。だから

　　賃貸乳牛60頭の酪農場に対する収入は

　　　　60×12.5……………………………… 750ターレル

— 174 —

第1編　孤立国の形態

賃貸者負担の費用および支出たとえば酪農者の
　　住居・菜園および燃料，牛飼人の生活費，
　　乳牛の価格の利子，乳牛の減価，夜間牧庭
　　の維持費等で，特別な計算によって……… 303 ターレル　25 シリング
　　　　　　　　　　　　差引残額　　446 ターレル　23 シリング
この中からさらに差し引かれるもの，
　　乾草 53.25 台（1 頭につき 0.75 台）を獲
　　得する費用を 1 台 1 ターレルとして……… 53 ターレル　12 シリング
　　　　　　　　　　　　純 収 益　　393 ターレル　11 シリング
賃貸乳牛 60 頭，無料の乳牛 6 頭，牡牛 2 頭，
　　馬 3 頭，合計 71 頭を生草，乾草およびわら
　　で維持した飼料の利用価値………………… 393 ターレル　11 シリング
　　飼料は 1 頭に対しては　……………………… 5.54 ターレル

　注意のために述べておくが，ここで乳牛と言っているのは，小形ユートランド種（jütländische）で，重量が生体で 500〜550 ポンドのものである。
　この乾草その他の飼料価値の決定に描いた計算は，前に提起した問題の解決には不足である。なぜならば，この目的のためには，乳牛のバター生産量およびバター生産に結合する総費用が既知でなければならないからである。
　それゆえ，賃借のさいに採用したと同じ大きさおよび性質の酪農場に対して，自己の計算において経営する際の収益と費用の計算をすることが必要である。——そして私はこの場合に，テローにおいて小酪農で 1810〜15 年にした経験を基礎とする。
　乳牛は 1 頭平均毎年 1185 ポット〔Pott はメクレンブルグの古い液量の単位，0.97 リットル〕のミルクを生じた。
　バターは自家で用いた残りが付近の小都市へ数ポンドずつ売られた。この地方では都市へ販売されるバターは秤で量らないで，いわゆるポンド枡で量られるのが習慣である。このポンド枡は 1 ポンドすなわち 32 ロットより多くのバ

ターを量った。数回量ってみて，平均36ロットのバターが量られた。

　乳牛のバター生産量は，自家に用いたバターおよびクリームの量がわからないから，計算から直接には得られない。これを多少正確に量るために，一定量の牛乳からクリームを1年間の各季節において実験的に製造し，この実験の結果により，100ポットの牛乳から，36ロットの正確なポンドで，平均6ポンドのバターができるとする。

　メクレンブルグのポットは普通はプロシアのクワルト〔Quartはフランス，イタリアなどの穀量の単位 $1\frac{1}{8}$ リットル＝6合3勺〕の5分の4に計算されるが，私の受けた報告によれば，ただしその正確さについて私は保証しかねるが，メクレンブルグのポットはパリの $45\frac{5}{8}$ 立方センチであり，プロシアのクワルトはパリの $57\frac{3}{4}$ 立方センチであるから，メクレンブルグの100ポットはプロシアの79クワルトに等しい。

　これらの材料により，71頭（乳牛69頭，牡牛2頭）の酪農農場が自営の場合に生ずるであろうところの純収益の計算において，次のように仮定する。

1) 　乳牛は平均毎年1200ポットの牛乳を出す。
2) 　100ポットの牛乳からバターが6ポンドでき，したがって乳牛1頭のバター生産量は $1200 \times \frac{6}{100} = 72$ ポンド（＠36ロット）＝81ハンブルグ・ポンド（＠32ロット）＝83.7ベルリン・ポンドである。
3) 　バターの中心価格は，36ロットの1ポンドに対し，販売および運送費を差し引いて，8.6シリング。

　これから次の収入を生ずる——

乳牛69頭，1頭につき72ポンドで4968
ポンドのバター，単価8.6シリング……………890ターレル　5シリング
仔牛の価値と脱脂乳のチーズ製造および
豚の肥育はバターの価値の4分の1として………222　〃　　25　〃
　　　　　　　　　　　　　　合　計　　1112ターレル　30シリング

　支出は次のとおりである——

第1編　孤立国の形態

1) 　管理人1人の給料および賄費………………… 120 ターレル　— シリング
　　（これは賃貸の場合は賃借人の負担）
2) 　乾草53.25台の購入費……………………… 　53　　〃　　12　　〃
3) 　自家経営の乳牛飼養やバター製造に
　　要するその他費用総計，別の計算により……… 542　　〃　　 4　　〃
　　　　　　　　　　　　費用合計　　715 ターレル　16 シリング
これを収入から差し引いた余剰………………… 397 ターレル　14 シリング
賃貸の場合の余剰〔175頁参照〕は……………… 393　　〃　　11　　〃
　　　　　　　　　　　　　差　　　　 4 ターレル　 3 シリング

もし両経営方法が同一利益をあげるべきなら，
管理人の給料はこの4ターレル3シリングだけ
高められるからこれを算入すれば，総費用……… 719 ターレル　19 シリング
71頭（牝69頭，牡2頭）が消費する飼料の
あげる利益は…………………………………… 393 ターレル　11 シリング

この場合のように乳牛1頭の消費する飼料の量からどれだけのバター，収入，支出，余剰が生ずるかを見たい場合には，それぞれの合計を69でなく71で割らなくてはならない。そこで，乳牛1頭当たりの

1) 　バターの収量は $\frac{69 \times 72}{71} = 70$ ポンド
　　（1ポンド36ロットの正確なポンドで）
2) 　仔牛および脱脂乳の価値はバターの価値の
　　1/4と仮定して $\frac{70}{4} = 17.5$ ポンドのバター
　　〔合計87.5ポンドの牛乳〕
3) 　貨幣収入は $\frac{1112\,\text{Tlr.}\ 30\,\text{szl.}}{71} = 15.67$ ターレル，
　　あるいはバター87.5ポンド，単価8.6シリングで　　= 15.67 ターレル
4) 　支出は，$\frac{719\,\text{Tlr.}\ 19\,\text{szl.}}{71}$ 　　　　　　　　　　= 10.13　〃
5) 　余剰は，$\frac{393\,\text{Tlr.}\ 11\,\text{szl.}}{71}$ 　　　　　　　　　　= 5.54　〃

注意したいことは家畜飼養およびバター製造に計算された費用中には，畜舎の価格の利子およびその他の共通経営費が算入されていないことである。しかるに家畜飼養が実現する余剰から，共通経営費を控除して残るものが地代となるのであるから，これは家畜飼養にかかる共通経営費をいかにして見出し決定するかという問題を導入する〔付録6〕。

　現実において私は純粋な家畜農業を知らず，畜産が農耕と結合している農業のみを知っているのであるから，私はこの問題を経験から解くことはできない。しかし分配原則，農耕と養畜よりなる農業の共通経営費がそれによってこれら両部門に分離する原則，を設定することははなはだ困難である。1農場の共通経営費のうちどれだけが農耕の負担で，どれだけが飼畜に属するか。

　これだけは明瞭である——純粋な家畜農業は家畜の厩舎として，また乾草の貯蔵のために，および飼畜に従事する人々の住居として役立つ建物を持たねばならない。またそれゆえに，これら建物の価格の利子ならびにその維持費はこの（家畜）農業の勘定に現われる。

　その他第5章で共通経営費の中に数えられた支出，たとえば管理費，保険会社への料金等のごときが純粋な家畜農業にもまたある。けれどもそれらは同一面積についていえば農耕の場合ほどに大きくはない。思うに飼畜は労力を要することが少なく，その粗生産物はあまり高い価格のものでないからである。しかるに共通経営費の大きさは，粗生産物の価格および労働の量によるものである。

　テロー農場の事情に対し，私は詳しい評価によって，家畜農業の共通経営費を粗生産物の価値の2割と仮定した。

乳牛1頭からの粗収入，テローでは……………………………… 15.67 ターレル
共通経営費はその2割で3.13 ターレル，
労働費は　　　　　　　10.13 ターレル
これら両支出の合計……………………………………………… 13.26　　〃
乳牛1頭に対する純余剰（地代の基礎になるもの）………… 2.41 ターレル

　さてわれわれが考えたいことは，土地が畜産経営により実現する地代が，都

第1編　孤立国の形態

市からいろいろな距離において，どうなるかである。

　第14章によれば，ライ麦の価格が 0.45 ターレルの時には，地代は零に等しくなる。この価格ではただ労働費と穀物栽培上必要なその他の支出のみが償われるのであるから，都市より 31.5 マイル以上の距離においてもまたライ麦の価格が 0.45 ターレル以下には下がらないことも可能である。それゆえわれわれは全圏に対してこの価格を仮定する。

　穀物はこの圏に対しては商業の目的物でない。なぜならばそれの販売はなく，すべての穀物栽培はただ自己の必要の充足に限られるからである。

　われわれは先に，畜産物の価格が穀物の価格によっている事情に対し，支出の一部を貨幣で，一部分を穀物で示した。穀物と畜産物とが全く別の価格関係に立っているこの圏に対して——1つの普遍的尺度をもちたい時は——農業の支出を穀物と貨幣のみによって表現せず，畜産物の使用より成る支出部分は，やはり畜産物で示し，穀物に換算してはならない。

　完全精密な分類と計算とはここではできない。しかし共通経営費を畜産物で，労働費を従来のように4分の3だけ穀物で，4分の1だけ貨幣で表わせば，われわれは真実にほとんど近づくものであると私は信ずる。

　　乳牛1頭の収量は〔177頁参照〕……………………87.5 ポンド・バター
　　　このうち共通経営費として5分の1………………17.5　　〃　　　〃
　　　を差し引いて，残り　　　　　　　　　　　70.0 ポンド・バター
　　乳牛1頭に対する労働費は………………10.13 ターレル
　　　うち，4分の1は貨幣で………………… 2.53　　〃
　　　　　 4分の3は穀物で…………………… 7.60　　〃

となる。7.60 ターレルは，1 シェッフェルが 1.205 ターレルであるテローにおいては，ライ麦 6.3 シェッフェルに等しい。

　それゆえ一般的に表わせば，乳牛1頭の純利益は，
　　　　　　= 70 Pfund Butter − 2.53 Tlr. − 6.3 Schfl. Rocken.

孤立国　第1部

都市より5マイルの距離に対しては，
　　バター70ポンドの価値は，単価8.8シリングで………… 12.83 ターレル
支出は
　　ライ麦で6.3シェッフェル，単価1.225ターレルで……… 7.72　〃
　　貨幣で………………………………………………………… 2.52　〃
　　　　　　　　　　　　　　　　　差引き純収益は　2.58 ターレル

となる。距離10マイル，20マイル，30マイル，40マイル，50マイルに対しては同様にして次の通りである。

距離	収入 バター70ポンド	支出 ライ麦 6.3シェッフェル	支出 貨幣	純収益
マイル	ターレル	ターレル	ターレル	ターレル
5	12.83	7.72	2.53	2.58
10	12.54	6.68	2.53	3.33
20	11.96	4.76	2.53	4.67
30	11.38	3.01	2.53	5.84
40	10.80	2.83	2.53	5.44
50	10.21	2.83	2.53	4.85

　飼畜によって使用される土地の実現する地代は，このように都市の近傍において最も低く，距離の増加とともに漸次上昇し，31.5マイルの場合に最も高い。この点から地代は再び低下するが，それははなはだわずかで，50マイルの距離においてもなお都市の近傍におけるものの約2倍である。

　飼畜は50マイルの距離において，このように有利に経営されうるために，この農業の限界はここにもまだ存しない。これは運送費が結局収益を食いつくし，地代が零になるまで広がるであろう。

　この圏ははなはだ大きな広がりをもち，はなはだ多くの動物性生産物が都市へもたらされ，そのためにこれら動物性生産物は販売するために持ち込まれる穀物とつりあいを失ってしまい，これ以上はもはや消費されえない点にまで至る。

第1編　孤立国の形態

　生産は，一時的にはとにかく，永続的に需要を超過することができない。それは，需要以上に市場へもたらされたものは，買手を全然見出しえないか，あるいは生産費および運送費が償われないほどに低い価格で売らねばならないからである。価格の減少が永続的であり，一生産物の生産がいつも損失を伴うならば，生産に最も費用を多く要する生産者が，まず生産をやめるに相違ない。そしてこの生産の脱落は，結局において生産が需要と再びつりあうまで行なわれるに相違ない。この時は生産者の中で，その位置により，または他の事情により，最も恵まれたもののみが残り，彼らは価格低下の場合にもなお存在しうるのである。

　市場へもたらされた多くのバターの余剰のために，その価格が1ポンドに対し9シリングから5.67シリングに低下したとすれば，孤立国のいかなる地方において，バターの生産は終わらねばならないか？

　バターの中心価格が1ポンドにつき3.33シリング下落すれば，1頭の乳牛からの収入を約4.85ターレル（70×333 szl. = 233 szl. = 4.85 Tlr.）減らし，この減少は各地方に対し，都市から5マイルであろうと50マイルであろうと，全く同じである。

　労働費および共通経営費は，バターの価格減少によって変化せず，9シリングの価格に対して計算したと同一にとどまり，収入の減少が純収益を減らす。

　乳牛1頭からの純収益は，

	価格が9シリングであった時	価格が5.67シリングになると
距離 5マイルの場合	2.58ターレル	(−) 2.27ターレル
10　〃	3.33　〃	(−) 1.52　〃
20　〃	4.67　〃	(−) 0.18　〃
30　〃	5.84　〃	0.99　〃
40　〃	5.44　〃	0.59　〃
50　〃	4.85　〃	0　〃

　これから次のことが導かれる。バターの価格が1ポンドに対し5.67シリン

グの場合には，都市の近傍においては，バター生産を目的とする飼畜は純収益を生まないだけでなく現実に損失を伴う。都市からの距離が大きくなるにつれ，この損失は漸次減少し，ついに21.5マイルの距離において消滅する。この点から先は乳牛は純収益を与え，それは最初のうちは距離の増加とともに増加し，31.5マイルにおいて最高点に達し，それから再び減少し，ついに50マイルの距離において全く消滅する。

バターの生産は遠方においてのみ有利に経営されうるという結論を，第19章において述べた一般方式——この方式によれば，与えられた面積からの生産費と収益とが知られているすべての作物に対し，それが生産されねばならない場所を指し示す——から引き出すこともできる。生産費に関してはライ麦と14対1，運送費に関しては2対1であるところの生産物に対して——バター生産と穀物生産はほぼこの割合であろう——それが都市の近傍からは1ポンドが9.2シリングで，30マイル遠方の地方からは5.3シリングで都市へ供給されうるということがこの方式によって，第19章において計算された。さてこの場合のように全需要が遠い地方によって満足されうるならば，これらの地方がかかる生産物を都市へ供給しうる価格が，この生産物の都市における中心価格を決定し，したがってこの生産物の生産は，都市の近傍においては損失を伴わねばならないことが知られる。

都市に近い圏は飼畜を全く放棄して，はるかに収入の多い穀作のみに従わねばならなかったのはこのためらしい。

これは，著しい自然法則によって妨げられ不可能にされない限り，明白に正しいであろう。

土壌から穀物生産によって奪い取られる植物栄養分は，乾草やわらの搬入によっては自然的状態において土壌に補充されえない。これらの物質は家畜に飼料として与えることにより厩肥に変形されねばならない。

だから家畜は，それによって乾草やわらが厩肥に変形される不可欠の機械とみなすべきである。だからたとえなんらの利益をあげなくとも，飼畜が農耕と

第1編　孤立国の形態

結合していなければならないのである。

　こうした事情のため「畜産物価格の低下する場合には，近い地方，遠い地方のいずれが飼畜を放棄せねばならないか」の問題はいまや違った結論になる。

　近い地方は，穀作が地代を生むので，飼畜から生ずる損失にたえることができる。家畜以外には収入のない遠い地方は，飼畜が引き合わなくなるや否やこれを放棄せねばならない。

　最後にバターが都市でもつであろう価格を示しうるためには，消費量とこの量の生産に必要な平野の広がりとが知られていなければならないだろう。

　すなわち価格は，最遠方の農場，その農場の耕作が都市の需要を満たすになお必要である最遠方の農場が，生産および運搬に用いた費用全部を補填するほどの高さでなければならない。

　われわれが仮定したように，都市の需要の充足に飼畜の経営が都市から50マイルまで必要ならば，バターの価格は，50マイル隔たった農場に対し飼畜費用が補填されるほどの高さでなければならない。すなわちその現地において70ポンドが5.36ターレル，したがって1ポンドは3.7シリングでなくてはならない。そして運送費は1ポンドにつき2シリングかかるから，バターの中心価格は都市において5.7シリングでなければならない。

　都市より40マイルの距離においては，
　　1ポンドを生産するに要する費用は同様に……………………3.7シリング
　　都市までの運送費は……………………………………………1.6　　〃
　　　　　　　　　　　　　　　　　　　　　合　計　　5.3シリング

都市の周囲40マイルの圏が都市の需要量を供給することができるならば，バターの中心価格は1ポンドにつき5.3シリングであるだろう。この場合には地代は40マイルの距離においては消滅する。この地方は，土地の耕作が都市より50マイルまで広がる場合には，地代を生むのにかかわらずである。

　30マイルの距離においては，バター70ポンドの生産は5.54ターレルの費用を要し，これは1ポンドに対して3.8シリングとなる。バターをこの地方か

ら都市へ運搬するためには1.2シリングを要する。この圏が都市の需要を満たすに十分ならば，1ポンドのバターは3.8+1.2=5シリングで買うことができる。

第26章(B)　補　説

　この研究によってわれわれは次の重要な法則を知るに至った——
　　孤立国のような関係のもとにおいては，都市の近傍にある地方では，飼畜より生ずる地代は，自由式農業圏を例外として，零以下に下がりマイナスにならねばならない。
　しかしこの研究によって1つの法則が見出されたことを，往々にして認めず，この得られた結論は，研究にさいして牛乳およびバター生産量の少ない乳牛を基礎としたことによってのみ達せられたのであって，生産量が多い乳牛には適用されない，と主張する者がいる。
　この主張を吟味するために，私はいま別の立場から出発し，この計算をバター生産量が大きい酪農の上に基礎をおくであろう。
　この目的のために私は以下の研究において次の仮定を基礎におく。——
　小形のユートランド種の乳牛がよりよい飼養によって以前のバター生産の2倍になることができ，2×70=140ポンドのバターを生産する。
　乳牛1頭につきバター生産量70ポンドの最初に観察された酪農を「A」で，2倍の生産量のものを「B」で示したい。
　さて最初に考えねばならないことは，より多いバター生産量といかなる関係において支出が増加するかである。
　飼畜およびバター製造に結合する費用は2種類に分けられる。すなわち
　1)　乳牛の数に比例し，乳量がいかに大きくあろうとも，また小さくあろうとも不変なもの
　2)　牛乳およびバター生産量の大きさに比例し，それとともに増減するもの

第1編　孤立国の形態

　第1種に属するのは乳牛係の生活費，乳牛購入費の利子などである。

　この点に関し行なったある計算では，バター生産量70ポンドの乳牛にかかる費用10.13ターレルのうち，約半分が第1種に，他の半分が第2種に属する。

　2倍のバター生産量を有する乳牛に対しては，第1種の費用は不変，第2種は2倍になるから，費用総体は5割だけ増加し，すなわち10.13×1.5＝15.20ターレルとなる。しかもライ麦と貨幣と両方で表わされ，

　　ライ麦　6.3×1.5＝9.45　シェッフェル　と
　　貨　幣　2.53×1.5＝3.80　ターレル　である。

　共通経営費のうちの一部分（畜舎の賃借料のごとき）は第1種に属し，他の部分（例，乾草が占領する納屋の賃借料）は第2種に属する。管理費は多分同じ割合で両種に属するだろう。

　さてここにおいてもまた他の費用の場合と同じ基準を用いれば，共通経営費，バター生産量70ポンドの乳牛に対して17.5ポンドと仮定された共通経営費は，生産量2倍の乳牛に対しては17.5×1.5＝26ポンドのバターになる。

　それゆえ乳牛1頭の収益は，B酪農から

　　バ　タ　ー………………………………… 140 ポンド（1ポンド＝36ロット）
　　　　　　　　　　　　　　　　　　　　　　　　　　 （1ロット＝1/2オンス）
　　仔牛と脱脂乳の価値（バター換算 $140 \times \frac{1}{4}$）… 35　〃
　　　　　　　　　　　合　　計　　175 ポンド
　　うち，共通経営費へ……………………… 26　〃
　　収益となるのは…………………………… 149 ポンド

　バター1ポンドが9シリングの場合には，この貨幣収入は，乳牛1頭につき$149 \times \frac{9}{48} = 27.94$ ターレルとなる。

　運送費は，25マイルでバター1ポンドに対し1シリング，したがって149ポンドに対しては3.10ターレルとなる。だから5マイルではバター149ポンドの運送費は0.62ターレル，10マイルでは1.24ターレルとなる。

　さてA酪農の乳牛に対して計算した支出に5割を加えれば，都市よりのさまざまな距離において，次のようなB酪農の乳牛の純収益を生む：

孤立国　第1部

B 酪農の乳牛の収支

都市からの距離	乳牛1頭当たりの収入	運送費	その他支出	純収益
マイル	ターレル	ターレル	ターレル	ターレル
5	27.94	0.62	15.38	11.94
10	27.94	1.24	13.82	12.88
20	27.94	2.48	10.94	14.52
30	27.94	3.72	8.31	15.91
40	27.94	4.96	8.04	14.94
50	27.94	6.20	8.04	13.70
100	27.94	12.40	8.04	7.50
160.5	27.94	19.90	8.04	0

　バター1ポンドの価格9シリングの場合には畜産圏は160マイルの距離まで広がり，市場はバターに対しもはやなんらの使途も見出さないほどにバターであふれるであろう。したがってバターの価格は下落せねばならない。しかも減った生産が需要とつりあうようになるまで下落せねばならない。

　乳牛に2倍のバター生産量を出させたいならば，いうまでもなく，各乳牛はより大きな放牧および採草地の面積をその栄養のために必要とし，したがって以前より少数の乳牛しか維持できないであろうけれども，同一面積からはより多くのバターが生産され，もし以前に飼畜圏が都市から50マイルまで，都市の需要を満たすために，広がらねばならなかったならば，今度は半径40マイルの円で十分であろう。しかしそうなった場合には，バターの価格は乳牛の純収益が都市から40マイルの距離において零になるくらい低下する。これはバター149ポンドに対する収入によって運送費（4.96ターレル）およびその他の支出（1頭当たり8.04ターレル）がちょうどカバーされる時，すなわちバター1ポンドが都市において4.2シリングする時に起こる。しかしバターの価格が9シリングから4.2シリングへ低下することによって，乳牛1頭の純収益は孤立国のすべての地方において14.94ターレルだけ低下する。この場合は，〔B酪農の〕乳牛1頭の純収益は，

第1編　孤立国の形態

距　離	1頭当たりの純収益
5 マイルでは	11.94−14.94 ＝ −9.00 ターレル
10　〃	12.88−14.95 ＝ −2.06　〃
20　〃	14.52−14.94 ＝ −0.42　〃
30　〃	15.91−14.94 ＝ ＋0.97　〃
40　〃	14.94−14.94 ＝　0　〃

しかしここでは，問題はもしわれわれが以前の研究を収益が大きな酪農を基礎としたならば，いかなる影響があるかを示すことであるから，われわれは上に述べた考え方から離れねばならない。そして，乳牛の数は1頭当たりの生産費が増加するにつれて減少し，バター生産は全体としては同一にとどまり，したがって畜産圏は以前のように都市から50マイルまで広がっていると仮定せねばならない。

この場合は乳牛の純収益は都市より50マイルの距離において零であるが，このことはバター149ポンドが 6.20＋8.04 ＝ 14.24 ターレルすることを前提とする。この時はバターの価格は都市において1ポンドにつき $\frac{14.24}{149}$ ＝ 0.0956 ターレル，すなわち4.6シリングである。

乳牛1頭につきバター70ポンドの生産，そして畜産圏が都市から50マイルまで広がっている場合には，上に見たとおり，バターの価格は都市において1ポンドにつき5.7シリング，すなわちこの場合よりも1.1シリングだけ高い。

バターの価格が1ポンドにつき，4.6シリングの時は，バターの価格を9シリングとして計算した収入のうち，1頭につき13.7ターレルが減って，残る純収益は，乳牛1頭につき

乳牛1頭の純収益

距離5マイルの場合	11.94−13.7 ＝ −1.76 ターレル
10　〃	12.88−13.7 ＝ −0.82　〃
20　〃	14.52−13.7 ＝ ＋0.82　〃
30　〃	15.91−13.7 ＝ ＋2.21　〃

孤立国　第1部

40マイルの場合　　　　14.94−13.7 ＝ ＋1.24 ターレル
50　　〃　　　　　　　13.70−13.7 ＝　0　　〃

比　　較

都市からの距離	乳牛 1 頭 の 純 収 益	
	バターを70ポンド生産する場合	バターを140ポンド生産する場合
5マイル	(−) 2.27ターレル	(−) 1.76ターレル
10　〃	(−) 1.52　〃	(−) 0.82　〃
20　〃	(−) 0.18　〃	0.82　〃
30　〃	0.99　〃	2.21　〃
40　〃	0.59　〃	1.24　〃
50　〃	0	0

　これまでの研究に注意深く従ってきた読者は，この結論を必然的に導き出されていると認めるであろう。しかしバター生産量が70ポンドの乳牛と140ポンドの乳牛とがほとんど同一の純収益をあげるということは，関連性から考えて矛盾であり，馬鹿げてみえるに相違ない。

　それゆえここで繰り返して次のことを注意するのはむだではないだろう。すなわち消費が同一な場合における生産の一般的集約さの上昇は，大量にあるいは少ない生産費で生産された生産物の価格低下を伴わざるをえない。そして価格の低下は生産増加が純収益におよぼす影響を中和し，あるいはそれ以上になることすらできるのである。

　個々の農業者が彼の土地の収益を高め，あるいは新しい栽培部門，たとえば菜種を有利に導入する時には，彼が市場へもたらすところの過剰な生産物はなんらの著しい影響をこの生産物の価格の上に与えないけれども，大きな国のすべての農業者が同じ栽培部門を同じ規模で行なうならば，それによってその生産物の価格は根本的に変化する。しかし，もし一般的の栽培に基づくその作物の価格低下によってもそれがなお有利に栽培されうるならば，この栽培部門はこの国に永続的にとどまり，そうでない場合にはそれは一時的現象にすぎない。

第1編　孤立国の形態

　ある限界内においてのみ正しいことを普遍的に高めること，および偶然にある個人に利益となったことを無制限に推奨することのうちに，農業上の文献が示すとおり，大きな錯誤の源がある。

　普遍的に妥当する法則の研究の場合に，生産の大きさと価格の高さとの間に存する交互作用は，決して等閑に付せられてはならない。だから商品および生産物の価格が制約される法則の知識が，合理的な農業者には欠くべからざるものであり，国民経済学はそのことによって高等農業の基礎となる。

　横道にそれたので話をわれわれの対象へ戻す。

　ここで行なった仮定，すなわち小形のユートランド種の乳牛で，肥え具合が普通の場合に 500〜550 ポンドの重量を有するものが，ただ生草と乾草とを飼料として，全体の平均においてバター 140 ポンド（@36 loth）の生産がもたらされうる，という仮定は現実にはおそらくどこにおいても達成されないだろう。

　こうした生産量にそれでもなお近づくためには，選択された家畜の品種が存在せねばならないのみならず，また家畜は夏期にたくさんの放牧地を有し，つねに若い養分に富んだ草が選り取られねばならないであろう。そしてさらに冬期には，わらを与えることなく，最良の種類の乾草で養われる必要がある。

　家畜の飼養を根菜類あるいは穀物をもってすることは，しかし畜産圏においては決してありえない。なぜならば，乳牛の純収益は，ここでははなはだ少なく，家畜を飼養するのに，栄養量に比較してそれを得るのに乾草より多くの労働を要するような作物をもってすれば，この純収益を直ちに零以下に低下させるであろうからである。

　乳牛に濃厚な栄養を与えれば，その重量はおそらく 550 ポンド以上 600 ポンドに上り，体重 100 ポンドに対しバター年生産量は，$\frac{158.5}{5.75} = 27.5$ ポンドにもなるであろう。

　オルデンブルグ種あるいはスイス種 (Oldenburger od. Schweizer) のような重量 1100 ポンドもある大きな乳牛に対しては，バター生産量は毎年 302 ポンドに達する。

孤立国　第1部

これはわれわれが外国産の乳牛のバター生産量に関してもつ最大レコードをも超過する。

しかし現実には存しないような膨大なバター生産量を仮定しても，結論は，

> 孤立国においては都市の近傍に横たわる地方においては飼畜からの地代はマイナスになる

ということが明らかになる。だから私にはこの結論の必然性の精確な証明は――それはしかし代数によってなされうるが――不必要であるように思われる。この法則はまた，都市からの距離が大きくなるにつれ，穀物価格低落のためバター生産費がバター運送費の増加する以上に急激に減少するという事情を考えただけでも導き出される。

しかしこの法則は私には科学的ならびに実際的農業者に対してはなはだ重要であると考えられ，新版で詳細に論ずることによりそれをこれ以上の誤解からできるだけ守らねばならないと確信したのである。

第26章(C)　補　説

肉と穀物との間には1つの共通の尺度，すなわち栄養力の尺度がある。それなら肉，バターなどの価格はただこれらの生産物を市場へもたらすに要する費用によってのみ決定されて，栄養力の割合によってもまた決定されるのではないのかという問題を提起せねばならない。

さて，われわれはあらゆる文明国民において――したがってただ飼畜のみを行なっている遊牧民族を除外して――同一の栄養量が肉類においてパンにおけるより以上に高く支払われていることを見出す。

この肉の価格がより高いということは2つの原因から生じている。

1) 肉食に対する一般的な嗜好があって極貧の中に生活しているのでない者はすべて，彼の収入の一部をこの美味な滋養に富んだ栄養物を摂取するの

第1編　孤立国の形態

に支出する。

2) 野菜およびバレイショは——大都市を例外として——一般にパンや穀物から調製された食物よりもはるかに安い栄養物であるけれども，栄養量はその中にあまりに少なくしか含まれていず，これが労働階級の唯一の食物ということはできない。食事の際に野菜と肉類とが結びつくなら，この結合はパンや粉類食物を完全に代用し，労働者は穀物でなく野菜を買って節約したものを，肉類に対する高い価格の支払に用いることができる。

このことはわれわれをもう一度バレイショへ連れ戻す。

仮に1ポンドの肉が，ライ麦2ポンドからできるパンと同一の栄養量を含むとすれば——

　　肉42ポンド＝ライ麦84ポンド＝ライ麦1シェッフェル＝バレイショ3シェッフェル

であって，したがって，肉14ポンド＋バレイショ2シェッフェルがライ麦1シェッフェルに等しい。

　　ライ麦1シェッフェルの価格が…………………1ターレル　24シリング
　　バレイショは1シェッフェルが12シリング，
　　　2シェッフェルは……………………………………………　24シリング
　　　　　　　　　　　　　　　　　　　　　　　　　　　―――――――
　　であるから，労働者が節約するのは………………1ターレル

これを彼は肉の14ポンドを買うのにつかう。ゆえに彼は損をすることなしに，肉1ポンドに3.4シリング支払うことができる。たとえ彼はパンに含まれる同一栄養量を1.7シリングで購入することができるとはいえ。

キャンベル (Campbell) によれば（テアーの『合理農業の原理』第4巻222頁参照），牡牛肥育の場合にバレイショ1シェッフェルの飼料を与えることは3ポンドの肉をつける効能がある。テアーによれば（同書369頁）毎日40ポンドのよい乾草をもらう肥育牡牛は日々2ポンドずつ増量する。

キャンベルの報告に従えば，42ポンドの肉，これは私の仮定によればライ麦1シェッフェルと同一栄養量を含有するのであるが，その生産にバレイショ

孤立国　第1部

14シェッフェルの飼料を与えることが必要である。ところが飼料とする以前にすでにバレイショ3シェッフェルの中にはライ麦1シェッフェルの中と同じくらい栄養物が含まれていたのである。

したがってバレイショを肉に変えることにより絶対的栄養量はほとんど5分の1に減少されることになる。

さてライ麦1シェッフェルが肉14ポンド＋バレイショ2シェッフェルによって代置されうるならば，かつ肉14ポンドの生産にバレイショ4.66シェッフェルを必要とするならば，4.66＋2＝6.66シェッフェルのバレイショがライ麦1シェッフェルを代置するであろう。

ライ麦1シェッフェルの生育する面積からバレイショ6.66シェッフェル以上が収穫されるから，この計算によって——しかしこれは決して完全正確を要求するものでない——バレイショ栽培の広がることにより，以前に穀作によって養われたより以上の多数の人が養われうる。しかし，決して多くの人々の主張するほどの多数ではない。

しばらくの間，孤立国の農耕は固定状態にとどまり，荒蕪地自身も耕されうる土壌をもつという前提を捨てて，孤立国において従来ただ畜産のみを行なっていた圏が，漸次にそして可耕地の限界まで，耕されて穀作に供されると考えるなら，それによって一方においては畜産物の都市へ供給されるものの数量が減少し，他方においては消費者の数が平野の耕作拡張につれて増加する。少量の畜産物がその時には多数の消費者の間に分配されねばならないから，1人当たりの分け前は以前よりはなはだ少なくなければならない。

そこで起こる問題は，この変化はいかなる影響を動物質生産物の価格の上に与えるであろうか，またより少ない生産物がいかにして国民のいろいろな階級の間に分配されるであろうか，という問題である。

肉類の市場への供給不足の場合には，買手の競争によって価格の騰貴が起こる。貧困者が肉類に対して支払うことのできる価格は，他の食物と比較して彼に値打ちのある価格のみである。価格が上昇すれば，彼はその消費をやめ，あ

第1編　孤立国の形態

るいは少なくとも制限せねばならない。これに対して，富者は穀物に対する価値の割合が示す以上の高い価格をこの美味な肉食に対して支払うことができるし，また支払うであろう。富者は正にこの高い価格によって貧者が肉類を買うことを妨げることによって，彼の食卓には以前と同じく豊かに肉類がある。しかるに労働階級は比較的安いけれども滋養に劣る植物質の食事で満足しなければならない。

　それゆえ，このより高等な耕作へ移ることは，労働者にとってはなはだ喜ばしくないところの馴れた必需品の制限に導くのである。

　国民の富がいっそう進んだ場合に，動物質生産物の価格が騰貴し，家畜飼料用バレイショが有利に栽培されうるほど高くなるならば，畜産物の大きな増加が直ちに起こるであろう。そして各個人に割り当てられる分け前は再び著しく増加されることができる。

　私の計算によればバレイショを作った1モルゲンは無毛放牧地 (Dreesch-weide) 1モルゲンが同一肥力の土地の上で養うところよりも2.66倍の家畜を養う。

　さて労働者が動物性生産物に対する高い価格を払うことができる程度に労賃が高いならば──われわれがこのように前提せねばならないのは，労働階級の競争がなければ価格〔労賃〕がそのように高く上昇することが可能だからである──労働者は肉食を増加し，よりよい生活に進むことができるであろう。

　こうした社会状態はもう1つのはなはだ喜ぶべき一面を示す。

　すなわち凶年において収穫が需要に対して不足した場合に，家畜の肥育に用いられたバレイショは直接人間の食物に用いられ，家畜は肥育せずに屠殺されることができる。そのために，従来は肉に変形されたところの栄養量はほとんど5倍されるから，富のこの段階に一度達した国民は，飢饉に見舞われるということはありえない。

　これに対して，1国においてバレイショ栽培の導入により人口がはなはだしく増加し，この増加の結果労賃が低下し，労働者が彼の労賃ではただバレイシ

ョしか購入することができず，動物質食物の補助なしに全部または大部分バレイショで生活せねばならないならば，国家のこの状態は最も悲しむべきものの1つである。

　バレイショは，穀物のように，ある年から翌年へ貯蔵することができない——ある年の余剰が他の年の欠乏を補充することができない。

　バレイショが不作であったとしよう，1つの高価な食物から安い食物への——肉からバレイショへのような——転換による救済は不可能になる。そしてマルサスの言っている「しかし国民が普段に最低級の食物で生活する場合には，おそらく木の皮以外にはなんらの逃げ道が残っていない。多くの者は必然的に真の餓死をせねばならない」という状態が現われる。

　だから，この場合には，これは矛盾にみえるかもしれないが，しばしば繰り返される飢饉の苛責が，まさにバレイショを通して導かれるのである。アイルランドは確かに今日すでにそのような状態の例を示している。

　それゆえここにおいてもまた自然が人に与えた尊い贈物を，人間がその死に利用するかその福利に利用するかを，人間の自由に任せているのである。

　家畜の肥育　肥育した家畜はたいした費用なしに遠方の市場へ連れていくことができる。そして肥育はここ〔畜産圏〕では土地が著しい地代を生む都市の近傍地方におけるよりも安く行なわれうる。けれどもはなはだよく肥えた家畜を長距離追っていくことは，多くの困難と家畜が著しく瘠せることを伴うから，肥育はここではただ始められるだけで，都市に近い地方に至ってはじめて完成されるということがありうる。

　幼畜の育成　幼畜はわずかの手数と少しの費用で，ある地から他へ追っていくことができる。本圏においては土地の地代および飼料の価格がはなはだ低いから，この点からもまた幼畜は安く供給されることができ，孤立国の他の地方は競争に堪えることができない。

　穀草式農業圏 (die Koppelwirtschaft) はその土地をバター生産目的の酪農に

第1編　孤立国の形態

よって，育成によるよりも，よく利用することができる。そしてこの圏は必要な幼畜をすべて畜産圏から買うであろう。

　現実においては，位置およびその他の関係が育成に不利なような地方において，ある特定の農業者には，その必要な幼畜を自ら養うのが，目的にかなうことがしばしばありうる——すなわち通常のもの以上のよい種類を得ようとする目的をもつような場合である。しかし孤立国においては，われわれはすべての農業者に同一の知識，したがってよい家畜の品種の知識もまた同じであると仮定するから，農場の位置のみが，育成が望ましいか否かを決定する。

～～～～～～～～

　動物質生産に対する都市の需要が，畜産圏が都市の周囲50マイルまで広がることを必要とする時は，上にみたとおり，バターの中心価格は都市において1ポンドに対し5.6シリングであって，バターのこの価格に対し，羊毛，脂肉等の他の動物性生産物の価格が比例する。

　乳牛1頭の純収益は，われわれの都市から隔たった地方に対する上の研究によれば，

　　　都市よりの距離30マイルの地方　　　　　0.99 ターレル
　　　　〃　　　40　　〃　　　　　　　　　　0.59　〃
　　　　〃　　　50　　〃　　　　　　　　　　0

だから地代はこの全圏においてはなはだ少なく，農場の収益はほとんど建物の建設，家畜や農具など (Inventar) の調達等に用いた資本の利子のみからなる。

　この圏では，飼畜に従事する人の食物に必要な以上の穀物は栽培されない。わらの収穫は，だから至極少なく，したがってこの少ないわらと自然の草地の乾草とで冬期に飼い通しうる以上の家畜を飼うべきでない。

　夏の放牧はこれに対して，ほとんど農場の耕地全部が放牧地になっているから，はなはだ豊富で，家畜は草をことごとく消費することができず，草の一部は利用されずに腐る。

孤立国　第1部

　しかし牧草および根菜類の栽培によって冬期飼料を増加させることはしない。なぜなら，それによって生ずる費用は，わずかばかりの家畜の収益によっては補充されないからである。

　だから採草地が飼養できる家畜の数の唯一の尺度である。そしてわれわれは農業経営から生ずる地代が少ないのをもっぱら採草地のゆえにするのであるが，それは放牧地は過剰に存在していて，ただ採草地としてはじめて利用するのだからである。

　だからこの圏はその面積が大きいのに比べて少量の畜産物を市場へもたらすことができるだけである。

　またこの圏の人口も至って少なく，都市の近傍において30家族を養うところと同じ広さの農場は，ここでは3家族に仕事と食物を与えるだけであろう。

　都市から50マイルの距離をもって，飼畜による地代はついに全く消滅し，より大きな距離においては，農業に用いられた資本の利子はもはや支払われないから，この最後の農業部門もここで終わらねばならない。

～～～～～～～～～～～～

　畜産圏の後方にはなお数人の狩猟者が森林に点在して生活することができる。彼らは野蛮人の仕事と生活法とともに野蛮人の道徳をもっているであろう。これらの狩猟者が都市と関係する唯一の交易は，彼らがそのわずかの必要品を野獣の毛皮と交換する点にある。

　そしてこれが都市が平野に対して及ぼす最後の影響である。それから先は無人の荒野となる。

～～～～～～～～～～～～

　孤立国を旅行する人は数日の間に今日知られたすべての農業組織が実際に行なわれるのを見るであろう。規則正しい順序，その中に彼がさまざまな農業組織を順次に認めるところの規則的順序は，遠い地方の栽培が都市の近傍におけるものほどによくないのは，ただ農業者の無知のゆえであるとするような錯誤から彼を護るであろう。

第1編　孤立国の形態

　高等な農業組織は，それがより人工的かつより複雑であり，同時により深い洞察力と知識とを要するために眼には輝かしいもの，誘惑的なものをもっている。

　さてこの高等農法は，それが普通となっている所では，否定すべくもなく大きな収益を与え，土地をより高度に利用するから，「高等な農業組織を比較的に開けていない地方へ導入するには，われわれはただ必要な知識さえもてばよい」という錯誤は，弁解は容易であるけれどもそれだけに危険である。

　われわれの研究は次のことを示した。穀草式または輪栽式農業は三圃式農業圏における農場に導入されても，いつか再び洗い去られて，跡もなく消滅せねばならないと。

　逆に三圃式農業は，穀草式または輪栽式農業圏の中に導入されても，存続することはできない。しかしこの試みは，はなはだ誘惑的でなく不利益が著しく目につくから，これはしばしば行なわれることはないだろう。

　孤立国は同時に，農耕に関して同一国家の異なる世紀における姿を示す。

　1世紀以前はメクレンブルグでは三圃式農業のみが行なわれ，そしてこれが当時の事情にひとり適合していたのである。ずっと以前には狩猟と飼畜とがたしかに食物の唯一の源であった。これに対して来世紀には輪栽式農業が，今日の穀草式農業のように，ここでおそらく普遍的になっているだろう。

　1国の富と人口とが増加するとともに，より集約的な農耕が有利になるだろう。諸事情がある高等農業組織を用いるのを有利とする点まで熟しているならば，この農業を最初に導入する農業者の仕事もまた一時的なものとなってしまわない。この農業は彼の農場において維持されるのみならず，徐々にではあるが阻まれることなく，全国に広がってその地方の普通の農業となるだろう。

　穀草式農業が最初に導入された時，メクレンブルグにおいてそうであった。穀草式および三圃式農業が輪栽式農業に変わらねばならなかった時イギリスにおいてそうであった。

第2編　孤立国と現実との比較

第27章　研究過程の吟味

　孤立国の形態に関する上述の説明においては，テロー農場の関係を基礎として，この農場が，農産物市場へより近くまたはより遠くなったと考えたときに，この農場の経営はいかに変わるであろうかを展開した。

　第5章においては，農場の生産物はすべて穀物で表わされるということ，および動物性生産物の価格は穀価と比例するということを仮定した。

　確かにこの仮定は，畜産のみを行なう未開国に囲まれているのでない文明国の実際の関係を考える時，真実であり妥当する。孤立国の説明によってテロー農場は未開の畜産だけをしている国々の影響がはなはだ微弱となった地方にあるということ，また孤立国においては，畜産物と穀物との価格関係はテロー農場におけるものとは異なる，ということがわかった。

　それゆえわれわれは動物性生産物の価格が穀物の価格から独立した場合に，孤立国の形態はいかに変化するかを研究しなければならない。

　テローにおいてはバターの市場価格は36ロットの1ポンドに対し9シリングで，運送費を引けば8.6シリングである。孤立国においてはバターの市場価格はわれわれの計算によれば5.7シリングにすぎない。しかしそれの農場における価格は，農場が都市から隔たるにつれて低下するけれども穀物の場合ほど急激には低下しない。われわれの計算の中へ前者の代わりにこの安い値段を代入する時は，都市の近傍で地代がより低いのを発見するであろう。けれどもこ

— 199 —

の地代は都市からの距離につれてそんなに急激に低下せず，そして25マイル離れた農場においては，われわれが述べたよりも多いであろう——それはバターは，ここでは市場価格が安いにもかかわらず，この地方の穀価を基準とした価格よりも高い価格を有するからである。

われわれの研究においてはさらに，農業上の支出を4分の1は貨幣で，4分の3は穀物で表わさねばならないという考えを根底に置いた——われわれはこれによって，与えられた農場において，すべての穀価の変動に対し，純収益と経営方式とを決定することができた。

そして穀価の変動をも市場距離の遠近，すなわち空間的に説明し，このような方法によって孤立国を建設した。

しかしすでに第5章で述べたように，貨幣と穀物とで表わされている支出の割合は決して不変ではなく，観点がかわれば変化し，このことは孤立国においては現実におけるよりもより明瞭にわかる。

孤立国の農業者が都市からのみ買うことのできるすべての商品および材料の価格は，その農業者が住む地方の穀価を標準としない。彼らは商品が都市において有する価格に加えて運賃をも支払わねばならない。

農村に住む手工業者の生産物の価格中に含まれているのは
1) 労働中に要する生活必需品およびその他の必要品のための支出
2) 原料のための支出

手工業者の加工した原料，たとえば鉄は，都市からもたらされるから，彼の労働産出物の価格が手工業者の住む地方の穀価によって左右されることは僅少である。これに対して，原料が地方で生産されるならば，たとえば亜麻のように，麻の製造費は全く穀価に比例するであろう。なぜならば，麻織工が，住居，道具および生計のため都市から買い入れねばならないものしか貨幣で表わされる必要のあるものはないからだ。

したがって次のことがわかる。すなわち農業上の支出中農業者が直接都市から買うもののすべて，および農村に住んで農業者のために働く手工業者が都市

第2編　孤立国と現実との比較

から買い入れねばならないもののすべては，貨幣で表わしておかなければならないということである。

　経営の規模の等しい農場に対しては，商品および原料のため都市で支払うべき総額もまた，これらの農場が都市に近かろうが遠かろうが同じである。しかるに孤立国の農業者にとってはこれらの商品は買価のほかに都市から自分の地方までの運賃がかかる。すなわちこれらの商品の価格は地方においては，購入費を含む運賃の額だけ都市におけるよりも高い。しかるに運賃は――第4章によればその一部分は貨幣で表わされねばならない――都市からの距離が加わるとともに増大し，遠地にある農場には貨幣も穀物も膨大な支出が負担となる。

　それゆえ1つの見地から出発したわれわれの計算を孤立国に移した場合には二重の偏差が起こる――

1) 遠い地方における家畜飼養からの収益はわれわれの計算が示すよりも大きい。
2) 遠い地方に対しては都市から購入すべき必要品に対する運賃が支出される。

　2つの偏差は相互に反対の作用をなし，それによってわれわれの計算の結果に接近することになる。

　地代も数字でいい表わせばこのために変わるかもしれないが，われわれの研究の次の主要な結論は少しも変わらない――

　穀草式農業は穀価がはなはだ低い場合には三圃式農業へ移行しなければならない。なぜなら後者はより少ない労働費でもって穀物を生産することができるからである。

　さらに穀価が低下する時には三圃式農業の地代も消滅し，穀物を都市へ供給することはできなくなる。

　三圃式農業の彼方には畜産圏が形成される。

　これらの主要な結論ならびにそれから生ずる結果は変わらないけれども，数でいい表わした圏の広さ，および2つの農業組織が交わる境界は，マイル数で

みれば変化する。しかしこの数字はここでは考え方の解明のために役立つのみであって、決して本質的影響を、展開された法則に対してもつものではない。なぜなら、たとえば三圃式農業圏が都市から数マイル近く始まるか遠く始まるかはこの関係においてはどうでもよいことである。

なおまた、付録の8で述べているように、都市からの距離が増加するにつれて、穀物の価格および畜産物の価格が同じ割合で低下しないために起こるところの歪みは、支出の何割を貨幣で表わすべきかを示している分数を変えることによって正確に均等化する。もし実際からとった4分の1という割合が孤立国の関係に対して妥当しないことがありうるとしても、畜産物をその価値によってライ麦に換算する仕方自身は、それによってかえって是認され、このような方法で正しい結果に達する可能性が証明される。

第28章　孤立国と実際との差

現実の国々は次の諸点において孤立国と本質的に異なる——
1)　現実においては、土壌がすべて同一肥力をもち、また完全に同一の物理的性質である国はない。
2)　川や運河に沿わない大都市というものはない。
3)　面積が広く大首都を有する国にはこの首都のほかに地方に散在する多くの小都市がある。
4)　現実においては、未開の畜産物のみを産する地域が動物性生産物の価格に及ぼす影響が孤立国のように強い国はめったにない、否、全くない。

1

第14章の研究は次のような結論を与えている。すなわち穀価の低いことと土壌の肥力が低いこととは、それらの影響上、両者いずれも穀草式農業を三圃

第2編　孤立国と現実との比較

式農業に転換し，またさらに低下する時はついには地代を零以下にするという点で一致する。

われわれがここで穀価を可変とし，土壌の肥力を一定と仮定したと同じように，穀価を一定にして土壌の肥力が可変であるような第2の描写を行ない，その後これらの二重の描写を現実に当てはめてみることもできるだろう。

しかしながらこの二重の描写は，少なくともわれわれが，上述したところによって，生産力の低い農場が穀価1シェッフェル，1.5ターレルの場合に占めるであろう地点を示すことができるという関係においては，不要である。それは次の問題の解答によってわかるとおりである[注)]。

第1問　三圃式農業でその土地が $5 \times \frac{84}{100} = 4.2$ シェッフェル生産するような農場は，ライ麦1シェッフェルが農場自身において1.5ターレルの価値をもつ時，いかなる地代を生むか。そしてまた孤立国のいかなる地方においてそれと同一の地代が存在するか。

第14章に掲げた表によれば，穀収4.2シェッフェルの三圃式農業の地代は240 S.－246 Tlr. である。1シェッフェル，1.5ターレルの価格の場合には，240シェッフェルの価値は360ターレルであって，したがって地代は360－246＝114ターレルとなる。

孤立国においては $8 \times \frac{84}{100} = 6.72$ シェッフェルの穀収の場合に，地代は696 S.－327 Tlr. である。

両農業の地代が等しくなるのは　　696 S.－327 Tlr. ＝ 114 Tlr.

すなわち1 S.＝0.633 Tlr. の場合であって，この価格をライ麦は都市から約26マイル隔たった農場においてもつ。

ゆえに穀収4.2シェッフェルの農場の地代は，1シェッフェル，1.5ターレ

注)　ただしこの場合において，第14章(B)で述べたことは注意せねばならない。すなわち同一土壌の上において，かつ同一事情のもとにおいて，異なる穀収をあげる経営は，合理の法則 (das Gesetz der Konseqnenz) に従っていないのである。そしてそれは孤立国に属するものではなく，現実に属するものである。

孤立国　第1部

ルのライ麦価格の場合に，孤立国において都市より 26 マイル隔たった農場の地代に等しい。

第2問　ライ麦が農場において 1.5 ターレルの価値をもつとして，穀収が何シェッフェルの場合に三圃式農業の地代は零になるか。

第 14 章に従えば穀収 $(10-x)\dfrac{84}{100}$ シェッフェルに対し，地代は

$$1000\,\text{S.} - 152x\,\text{S.} - 381\,\text{Tlr.} + 27x\,\text{Tlr.}$$

$1\,\text{S.} = 1.5\,\text{Tlr.}$ と計算すれば，これは

$$1500\,\text{Tlr.} - 228x\,\text{Tlr.} - 381\,\text{Tlr.} + 27x\,\text{Tlr.}$$

すなわち

$$1119\,\text{Tlr.} - 201x\,\text{Tlr.}$$

地代が零になるのは　$201x = 1119$　すなわち　$x = 5.57$ である。

ゆえに求められた地代が零となる穀収は $(10-5.57)\dfrac{84}{100} = 3.72$ シェッフェルである。

第3問　穀収が何シェッフェルの場合に土地の利用は穀草式農業による場合と三圃式農業による場合で同じになるか。ただし両農業組織に対してライ麦1シェッフェルの農場価格は 1.5 ターレルとする。

両農業組織の地代が等しくなるのは，第 14 章によって，

$$1710\,\text{S.} - 271x\,\text{S.} - 747\,\text{Tlr.} + 53x\,\text{Tlr.}\ (\text{穀草式農業の地代})\ \text{と}$$
$$1000\,\text{S.} - 152x\,\text{S.} - 381\,\text{Tlr.} + 27x\,\text{Tlr.}\ (\text{三圃式農業の地代})$$

が等しい場合である。この時は

$$710\,\text{S.} - 119x\,\text{S.} - 366\,\text{Tlr.} + 26x\,\text{Tlr.} = 0$$

である。1シェッフェルに対してその価値 1.5 ターレルを代入すれば，

$$1065\,\text{Tlr.} - 366\,\text{Tlr.} - 178.5x\,\text{Tlr.} + 26x\,\text{Tlr.} = 0 \qquad \therefore x = 4.58$$

だから，穀草式農業では $10-4.58 = 5.42$ シェッフェルの穀収，三圃式農業では $(10-4.58)\dfrac{84}{100} = 4.55$ シェッフェルの穀収をあげるところの耕地肥力に対し，穀価 1.5 ターレルの場合に，穀草式農業の地代と三圃式のそれとは等しくなる。

第2編　孤立国と現実との比較

2

　穀物を水路で輸送するのが陸路よりもどれくらい安くなるか確かめられるならば，その穀物を水路によって都市へ送ることのできる農場の位置を決定することは困難でない。

　船賃が陸上運賃の10分の1とすれば，河流に沿って100マイル市場から隔たっている農場は，穀価およびそれから生ずる諸関係については，孤立国において都市から10マイル離れている農場に等しい。

　河流から5マイル隔たっている農場は，5マイルの陸上運賃と100マイルの船賃を負担し，孤立国の農場の都市から15マイル隔たっているものに等しいであろう。

3

　地方に散在する小都市は，首都と等しく生活資料を供給されねばならないから，こうした小都市に近接している農場は，その穀物をこの都市へ向けて——必要とする限度において——輸送し，首都へは輸送しないであろう。これらの都市に必要な生活資料を供給するのに必要とする農場の数，または土地の面積は，これをその都市の圏と名づけることができる。こうして首都はこれらの圏を失うことになる。なぜなら，もはやそこからは生産物を受けることなく，小都市は首都に対して生活資料の供給という点においては，この圏が砂漠と化したかのように，何物をももたらさないからである。孤立国の大平野が多くのこのような砂漠を包含していると考えてみよ。この場合は首都の需要はより遠方から満たされねばならない。したがって需要を満たすための圏は広がらねばならない。この拡大につれて耕作をしている平野の外縁から都市へ輸送される穀物の運送費は増加し，そしてこのような運送費の増加は，われわれがみたように，首都における穀価の騰貴をもたらす。

　しかし小都市においては穀物の価格は，この都市がその圏とともに孤立して

いる場合とは全く別個の法則によって決定される。この圏内に存在する農場はその穀物をこの小都市へ輸送するか，それとも首都へ積み出すかの選択権を持っている。首都における穀物の市場価格から運送費を差し引いた価格，すなわち農場における穀価は，生産者にその穀物を小都市へ渡す気にならせるために，小都市が生産者に支払わねばならないものである。

ゆえに小都市における穀価は首都における市価によって決定される。しかりそれは全く後者に依存している。

小都市でなく相当広い面積の独自の国を考えることもできるが，それとても自由売買の場合には，大都市が穀価決定上行使する力を奪うことはできない。

4

畜産物のみを産する未開地方が他地方に及ぼす影響は，現実においては，距離の大きいことにより，または輸入関税によって，はなはだしく弱められるかまたは全く失われる。

ポドリア (Podolien) とウクライナ (die Ukraine) がヴィッスラ河 (die Weichsel) の西にあったならば，そして畜産物をそこから無税でベルリンへ輸送することができたならば，今日もなお西北ドイツにおいて畜産からの地代ははなはだ低いであろう。

このような影響が減少し，または全く消滅するとともに，穀物と動物質生産物の間の価格関係は根本的に変化し，後者が有利なように騰貴する。この時には畜産は一般に多少顕著な地代を生み——このことは三圃・穀草両式間の境界決定，それ以上に穀草・輪栽両式間のそれに対して著しい影響をもっている。この場合に支配する法則の探求は，ここではあまり遠く離れすぎるだろうから，本書第2部の研究題目とするつもりである。

孤立国に形態を与える原理は，現実においても存在している。ただしそれが現実において示す現象は変わった形態において現われる。なぜなら同時にはなはだ多くの他の関係事情がともに作用するからである。

第2編 孤立国と現実との比較

　幾何学者が広がりのない点，幅のない長さを考えるけれども，いずれもこれは現実には存在しないと同じく，われわれもまた1つの作用する力をすべての副次的事情および偶然的なものから除外すべきである。このようにしてはじめてその力がいかなる役割を目前の現象に対してもっているかを認識することができる。

　個々の農場に対してはその条件に適合する孤立国内の立地を発見することが可能であるから，実行上の困難を無視すれば，1地方が属する圏を色彩で示す地図を全国的に描く可能性は否定できない。このような地図は最も興味ある教育的な梗概を与える。しかしながら圏は，孤立国の場合のように規則的に順次に並ぶことはせず，交互に錯綜するであろう。たとえば首都から100マイル隔たっているが河流に沿い，しかもはなはだ豊沃な土壌をもつ農場は第3圏に属するであろう。しかるに都市から10マイルにある農場でも砂土を有するものは第6圏に属するであろう。

　さてわれわれは農業と自然的に結びついている製造業および栽培部門の観察に向かう。これは第1編においては関連性を中断しないために，なんら考察しなかったものであって，それをわれわれは現実に関連して行なうことができる。

第29章　火酒醸造　(Branntweinbrennerei)

　穀物が畜産圏からは都市へ輸送されないのは運送費があまりに高くつくからである。しかしもしも穀物を価格との割合で運送費を要することの少ない製造品に変えるならば，農業はこの畜産圏に比較的近い部分において，まだなお有利に経営されうる。このような製造品の1つは火酒である。それは，100シェッフェルのライ麦から得られる酒精は，ライ麦25シェッフェルの重量しかな

孤立国 第1部

いからである。

　醸造の粕は最も理想的に家畜の肥育に利用される。畜産圏は，それでなくてもすでに家畜の肥育が頼りであり，かつここでは穀物および燃料は非常に安く得られるから，火酒醸造を有利にすることのできるすべてのものが結合したことになる。

　それゆえ火酒はここから非常に廉価に供給することができ，孤立国の他地方（都市自身はもちろん）は，これと競争することは——完全な職業自由が存する場合にはできない。なぜなら，容易に理解されることであるが，穀物および木材の価格が3倍もし，かつ名目上の労賃も非常に高い都市において火酒を製造するのは，これらの地方が都市に対して火酒を供給することのできるより，少なくも2，3倍の費用がかかるに相違ないからである。

　職業強制（Gewerbezwang）により火酒醸造が都市においてのみ許されるならば，それは国民所得の減少をもたらす。それは，多量の力が穀物および燃料の運搬のためむだに費やされるからである。しかし火酒が非常に安いということは，他の見地よりして望ましくないから，国はこの醸造業に重税を課することができ，そうすることによって国は，都市民が課税なき場合でも支払ったであろうところの〔高い〕値段を維持するのである。そして火酒のこの価格引き上げは諸力——他の有益な職業に向けられて生産的に用いられたかもしれない諸力——をむだに費やすために生じた騰貴よりも，国家に対し有益に作用するであろう。

　火酒の醸造が行なわれる畜産圏の部分は，三圃式農業を行なうであろう。なぜならば三圃式農業によって火酒の醸造に必要な穀物が最も有利に生産されるからである。

　火酒の醸造が家畜の肥育と結びついている農業は，穀物販売を目的とする三圃式農業よりもより多くの肥料を生ずる。したがって前者は耕地のより大きな部分に穀物を栽培しても耕地の肥力を使い尽くすことはない。

　農業経営の圃場分割（Feldeinteilung）のみに目をつければ，火酒醸造を行な

っている部分，根本的には家畜飼養をしている全圏——しかしそこでは農耕は圃場の一小部分を占めるのみである——をも三圃式農業圏に数えねばならないであろう。これに対して農業が供給する主生産物 (Hauptprodukte) に着目すれば——私はこの分類の基礎を多くの理由からここでは採用する——穀物を都市に輸送する地方と，火酒および畜産物を都市へ供給する地方とに区別せねばならないであろう。そして私は前の地方を特に三圃式農業圏と名づけるのである。

　穀物販売を目的とする三圃式農業の地代は，都市より 31.5 マイルにおいて零になる。火酒醸造と家畜飼養とはこの場所においてなお地代を生む。三圃式農業圏と家畜飼養圏とは，両農業組織の地代が同じになる点で分離せねばならない。だから三圃式農業圏は都市から 31.5 マイルに達することができず，都市からもっと近い距離で消滅しなければならない。しかしながらわれわれは火酒の醸造および家畜飼養の生む地代の大きさを知らないから，この距離を数で表わすことはできない。

第30章　牧　　羊

　メリノ (Merino) がドイツへ輸入されてから牧羊地の利益はほとんど全く家畜の群の質に依存し，土地にはほとんど関係なくなり，牧羊地として用いられる土地がいかなる地代を生むかは一般的には全く説明されなくなった。

　優秀な家畜がひとたび一般的となり，また高級緬羊の飼養知識が非常に広がって，すべての人が羊の飼育に必要な価格を支払って優秀な家畜を所有することができるようになり，またそれを取り扱うことを理解するようになると，牧羊の純収益が緬羊の飼育に用いられる土地の地代額の標準となる。しかし現在はまだこの状態には達してない。そしてこの状態に達しない限りは，優良な羊飼養の牛飼養に比較しての高い利益も，地代としてではなく，むしろ優良な家

畜に投下されている資本の利子，または緬羊育成業者の勤勉の報酬とみなすべきである。

　優良な羊がドイツへ輸入されたこと，粗剛な毛をもつ緬羊が漸次駆逐されたことは，多くの興味ある現象を伴った。

　在来の緬羊は30年前まではまだ収益を生むことは少なく，このような牧羊地として用いられる土地は少しも地代を生まなかった。ところが最優良種の緬羊は純収益がはなはだ多く，穀物栽培すらしばしば羊飼養よりも収益が少なく，そのためにこれは目下のところ全農業組織がそのまわりに回転する蝶番（ちょうつがい）である。農業経営がその目的に適しているか否かについて判断を下しうるためには，まず緬羊を見なければならない。なぜならば家畜の品質はどれだけの費用を飼料の獲得に投じてよいかを決定するからである。家畜が第1等の品質であるならば穀物を飼料にしても十分に引き合う。バレイショやクローバを飼料とすることはいうまでもなく引き合う。1つの農場が，その地力および位置から見れば合理的経営をするには穀草式農業でなければならないのに，緬羊を飼えば輪栽式農業へ転じても利益でありうるのである。

　優良な緬羊の飼養が非常に利益あることは，東ドイツにおいてすべての農業者に優良品種を育成しようとする努力を呼び起こした。さて緬羊はかなり急速に増殖するものであり，ことにスペイン，フランスからメリノのすばらしい品種が輸入されて，純粋な緬羊が非常に増加した。また一方においてほとんどすべての牧羊場はメリノの牡を採り入れることによって改良されたから，東ドイツにおいて優良な羊毛の生産は30年来異常な程度で増大した。

　最初われわれは次のように信じた。すなわち優良羊毛の過度の増加とともにその価格は急速に低落し，市場の過剰によって生産費を償うに必要な価格以下に低落するであろうと。

　ところがこの恐れは今日に至るまでほとんど実現していない。むしろすべての他の農産物価格が下落するなかで，優良羊毛の価格は以前の高い価格を維持し，したがって相対的，すなわち穀物に比較して，はなはだしく騰貴した。生

第2編　孤立国と現実との比較

産の増大は，つねに同一歩調を保った需要の増加を伴い，こうして優良羊毛の価格は，それが市場へ持ち込まれうる価格，すなわち自然価格をはるかに超過した。

しかしいかなる理由によって1つの商品または生産物の価格が，かくも長く自然価格以上にとどまりうるのか。また，いかなる理由によってこのような異常な生産増大がいつも販路を見出し消費されるのか。

私はこれを主として次の2つの理由から説明する。
1) 織物工業における発明および改良
2) 羊毛が繊細な点においてはるかにスペイン種にまさる羊の新種がザクセン地方において作られたこと

ラシャを初めその他の毛織物の価格の中では，製造費が大部分を占め，原料費，すなわち羊毛代は比較的小部分を占める。工場における顕著な改良によってラシャを初めその他の毛織物の製造費が大いに減ぜられるならば，これは三重の影響をもつ——
1) 羊毛製品の価格は低下する
2) この商品の消費は増大する
3) 原料たる羊毛は多量に需要され，その価格は騰貴する

互いに代替されうる商品間の選択権を買手がもつ場合には，彼にとって使用価値が同じならば，彼は最も安いものを選ぶであろう。ラシャの価格が低下して他の被服の価格が動かないならば，ラシャの使用は増加し，他の被服の価格は抑制されるであろう。ラシャに対する増加した需要を充たすために以前よりもより多量の羊毛が需要されるであろうが，それを産出するためには生産者はより高い価格によってのみ動かすことができるのである。ラシャに対する需要が増加する場合には，工業家もまた普通以上の利益を得，それによって工場の拡張を刺激される。それゆえ新発明の利益は最初は買手，工業者，原料生産者の間に分けられる。しかしながら，工場は短時間に製品の需要を満たしうる点まで拡張することができる。したがってこの種の企業における比較的高い利益は

消滅する。原料の増加はより緩慢に行なわれ，したがって原料生産者の利益は比較的長く継続するであろう。しかしながら結局はここにおいても生産が需要と一致せねばならない。そのとき，最後には発明の全利益は商品の買手すなわち消費者に帰するのである。

ザクセンにおいては育成家畜の注意深い選別により，そしておそらくは気候的場所的影響にもよって，羊毛の非常に繊細な緬羊の品種が生じたが，これはスペインにおいてすら個体としてはあるけれども品種としては存在しないものである。

ザクセンの緬羊——エレクトラル種 (Elektralschaf) と呼ぶ——の非常に細く柔らかく滑らかな羊毛は，婦人の衣服用の薄い織物を織るのに適している。ところがスペインの緬羊——インファンタード種 (Infantadorace)——の粗剛な羊毛はそれには役立たない。以前は羊毛からは決して作らなかった薄物の織物は今日では絹織物および木綿織物を一部分代替し，圧迫している。そしてエレクトラル羊毛自身1つの市場を形成し，その市場はおそらくもっと広がる可能性がある。

さてエレクトラル羊毛は以前存在しなかった商品へ使われたから，この羊毛の産出によって他種の羊毛に対する需要を低下させない。したがって羊毛の生産は全体としては著しく増加し，そのために直ちに過剰は生じない。

数年前にはなお東ドイツの大部分においては羊毛量の豊富なインファンタード種が努力の目標であった。そしてこの種の緬羊で羊毛の中位の細さと羊毛の量以外になお望ましい品質を示すものは緬羊の模範，理想とみなされ，そして北ドイツの農業者の非常に多額の金がそのような家畜の育成のために使われたのである。

いまや多くの人がその誤謬[注]を悔やんでいる。なぜならば人々は今では，繊細な羊毛をもったエレクトラル種を，緬羊の理想として，それによって土地を

注) 読者はこれは1825年に書かれたものであることを考慮していただきたい。この時以来，天秤は再び中位の織度の羊にはなはだ有利に傾いた。

第2編　孤立国と現実との比較

最もよく利用しうるものとして見るからである。

しかしこれが実際に誤謬であっただろうか。こういう問題で何か絶対的完全というものが存在するであろうか。すべての時代において最も要求されるものであることのできる羊毛があるであろうか。この羊毛をもっている羊がつねに最も利益が大であると言いうるものがあるだろうか。それともこのような理想は羊の育成の進歩とともに変化を受けるのであろうか。

豊かな羊毛のインファンタード種は粗末な毛をもつ在来の羊と同じ量の羊毛をもたらす。後者から前者へ移ること，あるいは在来種をインファンタード種の繊度まで改良することは，だから羊毛量の減少を決して招くことなく羊毛の価値の増加によって高い報酬を受ける。

しかし，羊毛の最上の繊度は羊毛量の最大と両立しないこと，ある点以上の高い繊度は羊毛の収量を犠牲として達せられることは，すでに一般的に認められている。

数年前にはインファンタード種のような細い羊毛の価格は，ポンド当たり1ターレルであり，そしてこの羊は3ポンドの羊毛を産出するとすれば，各1頭の羊はその羊毛によって3ターレルの収益をあげたのである。これに対して，エレクトラル種の緬羊はポンド当たり1.5ターレルの羊毛を1.75ポンドを産出したならば，羊毛の価額は2ターレル8分の5で，インファンタード種の場合よりも8分の3ターレル少ないであろう。したがってわれわれはインファンタード種をエレクトラル種よりも選ぶ権利をもっていたのである。

2つの理由，(1)極細の (hochfein) 羊毛よりもただの細い (fein) 羊毛を生産するのが有利であること，(2)在来種を単に改良することによってすでに細手の羊毛は産出されたが，極細の羊毛は多量には産出されていない，という2つの理由から，細手の羊毛の生産は非常に盛んとなり，市場には多く出回り，その価格は低下した。ところが極細の羊毛の価格は変わらない。たとえば今日細手の羊毛はまだ36シリングしているのだが，インファンタード種は2ターレル4分の1の羊毛を産し，エレクトラル種は依然として2ターレル8分の5の

羊毛を産するのである。

　だから今日インファンタード種よりもエレクトラル種を選ぶのは全く正しい。しかしエレクトラル羊毛を生産しようという一般的な努力が，数年間にしてそれを非常に多量に産出し，ついにはそれによって市場が満たされ，その価格が低下するであろう——その場合には別の目標を努力の対象にせねばならないであろう。

　極細の羊毛の価格低落とともに，それによって作られる商品の価格もまた低下し，ぜいたく品ではなくなるであろう。高価なために貧乏人が使用できないような商品のみを着るという金持の偏愛によって，薄手のウールの衣類はそれが廉価であることによって流行からはずれ，絹物や木綿物がその地位を回復できたのだ。

　生産者にとって幸いなことには，羊毛の繊度の向上はなおまだ可能である。すなわち人々は繊細な緬羊の中にさらに一層繊細な羊毛を有する家畜を発見しているが，これは羊毛量が非常に少ないために，今日のところ有利でないので，人々はこれを増殖するよう研究してはいないのである。

　しかし恐らく将来，極細の羊毛が十分多量にあるようになったとき，この最高繊度の羊毛 (höchst feine Wolle) の価格は非常に高まり，今日なお注目されていない個体を探し出して，これから1つの品種を作り出すことが有利になるであろう。この最高繊度の羊毛を産する緬羊は1〜1.5ポンドの羊毛量を出すのみである。ゆえにその生産費は高く，かつ，このような細い羊毛から織物を作ることはまた費用を非常に多く要するから，この商品は非常に高く，つねに富者のぜいたく品となっているであろう。

　おそらくいつかは羊毛から，今日の亜麻の製品と同じく，価格の非常に異なるものが製造されるであろう——亜麻は粗剛な麻布の原料にもなるが，極細のブリュッセル・レースの原料ともなっている。

　しかし最後に最高繊度の羊毛もまた多量に産出される場合には，需要と供給とが同じになり，生産の制限も拡張も利益にならない固定状態が現われた場合

第2編　孤立国と現実との比較

には——いかなる法則によって羊毛の価格および各種羊毛相互間価格は決定されるであろうか？

この質問にわれわれは次の質問を結びつけねばならない。すなわち「孤立国のいかなる地方において羊毛生産は行なわれるか」。

固定状態が現われた場合には，われわれが他の生産物の価格の決定に対して展開したところの法則が，羊毛に対しても完全に適用されるのを見出すのである。

第19章に述べた公式から，さらに次のように展開する。

1) 重量からみて同一収量を一定面積から生むところの2つの生産物のうち，生産費をより多く要するものが都市から遠方において生産されねばならない。

2) 同一生産費の場合に，重量からみて同一面積から最小の収量をもたらすところの生産物の生産が，他のものの後方，すなわち都市から遠方において行なわれねばならない。

さてバターの生産費は，同じ重量たとえば1輛で，羊毛よりも小さく，そして同一面積からは羊毛よりもより多量のバターが生産される。だから孤立国においては，乳牛は都市の近くを，牧羊は遠方にある地帯を占める。

細繊な緬羊は，粗剛な緬羊より羊毛の量は少なく，より濃厚な飼料とより注意深い管理を要する。さて牧羊に充てられた一定面積が産するのは細い羊毛は粗剛な羊毛よりも少なく，同時に同一量の細い羊毛は粗剛なものよりも多くの生産費を要する。そこでまた他の反対作用をする事情が存在しないならば，細手の牧羊地は粗剛なものの後ろに，すなわち都市からより大きな距離にその位置を見出さねばならない。

さらに進んでいえば，遠い地方は近い地方よりも地代が少ない。それゆえ，たとえ細い羊毛の価格は生産費が大きいために粗剛な羊毛よりもつねに高価にとどまっているであろうとはいえ，細くない牧羊は細い牧羊よりも，より大きな地代を生み，したがってより有利であろう，ということになる。

孤立国　第1部

ここで繰りかえさねばならないのだがこれらの命題は
1)　すべての育成者が同じ知識をもっていること
2)　繊細な緬羊が粗剛な緬羊と同じく育成費を払って購入することができるだけの数において存在するということ

という前提によっているのである。したがってそれはこういう前提の成立しないところには適用しないのである。

われわれは現実においてはこの前提された状態からなお非常に隔たっているが，文化の進展の結果，この前提へしだいに接近すること，より高い文明への普遍的努力の中に，すでに時間の経過と共にこの状態をしだいにもたらすという傾向があることは否定できない。

現実においては，われわれは牧羊に関してはまだ過渡期にある。孤立国においては，これに対して，この過渡期が終わったとみなし，時間にしばられない最後の結果のみを観察する。

私は先に「他の反対作用をする事情が存在しないならば」と言った。それはたとえば優良な緬羊は，畜産圏や三圃式農業圏の耕したことのないステップ状の放牧地においては，退化して再び粗剛な羊毛を生産するということがありうるからである。この場合には，優良な羊毛の獲得は穀草式農業圏の遠方の部分において行なわれねばならず，そしてバターの生産は，細い羊毛への需要を満たすに必要なだけの土地を奪われなくてはならないだろう。その時は繊細な牧羊は粗剛な牧羊よりも高い地代を生み，したがって有利であろう。けれども穀草式農業圏の都市に近接した部分においては，乳牛が最上の繊度の牧羊よりも有利であり，より高い収益をあげるであろう。

羊に与えた飼料および放牧地の量および質が，羊毛の品質と細さに影響するか否かの問題は，羊の育成にあたってのわれわれの苦労がもたらすであろう最終的結果を見るのに，最も重要である。もしも最上級の羊毛の生産がある地方または2，3の農場に限定されているということが発見されるならば，これらの地方または農場は，ちょうど一定のよいブドウ酒を出すブドウ畑のように，

第2編 孤立国と現実との比較

つねに高い地代を生むであろう。なぜなら，その場合には，この種類の羊毛を生産することは任意に増加されえないからである。

たとえわれわれのいままでの研究が，他日優良家畜の稀少性がなくなり，羊毛生産が需要に対して均衡状態に達した場合には，優良な牧羊が乳牛よりも少ない収益を，もしかすると粗剛な牧羊よりも少ない収益を与えるであろう，という結論を与えても，次のような理由から，家畜改良の気運がそのために阻止されることはないだろう。

a．たとえ今日の優良牧羊の高い利益は過渡期中のみ存在し，固定状態が現われるや否や直ちに消滅するにしても，経験がすでに教えたとおり，この過渡期は非常に長い期間を必要とするのである。ザクセンはすでに60年来，その他の東ドイツの諸国は約30年来この過渡期の利益を受けている。そしておそらくこの過渡期が終わるまでにはなお30年を要するであろう[注]。なぜならば，一方において羊毛価格の低下とともに羊毛商品の消費がおびただしく増加し，したがって優良羊毛に対する需要もまた増加し，生産の増大によっても直ちには満足されないであろうし，他方において，今まで家畜の交配の場合になされたところの，そしてまだおそらく皆無になってはいないであろうところの多くの失敗によって，非常に優良な緬羊の増殖は後れるであろうからである。

b．しかし東ドイツのみでは優良な羊毛をその価格が自然価格以下に下がるほど多量に産出することは困難である。これはポーランド，ロシア，ハンガリー，オーストリアなどが優良な緬羊を多数にかつ有利に経営するに至ってはじめて起こることであろう。これらの諸国はこの関係においてはヨーロッパの市場に対してあたかも畜産圏が孤立国に対するのと同じである。もしも優良な緬

注） この1825年に述べた予想は，真実とはならなかった。その理由は，細手の羊毛，ことに中位の細手羊毛の平均価格はこの時期以後の期間において，生産価格以上であったけれども，近年においては，細手の羊毛の価格ははなはだしく低落し，この状態の継続する場合には，比較的良好な土地において——少なくもメクレンブルグにおいては——乳牛の飼育が細手の緬羊の飼育よりもすでに有利となったからである。

孤立国　第1部

羊は草地の放牧地および三圃式農業の永久放牧地においては退化するという推測が根拠あるものとなるならば，東ドイツはまだなお当分の間は特に優良な緬羊を所有し続けるであろう。なぜなら，かの国々へ優良な家畜を有効に植えつけることは，この場合には土地の耕作の高度化や，三圃式の代わりに穀草式を導入することに結びついていて，漸進的にのみ進みうるからである。他日，比較的長い期間の後，これらの国々もまた必ずや高度に耕作されるであろう。その時には土地がなお東ドイツよりも少ない地代を生むところのそれらの国においては，優良な羊の育成はここよりも利益が多いだろう。

　しかし，この状態に漸次移行することによって，繊細な羊毛がその自然価格以下に低下する前に，西ヨーロッパの豊かなかつ高度の耕作をしている諸国，すなわちフランスにおける緬羊の育成がとっくに不利になっているであろう。東部諸国における優良な緬羊の増加は，西部諸国におけるその減少と結合している。そのために過渡の期間は必然的にはなはだしく延長されざるをえない。

　c．もし以上のようなことがすべて存在せず，また，羊毛が今日すでに，ヨーロッパを通じての自由競争によって，自然価格と呼びうる価格に低下したとしても，現在普通に行なわれている閉鎖制度（Sperrsystem）によって，われわれはもっぱら優良羊毛の生産を命ぜられている。

　ロンドンの世界市場はわが国のあらゆる他の農業生産物に対して閉鎖されているが，ただ羊毛に対しては開放されている。この閉鎖によって，以前諸国民を互いに結合した紐が断ち切られた。自由貿易の場合に穀価が決定される法則は1つとして作用しないのである。各国はそれ自身1つの孤立国となるであろう。

　西方の諸国は閉鎖によって不自然に高い穀価を強いられた。しかるにそれは東部の穀物輸出諸国において不自然に低くなった。ロンドンの世界市場は，以前はすべてのわが国農業生産物の価格を規制したけれども，今日はもはやわが国の穀価を決定しない。ただ羊毛の価格を決定するだけである。小麦は今日ロンドンにおいては，東海（Ostsee）の港でしている価格の3倍であるのに，羊毛の価格はロンドンにおいてはわが国におけるよりも運送費だけ高い。そして

第2編 孤立国と現実との比較

穀物，肉類，バター等の価格はわが国においては無価値に近くまで低下しているのに，羊毛の価格は自由貿易が規制するところにとどまっている。

これが，緬羊飼養がわが国において牛や馬の飼育よりも比較にならないほど利益があるのは何故か，という特殊な理由である。それによってわれわれはわれわれの全力と注意を緬羊の育成に向けることを促されるのみならず，強制されるのである。

完全な自由貿易の場合にも，運送費が著しいために，小麦は東海の波止場においてはロンドンの市場価格の3分の2，せいぜい4分の3に値するのみである。イギリスの農業者に対しては，そのため穀作が，他に別に優れた点がなくても，われわれに対するよりもきわめて有利になる。したがってイギリスの穀作は高い地代を生む。イギリス農業のこの優越性は羊毛生産については，これに反し，全くわずかである。なぜなら牧羊からの粗収入は——羊毛からの収入の限りにおいては——イギリスにおいてはロンドン市場への羊毛の所要運送費の少ない分だけしか高くないのである。そのためわれわれは放牧地または所与の分量の飼料を牧羊によってイギリス人とほとんど同じ高さの利益をあげることができる。わが国における純収益は，しかし，孤立国において畜産圏の地代は都市の近傍においてマイナス，遠方においてプラスであるというのと同じ理由から，わが国において非常に高いから，イギリス人は自由競争においてはわれわれと競争することができないであろう。穀価の差が大きいほど，羊飼育が，羊毛生産に向けられている限り，イギリスでもたらされる損失は大きくなるであろうし，ドイツにおける利益はそれだけ大きくなるであろう。このようにして閉鎖制度とそれによって影響を受ける穀価の人為的騰貴は，イギリスにおける牧羊の減少と，わが国におけるその発達をもたらすに相違ない。

d．高等な牧羊は，それに従わねばならない法則が，他の農業部門のように明瞭ではなく，そして一部分はまだ研究されていないということのために，特別な魅力がある。牧羊が生む収益が家畜の品種に依存するように，家畜の維持と改良とは，また農業者の個性に，彼の注意力と考えが正しいか否かに，依存

する。さて家畜改良に要する知識がいつかは一般に普及するか否か，また法則の無意識的習得あるいは前例の模倣にいつかは達するだろうか否かは，はなはだしく疑問である。そうならないならば，最も有利な牧羊の収益もまた決して地代に移行することなく，その一部分は正しく深い認識の報酬としてとどまるであろう。

第31章 販売作物の栽培

　前に述べたとおり，われわれは次のことを仮定している。すなわち各農場の耕地は2部分に分けられ，その第1の大きな部分はそれ自身の内部でそれ自身によって同一肥力を保つが，第2の部分は肥料を採草地から受け，経営方法上第1のものとは異なる法則に従うのである。

　本書の第1編においては（そこでは孤立国の形態を述べた，そしてさまざまな農業組織をその純粋な単純な形式において観察した），耕地の第1部分のみを観察せねばならなかった。したがって販売用作物の栽培については少しも語ることができなかった。

　そこで販売作物の栽培は第2の部分で行なわれると考えるならば，それはわれわれの残した仮定と完全に一致するのである。そしてわれわれはいまや孤立国のどの地方において都市が必要とする各種の販売作物の栽培が行なわれるかを研究せねばならない。

　第19章において，生産費が等しい場合に地代の負担が大きいような作物が都市から遠方に栽培されねばならない，という命題を述べた。この命題を特定の作物に対して適用する場合には「一定の作物に対して，その負担となる地代はいかにして確定されるか」という問題を言わねばならない。

　7区穀草式農業においては，穀作によって惹起される〔地力の〕吸収を補充するには，各穀物区は1つの放牧区と結合されねばならない。さて問題を簡単

第2編 孤立国と現実との比較

にするためにしばらく，家畜飼養，したがって放牧区は，地代も生まずまた損失も招かないと仮定するならば，穀作区は2区の地代を負担せねばならない。あるいは面積からみてそれがもたらすであろう地代の2倍が穀作区にかかることになる。

さて地力をより強く奪う作物，たとえば奪われた地力を補うために，1つでなく2つの放牧区を必要とする作物を穀物と比較するならば，この作物にはそれが作られている面積の地代の3倍が負担となるであろう。重量からいって同一収量の場合には，地力を最も多く奪う作物が最大の地代をつねに負担しなければならない。そして前に述べた法則に従えば，地力を最も多く奪う作物が都市から最も遠く隔たった所で生産されなければならない。

しかしこのことは放牧区の地代が零である時に言えることであるが，なおまたこれは，放牧区が都市の近傍ではマイナスの地代を，遠方においてはプラスの地代を生む時にもそうであるに相違ない。なぜならば地力を強く奪う作物は，都市に近く栽培されては，それが栽培される面積の地代の3倍を負担するのみならず，それと結合している2放牧区のもたらす損失をも引き受けねばならないのである。しかるに同じ作物が都市から遠方で栽培されるならば，3倍の地代から2放牧地の生む収益が差し引かれるのである。

第19章で立てた法則に関連して，数種の販売作物が順次に栽培されねばならないところの順序の決定に対して，次のような命題がこれから生ずる。

1) 重量よりみて生産費が等しく，収量が同一である時は，地力を最も強く奪う作物が都市から最も遠く隔たった所で栽培されねばならない。
2) 収量が等しく，地力の吸収が等しい場合には，生産費を要することの最も多い作物が遠い地方で栽培される。
3) 地力の吸収が等しく生産費も等しい場合には，一定面積から最小の収量（重量からみて）を産出する作物が都市から最も遠方において生産されねばならない。

いまやこれらの命題を個々の販売作物に適用する場合となった。これら作物

の〔地力〕吸収の程度に関しては農業者の間に非常な意見の相違があって，農業がその間行なわれた数千年の経験はすっかり失われたかのように思われる。こうした事情のもとでは，私が以下において販売作物の〔地力〕吸収度を示す数を，代数式を説明するのにいつも用いられる数のようにみることが許されるであろう。けれども私はこれをより正しいもので置き換えることを知らないことを言い添えねばならない。

1. 菜　種

　昔はメクレンブルグにおいては，菜種は非常に地力を奪うものとされ，私もまた本書の第1版においては，テアーおよびフォークトの権威に従って，その地力吸収度を大きく仮定した。またその当時菜種の収量をあまりに高く見積もりすぎた。その理由は自分の経験が不十分なために，ある隣りの農場から借りた材料を私の計算の根拠としたからである。そこでは，菜種の栽培が，少しばかりの非常に豊沃な土壌で行なわれ，膨大な収量をあげていたのである。

　その当時からメクレンブルグでは菜種栽培はほとんどすべての農場において良好な土地に広まり，2，3の農場においては全区に作付けられるまで拡大された。だから私は私自身の長い経験のほかに，他の農場でなされた観察をも利用し，以下の研究の基礎とすることができる。

　菜種はメクレンブルグにおいては多くの農業者にとって富の源泉であり，泥灰土 (Mergel) とともに農場の賃貸価格および売買価格を高めることとなった。さて菜種栽培はそれがまだ導入されていない地方においては将来同様になる見込みがあるから，この問題に関してここで詳論すべきであると思う。

菜種の地力吸収

　メクレンブルグに1つの農場 (Bülow) があって，そこでは土地を思いやりのない作付順序で菜種栽培が30年間全区に作られている——しかもこの農場は栽培が後退しないで進歩している。この事実のみで，菜種の地力吸収が小さいというのには不十分である。なぜならば，この農場は著大な乾草の収量があ

り，腐植土 (Moder) が多くあって，多量に耕地へ入れられるのである。

　ロッゴウの御料地官故ポッゲ氏（Der selige Domänenrat Pogge）は——圃場にまいた菜種の影響を知るために，均等に施肥した耕地の真中に菜種を1畝(うね)まき，残りの土地はライ麦をまいて——菜種のあった畝の上の第3作目のエンバクは，最初にライ麦のあった場所よりもよく育つということを発見した。彼の息子 J. ポッゲ氏は——彼の実験における用意周到さには私は全幅の信頼をおくものであるが——菜種の地力吸収度を確定するために独特の研究を行ない，最初に菜種を次に小麦を前作としているエンバクは，その他の点の取り扱いを同じくすれば，最初の作を小麦，第2作を大麦にした後にくるエンバクよりも，収量が大きいことを発見した。

　これらの個々の観察は別にしても，一般に，菜種を最初に導入した場合には，菜種の後の小麦は純粋休閑後とほとんど同様によく生育する。そして菜種の地力吸収は耕地中に残っている根や株や秋に落ちるこの植物の葉によって大部分は補われるものらしい。それにもかかわらず私は，他の多くの農業者が述べていると同様に，菜種を同一場所に繰り返す場合に，菜種の次に続く小麦は休閑後の小麦に対して第1回の輪作の場合におけるよりもはるかに劣ること，後者は倒伏するのに前者は立っていることを述べたのである。これによってみると，菜種は特殊な物質——おそらくカリ——が多量にある時には，それをその養分として選ぶものらしいが，その物質の貯蔵が消耗した時には，他の肥料成分をより多く吸収するものらしい。

　私は今日までに得られた経験，観察を総合して，菜種の地力吸収力はそれが12～14年以上同一場所に繰り返されない場合には，ライ麦の吸収力に対して2対3の割合であること，したがって1区の菜種は1区のライ麦が同一肥力の土壌で消費する3分の2の肥料を消費するということを相当の確実さをもって結論してもよいと思う。

菜種の収量

　1830年から40年の間（その間においてはテロー地方の菜種栽培は，大面積

ではないにしても，以前よりは広く経営された），菜種の平均収量は100平方ルートにつき 7.10 ベルリン・シェッフェルであった。

菜種が栽培される土壌の生産力を私はライ麦で（ライ麦はこのような肥力の場合に倒伏することを無視して）100平方ルートにつき12シェッフェルと評価する。

他の農場から菜種の平均収益に関して同じような土壌から得た報告は，これとよく一致するので，私は一般的に次のように仮定する。すなわち菜種の平均収量は，容量でいってライ麦のそれに対し 6 対 10 の割合であって，ライ麦 12 シェッフェルの収量のある土壌においては 12×6/10 = 7.2 シェッフェルの菜種を 100 平方ルートについて産出する。

100 平方ルート当たりの菜種の収量は，以前は今日よりも著しく大きく，1820 年ないし 30 年にテローにおいて 9.72 シェッフェルであった。収量のこの減少は一部分は小規模栽培の場合には菜種用耕地をもっと注意深く選ぶことができたという事情のためでもあるが，この減収は主として菜種の大敵——こがね虫および象甲虫 (Glanz u. Rüsselkäfer)——の膨大な繁殖から生じたのである。そのうち前者は葉を蚕食し，後者は莢に穴をあける。これらの甲虫は菜種が最初導入されたころには少ししかおらず，注意されなかったのである。ところが菜種栽培の拡大とともにその増殖は非常な勢になり，その害は最近 3 年間に激烈となって，菜種畑の一部分は鋤き起こさねばならなかったほどである。

さらに菜種の収量減少は，菜種が第 1 回の循環のさいにあった場所へ，第 2 回の循環のさいに栽培された場合に起こる。しかもこの現象は，土壌が同一肥力をもち，他作物に対しては第 1 回と同じ生産力をもっていても現われるものである。もちろんこれはすべての農業者にあてはまるわけではないし，この減少が徐々に起こって後になってはじめて認められるような土壌もあり，それはある種の腐植土を搬入することによって対抗することもできるのであるが，一般的観察と菜種を数百年来栽培している人の経験にもとづいている上の命題は，それによって力を奪われることはないだろう。

第2編　孤立国と現実との比較

さて上の仮定によって，菜種の収穫による地力吸収はライ麦の収穫がこの土地から奪うであろうものの3分の2であるとすれば，7.2シェッフェルの菜種の収穫は土壌から $12\times 2/3 = 8°$ だけ奪取する。したがって収穫された菜種1シェッフェル当たりの地力吸収は1.11度である。

菜種の負担すべき地代の計算

12シェッフェルのライ麦の収穫は土壌から12度の肥料分を奪い，7.2シェッフェルの菜種の収穫は8度の肥料分を奪う。

ライ麦は $12\times 190 = 2280$ ポンドのわらを生じ，それから $\frac{2280}{870} = 2.62$ 台の厩肥ができて，これは3.2度の土質の土壌において $2.62\times 3.2 = 8.38$ 度の肥料分を補充する。この補充分を差し引いてライ麦に対する地力吸収力 $12°-8.38° = 3.62°$ が残る。

菜種の茎の収量を私は1838年の中庸的収穫の場合に100平方ルートにつき1200ポンドと評価した。それから $\frac{1200}{870} = 1.38$ 台の厩肥， $1.38\times 3.2 = 4.42°$ の肥料分が出る。この茎からの補充を差し引いて，吸収力 $8°-4.42° = 3.58°$ が残る。

菜種は土壌の力を奪うことはライ麦よりも著しく少ないけれども，それは茎の収量が少ないために，ライ麦とほとんど同じ肥料の補充を要するのである——そしてもしも1つのライ麦区が地力吸収を補うために1放牧区が与える補充を必要とするならば，1つの菜種区は地力の平衡を保つためには同様に1つの放牧区と結合する必要があるであろう。

したがって菜種区にはライ麦区と同じ地代が負担となる。

次の計算が必要とするとおり，地代を，収穫されたシェッフェル数に割り当てるならば，7.2シェッフェルの菜種が12シェッフェルのライ麦と同額の地代を負担せねばならない。したがって1シェッフェルの菜種は1シェッフェルのライ麦の1.66倍の地代を負担せねばならない。

菜種の生産費とライ麦の生産費との比較

ライ麦1200シェッフェルの生産費は1063.3ターレルである。これは1シェ

孤立国　第1部

	ラ　イ　麦		菜　　　種		備　　　考
	10000平方ルート，収穫1200シェッフェルの地区が必要とする		10000平方ルート，収穫720シェッフェルの地区に対する額は		
	ターレル	ターレル	ターレル	ターレル	
耕作的費用	274.5	—	308.8△	—	△ 274.5×1⅛
種　子　費	145.7	—	15.0	—	
収納的費用	—	190.3*	—	206.9	* 打穀を含む
地力吸収を補うための施肥	—	70.8	—	47.2△	△ 70.8×⅔
共通経営費	—	382.0*	—	325.3	* 粗収穫の26.6%
計	420.2	643.1	323.8	579.4	
	1063.3		903.2		

ッフェル当たり0.886ターレルとなる。

　菜種720シェッフェルの生産費は903.2ターレルである。これは1シェッフェルに対し1.254ターレルとなる。

　ライ麦と菜種の生産費の割合は0.886：1.254＝100：141.4である。

この計算の説明

　休閑地を菜種作付のために耕作するのはライ麦のために行なうよりもていねいでなくてはならず，またより短時間に行なわねばならず，一部分は1年余計にしなくてはならない。また菜種の種子の予措〔播種前の操作〕が穀物収穫の忙しい仕事と衝突もする。これらの理由によって私は菜種のための休閑耕の費用をライ麦のためより8分の1だけ高く仮定する。

　菜種の収納的費用はここでは私が1838年に計算して出したとおりに仮定した。その年にはテローの菜種は平年作であった。

　菜種の平均価格は，私が仮定したとおり，ライ麦の価格より1.66倍高いならば，菜種の収量の価値はライ麦の収量の価値に等しい。共通経営費は粗収入に比例するから，菜種区にはライ麦区と同じく382ターレルの共通経営費が算

第2編　孤立国と現実との比較

入されねばならない。しかし菜種は納屋の面積を必要としないから，ライ麦の場合にそれへ算入された56.7ターレルだけその中から差し引かれて，325.3ターレルが残るのである。

菜種の運送費

菜種は1シェッフェル当たりライ麦とほぼ同じ重量をもち，この関係において両作物に対する運送費もまた同じ高さに計算されることができるかもしれない。しかし菜種はライ麦のように冬でなく，普通は菜種の収穫の直後に――したがって，仕事が忙しく輓馬が農場外に出ることは他の重要な仕事をしばしば妨げることになる時期に――搬出されねばならない。そこで私はこの運送費をライ麦の運送費よりも20％高いと決める[注]。

　　菜種が孤立国の各地から都市へ供給されうる価格はいかなる関係にあるか。またいかなる地方で菜種栽培は最高の純収益をあげるか？

生産費，地代および運送費に関して菜種とライ麦との間に存在する割合を研究したから，われわれは，かのライ麦が孤立国の各地から都市へ供給されうる費用について第17章において述べた公式によって，上の問題を解くことができる。

28.6シェッフェルの菜種1輛に対して，都市より x マイルの距離においては，

$$\text{生 産 費}\cdots\cdots\frac{5975-93.2x}{182+x}\times 1.414 = \frac{8449-131.8x}{182+x}$$

$$\text{地 　 代}\cdots\cdots\frac{1838-64.2x}{182+x}\times 1\frac{2}{3} = \frac{3063-107x}{182+x}$$

$$\text{運 送 費}\cdots\cdots\cdots\cdots\frac{199.5x}{182+x}\times 1.2 = \frac{239.4x}{182+x}$$

$$\text{費用の合計は}\quad \frac{11512+0.6x}{182+x}$$

注) 菜種を収穫直後に販売し輸送する必要は，菜種作に必然的に結合したものではないかもしれないが，私は現実に基づく個々の点に関する計算においては，例外的仮定を容認しない。

孤立国 第1部

これは	1輛の価格	1シェッフェルの価格
$x=0$ マイルに対し	63.3 金ターレル	2.21 金ターレル
10 〃	60.0 〃	2.10 〃
20 〃	57.0 〃	2.00 〃
30 〃	54.4 〃	1.90 〃 注1)

ライ麦の価格1シェッフェルにつき1.5ターレルの場合には，1シェッフェルの菜種は30マイル隔たった地方からは1.9ターレルで，しかし都市の近傍からは2.21ターレルではじめて供給されうる。

遠い地方が菜種に対する都市の需要を満たしうるのであるから，その価格もまた1.9ターレルまで低下せねばならない。その時には都市近傍の菜種栽培は損失を招き，ここでは放棄されねばならない。

現実においてはこれから次のことが生ずる。すなわち自由貿易の場合，富裕な国は菜種栽培において——地力を同じとして——貧しい国と競争ができない。したがって菜種栽培は穀価が低く地代も低い地方に適し，穀作より利益がある。

菜種栽培はイギリスを本家とするものではない。ベルギーやオランダ注2)の高地のものでもない。ところがそこの低湿地においては，土壌が異常な肥力によって菜種栽培に与える利益が，ここで観察される不利益よりも上回っている。

注1) 菜種の運送費がライ麦の運送費よりも高くないと仮定するならば，供給価格は，1輛について，$\dfrac{11512-39.3x}{182+x}$

$x=0$ ならば，これは63.3ターレル
　　10 〃　　　　58.0 〃
　　20 〃　　　　53.1 〃
　　30 〃　　　　48.8 〃

注2) 菜種に対する需要は低地代の国々の生産によって今日までまだ満たされないから，菜種の価格ははなはだ高く維持され，高地代の富裕な国々の人もこれを有利に生産することができる。そしてこのことから，なぜ地価の低い国々において菜種作がこのように利益をもたらしうるかを説明することができる。

第2編　孤立国と現実との比較

　さて土地と穀物の価値が低い地方においては，菜種栽培は穀物栽培よりも収益が大である，という結論を支持するとしても，これは土壌が豊沃で菜種を豊産することができるという条件に結びついているのである。なぜならば，経験が教えるところによれば，貧弱な土壌の菜種は暴風雨の悪影響や甲虫の増殖に対して（植物が十分生育した場合にも）豊沃な土壌におけるよりも抵抗力が小さいからである。菜種が豊沃な土壌でライ麦の収穫の10分の6をあげるのに，貧弱な土壌においてはライ麦収量の半分ももたらさないであろう——したがって菜種は利益の多い作物ではなくなる。

　上の計算が根拠としている資料は現実からとったものであるから，見出された生産価格 (Produktionspreis) と菜種の実際の平均価格 (Durchschnittspreis) との比較から，菜種はここでは有利であるか否かが直接にわからねばならないと思われる。

　上の計算はこの問題の解決に重要な契機を提供してくれる。しかしここに提出されたような問題の確定にはなお次のような諸点を顧慮する必要がある——

1)　販売作物の栽培に関する研究の場合には，われわれは孤立国において畜産の地代が零に等しい点を基礎とした。したがって，わら類についての上の計算においても肥料価値 (Dungwert) のみを顧慮して飼料価値 (Futterwert) を顧慮しなかった。ところが現実においては，菜種のからもライ麦のわらも，その飼料価値を，穀収の価値に加えねばならない。

2)　菜種は年によっては冬の間に枯れたり甲虫のために害を被って，掘り起こしてしまわねばならないことがある。代わるべき作物は菜種が普通の作柄の場合にあげるだけの収益をあげることは決してない。そのうえ2回目の耕起と播種とを必要とする。孤立国の場合においては，土壌や気候が一定であると仮定しているので，この生産費の増加はすべての圃場に対して同じように影響するのであり，また菜種が供給されうる価格の関係から菜種はどの地方に有利であるかが出てくるのであるから，この点は顧慮しないでよろしい。しかしながら，この場合のように，菜種の価格は所与とみ

なされ，それを生産費と比較することによって菜種の利益を計算しなければならない場合には，この点は考察しなければならない。
3) 菜種は小麦にとって優れた前作 (Vorfrucht) である。そのためこれを作付中に採り入れることによって冬作を押し除けることなく，ただ収量の小さい夏作を除けるだけである——これは経営の純収益に対して有利に影響する。しかしこの利益の大きさは，菜種のあるのとないのと両方の作付順序の純収益の詳しい計算からのみ知られる。

以上3点は普遍妥当な公式として説明するのは困難であって，各人がその場所と事情に従ってこれを解くよう努めねばならないのである。

～～～～～～～～

「ある地方において菜種が利益であるか否か」の問題の決定に対して小さな昆虫が注目すべき影響を与える。

甲虫 (die Käfer) が今日メクレンブルグで菜種に与える害は非常に著しく，そのために菜種の平均収量は以前に比べて少なくとも2割は減少したほどであり，そしてもしこの甲虫がいなかったならば，ふつう収穫量は100平方ルートについて7.2シェッフェルでなく，9シェッフェルを数えることができたであろう。

7.2シェッフェルと9シェッフェルという収量の差は純収益においては大きな差をもたらし，菜種の甲虫があまりいない他の国において（その他の関係においては菜種にあまり適さなくても），メクレンブルグよりは有利に菜種栽培をすることができる。

自然は甲虫に菜種畑の拡大よりも強い増殖力を与えることによって，菜種を移動作物 (Wanderpflanz) と定めたようにみえる。

バルト海の南の諸州がすべて1人の農場主に属しているならば，菜種を交互に栽培するのが彼の利益であるのを見出すであろう。彼は甲虫が著しく増殖するや否やその州の菜種栽培をやめて，他の遠方の州へ移すであろう。そして甲虫が食飼不足のため絶滅した後に至って最初の州へ菜種を持ち帰るであろ

第2編 孤立国と現実との比較

う。

　この場合，個々の大農場所有者に有利であろうことは，土地所有者全体に対しても利益であろう。しかし所有が分散して意思が一致しない場合にはこのようなことは行なわれない。立法も所有権を侵害することなしには干渉できない。だから禍は，全体の大きな不利益にもかかわらず，永続的である。

　菜種の栽培がまだ一般的にはならないが，土壌はこれに適するような地方に住む農業者にとっては，大切な教訓がここにある——

　　菜種栽培が導入された場合には，直ちにこれを大規模に栽培せよ，しかし菜種に適した土地にすべてこの作物が作られるようになったら，これを全部——少なくとも当分の間——やめよ。

　菜種がよく成長して利益をあげるためには，低湿地方を除けば一般に泥灰土施用が菜種栽培に先行せねばならない。

　もしも菜種栽培が約束する利益が泥灰土を施用する刺激を与えるならば，東ヨーロッパの未開地においても，菜種の移動に伴って，幸福と高い文化が，しかも合理的方法によれば，一時的にでなく永久的に，広がるであろう。

　菜種を大規模に，すなわち農場面積の大部分に栽培する場合は，たとえ菜種の生産費が——労働者を雇い入れるため，または菜種の収穫時に他の重要な労働を怠るために——小規模栽培の場合よりも高くなるとはいえ，また収量もこの場合にはよりわるい耕地に播き付けねばならないために，低下せねばならないとはいえ，従来菜種を作ったことがなく同時に甲虫の食物に供せられたことのない土壌に菜種を栽培する利益ははなはだ著しく，そのような欠点はそれによって大部分打ち消されるのである。

　メクレンブルグにおいて2,3の賢明な農業者はこの原理に従って行ない，全区に菜種を栽培し，莫大な収入をそれから得て，多額の金をもうけている。

　しかしながら，菜種の大規模栽培を肯定かつ有利にすることのできるすべての好都合な事情が消滅した後において，菜種を制限せず，依然として同じ広さで経営するならば，最初のエネルギッシュな処理によって得た金はだんだん

と失われなければならない。

2. タバコ

タバコは地力吸収の点においてはライ麦と大体同じである。ただしタバコからは茎が，ライ麦からはわらが，耕地へ帰るものとする。重量からみての収量に関しても両作物の間になんら著しい差異はない。ところがタバコの生産費は比較するもののないほど高い。そしてこの理由によってタバコの生産は穀物の後方に，すなわち畜産圏において行なわれねばならない。

3. チコリー

この作物の生産費および地力吸収力を私は知らない。しかしその根の収量は重量よりみて非常に大きいので，地代は1輛に対してわずかしかかからない。そしておそらくは生産費も僅少であろう。したがってこの作物の生産は都市の近傍において行なわれる。

4. クローバの種子

クローバの種子の生産費は，種子の脱穀が多くの労働を要するから，少なくない。採種用クローバの地力吸収力は著しくはないらしい。そして一緒に収穫されるクローバの茎が与える補充によって十分補われるらしい。反面において，一定面積からの収量ははなはだ少なく，1輛のクローバの種子に膨大な地代がかかる。この理由からクローバの栽培は穀草式農業圏の遠方において行なわれ，この圏の都市に近い地方はクローバの種子を自ら生産するよりはこれを購入した方が有利であることを見出すであろう。

5. 亜 麻

一定面積からの亜麻の収穫は重量よりみてライ麦がそこで与えるであろうところの約4分の1である。すなわち亜麻の収量はライ麦のそれに対して1対4

第2編　孤立国と現実との比較

の割合である。

　亜麻の収穫が土壌から大麦の収穫と同じほど強く地力を奪うならば，――大麦はわらからの補充によって地力吸収を補うために1放牧区を必要とするのみであるが――亜麻畑1区の地力吸収を補うためには2（詳しくは2.07）放牧区が必要である。ただし亜麻が穀草式農業の中で大麦区の肥力の土壌で栽培される場合である。

　亜麻栽培に必要な費用のうちから亜麻仁の収量の価値が差し引かれるならば，私の計算によれば，亜麻の生産費とライ麦のそれとの割合は1352：182または7.5：1である。

　多くの条件のうちどの1つをとっても，それは1つの作物の栽培を穀物の栽培の後方になることを示すに足る諸条件が，亜麻の場合にはすべて結合している。したがって亜麻栽培は単に穀作の後方たるのみでなく，タバコおよび菜種栽培の後方にその位置を見出すであろう。

　私が多くの販売作物の引証を控えるのは，その栽培を自己の経験によっては少しも知らないものもあり，あるものは不十分にしか知らないからである。

　　　　　　　　　～～～～～～

　多数の販売作物は都市の近傍ではなく，畜産圏において栽培されるということを発見した。この圏は，畜産のみに限られる時は，人口が非常に稀薄であるだろうが，酒精醸造および販売作物の栽培によって職種および人口が著しく増加する。特に亜麻の栽培は多数の人に職と生活資料とを与えることができる。上に述べた計算によって，夏期は亜麻を作り，冬期は紡いで麻布を織るところの1労働者家族は，亜麻を栽培した300平方ルートのよい耕地から，たとえ耕地に対して25ターレルの賃借料を払っても，生活費を得ることができることを見出した。ゲント（Gent）を除いては都市らしい都市のない東フランデル（Ostflander）州において，1平方マイルに12000人が生活資料をいかにして見出すことができているかは，亜麻の栽培の発達によってのみ説明できる。

　畜産圏の前方の部分は，かなりよく耕作された地方で地代を全くまたは少し

しか生まない地方の興味ある縮図を示す。なぜというにここで生産される作物の価格は多額の地代がそれから生ずるほど騰貴することはできないからである。もし騰貴するなら，このはなはだ広い圏の後方にある部分が同じように，全体として運送費を要することの少ないこれらの作物を栽培し，その価格を低下させるであろうからである。この地方のほとんど全部の収入は資本の利潤と労働報酬とから成り立っている。

　われわれは第5章において，穀物収穫10シェッフェルの土地において，ライ麦1シェッフェルの生産費は，0.437ターレル，穀物収穫5シェッフェルの土壌においては，1.358ターレルであること，したがって肥沃な土壌における穀物の生産は，貧弱な土壌におけるよりもはなはだしく有利であることをみた。これは販売用作物についても同様に，否，それ以上に強くあてはまる。すなわち多くの販売作物は土壌のていねいな耕作，鍬入れ，根寄せ，除草等によって非常に多くの労働（それは耕作面積に比例して収穫量とは比例しない）を要し，肥沃な土壌の大きな収穫は，貧弱な土壌の小さな収穫よりも，余分の費用を要することがわずかであり，これらの作物の栽培は，穀物では——倒伏して——肥沃すぎるような土壌で，もっぱら有利に行なうことができる。

　さて販売作物の栽培に関して現実に立ち返るならば，そこには孤立国のように均一な土地肥力はなくて，普通にはよく栽培された地方において高い穀価と同時に高い肥力が相伴っていること，また逆に耕作の十分に行なわれていない地方においては低い穀価と低い地力とが普通に共存することを見出すのである。

　「いかなる地方において販売作物の栽培は，自由貿易の場合に最も利益であるか」という問題を提出するならば，貧弱な地方が労賃が少なく地代が低いために有する利益と，豊沃な地方が豊沃な土壌によって有する優越性とが直接に対立する。販売作物の栽培における豊沃な土壌の優越性ははなはだ著しく，それによって貧弱な土地における労賃や地代の節約が単に打ち消されるのみなら

第2編　孤立国と現実との比較

ず打ち負かされることがしばしばである。

　これは——人々がより勤勉であること，およびこれらの作物の取り扱いをよりよく知っていることと並んで——何ゆえに豊沃な地方において販売作物の広い栽培が，単に国内用のみならず，外国への輸出のためにみられるか，という根本的理由である。こうして亜麻の栽培は，東ヨーロッパのあまり開けていない地方のものであるのに，東フランデル，すなわちヨーロッパの花園における主たる栽培部門をなすことを，今日もなおみるのである。ところがバルト海沿岸諸地方において，土壌がより高い肥力を獲得するや否や——そしてこれに達することは農業者の力量次第である——フランデルにおけるこの栽培部門は必ずや減少し，そしてこの減少は低湿地方の政府が穀物に対する高い輸入税によって両地における穀価の差を高めようとし続ける場合には，ますます速やかにもたらされ，ますます促進されるであろう。

　イギリスにおいても労賃，地代がともに高いにかかわらず，販売作物の栽培が行なわれ，その輸入に対する関税によって有利にされている。しかしながらイギリスの穀物条例によって穀価における差ははなはだ大きくなり，イギリス人は今日においては肥料の材料（骨，菜種油粕等）を穀物の代わりにわが国から買うことが利益であることを見出している。イギリスがその穀物条例に固着する時は，イギリスの農業者は，肥料が彼地においてあまりに高いためそれを吸収力の大きな販売作物に使えないことを間もなく認めるであろう。そして穀価が低い地方にこれらの作物の栽培を移し，その輸入を認めねばならないであろう[注]。

　注）　菜種に対する高い関税はその後撤廃された。

孤立国　第1部

第32章　亜麻および麻布は孤立国の各地から
　　　　いかなる価格で都市へ供給されるか

　亜麻栽培についての前掲の資料に従えば，1区の亜麻畑の地力吸収は2放牧区が与える補充と同じである。土壌の肥力を維持しようとする時は3000平方ルートの耕地のうち1000平方ルートしか亜麻を作ることができない。ところが穀物をもってすれば，地力を消耗させることなしにこの面積のうち1500平方ルートに栽培することができる。

　放牧区の地代が零である地方においては，この理由によって，亜麻の畑には穀物に対する地代の1倍半がかかる。そして同一面積から，重量にして亜麻はライ麦の4分の1しか生育しないのであるから，1輛2400ポンドの亜麻にはライ麦1輛に対する6倍の地代がかかることになる。

　しかしながら都市の近傍における放牧区の地代はマイナスであり，遠方においてはプラスであって，この理由によって都市の近傍に栽培された亜麻には6倍の地代よりもより多くが負担となり，遠方で栽培された亜麻にはそれよりもより少ない負担となる。しかしこれまでの研究ではこれによって生ずる差を数で表わすことはできないから，全孤立国に対して亜麻の地代は穀物が負担する地代の6倍であるとして満足せねばならない。しかしそうすると，この計算は都市の近傍に栽培された亜麻の価格を低く，遠方で生産されたものを高く表わすことになる。

　亜麻の生産費を穀物に比して7.5倍，地代を6倍と仮定すれば，亜麻1輛2400ポンドに対して

　生　送　費 …………………………… $\dfrac{44812-699x}{182+x}$

　運　搬　費 …………………………… $\dfrac{199.5x}{182+x}$

— 236 —

第 2 編　孤立国と現実との比較

$$地\ 代 \cdots\cdots\cdots\cdots\cdots\cdots\cdots\cdots\cdots\cdots\cdots\cdots \frac{11028-385x}{182+x}$$

$$合\ 計\ \ \ \frac{55840-884.5x}{182+x}$$

である。

	1 輌の価格	1 ポンドの価格
$x=$ 0 マイルに対して……… 304 ターレル		6.1 シリング
10 〃 ………………245 〃		4.9 〃
28 〃 ………………148 〃		3.0 〃

すなわち亜麻1ポンドは28マイル隔たった地方からは，都市の近傍よりも3.1 シリングだけ，換言すれば約5割低廉に供給することができる。

なお注意すべきは，すべてこの計算においては穀草式農業の地代が標準となっていることである。もし自由式農業が与える地代を基礎とするならば，都市の近傍で生産された亜麻はもっとずっと高くなるだろう。

～～～～～～～～～～

亜麻から粗麻布が作られる時には——私がこれに関して得ることのできた報告によれば——亜麻 2400 ポンドを紡ぐ費用，およびこの亜麻からできる麻布を織りかつ漂白する費用を合わせて 413 ターレルになる。これをライ麦1輌の生産費（テローで 18.2 ターレルとなる）と比較するならば，亜麻1輌を麻布に変形する費用，すなわち麻布の製造費 (Fabrikationskosten) は，ライ麦の生産費に対して 22.7 対 1 の割合であることがわかる。

しかし麻布の製造費 (Produktionskosten) は，貨幣でいい表わせば，各地で同じ高さではありえないのであって，労働および穀物の価格とともに変化する。ゆえに孤立国の各地に対して麻布の製造費を与えるためには，それを一般的公式で表わさねばならない。そしてわれわれはそれを上述の割合によってすることができる。

すなわちこの関係に従って，第 19 章に述べたライ麦1輌に対する生産費を 22.7 倍するならば，亜麻 2400 ポンドから作られた麻布の製造費は

孤立国　第1部

$$\left(\frac{5975-93.2x}{182+x}\right)\times 22.7 = \frac{135632-2116x}{182+x} \text{ ターレル}$$

である。

これによると製造費の負担は

	1輛には	1ポンドには
$x = 0$ マイルに対して……	745 ターレル	14.9 シリング
10 〃 ………………	596 〃	11.9 〃
28 〃 ………………	363 〃	7.3 〃

われわれの研究の全過程から次のことが明らかとなる。すなわち実質労働報酬 (der reeller Arbeitslohn) ないし労働者が労賃で買うことのできる生活必需品の総額は，孤立国のすべての地方に対してこれを同額なりと仮定している。労働の貨幣価格はこれに反して，穀物およびその他の生活必需品の価格が異なるに従ってはなはだしく異なり，この貨幣労賃 (der Geldlohn) における差が麻布の製造費に著しい差をもたらし，亜麻 2400 ポンドを麻布に変形することは都市の近傍においては 745 ターレル，28 マイル隔たった地方においてはわずかに 363 ターレルすなわち約半分以下の費用で足りるのである。

～～～～～～

亜麻を漂白して麻布に変形する場合に，亜麻の重量の約 25% が失われる。すなわち麻布はその原料である亜麻よりも 25% だけ軽い。

亜麻1輛の運送費は $\frac{199.55x}{182+x}$ ターレルである。この亜麻から製造された麻布の運送費は4分の1少なく，$\frac{149.6x}{182+x}$ ターレルである。

もし麻布が孤立国の各地から都市へ供給されうる価格を決定したいならば，亜麻栽培に要する費用と麻布の製造費とを合計しなければならない。

亜麻 2400 ポンドに対して

生　産　費…………………… $\frac{44812-699x}{182+x}$

地　　　代…………………… $\frac{11028-385x}{182+x}$

第2編　孤立国と現実との比較

麻布の製造費 …………………………… $\dfrac{135632-2116x}{182+x}$

麻布の運送費 …………………………… $\dfrac{149.6x}{182+x}$

　　　　　合　計　$\dfrac{191472-3050.4x}{182+x}$

麻布の価格は

	亜麻2400ポンドから 製造された麻布の価格	亜麻1ポンドから製 造された麻布の価格
$x=0$ マイルに対して……	1052 ターレル	21.0 シリング
10 〃 ………………	838 〃	16.8 〃
28 〃 ………………	505 〃	10.1 〃

　都市の住民は，亜麻栽培および麻布製造が都市の近傍で行なわれねばならない時には，それが28マイル隔たった地方から運搬することのできた時に比べて，2倍以上の金を払わねばならないであろう。

━━━━━━━━━

　農産物の価格決定のために立案した公式を，麻布の製造費の確定およびその価格決定に適用したことは，種々なる工業に対して，それが最も有利に経営され，そして生産物が最も安く供給されうる地点を定めることが可能でなかろうか，という考えに導くに相違ない。

　工場の秘密に立ち入ることのできる人，すべての工業の完全な知識を有して，あらゆる工業について所与の量の製造品にかかるところの資本額，労賃および利潤の額を示すことのできる人は，必ずやそのような一覧表を立案することができるであろう。

　それによって次のことが生ずるであろう。すなわちすべての工業および手工業が首都に集中するのではなく，その大部分は原料が最も安価に生産される地方において立地するであろう。したがって孤立国は1つの大都市のみならず多くの小都市を包含するに相違ない。

　これはわれわれの最初の仮定と矛盾するけれども，われわれは研究を簡単に

するために，まずこの仮定を用いたにすぎない。なぜというにわれわれはその後第28章において，小都市は農業生産物の価格決定に対してなんらの作用を及ぼさず，主な都市に完全に依存しているということをみたのである。中央都市のみが主たる市場としてとどまらねばならない。そしてすべての農産物はそこで最高の価格をもたねばならない。しかしそれが実現するということは，すでにこの都市が，(1)平野の中央に位置すること，(2)政府の所在地であること，(3)すべての鉱業がその近傍にあること，によって十分証明されている。

　工業の立地の研究は，実際上の役に立つためには，農業生産物の価格決定の場合に言われなかった2つの点を加えなくてはならないであろう。

1)　われわれは実際においてすべての富んだ国々においては，貧しい国よりも利子率がはなはだ低いことを見る——これは事物の性質そのものに基づくものか，それともいろいろな国に分裂していることに起因するものであるかは，ここではそのままにしておかねばならない。——さて投下資本の利子が年々の支出の大部分を占め，労賃および原料に対する支出は比較的で重要ない部分をなすような工業および手工業がたくさんある。すべてこれらの工業は，たとえ原料および労賃は非常に高くとも，上の理由によって富んだ国において行なわれねばならないだろう。それゆえにこの研究においては，商品の価格を労賃 (Arbeitslohn)，利潤 (Kapitalgewinn) および地代 (Landrente) の3部分に分解することが必要である。

2)　1つの工業がある場所において達しうる大きさないし広がりというものは，市場および販売の範囲に依存し，そしてまた，分業や人力の機械による置き換えの行なわれうる程度は，企業の大きさに依存する。そしてこれらが，アダム・スミスが言っているように，商品の供給されうる価格に対して決定的な影響力をもっている。

これら2つの原因から，原料がその地で生産されるから貧乏な国の工業だと考えられている多くの工業が，富んだ国においてはなはだ有利に経営されることができる。そして貧乏な国はこの商品をそれ自身の工業によって要する費用

よりも安い価格でそこから取り寄せることができるであろう。

第33章　商業自由の制限について

　政府の強制的処分によって，亜麻栽培と麻布製造が都市に近い地方へ移される時には，孤立国の福祉に対していかなる作用を及ぼすであろうか？
　かかる場合が可能であると考えるためには，われわれは孤立国が2つの別個の国に分離したと仮定せねばならない。
　さてこのような分離の結果を研究するために次のような前提をしたい——
1) 中央都市が都市を取り巻く半径15マイルの圏をもってA国を形成する。
2) 平野の残りの部分が，しかもこれまで観察してきた広がりで，第2のB国を形成する。これをわれわれは，第1のA国に対比して貧乏国と命名したい。
3) 各国は自己の利益が他国を犠牲としてのみ達せられる場合にも自分自身の利益を追求する。

　さて富裕なA国が亜麻および麻布の輸入を禁じて，そうしなければ国外へ流出する貨幣を節約して，自己の人民を亜麻の生産および麻布の製造のために働かせようとするならば，これは，(1)富んだところの輸入を禁じた国と，(2)貧乏国Bとの福祉に対していかなる影響を与えるか？
　この質問の解答をできる限り単純にするために，他の点に関しては完全な商業の自由が両国間に存在すると仮定する。
　輸入禁止後，亜麻生産および麻布製造は，A国の国境すなわち都市から15マイルの距離で行なわれねばならない。ところがここでは土地はすでに莫大な地代を有し，労賃も穀価が高いため都市から30マイル隔たった地方よりも著しく高い。したがって麻布はこの地点からは以前の価格よりも非常に高くしてはじめて都市へ供給される。ところが麻布は欠くべからざる必需品であるか

ら，都市の住民はこの高い価格を払わねばならない。

　以前は穀物を生産し，現在では亜麻を生産するA国の農業者にとっては，亜麻がこのように騰貴したにもかかわらず亜麻栽培を採り入れたことによって少しも利益は増加しない。なぜならば(1)穀価はこの変更によって騰貴しないで，むしろ——後にみるように——多少低下するため，穀作から生ずる地代は少くとも増加しない。また(2)穀作を行なう圏内においては地代の額は穀作によって決定される——これまでの研究から出てくるとおりである——それゆえ，亜麻栽培もまたそれが現在行なわれている場所において穀作よりも高い地代を生むことはできない。このようにして亜麻栽培の導入によって土地を利用する植物が変わるのみで，土地の収益そのものは変わらない。

　いまや亜麻が栽培される地方は，穀物に代わって亜麻を栽培した土地からは，もはや穀物を都市へ供給することはできない。そしてこの地区へ亜麻を作らねば生産したであろうところの穀物は，都市の食糧として必要であるのだから，都市には穀物の欠乏が生ずる。

　では不足の穀物はどこから来るだろうか？

　従来亜麻を生産していたB国の地区は運送費が大きいから，ライ麦1シェッフェルの価格が1.5ターレルでは穀物を都市へ供給することはできない。欠乏が満たされるためには穀価は騰貴せねばならない。しかも本来ならば亜麻栽培をしたであろう地区——あるいは酒精醸造や菜種栽培を行なっていた地方——が穀作に変わり，穀物を都市へ供給しうる高さまで騰貴せねばならない。

　しかしそもそも都市にはしだいに高くなる穀価を支払いうる無尽蔵の基金があるのだろうか。そしていかなる源泉からこの高い穀物の支払のための貨幣が流れ出るのか？

　都市には多数の人間がいて，その全職業は従来の中くらいの価格の場合に必要不可欠の生活資料を得るにちょうど足るだけである。最遠方の生産者が1シェッフェルのライ麦を1.5ターレル以下では都市へ供給できないと同じく，労働階級のほうでも高くなった価格を支払うことはできない。穀価が従来の中く

第2編　孤立国と現実との比較

らいの価格から下がることが穀作の行なわれている平野の最外縁の耕作を不可能とし，耕地を再び荒れるに任せた人々を流浪させるのと同じように，穀物の平均価格の騰貴は——新しい生計の源が開発されない限り——都市労働階級の間に貧窮と流浪をもたらす。

ところが封鎖的制度 (Sperrsystem) 自体は，それによって労働者の労賃を高め労働者が高い穀価を支払いうる状態になるような新しい生計の源を決して創造しはしない。反対に必要な生活必需品——麻布——の騰貴によって，すべての人，ことに労働者の福祉は害され，彼は労賃のより大きな部分を麻布の購買のために支出せねばならないために，より少ない部分を穀物の購入のために残すこととなり，穀価は，もしも労働者がなお生存すべきであるならば，騰貴しないで低下せねばならない。

だから穀価は高くなりえない。したがって穀作圏を拡張する可能性はない。以前に亜麻を生産した地区は，穀作にも他の作物の耕作にも向けられない。なぜならば穀物および販売作物の価格が，その栽培を都市からこのように隔たった地点においては引き合わないからである。従来耕作された土地は耕されないで家畜が放たれねばならない。そして従来亜麻栽培で生活していたすべての人々は職を失ってよそへ流れ出なければならない。

従来亜麻が栽培されていた地区の荒蕪化とともに，また従来それによって生活していた人々が消滅するとともに，人々が鉄鋼品，木綿，道具等に対してもっており，従来これを都市から求めていたところの需要もなくなる。鉱山労働者，製造業者，手工業者等で，従来製品をこの地方に向けて供給していた者は，このために全く職を失い，かの地方の住民と等しく流出するか死ななければならない。

それゆえこの商業自由の制限の最後の結果は次のとおりである——

1) 貧乏国Bにおいては，亜麻栽培地方が，亜麻によって生活していたすべての人々とともに，全滅する。
2) 富める国Aの都市は，従来亜麻栽培地方に向けて働いていた製造業者，

孤立国　第1部

手工業者等を失い，その面積，富および人口において減少する。

ゆえに商業自由の制限によって，富める国は貧乏国の福祉に不可避的に深い傷を与えるのであるが，彼自身も同時にこれに劣らぬほど深い傷を負うのである。

貧乏国の側におけるあらゆる報復がなくても，封鎖的制度は富める国に対して少なからず破滅的な反作用をする，ということは指摘するに値する。

国富について正しい完全な定義を与え，その増減を決定的に示すことは国民経済学説の中では困難であるけれども，孤立国においてはわれわれは耕地の拡大および収縮という国富の増減をはっきり示す標識をもっている。

ここでは自由交易の制限の作用をただ1種の農産物，亜麻に対して示したのであるが，すべての他の農業部門を観察の対象とする時，同一の推論を繰り返さねばならず，そして同じ結論を得るであろう。それゆえ，たとえば羊の飼養または菜種栽培を都市に近い地方へ強制的に移すことは，つねに同一の結果「耕作された平野の縮小，都市の大きさの減少」を来たすであろう。

さて眼をヨーロッパの諸国に転ずるならば，ヨーロッパの諸地方の間に文化の程度，人口，穀価および地代に関して，孤立国の各地方に劣らない差異を見出すであろう。

ロンドンの近傍とヴォルガ河やウラル河畔の東部ロシアの諸州との間には，これらの点において，孤立国の中央都市の近傍と畜産圏の最外縁との間よりも，より大きな差異があるだろう。

孤立国において商業の制限が貧乏国の一部住民と富とを犠牲とするのみならず，富んだ国に対しても有害な反作用があると同じく，文化の諸段階に立つところのヨーロッパの諸国間における商業の制限もまた貧乏国の農業を圧迫するのみならず，富んだ国からも彼の力と領域の一部を奪うものである。

それにもかかわらず今日ヨーロッパの諸国においては，封鎖的制度と商業の制限が一般に行なわれているのをみる。

第2編　孤立国と現実との比較

　人々は南方の作物の栽培を北方で行なおうとするのは断念した。人々はさまざまな気候の生産物の交換を許して，これは国民的福祉に有益であると信じた。ところが困ったことに，人々は，同一気候帯にはあるが文化程度の異なる諸国民相互間の生産物交換も，生産物の差異が気候の差異によって生じた場合と全く同じように，自然の提供であり，そして諸国民にとって有益であるということを今日において理解しない。

　なお，自己の立場を正確に知っている孤立国の農業者は同時に自己は何をなすべきかということを知っている，という言及をすることは役に立つ。

　われわれは孤立国の形成と形態とを発展させるために，各人は自己の利益を正しく知りそれに従って行動する，という仮定以外にはなんら他の原理を必要としない。すべての人が自己の正しく了解した利益を得ようと努力する相互作用から，全体がそれに従って行動する法則が生ずるように，この法則に従うことの中に，個人の利益が含まれていなければならない。

　人間は自己の利益のみを追うと考えられているが，彼はより高い支配力の手の中にある1個の道具であって，しばしば自分自身には意識せずに国家社会の大きな将来の建設のために働くのである——そして人間が，総体としてみた場合の人間が，創造し出すところの産物，ならびにその場合彼らがそれに従って行動する法則は，物理的世界における現象や法則に劣らず，注目と驚嘆に値するのである。

第3編　公課が農業に与える作用

　孤立国が第1編で述べた形態をとったのは，どこも税を全くとられない，という前提の下においてであった。耕地の純収益を実際の関係によって計算している第5章においては，国に対する租税は支出の中に挙げてなく，したがってわれわれが土地地代と呼んだものは，税のない場合の土地の純収益である。
　これまで税が全くなかった国が，ヨーロッパの国々で普通に行なわれている公課が課せられたと仮定するなら，それは農業に対し，また国民のすべての状態に対してどのように作用するであろうか。

第34章　経営の大きさに比例する公課

A．孤立国との関係において

　食塩，麦粉等の生活必需品を捕捉する限りでの消費税，人頭税，家畜税，関税，営業税，印紙税などその他多くの税はすべて農場にその経営の大きさによって課せられ，土地の純収益を考慮しない。
　孤立国の1つの農場が，都市から30マイル離れていても，10マイル隔たった農場と，経営が同じ大きさなら，すなわち両農場がその経営に同じ労働力と同じ資本支出を要する場合には，同じだけの税を負担せねばならない。
　都市から31.5マイル隔たった農場は，第14章によると三圃式農業をしなければならないが，これはわずかに耕地面積の24％しか穀物を作付けられない（第8章）。都市から10マイル隔たった農場は穀草式農業をすることができ，これは穀物栽培に耕地面積の43％を向けることができる。ところで，穀草式農

業は一方で耕地の大きな部分に穀物を作付するが，他方においては耕地の耕作（第10章）は穀草式農業では三圃式農業よりも費用がかかる。それで31.5マイル隔たった農場の経営規模は，都市から10マイル隔たった農場と比べて，両農場が同じ面積であるなら，その約半分になる。

近い農場の税額がたとえば100000平方ルートの面積単位に対して200ターレルであるなら，遠い農場は100ターレルの税を払わねばならない。前者の農場の土地地代は（第5章）100000平方ルートから685ターレルである。税を払った後に農場主にはなお485ターレルが残る。

遠い農場の所有者は，その土地地代は零であって，その全収入は農場建物や有生資本〔家畜〕の利子に限られているから，100ターレルの税は彼の資本から取り去らねばならない。

年々減少する資本は速やかに資本であることを止めるものである，その時所有者は土地を耕すことを諦め，耕地を耕さずに寝させておかねばならない。

次のように言う人もあるだろう。この農場の所有者は，土地地代は入らないけれど，建物や家畜に投じた資本の利子を享有しているから，彼は課せられた税を利子で支払うことができる，と。これには次のように反駁しないわけにはいかない。1つの商売の資本が利子をもたらさなかったら誰も資本をそんな商売には投入しない。工業家はその資本を出資することで自分自身の労働によるよりもより高く利用することができないなら，商品を製造することを放棄するだろう。農業者はこの場合建物の維持にはもはや費用を使わないだろう。そして建物がついに崩壊の恐れを生じたとき，彼は家畜を売り，農場を見捨て，別の商売につくか他へ移住するだろう。

土地地代が税の額に足りない農場はすべて同じような状態にある。税はそれと同じ作用を，ただより徐々により遅く，もたらしているのである。

さて三圃式農業圏では，都市から26.4マイルの距離の農場が初めて前述の面積から10ターレルの土地地代をもたらす。だからそれ以遠では穀物生産に向けた土地耕作は新税によって消滅させられる。そうなるとこの地方は完全に

第3編　公課が農業に与える作用

無人になるわけではないが，穀物栽培に代わって畜産が行なわれるだろう。しかし畜産圏の外側の隅は全く放棄され，国のこの部分は税によって不耕の地になるのである。

　この今では放棄された地方にこれまで住んでいたすべての人達は，生計をたてて行く仕事を見つけられないので，食えなくなる。なぜなら栄えている状態の国家には人が多く，あらゆる有利な仕事はしてしまっているから，放棄された地域からやってくる労働者はもはやどこにも有利なところへ就職できず，いかなる仕事も生活の道も見出せないのである。農耕に従事していた人達だけでなく，そうならなかったらこの荒廃した地域向けに働いていたであろう手工業者，工場労働者，小商人等の都市住民もまたすべて，同様に職と生計を失うのである。このために過剰になった人間は，徹底的な貧困を避けるためには，移住をして別の祖国を求めなくてはならない。

　土地耕作が縮小し，それによって過剰になった人間の移住が終わった後は，すべては以前の均衡状態に立ち返るだろう。しかし国は版図と人口を失い，また同時にその資本と土地地代の一部分を失う。

　このような暴力的作用を税がするのは，それが新しく導入される場合だけである。もし税制が国家の最初の形成の時から変わらないとしたらどうか——税に耐えられるより以上には土地の耕作は広がらないだろうし，人口も増加しないだろう。そしてその場合は，税を全くとらない国と全く同じく完全な均衡状態にあることだろう。

　しかしこのような国で，もし現存の税が一度にかつ永久に廃されるならば，逆の現象が現われるに相違ない。資本は集まり，それは有利に荒蕪地の開墾に投下されることができるので尊重され，多数の人達のための職業と生計とが見出され，そして，こうした場合には，人口はきわめて速やかに増加する。

　それゆえ税の作用というのは次のようなものである。それは国の発展を妨げ，人口増加と国民資本の増加を制約する。

孤立国　第1部

B．現実との関連において

　孤立国において税が遠方の農場に最も強い作用を与えるのと同じように，現実においては——現実の場合には市場からの距離は土地地代を零にまで下げるほど大きくないのが一般である——最も悪い土地をもつ農場が最初にそして最も強く圧迫される。

　さてしかしながら，現実においては，全く同一の農場においても，われわれが孤立国で土壌の品質について仮定したような完全な同一性というものはほとんどどこにも見出せないのである。ほとんどすべての農場は良い土壌と悪い土壌の混合から成り立っている。耕地は一部分は高い生産力をもち一部分は低い生産力しかもたない耕地の混合から成り立っている。

　耕地の価値はいろいろな原因からまた数多くの関係で非常に低くありうるし零に近づきうるものである。

　そういう耕地というのは

1)　悪い物理的性質の耕地
2)　肥力が低い耕地
3)　屋敷から非常に遠いところにある耕地
4)　排水に数多くのかつ深い溝を必要とする耕地
5)　草刈場に近く，かつそれとほとんど同じ水平線にある耕地——というのはこの耕地は非常に耕しにくく，収穫が最も不安定だから
6)　多くの鋭角で交錯する溝が走っていて，そのためにすべての耕作労働が非常に遅れる耕地
7)　礫が多い耕地
8)　高い樹に囲まれている耕地，等々

　上掲の欠陥のあれこれのために価値の低い耕地が全くないような大農場をただ1つでも提示することは非常に困難であろう。大部分の農場ではそういう〔不良〕耕地が多数現われる。そして多くの地方ではこうした耕地が支配的で，価値の高い耕地はわずかに例外的に，普通は村落の近傍に現われるだけで

第3編　公課が農業に与える作用

ある。

　ひとつの新税のために，これまでわずかな純収益を生んでいた土地の土地地代は，零あるいは零以下になるのである。

　各農場はそのためにこの土地の耕作を諦めて，税が導入された後もなお土地地代を生むような良い耕地の耕作に縮小せねばならない。

　孤立国においては，すべての遠隔地域が耕されることなく横たわるということが大規模に現われるのであるが，それと同じように，各個々の農場においてはそれが小規模に現われ，遠方の耕地または悪い耕地が耕されないまま横たわるのである。

　1つの地域の全農場の5分の1が耕作されなくなるか，それとも各農場から5分の1が犠牲に供されるかは，人口および国民財産の減少に対して，同一作用を示すことができるのである。

　税が惹き起こしたところの無人の村や荒廃で，家庭の内部事情の見えない政治家の眼から早くから見落されえないものはないことは明白である。しかし政治家は，それを年とともに減少する税収によって認識することができる。なぜなら，そのような作用をするに足る強烈さをもつどの新税も，第1年には最も大きな税収を上げるが，そこから税が引き出されるところの人口と国民財産とが減少するために，漸次に少なくなるからである。そして課税の影響が完了したとき，つまり耕作が，この課税にかかわらず存続できるところまで縮減したときになってはじめて，税収は定着するのである。

　なお孤立国は，われわれが農業は最高の合理性をもって経営されると仮定した点で特徴的で，実際においてはそんな合理性は——特にある状態から他の状態への過渡期において——例外で一般的ではない。われわれは孤立国の農業者は，事情の変化した場合，彼の経済を変更すること，そして地代がマイナスになるような耕地の耕作を続けることなく放棄することを信ずるのである。

　実際においては，地方一般の経営は，1つの徹底的なあらゆる関係を通覧した思考の産物ではなく，数世代数百年の製作物である。ゆるやかだが絶える

ことのない改良により，自らを時間的地域的関係に常に適合させる努力によって，それは現在あるものになったのであり，そしてそれは普通その目的を世人が考えるよりはるかによく達しているのである。

　このようにしてゆるやかにでき上がった経済形態というものは，急に瞬間的に新しく大きな変化へ移行することはできない。ひとつの突然入り込んだ新しい関係，たとえば新税制によって古い経済形態が矛盾するようになったとき，人々が変化がなければそのまま守られたと思える古い形態から離れ，経済を新しい関係と一致させるまでには，どうしても長い時間がかかるのである。

　だから実際上は新税の導入は悪い土壌の耕作を一瞬に終わらせることなく，人々は以前の通り耕作するであろう。

　しかしそれによって農業者にとって二重の費用が生ずる。第1に彼は新税を払わねばならない。第2に悪い耕地を耕すことがもたらす損失を負わねばならない。あるいは同じことであるが，よい耕地の収益からその耕作に伴う税だけでなく，悪い耕地の税までも払わねばならないのである。

　このようにして生じた収入の損失によって，借地人は賃借料を，負債を負った所有者は利息を農場収入からもはや引き出せなくなり，不足額はしばしば経営資本や農具家畜（Inventar）を減らして調達せねばならない。農具家畜を減少させては全農地のよい耕作は不可能である。しかし習慣の力は大きく，悪い耕地は，それがなおかなりな粗収益はあっても純収益はなく，損失をもたらすだけであることを認めるのは非常に困難なことで，人々はそのような場合においてもその部分を遊ばせるよりは，普通は全農地を不十分でも耕したがるもので，それによって全農場の収入がなくなりうるのである。

　ただそのような経験をたびたびした後に，そして長い時間の後に，地方習慣的の経営は新しい状況に適合し，耕作は，費用を償う耕地に限定される。しかしこのゆるやかで揺れ動く移動によって，税自身が必要としたよりもはるかに大きな資本が国民から失われるのである。

　普通の場合福祉が徐々に進むところの実際においては，新税の作用は純粋に

第3編　公課が農業に与える作用

現われることはできない。なぜなら，その作用は——税があまり高くない場合——破壊的ではなく，ただ国民の富の増加を妨げるだけだからである。孤立国においては，進歩はなく，固定状態にあるのだから，その状態が外部の影響で崩されない限り，新税の自然的な作用は福祉と人口の後退として現われるだけである。

第35章　穀物消費が不変の場合の税の作用

　これまで述べたことは，新税によって穀物の消費が減る場合にのみ妥当する。国民が富んでいて穀物に高い価格を支払うことができ，消費が変わらないところでは，税の作用は全く別である。
　例えば孤立国において遠隔の地域が税の結果，穀物を都市へ供給することを中止した場合，その結果都市に一時的に欠乏が起こる。欠乏は高い価格を生み，高騰した価格は遠隔の地方が穀物を都市のために栽培することを可能にし，このようにして均衡が再現される。さて都市の需要は穀物栽培が都市から31.5マイルまで広がるのでなくては満たされないのであるから，穀物の価格もまた最も遠隔の農場に穀物の生産費と運送費のみならず，新しく加わった税も償うところまで高くならなくてはならない。
　だからこの場合は穀物の消費者が農業に課せられた税を全部支払わなくてはならない。
　重農学派の学説によると，工業に課せられた税でもすべて最後には農業に転嫁される。手工業者がたとえば10ターレルの工業税を払わねばならない場合，彼はこの10ターレルを出すには出す。しかしそれに耐えることができるために，彼は支払った支出を償うところまでその商品の価格を上げるに相違ない。このような意見の結論としては，租税は遠い回り道を通って自然に高まるよりは，直接農業に課した方がはるかに合目的的だということであろう。

— 253 —

孤立国　第1部

　しかしわれわれは，農業者に課せられた税は，彼自身からでなく，——消費か変わらないならば——穀物の消費者から支払われることをみた。
　農業者や工業経営者は彼らに課せられた税を他に転嫁しているが，俸給で生活している官吏は彼らの労働の価格を自力で上げることはできない。単に彼らに課せられた税だけでなくすべての生活必需品の引き上げられた価格までも支払わなければならない。しかしこのような事情の下においては官吏に対する競争者は現われないであろうから，国は官吏の俸給を，税自身とすべての必需品の高くなった価格がそれによって賠償されるところまで，高めなくてはならないだろう。
　そこで，利子で生活する資本家は別として，その他の階級はすべて税に対しては補塡されるように見える。また国は税を，それによって全体の福祉を脅かすことなく，極端に高めることができるようにみえる。なぜならすべての働いている人民のうち誰一人としてそれによって圧迫される者はない，各々は税を立て替えるだけで自分では払わないからである。

———

　この非常に奇妙な結果をもった結論は，税が導入された後も消費が変わらないという前提の上に立っている。そこでわれわれはこの前提が正しいかどうかを調べなくてはならない。
　すでに第33章で述べたように，穀物の価格は，市場へ運び込むために農業者の負担となる費用の金額によって一方的に規定されるのではなく，同時にこの価格を支払いうる消費者の懐中によっても規定されるのである。
　都市でも農村でもその収入が最低必需品を買うに足るだけしかない人間が多数ある。穀物の価格が上昇すれば，彼らの収入または所得は最低必需品を必要な量だけ調達するのに不足する。たとえ穀物がどんなに不可欠のものであっても，貧乏な消費者は彼の所得とその財産を合わせた額以上は支払うことはできない。両者で足りないなら，彼は少ない量で間に合わせなくてはならない。もし他の国民の費用で救貧金庫からの扶助を受けないならば，飢えて最後は死亡

第 3 編　公課が農業に与える作用

せねばならない。
　さて孤立国において，直接または間接に農業にかかる税の結果として，穀物の価格が上昇したと仮定しよう。すると都市の貧しい住民はこの価格を支払えないから，消費量は減少する。しかし税が導入された直後には，生産はまだ減少しないから，穀物の現実の不足は現われることはない。すると消費減少のために穀物の過剰が現われ，その価格は低下する。しかも貧困階級も自分で必要な量を調達できるところまで，すなわち穀物は以前の中位価格まで低落するのである。
　しかしこの中位価格では，農業が税を課せられた後は，もはや従来の広がりで行なわれず，前章で取り上げた税の諸作用が始まる。耕された平野の縮小，見捨てられた地域の住民や，この地域向けに働いていた都市住民達の移住というような作用が始まる。
　国が固定状態にあり，すべての関係が均衡している時には，消費者が支払いうる価格は最も遠方の生産者がそれで供給できる価格と一緒に低下する。だからわれわれは，本書第 1 編においては，この穀物価格の二重の決定基礎をみる必要がなかったのである。しかし税の導入あるいはその他国家権力の作用によって，従来の均衡が破壊されるや否や，2 つの決定要因は離れてしまうのである。
　そうなると消費者が支払いうる価格は，最も遠方の穀物生産者がそれで穀物を供給できる価格よりも，あるいは高くあるいは低くなる。前者は——ここでは新しい職業の導入はないと前提しているのだから——決して高くならないので，後者はそれが高い場合は，前者と合致するまで低下せねばならない。そしてそれは，どのようにして行なわれるかと言えば，耕作がこの価格では耕されえない土壌からは引き揚げてこの価格でも税を負担できる土壌に限定することによって行なわれるのである。逆の場合，人々が穀物に対してそれで供給できる価格よりも高い価格を支払いうる場合には，最初はこれまでの供給価格が基準になっているが，人口と消費が急激に増加して，耕作される土地が広がるに

相違なく，拡張に伴って供給価格が高くなる。人々が支払いうる価格と一致するまで高くなる。

このようにして現実においても富める国では穀物の価格は高く，貧乏な国では低いことを，みるのである。

穀物の不足，例えば北部ノルウェーにおける飢饉は，他のヨーロッパ諸国においてだけでなく，ノルウェー自身においてすら高い穀物価格をもたらすものではない。その理由は人々があまりにも貧しく，高い価格を支払えないからである。これと逆にロンドンでの大量の穀物の需要はヨーロッパ中の穀物価格を引き上げ，大陸のすべての港から穀物を積んだ船がこの世界市場へ向けて急ぐのである。

～～～～～～～～

今日ヨーロッパのすべての国で，高い関税により，または完全な輸入の禁止によって，外国の穀物を国内市場から遠ざけ，人為的な高い価格によって国内農業を高めようとしているのがみられる。

農業が高い穀物価格によって集約的にも外延的にも高められることは，根拠があることであり，われわれのこれまでの研究からもでてくることがらである。しかし人々は高い価格を強いたなら，その高い価格を支払えるように大衆を富ませなくてはならないことを忘れている。それが同時に行なわれない場合，穀物価格の上昇は短期間だけで，価格は2，3年の後には低下して，消費者の支払能力と均衡するに至るであろう。穀物価格を人為的に高めることによって，同時に外国向けの仕事をしている工場を追放することになる。それはこれらが穀物価格の低い国へ移動するからである。それによって国民の支払手段は増加せずかえって減少し，この最終の結果は，ねらった穀価上昇の代わりに継続的な低落にならねばならない。

～～～～～～～～

ひとつの税が最初に導入された際に示す作用は，それが最後の結果の中にもたらすものと区別せねばならない。両者間には大きな差があるからである。

第3編　公課が農業に与える作用

　ひとつの税の最初の導入は大衆の間に貧困化と不幸をもたらす。なぜなら税の額だけ減少した総所得が同じ人数に分配されねばならないからであり，そして過剰になってもはや食って行けなくなった人間が，自由意思で移住するのではなく，この闘争で負けたものが移住を強制されるという必死の生存競争で，いわば，くじを引き当てなくてはならないからである。

　しかし移住によるにせよ，結婚制限によるにせよ，人口数は国民所得と再び均衡する。だから活動的階級 (active stand) の仲間 （私は土地所有者を地代受領者としての関係においてではなく，本質上その農場の管理者として活動的階級に数える）は決して生活を落とし，その労働に対して税の導入以前よりも少ない嗜好品を受けとる必要はない。なぜなら，移住なり結婚制限なりをする前に，どの程度まで不足と辛苦を我慢するかは，国民の性格によることであるからである。そこで，労賃がそれによって形成されるところの国民の性格が税の導入によってなんらの変更――少なくも変更がそこから必然的に生じはしない――を受けないなら，手工業者，日雇労働者，小作人等々の活動的階級は税を払った後に彼らの生計のために受け取るものが以前より少なくはないのである。

　現実においても，税の重いイギリスにおいて，すべてこれらの階級は，税の少ないロシアにおけるよりも確かに生活が悪くないことが認められるのである。

　それゆえにすでに永く存在する税は個人に対して決して不幸ではない。しかし国自身はこの税によって人口と国富の増加に制限をつけてきた――国が手に入れた権力，富，人口で，これらの租税なしに手に入れたであろうものはないのである。

第36章　営業および工場への賦課金

　手工業者や工業家にかなりな税が課せられた場合には，彼はこの税をその商品の価格を引き上げて償おうとするに相違ない。しかし価格が高くなれば多数の人はこの商品の消費を諦めたり制限せねばならない。消費が少なくなれば，この種の商品の過剰を引き起こし，それで再びその価格の低落を伴う。
　工場主や手工業者がこの価格ではやって行けないなら，一部分はその職業をすてて他に住居を求めなくてはならない。そうなった後に，市場は少しずつ回復し，商品の価格は再び上昇し，そして，この職業の労働がいつまでも他の職業より低く支払われるわけにはいかないから，最後には課せられた税が払えるところまで上昇するに相違ない。
　このようにして農業者にとってなくては済まされない商品，たとえば鉄製の道具が高くなると，土地の耕作費が上昇し，都市から遠く隔った農場の土地地代が零以下に下がる。これは農業に課せられた税がもたらすところのすでにたびたび引証した現象と全く同じものが現われるのである。
　商品や製造品の価格が税の導入によって最後に，というのは過渡期完了後ということだが，受けるところの変形に注意するならば，税というものの商品価格に対する作用は穀物価格に対する作用とは大きく差があることをみるのである。
　手工業者や工業家は彼らに課せられた税をその商品の価格を高くすることによって押し戻す。彼らが生産する商品の価格のなかには，労賃，資本利子，土地地代だけでなく，第4構成要素として税の額も含まれているのである。それに対して——前章で考察したように——穀物の価格の方は，ひとつの税によって，それが直接に農業自身に課せられるにせよ，工業に課せられて穀物の生産費を高くするにせよ，高くなるということはない。

第3編 公課が農業に与える作用

　さてしかしながら，われわれは同時に前章における考察から，もし国民の性格が変化しないならば，すべての活動的な国民，したがって農業者もまた，税が導入され，それが完全に作用した後においても彼らの生計を以前と同じほど豊かに得ることができるということを知っている。そこで問題になるのは，いったい農業者は税に対する補償をどこから得るのであろうかである。それは工業経営者の場合のように彼らの労働生産物の価格上昇によっては行なわれないのだから。

　農業は次の点で工業と本質的な差がある。すなわち工業の場合勤勉さと技量が同じなら生産する労働生産物もいつも同じであるが，農業は各種の土壌の上で行なわれるところの同じ人間労働が非常にさまざまな生産物の量をもって報いられるのである。

　ひとつの税が，それをその商品の価格を高くして避けることのできないような工業に課せられたとき，あるいは人為的な方策によって穀物価格が引き続いてその自然的高さ以上をもち続けることができたとき，それは——技能や労働能力は同じと前提して——すべての工業経営者を同じように強く打撃し，その負担がきわめて大きい場合には，工業は全面的にそして一度にそれによって破滅するであろう。

　ところが農業の場合には経営の大きさに比例する税は劣悪な農場——孤立国では遠方の農場——を消滅させるだけで，その土壌なり位置なりによって有利な優良農場を同時に消滅させはしない。土地耕作者が税を払った後にもどのようにしたら以前と同じように生きて行くことができるかの問題は，悪い耕地から引き揚げて耕作を良好な耕地に限定することで解決するのである。良好な耕地は，税を支払った後にも，日雇労働者，小作人あるいは管理人の労働に対して税負担のなかった以前の不良耕地と同じ程度によく報いてくれるのである。

　さて，税が孤立国において工業と農業の範囲に及ぼすところの影響に眼を向けるならば，すべてが同じ関係で導かれていることを見るであろう。たとえば農耕の範囲が1/10だけ減少すると，農耕に向けて働いていたすべての工業が

同じように1/10だけ範囲，資本，および人数を減少するのである。——そして税のこの作用は，それが2, 3の不可欠の工業に課せられようと，全工業に課せられようと，あるいは農耕に課せられようと，同じなのである。

　人体のどの一部分を傷つけても，からだ全体が傷むように，孤立国においても個々の工業でも農耕でもひとつの税が課せられると，他のすべての階層も必ずそれに捕捉されるのである。

　この点は多くの国が相互に接触する現実においては全くちがってくる。

　自由通商のヨーロッパのある国で1つの工業がひどく課税された場合に，工業経営者は彼の商品の価格を引き上げて償うことができない。そのわけは，この商品は他の国々ではそのような税が存在せず，以前と同じように安く製造され，国内工業がそれでは供給できない価格で輸入されるからである。それゆえここでは1つの工業がそれに課せられた税によって完全に抑圧されるが，他の階層はほとんど傷つけられないままである。そして税によって影響された富と人口の減少は市民社会の特定の部門に現われる。国は，それによって，いろいろの場合があるが，税が全階層に均分される場合より多くの絶対的富と人口を失うことは，恐らくないだろう。しかしとにかく全体の調和的な序列はそれによって破壊される。

　このようにして，1つの国の個々の階層の福祉は，ただその国で設けられる税のみでなく，その国と自由通商をしている他の国の租税制度にも依存するのである。たとえばAとBの2国において，これまで工業に対して同じ税がかかっていたとしよう。そしてA国がその税を廃止するとか，あるいは輸出奨励金を導入するとかしたなら，B国は，B国内でこの工業をしている者の福祉が害されないためには，同じようにその税を廃止するか輸入関税を設けなくてはならない。

　全体の調和的制度を維持するためには，B国は税または関税をいつも他の国の気まぐれに従って変更するという重い犠牲を払わねばならないのである。

　個々の階層の福祉における均衡維持のためにこの犠牲を払う価値があるか否

か。富んでいない国はその租税制度において独自性をもつことなく，いつも富める国の玩具となっていなくてはならないのか——これらを判断することは現実の国家経済に属し，私の範囲外である。

第37章　消費税と人頭税

　必需品に属さず貧民階級にはなくてよいような商品に課せられる消費税は金持や裕福な者のぜいたくを制限するが，土地耕作の拡張も資本の有用な投下も妨げられることはないのである。消費税はぜいたく品の生産や加工に従事している者に対してのみ不利である。なぜなら税はこの商品の需要を減じ，これらの人の一部分はそれによってその職を失うからである。しかしこの部門の労働者は必需品の加工に従事している者のようには数も多くなく，国にとって重要でもない。

　税が外国からくるぜいたく品にかけられると，それで職を失うのはこれらの商品の運輸をしている商人，船員，および運送業者だけである。

　一般の人の必需品に対してかけられた消費税は人頭税よりも有害である。その理由の1つは，消費税の取立てには費用が多くかかるということである。すなわちそのためには税収のうちの大きな部分が食われてしまい，その結果国民は国庫が必要とし受け取るよりもずっと多くを取られなくてはならない。第2にはこの税は実際に救済を要する人，他の人の慈善によってのみ生活している人にもかかるのである。ところが人頭税の方は，1つの職業を有し実際に収入のある人だけからとるのである。

　人頭税は，収入や財産を顧慮することなく貧乏人からも金持からと同じだけとるので，すべての税の最も不公平なものと思われているのだが，しかしそれがすでに導入されている場合には，なんら永続的な攪乱的影響を国民の幸福に与えるものではない。なぜなら一般労働者は，その家族を養い同時に人頭税

を払いうるだけの収入は得ているのに相違ないからである。労働者にとっては税は高い労賃で償われているに相違ない。彼は人頭税のない他の国の労働者より不仕合せな生活をしているのではない。

　しかし税が最初に導入された場合はその影響は全く別である。この点は孤立国で明確にみたところである。

　労働者は，その賃金はほとんど一般に生活必需品を買うに足るだけであるから，人頭税を払わねばならないときには，これまでより多くの労賃を得なくてはならないだろう。労賃の引き上げは最遠方の農場の土地地代を零とし，その土地の耕作をやめさせるであろう。しかしそのためにこれまでここで生活していたところの全労働者はその職と生計とを失う。このことはこの階級の間に無限の困難を生ずるに相違ない。それは土地の耕作を制限することによって無用となる人がすべて移住することによってのみ片づけられうる問題である。

　それ〔移住〕が行なわれるや否や，その地方に残った労働者は賃金を上げることができ，耕作して残った農場は，土地地代を生むことができるので，その土地地代を用いて，高くなった労賃を支払うことができる。

　だから，このようにして長く続いている租税はどれも，それらが専制的で不安定でさえなければ，国の関係と一定の均衡をえているし，あるいはむしろ，国はこの租税によって成り立っており，国民はもはや税の圧迫を感じなくなっているのである。これとは反対に，すべての新しい租税または改正された租税は，財産への干渉のような作用をする。なぜならそれによって間違いなく耕作または工業のある部門が制限され，またそれに従事して来た人が——少なくとも彼らが他の職へ移るまでは——そのために給料がなく食えなくなるからである。だからわれわれはこれから恐らく次のように結論してよいだろう。すなわち税の不平等は，その頻繁な改正よりははるかに軽い災いであると。

第3編　公課が農業に与える作用

第38章　土地地代への課税

　1 農場所有者がその農場が彼にもたらした土地地代の一部分を国に差し出さなければならない場合，それは経営の形態や規模を少しも変えはしない。土地地代が零に近い農場は，この税に寄与することははなはだ少ないし，最も遠くまたは最も不良な農場はそれによって少しも捕捉されることはない。だからこの税は人口，資本の投下，生産物の数量に対すると同じく，耕作の範囲に対しても有害な影響を示すことは少ないのである。しかし，全土地地代が税で取り上げられても，土地の耕作はそれでも以前のままに残る。

　視点を変えて，土地地代が支配者の手にあるかあるいは所有者および資本家の手にあるかは，国民の福祉に対しては無関係であるだろう。なぜならどちらの場合にも土地地代は，普通は非生産的に使われるからである。

　しばしば非常に多くの土地地代が所有者よりも資本家達の手にあることがある。彼らは所有者という肩書をもってはいるが，彼らが幾分か負債をもっていると，土地地代の大部分は利子として資本家に払わねばならないのである。

　資本家や富んだ土地所有者が多くの召使いやぜいたくな馬を維持するため，またぜいたく品を買うために，土地地代を費消するか，国が土地地代を所有するとそれを軍隊の維持のために使ってしまうかということは，国富の上になんら本質的に格別な影響を及ぼさないだろう。

　土地地代は，労働と資本の投入によらず，農場の位置あるいは土性が偶然に優れていることによって生じたのであるが，それはまた資本や労働の投下を乱したり減らしたりすることなしに取り去ることも可能なのである。

　孤立国においてわれわれは定着状態の農業を観察した。そしてすべての農場の経営は同じ知識と同じ結果をもって行なわれていると前提した。

　この両者は実際にあっては，そうではないので，われわれが土地地代と呼ぶ

ことのできるのは何か，またその大きさはどのように査定されるか，という問題が生ずるのである。

　農業経営を行なう勤勉さと知識がさまざまであることによって，位置も土壌も同じ2つの農場であっても，非常に異なる純収益をあげうるものである。しかしそうだからといって経済状態の悪い農場が他の農場よりも価値が低いとか土地地代が低いと言うことはできないのである。その差は単に経営者の個人性によっていて，経営者が違う人に置きかえられるや否や消滅するのである。1つの農場の価値と土地地代を決定することができるのは，その農場について永続的なもの，位置と土壌のみであって，偶然的一時的なもの，農業者の個人性ではない。

　個々の農場の土地地代は，だから，その純収益によって決定することはできない。しかし一方において土地地代は純収益からのみ起因している。なぜならそれは建物その他農場にあるところの有価物に含まれる資本の利子を引き去った後に残る純収益以外の何ものでもないからである。

　地方普通の経営をしている農場で働きぶりや知識が特に優れているのでもなく劣っているのでもない普通の経営者による農場が生み出しているところの，あるいは生み出しうる純収益は，土地地代決定のための基準として役立つ。

　普通の働きぶりと知識の作用というものは，しかし，全国または1つの州の全農業者の骨折りによって生産されるところの生産物の量からのみ決定すべきものである。

　すべての地方の全農場の純収益の合計から建物等の利子を差し引くと土地地代の合計になる。そしてこれを，土地の品質と位置の関係に従って，個々の農場に配分したものが個々の農場の地代である。

　これで1つの農場の実際の土地地代を査定することがどんなにむつかしいに違いないかがわかる。だから実際においてこの種の調査のほとんどすべてが非常に失敗をしているのをみるのは不思議でないだろう。しかし事柄が非常に厄介になっているのは，人々が普通の場合評価に際して全く誤った原則から出発

第3編　公課が農業に与える作用

していることのためである。人々は地代を全くもたらさない耕地があるのを納得できないで，4ないし6平方ルートの劣悪な耕地は価値において1平方ルートの最良の農地と同じに数えるのが大切だと思っている。しかし6に0を掛けても1にはなれないように，6平方ルートの最劣等地が1平方ルートの最優等地の価値をもつこともできないのである。その上土地地代がしばしば農耕に投下された資本の利子と混同されている。建物の価値，土地改良，経営資本などの利子額以上にはより大きな剰余を与えない農場は，たとえその所有者に収入を得させても，土地地代は少しも生まないのである。そのような農場の誤認した土地地代に課せられた税は，人頭税，家畜税等と同様に，土地の耕作に有害な作用をする。

　土地地代が課税目的に十分にかつぴったりと決定されるためには，この部門の学問の研究に専念し，その全生涯を通じて他の仕事をしない人が必要だろう。しかしそのため土地地代の確認は費用を多く要するものになり，そのため地代への課税が，費用があまりかからない取立てという点で他の税よりまさっている長所を一部分帳消しにしている。

　しかし現実の土地地代は固定したものではなく非常に変化する大きさである。なぜなら生産物の価格とか利率など地方一般の経済における変化の1つ1つが土地地代の大きさに限りなく高い程度で作用するからである。もし土地地代が上昇するのに，土地地代への課税がいつまでも固定していて，税が増えないならば，100年の後には，この税収は実際の土地地代とも国の必要とも関係は全くなくなっている。しかし税が土地地代とともに上昇するためには，費用の多くかかる農場評価を繰り返す必要がある。そして最も具合の悪いことは，税が高くなる恐怖が農業者の農業改良をするのを妨げ，耕作の進歩が麻痺することである。

　孤立国ではわれわれは土地の収穫は不変であり，そこでは土地地代はすべて国に帰属し，このことが土地の耕作に有害な影響を与えることはないとすることができると前提した。実際には多かれ少なかれ高い収益への不断の努力が行

なわれ，そしてそれに到達する可能性がほとんど至るところで指摘される。それによってより高い収益が得られるところの土壌の改良はしかしほとんどいつも莫大な費用を必要とし，そして多くの場合改良に投下された資本の利子は，農場の純収益が増加する額とほとんど同じである。

　土地改良の種類がその機能を中止するのでなく，いつまでも継続するものであると，農場の土地地代もいつまでも上昇する。この地代の増加はその成立において古い土地地代と非常に違っている。後者が，所有者の労働も世話もなく，農地の土壌または位置の単なる優秀さによって生じたのとちがって，前者の増加は資本の投下によって買い取られねばならないのである。

　改良のなかには，一度なされると，再び取り戻すことができず，税も，古い土地地代と同じように，無視することのできないものがたくさんある。たとえばロームの搬入による土壌の物理的状態の改良，溝による湿地の排水等である。税はこの工作物を破壊しないのだから，その限りではそれは無害である。しかしそれはこの種の改良がさらに行なわれることを威嚇し抑止することによって最高に有害な作用をする。

　さていかなる資本投下も，土壌の改良，耕作の向上自体を目指したもの以上に全国のためになるものは恐らくないだろう。その理由は，われわれは前に，孤立国では生産が穀収8シェッフェルから10シェッフェルへ上昇すると，都市の人口数は50％だけ増加することができ，しかも穀物価格は高くならないということを見たのである。

　それゆえ，1国の福祉，権力，人口における増加は土地の集約的耕作と直接に結びついているのだから，土地からの税は長い期間——最小限100年——不変のままに留まるのでなく，それが生むところの賃料と共に高くなり低くなり，そのようにして土地改良の負担となってそれを妨害した土地からの税は——恐らくすべての税のなかで，国の成長を最も妨げるものであろう。

付　録

1. 第7章への注意

テロー農場の作付循環

A. 農舎に近い耕地における10区農業 (die Zehnschlägige Wirtschaft)
  1) 休閑（施肥をする）
  2) 菜種
  3) 小麦
  4) 放牧
  5) エンバク
  6) バレイショ
  7) エンドウおよびインゲン
  8) 小麦（施肥）または大麦（施肥せず）
  9) 刈取クローバ
  10) 放牧

各区の大きさは約7000平方ルート。

第7区においてはインゲンに春肥料を与える。エンドウの立っている所では，それを収穫した後小麦のために肥料を与える。肥料が不足すればエンドウの跡で施肥されないでいる部分は翌春大麦をまく。

孤立国　第1部

B．農舎から遠い耕地における5区農業 (die Fünfschlägige Wirtschaft)
1) 休閑（施肥をする）
2) ライ麦および小麦
3) エンバクおよび大麦
4) 放牧
5) 放牧

各区約14600平方ルート[注]。

2つの輪栽 (die Rotation) の関係は次の図が示す。

10区農業においては休閑とバレイショとは5年でその位置をかえる。すなわち現在休閑地である第1区は5年後にバレイショを栽培し，現在バレイショが栽培されている第6区は5年後休閑耕される。この変換から上に述べた作付

注）　耕地の面積は従来 160000 平方ルートに及んでいたが，砂質の部分が雑草 (Kiefer) を生じたために，今日では 143000 平方ルートに狭まった。

付　　録

順序が起こる。

　この2つの輪栽およびその連結によって次のことが達せられる——
1)　近い耕区においては（そこではすべての労働が遠い耕地におけるよりきわめて有利である）比較的大きな面積が耕耘肥培を要する作物の栽培に用いられ，これに対して遠い耕地においては大部分が放牧に利用される。
2)　近い耕地に家畜の通路 (Viehtrift) を置かずに遠方の放牧地へいくことでができる。
3)　耕作および土壌肥力の向上が作付順序の変更を必要としない。それは，肥力増進で5区農業を縮小して10区農業を拡張するという有利な適用ができるからである。
4)　牧草生産ことに肥料生産において1年放牧または2年放牧に大いに劣るところの3年放牧はなくなるが，それでも経営は——よい土壌においては——肥力を増加するものとなっている。

　2つの輪栽から次の重学的計表が生まれるのであるが，計算と観察とを簡単にするために各区が1種の作物を栽培するものと仮定してある。

　この計表を作成するにさいして，私は36年間いろいろな時に獲得して記載しておいた重学上の見解をもう一度点検し，私の同一農場で行なった3年間の計算の結果を集計し，その後それをここの土壌に対し，およびここの諸関係に対して作った計表の基礎とした。

　その中に述べられた諸命題の説明と基礎づけ——最初私はそれを企てたが——を私は放棄せねばならなかった。なぜならば次のことを発見したからである。すなわち1つの説明はその前の研究に立ち戻らせ，これがまた新しい説明を必要とし，この説明は最後にそれが根拠とする実験と計算とを示すことを必要とするのであって——これは本書の目的と内容に合致しない。

孤立国 第1部

10区農業の重学表、土質3.4°、顆効度0.13の土壌にて

作付順序 (各区1000平方ルート)	肥力度	休閑後のライ麦生産力 シュフェル	前作関係の係数	所与の場合における生産力の係数 シュフェル	100°の生産力の供与する収穫 シュフェル	所与の作物の収量 シュフェル	シュフェル当たり肥料消費度	総肥料消費度	クローバ放牧(乾草換算)収量 ツェントネル	放牧と休閑による土地の肥力増加度
1. 菜種	923°	120	1	120	60	72	1.11°	80°		
2. 小麦	843°	109.59	0.95	104.11	93.1 cwt	96.9	1.25°	121.1°	163.3	33.9°
3. 放牧. 石膏を与える	721.9°	93.85	—	—	174 Schfl	—	—	—		
4. エンバク	755.8°	98.25	1	98.25	167	164.1	0.5°	82°		
5. バレイショ 73.3台施肥、1台3.4° バレイショへの肥力	673.8° +249.2° 923°									
6. エンドウ	815.8°	106.05	0.95	106.05	1000	1140	0.094°	107.2°		
7. 小麦 54.25台施肥、1台3.4° 小麦への肥力	738.5° +184.5° 923°	120	1	102	81	85.9	0.9°	77.3°		
8. 刈取クローバ石膏施用	804.2°	104.55	0.85		83.1 cwt 260	95	1.25° cwt	118.8° 24.5°	271.8	27.5°
9. 放牧	779.7°	101.36	—	—	131	—	0.09	—	132.8	27.5°
10. 休閑	807.2°	104.93	—	—	26	—	—	—	27.3	5.6°
休閑地放牧の与える肥力 作付順序の補塡肥力 廐肥 183.63台	+5.6°									
すでに用いられた分 73.3+54.25=127.55台 休閑肥料に残る分 56.08台 56.08台の肥力、1台3.4°=	+190.7°									
第2回循環の初めの肥力	1003.5°									

— 270 —

付　録

循環1回に増加した肥力	80.5°
年平均増加した肥力 8.05° すなわち最初の肥力の	0.87%

10区穀草式農業の肥料補填計算例

	穀物とバレイショの収穫量 シェッフェル	1シェッフェルに伴うわらの収穫量 ポンド	おらの収穫量 ツェントネル	肥料価値係数	わら、バレイショのショおよび刈りの牧草よりの収量 合	バレイ夜ショ間家厩おを舎よ入のびの厩近乾肥く家のの畜収厩舎量肥にか放ら牧 合
1. 菜　種	72	167	120	2.21	13.26	
2. 小　麦	96.9	190	184.1	2.21	20.34	9.96
3. 放　牧	—	—	—	—	—	
4. エンバク	164.1	64.5	105.8	2.21	11.69	
5. バレイショ (100ポンド/シェッフェル) 1140						
このうち						
1) 播種用……100シェッフェル						
2) 減量………114　″						
− 214						
肥料生産に残る分	926	—	—	0.96	44.45	
6. エンドウ	85.9	213	183	2.30	21.05	
7. 小　麦	95	190	180.5	2.21	19.95	
8. 刈取クローバ	—	—	(乾草)271.8	2.44	33.16	8.10
9. 放　牧	—	—	—	—	—	1.67
10. 休　閑	—	—	—	—	—	
合　計					163.90 }183.63	19.73

— 271 —

孤立国　第1部

5区穀草式農業の重学表（土質3.2°，顕効度6分の1の土壌にて）

作　付　順　序 (各区1000平方ルート)	肥　力 度	休閑後の ライ麦生 産力 シェッフェル	前作関係 の係数	所与の場 合における 各生産力の シェッフェル	100°の生 産力におけ る生産力の シェッフェル	所与の作 物の供給量 の収量 シェッフェル	肥料消費 （シェッフェル当り） 度	総消 肥料 費 度	クローバ 牧草の 乾草換算 ツェントネル	放牧と休 閑による 土地の肥 力増加 度
1. ライ麦……………………	600° 500°	100 83.33	1 0.95	100 79.16	100 175.7 cwt	100 139.1	1° 0.5°	100° 69.5°		
2. エンバク……………………										
3. 第1年放牧，石膏施用	430.5°	71.75	—	—	174	—	—	—	124.8	24.4°
4. 第2年放牧……………………	454.9°	75.82	—	—	145	—	—	—	110.0	13.3°
5. 休　閑……………………	468.2° + 4.4°	78.03	—	—	29	—	—	—	22.6	4.4°
休閑順序放牧の与える肥力 作付順序が補填する厩肥 46.61台1合3.2°……	+149.2°									
第2回循環の初め………	621.8°									
循環1回に増加した肥力 4.36° 年平均増加肥力 0.73% 最初の肥力の	21.8°									

肥料補填の計算

	収　穫　量	1シェッフェルに伴うわらの収穫量	わらの収穫量		肥料価値 の係数	正常な台数で示したわらからの既肥収量	夜間家畜舎への入れられる放牧からの既肥の収量
	シェッフェル	ポンド	シェッフェル	ツェントネル		台	台
1. ライ麦……………	100 139.1	190 64.5	190 89.7		2.21 2.21	21.0 9.91	— 7.61
2. エンバク…………							
3. 第1年放牧………	—	—	—		—	—	6.71
4. 第2年放牧………	—	—	—		—	—	1.38
5. 休　閑……………	—	—	—		—	—	—
						30.91	15.70
							46.61

— 272 —

付　　録

2. 第10章への注意

われわれの孤立国への研究で基礎としたところの中位土壌 (Mittel Boden) においては，有毛休閑は無毛休閑よりも労働が少なくて済んだが，その理由は，
1) 無毛地の荒起しのための犂による畝立てが全部節約できる。
2) 馬鍬による耙耕の大部分，それは芝を引き裂き禾本科やクローバの根を土壌から分離する際に必要なものである，が全部脱落するからである。

私は経験からとった命題が絶対的な確実性をもちうるものならば，「有毛休閑は無毛休閑よりも少ない労働をもって足る」という命題は，ここで前提した関係の下においては，この範疇に属するに相違ないと信ずるものである。

とはいっても，これに対する異論が起こっている。しかも有名な人達からであって，私はそれを無視することはできない。

枢密顧問官テアーが彼の著書 (Mögl. Annalen 19巻23頁) の中でこの命題に対して提出した異論および私の友人の1人が口頭によった異論は，多少補正したところ主として次の点にある。
1) 無毛休閑地の耕耘は，放牧の家畜が貧弱だから，普通7月に開始される。だから耕耘は短期間に終えなくてはならない。
2) 湿気のあとに乾燥がやってきた場合，犂は家畜の踏み固めた土壌へ突きささらない。固い土塊は無毛地休閑よりもずっと骨の折れる耙耕を必要とし，棍棒を用いなくてはならないことがしばしばである。小麦のための有毛休閑耕は耕地をよく準備しようとすると，4回耕さなくてはならない。
3) 砂質土壌は，三圃式農業では非常に雑草が生えるのが普通であるが，雑草の根絶には有毛休閑では無毛休閑の場合よりはるかに多くの労働を必要とするのである。無毛休閑では雑草の根の末端は枯れているのである。
4) 三圃式農業では休閑地が耕地の3分の1を占め，この面積は現有する輓畜との割合からみて，広すぎて与えられた短い時間で十分によく耕せない。

孤立国　第1部

　これらの異論は疑いもなく経験から引き出され，大いに考慮するに値する。
　しかしここで質問点はただ1つ，この異論は孤立国の仮定から導かれるような三圃式農業に対して適合し，そして応用することができるか否かである。
　そこで失礼ながら次の返答をしたい。
　1.　孤立国の三圃式農業は耕地面積の64％を放牧地にするから，放牧地不足のため休閑耕を7月になってやっと始めなければならないことはない。
　2.　これは粘土質土壌で該当するだけである。孤立国においては，いろいろのものが混ざってそのため混乱しないために，研究は1種類の土壌，大麦土壌すなわち中位土壌に限定し，この土壌は長い間ほとんど犂を入れていない。大麦土壌に通用することが，別の小麦土壌には適用できないからといって，この〔大麦〕土壌に対して合目的的であることを止めはしない。
　3.　砂質土壌は，よりよい土壌に比べて雑草の多い傾向は確かである。しかし，砂質土壌を雑草の多い状態にしておくことは三圃式農業の必然的な属性ではない。ことによく耕された休閑は雑草を根絶する有力な手段であるのだから。雑草というものは，原則として粗略な耕耘，あるいはエンドウによる休閑地の夏作など，つまり純粋な三圃式農業からの離脱に帰するのである。
　砂質土壌では草の層が厚いことは稀であり，草の根はそれに付着している土から容易に離れるから，無毛休閑に対しては3条犂（3 Pflugfurchen）で十分なことが多いだろう。そして無毛休閑と有毛休閑の費用の差は著しくないだろう。しかし孤立国では砂質土壌でなく中位土壌を論じているのであるから，このことはそこで発見された結果の正確さに対しては全く影響しないであろう。
　4.　これまで輓畜は夏の間同じように働かせていた経営では，穀物の収量が土壌豊度の低下によって下がった場合，耕作的費用は同一にとどまるが，収穫物および肥料運搬は減る。そうするともはや輓畜の数を以前のままに維持して利益を伴うことはできなくなり，その結果は適期に十分な注意を払って耕地が耕せなくなる。実際において，こういう状態でその穀収が3ないし5シェッフェルに低落した三圃式農業はたくさんある。

付　録

　収穫労働と耕作労働の間の不均衡，輓畜数と耕すべき休閑地の畑の広さとの間の不均衡は，決して三圃式農業に必然的に結びついているのではなく，もっぱら放牧地を犠牲にした耕地の不合理な拡張，そしてそれによって惹き起こされた土壌の消耗から生じたものである。

　孤立国の正常な三圃式農業では，土壌は穀草式と同じ程度の肥沃度を保ち，放牧地の不足はなく，休閑地の耕耘は春の播種が終わると直ぐにはじまり，そのような不均衡はどこにもないのである。

　さて全体を総括すると，これらの異論は一部はここで論じているのと異なる土壌に関係している。一部は変質し，貧弱化し，荒廃した三圃式農業に関係している。それは実際においてしばしば現われはするけれども，その欠点から合理的経営の三圃式農業についての判断は生まれないだろう。

　ちなみに穀草式農業をしている農業者には，有毛耕地，無毛耕地のいずれが労働を多く要するかの疑問はありえないだろう。彼らには大麦区と休耕区の耕耘で毎年比較をしているのだから。

　テローでは1810～15年の5年間平均で10000平方ルートの耙耕(まぐわ)の費用は

a．大麦畑の有毛耕地では

　　　直線畝(うね) (Streckfurche) 　の耙耕……………… 6.5 ターレル
　　　屈折畝　 (Wendfurche)　 〃 　………………19.4 　〃
　　　播種畝　 (Saatfurche) 　 〃 　………………22.4 　〃
　　　　　　　　　　　　　　　　　　────────
　　　　　　　　　　　　　　　　合　計　48.3 ターレル

b．無毛休閑では

　　　一時放牧地の畝 (Dreeschfurche) の耙耕 …………17.6 ターレル
　　　休閑地の畝　 (Brachfurche)　 〃 　………………24.3 　〃
　　　屈折畝　　　　　　　　　　　 〃 　………………21.4 　〃
　　　播種畝　　　　　　　　　　　 〃 　………………26.2 　〃
　　　　　　　　　　　　　　　　　　────────
　　　　　　　　　　　　　　　　合　計　89.5 ターレル

aとbの間の割合は

48.3 : 89.5 ＝ 100 : 185

さて有毛休閑耕は大麦区のように3回の畝立て (Furche) を要するだけであるから，耙耕の費用に関しては，雑草のない中位土壌における有毛休閑耕と無毛休閑耕の間の割合はこれとほぼ同じに出る。

3. 第16章への注意

本書においては，与えられた気候的影響の下で，ただ1種の土壌についてのみ言うことができ，またそうせざるをえなかった。しかし休閑耕の有用性の程度は，気候と土壌によって強く制約される。

暑い気候では，有機物質の分解に対する，また土壌の物理的調理に対する太陽熱の作用は強くて，耕地は短期間に冬の播種の受入れの準備をすることができる。同時にこの地方には収穫と秋の播種との間に，長い中間時間があって，土壌はそのため収穫後に完全な耕耘を受けることができるから，休閑耕は，寒い地方で合目的的である事情でも，ここでは有効に廃止することができる。

非常に寒い地方，たとえば北部ロシアにおいては，太陽熱の作用が弱く，収穫が秋の播種期と重なるので，休閑耕は必要である。

しかし同一の気候帯の下においても，土壌の性質が休閑耕の効力の程度に対して，本質的に影響する。砂質の土壌では土を砕くことは容易で，牧草の根に付いている土を離すことは——雑草さえなければ——あまり困難ではない。しかし粘土質土壌ではこれとちょうど反対であり，中位土壌では休閑耕の廃止を有利にすることができるというのと比べて，ここではそれでもやはり休閑耕は欠くことができない。

しかし砂質土壌での休閑耕廃止と強い粘土質土壌でその保存に影響しているところのもう1つの本質的な要因がある——しかし本書では予示するだけで，詳細に論ずることはできない。

付　録

　肥料と有機質は砂質土壌では土と混ざるだけであるが，粘土質土壌においては両者は土とひとつの化学的化合をする。砂は多孔性でそのなかに見出される有機質の残り滓のところへ空気が自由に行くのを許す。粘土質土壌はそれとちがって，土だんごになり，強い雨の後に上皮をつくって有機質の発散を防ぐ。同時に粘土は植物の栄養となるガスを大気から吸収するが，砂土はしない——この空気に対する土壌の種類による反応の差からその性質における差が起こる。土壌をしばしばそしてていねいに，ことに暑い時期に耕すにつれて，有機質の発散は強くなるが，また植物栄養ガスの粘土質土壌への吸収も強くなる。そして粘土質土壌が有機質にあまり豊富でない場合には，恐らく発散は吸収に敗けるであろう——ところが砂質土壌は，発散に対する吸収による代償がないので，耕耘による発散のために，植物栄養分に貧しくなる。

　土壌の性質が，固定状態において農業者にわかるのは，耕地に与えられた肥料量とそこから産出する収穫の大きさとの比較からである。さて肥料のうち発散で失われるものが多いほど，収穫物の生産に用いられるのは少なくなるのだから，それと同じように，純粋な休閑耕も，上にみたところによると，砂質土壌では質の低下に，粘質土壌では向上に作用するであろう。

　本書においては，われわれは砂質と粘土質の中位にある中位土壌を注目した。それは8シェッフェルの穀収に該当する肥力の場合，発散と吸収とは恐らく均衡しているような土壌である。この土壌に対して仮定した純粋休閑耕後の収穫と前1作後の収穫との関係は，だから他の種類の土壌に対しては，同じ土壌に対しても気候の影響が違えば，標準ではありえない。しかしあらゆる観点からも似たような結論と推論をそこにある事実から引き出すことができる。

　普遍妥当性を求めることができるのは研究の方法のなかにのみあって，数字の中ではない。

———〜〜〜〜〜———

　「どこでそしていかなる関係の下において，休閑耕の廃止が有利であるか」の問いに答える場合，次の重要な要因を無視してはならない。

休閑耕はそれによって輓畜の労働を夏中規則正しく配分するという重要な利益を与える。

もし休閑耕が廃止されたら，すべての肥料運搬や犂作業は春と秋とにせねばならなくなり，6月と7月には一部の牛馬は仕事がなくて遊ぶことになる。だから農作業をよくするためには，規則的な作業配分の場合に必要なよりも多くの牛馬を維持しなくてはならなくなる。そのため1労働日当たりの費用は非常に高くなり，したがって，農作業も純粋休閑耕をしている経営よりも高くなることになる。

4. 第18章への注意

3つの茎葉作物を順次に作るのはメクレンブルグ式穀草式農業の本質——しばしばそのように思われているが——ではない。人々はいつもエンドウとバレイショを第2穀物区（いわゆる大麦区）に組み入れ，そのあとに大麦またはエンバク採用するのである。バレイショとエンドウの栽培は昔は非常に少なかった。そのため耕作されない耕地の部分が，3つの茎葉作物を順次に作るようになったのである。

最近，緬羊飼育が増加したところや，泥灰土や石膏の施用によってサヤエンドウ (Schoten Gewächse) の生産に役立つようになったほとんどすべての中位土壌で，エンドウとバレイショの栽培が広がり，大概の農場で，順次に3つの作物のある作物循環が，圃場の小部分で行なわれている。

また菜種の導入もよい作物循環へ導き，豊沃で強固な土壌と甚大な乾草収穫のある多くの農場において，人々が今とっているのは，1) 休閑耕，2) 菜種，3) 小麦，4) パールコーンとバレイショ，5) ライ麦と大麦，それに2区または3区の放牧区が続くのである。

作物循環の改良といっても，1つの経営がなお純粋休閑耕を維持し，2～3年の放牧をもつ限り，穀草式農業の性格的特徴を帯びるのであって，純粋な輪

付　録

栽式農業には属さないのである。

　孤立国においては，研究を単純化するため最も単純な形の穀草式農業（この場合各区は1種の作物を栽培する）を基礎にした。そのために3つの順次に続く茎葉作物を有する経営を考察の対象として選んだのである。

5. 第20章への注意

　この章の内容は多くの欠点があるので，ここでそれを補って説明する。

I

　シュヴェルツ（Schwerz）は彼の『ベルギー農業』（第2巻，396頁）の中で，ブンデル当たり300袋の食用バレイショの収穫を報告している。これは100平方ルートに115ベルリン・シェッフェルの額になる。

　第20章の計算において，私は自由式農業圏の豊沃な土壌でバレイショに対してシュヴェルツがベルギーに対して報告したと同じ収量を仮定した。

　ところで，ここのこの高い平均収量は豊沃な土壌で家畜用バレイショに対するもので，大都市で要求されるような繊細な食用バレイショ（Esskaltoffel）の場合にはそうはいかないのである。それゆえベルギーで食用バレイショ（Speiselkartoffel）と呼ばれているバレイショは，われわれの食用バレイショよりも粗雑なことは確かである。粗雑な種類のバレイショは大都市では貧乏な階級の食用に用いられるだけで，ライ麦のシェッフェル当たり価格の1/3どころか1/4ぐらいしか支払われない。繊細な食用バレイショの価格はこれに対し大都市では恐らくライ麦価格の2/5ないし1/2に上っている。しかしこの種のバレイショの収量は仮定した収量の約2/3に達するだけである。

　それゆえ，バレイショ栽培の純収益に関する計算は，自由式農業圏において，幾重にも修正を要するのである。

孤立国　第1部

II

　バレイショによっておこる土壌消耗度を見出すためには2つの途がある。
　a．バレイショの後に続いた作物の収穫をその作物がもう1つの別の作物の後に同じ土壌で栽培した場合に示す収穫と比較する。
　b．バレイショ栽培の導入が土壌肥沃度の増加あるいは低下に対しいかなる影響を与えるかをひろく，いろいろな面から観察する。
　私の場合，バレイショの消耗力の発見のために，ただ第1の方法を用いることができるだけであるので，私は100平方ルートにつき家畜用バレイショ8シェッフェルの生産が耕地に負担となる肥料は，81平方ルートに対してライ麦1シェッフェルの生産と同じであると仮定した。
　しかし同じ土壌の肥沃度の場合に，1つの作物の収量は，前作物が異なることによって非常に異なりうるから，そして前作物のこの作用（栽培の要因）と土壌肥沃度の作用とを区別し分離することは困難であるから，この方法で発見した結論は不確実なままである。
　第2の方法ははるかに確実で決定的に目標に導く。これは提出された問題を直接には解かないが，バレイショの肥力吸収は，それを用いた場合に与える代償によって，補われるかそれともそれ以上になるかの情報——これが重要なのである——をわれわれに与えてくれる。もしわれわれが，その代償をある程度正確に決めることができるなら，それから〔バレイショの〕肥力吸収の大きさを推定することができる。
　さて，ブランデンブルグ辺境伯領では，すでに数年前から，多くの農場で，バレイショ栽培が，耕地の全区でバレイショを作るという広がりで経営されているのであるから，われわれはそこからバレイショの吸収力は穀物の吸収力に対してどんなであるかという重要問題の解決を期待しなくてはならない。
　そこ〔ブランデンブルグ〕の農業者の多数が，彼らの耕地の土壌肥沃度はバレイショ栽培の導入以来全体として非常に高くなった，そしてこれは栽培され

付　　録

たバレイショの大部分がブランデー醸造に用いられ，家畜はそれからただ粕を得ているだけであることによって生じたのだという意見が決定的である。

　この経験はすでに長い年月にわたっているので，上の問題も今やすでに解決の機が熟しているようである。

　しかしこの問題について決定的な判断をする前に，バレイショ栽培の導入と同時に他の土地改良が行なわれていなかったか，またそれ自身栽培の向上に作用するような事情がバレイショの利用と結びついていなかったかを，あらかじめ調査せねばならない。

　その関係で次の諸要因はよく吟味する価値があると私には思える。

1) 私が知る限りでは，広汎なバレイショ栽培が導入されると同時，あるいはその後に，マルクでは，野原の泥灰土が大量に施用された。泥灰土の作用はそれに適した土壌では非常に大きく，それによって，バレイショ栽培はなくても——メクレンブルグでの場合がそうであったように——土壌の生産力の奇跡的増大をもたらすことができた。しかし泥灰土の効果が失われるのは徐々であって，6ないし7年の作付循環の場合，泥灰土施用後4回目の循環を5回目の循環と比較してはじめて，われわれは泥灰土を施用した耕地でバレイショは土壌を肥沃にするか否かを確実に推定することができるだろう。

2) 私の甥で昔の生徒の1人であるリーペンのベルリン氏が私に告げた意見は，いま提出されている問題で特に考慮に値するように見える。

　　ベルリン氏の意見は次の通りである。すなわちバレイショから大量に蒸留酒を醸造するマルクの農場の成長は，バレイショの地力吸収が少ないことによるよりもむしろ粕を飼料にした緬羊の厩肥の優れた性質に起因するだろう——なぜならこれはかびが生えない (nicht schimmlig) でいつも湿っていて，そのためアンモニア成分を保持するからというのである。

　　この意見はスプレンゲル (Sprengel) の研究によって真実性を得ている。その研究からは，尿からのアンモニアの発散は，尿を水で薄めるほど

— 281 —

少ない，という結論が出ている。

　緬羊厩肥におけるアンモニアの定着性は，単にバレイショ醸造工場からの粕を飼料にすることによってのみ生ずるのではなく，恐らく，緬羊の厩肥に水を注いだり，それを草刈場の腐敗物と一緒に運んだり，それからリービッヒの報告によると——私はその実証を渇望しているのだが——厩肥に石膏をただ振りかけるだけでも目的を達することができるということである。

　この有益な作用はそれゆえ，バレイショのみに属しているとみることはできず，したがってバレイショをその吸収力決定の際に過度に評価できないのである。

3) バレイショ栽培の拡大には，厩肥搬出の時期の完全な変化が伴っている。以前は厩肥は休閑耕の後，夏も中頃になってはじめて搬出されたが，厩肥はバレイショに対してはすでに冬の終わりには圃場へ運ばなくてはならない。バレイショがなければ発酵によって肥料小屋で失われたところの大量の肥料物質が，今や圃場に保持されるのである。

4) バレイショ栽培によって可能となった家畜飼養だけでも農場の純収益を著しく高めるし，よい栄養を与えられた家畜はよい厩肥を出すから，同時に土壌豊沃度の向上を引き起こす。

　しかしクローバ栽培の導入も同じような作用をもたらすから，これはバレイショのみの功に帰することはできない。それにもかかわらず，大抵の砂質でクローバ栽培にあまり適していないマルクの土壌にとっては，バレイショはかけがえのない計り知れない贈物である。

　私はマルクことにウリーチェン (Wrietzen) 地方の合理的農業者に，その地のこれらの事情が土地耕作の向上に対してもつ部分を，バレイショ栽培それ自身によって生じた部分と区別しそして決定することを，任せねばならない。

　これらの事情の吟味はバレイショの吸収力は低いというマルクで今日支配的

付　録

となっている意見を修正するのに寄与するであろうが，しかし一方，バレイショ栽培を大規模に促進したマルクの農業が示したところの飛躍は，決定的で力強く，以前の一般に支配的であった「バレイショは非常に吸収力の大きな作物である」という考えがなお堅持され続けて，正しい認識が困難である。

プロシアにおける最大級の農場所有者，その農場にはバレイショ栽培と醸造酒製造所が大規模に経営されていたが，この人から私はバレイショの吸収力の大きさについての私の質問に対して次のような報告をもらった——

「栽培したバレイショの半分が醸造酒製造に用いられ，他の半分で家畜の飼料にするなら，中位土壌においては，バレイショの吸収はそこで得られる厩肥でカバーされる。」

酒粕は，それを生じたバレイショの栄養成分の半分をもっていると仮定するなら，バレイショから生ずる厩肥の価値に関する私の立場から，10.7 シェッフェルのバレイショの生産は1シェッフェルのライ麦の生産と同じ量の厩肥を耕地に必要とするということになる。

この報告は，長くそして多面的な経験に基づいており，同時にマルクから集めたすべての報告のうちバレイショの吸収力が少ないことに関しては最も適切なものである。私はそれにつけ加えて，1シェッフェルのバレイショの生産は耕地の肥沃度 $0.094°$ を要すると仮定したい気持ちである。

III

第20章で観察した経営A，それは $1\frac{1}{2}$ 区のクローバ畑と1区のバレイショ畑とが結合し，肥料の購入なしに同等の土壌肥沃度を維持しているが，その経営の中で，クローバ栽培が与える地代が，シュヴェルツのベルギーにおけるクローバ利用に関して提供している資料によって，計算されている。

さて，自由式農業圏内の乳牛の収益は，生鮮牛乳の販売によって，ベルギーでバターの販売によるよりもはるかに高いことはなんらの疑いのないところで，シュヴェルツの報告はそれを論拠としている。それゆえに，自由式農業圏でク

孤立国　第1部

ローバ栽培が与えてくれる地代も，ここで基礎としているベルギー農業におけるよりも，著しく高いに相違ない。

クローバ栽培から生ずる地代の余剰額を「R」で示すなら，A農場の土地地代は $\dfrac{1695-182.8x}{182+x}$ から $\dfrac{1695-182.8x}{182+x}+R$ へ高まる。

A，B2つの経営の土地地代を等しいとすることによって，aの大きさ，すなわち1台の厩肥の価値は $\dfrac{980-206.6x}{182+x}-\dfrac{R}{3600}$ となる。

$x=0$ に対して　　$a=5.4\,\text{Tlr.}-\dfrac{R}{3600}$

$x=1$　　〃　　　$a=4.2\,\text{Tlr.}-\dfrac{R}{3600}$

これからクローバは，牛乳の販売によって，バター販売によるよりもはるかに高く利用されることが推論される。aすなわち1台の厩肥は，第20章で計算されたよりも低くなくてはならない。

これによってaの価値はRの価値が高くなればなるほど低下する。そして

$\dfrac{R}{3600}=\dfrac{980-206.6x}{182+x}$ になったとき零にすらなる。そのときには

$x=1$ に対して　$\dfrac{R}{3600}=4.2\,\text{Tlr.}$　または　$R=15120\,\text{Tlr.}$ である。

Rがそのような高い価値になることが，一般的に可能であるのは，都市の近傍――果樹園は除外して――の場合だけである。

しかしこの公式は，厩肥の購入価値が農耕から出てくる地代と家畜飼養からの地代との間の差額に依存していることが自然とわかるという点で興味深いものである。

――――〜〜〜〜〜――――

この章の修正によってここで批難された欠点を除去することは，非常に時間をとり，骨が折れたがしかも報いられないものであった。なぜなら1つには，私は今日ではRの価値を以前よりもより小さい数字で示すことができるからである。そして2つには，研究方法，特に肥料の価値発見の場合の研究方法が変

わることなく，その数字でもって計算も行なうことができるという価値を維持し続けるからである。

そこで研究の結果であるところの

「都市にこの産物を供給することを目的とするバレイショ栽培は，都市の近くに，そして林業経営圏の前で行なわれねばならない」

に関しては，いずれにせよ変わることなく不動である。

6. 第26章への注意

ここに提出したテローの酪農場の1810～15年における牛乳およびバター収量は確かに少ないが，しかしメクレンブルグの改良酪農場の当時の収量に劣っていず，当時のメクレンブルグにおける乳牛経済の経営と状況の面影を与えるものである。

後年になって，テローの乳牛には，メクレンブルグではほとんど一般的にそうであるが，豊沃な放牧地と滋養のある冬期飼料が与えられ，牛乳の収量はそのために著しく高められた。

メクレンブルグの1酪農場の近年の収量の総括的で完全な概観を，私の友人で以前の生徒であるシュタウディンガー氏 (Staudinger) はメクレンブルグ年報 (Mecklenb. Annalen, Jahrg.20 S.1) でわれわれに示してくれた。

この報告の結論は，1827～33年の6年間に乳牛104頭の酪農場において，乳牛1頭平均で1年間に1635ポット (pott) の牛乳とバターにして97.2ハンブルグ・ポンド（1ポンドは32ロス）を出している。

テローでは1832～36年の4年間に乳牛は平均して年に1826ポットの牛乳を出した。

この牛乳生産量の場合，乳牛の生体重は500～550ポンドであるから，体重100ポンド当たり少なくとも年に20ポンドのバター生産に相当する。

もし乳牛の体重とその牛乳生産量との比率を尺度として，上述の収量とこの

あまり信用が置けないが実際の数年にわたる測定に基づく報告——それはわれわれが他の地方における乳牛の牛乳およびバターの収量についてもっている唯一のものであるが——とを比較するなら，メクレンブルグの乳牛の今日の収量は，低くなく，むしろ高いように思われる。さらにもっと改良された冬期飼養が乳牛の牛乳収量をなお著しく高めること——そして必ず儲かるだろうことも——否定できないから，この比較的高い収量は恐らくメクレンブルグの穀草式放牧の優秀さにもっぱら帰することができるだろう。

7. 第26章への注意

私の尊敬する先生，故テアー顧問官ですら，本書を最初に——彼自身の表現によると——熱心に通読した後に書いた本書批判のなかで，ここには孤立国の諸関係に対する普遍的に妥当する法則が求められているということに気づいていない。

それがわからないところから，孤立国では家畜飼養の純収益が少ないことに対し，また輪栽式農業は適用できないことに対して挙げられた疑問や非難の大部分が生じているのである——それだから，私はこれをさらに説明する必要はない。

余事ながら，私はこの偉大な人の想い出をたくさんもっている。私の青年時代から没せられるまで私の教師であり続けた。そして私の農業への意向と教育の上に決定的影響を与えた——この第2版の完成に際して感謝の意を表したい。

8. 第27章への注意

第6章で動物性生産物はその価値をライ麦に還元し，それに対する収入はライ麦何シェッフェルで示した。

付　録

　与えられた一定の地点に対してはこの処理は確かに許される。しかしこのライ麦と動物性生産物間の価値比率を孤立国の他の地域に移す場合には，不都合が生ずる。バターや羊毛等の輸送費がそれらの価値のライ麦に対する関係で，穀物のそれよりも少ないからである。

　そこで生ずる問題は，この計算方法から生ずる差はどのくらい大きいか，また貨幣で表現されている支出の一部分を変更することによってこの差をなくすことはできないだろうかである。

　これを1つの例について，1つの与えられた場合に対して探究するためには，穀物に対しまた畜産物に対し，収入も運送費も個々別々に計算せねばならない。

　厳格さを全く断念して――この例ではそれはどうでもよいのである――私は穀物に対するマイル当たり運送費は販売価格の1/50，畜産物に対しては1/150かかるものと仮定する。

　さて与えられた1つの農場で

	ライ麦 シェッフェル	貨幣 ターレル
穀物の総収量	6000	
家畜からの収入	――	2400
収入総額	6000	2400
貨幣支出額（ただし農場経営で働いた日雇労働者・職工等が必要とした穀物代として返済したものを差し引いたもの）	――	2250
現物の穀物支出額（上述した労働者等に渡したものを含む）	3600	――
支出総額	3600	2250
剰余	2400	150

孤立国 第1部

ライ麦1シェッフェルの価値が農場自身で1.75ターレルしている地点に対しては，ライ麦2400シェッフェルの価値は —— 3000

差引純収益 —— 3150

さてこの純収益は，農場が市場地点から遠く離れて位置した場合，どのように変化するか。

a．10マイルだけ距離が大きい場合：

そのとき，ライ麦の価値が低下するのは $10 \times 1/50 = 1/5$ だから，シェッフェル当たり1.75ターレルから1ターレルへ。ところが畜産物に対する収入が低下するのは $10 \times 1/150 = 1/15$ である。

そうすると収入額は

ライ麦2400シェッフェル，単価1ターレル………… 2400ターレル
畜産物，$2400 \times 14/15 =$ ………………………… 2240 〃

	合　　計	4640ターレル
	支出は変わらず	2250 〃
	純　収　益	2390ターレル

b．20マイルだけ距離が遠い場合の収入は

ライ麦2400シェッフェル，単価0.75ターレル………… 1800ターレル
畜産物，$2400 \times 13/15 =$ ………………………… 2080 〃

	収　　入	3880ターレル
	支　　出	2250 〃
	残る純収益	1630ターレル

c．30マイルだけ距離が遠い場合の収入は

ライ麦2400シェッフェル，単価0.50ターレル……… 1200ターレル
畜産物，$2400 \times 12/15 =$ ………………………… 1920 〃

| | 収　　入 | 3120ターレル |

付　録

支　　出	2250 ターレル
残る純収益	870 ターレル

　純収益は，距離が 10 マイルだけ増すごとに，あるいはライ麦価格が 0.25 ターレル減少するごとに，規則的に 760 ターレルずつ減少するのである。

本書でとった方法との比較

	ライ麦 シェッフェル	貨幣 ターレル
畜産物の収入をライ麦に還元するならば——ライ麦 1 シェッフェルが $1\frac{1}{4}$ ターレルしている地点に対しては——2400 ターレルの畜産物収入の価値は $= \frac{2400}{1.25} =$ ………………	1920	——
総収入を穀物で表現すれば 6000＋1920 ＝……	7920	——
支出総額は：		
穀物で，ライ麦 3600 シェッフェル，単価 1.25 ターレル	——	4500
貨幣で………………………………………	——	2250
合　　計	——	6750
この貨幣支出のうち 3/4，すなわち 5062 をライ麦で表現すれば，これは $\frac{5062}{1.25} =$ ……………	4050	——
貨幣で表現されたままは 6750×0.25 ＝………	——	1688
総収入額は…………………………………………	7920	——
支出は…………………………………………	4050	＋1688
剰　　余	3870	－1688
ライ麦が 1 シェッフェル 1.25 ターレルの場合，3870 シェッフェルのもつ価値は 3870×1.25＝	——	4838
これから支出を引く …………………………	——	1688
残る純収益	——	3150

孤立国 第1部

この計算方法の場合，農場の純収益は市場からの距離が遠くなるにつれてどのように変化するか。

a．10マイルだけ距離が遠い場合：

ライ麦の価格は依然シェッフェル当たり1ターレルである，収入はこの場合ライ麦3870シェッフェルに対して，単価1ターレル……………… 3870ターレル

支出には変化がなく…………………………… 1688 〃

農場の純収益 2182ターレル

b．20マイルだけ距離が遠い場合：

ライ麦3870シェフェルの収入，単価0.75ターレル… 2902.50ターレル

支出…………………………………………… 1688 〃

純　収　益 1214.50ターレル

c．30マイルだけ距離が遠い場合：

ライ麦3870シェフェルの収入，単価0.50ターレル… 1935ターレル

支出…………………………………………… 1688 〃

純　収　益 247ターレル

距離が10マイルだけ遠くなるにつれて純利益の

低下はこの方法によると……………………… 967.50ターレル

第1の方法によるとこの減少は……………… 760 〃

すなわち，市場からの距離が遠くなるにつれて純収益の減り方は，第1の計算方法によるよりも著しく大きいことを示す。

本書で用いた方法の場合にも，同様に純収益のより小さい低下が見られた。あの時は支出のうち貨幣で表わされた部分がここでみたよりも小さく仮定されていた。――このことが，次のような考えに導く。すなわち，貨幣の割合に対して1つの数字，それによって2つの方法が一致した結果を出すような数字が見出されるのでないかという考えである。

付　　録

　そこで貨幣で表現される部分を全支出の $1/x$ とする。

　穀物で表示すると，全支出額は　$3600+\dfrac{2250}{1.25}=5400$ シェッフェルのライ麦である。

　このうちの $1/x$ は $\dfrac{5400}{x}$ シェッフェルであり，この貨幣で表現される部分の額は，価格が1シェッフェル 1.25 ターレルの場合　$\dfrac{6750}{x}$ ターレルである。

　すると支出のうち穀物で表示すべき残りは　$5400-\dfrac{5400}{x}=5400\left(\dfrac{x-1}{x}\right)$ シェッフェルである。

　　　粗収入は　　　　　　$6000+1920=7920$ シェッフェル
　　　支　出　は　　　　　$5400\left(\dfrac{x-1}{x}\right)$ シェッフェル $+\dfrac{5400}{x}$ ターレル

　純収益は 7920 シェッフェル $-5400\dfrac{x-1}{x}$ シェッフェル $-\dfrac{5400}{x}$ ターレル

これによって純収益は，

a．価格がシェッフェル当たり 1.25 ターレルの場合
　　　9900 ターレル $-6750\left(\dfrac{x-1}{x}\right)$ ターレル $-\dfrac{5400}{x}$ ターレル

b．価格がシェッフェル当たり1ターレルの場合
　　　7920 ターレル $-5400\left(\dfrac{x-1}{x}\right)$ ターレル $-\dfrac{5400}{x}$ ターレル

　　　差　　1980 ターレル $-1350\left(\dfrac{x-1}{x}\right)$ ターレル

第1の方法の結果によると差は 760 ターレルである。

差に関して発見した2つの表現を等しいと置けば

$$1980-1350\left(\dfrac{x-1}{x}\right)=760$$

　これから　　　　　　$x=10.4$

　$x=10.4$ の場合，　　$\dfrac{5400}{x}=520$　である。

それゆえ支出のうち貨幣で表現される額は，

　　　520 シェッフェル，単価 1.75 ターレル＝…………………650 ターレル

支出のうち穀物で表示される部分は $5400-520=$ ……4880 シェッフェル

孤立国　第1部

粗収入……………………　　　7920 シェッフェル
支出総額…………………　　　4880　　〃　　＋650 ターレル
　　　　　　　　　　　　　　────────────────────
純 収 益…………………　　　3040 シェッフェル － 650 ターレル

市場から種々の距離にある農場の純収益計算の場合
のこの公式〔3040 Schfl. － 650 Tlr.〕の適用

市場からの距離	(シェッフェル当たりライ麦価格)ターレル	収　入 ターレル	支　出 ターレル	純収益 ターレル
a．選ばれた基点では	(1.25)	3800	650	3150
b．10マイル遠い場合	(1　)	3040	650	2390
c．20　　〃	(0.75)	2280	650	1630
d．30　　〃	(0.50)	1520	650	870

　われわれは第1の方法が出したと全く同じ結果を得たのである。
　これによってわれわれは次のことを見るのである。すなわち穀物と畜産物とはその価値を市場距離が加わる場合同じようには変化させない，けれども，畜産物のライ麦に対する低下は我慢できる程度のものであり，また正しい結果を出すこともできる。なぜならこの低下の際に生ずる誤差は，貨幣で表現される支出部分を変更することによって，修正されるからである。
　全収入のうち畜産からの部分が大きければ大きいほど，この方法を使用する場合に，貨幣で表現される支出部分は小さく仮定しなくてはならない。

付　　録

孤立国の図解に対する説明

　私のある友人から示されたこの図解は，本書に述べた対象を理解するために必ずしも必要ではない。私もまたそれに言及したことはない。しかしそれはわれわれの研究から生じた結論の容易にして快い概観を与える。それゆえ本書を注意深く読んだ読者に歓迎されると思う。

　それと同時に，それは本文自身の中では関連を破ることなしには挿入し難い若干の注意を述べる機会を与えるものである。

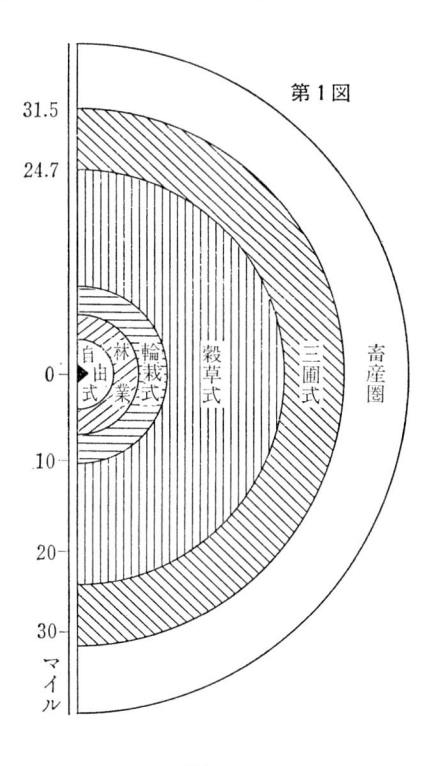

第1図

31.5
24.7
0
10
20
30
マイル

自由式　林業　輪栽式　穀草式　三圃式　畜産圏

孤立国　第1部

第1図

　この図は，本書第1編で行なった前提およびそれからの推理によって得られるところの孤立国の形態を説明するものである。

　第26章によれば畜産圏は都市から50マイルのところまで広がっている。ここではそれを紙幅を節約するために都市から40マイルまで示されている。

　この図の上に――以下の図上においても同様であるが――都市の周りに形成されてある圏の半分を示すのみである。思うにこれの半分は単に似ているのみでなく，全く同一であって，容易に想像することができるからである。

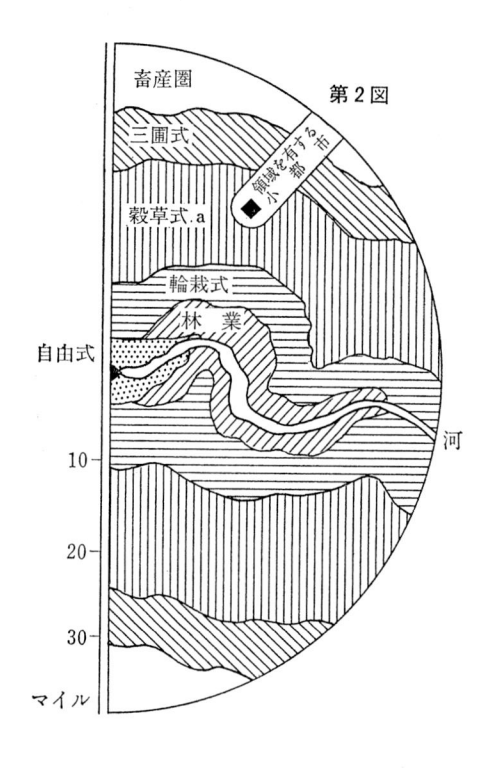

（図：孤立国の同心円構造。畜産圏，三圃式，穀草式.a，輪栽式，林業，自由式，領域を有する小都市，河，第2図，マイル）

付　　録

第2図

　この図は孤立国が舟運河川によって貫かれている場合の孤立国の形態を示す。

　この説明の場合には，舟賃は馬車賃の10分の1であるという前提が根底に置いてある。

　第1図で狭い帯をなした輪栽式農業は，ここでは驚くべきほど広がり，河に沿って，国の限界に達するまで延びている。これに対して，畜産国は後退し，河の近くでは全く消滅している。

　同様な影響を，たとえその程度はより小さいにしても，道路の建設がもたらす。道路が平野のすべての地方へ設けられるならば，高度の土地耕作を有するすべての圏は広がるけれども，それは第1図と同じような規則的形態を保つ。

　平野の端に小都市(a)の領域が示してある。小都市の領域とは，第28章によって，生活資料を小都市に供給し，首都へは何物をも供給しない地域と解するのである。

　われわれはその領域を有する小都市をまた独自の独立した国と考えることができる。しかしこのような小さな国においては，第28章で示したとおり，穀価は首都における価格に完全に依存する。

　ヨーロッパ諸国は，最高の穀価を支払うことのできる富める国イギリス，ことにその首都ロンドンに対して，この副次的な国が中央都市に対するのと同じ関係に立っている。

　これらのヨーロッパ諸国においても，彼らが穀物を輸入も輸出もしない場合ですら，穀価はロンドンの世界市場によって支配され，もしこの市場が閉鎖されるならば，穀物の価格はヨーロッパを通じて低下する。

孤立国　第1部

第3図

　ここでは土壌の肥力は穀収10シェッフェルと仮定し，都市における穀価が異なり，ライ麦1シェッフェルに対し1.5ターレルより0.6ターレルまで低下すると仮定する。

　この図は都市の穀価が耕された平野の広がりに対していかなる影響を与えるかを図形的に示すものである。ただし，この図では耕された平野の半径および各同心円の半径が示されるのみである。これによって一定の穀価たとえば1.05ターレルに対して第1図と同様の説明を孤立国につき示そうとするならば，コンパスをもって「1.05ターレル」が立っている点までの都市からの距離を測

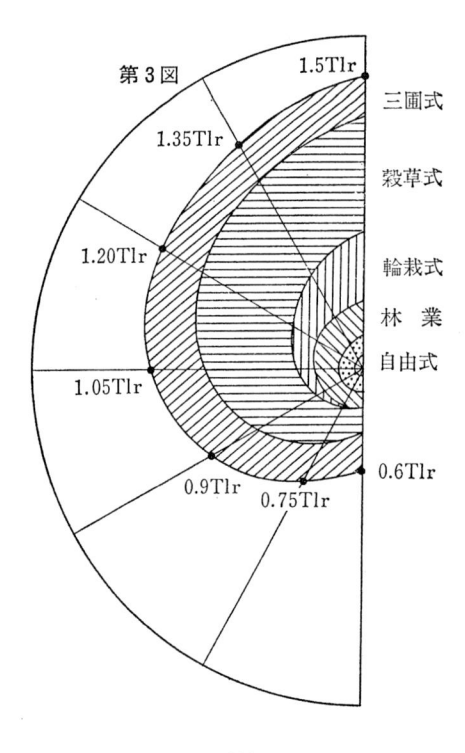

— 296 —

付　録

定し，この半径をもって1つの円を都市の周囲に描かねばならない。

　同様に，各同心円を描くには，その半径を都市から1.05ターレルの地点へひいた直線の上で測定するのである。

　本書はこれまで，都市自身における中心価格の変動が孤立国の平野に対してもつ影響には全く言及しなかったから，ここでこの図の上の次元が計算されている公式を説明することが必要である。

　ライ麦の価格を都市においてシェッフェル当たり a ターレル，地方において b ターレルと仮定し，そして，第4章で1.5ターレルの中心価格を扱ったと同じ操作をするならば，ライ麦1シェッフェルの地方における価格は次のようになる。

$$b = \frac{(1200-150x)a - 136.92}{12000 + 65.88x}$$

約せば
$$b = \frac{(182-2.5x)a - 2.1x}{182 + x}$$

これから
$$x = \frac{(182a - b)}{2.3a + b + 2.1}$$

　さて第14章によると穀収10シェッフェルの場合，三圃式農業の土地地代が零になるのはライ麦の1シェッフェルが地方で0.38ターレル（厳格には0.381ターレル）の価値のときである。三圃式農業圏の限界を見出すためには，bを0.38ターレルと仮定せねばならない。

　そこで a に対して順次に1.5，1.35，1.20等の値を置くと，上の公式によって，xの値を，a の各大きさに対して，見出すことができる。その結果は：

中心価格1.50ターレルの場合…耕作される 平野の半径は 34.7 マイル
　　　　1.35　〃 ……………………………… 31.7 〃
　　　　1.20　〃 ……………………………… 28.6 〃
　　　　1.05　〃 ……………………………… 25.0 〃
　　　　0.90　〃 ……………………………… 20.9 〃
　　　　0.75　〃 ……………………………… 16.1 〃
　　　　0.60　〃 ……………………………… 10.4 〃

孤立国　第1部

　第14章によると穀草式農業と三圃式農業とはライ麦1シェッフェルが0.51ターレル（正確には0.516）の値段のところで分離する。そこで $b = 0.51$ と置くならば，同じような計算によって穀草式農業の限界が a のさまざまな値，あるいは首都におけるさまざまな中心価格に対して，明らかとなる。

　耕作される平野の大きさと生産された生活資料用品の総生産量とは，必然的に都市の人口と密接な関係があるから，耕作された平野が狭くなるごとに，都市の大きさの減少をも結果する。

　自由式農業圏の大きさは，林業圏の大きさも同様であるが．都市の大きさに正比例する。したがって耕された平野の大きさとも正比例する。輪栽式農業——これについては第21章で言ったことが妥当するが——に対しては，1.5ターレルの価格の場合に9.4マイルの広がりを仮定した。価格の低下とともにこの広がりは急速に狭まり，すでに0.9ターレルの価格で零になる。

　穀草式および輪栽式農業を一括すると，これらの圏は

価格が	広がり	
1.50 ターレルの場合	21.4 マイルで	それは平野の半径の = 62 %
1.05　〃	13.4　〃	= 54 〃
0.60　〃	1.6　〃	= 15 〃

三圃式農業圏では

価格が	広がり	
1.50 ターレルの場合	4.5 マイルで	それは平野の半径の = 13 %
1.05　〃	5.4　〃	= 21 〃
0.60　〃	6.2　〃	= 60 〃

これで穀物価格の低下が，耕作される平野の減少（実際には劣等地からの耕作の撤退）だけでなく，同時に土地の集約的耕作の減少をも引き起こすことが明白である。

　耕された平野が，価格1.5ターレルのときにもつ面積を，1000に等しいと置くなら，この第3図の寸法によって

付　録

価格が	平野の広さは
1.35 ターレルの場合	……………844
1.20　　〃	……………687
1.05　　〃	……………525
0.90　　〃	……………367
0.75　　〃	……………217

最後の数を除外して，面積を示すところの漸減する数字の中に，ある法則性が現われている。すなわち面積はほぼ穀物価格の2乗と比例しているからである。

～～～～～～～～～～～～

もし次のように仮定するなら，
1) すべての販売のために都市へ運ばれる穀物から税が設定された
2) 都市における穀物価格は不変すなわちライ麦1シェッフェル当たり1.5ターレルである

するとこれは農業者にとって穀物価格が低下した時と同じ効果をもつ。そしてこの第3図は同時にこの税の作用の明白な像を与えるのに役立つ。

たとえばある税——それが輸入税として高められるにせよ麦粉税として高められるにせよ——ライ麦1シェッフェルに対し0.3ターレルの税が導入されたならば，農業者は1シェッフェルに1.2ターレルの価格しか得ることができず，耕される平野はその時34.7マイルから28.6マイルに狭まる。

継続的な増税を考えると，それは耕作される平野の広がりの継続的減少を引き起こす。税がシェッフェル当たり0.9ターレルまであがれば，この平野の半径はわずかに10.4マイルになる。税がなお上がった場合にはついには全国が消滅する。ここに高い税によって豊沃な土地を荒野に変えることができることが明白に示されている。

ひとつには，極端な高い税は課税の対象を残さなくなり，国庫には税は少しも上がらないし，また他面において，税が全く上がらない時には，国は大きな

孤立国　第1部

広がりを維持しても，国庫は同様に無収入であろうから，租税が最高の収入をあげる点があるに相違ない。そこで税の高さがいくらのときにこの最高が今の場合において生じるであろうか，が問題になる。

税の額シェッフェル当たり	耕される平野の広さ	税収の相対的表示
0　ターレルの場合	1000	0
0.15　〃	844	126.60
0.30　〃	687	206.10
0.45　〃	525	236.25
0.60　〃	367	220.20
0.75　〃	217	162.75

ここに引用した場合，シェッフェル当たり0.45ターレルの税が最高の収入を国庫に与える。それ以上の税率の増加は税収そのものを減らす。そして非常に注目すべきことであるが，シェッフェル当たり0.75ターレルの税は0.22ターレルの税よりも高い収入を決して与えないということである。

それゆえ次のことがわかる。国家権力が大衆から遊離し，大衆はただ税を高めるための手段と見なされるにしても，国家権力は節度なき増税によってはその目的を完全に失うのである。

第4図

この国は穀価固定——すなわちライ麦1シェッフェル1.5ターレル——の下に，土壌の収穫力の変化が孤立国に対して与えるところの影響を描写するものである。その際第14章(B)で述べた条件——ここではいろいろな穀収だけが考えられるという条件——が顧慮されなくてはならない。

前の図において，穀物価格のさまざまな段階に対したと同じように，ここでは10シェッフェルから4シェッフェルに至る各穀収に対して，耕される平野とさまざまな同心円の半径だけが示されている。

この図の寸法は，第14章における計算によっており，耕作された平野の広

付　録

第4図

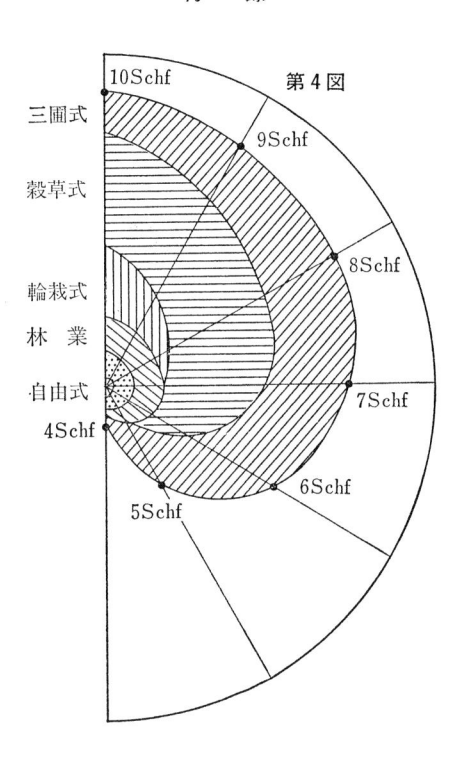

10Schf
9Schf
8Schf
7Schf
6Schf
5Schf
4Schf

三圃式
穀草式
輪栽式
林　業
自由式

がりは次の通りである：

　　穀収10シェッフェルの場合……………平野の半径は34.7マイル
　　　9　　〃　　　　………………………………33.3　〃
　　　8　　〃　　　　………………………………31.5　〃
　　　7　　〃　　　　………………………………28.6　〃
　　　6　　〃　　　　………………………………23.6　〃
　　　5　　〃　　　　………………………………13.3　〃
　　　4　　〃　　　　……………………………… 2.2　〃

この図を前の図と比較すれば次のことが明らかになる。すなわち土壌の収穫

力の減少は穀物価格の同程度の減少よりも一層強度の減少を集約的耕作に作用する。たとえば価格がライ麦1シェッフェル1.5ターレル×0.5＝0.75ターレルの場合に，穀草式農業の広がりは耕作された平野の半径のなお38％あるが，収穫が10×0.5＝5シェッフェルの場合には，穀草式農業は完全に消滅している。

農業と国民経済に関する
孤 立 国

ヨハン・ハインリッヒ・フォン・チューネン

第3版

シューマッヘル‐ツァルヒリン編

第2部
自然労賃ならびにその利率・地代との関係

ベルリン
ヴィガント・ヘンペル・パーレー社
1875年

序論　本書第1部に用いた方法の瞥見と批判ならびに第2部の企図

I

　アダム・スミスは国民経済学において，テアーは科学的農学においてわが師であった。両者は2つの科学の創建者で，その学説の多くが斯学の永久に変わらない基礎をなすであろう。

　有名人の著書や講演の中で，間違いなしと思えることは，われわれはこれを取り入れ，それをわれわれのものとするのであるから，自己の研究対象とはならなくなる。

　しかし科学は決して完成したものではなく，その一進歩はしばしば，従来予想もしなかった新しい問題をわれわれに示してくれるものである。

　さて2大家の学説中，私に不十分と考えられ，明察に対する私の欲求を満足させず，私を自己の研究へ駆ったものは，漏れなくではないが，大体次の諸点に総括される。

1) 合理的経営においては，穀価の変化につれて農耕はいかに変化しなければならないか？
2) いかなる法則によって穀物および木材の価格は規制されるか？
3) 高度な農業組織，ことに輪栽式農業は穀草式および三圃式に比べ絶対的にすぐれているのか？　それとも1つの経営組織の他に対する優越は農業生産物の価格によって条件づけられているのでないか？
4) 地代発生の原因，ならびにその額を決定する法則は何か？
5) 農業に課せられた租税の終極の作用は何か？
6) 自然労賃とは何か？　労働者の生産したもののうち労働者に自然的にし

割り当てられる部分は何か？
7) いかなる法則によって利率の高さが決められ，いかなる関係が利率と労賃との間に存するか？
8) 貨幣の量が利率および商品の価格にいかに影響するか？
9) 農業上の著しい改良や工業用新機械の発明は，それが最初に現われた時にいかなる作用をなし，その終極の影響は何か？

すでに青年時代，フロットベック (Flottbeck) のシュタウディンガー (Staudinger) 氏の研究所においてハンブルグ付近の農業を学んでいたころ，私は孤立国の最初の理念をつかんだ。そしてそれ以来私は，私に示された農業問題や国民経済問題を，孤立国の基礎となっている観察方法に付せずにはおれないようにいつも感じていた。私にはすべての偶然的非本質的なものから対象を引き離すことにのみ問題解決の希望が見られたからである。

実際の農業者としての生涯を始めるにあたって，私は詳しくかつ細かに行きわたった簿記によって，穀物収穫および穀価のいろいろな場合の農業の費用および純収益を計算すべき材料を得ようとした。5年間の計算からこの材料が集まり，概観ができるように集計した後，この基礎に基づいて，第1部に述べた研究を始めたのである。

さてここではこの研究に用いた方法を吟味し，批評するのが目的であるから，研究の筋道と，それによって得た結果とを，もう一度述べて読者に思い出してもらおう。

II

第1部に述べてあるテロー農場の事情を基礎とした計算（第5，6章）は，休閑耕の後のライ麦の穀収8シェッフェルの土壌では，穀草式農業の地代はライ麦の価格が0.549ターレルに低落した場合には零になる——そして地代の消滅とともに土地の耕作も中止されるということを示す。

しかし農業形態を変えれば経営費の節約ができ，土地は穀価が0.549ターレ

序論　本書第1部に用いた方法の瞥見と批判ならびに第2部の企図

ル以下に下がった場合にもなお耕作され，多少の地代をも生む。費用節約を目的とする経営形態の変化によって，純粋な三圃式農業と等しい農業組織が現われる。

したがって穀価が低落した場合には三圃式が穀草式より有利になる点があるということがわかる。

しかし三圃式農業の地代も穀価がさらに下がれば，ついには消滅しなければならない。第14章(A)によればライ麦の価格が0.470ターレルに達した時がこの場合であって——この点で穀物の販売を目的とした土地耕作は終わらねばならない。

他方穀価騰貴の影響をみると，土地があまりに高くそして儲けのあるものになって，もはやその一部を利用せず休閑地としておくわけには行かなくなる点に達する。休閑の廃止とともに，穀草式農業は輪栽式農業へ推移し，後者は前者よりも大きな地代を生む。

~~~~~~~~~~~~~~~~

穀物がそれに向けて供給されるところの都市においてもつ価格から運送費を引けば，農場自身における穀物の価値がわかる。市場よりの距離が大きくなるにつれ運送費は増加し，農場自身における穀物の価値は減少するから，市場距離の増加は距離不変の場合における穀価の下落のごとき作用をする。

ゆえに穀価の高さが農業に及ぼす影響は，これを場所の関係としても説くことができるわけで，この空間における説明から孤立国は出発している。

対象をこのようにつかむことによって，最初の問題にもう1つの問題が結びつく——

> 土地に最大の純収益をあげさせるには，商業都市からの距離の大小につれて，経営状態はいかに変化しなければならないか。

この場合を支配している法則は経験からは直接には引き出せない。なぜなら，実際には必ず土壌の差，その肥力の差，河川の影響等が加わって，われわれが都市からのいろいろな距離においてみる農業の中へ——経営の合理性を前

— 307 —

提として——すべてこれらの諸要素の影響が結合して現われるからである。

　1つの要素——市場距離——の作用が他の諸要素の作用と混ざらないようにし，それによって1つの認識をもたらすために，われわれは全部均一でかつ生産力の等しい土壌の平野の中にあって，舟運すべき河川のない大都市を仮定しなければならない。

　この方法はわれわれが物理学ならびに農学において用いるものに似ている。すなわちわれわれは唯一つの探究しようとする要素のみを量的に増加し，それ以外の要素は不変にしておくのである。

　この前提のもとに孤立国の平野においては，第1部で示したように，規則正しい同心円が都市の周りにできて，順次に自由式農業，林業，輪栽式，穀草式，および三圃式農業が経営される。

　都市からの距離が無限に増せば，穀物の生産費および運送費が都市で穀物に払われる価格と等しくなる点が必ず現われねばならない。この点が，地代が消滅し，土地の耕作が，それが都市に対する穀物販売に基礎を置く限り，終わる点である。

　ここから第24章に述べた穀価決定の法則が出てくる。

　都市の近くにある農場が耕境にある農場に対してもつ優位から地代が生まれ，かつこの優位の程度が第25章によれば地代の額を決定する。

　都市への穀物販売を目的とする土地耕作が終わる限界の外側に，畜産圏が形成される。バター，肥育牛，羊毛等畜産物の運送費はその価格との割合において，穀物よりは比較できぬほど小さいから，畜産はここではなお多少の利益をあげて経営されうる。

　畜産圏の外側では平野は人のいない荒地となり，それによって孤立国は他の世界と分かたれる。この荒地の土壌をもわれわれは他と同一の性質で同一の自然的生産力のものと仮定する——ゆえに耕作がこの地に広がるのを妨げるものは土壌の性質ではなくて，単に農業生産物に対する市場距離が大きいことのみである。

序論　本書第1部に用いた方法の瞥見と批判ならびに第2部の企図

したがって畜産圏の広がりも，畜産物の都市における価格が最遠距離の生産者に対し，生産費と運送費をかろうじて償う点までである。

都市からの距離が加わるにつれて——地代と穀価とが低下するから——畜産物の生産費は減少し，逆にその運送費は増加する。ところがこの生産費の減少は運送費の増加よりも急激であり（第26章），そして畜産圏における最遠方の農場の地代は零であるから，都市に近い地方（自由式農業圏は例外）において畜産の地代はマイナスでなければならないという重要な法則がでてくる（第26章(B)）。

新しく課せられる租税の終極の作用は（第3編），平野の外縁が放棄され，耕作が都市の周囲のより狭い範囲に制限され，国民の数が減少するということに現われる。

以上は概略であるが第1部の筋道と研究の結果である。

この結論は推論によって発見したのではなく，農業の費用と収穫（これらに対する材料は実際からとったのである）に関する1つの方程式から導かれたものである。その中では，1個の因子——穀価——が継続的変化を受けているのである。

この方法は経験が十分にかつ正しく把握され，そしてその上に築かれた結論が合理的であるならば，ある範囲において数学的確かさをもちうるが，単なる推理の場合には，反対の見解が妥当しうるのである。

しかしながら，この方法の機能が大きければ大きいほど，またその結果が確かさを要求することが大きければ大きいほど，その吟味も批判もともに厳密でなければならない。

III

事実からの抽象は，それなくしては，科学的認識に達しないのであるが，2つの危険をもっている。すなわちわれわれは，

1) 相互作用をなすものを思考上分離すること，

孤立国　第2部

2)　われわれの結論の基礎に，明瞭には意識せず，したがってそれを述べることのできないところの前提を置き，この前提のもとにおいてはじめて妥当することを，一般的に妥当するとすること。

国民経済学の歴史にはこれについては著しい例がたくさんある。

第1部において，一部は明言し一部は黙って，基礎に置いた前提のうち，次の2つは特に吟味と説明とを要する。

1)　孤立国の平野の土壌は，初めに同一生産力を有したのみならず，耕作の進行中においても（第1圏は例外であるが），土地の肥力は孤立国のすべての地域で，いかにそこの穀価が異なろうとも，同じである。
2)　耕耘，収穫，打穀等における・ていねいさ・は，ライ麦が1シェッフェルにつき0.5ターレルであろうと1.5ターレルであろうと，つねに等しい。ところでわれわれは・経営の合理性・を最高の動かすべからざる要求として先頭に掲げたのであるから，これにすべてが従属しなければならない。

そこで自から「かの2つの前提は経営の合理性と相容れるものであるか」の問題が起こらざるをえない。

私はこれに対して「否」と答えなければならない。

このように答える理由はなお詳しく展開されるであろう。

この点についてなんらの解明を与えていない第1部は，この方面から攻撃しうるものであり，またされなければならない——いやしくも本書の精神にまで突っ込んだ批判が与えられるのであるならば。

基礎にこういう欠陥のあることがわかれば，孤立国の全建築が崩壊するのではなかろうか。われわれはこの問題を論ずるために，類似の場合をとって観察しよう。

いま肥沃な耕地を一定の価格で買うことができて引き渡され，表土を任意の熟度（Mächtigkeit）に高めることが自由にできると仮定する時は，表土がいかなる熟度の場合にわれわれは，土地購入費の利子を差し引いて，土地から最大の純収益を得ることができるかを確かめようという問題に立ち向かうだろう。

序論　本書第1部に用いた方法の瞥見と批判ならびに第2部の企図

　これを明瞭にするためには，われわれはまず収穫が表土の熟度の加わるにつれてどんな具合に，どんな割合で増加するかをみる実験をするであろう。こうした実験においてはわれわれは必ず表土の深さを異にする耕地に同じ厚さに種子をまくであろう——そうでないなら2種類の対象を混合して，両者のいずれに対しても実験から純粋な解答を得ることはできないであろうからである。だが播種の厚さもこの場合共働する要素の1つである。なぜなら10インチの厚さの表土が要求する播種量は4インチのものが要求するところと，いずれも最大の収穫をあげようとすれば，異なるべきことは明らかであるから。

　そこでわれわれは第2の実験を行ない，いろいろな深さの耕地を数区に分けて，これにさまざまな厚さに播種して，各表土の深さに対しどの厚さにまくのが最も適当で最大の収穫をあげるかを確かめるであろう。

　その他の共働する要素，たとえば表土の深さが異なる場合の土質の変化，表土の深さに伴う犂耕費の増加，等の影響の大きさも同様に1つ1つ他のすべてから引き離して実験観察の対象としなければならない。このようにしてはじめて問題を完全に解くことができるのである。

　さて物理的世界において全く正しいと認められるこの方法は，思惟的世界において許されるか。ここでも相互作用する2要素のうち，まず1つを単独に作用するものとして観察し，そのあと他を同様に単独に作用するものとして観察することは許されないであろうか。

　なるほど類推法によってこの方法の正確さは真実らしいけれども，この方法による時は反対の見かたを許さないという強い証拠を示すことはできない。

　しかしこの場合，すべて絶対的正確ということが肝要である。

　幸いにしてわれわれはその証明を，偽ることなき科学——数字の中に見出すのである。

　すなわち微積分学において多くの可変数を含む1つの関数の最大値を求める場合には，微分法によって，まずただ1つの数を可変とし，他は不変とみなし，この数に対して——その微分を零に等しいと置いて——見出した値を関数に代

入した後に，第2の可変数が微分されて得た値をそれに代入し，すべての可変数が関数から消え去るまでこの方法を続けるのである。

　ここに示した数学者の正確な手続きがわれわれの方法の正しいことをも証明する力をもつためには，われわれも彼らと同じく，極大を求めようとするものであり，これを研究対象とするものであることを示さなければならない。

　農業においては，耕耘や収穫などのていねいさを増加することにより，また厩肥，石膏，骨粉，海鳥糞等を購入することにより，また泥灰土や腐植土を敷き込むことにより，またその耕地に不足する土壌を加えること等によって，一時的のみならず永続的な土地の収穫高を増加する手段をわれわれはもっている。

　しかしこれらの改良がそれによって得られた収量増加よりもより多くの費用によって行なわれたのであるならば，単にそれを企てた農業者を破滅に導くのみならず，国富を減らすものである。

　最大の粗収入でなく最大の純収益が農業者の目的であり，またそうあるべきである。

　そこでわれわれが問題にするのは，どこまで労働をていねいにし，土壌を肥培してよいか，その限界はどこかである。その答に曰く，
  1) 労働のていねいさは，たとえばバレイショを拾い上げる場合において最後に付け加えられた労働が収穫の増加によって償われる点以上に進んではならない。
  2) 土壌を肥やすことも，合理的には，肥料購入費あるいはまた肥料生産費の利子が，施肥によってえられる収量増加とつりあう点までは行なわれるべきであるが，その点でやめねばならない。

　このようにして得られる収量増加はつねに資本および労働の投下によって達せられるのであるから，余剰収量物の価値が余剰の費用に等しくなる点がなくてはならない——そしてこれは同時に最大純収益の現われる点でもある。

　最大純収益を確定することを目的とするところのわれわれの研究において用いる方法は，だから，数字において多くの変数のある関数の最大値を求める場

序論　本書第1部に用いた方法の瞥見と批判ならびに第2部の企図

合に正しいと証明された方法と一致するものであるから，数学者が関数の中の変数のまず1つを可変とし，他を不変として取り扱うように，われわれは純収益に作用し穀価と関係している諸要素のうちまず1つを単独に作用するものとし，他は不変とみなして取り扱うべきである。

　これで第1部で用いられた方法が容認され，正しいことが大体示された。

　しかしながら第1部においては「穀価の高さは農業に対していかなる影響を及ぼすか」の問題が，まず部分的に若干の方面から追跡されている。ところが穀価の影響は，その他多くの対象に関係しているのであって，その中でここではただ土壌の肥力と労働のていねいさに対する影響のみをあげようとするのである――だから第1部は問題の完全な解答に対する研究の入門にすぎない。

　第1部をよりよく理解し，より正しく評価するために，私は穀価が土壌の肥力と労働のていねいさとの2要素に及ぼす影響の暫時的観察を次に述べる。しかしこの点はさらに特殊な研究の対象となるべきである。

IV

　A．孤立国の関係のもとにおいては，広い畜産圏の影響のために，畜産物の価格が低いから，第1部で示したとおり，休閑耕を廃して輪栽式農業を営むのは，土地の肥力が増大して純粋休閑耕後には穀物が倒伏する程度に至ってはじめて有利でありうるのである。しかし孤立国は全平野の一様な肥力の前提を基礎とし，しかも純粋休閑耕後に8シェッフェルの穀収であることを仮定している。

　この穀収では倒伏の起こることは決してない。

　したがって合理的に結論すれば，孤立国第1部においては輪栽式は厳密に除外されねばならなかったかもしれない。

　ところが，もしも穀価と土地肥力との関係について実際を見るならば，人口が稠密で穀価の高い地方は，人口が少なく穀価が低い地方よりも，土地肥力が高いのを発見するを通例とするであろう。だから問題は実際上にはすでに解決

されているのであって，実際農業者の健全なる常識がとっくになしとげていることが，科学によって未だ系統的関連において把握され説明されていないのは注目すべきである。

　科学的論拠はないのだが，土地を肥やすことは穀価の高騰に従うというこの経験には理性的基礎があるものとみて，この命題を孤立国に適用するならば，孤立国の形態は根本的に修正されるであろう。この時は全平野が同一肥力でなく，耕境から都市に近づくにつれて漸次に土地の肥力が増加するのをみる。そして都市からある一定の距離においては，土壌を休閑耕後には倒伏が起こる程度以上に肥やすことが有利となることが可能，否，確実である。このようにしてはじめて輪栽式農業が，かの第1部でおぼろげには示されてはいたが，仮定された諸事情と一致しないとみられた場所を，実際に占めるであろう。

　ここにおいてわれわれは第1部の結果から著しく遠ざかるのであって，あの時唯一の要素を観察する方法は，ここで誤りに導くものとなったようにみえるかもしれない。

　しかし同一肥力の仮定なしには，市場距離それ自身が，すなわち他の要素の影響なしに，いかに作用するかの研究を少しも行なうことができず，それは解明でなく混乱となったであろう。

　適切でないのは方法のせいではなく，研究が第1部においてはまだ完結せず，問題のただ一面が解決せられたにすぎないためである。

　あたかも多くの変数のある関数において，1つの数の値を見出して代入しても関数自身の値はまだ決定されず，すべての変数が消去された時はじめてこれが決定されるように，この場合もそうである。

　問題の真の解決には，距離それ自身の作用に関する第1の研究が終わった後に，第2の研究を最適の土地肥力に対する距離の影響について行なうことが必要である。両研究を結びつけて完全な——最後のものではないにしても——結論が出てくるのである。

　事実上，これらの研究の材料は大部分第1部に含められている。すなわち純

序論　本書第1部に用いた方法の瞥見と批判ならびに第2部の企図

収益を計算する方程式は，一定の穀収に対してのみならず，10シェッフェルまでの各階段の穀収に，したがってこれらの穀収に対応する土地肥力に対してあてはまる。穀草式と三圃式とが分かれる境界に対しても，すべての段階の穀収に対してあてはまるような方程式が求めてある。ただ10シェッフェル以上の穀収に相当する肥力に対する計算および方程式が立てられてない。

　穀価と土地肥力とを互いに結びつける法則が発見されたならば，すでに存在する材料から容易に都市からのすべての距離に対する土地肥力，収穫および地代，を示すことができ，孤立国の形態を完成して，それを実際——実際の中にすべての要素の総合作用がわれわれに相対しているのである——に近づけることができるであろう。

　観察から得たところの，高い穀価は普通は大きな土地肥力と結合しているという単なる知識は，そのような研究には十分でない。反対に，この現象の必然性が示され，穀価と地力との相互作用に関する法則が発見されねばならない。こうしてはじめてわれわれの問題のこの部分が，第1の部分のように，鋭く詳しく研究し取り扱われうるのである。

　B．従来20家族の労働者ですべての労働を行なっていた農場に，なお1家族を加えて，同時に輓畜 (das Zugvieh) が相対的に増加するならば，収穫や播種をより短時間に，したがってより適当な時期にすることができたり，あるいは収穫および播種の労働がよりていねいになされうるのであり，さらに穀物はより完全に打穀し，バレイショはより完全に採り入れることができるのである，等々。

　そして労働者家族を増加することは，合理的には，最終付加労働者によって得られる余剰の収穫の値が，その労働者の受ける賃金に等しい点まで継続されねばならない。

　さて余剰収穫は穀物で表わされ，同一農業組織に対してはつねに同一であって，穀物の価格にかかわらない。しかし労働者の貨幣労賃は，実質労賃には変化がなくても上がったり下がったりする。穀価と正比例しないで，その一部は

(第1部で十分に論じたとおり) 穀価の影響を受けない。したがって一部は貨幣で表わしておかねばならない。

　いま仮に1労働者家族の費用を年に 60 Schfl. Roggen ＋ 30 Tlr. とし，最後に加えた1家族によって得た農場の余剰収穫を100シェッフェルとすれば，土地所有者には 40 Schfl. Roggen − 30 Tlr. という利益が残る。

　この利益は

　　　穀価が 1.5 ターレルの場合　　　　60 − 30 ＝ 30 ターレル
　　　　〃　 1.0　　〃　　　　　　　　40 − 30 ＝ 10　〃
　　　　〃　 0.75　 〃　　　　　　　　30 − 30 ＝ 0　〃

となり，穀価 0.5 ターレルの場合には，かえって 10 ターレルの損失になる。

　ゆえに穀価 1.5 ターレルの時は 21 家族以上の労働者を用いて有利であるが，0.5 ターレルの場合にはすでに第 20 番目の労働者が損失をもたらすことがわかる。

　さて，農業の性質上——これははなはだ注目すべき事情であるが——余剰収穫は付加労働者の数に比例して増加せず，後に付け加えられた労働者はすべて前の者よりは少ない生産しかあげない——22 番目の労働者は 21 番目より，23 番目は 22 番目より少ないのである。例として次の階段を掲げる。

　　　21 番目の労働者は………100 シェッフェル　をもたらす
　　　22　　〃　　　………　90　　〃
　　　23　　〃　　　………　81　　〃
　　　24　　〃　　　………　73　　〃
　　　20　　〃　　　………111　　〃
　　　19　　〃　　　………123　　〃

この階段によれば，穀価シェッフェル当たり 1.5 ターレルの場合，

　　22 番目の労働者のもたらすのは………90 Schfl.，費用 60 Schfl. ＋ 30 Tlr.
　　　余剰利益は………………………90 Schfl. − (60 Schfl. ＋ 30 Tlr.) ＝ 15 Tlr.
　　23 番目の労働者は……………………81 Schfl.，費用 60 Schfl. ＋ 30 Tlr.

序論　本書第1部に用いた方法の瞥見と批判ならびに第2部の企図

　余剰利益は……………………　81 Schfl. − (60 Schfl. + 30 Tlr.) = 1.5 Tlr.
24番目の労働者は 73 Schfl. 労賃を差し引くと

　残りは…………………　73 Schfl. − (60 Schfl. + 30 Tlr.) = − 10.5 Tlr.

すなわち穀価 1.5 ターレルの場合には 22 番目の労働者を置いてもなお利益がある。23 番目の労働者を採用するに至って利益と費用とが差し引きなくなる。24 番目の労働者を置くことは損失を招く。

　穀価 0.5 ターレルの場合には，20 番目の労働者は 111 Schfl. を生産し労賃を差し引くと　　111 Schfl. − (60 Schfl. + 30 Tlr.) = −4.5 Tlr.
4.5 ターレルの損失をもたらす。19 番目の労働者は

　　123 Schfl. − (60 Schfl. + 30 Tlr.) = 31.5 Tlr. − 30 Tlr. = 1.5 Tlr.

1.5 ターレルだけ余剰を残す。

　ゆえに穀価 1.5 ターレルの場合には，労働者を 20 人から 23 人に増すことが有利である。しかし穀価 0.5 ターレルの場合には，最大純収益を得ようとすれば 20 番目の労働者は解雇しなければならない。

　孤立国の2農場，1つは国境に近く穀価 0.5 ターレルの地に，他は都市に近く穀価 1.5 ターレルの地にある2農場を比較し，両者は地力同一であるのみならず，経営組織も同じであるとすれば，労働のていねいさが大であるべき理由のみによって，後者の穀収は前者よりも第 20, 21, 22, 23 番目の労働者が生産する分量だけ，上表によれば 382 シェッフェルだけ，大きいだろう。

　この要素を考えに入れることは第1部に述べた孤立国の形態にいかなる変化を与えるか？

　仮に同一肥力の土地の穀収が都市の付近では 8.5 シェッフェル，国境では 7.5 シェッフェルとする。

　この穀収の差は合理的経営の場合に起こるのであり，国境の農業者は 8.5 シェッフェル収穫しうる土地から 7.5 シェッフェル収穫するのを有利とするのであるから，この場合には投下労力を増加して，平野の標準収穫である 8 シェッフェル収穫する場合よりも，穀物の生産費が低くなることになる。さて生産費

の大きさで，耕作平野の広さは規制されるから，したがってこの要素を考えてもまた，平野の耕作が終わるマイル数は，第1部で計算したより少し大きくなるであろう。また穀草・三圃両式の境界も，多少，大したことはないが，狂うかもしれない。しかしここではマイル数はどうでもいい。マイル数は研究の本質には関せず，ただ理念の説明に役立つのみである。この要素の作用は単に量的であっても質的ではない。したがって孤立国の構成にさいしては無視することができる。しかし他の関係において——後に示すように——この要素を考えることは重要である。

　本書が初めて現われた1826年ころにおいて，現実の現象と外観上著しい矛盾をなしたところの孤立国の結論について，ここでもうちょっと説明を加えておこう。

　第1部の計算では，穀価がある点まで下がれば，穀草式より三圃式への推移が有利となって，地代が増加するということになっていた。

　しかし1820年から26年に至る間，北ドイツでは穀価が低落し，孤立国によれば穀草式よりも三圃式が有利となるくらいの点まで下がったが，当時の農業者は救済策を，畜産物の生産の多い農業に求めて見出したのであって，三圃式農業への移行ではなかった。三圃式によれば畜産物の収穫は穀物以上に制限されたであろう。

　私は本書を執筆するにあたって，この現実と自己の見出した結論との著しい矛盾をよく知っていたのであるが，これを変更することはできなかった。なぜならそれは全研究過程から必然的に出てきたのであるからである。

　しかしこの矛盾はどこからくるのだろうか？

　1) 孤立国では静止状態が観察の基礎となっている。ドイツで穀物の安かったのは非常な豊年が数年にわたって続いたことと，同時に起こったイギリスの穀物輸入防止とから起こったので，永続することのできない不自然な状態であった。

序論　本書第1部に用いた方法の瞥見と批判ならびに第2部の企図

　孤立国の三圃式農業が支配するところでは，消費者は標準以上の高い価格は払えないから，穀物価格も畜産物価格もつねに低くなくてはならない。

　ところがドイツでは，消費者は1820年以前の平均価格を穀物に対して払うことができる状態にあり，価格の低いのは，消費者の能力不足のためではなくて，中庸を失し可能な消費をはるかに越えたところの供給のためであった。それが国民の生活様式を変化させた。収入のうち，もしも穀価が高ければ穀物を買うのに使わねばならなかったところの収入のうち，非常に多くが残されて，その大部分はよい衣服や，植物質の代わりに動物質食物をとることに使われ，羊毛，肉類，バター等のような需要がそのために，はなはだ増加した。肉類およびバターは穀価が高かったころとほぼ同じ価格を維持し，羊毛はイギリスへのほとんど無関税の輸出に恵まれて不自然な高値を維持した。当時のような穀物と畜産物との価格の不均衡は，おそらくかつてなかったであろう。従来ライ麦1シェッフェルは大体バター9ポンド，羊毛6ポンドの価格であったが，このころにはバター3〜4ポンドがライ麦1シェッフェルの値となり，加工した羊毛1ポンドの価格は，しばしばライ麦1シェッフェルの価格以上となり，極細の羊毛は1ポンドが1シェッフェルのライ麦の2倍の価格にも達した。

　生産費——普通ならば価格を規制するところの——と市価との間にすべての関連が断たれたようにみえた。このような異常な関係は持続するはずがなく，今日すでになくなっている。

　こうした事情を考えると，畜産物が高いのに穀物のみ下落すれば，三圃式にならないで飼料作物の栽培を増すに至らねばならないことを，容易に理解することができるであろう。

　2)　孤立国においては，耕された平野は畜産のみを行なう圏に取り囲まれていて，畜産物はそこから安く供給されるために，都市近傍における畜産業の純収益はマイナスになる。しかしドイツの多くの地方からは，畜産のみを営む地方が非常に隔たっているか，あるいはその地方からの畜産物の輸入が関税によって困難とされている結果，畜産によって土地から地代を得ることができるほ

孤立国　第2部

どに畜産物の価格が高いのである。

しかしながら畜産物の価格が高いことほど強く輪栽式農業へ決定的に導くものはないのである。そして畜産物と穀物との価格の比は，輪栽式がどの点から穀草式よりも有利になるか，の問題を決定する重要な要素の1つである。

孤立国第1部ではドイツの事情は顧みることはできず，ましてそれを基礎とすることはできなかった。思うに，もしそうしたら普遍的法則を求める努力が，1地方1州にはあてはまっても，他地方には適用することのできない処方箋を求めるものに変わってしまったであろう。この第2部では，孤立国は可耕の荒蕪地でなく砂漠によって囲まれているという変更のもとに研究の対象となっているから——それから出てくる結論は，第1部よりはドイツの事情に似ているだろう。

「低廉な穀価は三圃式農業に導く」という命題はドイツの事情に当たらないという正しい感じが伝染して，われわれはこの命題の正しさ自身に疑いを抱いた。しかしわれわれは，それが当たらないのは事情が異なるによるものであることを看過していたのであるから，われわれはこの命題を攻撃できないところで攻撃し，支持できない反対論拠を引用したのである。

V

孤立国のすべての関係における合理性の要求の拡張

孤立国構成にあたっての手続きは，ある実際の農場を根拠として，この農場を順次に都市——市場——から異なる距離に移すと考え，そして「この農場の経営は都市からの距離が加わるにつれていかに変化しなければならないだろうか」の問題を解こうと試みたのである。

このさいわれわれは合理的経営を不可欠の要求として掲げなければならなかった。

しかしこのような方法による時は，この農場のすべての関係もまた実際から孤立国に移されているのである。

序論　本書第1部に用いた方法の瞥見と批判ならびに第2部の企図

　実際に地球上のこの点に存在するところの労賃と利率との関係，メクレンブルグのこの道路，この農場の大きさ，その他多くがすべて孤立国の構造の基礎となっている。

　合理性の要求をわれわれはいま孤立国のあらゆる関係の上に拡充しようと思う。そうすると，われわれは次の問題に入るであろう。この労賃およびそれの利率に対する関係は自然的であるか。このような状態の道路を維持するのは合理的であるか。この大きさの農場が最大の地代を示すものであるか，等々。

　すべてがまだ成長中であり，おのおのの変化がより高い段階に至る過渡の段階にすぎないところの現実において——もしもどこかに最終の高さにおける理性的なるものがすでに現われていたならば，それは全く不可思議なる偶然であるだろう。しかしこの不可思議が実際に起こったならば，その存在がどうして合理的であるかを示さねばならないだろう。

　だからわれわれは問題の解決を完成するために，われわれがすべて現実からとったものを吟味し批判し，合則性の探求に努め，そしてこれを——発見された限り——現実の代わりに孤立国の中へ移すことを必要とするのである。それによって1つの限りない系列をなした研究の眺望が開けるだろう。そのうち次のものは——すでに以前に暗示したところの関連において——最も重要なものとしてまず目につく。

　1)　自然労賃とは何か。および利子率の高さを決定する法則は何か。

　資本は労働生産物の集積，したがって完成した労働であって，1つの根源——人間の活動——から不断の労働によって生ずる。ゆえに資本および労働は本質的には1つであって，ただ過去と現在という時間の経過において異なるのみである。両者の間にはある関係が存在するにちがいない。それは何か。

　この問題は階級相互の地位，したがって数多い労働者階級の幸福および利益，ならびに有産階級のプロレタリアに対する責任に触れるから，この問題の研究は初めの孤立国構成の問題以外にわたるものである。孤立国はこの人間自身に関する問題の場合には後方へ退くものであって，研究は主として，問題が

孤立国　第2部

原則として解決せねばならないものであり，孤立国の基礎となっている考え方の下で解きうると私に考えられるものだけに限られる。

2）　地代と労賃および利子率との関係。

3）　もし1つの大都市の代わりに小都市ばかりが，同じ大きさで，かつ相互の距離を等しくして孤立国の平野内に分布する時には，地代はいかなる法則によって決定されるか。またこの場合に労働の集約程度は穀価といかなる関係に立つか。

4）　貨幣資本の数量が利子率の大きさに及ぼす影響。

5）　実際からとった運送費の計算には，今世紀〔19世紀〕の初めにメクレンブルグに存在したような，はなはだわるい道路が基礎になっているが，こういうわるい道路をそのままにしておくのが合理的でないのは確かである――それはメクレンブルグにおいても大道路の建設によってすでに著しく減少している――そして孤立国は初めはこういうわるい道路を備えていたとわれわれは考えて，その形態および広がりをそれによって定めたのであるから，孤立国では一般に合理性が支配すべしという要求によって，次の問題が生ずる：

a．大道路および鉄道はどこに，そしていかなる長さに敷設すれば有効であるか。

b．その敷設によりいかなる変化が耕地の広さ，耕作法および国富に現われるか。

6）　孤立国を構成したやり方から全平野に対して均一の気候を仮定することになっており，そして，これは第1部の研究のために仮定されねばならなかったのである。

また第1部の孤立国はその面積が狭いため，気候の農業に及ぼす影響を観察すべき材料を提示しなかった。

しかしこの無限の荒地に囲まれた国を遠隔の地に至るまで，鉄道網によって結ばれると考えるならば，そこから鉄道によって穀物を都市へ供給することができるから，この国の広さは，気候の相違だけによっても南部と北部の農業が

序論　本書第1部に用いた方法の瞥見と批判ならびに第2部の企図

その性質を全然異にするほどに広くなる。

　いま気候の農業に及ぼす影響を観察の対象とすれば，多くの問題が吟味と解答を迫る。その2，3のもののみを例としてここに示したい。

　　a．気候とともに労働者の生活必需品，労賃，人間の労働力，および労働費はいかに変化するか。

　　b．家畜の放牧期間は緯度につれていかに変化し，そしてこれは畜産物の生産費に対してどんな影響をもっているか。

　　c．どの作物が，生産量が最大であることによって，さまざまな気候帯において栽培の主対象となるか。

　　d．気候は，一定量の収穫（例，100平方ルートから10シェッフェル）によって土地から奪われる有機質の量に対していかに影響するか。そしてこの量は，同一土壌，同一状態で，緯度に伴って，いかに変化するか。

　7）　孤立国を構成できるためには，穀価を既知とし，これを一定の数で表わさねばならなかった。しかしこの価格は任意または偶然でありえない。だから孤立国の構成ができた暁においては，そしてわれわれが前に行なった前提を除いて，その代わりに合理性を入れるという問題を出したからには，次の問題を提起せねばならない——

　　なぜ都市はライ麦1シェッフェルに対して1.5ターレルという仮定した価格以上を払うことができないか。そして他の価格でなくちょうどこの価格が払われうることの原因および条件は何か。

　穀価が騰貴すれば平野の耕作はいくらでも拡張されるのだから，生活必需品の欠乏ということに都市膨脹の制約はありえない。反対に，この制約は都市自体の関係，すなわち一定量の生活必需品に対して従来以上の製造品を提供することの困難あるいは不可能な点に求めねばならない。

　8）　孤立国はただ１つの大都市があるという前提は，研究の単純化に役立つが，合理性とは合致しないから，ここでは取り去らなければならない。

　現実においては都市の出現はしばしば偶然によっている。最初の移住者の小

屋の傍らに第2の移住者の小屋が相互扶助に便利だからというので建てられ，同じ理由で第3，第4と加わって，ついに1つの都市が生じた。

こんなぐあいにして生じた都市の多くは，これが動かすことのできるものであったら，他の地点へ移すこともできよう。

しかし，あるゆる方面で合理的でなければならないところの孤立国においては，都市の大きさおよび分布に関しても合則性が支配しなければならない。ここでは最上の原則として次の命題が立てられるべきだろう。

　諸都市は，その大きさおよび相互間の距離に関して，最大の国民所得が生ずるように全国に分布されなければならない。

この原則に適うのは，商業および工業が最も廉価に製造し，その生産物を最も廉価で消費者に届けることのできる点にその立地をもつ場合である。

これは，他の多くの問題のほかに，次のような問題へと導く——

　a．いかなる理由が人々を大都市へ集中させるか。いかなる工場が首都に立地するのが当然か。

　b．地方都市相互の大きさと距離は地方人口の疎密といかなる関係にあるか。

　c．地方都市からの距離の大小は農業および農民の教養にいかなる影響があるか。

9) 孤立国が畜産圏に囲まれずして，砂漠に囲まれる時には，畜産物の価格はいかなる法則によって決定されるか。

10) 孤立国はその土壌が物理的性質が均一であるのみならず——自由式農業圏を除けば——同様の植物栄養力を有しているとの前提を基礎としている。

しかし土壌の肥力は可変であって人力に依存する要素であるから，初めは同一生産力の土壌も，合理的経営をする場合に，孤立国のどこもが同一生産力のままでいるだろうか否かが問題となる。

さて土壌の大きな肥力はただでは得られない。必ず前払いによるか，または一時的純収益の減少を伴ったひかえめな農業経営法によって得なければならな

序論　本書第1部に用いた方法の瞥見と批判ならびに第2部の企図

い。一方においてそれがもたらす犠牲の大きさ，他方において土壌を肥沃にすることによる利益は，穀価および畜産物の価格に依存する。したがって，両者——犠牲と利益——の量は孤立国の各地方で非常に異なる。

だから土壌の相当な肥力というものもまた農業生産物の価格とある関係に立たねばならないものらしい。

このようにみる時，生起する問題は次のようである——

　合理性の要求が満足されるためには，土壌を肥沃にすることは，孤立国の各地において，どの点まで行なわれねばならないか。

11)　孤立国の構成は「テロー農場の経営は，これが孤立国のさまざまな地点に移される時には，いかに変化するだろうか」の問題を解くことから出発しているから，孤立国の農場はすべてテロー農場の大きさをもっているという条件がその中に潜んでいる。

ここで述べた立場から，テロー農場は土地の純収益が最大となる大きさであるか否か，を問題にしなければならない。そしてそれによって3つの問題が導かれる。

　a．土地が最大の地代を生むには農場はいかなる大きさをもたねばならないかを，ある与えられた一定条件のもとにおいて，どうして確定することができるか。

　b．市場からの距離の大小は農場の合理的大きさに影響があるか。

　c．肥力の増大は農場の合理的大きさにいかなる影響を与えるか。

12)　第1部で，耕地が農舎から隔たるにつれ，耕作的費用が増加し，地代が減少することを示した。

そのさいには，研究を複雑にしないために，耕地は，農舎から境界点に至るまで等しい肥力をもち，同一経営組織のもとにあることを前提としなければならなかった。

いまや前提を漸次除く場合となって，その前提自身を研究対象にするのだから，問題は次のようになる。

孤立国　第2部

　　a．耕地を農舎から農場の隅に至るまで等しい肥力にしておくのは合理的か。もし合理的でないというなら，いかなる段階がつけられねばならないか。

　　b．大農場での耕地の経営組織は，全体が最大純収益を実現するためには，農舎からのさまざまな距離をおいて，どのように変わらねばならないか。

13)　土地から最大の地代を獲得しようという問題は，自家用にのみ木材を生産する孤立国の農場に対しては，「いかにすれば木材を最小生産費で得られるか」の問題を含んでいる。そこで次の問題が導かれる——

　　a．与えられた場合の木材生産費の計算方法。

　　b．都市からの距離の加わるにつれて，建築用材および燃料用材の生産費は，同一経営で，いかに変化するか。

　　c．木材を最小生産費で生産しようとすれば，材価の変動につれて，孤立国の各地における森林経営，なかでも更新期間および営林計画にいかなる変化が起こらねばならないか。

14)　孤立国構成の方法から，農業用建物には各地同一の建築の仕様が仮定されるということが出てくるが，これは合理性と一致するか。

　農業経営に必要な建物は次の4種の費用を毎年生ずる。すなわち，

(1)　建築資金の利子

(2)　維持修繕費

(3)　減　　価

(4)　火災保険料

　建物が堅固に建てられるほど，(2)(3)の費用は少ないが，同時に(1)(4)が増加する。

　したがって，これらの費用の合計が最小になるようなある程度の堅固な建築の仕様がなくてはならない。

　農場経営の合理性は地代の最大を要求する。しかしこの地代の最大は，建築費が建物の目的を十分に果たしつつ，できるだけ少なく農場収益から取り去る

序論　本書第1部に用いた方法の瞥見と批判ならびに第2部の企図

場合に得られる。だから毎年の収穫に割り当てられる建築費が最小となるべき建築の仕様の研究が，解答すべき問題の一部をなす。

これは次のような問題となる——

a．各年度に振り当てられる建築費をいかにして確定し，これを個々の栽培部門にいかして分割するか。

b．建築用材の生産費は，都市からの距離が加わるにつれて，地代——材価の一構成部分——が著しく減少するから漸次小さくなり，それから各種建築材料，たとえばカシ材，松材，煉瓦，瓦，わらなどのようなものの間の価格関係もまた距離とともに変化するから，ただ1つの建築の仕様が全孤立国に対して最も有利とは限らない。そこで問題になるのは，毎年平均的に掛けられる銀行費用を最小にするためには，建築の仕様（たとえば煉瓦，セメント，木材組立，板等の壁のある建築仕様）は，都市からの距離の加わるにつれて，いかに異ならねばならないか。

15）　第1部第3編ですでに租税の作用に論及したが，その場合には労賃，利潤，耕作の集約度および土壌の肥力は一定の大きさとみなした。研究を拡張するために，すべてはこれらの要素を可変とみなすから，次の問題が起こる——租税は前述の諸要素にいかなる影響を与えるか。

16）　すべてこれまでの研究においては，土壌の平均収量のみを見た。すなわち（同じことであるが）中位生産力の年を仮定した。

ところが実際に起こる年生産の不同は，農業経営にしばしば攪乱を来たし，消費者に対してはよりしばしば欠乏と切迫とをもたらす。これは次の問題の観察に導く——

a．異常生産の年には正常な農業経営にいかなる変更がなされねばならないか。またそのような年の影響は孤立国の各地に同様であるか。

b．よい収穫ならびにわるい収穫の場合には，生産費は穀価の調整者でなくなる。こういう年には，穀価はいかなる法則に従うか。

最後の問題に対する満足な解答は，穀物商人の投機に対して拠りどころを与

えるであろう。

17) 現実においては，すべて出現しているものは，未だ達せられないはるかな目的への過渡の段階にすぎない。

ところが孤立国においては，つねに最後の結果，すなわち達せられた目標をみてきた。目標が達せられるとともに安息と静止状態とが生ずる——そこにわれわれは合則性を見るのだが，過渡期には多くのものが解き難い混沌としてみえる。しかしながら静止状態は次の理由から現実には起こりえない。

(1) すでに個人が生涯の時期が異なれば同一でなく，まして親より子，子より孫と代を重ねれば同一にとどまらない。人類自身が１つの遠くて明らかには知られていないところの僅かに予想される目標に至る鎖につながっているのだ。

(2) 生きている人が目標として意識したことでも，その実現には時間がかかる——しばしば人の一生よりも長い時間がかかる。

(3) 自然の中に個性と力とが潜む。それを発見し正しく利用することが人間の最高の使命の１つであるようにみえる。なぜならそれによって人の労働はより多く報いられ，より多くの果実を結ぶことができ，もって人類の幸福は促進されるであろうから。しかし自然は人間にその秘密を漏らすのに緩徐であり，かつ大発見は社会生活に変化，否，変動をもたらすのであるから，産業に関する社会の努力および目標自体も変化せざるをえない。しかしこの変動にもかかわらず，われわれが観察をする個々の中に１つの確固たる——偶然的でなく任意的でない成長に至る萌芽が横たわっている。そしてわれわれは地中に置かれたどんぐりからやがてどんな木が生長するだろうかを知っているように，この場合にもこの萌芽の発展から生ずる果実を——最後の結果を——攪乱的作用が起こらないという前提のもとに，予知し想像の眼で見ることができる。ここにわれわれの研究において静止状態を見，それを基礎とすることの理由がある。

この方法によって到達した認識は，発展と過渡の時期の紛糾した現象に光明

序論　本書第1部に用いた方法の瞥見と批判ならびに第2部の企図

を拡げるのに本質的に役立つ。

　これを孤立国に当てはめると，新しい機械，新しい交通機関等の発明が最初現われた時，社会の福祉に与える影響と，後にそれから展開する結果とを比較すること——つまり秘密に満ちた発生——を観察の目標とすることを求められているとわかるのである。

　さて提起した諸問題が多方面にわたり，種類の多いことを振りかえるならば，かつ現実から孤立国へ移入した関係に対する合理性の要求によって，上述の諸点のほか，なおあらゆる資本家社会の関係が研究されねばならないことを考えるならば，さらに，現象でなく理性的なるものが究められ，そのようにしてはじめて目標そのものが樹立されることを考えるならば，問題の解決は1個人の仕事，否，1世代の仕事でもありえないことがおのずからわかるであろう。それはむしろ歴史自身の労作である。歴史は全人類が数世代にわたってなし遂げるものを集めるものである。——それゆえに，生起した運動の根拠と目的とをはっきりした意識にまでもたらすこと，そして断片から組織的な全体を築くことは，材料をもっている後世の研究者にしてはじめて成功することができるのである。

　このような認識は人をして仕事に着手する勇気を阻喪させるかもしれない。

　しかしここに上に与えたところの論証が限りなく大切であることを示しているのである。すなわち，1つの要素のみが作用するとし，他は不変ないし固定とみなす方法によって得られた結果は偽りではなく，ただ不完全であるということ，すべて他の共働する要素が，同様な研究のもとに置かれるまで不完全であるだけであるということ——したがってきわめて微細な点についての研究も，大建築の一礎石となりうるということである。

　この見解を了解し問題の全部をつかんだ読者に対しては，この第2部においては，主として断片を提供したにすぎないこと，著者が長く考察の対象としていた点については詳論して細目にわたり、他の点は単に指示するにとどめて各章の扱い方の不同がはなはだしいこと，それから最後に，2，3の章において

は問題の解決の研究を行なわず，ただ新しい問題を提起し，他の人がそれによって研究に進むことができれば，著者はそれで満足していることを，お断わりする必要はないと信ずるものである。

第1編　労賃および利率に関してみた可耕荒蕪地に囲繞された孤立国

第1章　不明瞭な自然労賃の概念 (1842年稿)

　国民経済学の研究は私をいつも次の問題に立ち返らせた——普通労働者が一般に受けているわずかな労賃は，自然的か，それともこれは，労働者が取りもどしえない横領によって生じたのか？

　労賃の低い原因は，資本家と土地所有者とが，労働者の生産する生産物のはなはだ大きな部分を着服することにあるから，先の問題は直ちに他の問題に導く——

　　労働生産物の分配が労働者，資本家および土地所有者の間に自然的に行なわれるべき法則はいかなるものであるか？

　この法則の研究は単に国民経済学的な興味があるばかりではなく，ごく真摯な道徳的関心事である。

　われわれは義務を果たそうと最もまじめな心を奮い起こしても，何が義務であるかを知らず認識しない時には，他人に大きな不正をすることがありうるのである。

　労働者に対する義務は何か，労働者に労賃として帰属すべきものは何か，労働者のいかなる要求を不正として拒むことができるか——すべてこれらの概念の中に，得手勝手が支配していて，各人自分に都合のいいようにこれに答えることができる。なぜというに，科学ですらこれに対しては「労賃の高さは労働

者の自由競争，すなわち労働者に対する需要と供給の関係によって定まる」というよりほかの説明を下さないからである。この説明においては概念の混淆によって事実を説明としている——現象を現象の理由としている。しかり，あたかも労働者は生活に欠くべからざるもの以外には受ける資格はないかのごとき，また生命および労働力の維持に必要な生活資料の合計が自然労賃でもあるかのごとき見解が世人を支配し，労働者が目に見える苦痛に悩まない限りは，良心は眠っているかのごとき観がある。

　この困難が目に見えて起こるや，難儀する人を救おうとする美しい宗教的感情，キリスト教的義侠心が起こる。けれども——困難の源はそれによって止められはしない。

　しかし自然労賃に対する考えの不明瞭なことが最も危険に作用するのは，租税を賦課する場合である。

　立憲国の国会は国王の専横を防ごうと全力を尽くすが，議員自身が全体としては社会の上流階級に属し，多数の一般労働者階級は代表されていないので，国王の専横に対して強く反対する当の議会が，民衆に対してはわがままをなし，租税を許したり法律を提出したりなどすることによって，労働者の圧迫者となる，ということが起こりうるのである。このようなことになるのは，悪意のためではなく，利己心のためでも決してなく，ただ労働者には生活に必要なもののほか権利がないと考えるからにほかならない。

　けれども頭をもたげつつある民衆が「自己の生産物に対する労働者の自然的分け前は何か」という問題を提出して実際これを解こうと試みるときに，破壊と暗黒とを全ヨーロッパにもたらす闘争が生じうるのである。

　この問題が学問においてまだ解けないということ，正義とは何であるかがわかった政党のないということ，および自利という不純な動機から起こる闘争は義務と真理との認識においてなんら役に立たないということは大きな禍である。

　ある国民経済学の著者——企業者の多くは彼と本能的に一致する——によっ

第1編　労賃および利率に関してみた可耕荒蕪地に囲繞された孤立国

て生命維持に必要な分量の生活資料が自然労賃であると説かれる時，また他の著者が労賃の決定は規制も法則もない自由競争に放任されるとする時，それは現実に起こっていることを述べたにすぎない。

　もし労働者が，現実に起こっていることは不正である，と主張するならば，かの誤信された法則は全内容を失い，経験を言うことの代わりに，理性の基礎によっているところの法則が示されねばならない。

　すでに今日，フランス——全ヨーロッパに広がりつつある震動の中心——では起こらんとしてまだ血を流さない戦いの最初の形跡が共産主義者の見解と学説の中にある。

　しかしこの問題はなお1つの他の深刻な側面を現わす。

　われわれは世界歴史において，ある大きな理想は数百年間人類を動かしかつ傾倒させることを見るのである。しかり，世界史自身がかかる時代においてのみ理想の展開と漸次的実現を示すことを見るのである。

　しかし，こうした理想の実現はつねに大いなる闘争，全国家の破壊または滅亡と結びついていた。

　かの宗教戦争はほとんど100年間世界を震わせ，筆舌に絶する貧困を数百万の人類にもたらした。

　現今フランス革命が始まって以来，世界は立憲自由の理想によって動いている。この理想の最初の現われは，順次全ヨーロッパに広がった23年間の戦争となった。

　現在は一時的静穏に入っているが，これはおそらく嵐の前の静けさであろう。なぜなら騒擾はまだ終わらず，理想はその実現になお遠いからである——だから将来いかなる暴風が起こるかを予言することはできない。

　しかしこの闘争の彼方に，すでに他の闘争が待ち伏せている。その闘争は立憲自由への努力の中にすでに種子として含まれていて，以前のそれよりもより危険であり，破壊的になりやすいものである。

　誤謬が真理によらず，不正が理性と正義とによらず，かえって他の不正によ

って争われるのが常であるということ，また幾度となく左へ右へ揺れた後にはじめて真理と正義とが実現されるということは，悲しむべき歴史の結末である。

　アダム・スミスは言う――曲がった棒を真直ぐにしようとする者は，真直ぐにでなく，反対の側へ曲げる。

　そのように共産主義者も労働者のために自然労賃を望むことで満足せず，直ちに熱狂的な望み，没理性的な要求に突進する。

　しかし誇張は人を引きつける力があって大衆を狂喜させ，中庸を得たしかし真実なものは大衆を冷静にさせる。

　だから共産主義者の思想が広がって，国民の感情に根を張ることははなはだ恐るべきことである。ことに能弁ではあるが基礎のない著作者によって説かれる場合には恐るべきである。

　将来不幸にして共産主義者がフランスにおいて支配者となり，そしてその軍隊が剣と宣言，すなわちドイツの兵隊に所有権の分配と財産の平等とを約束するところの宣言とをもって武装してわが国境を侵すならば――いかなる抵抗が期待されるであろうか。そして変革と破壊との極まるところはどこであろう――？

　しかし人類発展の進歩の1つ1つが数えきれない後退の後に実現し，流血と数代の苦悩によって償われなければならないということは，世界精神の計画あるいは神慮の中にはないのは確かである。真理と正義とを認識することの中に，利己心の抑制，それによって富者が不正なる所有物を自発的に返却するところの利己心の抑制の中に，人類を発達と向上とへ平和的に晴朗に導く手段がある。

　しかし，虚偽と利己とが支配するところ，世界史が示すごとく女神ネメシス (Nemesis) が恐ろしい復讐者として現われる。科学の高く尊い使命は，経験によらず，歴史の経過によらず，理性それ自身によって，それに向かってわれわれが努力すべき真理と目的を究めて認識するということである。

第1編　労賃および利率に関してみた可耕荒蕪地に囲繞された孤立国

第2章　労働者の運命について　真摯なる夢（1826年稿）

　すべての国，憲法のある国においてすら，国民の最多数階級，すなわち一般労働者階級が少しも代表されていないことは大きな悪である。
　いかなる企業者（たとえば工場経営者，借地農業者または単なる管理人ですら）の報酬も手労働者（Handarbeiter）の報酬に比べれば，比較できないほど多い。
　なぜこの不調和は最も熟練した労働者が企業者階級に移りゆくことによって平均されないのか？　ここにも自由競争が存在するのではないのか？
　それは労働者には学識が欠けているからだ。学識がなくては他にいかに堪能であっても企業者や管理人とはなりえない。
　ではなぜ労働者にはこの学識が欠けているのか？
　それは労賃が少なくて労働者はこの知識を学ぶのに必要な費用を子供のために出してやれないからだ。
　ではなぜ労賃がそんなに少ないのか？
　それはこの階級では早婚によって増加がはなはだ大であるから，労働者の供給はほとんどつねにその需要よりも大で——そのため労賃が低下し，どうしても必要な生活必需品がやっと得られるだけである。然り，もっと増加するのであるが，一部労働者階級に行き渡っている貧困の考慮によって，わずかに阻止されているということは痛ましくも真実である。
　だから労働者は労賃の少ないことに対して自ら責任があることになる。
　ではどうしたらこれから免れられるか？
　国民性の変化によるほかはない。
　中流および上流出身の男子は，数千ターレルの資本または数百ターレルの収入があっても，収入が1家族を十分に養い，子供によい教育を授けることがで

きるまではふつう結婚しない。一般に30歳以前には結婚しない。彼らは，もし日雇労働者のような生活をしその子供を日雇労働者と同じ教育をすることを肯んずるならば，ずっと早く結婚できるであろうが，彼らの考えでは貧しい生活と子供のわるい教育とは，結婚の幸福によって差し引きできないほど大きな悪であるから，結婚が与えうるところの（必ずしもつねに与えるわけではないが）幸福をしばらく犠牲にするのである。

しかし労働者は住居さえ得られるなら，20歳を超すや否や，1家族を養うのに腕1本のほか何もなくても，結婚する。してみると彼らには結婚は，後ろで彼らを待ち構えている貧困，子供を十分に教育せず成人させなくてはならないという心配が，彼らに対して脅威をもちうるよりもより以上の誘惑をもっているのである。彼らはその子供をただ生理的に育てれば満足で——子供の精神的啓発に対してなんらの欲求がないのである。

しかし国民性が変わって労働者も中流階級と同じように，窮乏から守護された生活，子供の精神生活を欲望中に算入し，これら欲求の満足が確保されるまで結婚を延ばすようになったらどんな結果が生ずるだろうか？

第1の直接の結果は労働者の供給減少と労賃の高騰であろう。

だがもし労働者が自ら精神的発達の欲望を感じない場合に，いかにして子供の精神的教養を生活の必需とするに至るであろうか？　労働者自身に精神的啓発の欲望が欠けている限り，節約した金は肉体的享楽の満足に用いて子供の教育には使わないであろう。

私は労働者がその子孫によい教育を与えるために今後は結婚をひかえるという犠牲を払うことを期待するのであるが，それには現在の青年に精神的啓発に対する欲望が喚起されなければならない。しかしこれはよい学校教育によってのみ得られるのであるから——そして現在の労働者はよい教育の費用を払う力も意思もないのだから，教育設備は国費で整えられ維持されねばならない。

これが完全に行なわれ，労賃は高められ，労働者が企業者のもたねばならない学校教育を受けるならば，従来両階級の間にあった柵は破れる。企業者の独

第1編　労賃および利率に関してみた可耕荒蕪地に囲繞された孤立国

占はなくなり，低い生活になれた労働者の子弟が企業者と自由競争を始めるから，産業利潤は逓減するであろう。無能な企業者（管理人等を含めて）は労働者階級になってゆかねばならず，有能なものはもはや報酬の少ない営業を捨てて，研究に没頭したり，官吏として尽力したりするであろう——だからこの方面にも大きな競争が起きて，官吏の俸給は低下し，国家の行政費が節約されることになるだろう。

こうした社会状態では，ごくわずかの非常に富んだ人のみが，労働せずに生活することができるだろう。労働は高く支払われ，労働者，産業企業者，官吏の報酬の間の差は現在よりはずっと小さくなるであろう。

現在は一部の人が肉体労働の重さに倒れんばかりで生を楽しみえないでおり，他の一部は労働を賤しみ体力を用いることを忘れて，健康と快活とを失っているのであるが——そうなったら，おそらく大多数の階級が，その時間を精神的活動とほどよい肉体的労働とに分割し，人間はかくして再び彼の自然的状態と本来の姿——すべての力と素質とを発揮し完成する——に立ち返るであろう。

このような社会状態においても人間のすべての苦しみが消えはしないだろうが，所有権の害，貧困より生ずる犯罪は少なくなり，否，全く跡を絶つであろう。

もしわれわれが次のことがらを考えるならば，すなわち精神的教育の普及とともに機械や農業において発明発見をなしうる人の数も増加すること，このような発見は労働の能率を高め，より多くの生産物をもって報いるということ，したがって人間の精神文化の向上とともに苦痛な肉体労働はしだいに除かれるであろうということを考えるならば，人類は数千年後には楽園の状態に達しうると言ってもよかろう。その楽園では人は無為のうちに生活するのではなくて，精神と肉体とを働かせ，ほどよい健康と快活のうちに活動して暮らすであろう。

それゆえこの楽園は，人類が長い闘争と努力との後に達しうるところの目標

であろう。伝説はすでに最初の人間を楽園の中へ移しているのだが。

　以上は1826年の秋，私がセイ (Say) やリカアド (Ricardo) の国民経済学上の著作を研究しているさい，労賃について論じてあるところに不満を感じて草したものである。

　私はそれを「夢」と呼んだ。思うにそれは当時の科学界および実際生活を支配していた考え方とはなはだしく異なっていて，現実よりはむしろ空想に属するように見えたからである。もちろんこれは空想ではあるが，それにもかかわらず私の人生観および行動に重大な影響を及ぼした。というのは母乳と一緒に注ぎ込まれた所有階級の考え方，すなわち労働者は生来重荷の担い手であるように運命づけられているとか，彼らはその勤勉に対して生存することだけを与えられるものだというような考え方が，——それによって永久に揺り動かされたからである。

　大部分の地主，企業者の生活，都市の雇主たちの生活ですら，労働者や雇人と始終闘争して暮らすことによって悪くなる——なぜなら，彼らは労働者らのよき運命に至ろうとする努力をよこしまな傲慢と考えて，彼らはあらゆる手段あらゆる力をもって戦わねばならないからである。

　しかし人間は誤解のために不正を正義と思い，それを全力を尽くして維持し通すことを義務と考える時ほどわるい行為に固着することはないものである。

　しかもその場合には良心がとがめない。というわけは不正を犯すのは意思でなく，明察の不足だから。しかし復讐の女神ネメシスはそんな区別を考慮しない——悲しみ，戦い，敵意に満ちた生活は，無知と誤謬の結果である。

　誤謬と無知とはいつも危険であるが，この場合にはそれによって数百万人の平穏と幸福とが失われるのであるから，この場合ほどはなはだしく危険な場合は他にないであろう。

　ここでは私にはなお別個の観察が心に浮かぶ。

第1編　労賃および利率に関してみた可耕荒蕪地に囲繞された孤立国

　私が「夢」の中に述べた考えを摑んだ時には，これは世間の考えとはひどく違っていて，この夢を公にしたら空想家あるいは革命家とされることを恐れなければならなかったので，これが共鳴者を発見したり役に立ったりしようとはとうてい考えられなかった。だから私は「夢」をただ2，3の友達に話して，それを科学的研究と一緒に公表することにした。

　それ以来まだ4分の1世紀も経っていないのに——この問題に関する世論および国民的考え方がこのわずかの間にすっかり変わった。

　「夢」の中で憧れたことが，いまでは実に平凡に，無気力にさえみえるではないか。多数貧民階級の幸福のために社会主義者は相続権の否認，共産主義者は財産の分配，平等論者（Egalitaire）は都市の破壊，富者の殺害を要求している！

　しかし大衆の中である問題に対する理解が短日月の間にこのような飛躍がとげられうるとすれば——もう四半世紀経ったらいかなる考えが支配的になるものか，それが最下層階級にどの程度まで広がるであろうか，またどんな結果がそれから生まれくてるのか，誰もそれを言うことはできない。

　　　　　　　　　　〰〰〰〰〰〰

　夢の中に含まれている人類の未来に関する考えは，われわれに悲運と和解させるし，また歴史発展のなかに人類に好意をもつ摂理を認めさせるので，いかにも感情には快いのであるが，——その実現の可能性が示されない限り，この夢はいつまでも1つのユートピアにすぎない。

　しかし実現に至るものは人類の組織から必然的に発展するものだけである。

　労働者の高い労賃やよい教育というまじめな願いも，これらが人間の自然の中にある本性と力とに一致するものであることを示さなくては，何の役に立つものであろうか？

　労賃が高騰する場合に工場が閉鎖されるのを見ないだろうか？　労賃の高い場合に瘠地の耕作は全部廃れて放棄しておかれるのではないだろうか？——そして労働者の運命は今日以上わるくなりはしないだろうか？

人間性から発する法則を明らかにする科学の奥深く突き進むことのみが，この問題に結論を与える——だから，もしわれわれがこの人類の運命に深く触れる問題に関して説明を得たいならば，行く手の道はいかに不快で飾気なく，かつ茨に満ちていようとも，われわれは科学的研究に進まねばならない。

まず国民経済学の父アダム・スミスによってこの問題がどこまで解決されたかを見よう。

第3章　労賃，利率，地代および価格に関する アダム・スミスの見解

最初にアダム・スミスの学説はわれわれが提起した問題の解決に十分であるか否かの問題に答えなければならない。

同時にそれによってわれわれの問題自身がより明瞭により決定的になるであろう。

アダム・スミスの見解は，彼の著書から挿入句や偶然的繰り返しを区別する時了解しやすくなるから，読者の便宜のため，スミスの『国富論』[注]第1巻からこの問題に関する重要な章句を，ある部分はそのままに，ある部分は簡略して次のようにまとめる。

労　賃

第1巻においてスミスは言う——

120頁「労賃の高さがどれほどになるかは，労働者と資本所有者との間の契約による。」

注）アダム・スミス『国民の富の性質と原因に関する研究』，英語第4版よりガルベ（Garve）氏の新訳，ブレスロウ，1794年。〔大内兵衛訳『国富論』岩波文庫第1分冊〕

第1編　労賃および利率に関してみた可耕荒蕪地に囲繞された孤立国

127頁「労賃の騰貴を招くものは，国富が達したある大きさではなく，その継続的な増加である。」

129および130頁「労賃がそれをもって支払われる基金 (die Fonds)，全住民の収入および資本は，それ自身いかに大きくとも，両者が数年間にわたって変わることなく静態が継続するならば，働き手の数は職の数よりも急激に増加し，そして間もなく資本家の自利心と労働者の競争とによって，労賃は労働者が彼の欠くべからざる自然的欲望だけを満たしうるのみになるところまで低下するだろう。」

144頁「子供を繁殖することは貧困のためにそんなに妨げられるものではないが，養育はそのため非常に困難となる。かつてスコットランドで1人の母が生んだ20人の子供のうちでわずか2人が生き残っていると私に語った人がいる。」

145頁「すべての動物はそれが有する生活資料との関係に基づいて自然的に増加するもので，この関係以上に増加することはできない。しかし普通の市民社会では生活資料の欠乏が人間増加の極限となるのは下級階級だけである。そして下級階級は多産的結婚が生んだ多くの子供の命を奪うことによってのみこの極限を設けることができるのである。」

146頁「人（労働者）に対する需要は，商品の需要と同じく，その生産を規制するものである。ある時労賃が過大であるならば，そのために喚起された過剰労働（労働者）が直ちに競争をし，それによって労賃は中心点に下がるであろう。」

148頁「次のことはまさに注意する価値がある。労働する貧民すなわち多数階級の状態は，社会が最高繁栄時代へ近づく時のほうが，かかる時代へ達した時よりも，幸福でより望ましいかのようにみえる。社会が繁栄して止まっている場合には，一般労働者は生活困難である。社会が後退すれば彼の生活は困窮する。」

156頁「労働に対する需要が，増加しつつあるか減少しつつあるかあるいは

— 341 —

静止状態にあるかにより，すなわち人口の増加，減少あるいは不変のいずれが求められているかによって，労働者に与えられるべき生活必需品および嗜好品の量が決定される。」

　自由競争，すなわち労働の需要に対する供給の関係が，アダム・スミスに従えば，労賃の高さを決定する。そして労働者に対する需要の大きさは，国富が増加しつつあるか，静止しているかあるいは減少しつつあるかによる。
　しかしわれわれが提起した問題は，社会の固定状態に対して労賃の高さを究める問題である。かかる状態においては需要供給はつりあい，両者はいわば相殺，または休止したようにみえる——だからこのような状態において労賃の高さを決定する他の原理が存在せねばならないことがわかる。
　固定状態は静止状態である。静止状態においてはスミスに従えば，労働者の生活は困難であって，労賃は下がって，労働者はそのため不可欠の欲望を満足できるだけとなるため，欠乏が生まれた子供の大部分の生命を奪うのである。
　しかし生活必需品の欠乏から死ぬとは——恐ろしい運命だ。来たるべき世紀において多数の民衆がかかる運命に遭遇しなければならないならば，恐ろしいことである。なぜなら，地球の各地が人口稠密となり，肥沃な土地は所有され，農業および工業に役立つ新しい自然力の発見が少なくなればなるほど，われわれは漸次静止状態に近づくことは否定できないからである。
　要するにアダム・スミスおよびその後継者の多くは，労働者の生活必需品の合計が自然労賃であるとの見解を支持した。
　リカアドは直截に「労働の自然価格とは労働者を維持しその種を増殖するような状態に置くところの価格である」と言う勇気をもっていた。

利 子 率

　アダム・スミスは産業に投下した資本の諸賃料 (die Zinsen) と企業者の利潤 (der Gewerbsprofit) とを「資本利得」(der Kapitalgewinn) の名のもとに一緒

第1編　労賃および利率に関してみた可耕荒蕪地に囲繞された孤立国

にしているが，これは利潤率に関する見解を彼が明瞭にすることに対してははなはだ不利益である。しかしスミスに従えば（161頁），利潤は貨幣の利子の高さより判断され，両者はいわば比例的であるから，利潤の大きさについて彼が言っていることから逆に利子率を推察することができる。

　スミスの資本利得の研究は各地および各時代におけるその大きさに関しては貴重な記録を含んでいるが，利潤および利子の高さを決定する法則に対してはまだ不十分である。この点に関して重要な文章を引用すると，次のごとくである——

160頁「資本 (die Kapitalien) の増加はすでにみたように労賃を高めるが——この資本の利潤を小さくする。多くの商人の資本が同一商業部門に投下される時にはそれによって起こる競争がその利潤を小さくする結果にならざるをえない。そして資本の増加が1国の産業および商業のあらゆる部門に広がった時にはすべての資本家の利得がまた減少せねばならない。」

172頁「豊沃な土地，気候および他国に対する位置によって得ることのできる富を獲得し尽している国においては——裕福で静止している国においては——確かに労賃および資本利得はともに低いだろう。住民がその生活手段を取るところの土地面積との関係からみても，また，彼らがそれによって職を得るところの基金との関係からみても，すっかり人が住んでいる場合には，労働者間の競争は大となって，その労賃は従来の労働者の数を維持するにちょうど必要なだけ以上にはなりえなくなるに違いない。またその国が，機会のあるあらゆる事業に対して資金を供給するならば，すべての事業部門の中へ，各部門の性質と規模とが許すだけの資本が投ぜられているだろう。したがって，各事業部門において資本家の競争で利潤はできるだけ低くなるであろう。」

177頁「企業者の普通利潤の増加しうる最大限度は，それが商品価格のうち地主に属すべき部分を併呑し，労働者には生きていくに必要なだけしか残さない場合の大きさである。労働者はすべての場所においてなんらかの方法によって支持されねばならない。でなければ彼によってなされる仕事ができないか

ら。しかし地主は地代を取る必要が必ずしもないのである。」

176頁「普通の最低利子は，金を貸す場合に時々どうしても被る損失を償うに必要な額より多少多くなければならない。でなかったらこの職業にはちっとも利益がなく，親切心か慈悲心が人を動かして金を貸させる唯一の動機となってしまうだろう。」

～～～～～～～～～～～～

アダム・スミスは，利潤と利子とが達しうる上下の限界を示すこと，およびこの限界の中では，両者の高さは資本の在り高およびそれによって生ずる競争が大きいか小さいかによって定まるのを立証することで満足している。

しかしこれでは現象，すなわちわれわれの目前に現われるものを述べたにすぎない。労賃と利潤とはここではやはり2つの互いに全く独立し競争によって規制される要素である——両者の関係を示す法則については少しも論じられていない。

地　　代

地代の起源と根拠についてアダム・スミスは言う——

89頁「ある国で土地が私有物となるや，自ら種子をまかない所に収穫し，また彼の所有地の自然的生産物に対しても賃料を請求しようとする。森の木や野の草は，土地がすべての人に共有であった間は，それを欲しいと思う者はそれを集める苦労さえ払えばよかったのに，いまや地主から税（Abgabe）すなわち1つの値段（Kaufpreis）を課せられる。すなわちこの地主から木材あるいは草を取ってもよいという許可を得ねばならない——この許可に対しわれわれが彼の土地の上で採取したもの，あるいは育てたものの一部を彼に渡さねばならない。この部分，あるいは同じことだが，この部分の貨幣価額がわれわれの地価あるいは地代と称するもので，——商品の販売価格の第3の本質的要素となる。」

271頁「地主が借地人と契約を結ぶさいには，地主は彼の土地生産物のうち，

第1編　労賃および利率に関してみた可耕荒蕪地に囲繞された孤立国

借地人が一方において種子の準備をし，労賃を支払い，家畜および農具の購入維持をする資金を確保し，他方においてその地方の借地人が普通その資本から受け取る利潤を確保するため是非必要であるより以上の分け前は借地人には与えないように努めるものである。これより少ない分け前では借地人は必ず破滅の危険に陥るのであるが，これ以上は地主がめったに渡そうとはしない。だから1つの農場の生産物のうち，または（同じことであるが）この生産物の価格のうち，上の部分を差し引いて残るものを地主は地代という名のもとに自己のものとするのである。」

274頁「1国の生産物のうち，市場へもたらされることができるのは，それの普通の価格がその産出に要した貨幣および普通の利潤を生むに足るような生産物のみである。価格がこれ以上である時には剰余は地代として地主の手に落ちる。」

274頁「高い労賃，大きな利潤は商品価格の高い原因であるが，高い地代はその結果である。」

2つの疑問
1) 土地から地代を獲得しようという地主の希望だけでは，この地代を他人から実際に得ることはできないこと，および
2) スミスは農場を賃貸した時生ずる収入を「地代」と呼んだこと，すなわち（第1部第3版第5章aで詳しく示したように）スミスの地代中には土地そのものの収益と農場の建物等に含まれている資本の利子とが混ざっていることはわれわれの現在の問題ではないから，ここでは顧みない。

だが，スミスに従えば，地代の高さおよび一般にその存在自体が，全く農業生産物の価格に依存しているという点は大いに注意しなくてはならない。

価　　格

アダム・スミスが（101,102頁）市場価格について述べたことを次のようにまとめることができる——

孤立国　第2部

1) 商品が普通に実際販売される価格を市場価格という。
2) 各商品，各生産物の市場価格は，需要供給の関係，販売のために市場へ出された量と購買者が要求する量との関係，によって定まる。
3) 市場へ出された商品の量が有効需要量よりも小さい時には，購買者は，その商品に事欠くようになる前に，普通以上の値段を払う覚悟をし，購買者間の競争によって市場価格は普通の価格以上に上がる。
4) これに反して，市場へ出される商品の分量が有効需要量を超過する時には，従来の価格では全数量は売れない。価格を引き下げることによってそれを買うようになるのは，従来その商品を少しも用いなかった人または少ししか用いなかった人である――だからこの商品の市場価格は普通時の価格以下に下がる。

この説明は実際からとったもので，事実である[注]。けれどもそれが何を科学に対してもたらしたかと尋ねなければならない。

競争，すなわち需要と供給の間の関係は一定でなく，変動することはあたかも天気のようである。

このような不定な変動しやすい要素は学術の基礎にどうしてなりえようか？

アダム・スミスもこれを感じて，次の文章において競争を支配している法則を説明しようと試みた。

98, 99頁「いかなる国，あるいはひとつの国のどの地方においても，利潤に対すると同様に労賃に対してもある一定の標準があって，それが労働者が普通の場合，そして平均的にその勤労に対して得るもの，および，資本家がその金でもうけることを期待できるものを決定する。」

「同様にいかなる国いかなる地方においても，地代に対する一定の率というものがある。」

注）「これは人生を描写しているが，理性はこの中にはない」と私がこの節を示した友人の1人が言った。

第1編　労賃および利率に関してみた可耕荒蕪地に囲繞された孤立国

「労賃，資本利得および地代の高さで，ある地，ある時に普通なものが，この地この時における自然的なものとみることができる。」

90頁「すべての資本家社会において各商品の市場価格は——労賃，資本利得および地代の——3部分から成っているか，あるいは少なくともそれらのいずれか1つを含んでいる。」

98頁「1商品の販売価格が，その商品を生産し加工し市場にもたらすに，——すべての場所すべての時に普通の率に従って——全体として必要な地代，労賃および利潤を支払うに必要なよりも大きくもなく小さくもないなら，この商品は自然的と呼ぶことのできる価格で販売されているのである。」

105頁「だから自然価格は，変動する商品の市場価格がそれに向かってつねに引かれる中心点のようなものである。いろいろな偶然の出来事が市場価格を暫時この中心点から離れさせておくことはできる——それより上に昇り，また下に降る。だが，商品は大きな障害物によってこの休止点に固着することを妨げられるならば，それは中心点に近づこうとする不断の努力を示す。」

―――――――――

私がスミスのこの文章をはじめて読んだ時いかに喜んだか，生き生きと青年時代を思い出す。さしも紛糾していた問題の上に光明が輝き渡った。私は無規則の競争が一定の法則のもとに秩序立てられたのを見た。生産費がいまや自然価格の調節者——市場価格がそれに向かってつねに引かれるところの——となり，もって自由競争にその限界が示されたのである。

しかしこの喜びは長くは続かなかった。問題を深く考えることによって全く暗黒となった。

商品の自然価格はそれを生産する場合に含まれる自然的労賃，自然的資本利得および自然的地代によって決まる。

しかしさらに進んで，それなら自然的労賃は何によって定まるかと問えば，競争によってと答えるであろう。自然的資本利得の決定の基礎を尋ねるならば，これもまた競争である。

自然価格決定の基礎から競争を分離したことはただ見掛け上にすぎず，幻影である——。

価格と地代の関係

1つの商品の販売価格が，それを生産する際に用いた労賃，資本利得，地代を——普通の率で——償うに足るならば，これが商品の自然価格である。

農業生産物の販売価格から，労賃，資本利得その他これを生産するに用いた費用を引いた残り——これがスミスによると地代を形成する。

それでは「穀物の自然価格は？」と尋ねるならば，この定義に従えば，次のような解答を得るのである——

穀物の自然価格とは，穀物生産費の中に含まれている普通の分量の労賃，資本利得および地代が十分に支払われるような価格である。

それではさらに「自然的地代とは何ぞや？」と問えば，答えに曰く——

生産物すなわち穀物の販売価格から，労賃，借地人の前払金および資本利得を引いて残るもの——が地代である。

だから穀物の自然価格を決定するさいには地代を既知の大きさとみなし，地代を決定する場合には穀物の自然価格を既知としている。

これは循環論法で，皮相的な読み方の場合にはなるほどとうなずかせるけれども，これによっては何物も見出されない。何物も説明されない。

$y = a + b + x$ であって，かつ

$x = y - (a + b)$

である場合，第2の方程式は新しいものではなく，第1式の置換にすぎず，2つの未知数 x, y はいずれも依然として未知である。

競争を自然価格決定の基礎から消去することに関する循環論法とその誤りとは，不幸にして全学説の正に基礎に触れるものである。

地代がこのように農業生産物の価格に依存し，価格は労賃および利潤に依存し，そしてこの両要素の大きさは競争によって決定されるとすれば，地代もま

第1編　労賃および利率に関してみた可耕荒蕪地に囲繞された孤立国

た競争に依存している。

　ゆえにスミスに従えば，競争が労賃，資本利得，価格および地代に対する最後の調節者である。

　このようにスミスの学説を瞥見した後，われわれはそれによってわれわれの問題の解決に何が得られるかを問わねばならない。

　われわれが最初に提出した問題は次のようなものである——

　　労働者によって生産されたものに対する労働者の自然的分け前は何か？

　　すなわち労働者の自然労賃は何か？

　スミスによれば労働者は，競争が彼に与えるものを頼りにするのであるが，それは存在するものに頼ることである。

　実際スミス（99頁）自身が言う——「一定の地方，一定の時に・お・い・て普通である労賃の分量が，この地方この時における・自・然・的・労・賃とみることができる」と。

　しかし，存在するものは時の経過するにつれて不断の変化を受けるから，われわれは問わなくてはならない。

　　・存・在・す・る・も・の・の・うちどれが正しく自然的なものであるか？

　これに対してはスミスの学説はなんらの解答を与えない。しかり，よく観察するならば，これはどこにおいても彼の研究対象となっていないことを発見するだろう。

　スミスは，彼が出会った事実と現象とを総合し，1つの理解にまとめることで満足した——しかもこれは彼の時代においては，当時の科学の状態としては，はなはだ有用な仕事であった。だが現象の基礎を究めることは，いまだなお彼の問題には入って来なかった。

　労働者がしだいにその地位と権利に目覚め，とどめることのできない力をもって国家および社会の改造に参加しようとするわれわれの時代においては，——いまや所得の自然的分配に関する問題が，国家と社会の永続性に対する重

孤立国　第2部

大問題となる。

アダム・スミスの説はリカアド，セイ，ラウ (Rau)，ヘルマン (Hermann)，ネベニアス (Nebenius) らによってさまざまに拡張され，訂正され，またより系統的に説かれているにかかわらず，私が本書において主としてアダム・スミスの著書を引用するのは，2つの理由からである。
1) 私の研究はスミスの著書に基づくのであって，上述諸学者の著書が現われない時，少なくとも私の眼に触れない時に始めたから。
2) スミスの著書は多くの重要な点においてはまだ国民経済学の基本であるから。

私の研究は直接スミスの研究によるものであり，それに欠点があると考えるところから出発しているのであるから，私がしばしば批判的に修正的にスミスに反対せねばならないのは当然である。他方において，私がスミスと一致している多くの点は述べていないから，ややもすれば不同意または潜越の観をすら示すかもしれない。

しかしこれは私の本意ではないのであって，この天才に対する大きな尊敬を抱いている私のような者は少ないであろう。私が学問研究のため，スミスの学説の訂正と拡張を行ない，研究の対象とすることこそ，私がスミスに対して抱いている高い尊敬の証拠である。

もしもユークリッド (Euklid) が彼の第11原理が証明できないからといって提要を書かなかったならば，後世は多くの損失をして，幾何学の成立は遅れたであろう。

もしもスミスが，その労賃，利率，地代に関する学説は実在の記述にすぎない，これらの力を決定する法則の認識ではないということを認めて，深くこれらの研究に沈潜したならば，彼はその不朽の名著をおそらく完成しなかったであろう。

ヘルシェル (Herschel) の大望遠鏡によって，かの肉眼に見える蒼空の銀河

第1編　労賃および利率に関してみた可耕荒蕪地に囲繞された孤立国

が星の群として，すなわち1つの世界体系（Weltsysteme）として解明されたが，同時に別の従来見られなかった星雲が現われたのである。今日建造された大望遠鏡によれば，ヘルシェルの星雲がまた星の群として解明され，同時にヘルシェルにはまだ見えなかった星雲がまたもや姿を現わした。

望遠鏡が眼を導いてくれる境の彼方にはなお幾つかの世界体系が横たわっていることだろう！

宇宙は無限であるが科学も無限である。視力の強化が新世界体系の発見とともに新しい秘密に導くように，科学上の発見とともに精神の眼には新しい従来考えられなかった問題が現われるのである。

スミスが資本家社会の多くの事物に光明を広め，後学にこれを自ら研究する時間と苦痛とを節約してくれたのであるから，われわれはたとえ天稟はより少なくても，彼が学問上残した欠点を補い，そして――新しい問題を視界内にもたらす義務がある。

第4章　労　　賃

われわれが財貨の不平等な分配を見，そして肉体労働，最も必要不可欠のものであるところの肉体労働が，いかに薄く支払われているかを考えるならば，おそらく誰にも，母乳とともに注ぎ込まれた印象と偏見とを吟味し，その根本を考究するという精神的自由を獲得した者には誰にも，次の疑問が起こるであろう――

1) なぜ農場所有者は苦労と労働をすることなしに地代をその土地から受けるか？　従来の地代が労働者，地代に対し正当な請求権を大いにもっていると思われる労働者，の間に分配されるほど労賃が高くなれないのは何故だろうか？

2) 労働報酬が少ないのは工業や農業の性質に基づくのか。すなわち天意に

孤立国　第2部

出るものか。それとも労働階級が脱することのできない権力と圧迫とによって現在の状態が生じたのであるか？

　この問題の解明になりそうと思えるいろいろな観察方法のうち「労賃騰貴の結果はどうなる」という問題の研究がまず最初にそして最も手近で目的に導いてくれるものと考えられる。しかし実際においては，経済生活の関係は，はなはだ錯雑しているから，その中を洞察しようとしても混乱してしまって労賃騰貴の最後の結果はわかりにくい。この問題に答えるにあたっては，だからわれわれはあらゆる関係ができるだけ簡単である孤立国についてするのである。

　孤立国の耕境，そこでは土地は地代を生まず，農場の収入は建物等に投ぜられた資本の利子に限られているから，そこでは労賃の騰貴によって地代はマイナスにならなければならない。

　土地の耕作がその所有者に継続的に損失をもたらすならば，彼は新しい建物をもはや造らない。そして古い建物が破損するとその農場を放棄するであろう。その時にはその土地は荒蕪に任せられ，土地耕作は従来あった地代で労賃騰貴額を賄えるような都市からの距離まで後退する。

　いま放棄された範囲にいる労働者は，地代を犠牲にして高い労賃が支払われうるところの，都市により近い地方で，仕事と生計の道を求めねばならないのである。けれども，その辺の農場では，すでに最後に雇った労働者の労働生産物はただその労賃を償うにすぎないほど多くの人間が仕事に従事している。これ以上多くの労働者を雇うためには，収益力が少なくて従来の労賃では雇えない耕作方法が用いられねばならない。それゆえ加わろうとする労働者も，従来より低い労賃で働くのを肯んずる場合にのみ仕事を見つけることができる。困窮は彼らにその少ない労賃を受け取ることを余儀なくさせ，その時は競争によって，従来そこで働いていた労働者の労賃も圧迫される。

　労賃を高めようとする試みは，だから逆に作用し，労働者の地位はそのためによりわるくなるばかりである。

　したがってわれわれは次の結論に達する。すなわち低い労賃は産業の性質に

第1編　労賃および利率に関してみた可耕荒蕪地に囲繞された孤立国

基づいている。それを高めることは不可能である。

~~~~~~~~~~~~~~~~

　われわれは他のいろいろな過程において，および他の論理を通じても，この結論に達することができるから，労働者は生命維持に必要な以上を受ける資格がない，という考えが広く行きわたり，学問をした人々の間にも根を下ろしうることはみやすいことである。

　ブランキ (Blanqui) は彼の『経済学史』(Buss の訳本第2巻162頁) において，セイについて言う――

　　「彼は時代の人の偏見に従って，労賃は生活をさせるからではなく，死を妨げるので十分であるとした。」

　しかしながら，われわれが思索において倦まず，得た見解をもって安んぜず，その結論に達した推論の基礎までさかのぼるならば，次のことが判明する。われわれは，利率の高さは――これは孤立国の構造の基礎においたものだ――手の触れられない不変のものとみなすことによってのみ，この結論に達したのである。

　もし利率が下がり，資本家が彼の資本からの収入を減らすならば，耕作が中止されることもなく，ただの1人の労働者も無用となってパンを失うこともなく，耕境においても労賃が高められることができる。

　これによって彼の論法はその基礎を失って維持できなくなる。

　それゆえ労働者の状態改善の問題は次のように簡単な形となる。

　　労働者にその労働生産物のより大きな部分を受け取らせ労賃を高めるために，利率は低められないか？

　利率の高さも任意偶然ではありえない，やはり法則性が支配していなければならない。

　これによってわれわれは，自然労賃の決定は，利率の高さおよび利率の労賃に対する関係を定める法則の認識に依存しているということに直接に導かれるのである。

孤立国　第2部

　ここにおいてわれわれは困難な複雑な問題の閾を跨ぐのである。

　1826年に書いた利率に関する一文が，提起された問題，解決すべき疑問を詳しく展開しているから，私はこの一文をここにまず述べる。

第5章　利率の高さについて　対話態にて

　A　あなたはこの利率が今日この地方では何ゆえに5％であるかという理由，何ゆえに2％でも10％でもない理由を言うことができますか？

　B　利率は，他の商品の価格と同じく，需要に対する供給の関係によって決定される。利率が5％であるならば，このことはこの利率で需要供給がつりあうことを示すのです。偶然の理由で利率が10％に上がるならば，供給は増加──需要は減少して，利率の低下を結果するでしょう。利率が一時的に2％まで下がったら，逆の事情が現われるでしょう。

　A　その答えは，国民経済学の著書の中でこの問題について見るところと同じであるが，私を満足させない。なぜならそれはただ現象を示すのみであってその根拠を示さない。利率が不変の時，たとえば5％になった時，需要供給が均衡するということは自明のことである。私の知りたいのは需要供給が2％でもなく10％でもなく，ちょうど5％で均衡するのはなぜかということである。

　B　これは国民の資本の大きさいかんによるのであって，国民が富んでいればいるほど利率は低く，逆に貧乏であるほどそれは高い。ゆえに利率は国富が増加する場合は下がり，国富の変化がない時は一定し，国富が減少する時は上昇する。

　A　それは現象から得た命題で，それとしては価値がありますが，これも現象をいうのみでその根拠を示すものでない。では何ゆえに利率は富める国民に低く，貧しい国民に高いか？

　B　雑作ないことである。商品の過剰が低い価格を生むように，資本の過剰

第1編　労賃および利率に関してみた可耕荒蕪地に囲繞された孤立国

も低い利率を生むのである。

　A　それでは円の周囲をいつまでもぐるぐる回る。ではこの循環を断ち切るためにあなたにお尋ねしますが，どうして商品や資本の過剰が生ずるのですか。

　B　節約，勤勉および熟練が過剰の商品をも過剰の資本をも作り出す。

　A　そうです。人間のそれらの性質を国富の源として私は認めねばなりません。しかしこの性質を同じ程度に有している2つの国民が，いつも同一程度の富を持ち，同じ高さの利率を保つでしょうか。

　B　否，そうは言えない。同一の力を用いても，土壌の良否により，寒帯と温帯とにより，また人民を租税で圧迫する専制的政府のもとにあるのと，自由および合法性を行なう政府のもとにあるのとによって——種々さまざまな結果を示さねばならない。人の精神力と，それが加えられるところの目的物の性質とが一緒になって，生産物の大きさに影響する。

　A　仮にイギリスと北アメリカとが同じ国民性の住民をもち，土壌，気候，憲法が両国で等しいとするならば——相対的国富，すなわちすべての富の1人当たり分，および利率は，両国で同じ高さでなければならないことになるのか。

　B　否，イギリスでは数百年来高度の耕作が行なわれているが，北アメリカは文明人が住むようになって長くない。だから北アメリカには豊沃で未耕の土地が多くあって，資本の有効な使途がまだまだ存在している——したがってそこでは利率はイギリスより高くなければならない。

　A　すると人間の精神力とそれが用いられる目的物とだけでは，相対的国富と利率の大きさを決定するのでなく，両要素が等しい場合には，両方の国に人の住んだ時間の長さが利率を規制する第3要素として現われる。

　すでに永く人が住んだ国とわずかしか住まない国との間にいかなる差が——気候，土壌，住民を同じとして——あるかをよく観察するならば，前者では豊沃な土地はもちろん砂地や丘地までも耕されているのに，後者では生産力の大きな平地のみが耕作に取り入れられ，同一の労働は砂地や丘地よりもより大き

孤立国　第2部

な生産物をもって報いられていることがわかる。

この現実の諸関係の観察から次のように推論することができる。

1) 労働がよりよく報いられる時，すなわちより大きな生産物を産する時には利率が高騰する。

2) 同じ資本が1平方マイルに分かれているか，2平方マイルに分かれているかが，利率の高さに大きな差をもたらす。すなわち絶対的でなく相対的国民資本，すなわち耕地面積および人口と比較した国富が利率の高さに本質的な影響を与える。

しかしこういう議論をすると，今度は利率が高くあるいは低い事情を示さねばならないことになる。

どこかあなたがその国のあらゆる関係を熟知している国に対して経験の助けを借りずに利率はここでは何％でなくてはならないと決定することができますか？

B　利率の高さは農業あるいは工業に投じた資本が実現するところの効果の大きさに規制される。すなわち沃地の改良に投じた資本は10％またはそれ以上の高い利子を生むが，沃地がすでに全く所有されていて，劣った品質の土地の改良に用いられると，投下資本の収益は漸次に5％，4％あるいは3％にも下がる。

結局何％という利率の高さは，まだ耕されていない土地の品質，あるいは既耕地の土地改良が進んでいる程度にかかわる。

A　この頭の鋭いリカアドから借用した説明は，普通の場合にはあてはまって実際的に用いられるが，1つの普遍的法則の根底とはならない。

われわれは，ただ思惟的にではあるが，各地とも同じ豊沃度で誰の所有でもない広い未耕の平野に身を置いて，さて「この平野が物を生産するようにされた場合，ここでは利率・労賃間の関係はどうなり，利率はいかなる高さに達するか」と尋ねるのである。

その説明は，1つの土地の他に対する優位を基礎としているが，ここでは優

— 356 —

第1編　労賃および利率に関してみた可耕荒蕪地に囲繞された孤立国

位というものが少しもないのだから，全く役に立たない，そしてそのためにその説明は，われわれが普遍的法則に対してしなければならない要求を満たしてくれることがいかに少ないかを示しているのである。

　このように不十分なうえにあの説明はなお1つの欠点がある。

　すなわち，あの説明を適用する時には，いつも経験を助けとし，そこからわれわれの知識を汲み出さねばならないのであるが，われわれは起こっている現象を知りたいのではなく，この現象によって生ずる基礎を知りたいのである。

　B　あなたのおっしゃりたい意味がよくわからない。

　A　例で説明しましょう。人々は各生産物，商品の価格は，需要と供給との関係で決まると言います。

　この説明で満足する人は，価値物の価格を経験以外から考えることができないのである。その人はある農業生産物または工業生産物の価格を，科学的に決定できない人である。彼は価格決定を盲目的な力に任せ，なぜ価格がちょうどこれであって他ではないだろうか，という理由について思い悩む必要のない人である。深く突っ込んで考える人は，需給関係は深くにある原因の外部的現象であることを認める。市場に商品が溢れるのは，単なる偶然ではなくて，前に市場で支払われた価格が，この商品を生産することが利益であった証拠である。以前の価格があまりに高いことが過剰の原因であり，現在の低い価格を生んだのである。このように市場価格はいつも動揺する。しかし生産価格は――アダム・スミスが明白に言い表わしているように――市場価格の引きつけられる中心点である。もし市場価格と生産価格とが一致したら，生産を増大させる要因も減少する原因ももはやなく，需給はつりあう。だから生産価格が市場価格の調節者で，市場価値は，多少の偏差はあるが，長い間の平均は結局生産価格と一致する。

　そこで私が質問したいのは，

　　資本の価格，すなわち利率の高さに対して同じような制御者，すなわち商品価格が生産費において見出すような制御者があるかどうか。何が資本の

孤立国　第2部

生産費の尺度であろうか？

B　それは私では答えられない。おそらく今日のいかなる国民経済学も満足な解答を与えないと思う。

A　しかしこれは重大問題である。商品価格を決定する要素の中に利子があるのだから、これがわからなければ商品の生産価格を科学的に説くことは決してできない。しかし、もし経験、すなわち現象からこれを認識するのであったら、われわれが説明し科学的に基礎づけようとしているものの中へ、外部的現象をその理由として混ぜ込むものであって、それは円の周囲を回るもので、なんらの結論にも達しないのである。

B　あなたの希望されるように利率を決定することができるでしょうか。利率と労賃との間の関係が実際あるものか、疑問です。

A　どこでも、われわれが眼を投ずるところでは、利率や労賃が一定の数でいい表わされているのを見るでしょう。このようにでき上がっている利率は、偶然や盲目的な力の産物ではなくて、人々が全体として合理的な自利心に導かれ、共同的に——蜂が巣を営むごとく——大きな仕事に働いている人々の集合的作用によって生まれているのである。この場合自利心は悟性によって導かれているのだから、自利心がもたらしたものは再び悟性によって把握できるはずである。だからわれわれは新しい法則を発見しようとするのではなくて、すでに起こっていることをつかみ、その現象がいかにして生じたかを明瞭にしようとするのみである。

それは多数の人々の悟性——その銘々は大建築に共働しているのだが、自分の働いている箇所のみを見ているのだ——が生んだものを、1個人の理解力によって認識し、その認識の中に、達観的かつ明瞭に映像を結びたいのである。

第1編　労賃および利率に関してみた可耕荒蕪地に囲続された孤立国

第6章　定義と前提

1. 価値測定物

　われわれは農場の収益や農業上の費用を貨幣でいい表わしているが，たとえば種子用穀物や飼料のような支出の一部は取引されず，貨幣と交換されることがないのである。しかし穀物その他の生産物に対して受け取る貨幣の大部分は，たとえば建築材料や鍛冶屋，馬具工の労働等の必要品をそれで購入するために役立つのである。だから本来から言えば，これらの必要品は穀物で購入したのであって，実際に農業者は彼が必要とする物品と交換しうるものとしては自己の生産物以外に何も持たないのである。貨幣はこの場合交換の媒介物の役をなすにすぎない。

　穀物に対し1年間に得た貨幣の総額を，その販売穀物の総量（すべての穀物をライ麦に換算して）と比較すれば，ライ麦1シェッフェルの価格が出る。ある必要品たとえば鍛冶屋労働のために払った金額を，ライ麦1シェッフェルの価格で割れば，この必要品を得るため投じなければならないところのライ麦のシェッフェル数がわかる。同様に1農場の収入および支出の計算がすべてライ麦何シェッフェルで行なわれる。ついでに言うが，このような計算は多くの点に光明を与える。すなわち穀価が低落し租税は一定の場合には，租税は農場収益のより大きな部分を取り去り，したがって事実上は高められるということが一見して判明するであろう。さらに貨幣労賃は不変で，穀価が低落する時は，実質労賃を高め，労働者に農場収益のより大きな分け前を与える，などということが判明するであろう。

　われわれは研究のためにライ麦を価値測定物として，この穀物のベルリン・シェッフェルを単位とするのである。

孤立国　第2部

2.　労働の報酬

　自由労働者は通常自己の所有物として若干の家畜（牝牛，豚，家禽），家具，仕事道具の一部（スペード，手斧等）を持っている。それゆえ彼が受け取る労賃は，単に彼の労働の報酬のみならず，同時に彼が所有する資本利用の対価であって，労働自体に対する労賃と資本の利子とを含んでいる。

　しかしここではわれわれの努力は労働自体に対する報酬を確定することに向けられているのであるから，以下私が労賃という場合には報酬の中から資本の利子を引いて残った部分のことである。

　1人の労働者の収入の大きさを判断するためには，1日の労賃は正確な標準ではない。その理由：

1) 労賃は普通四季により，労働の差異によって，異なる——冬よりも夏に高く，耕作労働よりも収穫労働に高い。
2) 労働者が1年間仕事を有するか，それとも1年の一部分だけ職を見出すかは，労働者の所得に関係が大きい。
3) 労働者は日雇賃金として受ける貨幣労賃のほかに，しばしば住居，庭，牝牛放牧地，燃料等の現物 (Emolumente) を無償または安価に受ける。
4) 労働者の妻および未成年の子供に仕事があるか否か，どの程度にあるかは，日雇労働者の所得に大きな関係がある。

　私は労賃に対する一定の標準を得るために，労働者がその妻および14歳未満の子供とともに1年間の労働に対して，貨幣および現物で得るものを合計し，それから家具，道具等に固定しているところの資本の利子を差し引き，その残りを「1労働者家族の年労働に対する労賃」と呼ぶ。そして簡単のために以下これを「1人1年労働に対する労賃」とする。

　このようにして確定された労賃の額を，価値によってライ麦のシェッフェル数に換算し，ライ麦何シェッフェルで表わし，「A」をもって示す。

第1編　労賃および利率に関してみた可耕荒蕪地に囲繞された孤立国

3.　労働生産物

　1農場の粗収入から，建物および貯財（Inventar）を同一状態および同一価値に維持するために必要なもの，播種および家畜飼料に要するもの，ならびに管理費および企業者の企業利潤を差し引き，そしてすべての経営の維持に必要であって，貸付の場合に，農場所有者の利得にも労働者の利得にも帰することのないものをことごとく除去する時生ずるところの，そして農場主と労働者との間に分配されるべき余剰を，私は労働生産物（Arbeitsprodukt）と呼ぶ。そしてこれをその産出に従事した労働者の数で割れば，1人の労働者の労働生産物の大きさが出る，これを私は「p」で示す。工業の場合には，純粋労働生産物，すなわち企業者の管理費と利潤とを引いて残るところのものは，工業に投下された資本の所有者と労働者との間に分けられる。

4.　労働者

　1農場または1農場群において発揮した労働および総労働生産物を労働者の数で割れば，1労働者が平均的に行なった労働および産出したものがわかり，この平均によってわれわれは計画と計算とをするのである。このような計算においては労働者の能力や能率に関する個人的な差異は考察の対象としない。全体の能率は平均の結果によって代表され，そこに標準を置く。

　この意味において労働者間の不平等を捨象し，同一階級のすべての労働者が努力，熟練，勤勉，忠実などについては全く同一と仮定することが許される。この仮定がわれわれの以下の研究の基礎にある。

5.　生活手段

労働者がその生活維持に要するものは，彼らが儲けるところの子供の数にはなはだ多く依存し，この点が決まらないと，なんらの基準ももちこめないのである。

けれども，われわれの目的は，資本家社会の静止状態に対して，労賃および利率を規制する法則の研究にあるのであるから，労働者の数を一定とみ，労働者家族は全体としては老齢および死亡によって欠ける労働者を補うに要するだけの子供をあげるものと仮定しなければならない。それによって労働力は消耗しないところの不変の大きさにみえる。

1労働者家族が――この制限のもとに――その労働能力維持のため要する生活手段 (Subsistenzmittel) の合計を，各家族に対して年にライ麦 a シェッフェルの価値に等しいとする。

この「a」をもって示された維持手段を，われわれは経験によって与えられた既知数とみなす。

われわれがここに生活維持に必要とみなすものは，ブランキのいわゆる死亡を免れるためのものと混同してはならない。この生活手段によって労働者の生命のみならず労働力も維持されねばならないからである。しかし絶対的な必要品ではないところの嗜好品 (Genuszmittel) はすべて a には含まれていない。

労賃 A から労働者が必要とするものすなわち a を引けば残り $A-a$ が生ずる。これを y とすれば $A=a+y$ である。

6. 資　本

「資本」という時には，私は自然力の共働のもとに人の労働により産出された物で，人間労働の効果を高めるのに役立ち用いられるもの，ただし土地から――樹木，建物のように形体を傷つけてもかまわないが――分離できるものを了解する。

7. 利　率

貸付けた資本に対して受け取られる利子には，通常2つの部分を含んでいる。すなわち

1) 借用者が，資本を同一価値で返済するという条件で，一時的に利用する

第1編　労賃および利率に関してみた可耕荒蕪地に囲繞された孤立国

ことに対して支払う賠償，および
2) 長期貸付の場合にしばしば起こりうる資本自身の損失に対する保険料である。

本書で利率と呼ぶものは前者のみを指す。

この意味における利率は，現実においては，不動産の1番抵当（erste Hypothek）に対して貸付けられた確実な資本に支払われるところの利子においてのみ現われるものである。

このような方法で決定された利率を私は「z」で示す。

8. 地　　代

地代の定義は，すでに第1部第5章で詳しく述べた。読者が振りかえる必要のないように簡単に述べれば，

> 私は地代をスミス，セイらのように農場収入（Gutseinkünfte）とは解せず，農場収入から建物，樹木，柵その他すべて土地から分離できる価値物の利子を控除して残るところの地代を指す。

第7章　企業者所得，勤勉報酬，経営利潤[注]

a.　企業者所得（Unternehmergewinn）

ある企業の企業者が得るところの収入から
1) 投下資本の利子
2) 船の難破，火災，雹害等に対する保険料

注）　私がこの問題に関して出会ったなかで最も基本的で価値の高かったのは Hermann の Staatswirtschaftliche Untersuchungen p. 145-265, München 1832. である。

— 363 —

孤立国　第2部

3)　事務を取り扱い全体の統制および管理する事務員，管理人等の給料を除く時，普通は剰余が企業者に対して残るものであって，これが企業者所得である。

さて企業者所得の根拠はどこにあるのか。これが企業者間の競争によって消滅しない原因は何か？——資本の使用はすでに計算に加えた利子により，経営上の危険は差し引いた保険料により，そして経営実行の労苦は管理人の給料によって，すでに報いられているのに。

この答え。

企業に結びついているすべての危険に対する保険会社はなく，一部の危険は企業者が負担しなければならない。農産物，工場生産物および商品の価格の単なる下落によって，農場賃借人，工場主および商人は，その全財産を失うことがあるが，——この危険に対する保険会社はない。

これに対してわれわれは反対することができる：

企業を始める時に平均価格を基礎として計画すれば，価格の下落で損もするが，同じくらいにむしろそれ以上に価格騰貴で得をする——だからこの危険は，利益の見込みで相殺されるからこれに対してなんらの報酬はいらないだろうと。

保険会社はこの原理でやれるが，個人はそうはいかない。各株主が彼の財産の・一・部・を賭ける会社と全財産の損失を賭ける企業家との間の差にこそ，企業者所得が存在しなければならない理由がある。

10000ターレルの財産ある人は，1ターレルを賭けてもその幸福を脅かされない。得をした時の満足と損をした時の不満とが相殺される。しかし彼がその10000ターレル全部をあげてカルタへ賭けた場合には，幸いにして財産が2倍になった時彼の幸福を増すのは，最も不運な場合，財産を失うことによって奪われる幸福ほどに決して大きくはない。

官吏に必要な知識教養を得るのに必要な財産のある人は，国務に尽くすか，あるいは——両方の職業に対し同様の能力があるとして——企業家になるかの

第1編　労賃および利率に関してみた可耕荒蕪地に囲繞された孤立国

選択権をもっている。前者を選べば職についた後は生涯生活は保証されるが，企業家を選ぶならばひとつ間をわるくすると全財産を失い労働者にならねばならないかもしれない。

このように未来の見込みが違う場合，利益の可能性が損失の見込みよりはなはだ大きいのでなくて——何が彼を企業者になるように動かすことができようか。

一部または全財産の喪失は，同一額の財産の増加が幸福を加えうるよりもより強く感じられ，幸福と満足をより多く奪うものであるが——その程度において，企業の場合にも，利益の見込みは損失の見込みよりも大きくなければならない。

スミスならびに多くのイギリスの著者は，投下資本の利子と企業者所得とを「利潤」なる名称のもとに一緒にした。

この異なった源から生ずる要素の混同によって，労賃と利率との間の関係の認識はほとんど不可能になる。私が知っている限りではセイがスミスの体系のこの欠点を最初に指摘した。

b.　勤勉報酬 (Industriebelohnung)

事業の経営管理ならびにそこで使用している労働者の監督に対して，ちょっと見たところでは，企業者には彼がその労苦を減らしてくれる管理人，簿記係または監督に与えねばならないのと同額の手当てが相応しいように考えられる。

しかし自己の計算で働いている企業者と，給料で雇われた代理人との仕事は，能力知識がたとえ同じでも，大きな差がある。

景気の変動により事業が大損失をもたらし，企業者の財産・名誉が危険に瀕するような場合には，彼の精神はどうしてこの苦境を脱するかという考えひとつで一杯になり——寝ても寝られないのである。

給料で雇われた代理人はこういう場合に違う。昼間熱心に働き，晩に疲れて帰宅すれば，義務を尽くしたという感じをもって静かに寝入るのである。

孤立国　第2部

　しかし，企業者の眠られぬ夜は不生産的ではない。
　この時企業者は，管理人にはいかに彼がまじめに義務を果たそうとしても見付けられない方法を発見し，彼の悲境を避くべき考えを思いつくのである。——思うに，そういう考えは1点に集中された精神の最高の緊張からはじめて生まれるのである。
　困窮は発明の母であるが，企業者もまた彼の苦悩によって，自己の世界における発明家，発見者となる。
　有用な新機械の発明者が，それを利用して古い機械より以上に多く産出する余分を当然に受け，この余分を彼の発明の報酬として享受するのと全く同じく，企業者がより大きな苦心によって管理人以上に産出したものはその勤勉の報酬として彼に帰しなければならない。
　自己の計算で自己の危険のもとに働いている企業者は，他の性質が同じとすれば有給の代理人より——彼がいかに忠実であっても——大きな企業能力をもっている。この企業者が管理費のほかになお1つの報酬，これを私は「勤勉報酬」と名づける，を受ける理由である。
　同様な関係が一般労働者の場合にも現われる。出来高払い (Verdung) で土を車に積む労働者の力は，一掬い一掬いが自分の利益となり，収入を高めるという感情によって強められ鍛えられるに対し，仕事に忠実な日給労働者 (Lohnarbeiter) は，労働の苦痛と緊張を，自ら作り上げたところの道徳的強制によって，つねに克服せねばならないのであって，はるかに速やかに疲労し，同一の力および熟練とすれば，1日になしとげる仕事の量が出来高払い労働者よりも少ないのである。
　こうした観察は労働者が，日給の場合には，出来高払いの場合にするよりもはるかにわずかしかはかどらないのを見た時，労働者に対する判断をやわらげるのに役立つものでもあるだろう——われわれはこれを怠惰や不忠実のためのみとせず（ややもすればそうしやすいのだが）一部分は労働者の意思とは無関係の力に帰さねばならないからである。

第1編　労賃および利率に関してみた可耕荒蕪地に囲繞された孤立国

c.　経営利潤 (Gewerbsprofit)

　企業者が資本利子および管理費以上に受けるもの，すなわち企業者所得および勤勉報酬を合わせて簡単のために「経営利潤」とする。
　資本はこれを生産的に用いた時にのみ収益をもたらし，狭義においてはこの時にのみ資本である。そして資本貸付の場合の利率の高さはこの収益の大きさに依存する。
　生産的投資は産業経営を前提とし，産業経営は企業者を前提とする。
　企業はすべてそれに結合した支出費用を償却した後に，純収益を企業者に与える。この純収益は2つの部分，経営利潤と資本収益 (Kapitalnutzung) とを含む。純収益から経営利潤を引けば，利率の高さを決定する資本収益が生ずる。
　ある企業に投下された資本の収益をこのような方法で分解確定した後は，以下の研究においては，企業者というものを抽象し去り，これ〔企業者〕を経営利潤という労賃を与えられている資本家の事業執行者に等しいとみなすことが許されるであろう。ただしこの場合，企業者は最大の資本収益を得ようと彼自身の利益によって動かされるものとする。
　（第6章3で定義した労働生産物の中には，経営利潤はもはや含まれていない。すでに取り除いてある。だから労働生産物の分配問題の場合には，労働者，資本家，および土地所有者のみが観察される。）

第8章　労働による資本の形成

　地球に現われた最初の人類は，もしも用意周到な自然が，野生植物を豊富に産んでくれなかったら，死なねばならなかったであろう。あの果実が人間の生命維持に役に立ったのである。
　もしわれわれが資本の源と，資本を備えない人間が単に労働のみによって生

孤立国　第2部

命を維持し若干の資本を作りうるような社会状態とを，明らかにしようと欲するならば，われわれは思惟的に熱帯地方へ赴かねばならない。そこではヤシ，ココヤシおよびパンノキ[注]の果実がカンショ，トウモロコシ，その他の南方作

注）これらの植物が人類に与えるところの各種の用途に関し，スコウ (Suckow) 氏の "Ökonomische Botanik" から採用して2, 3の点を指摘する。

1) 普通のヤシ (Musa Paradisiaca L.) は10〜20尺以上に達し樹木のような幹を有するけれども，木材ではなく緑色の皮の多い髄質のものである。その葉は長さ6〜12尺に達し，幅は2尺以上である。果実は柔らかい多汁質の肉を有し，東インドおよび西インドにおいては食物となる。一部分は種々加工されて用いられ，パンの代わりとなる。果実はまた煎じ出して飲料にもし，発酵させて酒にもする。幹からは一種の繊維がとれ，また葉はテーブル掛けまたは家の覆いになる。フンボルトによればメキシコではヤシを栽培した上等の土地1モルゲンは，25人の人を養い，あまり多くの労働を要しないという。
(Rau, Volkswirtschaftslehre, 2. Aufl. S. 86)

2) ココヤシ (Cocos nucifera L.)
ココヤシの外皮はその繊維質のために綱類となる。
ココヤシの成熟した果実の乳は格別な清涼飲料である。そして1個のココヤシの実はおそらく2人の渇を癒すのに十分足る果汁を出す。
内部の核が硬化した果実は，そのまま一部分は食べられ一部分は乳がつくられ，その乳脂を掬い取って油にする。穀の堅い皮は成熟する以前には柔らかく食べられる。成熟した堅果の殻はいろいろな容器に用いられる。ココヤシの雌花からヤシ酒が造られる。米とシロップと水とを加えると，この酒はアラック (Arak) になる。この酒の純粋なものは暖かい所ではヤシ酢になる。花梗の上部の柔らかい髄はいわゆるヤシ脳となり，食用に供せられる。花梗の海綿状の繊維質の髄は肥料に用いられる。ココヤシの葉は屋根をふくため，また敷物，綱，編物，日覆い，および紙に用いられる。

3) パンノキ (Artocarpus incisa L.)
パンノキの果実の肉質の芯から，それを孔(あな)の中へ入れて酸っぱく発酵させ，パンが焼かれる。この酸っぱいパンはタヒチ人 (Tahiter) の最もよい食事であり，彼らの旅行のさいの食糧にもなる。またしばしば新しい果実を完熟しないうちに採取し，皮をむき，葉で包んで熱い石の上で焼いて食べることもある。2, 3年生の幹の白い皮から，織物や布が製造される。葉は果実を焼く場合に果実を包むのに用い，食事のさいに地面に敷くものとしても用いられる。雄花の落ちたのはほ･く･ち･となる。幹に傷をつけて採った液汁は，ココヤシの乳とともに煮詰めて鳥黐(もち)となり，またサゴヤシの粉，砂糖および蛋白と一緒にして非常に強い粘着剤となる。

— 368 —

第1編　労賃および利率に関してみた可耕荒蕪地に囲繞された孤立国

物と併せて人を養うに十分であり，毎年建て直さねばならない丸太小屋は，ヤシの葉で覆って十分な避難所を与え，ヤシの葉は着物に役立つ。

「人類文化のごく初期以来，回帰線の下にあるすべての大陸に，伝説と歴史とが届く限りにおいて，ヤシ栽培を発見する」とフォン・フンボルト (v. Humboldt) は彼の "Ansichten der Natur" の中で言う。

前に述べた3種の樹は，自然が独りでそこへもたらしたもので人力は加わってない。これに対し，カンショやトウモロコシは耕作，とにかく人間労働を必要とする。腐植質に富んだ多孔質土壌では，そのために，土壌を覆っている植物を抜き取り，棒で土壌をかき回すだけで十分であって，資本を含んでいるところの道具を用いる必要がないのである。

熱帯地方へ移った民族の漸次的発達を，2つの観点から考えることができる。

　a）　われわれはこの民族を，資本のみならず知識にも乏しく，今日において工業および農業がそれによって大いに促進されている発明，発見をも知らないとしてみる。

この場合には資本の形成は緩慢に行なわれ，それは労働に依存するのみならず，知識の進歩にも依存し，2つの要素の合成である。ここにおける発達は文化史に属し，われわれの研究の目的になんら貢献しない。

　b）　われわれは，文明ヨーロッパ諸国民の能力，知識，技能をすべて備えているけれども，資本したがって道具をもいっさい所有しない民族を，熱帯地方に移したと考え，そしてここで民族の知識が変わらない場合，資本の形成はいかにして行なわれるかを尋ねる。

この時2つの場合がありうる——

1) この民族が他民族と交易し，彼らが集め貯えたところの果実の貯蓄を，他のもの，ことに道具や機械と交換することができる。

　　この方法においては，労働の生産物がそれ自身の中に労賃，利子および地代が含まれているところの他の生産物と交換されるのである。この場

合はわれわれが研究しようとしていることに関してわれわれはなんらの解明をも得られない。
2) この民族は他民族と少しも交易せず，他の世界と分離し，資本形成は外部の影響なしに内から行なわれる。

次の研究においては，この第2の場合を基礎とし，さらに次のことを仮定する——
1) この国の山の中に，ヨーロッパの工業がその生産物と製造品に必要とするすべての金属が存在すること。
2) 民族の人数は十分に多く，ヨーロッパで見るような分業は，それに必要な資本さえあれば，直ちに行なわれること。
3) この民族の住んでいる土地は，すべて生産力が等しく，かつまたすべての住民がただで土地を所有しうるほど広いこと。

資本がなく土地は交換価値を持たないこの民族の間では，主従の関係もなく，各人一様に労働者であり労働によって生計を獲得せねばならない。

だからここでわれわれは最も簡単な状態を見ているのであって，これを研究するのは，まず労賃と利子との関係の説明を得ることを期待するものである。

われわれは観察の舞台を思惟的に熱帯に移すが，そこではわれわれの穀類は生産されず，人間の主要栄養物でもない。したがってライ麦が，価値測定物でも，人間の生活手段の尺度でもありえないことは明らかである。

ここでは労働者が1年間に要する生活手段を生産物の量の単位および尺度としなければならない。

この生活手段を S で，その100分の1を c で示す。$S = 100c$ である。

さて労働者が勤勉で節約するならば，彼の手労働によって彼の生活に必要とするよりも10%だけ多く，すなわち年に $1.1S$ または $110c$ 産出することができるとすれば，彼が生命維持のために用いなければならないものを引いた後，$10c$ を余す。 $110c - 100c = 10c$.

したがって彼は，10年の間には1年間労働せずに生活しうる貯蓄[注1)] (Vorrat)

第1編　労賃および利率に関してみた可耕荒蕪地に囲繞された孤立国

ができる。あるいは彼はこの1年間彼の労働を有用な道具の製造，すなわち資本の形成に用いることもできる。

そこでわれわれは資本製作労働 (die kapitalschaffende Arbeit) をしている彼の後をつけることにする。

彼は砕いた火打石で，木材に加工して弓矢にする。魚骨は矢じりに役立つ。ヤシの幹またはココヤシの薄い皮から繊維と綱が作られ，前者は弓の弦となり，後者は魚網の仕上げに用いられる。

次の年には彼は再び生活手段の獲得に赴くが，彼はいまや弓矢および網を有している。彼の労働はこの道具の助けで，獲物がはなはだ多く，労働生産物ははなはだ大きくなる。

彼の労働生産物が——道具を同じ良好な状態に維持するために投ぜねばならないものを差し引いて——そのため $110\,c$ から $150\,c$ に増加するとすれば，彼は年に $50\,c$ を余すことができ，したがって再び1年間弓矢や網の製作に身を任せるためには，ただ2年間生活手段の生産に従事すればよい。

彼自身は以前に作った道具が役立っているから，これを利用することができないけれども，従来資本なしで働いていた労働者にこれを貸すことができる。

この第2の労働者は従来 $110\,c$ を産出していたが，いま資本製作労働者が1年の労働を投じた資本を借りるならば，彼の生産物は，借りた道具を同一価値に維持して返却する場合[注2]において，$150\,c$ である。したがって資本による余

注1)　この貯蓄は腐敗しないだろうか。彼は毎年その10分の1を道具の製作に従事し，それで10年間には成功するだろう。道具の保存の困難ということは捨象したほうが研究を進めるうえにおいてまた概観するうえにおいて容易である。

注2)　借り入れた対象物はいかにして同一状態，同一価値に維持されて返却されるか。それは個々の対象物の場合には不可能であるが，1国民の中で貸された対象物の総体については可能である。たとえばある人が100年の維持年限を有する100戸の建物を，賃借人は毎年1戸の新建物を建設するという条件で，貸付けるならば，100戸の建物は毎年の減価にかかわらず，同一価値を維持する。この研

剰生産物の量は 40 c である。
　だから労働者は借りた資本に対して 40 c の利子（賃料）を払うことができ，この利子を資本製作労働者はその 1 年の労働に対して継続的に受けることができる。
　ここにわれわれは利子の発生と根拠およびその資本に対する割合をみる。
　労働の報酬とその労働が資本製作に向けられる場合に造り出す賃料の大きさとの割合に資本と利子との割合が等しい。
　上の場合に 1 年労働（1. J. A）に対する報酬は 110 c であり，1 年の〔資本製作〕労働から生ずる資本がもたらす賃料は 40 c である。
　だから割合は，$110 c : 40 c = 100 : 36.4$，したがって，利率（Zinssatz）は 36.4％である。
　しかし——異議を言うことができる——40 c の賃料は 1 年労働の成果ではない。労働者は資本を製作するさいに消費する生活手段を得るために 10 年を要している。だからあの賃料は 11 年間の成果で，1 年に対してはただ $40 c/11 = 3.64 c$ の賃料であると。
　これに対しては次のとおり答えられる——
　資本なしの労働者は，1 年労働に対し 110 c の報酬を得るが，生活維持のためその中の 100 c を用いなければならないから，彼の勉励（Anstrengung）に対してはただ 10 c を報酬として受けるのみである。
　したがって労働者の報酬の中に次の 2 つの部分を区別せねばならない。
1)　労働力維持のため用いられねばならないもの
2)　彼の勉励に対して受けるところのもの[注3]

　　究においてはわれわれは眼を全体に向けなければならない。われわれがここでただ 2 人を取引する者として述べているのは，同時に全国民において行なわるべき運動を見やすくするための単なる比喩にすぎない。
　注3)　この両者の区別は，実際生活における関係の正当な評価にも意義のあることで次の例が示すとおりである。

第1編　労賃および利率に関してみた可耕荒蕪地に囲繞された孤立国

上の仮定の数字によれば，労働者は1年間の勉励——それを私は「1年勉励」(1 J. Anstreng) という——に対して，これを食料品生産に向ければ $10\,c$，資本製作に向ければ $3.64\,c$ の賃料 (Rente) を受けるのである。

両者間の割合は，だから 10：3.64 すなわち 100：36.4 である。

それゆえ資本と利子との関係は年労働を尺度としても，年勉励を尺度としても，同一の結果を得る。

全国の労働者が皆1年労働の資本を備えるに至った時には，資本製作はなお継続するであろうか，それとも止まるであろうか。

弓矢と網とを持っている労働者にもう1人の労働者を対立させてみよう。彼もやはり資本を備えることは少ないけれども鋤と斧と釘とを持ち，棒で土を掘ることはしないで鋤き起こし，砕けた火打石で木材に加工しないで斧でする労働者である。熟練さ，勤勉さ，体力等が等しい場合にも，労働の結果は両者がはなはだ異なることを発見するであろう。鋤と斧とをもつ第2の労働者は，年の終わりに前者よりも大きな労働生産物を示すであろう。

しかし鋤も斧も人間労働の生産物である。したがってこの道具の効用が大であるということの中に，それを作ること，したがって継続して資本製作することに対する刺激がある。

弓矢などを作るには，個々の労働者は他の助力を要しないが，鉄を採ることや加工には，すでに分業がなければならない。ゆえにここでは資本製作労働者たちを，共同の目的のために結合し，その労働の全収益をめいめいの間に分配する1つの社会とみなければならない。

　　年収 100 ターレルの雇用労働者の牝牛（その価値 20 ターレル）が死んだと仮定しよう。彼の損失を年収入と比較するならば，彼は5分の1の労働で置き換えることができるから，それは大したことではないように考えられる。しかし彼は年収のうち 90 ターレルを労働力維持のため用いてきたし，用いねばならないということ，彼の1年間の勉励は 10 ターレルの報酬しかないということ，それゆえに1頭の牛が死んだのは2年間の勉励の結果が失われたのであるということを考えるならば，彼の損失は悲しむべきであり，同情心を呼び起こすものである。

孤立国　第2部

　全国民が漸次に上述の鉄器をもつに至ったと仮定し，また各労働者の必要とし使用するものが，資本製作に従事する男の1年労働の産出物であると仮定すれば，いまや各人は2年労働の資本をもって働いているのである。

　この資本状態でも，人間労働の能率を高める道具はまだ不十分で，したがって資本製作は継続され，国民は漸次3，4，5……年労働を労働者ごとに供給されるであろう。そして資本が増すとともに1人当たりの労働生産物はますます増加するであろう。

　ここで起こる問題は——

　労働生産物の増加は，資本の増加と同じ歩調を保つか，すなわち正比例するか？　たとえば3年労働の資本の使用は，1年労働の資本の利子の3倍，すなわち $3 \times 40\,c = 120\,c$ をもたらすか？

　われわれは器具，機械，建物等に投下された資本が同量の労働を必要とし，同程度に有効にするものではないことを知っている。

　水車を作って用いれば，穀物を砕くことに従事する者の労働生産を少なくとも20倍にする。すなわち水車をもってすれば石で搗く20人よりも多くの穀物を，しかもよりよい粉にすることができる。

　2頭の馬で曳く犂を御する1人の男は，30人が鋤で耨き起こしうる以上の土地を耕す。

　資本製作労働は，水車や犂の製作に有効な使途を発見するのであるが，これが需要に対して十分多数に製作されると，それ以上犂や水車を作ることは，最初ほど高い利子（賃料）を生まないのみか，全く利子（賃料）を生まなくなる。

　ある器具または機械がいかに有効であろうとも，必ずやその増加が有効であり利子を生むことをやめるところの限界がある。

　この限界が一度到達するや，資本製作労働は，たとえそれは効果が少なく，以前にもたらしたよりも少ない利子しかもたらさなくても，他の価値物の製作に向かわねばならない。

第1編　労賃および利率に関してみた可耕荒蕪地に囲繞された孤立国

　それゆえ資本製作労働者は，自己の利益を考え追求するならば，彼の力を最も強め，彼の労働に最大の効果を与えるような道具の製作に彼の労働をまず向ける。それから道具が多数あるようになると，役には立つが，最初に製作したものよりも効能が少なく，労働をはかどらせることの少ないところの——したがって貸与した場合にも少しの賃料に甘んじなければならない——器具の生産に彼の労働を向けねばならない。

　ここにおいて，以下の研究に対し重要な現象の基礎が現われる。——ある企業あるいは営業の中において，新しく投下され，付加された各資本は，以前に投下したものより少ない賃料を生ずる。

　この現象は一般に実際生活，年労働でなく貨幣が資本の尺度であるところの実際生活においても現われる。1つの農場に土地改良を施す場合に，これは明瞭に認められる。すなわち，最初に改良，たとえば泥灰土のため投下した1000ターレルは，15％をもたらすことができる。ところが第2の1000ターレルはおそらく10％，第3はただ5％をもたらすのみである。なお継続して資本投下をする場合には，たとえばある点以上に耕土を深くする場合のように，ただ3％，2％あるいはわずか1％の賃料を維持するだけである。

　その商品を住所の近くで販売し，10000ターレルの資本をその商売で5％に運用している商人または手工業者が，1000ターレルの追加資本を役立たせることができるのは，彼の販路が広がり，商品を住所の周りにより広く販売する時だけである。

　このことを，その他の事情が変わらない場合に，彼がなし遂げられるのは，彼の商品の価格を下げることによってのみ可能である——これはしかし最終投下の資本効果の減少を伴うことである。

孤立国 第2部

第9章 労賃および利率の形成

　資本を年労働で表わすのは，資本の生産に要した人の力の投下量が尺度にとられるのである。資本を貨幣でいい表わせば，貨幣自身が人間の労働と資本との成果であるから，労働から生じたものが資本の尺度となることになる。2つの尺度のいずれを用いても，新しく追加される資本は，前に投ぜられた資本よりも，労働生産物を増加させることが少ない。

　それなら，いかなる曲線によってこの資本の効果の漸減は示されるか。

　後に，このような曲線に対して行なわねばならない研究が十分になった時，資本と労働生産物との関係の研究が，特別の研究題目となるであろう。ここではまず，その項が漸次に小さくなる級数を見出したいのであって，この要求に

		全労働生産物
資本なしの1人の労働が産出する量………………………………		110　c
第1資本（1年労働）が与える増加量……………………………40　c		150　c
第2　〃　　〃　　〃　　………　(9/10×40) = 36　c		186　c
第3　〃　　〃　　〃　　………　(9/10×36) = 32.4 c		218.4 c
第4　〃　　〃　　〃　　……　(9/10×32.4) = 29.2 c		247.6 c
第5　〃　　〃　　〃　　……　(9/10×29.2) = 26.3 c		273.9 c
第6　〃　　〃　　〃　　……　(9/10×26.3) = 23.7 c		297.6 c
第7　〃　　〃　　〃　　……　(9/10×23.7) = 21.3 c		318.9 c
第8　〃　　〃　　〃　　……　(9/10×21.3) = 19.2 c		338.1 c
第9　〃　　〃　　〃　　……　(9/10×19.2) = 17.3 c		355.4 c
第10　〃　　〃　　〃　　……　(9/10×17.3) = 15.6 c		371　c
第11　〃　　〃　　〃　　……　(9/10×15.6) = 14　c		385　c
第12　〃　　〃　　〃　　………　(9/10×14) = 12.6 c		397.6 c
第13　〃　　〃　　〃　　……　(9/10×12.6) = 11.3 c		408.9 c
第14　〃　　〃　　〃　　……　(9/10×11.3) = 10.2 c		419.1 c

第1編　労賃および利率に関してみた可耕荒蕪地に囲繞された孤立国

は初項が分数である等比級数，たとえば $\frac{9}{10}$, $\left(\frac{9}{10}\right)^2$, $\left(\frac{9}{10}\right)^3$, $\left(\frac{9}{10}\right)^4$, ……というごときものが適当である。

われわれの後の研究を一定の数字に結びつけ，それによってさらに展開しうるために，私はしばらく，1人の労働生産物は，

1年労働の第1資本を用いることによって…… $40\,c$ だけ
　〃　　　第2資本　　　　〃　　　…… $9/10 \times 40\,c = 36\,c$
　〃　　　第3資本　　　　〃　　　…… $9/10 \times 36\,c = 32.4\,c$

以下同様に高められるとする。

この計算を行なったのが前の表である。

資本の増加が労働の報酬に及ぼす影響

われわれがここでみている国民の中には，まだ他人を自己のために働かせるところの資本家はなく，各人は皆自己のために働く。労働者は(1)資本生産に従事する者と，(2)資本を借りて自己の計算で働く者との2階級に分けられる。

第2の階級に属する者を，私は単に「労働者」と言う。この労働者が，労働生産物のうち，借入資本の利子を払って残るものが彼らの労働の報酬である。

もしも社会が1年労働の資本を備える程度の富の段階にあるならば，貸手は1年の資本に対して $40\,c$ の賃料を得る。

資本の生産がもっと進み，各労働者に2年労働の資本が渡るようになれば，貸し手は第2の資本に対しては $40\,c$ でなく，ただ $36\,c$ を得ることができるのみである。なぜなら労働者はこれを $36\,c$ 以上には利用することは不可能であり，これ以上要求された場合にはそれを全然拒むであろうから。

さて，労働者は第1の資本に対しては，なお依然として $40\,c$ の賃料を払うであろうか，それとも第2の資本に対すると同じく，ただ $36\,c$ の賃料を支払うであろうか？

第2の資本製作を完成した資本製作労働者が，それをある労働者に $36\,c$ の賃料で申し込めば，従来債権者に $40\,c$ 払っていたこの労働者は，〔賃料の〕高い

資本には返却の通知をして安いのをその代わりに借り受けるであろう。貸していた資本の返還通知を受けたこの資本製作労働者は，その間に第2の資本を成立させているから，いまや2つの資本を貸さねばならない。1年労働の資本に対し $36c$ の賃料を受け取る決心をしなければ，これらの資本は使い途がない。これらの資本は彼自身には全く無用であるから，彼は第1の資本も第2の資本も，$36c$ の賃料で貸すことに甘んじなければならないであろう。

第1の年労働で生産された資本は第2の年労働から作られた道具とは異なる種類の道具からなっている。一方が他方に代わることはできず，したがってその基準にもなりえない，と異議を唱えることができるかもしれない。

しかしこの場合はそうではないのであって，資本の増加によって資本生産に向けられた労働に対する報酬は，40：36 の割合で低下し，資本製作労働は弓矢の製作に向けられると斧や鋤の製作に向けられるとを問わず，今後は $36c$ の賃料を払われる。なぜならば1つの労働部門が他よりも多くの報酬を受けるならば，それに向かって多くの労働者が，均衡のとれるまで集まってくるから。

商品の価格が買手の異なるにつれて異なることなく，買手の有する個人的価値によって決定されないで，すべてに対して同一に定められなければならないように，資本の価格，すなわちそれに払わるべき賃料も，資本が全体として借手に与える効用によっては定められない。すなわち同一価値の商品に対しても，その生産に同一量の労働を要する資本に対しても，同一時点に2つの異なる価格は存在しえないのである。

資本全体が貸付の場合に実現する賃料は，最後に投じた資本部分の効用によって決定される。これは利子理論の最も重要な命題の1つである。

上の数字に従えば2年労働の資本を借りて働く労働者の所得は，

<pre>
    彼の単なる労働によって‥‥‥‥‥‥‥‥‥‥‥‥‥‥‥ 110c
    第1資本を用いることによって‥‥‥‥‥‥‥‥‥‥‥‥   40c
    第2資本に用いることによって‥‥‥‥‥‥‥‥‥‥‥‥   36c
                        彼の労働生産物は 186c
</pre>

第1編　労賃および利率に関してみた可耕荒蕪地に囲繞された孤立国

このうち資本家に $36c$ ずつ2資本分払わねばならない …… $72c$

彼が受けとるのは　　$114c$

彼は1年労働の資本を使用した場合には $110c$ を受け取ったのだが。

この労働者が3年労働の借入資本を用いるならば，彼の所得は，
- 労働そのものにより………………………………………… $110c$
- 第1資本により……………………………………………… $40c$
- 第2資本により……………………………………………… $36c$
- 第3資本により………………………………………………$32.4c$

合　　計　　$218.4c$

このうち資本家に $32.4c$ ずつの賃料を
3資本分支払う………………………………………………$97.2c$

労働者に残るのは　　$121.2c$

　資本の増加する場合に，賃料が減少するということは，労働者に有利であって，彼の労働報酬を高める。

　ヨーロッパでは労働階級の圧迫された状態をしばしば機械の使用の増加に帰するが，われわれがここで考えているところの社会状態においては，労働者の状態は資本が増加して機械の使用が広まるほどますますよくなるのである。

　実際，自然力の賢明な利用，および労働を促進させる機械の利用によって，社会の最大多数階級の状態が，彼らの労働が機械によって有効になり報酬が良くなればなるほど，困難になるとは，不自然かつ矛盾のようにみえる。

　さらに研究を進めることがわれわれをこの矛盾の根拠に導くに相違ない。

第10章　資本増加の利率に及ぼす影響

利率は，上に示したとおり，同一量の労働，たとえば1年労働が，労賃で支払われるのと賃料で支払われるのとの割合から生ずる。

労賃と賃料とは，ここでは投下資本がそれから生ずる利子に対するのと同じ割合である。

1年労働の資本をもって働くならば，労働が1年間に受け取るのは，労賃では110 c，賃料ならば40 c，その割合は110：40で，利率は $\frac{40}{110} = 36.4\%$ である。

2年労働の資本を用いる場合には，労賃は114 c，賃料は36 c で，したがって利率は $\frac{36}{114} = 31.6\%$ となる。

3年労働の資本に対しては，労賃は121.1 c，賃料32.4 c で，利率は $\frac{32.4}{121.1} = 26.7\%$ となる。

4年労働の資本に対しては労賃は130.8 c，賃料は29.2 c，利率は $\frac{29.2}{130.8} = 22.3\%$ である。

資本増加の場合の労働報酬・賃料および利率の比較

	労働報酬	賃　料	利　率
1年労働の資本に対しては………………	110 c	40 c	36.4%
2年　〃　　　　　…………………	114 c	36 c	31.6%
3年　〃　　　　　…………………	121.2 c	32.4 c	26.7%
4年　〃　　　　　…………………	130.8 c	29.2 c	22.3%

資本が増加すれば，利率は賃料よりも急に低下する。それは同時に労働報酬が上昇し，そして賃料を労賃で割って利率が生ずるからである。

ここでは労働，それによって資本が生まれるところの労働，が資本の尺度で

第1編　労賃および利率に関してみた可耕荒蕪地に囲繞された孤立国

ある。実際上は資本はふつう貨幣でいい表わされるのであって，資本の大きさを日雇労働者，われわれがこの資本の力で支配し，またそれで買うこともできるところの日雇労働者，の年労働数で測定することはしないものである。——それは，異なる地方，異なる時代における資本の価値に対して，貨幣での表現よりもはるかに明るい光を与えるのにかかわらず。

利率の決定においては，資本が年労働でなく，貨幣でいい表わされても，別に差を生じない。

たとえば c が1ターレルとすれば，1年労働の報酬は110ターレルであり，1年労働の資本もまた110ターレルである。そしてこの資本が生む賃料は40ターレルである。賃料を資本で割れば利率がでる。それはやはり $\frac{40}{110}$ すなわち36.4％である。

同様にして2年労働の資本をもって働く時には，利率は31.6％となるのだが，それは上述のしかたによっても変化はありえない。

第11章　資本製作労働が実現する賃料の大きさに及ぼす資本増加の影響

資本製作労働者は，われわれが見てきたように，従来の需要以上の新資本に対して，漸次少ない賃料を受けるものであるならば，そして彼はこの新資本のために，彼の古い資本の価値をもまた，それらの収入の低下によって，減少されるならば，次のような問題が起こる。何が彼を動かして資本生産を継続させうるのか。

ここでわれわれは資本は労働の生産物であって，それは労働者が消費する以上に生産するものからのみ形成される，ということを想い出さねばならない。

狭義の資本を作る人，すなわち道具の製造，家屋の建築などに従事する1人の人を，1年間生活手段で支えるに足る貯蓄をするためには，労働者の剰余が

少なければ少ないほど彼はますます多くの年数働かねばならないし，あるいは——社会的に結合した労働者を考えるならば——労働者の数はそれだけ多くなければならない。

その建築に10人の年労働を要する家屋を手に入れるには，もしも労働者が2年間に1年分の生活必要品を得るならば，20年勉励（Anstrengung）が費用としてかかる。たとえば労働報酬が $200\,c$，生活維持費 $100\,c$，年余剰も $100\,c$ であるならば，家の建築は $10\times200\,c=2000\,c$ かかり，そして $2000\,c$ 残すには $\frac{2000\,c}{100\,c}=20$ 人が，共同して1年間働かねばならない。この家を得るための費用は，20人の年勉励である。

しかし，もし労働報酬が $110\,c$，剰余が $10\,c$ ならば，この建物を建てるには $10\times110\,c=1100\,c$ かかり，この時はこの家は $\frac{1100\,c}{10\,c}=110$ 人の年勉励によってはじめてでき上る。

資本の生産費は，それゆえにそれを獲得するのに必要な年勉励の数によっていい表わされ，測定されることができる。

資本の生産は，労働者の剰余が少ないほど，あるいは消費が一定の場合には，労働報酬が少ないほど，費用を多く要する。

高い労働報酬は商品の生産費を増加するが，資本の生産費は少なくする。

資本製作労働者の目的は，彼の年労働に対して可能なだけ高い賃料を得ることである。一方において資本の増加とともに利率，したがって資本からの収入が低下するが，他方においては資本とともに労働報酬が高まり，労働報酬の騰貴によって資本生産費が減少する。

だから資本製作の場合に，2つの互いに抑制し合う要素が作用し——このことから間違いなく次のことを推論することができる。すなわち資本が増大する場合に，資本製作労働に最大の賃料を与える点がある。

数字の例がこれを明瞭にするだろう。

資本額が2年労働であるならば，労働生産物は

第1編　労賃および利率に関してみた可耕荒蕪地に囲繞された孤立国

労働そのものから……………………………………… 110 c
第1資本から……………………………………… 40 c
第2資本から……………………………………… 36 c
　　　　　　　　　　　　　　　　合　　計　186 c

このうち労働者は借りた2年労働の
資本に対して36 c ずつ払わねばならないのが ……………… 72 c

労働者に残るのは……………………………………… 114 c

資本製作労働者自身がそれをもって働く資本を所有していても，彼はその利子を計算に入れなければならない。なぜなら彼はそれを貸すことによって，それだけに利用することができたであろうから。

上の114 c のうち資本製作労働者は生活維持に100 c を費やし，年勉励に対して14 c の剰余を受ける。

1年労働に対する労賃に等しいだけの資本を集めるには，彼は$\frac{114\,c}{14\,c}=8.14$ 年かかる。したがって共同して資本製作に従事する8.14人が1年労働の資本を生むのである。この資本は貸付けられた場合36 c を生むから，8.14人の間に分配されて，各人4.42 c の賃料となる。

3年労働の資本に対しては
労働生産物は，110＋40＋36＋32.4 ……………………… 218.4 c
うち3資本の賃料32.4 c ずつ引く ……………………… 97.2 c

労働者に残るもの……………………………………… 121.2 c
労働者の剰余額……………………………………… 21.2 c

1年労働の報酬に等しい資本を集めるには，$\frac{121.2\,c}{21.2\,c}=5.72$ 人の年労働を必要とする。1年労働の資本に対する賃料は32.4 c であるから，1人の労働者はその年労働に対して受ける賃料は$\frac{32.4\,c}{5.72}=5.66\,c$

4年労働の資本に対しては

労働生産物は，110＋40＋36＋32.4＋29.2 ……………… 247.6 c
このうち4資本の賃料29.2 c ずつ引く ……………… 116.8 c

労働者に残るもの…………………………………… 130.8 c
労働者の剰余額……………………………………… 30.8 c

1年労働の資本（それは29.2 c の賃料を生ずる）を集めるには
$\frac{130.8c}{30.8c} = 4.25$ 人の年労働を必要とする。1人はその年労働によって
$\frac{29.2c}{4.25} = 6.87c$ の賃料を得る。

資本製作労働者の賃料は，2年労働の資本を用いている時にはわずかに4.42 c であるが，3年労働の資本では5.66c，4年労働の資本では6.87 c に増加する。

これによってわれわれは次のことを看取するのである。すなわち資本製作労働者は，資本が増加し利率が低下する場合に，資本が少なく利率が高い場合以上の賃料を，彼の労働によって得るものである。したがって彼らは，たとえそのためその労働の生産物，すなわち資本は利率の低下により価格が安くなっても，彼ら自身の利益によって，資本を増加するように刺激されるものである。

これに対して，なるほど資本製作労働者は，資本の増加によってより多くの賃料をもうけるけれども，彼らの利益は，その大きな資本を自己の労働にのみ用いて他の労働者にはそれを利用させず，それによって利率を前の高さに維持することを要求する，と異議を唱える人がいるかもしれない。われわれはこれに対して次のことを考えねばならない。すなわち，資本製作労働者はなんら独占権を有しない。したがって他の労働者は，資本生産に向けられた労働がその他の労働よりも高く報いられる場合には，直ちにそれへ向かうであろう。

第2階級の労働者が第1階級へ移ってゆくことは均衡がとれるまで，すなわち2種の労働の報酬が等しくなるまでは，継続するであろう。

ここで次の問題を言うことになる。2種の労働の報酬に対して，いかなる共通の基準があるかである。なぜなら一方に対する報酬は永続的な賃料で，他方

第1編　労賃および利率に関してみた可耕荒蕪地に囲繞された孤立国

に対するものは生産物自体でいい表わされているのであるから。

　これに対する答，労働者が彼の剰余を貸して利子を取る場合には，彼の年労働に対する報酬は継続的利子関係に変化し，これは資本製作労働者の賃料と比較されうるものであり，同一の尺度——たとえばターレル，または何シェッフェルのライ麦——で測られうるものである。

　2組の労働者が異なる資本を用いると仮定しよう。第1組はたとえば3年労働，第2組は2年労働の資本をもって働くと仮定する。

　このような時は資本製作労働者の賃料は，上に示したように $5.66\,c$ となる。2年労働の資本を用いる場合には，労働報酬は $114\,c$，剰余 $14\,c$，利率 $\dfrac{36\,c}{114\,c}$ $= 31.6\%$ である。だから労働者は彼の剰余に対して，$14\,c \times \dfrac{31.6}{100} = 4.42\,c$ を受ける。ところが第1組の労働者は $5.66\,c$ の賃料を受ける。

　もしこれに対して，両労働者が同じように3年労働の資本を用いるならば，労働報酬は $121.2\,c$，剰余は $21.2\,c$，利率 $\dfrac{32.4}{121.2} = 26.7\%$，剰余に対する利子は $21.2 \times \dfrac{26.7}{100} = 5.66\,c$ となって，資本製作労働者の賃料とちょうど同じ大きさになる。ゆえに資本量が等しい場合には，両種の労働の報酬に均衡が起こり，一方の階級から他方へ労働者が移動する理由は存在しない。

　資本製作労働者の賃料は

	賃　　　料	差　　　額
2年労働の資本をもって働く場合………………	$4.42\,c$	
3年労働　　　〃　　　　　…………	$5.66\,c$	$1.24\,c$
4年労働　　　〃　　　　　…………	$6.87\,c$	$1.21\,c$

　この賃料は資本の増加につれて増加するけれども，増加率すなわち相接続する2資本に対する賃料の差は資本の増加する時減少する。この認識は，この賃料は資本について永久に増加するものでなく，ある点において最大に達するという上述の推測を強めるものである。この点を明瞭にするために，ただいまの計算をさらに継続し，その結果を次の表にまとめる。

孤立国　第2部

A 表

資本(年労働)	労働生産物	うち利子額	残り労働報酬	〔資本製作〕労働者の剰余	利率 %	1年労働の資本の賃料	1年労働の資本を得るに要する人数	1人当たり賃料
0	110 c	0 c	110 c	10 c				
1	150 c	40 c	110 c	10 c	36.4	40 c	$\frac{110}{10}=11$	3.64 c
2	186	72	114	14	31.6	36	$\frac{114}{14}=8.14$	4.42
3	218.4	97.2	121.2	21.2	26.7	32.4	$\frac{121.2}{21.2}=5.72$	5.66
4	247.6	116.8	130.8	30.8	22.3	29.2	$\frac{130.8}{30.8}=4.25$	6.87
5	273.9	131.5	142.4	42.4	18.5	26.3	$\frac{142.4}{42.4}=3.36$	7.83
6	297.6	142.2	155.4	55.4	15.2	23.7	$\frac{155.4}{55.4}=2.80$	8.46
7	318.9	149.1	169.8	69.8	12.6	21.3	$\frac{169.8}{69.8}=2.43$	8.76
8	338.1	153.6	184.5	84.5	10.4	19.2	$\frac{184.5}{84.5}=2.18$	8.81
9	355.4	155.7	199.7	99.7	8.8	17.3	$\frac{199.7}{99.7}=2.00$	8.65
10	371.0	156.0	215.0	115.0	7.25	15.6	$\frac{215}{115}=1.87$	8.34

推論　資本製作労働者が彼の年労働に対して受ける賃料は，資本の増加とともに，利率は減少するにかかわらず，増加する。けれども8年労働の資本量の場合に最高点に達し，それからだんだんと低下する。

労働者の自利は彼らを駆って，労働が最大賃料を受けるまで，資本を増加する——この場合は各労働者に8年労働の資本が当たるところまでである。

労働が受けることのできる賃料が最大となる場合に，労働報酬は184.5 c，利率は10.4％である。

第1編 労賃および利率に関してみた可耕荒蕪地に囲繞された孤立国

第12章 土地生産性および気候が労働報酬および利率に及ぼす影響

　土壌の生産性が小さいために，同一資本を所有する労働者が，A表におけるよりも労働生産物を生産することが4分の1だけ少ない場合には，利子および労働報酬も4分の1だけ減少する。これはA表を算出したと同じ計算を，無資本の1人当たりの労働生産物が $110 \times \frac{3}{4} = 82.5\,c$，かつ第1資本による増加が $40 \times \frac{3}{4} = 30\,c$ の場合に，行なってみれば直ちにわかる。

　しかしこの場合には，労働報酬は，1，2，3，否，4年労働の資本を用いても，まだ労働者の必需品の額に達しない。この事情においては，労働自身によって資本が形成されるどころではない。相対的資本 (das relative Kapital)〔1労働者当たりの資本量〕が5年労働に増加した時はじめて，労働報酬が
$\frac{3}{4} \times 142.4 = 106.8\,c$ となって，剰余 $6.8\,c$ が資本形成に用いられることができるのである。

　だから人間がいやしくも生命を維持するには，資本が人間より先行せねばならない。

　この状態はしかしヨーロッパの至るところで皆同じである。なぜならば，ヨーロッパの最も温暖な地方，イタリアやギリシャの南部においてすら，国民はすべての資本，すなわち着物，住居，道具などがなくては，悲惨に死ななければならないであろうから。

　けれども資本は，フォイエルバッハ (Feuerbach) の世界のように，それ自身から，内的必然性によって生ずるのではなく，人間労働の生産物である。

　だから資本は，人間の生命維持の条件ではあるが，最初から存在したものではなく，まだ資本を持たない人間の労働から生じたものである。

　ここにおいてはわれわれは1つの循環論法，1つの解き難くみえる矛盾にぶ

— 387 —

孤立国　第2部

つかる。

　もし私の思い違いでないならば，労働報酬や利率を論ずる科学においても，この矛盾が一般に反映している。そしてその〔矛盾が〕解決されないことの中に，これらの問題について論じられたことが，なぜかくも不十分であるかの根拠が恐らくあるだろう。

　実際私は20年以上，資本と労働生産物との間を結ぶ法則，それによってかの矛盾が解かれる法則を発見しようと苦心したが，いつもむだであった。

　高度の相対的資本に対して，資本と労働生産物との関係を表現し，実際と大体において合致する尺度を案出することは困難ではないが，こうして形づくられた曲線は，資本の少ない，あるいは全くの零，すなわち資本の根源にまでさかのぼる時には，また同じ矛盾を表わす。

　労働生産物 p は，q が投下資本の額を示すとき，q の関数ではある。しかし私が代数式で確立した等式のどれもがこの場を覆っている暗黒を明るくしてはくれない。

　後になってはじめて，失われた時間と苦痛とに比べてあまりにおそかったが，問題の解けない原因が明瞭となった。それを私は以下に述べる研究で見出したのである。

　自然が自由に人間の助力なしにヤシを生産する所，気候が暖かく着物も住居も絶対的な必要とはしない所にのみ人類の発祥がありえたのである。そこにおいてのみ労働自身から資本が生じうる。

　この天国のような地方において資本が集まり，同時に人口も増加して豊沃な土地は個人の所有になったため場所が狭くなった後，個々の部族は分離移住し，獲得した資本――家畜，食物，道具など――の助けにより，人間が資本なしには生活しえない地方においても豊富な生活資料を見出し，彼らの母国において労働報酬として支払われたであろう以上をもうけることができるのである。

　この新天地に，再び資本が集積した後に，人口が再び場所が狭くなるほど増

第1編　労賃および利率に関してみた可耕荒蕪地に囲繞された孤立国

加した後に，多くの資本を持った移住者が人のいない地方，欲望のはなはだ少ない野蛮人ですら生活しえない，すなわちそれ自身としては住むことのできない地方へ移って，そこで十分な生活手段を見出すことができる。

しかり，われわれはさらに進んで次のように推論することができる。今日なお豊沃でない土壌のために，あるいは気候が不良なために住むことができないとされている諸地方も，資本がもっと増加しもっと安くなったならば，耕作されて人間を養うであろう。資本が安いほど，すなわち少ない利子で資本が得られれば得られるほど，地球の住むことのできる範囲は広くなる。

ヨーロッパもまた資本を持った人の来住によってはじめて住むことのできる地方に属する。

上の解き難い問題は次のことによって説明される。

　　本源的資本はヨーロッパでは形成されない。こことは違った資本形成の法
　　則が行なわれている地方から由来しているのである。

ヨーロッパにおける本源的資本は移入された資本であって，われわれの見地からみた法則には従っていない。

この認識とともに，かの矛盾はなくなった。思うに本源的資本の発生と，高度の資本の発生とに対する同一にして両者を含む法則を求めようとする願望を放棄したからである。

他のもっと高尚な事柄においても，この場合のように，全く起源の異なる事柄——一部分われわれの観察範囲に属するが，一部分は他の世界に属するのみならず，他の世界から発したかもしれない事柄——を単一の法則で説明しようとするために説くことができなくみえるのではなろかうか？

適　用

既述したことと部分的には重複するかもしれないが，なおこの問題について私に思い浮かんだ観察をつけ加えることを許されたい。

孤立国　第2部

　世界のうちで南インド, 中部アフリカ, ペルーのごときヤシ地方においてのみ人類は発祥することができる。

　この自然から豊かに授けられた地方において, 人類は, 増加する人口に対して所有主のない土地を見出す限り, 豊かに生活した。しかしすべての豊沃な土地が所有され個人の財産になった後は, さらに人口が増加した場合, 国民の一部は, 雇われて労賃のために働かねばならなくなった。この労賃は漸次低下して, ついには, 生産性が低く天恵は少ないけれども無主地のある地方へ移住し, そこで持ってきた資本の助けによって土地を耕すほうが有利となるような点に達する。

　この発展の過程は, すべての人間の精神的素質, 自然から人間に本能として与えられた幸福を求めようとする努力, そして最後に物理的世界の性質の中に堅く根ざすものであり, 最も自然的であって, われわれは移住によって人類が全世界に漸次広がっていくことを, 神の世界計画 (Weltplan) に合致するとみることができる。

　しかし, 転じて移住民が出る国を見るならば, これはかの国にとって決して喜ばしいことではない。その国はそのために移住者の生産力を失う。この国は彼らの教育に用いられた資本を失い, 彼らが持ち去る資本を失う。

　こういう移住が規則的永続的となると, この国は有用な設備や組織があっても, 他国のために働いて, 自国は力も富も増加しない, ということになりかねない。

　このことは将来自国と敵対的関係に陥りうる国へ移住の方向が向いている場合に最も強く感じられる。将来この国は他の国との戦いで負けねばならない場合にも, そのために働いているのである。

　これはしかし阻止できない。なぜなら今日の教養の程度にある人々は, 自由移転の権利をもはや奪われない——政府がそうしようとしても, その最後の結果はきっと人口過剰, 貧窮, そして擾乱であろう。

　世界中で最も強く最も専制的な君主国でも, 世界計画の遂行に逆行する時は

第1編　労賃および利率に関してみた可耕荒蕪地に囲繞された孤立国

無力である。

　それゆえ抑圧をしている国家は，世界精神に対して逆らっているものであり，それらを支配する神の摂理と和解しないでいるものである。

　ここにおいてわれわれは問わねばならない——この矛盾は自然的な矛盾であるか，それゆえに和解できないものであるか。

　個人も国の法律が設定しているところの強制に服する。しかし国家には，もしも個人が利己的一点張りの野心を捨てて国家の幸福を自己の行為の目標となし，彼らのより高い使命の深い認識に基づいて，かの国家が全体の幸福のための法により強制として命ずるところの制限に，自発的に従うならば，国家には束縛を除去し，自由に達するところの力が与えられている。

　国家およびその統治者に対して，このような神の摂理との一致がないからといって，また個人が獲得しているような自由への高まりがないからといって，彼らは引き続いて，抑圧と世界計画への対立状態に固執する必要があるだろうか。

　このような和解は，国家が自己を世界の中心と考え，他国民は自分の利用すべき道具とみなすことをやめるのでなくては，実現が困難である。

　この和解は，国家が人類の幸福をその努力の目標とする時，かの自由を得た個人が国家に従うと同時に国家が人類に従う時，起こりうるのであり，また起こるであろう。

　この道を進むためには確固たる勇気と最初は犠牲を払うことが必要である。しかし，個人がその本分に従って行動する時，求めざるにかかわらず報いられると同じく，国家に対しても報酬は必ずあるであろう。この道を固持して進むという信任を得た政府は，他国民を精神的臣下となし，それによって人口や富の増加によりあるいは領土拡張によって得られるよりもより多くの影響と力をかちうるであろう。

　イギリスはすでにこのような方向への芽生えを示した——奴隷解放において，カニング(訳注)の運動において，中国との講和において，近来はその貿易政

孤立国　第2部

策においても。もしイギリスが外国に対するすべての利己心をぬぎ捨て，現在踏み出した道を永久に進むことができるならば，その物質的優越，さらにそれ以上に精神的優越は想像できない高さに達することができるであろう。

中断からわれわれの研究へ戻り，次表において労働生産物がA表（第11章）において基礎としたものの4分の3である関係に対する結果の一覧を示す。

B 表

資本 (年労働)	労働 生産物	うち 利子額	残り労 働報酬	[資本製作] 労働者 の余剰	利率 %	1年労働の資本の賃料	1年労働の資本を得るに要する人数	1人当たり賃料
5	205.4 c	98.6 c	106.8 c	6.8 c	18.4	19.7 c	$\frac{106.8}{6.8}=15.7$	1.25 c
6	223.2	106.8	116.4	16.4	15.3	17.8	$\frac{116.4}{16.4}=7.1$	2.51
7	239.2	112	127.2	27.2	12.6	16.0	$\frac{127.2}{27.2}=4.67$	3.43
8	253.6	115.2	138.4	38.4	10.4	14.4	$\frac{138.4}{38.4}=3.64$	3.96
9	266.6	117.0	149.6	49.6	8.7	13.0	$\frac{149.6}{49.6}=3.02$	4.31
10	278.3	117.0	161.3	61.3	7.25	11.7	$\frac{161.3}{61.3}=2.63$	4.45
10.5	283.5	116.5	167	67	6.65	11.1	$\frac{167}{67}=2.49$	4.46
11	288.8	115.5	173.3	73.3	6.09	10.5	$\frac{173.3}{73.3}=2.36$	4.45
12	298.3	114	184.3	84.3	5.14	9.5	$\frac{184.3}{84.3}=2.18$	4.35

A表とB表との結果の比較

賃料における労働の最高報酬は，Aにおいては8年労働，Bにおいては10.5年労働の資本投下の場合に起こる。

この労働報酬最高点においては，労賃は，Aにおいては184.5 c，Bにおい

訳注）Canning, Charles John, Earl, 1812-62. インド総督，土蕃諸王国と協調し住民の生活改善を計った。

第1編　労賃および利率に関してみた可耕荒蕪地に囲繞された孤立国

ては167 c，利率は，Aにおいては10.4％，Bにおいては6.65％である。

　ゆえに土壌の生産性の減少は次の作用をなす。

1) その最高点に達するためにより多くの資本投下を必要とする。
2) 労働報酬も利率も低下する。しかし後者は前者よりも大きな割合で低下する。

　なお注意すべきは，労働者と資本家との間に分かつべき労働生産物の減少は，単に土壌の生産性のみによっては招かれず，生産物の上に賦課されその高さに比例する租税の結果でもありうる，ということである。

第13章　資本の効果を労働に還元すること

　われわれの研究においては，今は熱帯地方を離れて，人間が資本の共働なしには何物をも生産しえず，資本の助力なくしては生存維持もできないところのヨーロッパの状態を対象とする。

　ここではすべての生産物は資本と労働との共同的生産物である。そこで，これらの各要素は共同の生産物に対してもつ分け前を認識し，分離することができるか，という問題が生ずる。

　この問題を解くためにわれわれは次の観察を始める。

　資本 Q が，ライ麦何シェッフェル，あるいは何ターレル，あるいはその他任意の単位で与えられ，労賃 $a+y$ がその単位で表わされて既知とするならば，Q を $a+y$ で割る時は，資本は1労働者家族の何年労働で表わされる。あるいはまた1家族の何年労働を資本家は資本 Q をもって支配するか，が知られる。

　この労働者の数を nq とすれば，$\dfrac{Q}{a+y} = nq$，$Q = nq(a+y)$ である。

　さて資本家がこの資本を1企業者に渡し，企業者はこの資本を工業または地代のまだ発生しない地方で農業へ投じ，そしてこの企業者が n 人の労働者を採用すれば，各労働者は $\dfrac{nq}{n} = q$ 年労働の資本をもって働くことになる。

— 393 —

孤立国 第2部

　さて工業の粗収入，または無地代地方における農耕の粗収入から企業者の種種な費用を，労賃および資本家に支払うべき利子だけは除外して引き去り，こうして生ずる余剰からさらに企業者の企業利潤（第7章）を差し引けば，われわれが労働生産物（第6章）と呼び，q 年労働の資本をもって働いた労働者に対して「p」で示した収益部分が残る。

　いかなる単位で p は与えられてもかまわないが，ただ，Q および $a+y$ が与えられている単位は同一でなければならない。

　この労働生産物 p は労働と資本との共同的生産物であるが，他の企業上の費用は差し引いてあるから，ただ資本家と労働者のみの間に分配されるものである。

　この分配はいかなる方法で行なわれるか？

　企業に雇用された n 人の労働者は np なる生産をあげ，そのうち労賃として $n(a+y)$ だけを受ける。この労賃を差し引いた後には $n(p-(a+y))$ なる賃料が資本家に残る。

　投下資本は $nq(a+y)$ である。

　賃料を投下資本で割れば利率がでる。それを z で示す。

$$z = \frac{n(p-(a+y))}{nq(a+y)} = \frac{p-(a+y)}{q(a+y)}$$

利子率に対するこの表現は（符号 $p, q, a+y$ に私が与えた概念の場合において）普遍的・絶対的に妥当するものである。この等式から数学的に導いた式もまた同様に確実に妥当するに違いない。

$$z = \frac{p-(a+y)}{q(a+y)} \quad \text{から} \quad a+y = \frac{p}{1+qz} \quad \text{が導かれる。}$$

すなわち労賃は，労働生産物を1プラス年労働で表わした資本に利率を掛けたもので割ったものに等しい。

　資本家の受け取る賃料は，労働生産物から労賃を差し引く時に生ずるから

$$p-(a+y) = p - \frac{p}{1+qz} = \frac{pqz}{1+qz}$$

第1編　労賃および利率に関してみた可耕荒蕪地に囲繞された孤立国

労働の報酬が資本の報酬に対する割合は，だから
$$\frac{p}{1+qz} : \frac{pqz}{1+qz} = 1 : qz \quad \text{である。}$$
労働者の労賃を $=A$ とすれば，資本家の賃料は $=Aqz$ である。

q 年労働の資本の賃料は qz 人の労働者の労賃と等しく，1年労働の資本の賃料は z 人の労働者の労賃に等しい。

さて後に示すように，同一の生産物 p を生産するにあたって，資本の一部は増加した労働によって，逆に，労働の一部は付け加えられる資本によって置き換えることができる。それゆえ資本は賃労働者と競争するところの共働者のようにみえる。ところが，資本 Q をもって一定数 n 人の労働者を働かせる企業者は n を増減することによって，相対的資本，1人の労働者がそれをもって働く相対的資本 q に任意の大きさを与える力をもっている。企業者，自己の利益を知って追求する企業者は，相対的資本 q を，資本の労働費用と人の労働費用とが生産のさいの両者の効果と正比例するような点まで高めるであろう。

資本の効果はその報酬の尺度でなければならない。なぜならばもし資本労働のほうが人の労働よりも安いならば，企業者は労働者を解雇し，反対の場合にはその数を増加するであろうから。

だから，資本の効果は人の労働の効果に対して，それらの報酬と同じく，$z:1$ の割合でなければならない——そして，それに支払われる賃料による資本報酬は，偶然的なものでもなく，不当なものでもないのである。

ここにおいてわれわれは，われわれの研究上最も重要な認識に到達したのである。すなわち，資本と労働とが同一単位，すなわち人の年労働で測られた場合には，

　　賃料率 z は，それによって資本の効果と人間労働の効果との割合が表わされるところの要素である。

これによってわれわれは，ある交換財(注)(Tauschgut) 生産のさいの資本の共

　　注）農業者は "Gut" といえば農場 (Landgut) を理解するが，経済学者は人類が欲望を満たしうるすべてのものを1つの "Gut"（財貨）といい，使用価値の

働作用を労働に還元する立場に至った。

　この還元によって1生産物の生産費は，地代がその中に含まれないならば，全部労働で表現することができ，労働はだから交換財の真の価値測定者となる。

　われわれは逆に生産物たとえばライ麦で示されている資本を，年労働に還元することもできる。それには資本を年労働に対する労賃（この労賃はここでは労働の価値に等しい）すなわち $\frac{p}{1+qz}$ で割ればよい。たとえば資本 $Q = Q \div \frac{p}{1+qz} = \frac{Q(1+qz)}{p}$ 年労働。ただしここで p は，1農耕従事労働者のライ麦でいい表わされた労働生産物である。

　資本 Q が銀で示されていれば，これを年労働でいい表わすためには，やはり Q を $\frac{p}{1+qz}$ で割るが，この場合には p は銀よりなり，銀鉱労働者1人の労働生産物を意味する。

　資本が年労働で与えられているならば，これは過去において完成され，ある対象物に固定されている労働を示すものである――そしてこの資本が新しい交換財の生産に用いられる場合に，z は，上述のように，過去において完成されて固定された労働と現在の労働との間の割合を示すのである。前者はその生産物――資本――の中に完成 (vollendet) されており，後者は絶えず進行 (fortschreitend) しつつあるものである。

　　　　　　　　～～～～～～～～～～～

　すでにアダム・スミスは，労働を交換財の価値に対する真の本源的な尺度として示したが，彼は同時にこの尺度の適用を，社会の原始状態，すなわち資本

ほかに交換価値を有する財貨を経済財という。農業のみでなく経済学者のために書かれた1冊の本の中で，同一の言葉が2つの科学において異なる意義をもつのは，著者にとってはなはだ不便である。そのための誤解を防ぐために，私は"Gut"という言葉でつねに農場を意味することとする。経済学者の経済財は，ヘルマン教授 (Hermann : Staatswirtschaftliche Untersuchungen, München, 1832) とともに交換財 (Tauschgüter) または価値物 (Wertgegenstände) と呼ぶことにする。

第1編　労賃および利率に関してみた可耕荒蕪地に囲繞された孤立国

がほとんど全く存在せず，土地はまだ地代を生まない社会に限った。

リカアド——彼の後にはマカロック——はこれに対して，労働を交換財の価値に対する唯一のつねに妥当する尺度であるとみなしている。リカアドによれば，交換財の価格中には資本利用も地代も含まれていない，ただ労働のみである。

すなわち彼は建物，機械等に含まれている資本自身を，労働の産出物とみる。この時は，資本利用は算入されないのだから，現在なされる労働を含めて生産物中に含有される労働量を決定するためには，この労働のうち何パーセントが，この固定資本の持続の事情に基づいて，生産物の中へ移入するか，が計算されねばならない。

他の場合にさしも鋭い著者もこの場合には次のことを看過している。
1) 固定資本の生産に労働のみならず資本利用もまたすでに用いられていること
2) 機械の利用の場合にはその減価のみならずその購入価格の利子をも返還せねばならないこと

概してリカアドにおいては，価値の章がはなはだ了解しにくい。よく分析すると，その理由はリカアドがその立場を守らないことにあることがわかる。なぜなら，彼がその著書[注]の21頁で，交換財の価格決定のさいに資本利子を少しも言わず，労働のみを価値測定者と認めているのに，28頁においてその原理を適用する場合となって，機械の使用に対して毎年の支払いを計算に入れ，その中に減価償却費のみならず買入資本の利子もまた含まれている——だから彼は，説明なしに，そして一見するところ彼自らは無意識に，労働を唯一の価値測定者と認めることを放棄しているのである。

最も注意すべきは，リカアドが価値の章の最後の頁において，上述したことはただ社会の最初の自然状態に対してのみ完全にあてはまるということを確

注) Grundsätze der politischen Oekonomie, mit Anmerkungen von Say, シュミット訳，ワイマール，1821.

言し，もって彼が普遍的法則として構築したものを自ら撤回していることである。

ゆえに資本利用を労働に換算すべき基準については，リカアドにおいては論がありえない。これはしかし，企業利潤と資本利子とを混同し，労賃の中において労働自体に対する報酬と，労働者がその衣服，器具，住宅その他に含まれている財産に対して受ける利子と分離しない限り，これはまた免れえないところである。

～～～～～～～～～

以上の立言を説明するために，数字をもってする例を付け加えることが役立とう。

この目的のためにわれわれはしばらく，そしてこれはわれわれの以前の前提と一致しないから，この場合に対してのみであるが，次の仮定をする。すなわち銀鉱が孤立国に散在し，そして最も産出量の少ない銀鉱，しかしそれの採掘は需要充足のためになお必要である銀鉱が，耕地の境界にあるとする。そしてそれらと同一産出量を有する銀鉱がもっと奥深く未開地の中に広がっているが，これらの鉱山は採掘をしていないと仮定する。するとこの利用していないということは，それから得られるべき銀の価値がもはや採掘費を償わないということ以外には他に理由がありえない。

採鉱の広がりも穀物栽培と等しく，生産物の価格がその生産費とつりあう点に限界がある。

この理由から最終に採掘された鉱山は最終に耕作された穀作地と同じく地代を生まない。

ゆえにこの地方においては，国家的独占が邪魔をしないことを前提とすれば，資本および労働が採鉱に対しても農耕に対しても等しく投下されうるから，資本および労働がいずれの使用においても同一の高さの効果を示さなければならない。

公式 $a+y=\dfrac{p}{1+qz}$ は，労賃を生産物の分け前で表わしている。しかしその

第1編 労賃および利率に関してみた可耕荒蕪地に囲繞された孤立国

生産物はある場合には銀，他の場合には穀物で成り立っている。さて労働者に帰属する銀の量が，農耕をする場合に彼の得ることができたかもしれない穀物の量に対する代価であるためには，両者の量が同一交換価値をもたねばならない。だからここに銀と穀物との間の交換価値決定点がある。

1人の労働生産物が採鉱の場合には銀7.5ポンド，農耕の場合にはライ麦240シェッフェルとすれば，労働者の報酬となるところの分け前は，前の場合には銀 $\frac{7.5}{1+qz}$ ポンド，第2の場合にはライ麦 $\frac{240}{1+qz}$ シェッフェルである。利率zは，資本の2つの使途において同じ高さでなければならないが，それが5％である。

1人の労働者がそれをもって働く資本qは，いろいろな産業がいろいろな投下資本を必要とするから，異なる大きさである。仮にqは農耕の場合に12，採鉱の場合に20とすれば，労働の報酬は，

採鉱の場合には $\frac{7.5}{1+20\times 1/20}$ ＝銀3.75ポンド，

農耕の場合には $\frac{240}{1+12\times 1/20}$ ＝ライ麦150シェッフェル　である[注]。

だからここでは銀3.75ポンドがライ麦150シェッフェルと等価値である。すなわち銀3.75ポンドでもって，労働者は交換により，ライ麦150シェッフェルでもってと同じだけの必要を満たすことができる。すなわち銀3.75ポンドはライ麦150シェッフェルと同じ交換価値をもつ。金または貴金属をもっていい表わした生産物の交換価値をその価格と呼ぶならわしであるから，ライ麦1シェッフェルの価格は $\frac{3.75}{150}=0.025$ ポンドの銀である。

この耕地の境界で形成される銀，穀物間の価格比率は，全孤立国中の穀物の価格決定に対する基礎である。しかしこの基礎に対し1つの他の要素が加わり，その共働によって穀価は孤立国の各地方においては境界におけると全く別

注）第6章における前提によって，われわれはこの場合に，同一の知識，熟練をもち，鉱山にも農耕にも等しく有能な労働者を言っていることを忘れてはならない。

孤立国　第2部

物となる。この要素は銀と穀物との移動性の異なるのに基づく。

　貴金属を30マイル輸送する費用は，その価値に比べてはなはだ小さく，これを零に等しいとしてよいくらいである。これに対して穀物の30マイルの地点における運送費は価値に比べ非常に大きい。

　第1部第4章で，運送費を計算する式を展開した。いまの場合にこれを適用すれば次の結果を生む。

　ライ麦2400ポンドすなわち28.6シェッフェルの1輌に対し，第4章によると，x マイルの距離の運送費は，$\dfrac{41x \text{ Schfl. Roggen} + 26x \text{ Tlr.}}{80-x}$ である。

　第23章によれば，土地耕作は都市から31.5マイルの距離において終わる。さて31.5を前式の x に置けば，ライ麦28.6シェッフェルの1輌の運送費は $\dfrac{1291.5 \text{ Schfl. Roggen} + 819 \text{ Tlr.}}{48.5} = 25.14$ Schfl. Roggen $+ 16.89$ Tlr. となる。

　これによって，ライ麦150シェッフェルに対する31.5マイルの運送費は 131.9 Schfl. Roggen $+ 78.6$ Tlr. となる。

　それゆえ全費用は，(150+131.9) Schfl. Roggen $+ 78.6$ Tlr.
　　　　　　　　$= 281.9$ Schfl. Roggen $+ 78.6$ Tlr. となる。

　ライ麦の生産には，生産の場所において1シェッフェルにつき，銀1/40ポンドの費用を要するから，

　　ライ麦281.9シェッフェルでは……………………… 銀7.05ポンド
　　78.6ターレルは銀で……………………………………　　3.93　〃

　であるから　　　　　　　　　　合　　計　　銀10.98ポンド

　150シェッフェルのライ麦を都市へ供給するには，だから，銀10.98ポンドの費用を要し，しかも31.5マイル隔たった地方からの穀物が都市の需要充足のためにはなお必要であるから，穀物の価格も都市においてこの費用に応じなければならない。

　それゆえ，ライ麦150シェッフェルは，外縁でわずか銀3.75ポンドの値であるが，都市においては銀10.98ポンドの値をもつのである。

第1編　労賃および利率に関してみた可耕荒蕪地に囲繞された孤立国

　さて，銀を尺度にとれば，都市における穀物は，外縁における穀物の3倍の価値をもち，穀物を価値測定者とすれば，都市における銀は外縁においてもつ価値のほぼ3分の1に下がる。

　しかし各地方における貴金属の価値を，ロッツ（Lotz）が行なっているように，ただ穀物の価格のみによって測ったら誤りである。モスクワでは銀1ポンドでもってロンドンにおけるより明らかにより多くの穀物を買うことができる。しかし，ロンドンでは同一量の銀に対してモスクワにおけるよりも多量の植民地生産物，工業的生産物が手に入る。同様に孤立国においても，銀で示された多数の工業生産物は都市において国境におけるよりも安い。

　上の運送費の計算は以前のはなはだわるいメクレンブルグの地方道路をその計算の基礎としている。大道路，鉄道，運河によれば，運送費は自然と著しく減少するであろう。しかし，多い少ないの程度はここでは問題でなく，ただ原理，銀・穀物間の価値比例が出てくるところの原理のみが問題である。しかし交通機関の完備するにつれて，各地において銀・穀物間の価値比率に起こるところの差もまた減少する，ということだけは自ずから明らかである。

―――――

　価格理論に関して凡百の書物が書かれたが，見解の一致は得られていない[注1]。

　前述するところには原則として，商品の生産費が生産物の交換価値の尺度である，ということが仮定されているから，この点がここでさらに議論を必要とする。

　アダム・スミスは生産費に対応する価格をその自然価格と呼ぶ。

　セイ[注2]はこれに対してスミスの自然価格，市場価格の間の区別は神話的だとして，自由競争すなわち需要供給間の関係を唯一の価格調整者とした。

注1) Hermann の前掲書，66〜136頁の『価格論』ははなはだ価値の高いものである。
注2) リカアドの『原理』の独訳95頁の注において。

孤立国　第2部

　われわれが1つの市場においていかに価格が形成されるかを観察するならば，ある商品の欠乏または過剰，およびそれに関連した需要供給の関係が，ここでは決定的なものであることを認めざるをえない。商品の生産費はここでは全く観察にのぼらず，売手がそれを根拠とするならば笑われるであろう。

　しかし，自由競争は底深く横たわっている原因が外に現われた現象にすぎない。われわれは，セイのように，現象の理解をもって満足してはならない。根本を求めねばならない。

　ある与えられた時に市場がある商品をもって充溢する原因は何か？

　答。過去においてこの商品の生産が非常な利益を実現し，その結果生産が拡張したのである。

　ある商品の市場への供給が不足する原因は何か？

　答。その生産が以前に損失を伴っていて，この損失の結果生産が制限されたのである。

　市場価格の動揺は，各生産者が将来の需要を見通すことができず，市場価格によってはじめて彼の商品の不足あるいは過剰を教えられるのである限り，避くべからざるものである。

　上述したことは随時に望ましい量だけ生産されうる商品に妥当する。しかし不足あるいは過剰がその年の生産の大小につながっているところの穀物の場合はこれと異なる。しかし植物に対する天候の影響がほとんど不変の要素と考えられる長い期間をとってみれば，この場合にもまた平均市場価格が生産費以上によいのは，穀物の多量な生産と供給増加とを起こす。逆に市場価格が生産費以下に低下するのは，穀物の生産減少を惹起する。

　ゆえに上述の理由から，市場価格を生産費と一致させようとする不断の努力が，企業者自身の利益から出発して，作用しなければならない。この点に関してアダム・スミスははなはだ美しくかつ割切に言う——

　　「自然価格は，動揺する市場価格がつねにそれに向かって引かれるところのいわば中心点である。」

第1編　労賃および利率に関してみた可耕荒蕪地に囲繞された孤立国

　だから長期間の平均においては，市場価格は費用によって規制された生産費とほとんど一致するであろう。

　ある商品の価格とその生産費との間の均衡は，その商品の産出される産業が損失もなく並はずれの利益もない時に見られる。

　何によって——そこで人は尋ねるに相違ない——それなら利益や損失を測るのか？

　私は答える——商品の価格を通じて，すべての産業における同質の労力が，同じ高さの労働報酬を受ける時には，均衡がとれているのであって，この平均的報酬が，利益損失に対すると同様に，生産費に対しても尺度である。

　たいていの商品の中に資本利用および地代が価格の要素として含まれているということは，この命題を本質的には少しも変更しない。なぜならば，地代と資本利用とを費用として差し引けば，生産者はどれだけの労賃をその労働に対し払えるかがわかるからである。

　「生産費が商品の平均価格を決定する」という命題は，しかしながら1つの制限，すなわち商品の使用価値（Gebrauchswert）または有用性（Nützlichkeit）が，生産の費用に少なくとも等しいと考えられるという限定内においてのみ真である。

　労働を遊戯にしている人，たとえば胡桃の中へはめ込む時計をつくっている人は，彼の労働の報酬を勘定してはいないだろう。なぜならば彼の生産物の使用価値はその生産費よりはずっと下にあるからである。しかしこの種の好奇心は永続的には市場に現われないのであって，使用価値が少なくともその生産費を償うような商品のみが正規の取引の対象物となりうる。

　食料品や道具で，その生産が同一費用で無限に拡張できるものは，たいていの工業生産物はこれに属するのだが，いかにその使用価値が生産費を超過しようとも，永続的には決して生産費以上になりえない。

　この著しい例を犂が提供する。この器具が存在せず，土地を鋤で耕さねばならないならば，ヨーロッパはおそらく今日の人口の半分を養うこともできない

であろう。しかしわれわれは犂においては，それが与える効用に支払わないで，ただ僅少の製造費に支払うのみである。

これに対して，費用を増加してはじめてより多量に生産されうる生産物，たとえば穀物の場合には，価格は生産費と使用価値とが均衡するところまで高騰する。

ついでに言うならば，人口増加につれて穀物の交換価値が工業生産品に対してつねに上昇せねばならない理由がここにある。

金銀鉱はこの関係において穀物と同一範疇である。なぜなら埋蔵量が多い新鉱山が発見されず，金銀に対する需要はただすでに以前から掘られている採鉱業によって満たされうる場合，この貴金属の採掘は，漸次に深い所から採られねばならないのであるから，費用の漸増と結びついている。だから採鉱は，穀物の栽培と等しく，貴金属の採掘費が，買手の支払能力によって条件づけられるその使用価値に達した時に，その限界を見なくてはならない。

事実として仮定された前提，すなわち最も生産力の小さな銀鉱が孤立国の限界において実際に採掘されているという前提の中に，すでにこの鉱山からの銀の生産費が，その使用価値以上でないということ——すなわち銀の生産費をその交換価値の尺度にしてもよいとされることの証拠が横たわっている。しかし銀の交換価値はこの生産費より高くはありえない——でなかったらそれから先の荒地に横たわっている鉱山が採掘されずにはいないだろう。

われわれの観察には，だから，最も簡単な場合が基礎になっている。採鉱も農耕も，そこではともに地代を生まず，銀の場合にも穀物の場合にも，生産費と使用価値とが均衡しているのである。

以上の観察によってわれわれは利率と労賃との性質に若干の光明を得た。すなわち，

1) z は資本の効果が現在遂行される労働の効果に対する割合を示すという認識に達した。

第1編　労賃および利率に関してみた可耕荒蕪地に囲繞された孤立国

2) 労賃に対して一般的にあてはまる表現 $a+y=\dfrac{p}{1+qz}$ を発見した。

しかしこれまではまだわれわれの真の研究の入口に達したにすぎない。なぜならこの表現の中には $a+y$ は z を含んでいて、$a+y$ を決定しようとする時は、つねに z を既知としなければならない。p もまた決して常数ではなく、q に従って増減し、すなわち q の関数である。さらにまた p の値に y および z の値がつながっている。だから、p, y および z は q の関数である。したがって問題は——所与の q に対して p, y および z の価値を見出すことである。

たいていの学問においては、個々の独立し所与とみなされる命題をもって出発するのであるが、われわれはここでは諸々の要素、つねに互いに相互関係に立ち、その1つが決して与えられたものと仮定することを許さない諸要素を取り扱わねばならない。

そのためわれわれの研究ははなはだ困難となり、錯雑して——未知数を決定するのに必要なだけの等式が発見されうるかが疑問になる。

第14章　孤立国においてはその限界に労賃・利率間の関係を定める場がある

I

労賃と利率とが、いかに一方が他方から生ずるかを究めるためには、また労賃を利率から独立に表わすためには、われわれは最も簡単な場合、すなわち全生産物が労働者と資本家との間に分配され、価格決定の第3要素である地代がまだ問題を複雑にしない場合を研究の基礎としなければならない。

これは孤立国の耕された平野の限界における場合であって、三圃式農業圏の外側では耕された平野と同一生産力の土地が無償で得られるのである。

もちろん耕作された平野の彼方にある畜産圏の土地といえども、なお多少の

孤立国　第2部

地代を生むのではあるが，これはごく僅少で，消滅したものとみて差し支えない——かつそれを顧慮しては研究を面倒にするだけで，結果においては変わりがないであろうから，われわれはそれを全く抽象して，三圃式農業圏から外側の土地の地代を零に等しいと置く。

耕された平野の限界においては，労働者は依然として労賃を貰って働くか，それとも，集めた貯蓄の助けをもって，一片の土地を開拓し，建物を設け，将来彼が自己の計算で働く財産を作るかは，労働者の選択の中にある。

もしこの地方の労働者に，移民所有地 (Kolonistenstelle) または小農場を持つことをやめさせ，依然従来の農場主のもとで労賃をもらって働かせるためには，その労賃が，移民所有地の設備に必要な資本だけ人に貸付けることによって彼らが受け取る利子と合計して，1労働者家族によって耕される移民所有地で彼らが産出することのできる労働生産物と等しくなければならない。

労賃が……………………………$a+y$ シェッフェル（ライ麦）
労働生産物が…………………………p シェッフェル（ライ麦）
小農場の設備に必要な資本が………q 年労働
これをライ麦で表わして……………$q(a+y)$ シェッフェル
そして最後に利率が…………………$z\%$

であるならば，ここで均衡がとれるためには，

$a+y+q(a+y)z = p$

でなければならない。これから

$$a+y = \frac{p}{1+qz} \qquad z = \frac{p-(a+y)}{q(a+y)} \quad \text{を得る。}$$

ここに a, p および q は既知数，y および z は未確定の数である。

そこで，すべては y と z の間の等式を知ることに帰する。なぜならばこの問題の解決に労賃と利率との関係の解決がつながっているからである。

この問題を解く研究は次の章においてなされる。

しかしそこで，手続きの正確さに対する疑問と反対とが起こることによって，連関をあまりにしばしばかつ長く中絶しないために，私は現実と比較した

第1編　労賃および利率に関してみた可耕荒蕪地に囲繞された孤立国

場合に生ずべき疑念をあらかじめあげてこれを除いておきたいと思う。

II

われわれは孤立国の限界において成立する労賃および利率が全国に対して規制的であると主張する。この主張をここで証明せねばならない。

A．労　賃

貨幣労賃でなく実質労賃（der reelle Lohn）すなわち労働者がその労賃で得られる生活必需品および嗜好品の合計は，孤立国中同じ高さでなくてはならない。なぜならばもしもある地においてこの実質労賃が他よりも高かったならば，労賃の低い地方からの労働者の流入によって，直ちに均衡が回復されてしまうであろう。

孤立国の耕地の限界においては，無主の土地が無限に存在していて，資本家の意思も，労働者間の競争も，また最小限度の生活費の額も，労賃の高さを決定しない。そうでなく労働の生産物自体が労働報酬に対する尺度である。孤立国全体の基準であるべき自然労賃の形成される場もまたここになければならない。

現実においてはこれはもちろん全く異なる。なぜならわれわれは労賃の高さにおいて，たとえばポーランドと北アメリカとの間のように，著しい差異を，発見するのである。

言語，習慣，法律，気候の健康に及ぼす影響等の差，および遠い国への移住が費用を多く要することが，労賃における相違の平均されない理由である。

しかしこれらの平均化への障害は孤立国にはすべて存在しない。

B．利　率

孤立国の限界で形成される利率が，全国に対する基準とならねばならない。それは，流動しやすい資本はつねに最大の利益のあがる方向を向き，利率はそ

れによってすべて平均するからである。
　実際においては，各国において，利率の差は，労賃の差とほとんど同じほど著しい。
　イギリス，オランダにおいては，ふつう利率が3，4％であるのに，ロシアおよび北米諸国においては6，7％である。この差が1国から他国への資本の流動によって平均されないことは，資本家は，司法が不完全で党派的な国，または裁判官が買収されるような国へは自分の金を貸すことができないことを考えれば容易に明瞭になる——それは彼らは，そこでは正確な利子の支払いに対しても，資本の返済に対しても，保証を得られないからである。
　驚くべきは，かつ詳しい研究に値するのは，同一王国の諸々の州において，そこでは同じ法律が施行され，司法が厳格で不偏不党な所において，なおかつさまざまな利率が存在しうることプロシアの場合のごときがある。なぜならばブランデンブルグ州やポムメルンでは利率が3.5〜4％に下がっているのに，東プロシア州では個人からの借入の場合の利率が5％で動かないのである。
　東プロシアにおける高い利率は，資本利用が高い結果であるか，あるいは債権者に対する確実さが少ない結果であるかを——抵当証券の相場がこの点に関して判断を与えない時に確定するのは困難かもしれない。プロシア新聞(Allgemeine Preuszischer Zeitung) によれば，1846年7月13日ベルリン取引所において，

　　東プロシア抵当証券の相場は …………………………96 3/8 ％
　　ポムメルン　　〃　　　　　…………………………96 7/8 ％
　　クルメルクおよびノイメルク 〃 …………………………98 1/4 ％

これら3州の抵当証券は同一すなわち3.5％の利子がついているのである。
　抵当証券の保証のために，信用連合会に加入したすべての農場が連帯して保証に立ち，そして農場の価格の一部分の上にのみ1番抵当の抵当証券が許可される。だから抵当証券の確実さは個人貸付よりもはるかに大きい。
　東プロシアとクルメルクの抵当証券の相場には，利率が同一の場合には，僅

第1編　労賃および利率に関してみた可耕荒蕪地に囲繞された孤立国

少の差すなわち96⅜％と98¼％との間の差である。ところが個人貸借の利率においては顕著な差が現われるのであるから，東プロシアにおける利率の高いのは，そこの農場に対する貸付が不確実なことによって招かれかつ続いているのだ，と結論せねばならない。

　東プロシアにおける個人貸借の不確実さが他州と比較して大きいのは，住民の国民性によるのか，農場価格の変動（同地方の収入はほとんど全く穀類の商況につながっているから）が大きいためか，戦場となる危険が大きいためか，それともこれら諸原因が相合して作用するためか——これについては私は他の人の判断と解答に任せねばならない。これらの原因のほかに，なおベルリン——大資本家の居住地——からの距離の大きいことが，東プロシアにおける利率の高いことに寄与していることがありうる。なぜなら土地が貸付に対して完全な保証を与えず，また信用が債務者の人格を多く基礎とする所では，資本家は，危険が生じた時に通知をして資本を回収することができるように，債務者を目の届かない外へ逃がすことを喜ばないからである。こういう場合には，資本家はその居住地の近くに，遠方より少々は安く，貸すものである。

　それはともかく，抵当証券と個人貸借とに対する利子の差は，後者の方法で資本を貸付けるのに結びついているところの危険に対する保険料と，いつもみなすべきである。

　われわれは孤立国において「利率」なる語のもとに，保険料を差し引いた利子関係を了解するのであるから，1国内の異なる州において貸付資本に対してはなはだ異なる額の利子が支払われるという事実からは，孤立国のすべての地方における利率が一定であるということに反対の議論も引き出されない。

III

　われわれの研究は孤立国が静態 (beharrende Zustand) にあるという前提によっている。だからその大きさや広がりも不変でなければならない。ところがここでわれわれが思惟的に新農場を畜産圏に設けるのは，一見われわれ自身の前

— 409 —

提に反することをするようにみえる。

　しかしながら個々の農場は全体に対しては，ただ無限に小さい点とみなすべきである——そしてもしこの増加にかかわらず，全体を静態にあるものとみなすならば，われわれの手続きは無限解析（Analysis des Unendlichen）における手続きと類似しており，またこれによって証明できる。

　すなわち x を $x+dx$ に換えるならば，この値の大きさはいつもなお x に等しく，したがって $dx=0$ と計算される。微分 dx は，要素としてある有限の大きさの要素と結合している時にその意味がある。横軸（アブシツサ）が x，パラメーターが a，縦軸（オージネイト）が y なる放物線（パラボラ）においては，$y^2=ax$ および $y=\sqrt{ax}$ である。x が dx だけ増加すれば，面積が受ける無限小の増加は，$dx\sqrt{ax}$ である。この面積の構成要素の中に，それによって図形が構成されるところの法則が投影されている——そしてこの元素の積分 $\frac{2}{3}x\sqrt{ax}$ すなわち $\frac{2}{3}xy$ から図形の面積が出る。

　ここでは dx は再び消滅している。この計算によって，横軸が $x+dx$ の放物線の面積ではなく，横軸 x に対する放物線の面積を見出したのである。

　しかし微分法の助けを借りずとも，この手続きはおそらく容易に説明されるであろう。

　労賃があまりに少ない結果として，個々の労働者ではなく多数の労働者が，その剰余を新農場の建設に用い，耕地が実質において広がる，と考えられる。ところが労働者の数は，われわれの前提によって，一定であるから，すでに存在する農場に労働者の不足が生ずるであろう。すると荒地へ向かってさらに流出するのを阻止するためには，所有者は流出が不利益になる点まで労賃を高めねばならないであろう。しかしすでに耕地の著しい拡張が行なわれているなら，従来より多くの穀物が都市へ送られるし，かつ消費者の数は増加していないから，穀物の価格は都市において，したがってまた全耕地において低下しなければならない。それにつれて新設農場の地代も零以下に低下する。地代が零以下に低下することの終極の結果は，建物が腐朽した時に移民地が再び放棄さ

第1編　労賃および利率に関してみた可耕荒蕪地に囲繞された孤立国

れる，ということである。

　それによって耕地は再び以前の範囲に局限され，静態が再び現われる。

　しかし農場主が労賃を，労働者達が自己計算の労働で荒地において得ることのできる程度以下に引き下げようと試みるや否や，同じ変化が新たに始まる。これはしかし農場主にとっては，そのため生ずる労働者の不足による大きな不利益を伴うから，荒地への移住という労働者にとっての単なる可能性は，それが事実になることはなくても，農場主に対し，労働者が移住して自己計算の労働によって得ることのできる報酬とつりあうような労賃を支払うことを余儀なくするに十分である。

　それゆえに静態はこのような方法で形成される正常な労賃の場合にのみ存在できる。

IV

　われわれは，労働による資本製作に関する次の研究を，労働者はその剰余，すなわち生存を維持するための必需手段を差し引いて残る労賃の部分を一定目的に使用する，という仮定の上に築くのである。

　現実を少しみれば，これに対して労働者の労賃は，ヨーロッパの大部分において，家族の維持にぜひ必要な額以上には達しない。だからその剰余は零であって，労働者による資本製作は行なわれえない，と非難することができる。

　しかしこの非難は次の2つの理由によって，現在の研究に対しては，その意義を失う。

1) 　孤立国を建設するさいに，剰余を作ることを労働者にとにかく許すところの労賃を基礎としている。
2) 　最近10ヵ年間に，人口数はほとんどすべてのヨーロッパ諸国において，毎年約1％ずつ増加した。労働階級における増加も，少なくとも有産階級におけると同じ大きさの割合であった。だから労働者の労賃は，いかにそれが少ないにしても，人口を同一数に維持するに必要な以上の子供を教育

― 411 ―

するに足りたのである。

われわれの研究には人口数の静態の前提を据えている。そしてこの条件のもとに労働者は，今日の少ない労賃の場合においても，資本製作に向けうる剰余を持ったのであろう。

V

われわれはIにおいて，新しい移民所有地の設置とそれによる労働者の移住を防ぐためには，$a+y+q(a+y)z = p$ でなくてはならないことをみた。これを言葉で表わせば次のようになる。——労賃は，1移民所有地を設けるために必要な資本の利子を加えて，q 年労働の資本をもつところの労働者の労働生産物と等しくなければならない。

この等式において，すでに述べたとおり，a, p および q は与えられ，y と z とは未定の大きさである。そしてこの等式は y および z のさまざまな値の場合に満足される。

1例を数で示すために，

q, 資本 = 12 年労働，　　p, 労働生産物 = $3a$,　　a, 生活必需手段 = $100c$

と置く，c はライ麦で表わした労働者の必需品の 100 分の 1 を示す。

そうすると上の等式は次のような形となる。

$100c+y+(1200c+12y)z = 300c$

y に漸次異なる値を置けば次の結果になる。

1)　$y = 20c$ の場合　　$120c+1440cz = 300c$,　　$z = 12.5\%$
2)　$y = 60c$ の場合　　$160c+1920cz = 300c$,　　$z = 7.3\%$
3)　$y = 100c$ の場合　　$200c+2400cz = 300c$,　　$z = 4.2\%$

だから，上の等式によっては，労賃と利率との間の関係に対してはまだなにも決定しない。

しかしこの関係は，労働者に対して決して無関心なことではない——なぜなら賃労働者の努力は，彼の剰余 y に対して，それを利子を付して預ける時最高

第1編　労賃および利率に関してみた可耕荒蕪地に囲繞された孤立国

の賃料(レンテ)を受ける方向に向けられるに違いないからである。

この賃料 yz は y と z との値の異なるにつれてはなはだ異なる。

$y = 20\,c$ で　$z = 12.5\%$ の場合には…　$20\,c \times \dfrac{12.5}{100} = 2.50\,c$

$y = 60\,c$ で　$z = 7.3\%$ の場合には…　$60\,c \times \dfrac{7.3}{100} = 4.38\,c$

$y = 100\,c$ で　$z = 4.2\%$ の場合には…　$100\,c \times \dfrac{4.2}{100} = 4.20\,c$

労働者が彼の勉励(アンストレングング)〔y〕に対し最大の賃料を受け取るためには，y と z は，いかなる関係に立たねばならないかの問題を解くために，われわれはいまや労働による資本製作の問題に向かう。

第15章　労働による資本製作

　ある人数の労働者が，孤立国の耕地の限界において，古い農場と同じ大きさの1農場を新設するために，1つの組を作ると考える。

　この目的に結集した労働者は2班に分かれる——そのうち1班は耕地の開墾，建物の建設，道具の製作等に従事し，他の1班は，その間労賃を受けてする労働にとどまり，彼らのライ麦でいい表わした剰余によって，農場設備に従事する労働者の消費するところの生活必需品を供給する。

　このような事情のもとにおいては，農場の建設によって既存の国民資本は少しも費やされない。これらの価値物の合計は農場の完成後においても，それ以前と全く同じ大きさである。

　新設の農場は労働のみを要し，労働以外の何物をも要していない。

　この農場のもたらす賃料(レント)は，資本製作労働者 (Kapitalerzeugende Arbeiter)，すなわち農場をその労働によって建設した労働者にそっくり帰するのである——そしてこの賃料が彼らの労働報酬である。

　この資本製作労働者の組は完成後に，新農場を耕作し管理すべき賃労働者の

一定数を必要とする。しかしこの労働者の労賃は勝手に決められないし，また古い農場に普通な労賃によっても決められない。この労賃は，労働者の剰余を利息付きで貸して，すなわち yz が，資本製作労働者の賃料に等しくなる点まで高くなければならない。なぜなら，もしもそうでなかったならば——われわれは同一の力，知識，熟練を有する労働者を前提とするから——賃労働者は直ちに資本製作に移行するであろうからである。

ここには労働と資本との間に2重の結合がある。第1は労働から直接に資本が成長するからであり，第2は資本製作労働者はいまや賃労働者に対して資本家の地位を占めるからである。

地代が第3因子として攪乱的に作用しないところのこの最も簡単な関係のもとで——われわれの提起した問題がいやしくも解くことができるものならば，労賃と利率との間の関係が姿を現わすに相違ない。

労賃の決定はここでは労働者自身の手中に置かれており，しかもこの労働者の決定する労賃が，前に示したように，全孤立国に対して標準となるものである。

労働者の自由意思にとって，彼の労賃の決定にあたっては，自利という制約以外の制約はない。

資本製作の場合には，労働者は彼の労働に対してできるだけ高い賃料を獲得する以外の目標をもちえない。

だから，最大の賃料をもたらすような労賃が努力の目標でなくてはならず，そしてこの努力を妨げるものは何もないから，この労賃もまた実現する。

そこで次の問題に導かれる——いかなる高さの労賃の場合に，労働者は彼の勉励〔y〕に対して最大賃料を獲得するか？

この問題に答えるために，次の諸命題を仮定する——

新農場の耕作は日雇労働者 n 家族の継続的労働を要する。

農場の建設は nq 労働者家族の年労働を必要とする。新農場の建設には，明らかに労働のみならず資本の投下が必要であるが，第13章によって，われわれ

— 414 —

第1編　労賃および利率に関してみた可耕荒蕪地に囲繞された孤立国

は資本の共働を労働に還元したから設備費を全部労働で表わすことができる。

耕地を耕している日雇労働者のおのおのは，q 年労働（1労働者家族の q 年労働）の資本をもって働く。

q 年労働の資本を備えた労働者は年生産物 p（シェッフェル・ライ麦）を産出する。

n 人の労働者の総生産物はしたがって np である。

労働者がその労働力を維持するために必要とする生活維持手段は a シェッフェルのライ麦，またはその等価物(エキバレント)である。

農場建設に1年間従事していた nq 人の労働者は anq（シェッフェル・ライ麦）を消費している。

生活手段の生産に従事した班の各労働者は，その労働報酬のうちから自己の消費を差し引いた後に，剰余 y シェッフェルのライ麦，またはその等価物を蓄えた。

農場建設のさいに消費された anq シェッフェルを生み出すためには，それの生産に従事する労働者 $\dfrac{anq}{y}$ 人を必要とする。

その共同的労働によってその農場が生まれた労働者家族の数は，

$$nq + \frac{anq}{y} = nq\frac{(a+y)}{y}$$

である。

耕地を耕す n 人の日雇労働者は，おのおの $a+y$（シェッフェル・ライ麦）の報酬を受ける。労賃の総支出は $n(a+y)$ となる。

その支出を総生産 np から引けば，農場地代 $np-n(a+y)$ が残る。

この継続的農場地代は，資本製作労働者 $nq\dfrac{(a+y)}{y}$ 家族の財産である。

資本製作に従事する1労働者の年労働は，賃料

$$n(p-[a+y]) \div nq\frac{(a+y)}{y} = \frac{(p-[a+y])y}{q(a+y)}$$

をもって報いられる。

賃料の大きさに対して見出されたこの表現の中には，z は存在しない。y だ

孤立国　第2部

けが唯一の未知数である。

注意　賃料に対するこの式の中には n がないから，われわれは以後 $\overset{\cdot\cdot}{1}$ 人の労働者に割り当てられる農場部分，およびそれでもって $\overset{\cdot\cdot}{1}$ 人が働くところの資本のみを観察するであろう。しかしながらわれわれはつねに，ここでは1家族によって経営されうる1つの移民所有地ではなく，大きさにおいては孤立国の他の農場に等しい農場を問題としている，ということを忘れてはならない。そうしないとわれわれは1つの攪乱的要素，すなわち農場の大きさの差異が労働生産物，したがって農場地代に及ぼす影響を，われわれの研究の中へ混入することになるであろう。

y のいかなる値の場合に賃料の大きさに対する上記関数は最大に達するか？

これを詳しく究めるために，また同時に y のいろいろな値が賃料の大きさに及ぼす影響を一目瞭然にするために，まず1例を数で与えよう。

$a = 100\,c$；$p = 300\,c$；$q = 12\,\text{J.A}$ とする。

さて第1に $y = 20\,c$ としよう。

農場の建設に従事する労働者は $aq = 1200\,c$ を消費する。

生活手段の生産に従事するおのおのの労働者は，y すなわち $20\,c$ の余剰を供給するから，農場建設のさいに消費される生活手段の生産のために $\dfrac{1200\,c}{20\,c} = 60$ 人の他の労働者が必要である。

ゆえに農場の建設は $12+60 = 72$ 人の年労働を要するのである。

　　耕地を耕作する日雇労働者の労働生産物……………………… $300\,c$
　　このうち，その労賃へ行く分は……………………………… $120\,c$
　　それゆえこの農場部分の賃料は……………………………… $180\,c$

この賃料は72人に分配され，資本製作労働者1人に対して $\dfrac{180\,c}{72} = 2.5\,c$ の賃料を与える。

第2に $y = 50\,c$ としよう。

農場建設のさい消費する $1200\,c$ の生産のため，$\dfrac{1200\,c}{50\,c} = 24$ 人が必要であ

第1編　労賃および利率に関してみた可耕荒蕪地に囲繞された孤立国

る。

そうすると，農場の建設は 12+24 = 36 年労働を要するのみである。農場部分からの賃料は 300-150 = 150 c に達する。これが 36 人に分配されて，各資本製作労働者に $\frac{150\,c}{36} = 4.16\,c$ の賃料を与える。

次の表には，y の多くの値に対するこの計算の結果がまとめられている。

労賃 $a+y$ の価値	農場建設に従事する人数 q 人	その労働者が費消する生存手段の生産に従事するを要する人数 $\frac{aq}{y}$ 人	資本製作労働者総数 $\frac{q(a+y)}{y}$ 人	農場地代の額 $p-(a+y)$	各資本製作労働者が得る賃料 $\frac{(p-[a+y])y}{q(a+y)}$
120 c	12	$\frac{1200}{20} = 60$	72	180 c	2.50 c
150 c	12	$\frac{1200}{50} = 24$	36	150 c	4.16 c
180 c	12	$\frac{1200}{80} = 15$	27	120 c	4.44 c
210 c	12	$\frac{1200}{110} = 10.9$	22.9	90 c	3.91 c
240 c	12	$\frac{1200}{140} = 8.57$	20.57	60 c	2.92 c
270 c	12	$\frac{1200}{170} = 7.06$	19.06	30 c	1.57 c
300 c	12	$\frac{1200}{200} = 6$	18	0	0

労賃〔$a+y$〕，したがってそれに連結した剰余〔y〕の増加につれて，農場の建設に要する労働者の数は減少する。なぜならば，その場合には農場の設備をするさいに消費される生存手段は，より少数の労働者によって生産されるからである。資本の製作が，だからより安くなる。しかしながら報酬の増加につれて農場地代は減少する。それは，耕地を耕す日雇労働者が彼の労働生産物のより大きな部分を受け取るからである。

ゆえに次のことが現われている。すなわち資本製作労働者の賃料は，最初は労賃とともに増加するけれども，労賃がさらに増加する時は再び低下し，労賃が全生産物を取り去る時には零にすらなる。

労賃のむやみな上昇は決して資本製作労働者の利益でない。
　1人に割り当てられる賃料が労賃の増加する場合に最初は増加し，さらに労賃が増加する時には賃料は低落することから，賃料が極大に達するところの労賃の高さが存在する，ということがわかる。
　上に述べた証明によってこの点は近似的には見付けられるけれども，絶対的に正確に見付けられることはまれである。絶対的正確にわかったとしても，ここに支配している法則をそれから知ることはできない。かつ数の関係が異なれば同じ計算をいつも新しく実行せねばならない。
　しかし微分法は，問題を数学的な正確さで解くのみならずここで求められた労賃に対しあらゆる場合に妥当し，したがって法則自身を明らかにする表現を見出す手段を提供する。
　資本製作労働者の賃料は
$$\frac{(p-[a+y])y}{q(a+y)}$$
である。
　y のいかなる値の場合にこの関数は最大値に達するか？
　y のこの値を見付けるためには，誰も知っているとおり，関数を y について微分し，そして微分を零に等しいと置かねばならない。

$$d\left\{\frac{(p-[a+y])y}{q(a+y)}\right\} = d\frac{(py-ay-y^2)}{q(a+y)}$$
$$= q(a+y)(p-a-2y)dy - (py-ay-y^2)qdy = 0$$
$$\therefore (a+y)(p-a-2y) = py-ay-y^2$$
$$ap-a^2-2ay+py-ay-2y^2 = py-ay-y^2$$
$$y^2+2ay+a^2 = ap$$
$$(a+y)^2 = ap \qquad a+y = \sqrt{ap}$$

　この需要供給間の関係より生ぜず，労働者の必需品によって測定されず，労働者の自由な決定から現われてきた労賃 $\sqrt{ap}$ を，自然的労賃または自然労賃と呼ぶ。

第1編　労賃および利率に関してみた可耕荒蕪地に囲繞された孤立国

　言葉で表わせば，この式がいうのは——自然的労賃は労働者の欠くべからざる必需品（穀物または貨幣で表わす）に彼の労働の生産物（同一単位で測る）を掛け，その平方根をとる。

$$a : \sqrt{ap} = \sqrt{ap} : p$$

であるから，自然的労賃は，労働者の必需品と労働生産物との比例中項である。すなわち労賃が必需品を超過する程度は，生産高が労賃を超過するのと同程度である。

　数で例示すれば——

　　$a = 100\,c,\ p = 3a = 300\,c,\ q = 12$ とすると

　　$\sqrt{ap} = \sqrt{30000c^2} = 173.2\,c$ である。

賃料は $300 - 173.2 = 126.8$

資本製作に必要な人数は $\dfrac{12 \times 173.2}{73.2} = 28.39$ 人

賃料 126.8 を 28.39 人に分ければ，1人当たりは ………… 4.4664

　労賃が $173.2 = \sqrt{ap}$ の場合に，資本製作労働者の賃料は最大に達するものならば，174 の労賃に対しても 172 の労賃に対しても，その賃料はここに見出したものよりも小さくなければならない。

　検算　1.　労賃を 174 とすれば，

　　賃料は $300 - 174 = 126$，

　　資本製作に必要なのは $\dfrac{12 \times 174}{74} = 28.22$ 人，これらが 126 の賃料を得るのである。

　　1人当たりの賃料は $\dfrac{126}{28.22} = 4.4645$ である。

　　2.　労賃を 172 とすれば，

　　賃料は $300 - 172 = 128$，

　　農場の建設に必要な労働は $\dfrac{12 \times 172}{72} = 28.67$ 人，

　　1人当たりの賃料は $\dfrac{128}{28.67} = 4.4646$

第16章 いかなる利率の場合に賃労働者はその剰余に対して最高額の利子を得るか

賃料を，それを生んだ資本で割れば，利率になる。

われわれがここでみているところの農場部分の賃料は $p-(a+y)$ シェッフェルである。

この農場部分に含まれた資本は q 年労働で，これは労賃が $a+y$ の場合には $q(a+y)$ シェッフェルである。

ゆえに　利率　$z=\dfrac{p-(a+y)}{q(a+y)}$ である。これから

$$qz(a+y)=p-(a+y),\ (1+qz)(a+y)=p,\ \text{および}\ a+y=\dfrac{p}{1+qz}$$

となることは第13章において示したとおりである。

ゆえに剰余の y は $\dfrac{p}{1+qz}-a$ である。

貸付をする場合には，この剰余が与える利子は　$yz=\dfrac{pz}{1+qz}-az$

z のいかなる値の場合に，この関数は最大値に達するか。

この関数の微分を零に等しいと置けば，

$$\dfrac{(1+qz)pdz-pqzdz}{(1+qz)^2}-adz=0$$

ゆえに　$p+pqz-pqz=a(1+qz)^2$

これより　　$(1+qz)^2=\dfrac{p}{a};\ 1+qz=\sqrt{\dfrac{p}{a}}$

$$qz=\sqrt{\dfrac{p}{a}}-1=\dfrac{\sqrt{ap}-a}{a}$$

$$\therefore z=\dfrac{\sqrt{ap}-a}{aq}$$

z のこの値を　$a+y=\dfrac{p}{1+qz}$ に代入すれば，

第1編 労賃および利率に関してみた可耕荒蕪地に囲繞された孤立国

$$a+y = \frac{p}{1+\frac{\sqrt{ap}-a}{a}} = \sqrt{ap}$$

すなわち，賃労働者は彼の剰余に対して，労賃が $\sqrt{ap}$ の場合に，最高の賃料を受ける。ゆえに賃労働者の利益は資本製作労働者のそれと一致する。

数での例示。$p = 3\ a = 300c$, $q = 12$ の場合，

1. $y = 80\ c$ ならば
$$z = \frac{p-(a+y)}{q(a+y)} = \frac{300-180}{12\times180} = \frac{1}{18} = 5.555\%$$
剰余の $y = 80$ に対し，賃料は $80\times5.555\% = yz = 4.44$

2. $y = \sqrt{ap}-a = 73.2$ ならば
$$z = \frac{300-173.2}{12\times173.2} = \frac{126.8}{2078.4} = 6.1\%$$
$yz = 73.2\times0.061 = 4.465$

3. $y = 60$ ならば
$$z = \frac{300-160}{12\times160} = \frac{140}{1290} = 7.29\%$$
$yz = 60\times0.0729 = 4.37$

～～～～～～～～～～

労賃と利率の関係は，なお他の方式で表わされる。ゆえにわれわれは他の立脚点から出発した観察がここで見出したものと衝突しない，という確信を得るまでは，ここで見出した結論に甘んじ，それを証明された真理なりとすることは許されない。ここにおいてはわれわれは，前進するに先立って，この重大な研究に向かわねばならない。

第17章 労働の代替物としての資本

ここに1つの農場に泥炭地（Torfmoor）があって，泥炭を掘り取るために，毎年水を汲み出さねばならない。そして水汲みに1人の年労働を要すると仮定しよう。

ところで溝が引かれて，それによって泥炭地が排水されるならば，溝を設けるのに用いられた資本が毎年繰り返された1人労働を置き換えるのである。

だからこの場合に，資本によって直接に労働が節約され，いまや資本が，それがないと1人の人によってなされるであろうところの労働をするのである。

溝を掘るのがたとえば20年労働を要したならば，投下資本は5％の利回りである。

資本利用はこの場合にはライ麦何シェッフェルまたは貨幣何ターレルでなく，年労働で表わされる。

ここで示された利子額は労賃の高さと無関係であり，土地の豊沃度およびそれと関連する労働生産物の大きさとも無関係である。

労賃および労働生産物が利子額に対して影響がないと判明すれば，利率の構成に対してわれわれがこれまで観察したのと全く異なった決定理由が存在しないか，という問題にならねばならない。

農耕の場合には，資本投下によって毎年繰り返される労働が節約されうる多くの土地改良や作業がある。——たとえば穀物を積む代わりに穀倉を設け，耕作を困難にするところの石塊を除去し，打穀機を製作する等。しかし，これらの作業は全部が同じ高さの利益をあげるものではない。毎年繰り返される1人労働がすでに10年労働の投資によって置き換えられるものもありうるし，同一効果が20年労働，30年労働，あるいは実に50年労働の投資によってはじめて生ずるものもある。

農業者がこの数段階の土地改良を内部に抱えている時，彼は彼の利益に従ってどの改良を企て，どれを捨てておかねばならないかの問題が起こる。答は投下資本に対して効果が，彼の貸してもらえる資本の利子より大きいようなすべての土地改良を企てれば有利であろう。この利率が例えば5％であるならば，1人の年労働が15，16……19年労働の投資によって置き換えられるすべての土改地良を彼は実行するであろう。しかし彼は，その効果を達するのに21，22，23……年労働を用いねばならないようなものは手をつけないであろう。

第1編　労賃および利率に関してみた可耕荒蕪地に囲繞された孤立国

　ゆえにこの資本使用はすでに利子の知識を前提している——したがって利率形成の場所はここではなくどこか他に求めねばならないことになる。

　資本は一方においては労働を置き換える性質があり，他方においては資本は人間の労働の所産である。この相互作用のうちに，いかにして統一と明瞭さとが見出されるか。

　この問題の解決を試みるために，私は資本による労働節約を労働による資本生産と結合する。

　k 年労働の投下資本が，1人の毎年繰り返される労働を置き換えると仮定する。この農場はそうしないとその耕作に n 人の労働者（そのおのおのが q 年労働の資本をもって働くものとする）を要したのであるが，k 年労働だけ資本が増加した後には，1労働者がなくてすまされ，そのために労賃で $a+y$ シェッフェルが節約される。その時は投資総額は $nq+k$ 年労働，総生産額は n 人の労働者に対しても np シェッフェルであったが，変わらずに np である。

　そうすると農場地代は $np-(n-1)(a+y)$ で，これを資本 $(nq+k)(a+y)$ で割れば，利率 z がでる。

$$z = \frac{np-(n-1)(a+y)}{(nq+k)(a+y)}$$

資本製作労働者の賃料は yz である。

前には $yz = \dfrac{(n(p-[a+y]))y}{nq(a+y)} = \dfrac{(p-[a+y])y}{q(a+y)}$ であった。

　ここでの問題は，資本による労働の置き換えが，利益も損失ももたらさない場合には，k の大きさはどれだけでなくてはならないか，であるから，われわれは yz の両方の値を等しいと置かねばならない。そこで，

$$\frac{(p-[a+y])y}{q(a+y)} = \frac{(np-[n-1][a+y])y}{(nq+k)(a+y)}$$

これを解いて　　$k = \dfrac{q(a+y)}{p-(a+y)}$

しかし

$$z = \frac{p-(a+y)}{q(a+y)}$$

であるから，したがって

$$k = \frac{1}{z}$$

ここにおいてすでに第13章で見出した結論を得た。すなわち——利$\overset{\cdot\cdot}{率}\overset{\cdot}{z}\overset{\cdot}{は}$，$\overset{\cdot\cdot\cdot\cdot\cdot\cdot\cdot\cdot\cdot\cdot\cdot\cdot\cdot\cdot\cdot\cdot\cdot\cdot\cdot\cdot\cdot\cdot\cdot\cdot\cdot\cdot\cdot\cdot\cdot\cdot}{1年労働の資本の働きが，現在繰り返されつつある1年労働に対して占める割}$$\overset{\cdot\cdot\cdot\cdot}{合を示す}$。

溝を設置する場合には，同一の土地改良はつねに同率〔の増産〕をもたらすから，労賃が高いか低いか，土地が豊沃であるか否かは，無関係であるかにみえたのであるが，いまや $k = \frac{q(a+y)}{p-(a+y)} = \frac{1}{z}$ なる等式から，k は p ならびに y に依存していること，またどの点まで労働節約のための土地改良は有利に行なわれるかは，p, y および q によって決定される利率の高さに依存することがわかったのである。

新農場の建設の場合に，資本製作労働者の利益は，雇うべき賃労働者の数を，最後に雇った労働者によってもたらされる剰余生産が彼の受け取る労賃によって吸い尽くされる点まで増加することを要求する。それと同じく，資本の増加によってなんらの賃料の増加が起こらない点まで，投下資本を増加することが，資本製作労働者の利益である。しかし労働者の一部は資本により，逆に一部の資本は労働者の増加によって置き換えられるから，限界，すなわちそこまでは資本および労働が有利に用いられる点においては，人間による労働費用が資本による労働費用とつりあわねばならない。——そしてこの均衡は $k = \frac{1}{z}$ の時に起こる。

$q = 12$, $p = 300c$, $y = 73.2c$ に対し，前章において $z = 6.1\%$ を見出した。この時は $k = \frac{1}{z} = \frac{1}{0.061} = 16.4$ である。この場合には，12, 14, 15, ないし 16.4 年労働までの投下資本によって1人の労働が節約されるようなすべての土地改良は有利であって，合理的には農場の建設のさいにすでに行なわれねばならない。これらの土地改良の費用は，だからすでに農場建設資本

第1編　労賃および利率に関してみた可耕荒蕪地に囲繞された孤立国

nq 年労働の中に含まれている。これに対して1人の労働が 17, 18……年労働の投下資本によってはじめて置き換えられるような土地改良は，資本製作労働者の賃料を減少させるであろう。

われわれの研究によって次の結論を得た。すなわち既存の資本 nq が，k だけ増加される時には，その生産に従来は n 人の労働者を要したその総生産物 np が，$n-1$ 人の労働者によって生産される。

k 年労働の資本は，1労働者が退職したため自由になった資本 q 年労働と結合して，p シェッフェルの生産をあげるが，それは q 年労働の資本を与えられていた1労働者の生産物に等しいのである。

だから，1年労働の資本からは，$\dfrac{p}{k+q}$ シェッフェルの生産物が出てくる。

ここでは資本自身が労働者のようにみえる。資本はそれ自体は1つの死物であって，人間の手によってはじめて働くようになる。しかしそれは人力の効果を高めるから，共働者のようなものである。

今後，資本の労働 (die Arbeit des Kapitals) といった時には，この意味にとらねばならない。

第18章　最終投下資本分の効果が利率の高さを決定する

この命題の基礎づけは資本発生に関するわれわれの前の研究に見られる。そこではまた，投下資本が高められる場合に，より遅れて投下された資本は，それより前に投下されたものよりも小さい効果しか表わされないことも証明された。

最終投下資本の効果は，この資本の助力をもって働く人の労働生産物の増加の中にそれ自身を示す。

相対的国民資本の増加は，たとえば6年労働から7年労働というように，飛

躍的には行なわれないで，1つの漸進的なすべての中間を通過する増加である。

それゆえに，われわれは最後に生じかつ投下された資本分を，その効果によって利率が決められるのであるが，はなはだ小さく——完全には無限小に——仮定しなければならない。

このためにわれわれは1年労働の資本をn分し——ここでnは任意の，したがってはなはだ大きな数を意味することができ——そしてこの$\frac{1}{n}$年労働ずつの資本増加を，1人の労働生産物の増加に対するそれの比率によって利率が規制されるところの資本分とみる。

　　q年労働の資本投下の場合の労働生産物を…………p
　　$q-\frac{1}{n}$年労働の場合の労働生産物を………………$p-\beta$

として，後者を前者より引けば，$\frac{1}{n}$年労働の資本に対する労働生産物の増加 $=\beta$ となる。

$\frac{1}{n}$年労働の資本がβという賃料を与え，そしてすべての資本の賃料がこの賃料に従うのだから，1年労働の資本に対して支払うべき賃料は$n\beta$である，$n\beta=\alpha$と置けば，総資本q年労働に対して支払うべき賃料はαqである。

pにおいてわれわれが了解するものは，前提において詳細に論じたように，総生産物中事業経営に関連するすべての費用ならびに管理費および産業利潤（Gewerbsprofit）を引いた後に——残り，資本家と労働者との間に分配される部分である。

　　q年労働の借入資本をもって作業をする労働者がもたらす生産物………p
　　うち，利子に支払うべきもの …………………………………………αq
　　彼の労働に対して手許に残るもの…………………………………$p-\alpha q$

そこでわれわれは労賃に対して新しい表現 $A=p-\alpha q$ を得たのである。

労賃 $p-\alpha q$ の場合には資本 q は $q(p-\alpha q)$ シェッフェルの価値をもっている。この資本が生むところの賃料は αq シェッフェルである。賃料を資本で割れば利率が出る。

第1編　労賃および利率に関してみた可耕荒蕪地に囲繞された孤立国

それゆえ $z = \dfrac{\alpha q}{q(p-\alpha q)} = \dfrac{\alpha}{p-\alpha q}$

ここでわれわれが研究しなければならないことは，われわれが

(1)労賃 $= \sqrt{ap}$

(2)労賃 $= p - \alpha q$

を発見した2つの方法が，互いに調和しているか，それとも矛盾しているかである。

　労働による新農場の建設についての研究の場合にわれわれはqとp（資本と生産物）とを所与の大きさとみなし，そして$\dot{q}$，$\dot{p}$のこの値に対して，資本製作労働者が最大の賃料を得るためには，労賃の高さはどれだけでなければならないか，を問題とした——そしてわれわれはそこではqとpとの間の可能な相互関係を抽象し去り，両者を計算上は一定の大きさとして取り扱ったから，$\sqrt{ap}$においてわれわれは，qおよびpのどんな値に対しても妥当する労賃の表式を得たのである。それゆえ労賃 $\sqrt{ap}$ に対しては，いかなる関係がqとpとの間にあろうとも，いかなる値をこれらの文字のおのおのが代表しようとも，つねに最高賃料が結果するのである。

　また q は $\sqrt{ap}$ という労賃に対する表現の中には全く消滅している。これに対して利率に対する表現 $\dfrac{\sqrt{ap}-a}{aq}$ の中ではqはその地位を回復している。

　しかしqの値につれてpの値が増減するから，労賃 $\sqrt{ap}$ もまたqの大きさに依存しているのである。

　資本製作労働者の賃料は，qのあらゆる値に対して，労賃が $\sqrt{ap}$ の値を得た時，最大に達するとはいえ，この最大はqの変化とともに賃料の額も変わるから，ひとつの条件つきのものである。

　われわれは，qとpとの間の等式を知らなくとも，この賃料の額はqにつれて無制限には上昇しない，ということを理解することができる。なぜならば，もしそうでないとしたら，1つの既存の農場に対して1人がそれをもって働く資本を100年労働，1000年労働に増加するほうが，新農場を設けるよりも有利でなければならない——そんなことは明らかにありえない。

だから，労賃がつねに $\sqrt{ap}$ であっても，q の値の増加する場合には，そこまでは資本製作労働者の賃料は増加し，その後は低下するような１つの点がなければならない——そしてこの点においてはじめて賃料の無条件的な最大が現われる。

新農場の建設の場合には，いかなる大きさを相対的資本 q に与えようとも，それは資本製作労働者の任意である。その場合彼らは賃料における最高の労働報酬以外の目的をもつことができない。ゆえに賃料の最大は，q の大きさの決定理由ともなる。

新農場の建設による資本製作についてのわれわれの研究は，労働者はいかなる大きさの q が彼らに最も有利であるかを知る実際上の知恵をもっている，という仮定を基礎にしている——そしてこの前提のもとにおいては q は一定不変の大きさであり，その時 $\sqrt{ap}$ の労賃に対して生ずる賃料は無条件的な最大である。

理論的にはこの問題はわれわれのこれまでの研究によっては解けない。その完全な解法には q，p および α の間の等式が知られることを必要とする。

これらを知ることができなくても，α を変数，p および q を恒数とみて，労働賃料（Arbeitsrente）が最高であるためには，α は q および p に対しいかなる関係に立たねばならないか，を計算によって究める時，われわれは解決に近づくことができる。

労　　賃　$a+y$ ……………………………… $= p-\alpha q$

剰　　余　y …………………………………… $= p-\alpha q - a$

利　　率　z …………………………………… $= \dfrac{\alpha}{p-\alpha q}$

労働賃料　yz ………………………………… $= \dfrac{(p-\alpha q - a)\alpha}{p-\alpha q}$

α のいかなる値の時，労働賃料は最大に達するか？

関数 $\dfrac{(p-\alpha q - a)\alpha}{p-\alpha q}$ を α について微分し，微分を零に等しいと置けば

$$(p-\alpha q)(p-2\alpha q - a)d\alpha + (\alpha p - \alpha^2 q - \alpha a)q d\alpha = 0$$

第1編　労賃および利率に関してみた可耕荒蕪地に囲繞された孤立国

$$\therefore \quad p^2 - \alpha pq + 2\alpha^2 q^2 - ap + \alpha aq - 2\alpha pq + \alpha pq - \alpha^2 q^2 - \alpha aq = 0$$

$$p^2 - 2\alpha pq + \alpha^2 q^2 - ap = 0$$

$$(p - \alpha q)^2 = ap$$

$$p - \alpha q = \sqrt{ap}$$

ゆえに労働賃料の最大の場合には、労賃 $= p - \alpha q$ であり、また同時に $\sqrt{ap}$ に等しい。

労賃 $p - \alpha q$ が q のさまざまな値の場合、$\sqrt{ap}$ からいかにかたよっていようとも、q が労賃が最大に達すべき高さを得た時は、両者は一致する。

B表を基礎とする数字による例

資本 q	労働 生産高 p	労賃 $p - \alpha q$	労賃 $\sqrt{ap}$	労働賃料 労賃が $p-\alpha q$ の場合	労働賃料 労賃が $\sqrt{ap}$ の場合
6 J. A.	223.2 c	116.4 c	149.4 c	2.51 c	4.07 c
7	239.2	127.2	154.7	3.43	4.27
8	253.6	138.4	159.2	3.96	4.38
9	266.6	149.6	163.3	4.31	4.45
10	278.3	161.3	166.8	4.45	4.46
11	288.8	173.3	170.0	4.45	4.45
12	298.3	184.4	172.7	4.35	4.41

$p - \alpha q$ と $\sqrt{ap}$ の両式が示す結果の比較から、次のことがわかる。

1) 投下資本の程度が低い場合には、労賃も労働賃料も後者 $[\sqrt{ap}]$ によれば前者 $[p - \alpha q]$ によるよりも著しく高い。
2) 投下資本が増加する時、この差は減少する。
3) この例においては、両方の式によって計算した労働賃料は、10年労働と11年労働との間にあるところの1つの投下資本の場合に等しくなる。
4) このような均等の存する時は、労賃 $p - \alpha q$ は $\sqrt{ap}$ に等しい。
5) 資本がこの点以上に増加すれば、労働賃料はいずれの式によっても減少に転ずる。

6) 労賃が $p-\alpha q$ の場合の労働賃料は，$p-\alpha q$ が $\sqrt{ap}$ より大きくても小さくても，労賃 $\sqrt{ap}$ の場合よりもつねに小である。また，q をつねに増大すると考えた場合，両式が同じ労働賃料を与えるところの瞬間がある。すなわち $p-\alpha q = \sqrt{ap}$ の時である。

～～～～～～～～

われわれはいまや，労賃に対する両決定理由間の一致がいかにして，また何によってもたらされ，なしとげられるかを究めなければならない。そしてそれによって相対的，すなわち平均１労働者当たりの資本の高さを決定する道を開かねばならない。

これを一層明瞭にするために，まず１例を数で与えたい。

われわれは，ヨーロッパの状態に対して資本と労働生産物間の関係を説明するところの物指しを作る試みは後になってはじめてすることができるのであるから，例を再びＢ表にとらねばならない。たとえその中に設けられた目盛は2, 3の条件を満たすだけで，このような目盛に対してなさねばならない要求の全部は満足しないとはいえ。

注目されるＢ表の欠陥の１つは，α が，接続する２資本分の労働生産物の差によらず，まる１年労働ずつ離れている２資本のものが見出されることである。

賃料を最終投下資本の効果から計算する方法によれば──これをわれわれは第１法と呼びたい──Ｂ表のいうところは，

資本 q	＝ ６年労働に対して
生産物 p	＝ 223.2 c
最終の資本によって生産物が受ける増加 α	＝ 17.8 c
労　賃 $p-\alpha q$	＝ 116.4 c
利　率 $\dfrac{\alpha}{p-\alpha q}$	＝ 15.3%
労働者の賃料	＝ 2.51 c

第２法によれば，$q=6, p=223.2c$ に対して

労　賃 $\sqrt{ap}$	＝ 149.4 c

第1編 労賃および利率に関してみた可耕荒蕪地に囲繞された孤立国

利率 $\dfrac{\sqrt{ap}-a}{aq}$ .... = 8.23%

労働者の賃料 ……………………………………… = 4.07 c

このように第2の方法によれば,労賃および労働者の賃料は,第1の方法によるよりも著しく高く,利率ははなはだ低い。

さて相対的国民資本が乏しくて,1労働者にわずか6年労働の資本が割り当たると考え,そして資本製作労働者が農場の建設をする場合に,最初はやはり6年労働の投下資本で1労働者の耕す農場部分に用いるものと仮定するならば,労働者は資本製作によって労賃の決定力を有し,そして労賃 $\sqrt{ap}$ が彼らに最も有利であるから,労賃は116.4 c から149.4 c へ上昇し,利率は,古い農場に対しては大きい不利益になるが,15.3%から8.23%に低下する。

このように少ない投下資本の場合には,耐久力の小さい建物が建てられるにすぎず,その修繕と回復とが耕地を耕す労働者の時間の大部分を奪い,彼の労働生産物は減少する。さらに,このように僅少な資本に対しては,わるい農具そして劣等な家畜しか置くことができないので,そのために労働は生産性をはなはだしく失われる。

投下資本の6年労働から7年労働への増加は,だから,圃場を耕作する賃労働者の労働生産物を本質的に高める。表に従えば,生産物がそのために得る増加 α は 16 c である。

さて第1の農場の完成した後に,第2の農場を建設するか,あるいは第1の農場に資本を増加するかは,全く資本製作労働者の考えによるのである。彼ら自身の利益が彼らをここでは導く。だから,何が彼らに最も利益であるかが問題となる。

1年労働の資本の創造は1人の $\dfrac{a+y}{y}$ 年労働,または $\dfrac{a+y}{y}$ 人の1年間の労働を要する。この1年労働の資本が賃料 α をもたらす。ゆえに資本創造の場合には1人の年労働は $\dfrac{\alpha y}{a+y}$ の賃料を報酬として受けとる。上例の場合には $\alpha = 16\,c$, $a+y = 149.4\,c$, $y = 49.4\,c$ であるから,これは $\dfrac{16\times 49.4}{149.4} = 5.42$ c になる。

孤立国　第2部

　だから新しい付加資本の製作の場合には労働者は 5.42 c の賃料を得る。しかし彼が，各労働者に 6 年労働の資本をもって，第 2 農場を設立することによってはわずか 4.07 c の賃料しか獲得しないであろう。

　それゆえすでに存在する農場において資本を高めるほうが，第 2 農場を建設するよりも大いに有利である。

　われわれは一般的に利益であるものはまた実現されるとみなければならないから，資本の 6 年労働から 7 年労働への増加は，増加された労働生産物に照応する労賃の上昇をもたらすだろう。

　$q = 7$ に対しては $p = 239.2\,c$ であるから

　　労賃　$\sqrt{ap}$ は $\sqrt{23920}$ ……………………………… $= 154.7\,c$
　　利率　$\dfrac{\sqrt{ap}-a}{aq}$ ………………………………………… $= 7.81\,\%$
　　労働者の賃料 ……………………………………………… $= 4.27\,c$

　おのおのの賃労働者が 7 年労働の資本をもって第 2 農場を建設することにより，資本製作労働者は 4.27 c の賃料を獲得するわけである。しかしここにおいても，彼の労働を既存の農場の資本増加に用いるほうが，彼にとってより有利ではないかが，再び問題となる。

　　$q = 8$ に対しては，p は ……………………………… $253.6\,c$
　　$q = 7$ に対しては，p は ……………………………… $239.2\,c$

　7 年労働の資本から 8 年労働への増加によって労働生産物が受ける増加 α は，これによれば 14.4 c である。

$\dfrac{a+y}{y} = \dfrac{\sqrt{ap}}{\sqrt{ap}-a}$ 人の年労働によって 1 年労働の資本が産出される。$\sqrt{ap} = 154.7\,c$ に対しては $\dfrac{\sqrt{ap}}{\sqrt{ap}-a} = \dfrac{154.7}{54.7} = 2.83$. 賃料 $\alpha = 14.4\,c$ は，2.83 人の労働によって得られたのである。これは 1 人に対して 5.09 c にあたる。

　第 2 の農場の設立に用いられて 4.27 c の賃料を報酬として受ける労働が，既存農場の資本を増加することによって，5.09 c の賃料を支払わせるのであ

第1編　労賃および利率に関してみた可耕荒蕪地に囲繞された孤立国

る。だから後者の目的に労働を用いることがやはり有利であることがわかる。

しかしこの有利な資本増加は，無限に行なわれえない。必ず限界がある。

どこに限界があり，いかにしてそれを決められるか？

新農場の建設の場合には資本製作労働者は $\frac{(p-[a+y])y}{q(a+y)}$ の賃料を得る。

ここで $\sqrt{ap}$ を $a+y$ に代入すれば，この式は変形して，

$$\frac{(p-\sqrt{ap})(\sqrt{ap}-a)}{q\sqrt{ap}} = \frac{p\sqrt{ap}-2ap+a\sqrt{ap}}{q\sqrt{ap}} = \frac{(p-2\sqrt{ap}+a)\sqrt{ap}}{q\sqrt{ap}}$$

$$= \frac{ap-2a\sqrt{ap}+a^2}{aq} = \frac{(\sqrt{ap}-a)^2}{aq}$$

相対的資本，すなわち1労働者当たりの資本の増加の場合には，資本製作労働者は $\frac{\alpha y}{a+y} = \frac{\alpha(\sqrt{ap}-a)}{\sqrt{ap}}$ の賃料を獲得する。

$\frac{\alpha(\sqrt{ap}-a)}{\sqrt{ap}}$ が $\frac{(\sqrt{ap}-a)^2}{aq}$ より大きい限り，相対的資本の増加が未耕地の開墾よりも有利である。

これに対して $\frac{(\sqrt{ap}-a)^2}{aq}$ が $\frac{\alpha(\sqrt{ap}-a)}{\sqrt{ap}}$ より大となれば，新農場の設立が相対的資本の増加に労働を用いるよりも利益を多くもたらす。

両方面への労働は $\frac{\alpha(\sqrt{ap}-a)}{\sqrt{ap}} = \frac{(\sqrt{ap}-a)^2}{aq}$ の時，同じ高さの報酬をえる。この等式から

$$a\alpha q = \sqrt{ap}(\sqrt{ap}-a) = ap - a\sqrt{ap}$$

したがって　　$\alpha q = p - \sqrt{ap}$　および　$p - \alpha q = \sqrt{ap}$ となる。

ここで観察した手続きは，次のような異議を惹起し，非難を招きうる。すなわち新しい資本の産出によって，労働者数が一定の場合には相対的な国民資本は高められ，付加資本は以前に投じられたものより小さい賃料をもたらす。したがって――数で述べた例でわかるように――$q+1$ 年労働の資本に対する増加分 α は，q 年労働の資本に対する増加分より小さい。

この非難は相対的資本が急に1年労働ずつ上昇させられる時には，根拠あるものであろう。しかしこの上昇は認め難い段階をなしてなされ，各段階は労賃

— 433 —

孤立国　第2部

の照応した騰貴を伴い，これが再び新しい資本の製作を有利にする。1年の労働の付加資本が n 人の労働者の間に分配されると考えるならば，相対的資本はそのために q 年労働から $q+\frac{1}{n}$ 年労働へ増加する。n はあらゆる数，したがってあらゆる任意な大きな数を意味することができるから，労働生産物が資本 q から $q+\frac{1}{n}$ 年労働に増加することによって受ける増加は，先行する資本分による増加すなわち $\beta=\frac{\alpha}{n}$ にいくらでも近接する。すなわち $\frac{\alpha}{n}$ が近接の極限である。

n 人の労働者の間に分けられた1年労働の資本からの賃料は，だから，無限に α の値に近づく。したがって $p-\alpha q$ もまた無限に $\sqrt{ap}$ の値に近づく。

労賃に対してかくも異なる方法で見出され，全く異なるところの表現を，いかにして一致させるか，そしていかにして相対的資本の高さを決定するかの問題は，この研究によって次の解決を見出す。

$p-\alpha q$ が $\sqrt{ap}$ より小さい間は，相対的資本の増加が新農場の設立よりも有利である。

$\sqrt{ap}=p-\alpha q$ すなわち $q=\frac{p-\sqrt{ap}}{\alpha}$ となった時，はじめて労働賃料の無条件的最大が起こる。

q がこの値を超過すれば，労働賃料は低下する。ゆえに q にその値がちょうど $\frac{p-\sqrt{ap}}{\alpha}$ なるような大きさを与えることは，労働者の利益である。かくて q のこの値が相対的資本の高さを決定する根拠である。

代数学的計算によって多くの私の読者の忍耐力を飽きさせたことを私ははなはだ恐れる。私は多くの学者の代数式がいかにわずらわしく不愉快であるかを知らないのではない。

しかし，数学の応用は，真理が数学なくしては発見されえない場合には許されねばならない。

もしも人が学問の他の部門において数学的計算に対して，農業および国民経

第1編　労賃および利率に関してみた可耕荒蕪地に囲繞された孤立国

済学におけるような反対をつづけるならば，われわれは今日なお天体の法則について全く無知であるだろう。そして航路は，今日は天文学の進展によって世界の各地を結んでいるが，その航海も沿岸航路に限られたであろう。

第19章　労賃は，1つの大経営内においては，最終に投下された労働者によって産出される増収に等しい

　100人以上の労働者を雇っている大農場組織（Güterkomplex）を考える。
　この農場の経営が必要とする労働量は決して一定の大きさではない。
　耕地を耕すのに入念にする時とそれほどでないことがありうるし，脱穀やバレイショ収穫も完全にすることもあり，そうでないこともありうる——それにつれて必要労働量も異なる。
　ここではバレイショの収穫を例にとる。
　掘り起こし，すなわち犂をかけた後に地面へ現われているイモのみを集めるならば，1人1日に30シェッフェル以上を拾い集めることができる。もし土を手鍬で掘って土に埋もれているバレイショをも集めることを望むならば，1人の労働生産量は直ちに減少する。バレイショの収穫をていねいにしてゆくにつれて，労働生産量は少なくなり，100平方ルートの耕地に含まれている最終のシェッフェルをも収穫しようとする時は，はなはだ多くの労働を要し，この目的のため使用された人は，自己の労働生産量では，飢えを満たすことができない。ましてその他の欲望を満たすことは不可能である。
　100平方ルートの耕地に生育したバレイショの総量を100シェッフェルとする。さらにその中で収穫されるのは次のようであると仮定する。

孤立国　第2部

集めるため4人を雇って収量が80シェッフェルの時の			最終投下労働者の追加収穫量	
5	〃	86.6　〃	6.6シェッフェル	
6	〃	91　〃	4.4	〃
7	〃	94　〃	3.0	〃
8	〃	96　〃	2.0	〃
9	〃	97.3　〃	1.3	〃
10	〃	98.2　〃	0.9	〃
11	〃	98.8　〃	0.6	〃
12	〃	99.2　〃	0.4	〃

　農業者は，合理的経営において，どの程度までていねいにバレイショの収穫をするであろうか。明らかに，より多く得られた収穫量の価額が，それに用いられた労働の費用によって差し引き零になる点までである。

　たとえば，羊の飼料に用いられるバレイショの価格が，その地で1シェッフェルにつき5シリング，労賃が1人につき8シリングするならば，第9人目の雇用は増収1.3シェッフェルすなわち6.5シリングをもたらし，これに対し費用は8シリングで1.5シリングの損失をもたらす。これに対し第8番目に加えられた人によっては，8シリングの費用をもって，2シェッフェル単価5シリングで10シリングの増収，したがって2シリングの剰余を得る。ゆえにわれわれは，最高純収益を獲得するためには，1人の約8.6日分の労働をバレイショの採収に用い，約96.8シェッフェルの収穫で満足せねばならないであろう。

　しかし日雇労賃が15シリングに上昇した事情においては——バレイショ栽培がはなはだ広がった場合，人を遠方から連れてこなければならない地方では，これは容易にありうる場合であるが——第7人目の雇用による増収がわずかに労賃をちょうどに支払うのであって，実際生育している100シェッフェル中，合理的にはただ94シェッフェルが収穫されるのみである。

　これに対して，バレイショが馬の飼料，酒精醸造，その他工業に用いられて，1シェッフェルにつき16シリングになるならば，1日の労賃8シリングの場合に，11番目の労働を用いることがなお合理的で，土中の100シェッフェルのバレイショのうち98.8シェッフェルが収穫される。

第1編　労賃および利率に関してみた可耕荒蕪地に囲繞された孤立国

1日の労賃15シリング，バレイショの価格1シェッフェルにつき16シリングの場合には，11人目を雇い入れることは完全に引き合わない。

穀物を脱穀するていねいさも，バレイショ収穫と同様な法則のもとにある。

穀物の収納のさいによく目につく穀粒の損失は，多くの労働者を雇い入れることによって著しく減少することができる。それは，一方において刈取りや結束や搬入に適期をよりよく厳守し，収穫が敏速に行なわれるとともに，他方において大鎌 (Sense) で刈る代わりに小鎌で (Sichel) で刈ったり，手鎌 (Siget) で切ることができるからである。ここにおいてもまた，人々は合理的には，労働者の数を，彼らによって節約された価値がなお労賃支出をカバーし，あるいは多少超過する限りにおいて増すであろう。

これから次の結果が生ずる――

1)　生産物の価格に変動がなく労賃が騰貴すれば，使用労働者の数の減少と，同時に拾い集めたり脱穀する作物の収穫量の減少を来たす。

2)　労賃に変動なく生産物の価格が騰貴すれば，これと正反対の作用がある。なぜならば，その時にはより多くの労働者が有利に雇用され，作物はより注意深く拾い集められ，よりていねいに脱穀されることができ，より大きい収穫量を供給するからである。

3)　労働者の数をその増加が利益を生ずる限度において増すことが企業者――これは農業者でも工場主でもよい――の利益であるから，労働者増加の限界は，最終労働者の増収する生産物が彼の受ける労賃によって吸い尽くされる点にある。逆にいえば労賃は最終労働者の増収分に等しい。

労働者の数は端数ずつ増減できないから，個々の小経営においては，収益と費用とが差し引き零になる点はちょうどにはつかめない。個々の場合におけるこの不整合は，大きな全体においては釣り合う。なぜならばある場合には最高純収益が要するよりも多くの労働者が雇われ，他の場合にはより少なく雇われるからである。

小経営のこの不利益は労働者の数のみならず，維持すべき軛畜や使用すべき

機械器具の数にも及ぶから，この点は，ついでにいえば，大経営を有利にする1要素である。

上例においては，土地がもたらすところのものより完全な獲得のことのみを論じたけれども，それから引き出される結論は，土地生産力増加および収穫を大きくするために向けられた労働に対してもまた完全に妥当する。

労働力の増加によって土地はより注意深く耕され，除草，排水，播種の適期がよりよく保たれ，それによって作物の平均的収穫がよりよく確保され，その平均収穫量が大いに高められる。他方，たいていの場合には，土地の生産力は，腐植土，緑泥岩およびその耕地に不足している土壌を搬入することによって，はなはだしく高めることができる。しかしながらすべてこういう改良は，その量的増加につれて効果は正比例せず逓減的に増加し，ついには零に等しくなる，という共通性をもっている。

ここでわれわれは腐植土の客土 (das Auffuhr von Moder) を例にとる。

ある耕地に半インチの厚さの腐植土を客土して，1/2 シェッフェル（100平方ルートにつき）だけ収穫量を高めたとすれば，第2の半インチの客土は，収穫量を，1/2 シェッフェルでなく，3/8 シェッフェルだけ増加し，第3の半インチは1/4 シェッフェル等々を増加し，さらに客土を増加する時は，なんらの収量増加も起こらず，ついには不利な影響さえ現われる。

さて労働費用は客土の厚さと正比例して増加し，利益は漸次減少してついに零に等しくなるから，ここに——すべて先に述べた農業上の作業の場合におけるように——労働の費用が改良の価値に達する点がなければならない。そしてこれがそこまで土地改良が合理的に行なわれる点である。

個々の農業上の作業の場合のみならず，低級か高級かの経営組織——高級経営では，高い収穫量が労働費用の増加によって買い取られるのだ——の選択の場合にも，ならびに，劣質の土壌——ここでは労働はよい土壌におけるよりも生産物が少ない——が開墾に値するかの問題の場合にも，労働の費用と値打ちとの間の関係が，結論のかかっている回転点である。

第1編　労賃および利率に関してみた可耕荒蕪地に囲繞された孤立国

　しかし，われわれは次のように言うことができる。合理的農業の全使命は，その各部門に対して，2つの増加する系列「労働の増加分と生産の増加分」の間に対応する組み合わせを見出し，労働の効果と費用とがつりあう点を決定することにある——なぜなら労働がこの点まで広がった時に純収益が最大に達するからである。

　実際農業者の繁栄は，大部分彼がこの問題をよく解く才能をもっているか否かにかかっている。この才能は単に理論的に教育を受けた農業者にはふつうは全く欠けている。しかしそれは別に不思議でもなんでもない。という理由は農学はこの方面ではまだ全く未完成であって，農業の教科書の中には，この全体を貫きそれに対してすべてが一様に教育されるべき問題がほとんど触れられていないからである。

　この問題に関して興味があるのはドイツと北アメリカとの比較である。

　ドイツにおいては，1日の労賃12シリング，ライ麦の価値1シェッフェル1ターレル12シリングの場合に，労働が計画され，1人1日の労働がライ麦5分の1シェッフェルの生産物をもって報いられるようなわるい土地が開墾されている。

　北アメリカでは，ふつう1人の1日労働は，少なくとも32シリング，ライ麦1シェッフェルの値は奥地ではかろうじて1ターレルになる。だからそこでは1人1日の労働がライ麦3分の2シェッフェル以下をもたらす農業上の各作業は損失を伴う。

　両国の農業においてなんと大きな差をただ1つの事情が招くことよ！

　北アメリカの新聞記事の中で，移住民のうちいかなる階級が最も繁栄しているかを論じている者が，次のように言っている——

　「ここでは学問をした経済学者はいささかも成功していない。それはわが国においては土地から2％や3％多く作物を得ることが問題ではなく，高価な労働を節約することが問題であるからである。」

　この非難は今日教えられているような学問に対して，まさに当を得たもので

— 439 —

ある。なぜならば真の学問の研究は，すべての関係を正しく評価し，このような欠点に陥らないよう努めねばならないからである。しかし学問研究の現状がその反対を示すならば，これはその欠陥の証拠である。

　依然として古い幻想，人間社会のあらゆる発展段階に対して妥当する理想的農業があるとするような，またあらゆる低級な農業組織，あらゆる粗放的労働節約農業は実際農業者の無知の証拠であるとするような古い幻想が――われわれの農学書から今日もなお消え去ろうとしない。

　ロシア政府は数年来，若く教養はあるが大抵は実際農業の知識をもたない人達を，しばしば，ドイツの農業を学びかつ農業専門学校の講義を聴くために派遣している。これらの人々はそれによって1平方マイルに3000〜6000人という人口稠密な地方において，農業がいかにして合理的に経営されるかの知識を得る。けれども専門学校の講義がつねに労働の効果と費用との間の関係を顧慮しないため，若い人達がこの点に気づかず祖国へ帰った後において，学習したことを，1平方マイルに500人か1000人しか住んでいないその地方に適用したならば，ロシアでは穀物は30マイルも遠方へ運搬しなければならず，また普通穀物の販売は，他のヨーロッパ諸国に凶作があった時にのみ行なわれるのであるから，彼らの学習した知識は財産の蕩尽に導くだけであり，彼らの前例は，模倣への刺激にならないで，いわゆる合理的農業経営に対する恐怖となるだろう。

　ドイツにおいてすら輪栽式農業の早すぎる導入の犠牲として倒れたものがなきにしもあらずである。

〰〰〰〰〰〰〰

　「最後に雇った労働者の労働の価値はまたその労賃でもある。」

　以上の観察から生じたこの命題は，社会生活にいろいろと適用されるのであるから，研究の系統的進行を中断して，可耕の荒蕪地と人口固定状態の前提とをもった孤立国をしばらく離れ，現実に向かうことが許されるであろう。

　例として引用した大農場組織におけるように，現実においてもまた，その労

第1編　労賃および利率に関してみた可耕荒蕪地に囲繞された孤立国

働者の数を，それ以上の増加が利益を増さない点まで，すなわち労働報酬が労働の価値に達するまで増加するという企業者の努力は，全く一般的である——思うにこれは事柄の性質および企業者の利益関係に基礎をもつからである。

しかし最終投下労働者の受ける労賃は，同一の熟練と能力とをもつあらゆる労働者に対して規範的でなければならない。なぜならば等しい給付に対して等しからざる労賃は支払われえないからである。

しかしすでに今日，現実において労賃が労働の価値に達し，それにもかかわらず国民が圧迫された貧困状態にある場合に，救貧策はいかにして可能であるか？

プルードン (Proudhon) はその『政治経済哲学』において，公証人が1時間に仕上げる1枚の書類に対して，労働者の12時間の困難な労働に対するのと同じほど得るのは，奇怪であると言う。同じ著者はさらに工場監督が労働者よりも高い給料を受けるのは不正なりとする。

しかしそもそも何が工場主を駆って監督の高い給料を支払わせるのかを尋ねたい。それは親切ではない。愛ではない，友情でもない。彼は監督がなくてすむ場合，監督が彼にもたらす効果が少なくともその受け取るものに達しなくなった場合，直ちに彼を解雇するであろう。だからこの場合にも仕事の価値が給料支払いの標準である。

労働の価値の代わりに労働時間の長さを報酬の基準にしようとするのは1つの夢物語である。

労働者が彼の労賃において労働の価値を受け取るのであるなら，次のように言うことができる。すなわち労働者の窮状は地主や工場主の貪欲と営利心とから生ずるのではない。なぜならば彼らは——ここでは慈善の施しは問題にならないのだから——労働に対してそれが彼らに値する以上を支払うことはできないからである。したがって労働者の貧困の源はどこかもっと深いところに尋ねなければならないということになる。

これに対して次のような非難を加えることができる——

孤立国　第2部

「最終労働者はなるほど彼らが労賃として受ける以上のものを産出しないのであるが，それより前に投下された労働者は，企業者に膨大な剰余を供給するのであって，これはより高い報酬を支払う手段を企業者に与えるのである。だから欠けているのは，労働者の地位をよくしようという工場主の好意のみである」と。

しかしこの非難には道徳上の義務と経済上の義務との混同錯誤がある。

国民経済関係においては，費用を償わない労働は計画される・べ・き・で・な・い・。な・ぜ・な・ら・そうしないと国民的富を創造すべき労働が，反対にそれを減じ蚕食す・・・るであろうから——そして国民的資本の減少によって，国民はより貧乏になるであろうから。

貧者の困窮をやわらげるという富者の道徳的義務は，このような方法でなく，他の方法によって実現されるべきである。

費用を回収しないところの労働を計画する工場主は，他のすべては同じことをしなくても，やはり彼の財産を無益に犠牲にするものである。しかし1国のすべての工場主のこの目的のための協同や連合もまた，必ずしもつねに役立つとは限らないであろう。なぜなら，外国向けの生産物を供給し，あるいは国内で外国人の競争にたえねばならない工場は，それによって消滅し，したがってその労働者は全くパンを失うであろうからである。

この問題をもっと明瞭にするために，労賃騰落の必然的影響を観察しよう。

労働者の数が減少することなしに労賃が騰貴したとしよう。そうすると最終投下労働者は，地主または工場主に対して，労働者が彼らにもたらす以上の費用となる。そこで地主や工場主は自己の利益に従って——これはなんらの不正義ではなく彼らの職務である——労働者を解雇する。しかも，残る労働者の最後の者の生産物の価値が，騰貴した労賃と等しくなる点までそうするであろう。そのため多数の労働者は食物を失い，餓死しないためには，彼らは再び以前の労賃で労働する決心をしなければならない。すなわちこうした事情のもとでは賃金値上げは不可能である。

第1編　労賃および利率に関してみた可耕荒蕪地に囲繞された孤立国

　耕地と資本が同一の大きさであるにもかかわらず，他方において労働階級において人口が増加するならば，増加する労働者は，従来の労賃ではなんらの地位を得ることができない。この労賃は，すでに最終に投下された労働者の生産物全部を取り去り，さらにそれ以上付け加えられた労働者は，さらに少ない生産物を供するのであるから，追加労働者を従来の労賃で採用することは企業者にとって必ずや損である。これらの労働者がより少ない労賃を甘んじて受け取る場合にのみ，企業家は，彼らを雇って新しい仕事，その価値が低下した労賃に照応する新しい仕事をさせることができる。

　もし労賃の低下にかかわらず労働者が続々と増加するならば，労賃はますます低下しなければならない。なぜならば労働者に与えられるべき仕事は漸次生産力が小さくなるからである。

　そこでもし人口増加につれて労働者が漸次収益の少ない対象へ，貧弱な土地へ向かって拡張されねばならないとするならば，労賃低下の限界はどこにあるか？

　この限界は，労働生産物が a すなわち生活必需量に等しくなるほど労働の生産力が低くなった時に現われる。人はその生存維持に必要なものに足りない労賃で働くことはできないからである。

　しかし現実における個人は，孤立国でわれわれが仮定したような，同一の力，健康，および熟練を有するものではなく，これらの関係においてははなはだ不平等である。それゆえこれら労働者のどれに対して労賃が a まで低下するであろうかが問題となる。このことは働きたがっている労働者の数に依存する。それが多数存在するならば，最も健康にして力の強い者のみが職を見出し，他はパンを得ずにいるであろう。しかし人の力は年齢によって異なり，老年になると低下するから，最も有能な労働者も，青年期および壮年期においてのみ職を見出し，老年期には餓死しなければならないということになる。

　しかし宗教や人道は，何人も欠乏によって死なせないことを命じ，そしてこれはすべての政府の義務と考えられている。そこで自分の労働生産物が生存必

孤立国　第2部

需量に達しないところのすべての者は，貧民基金 (die Armenkasse) によって衣食にありつく。救済を要する者の数は，ついには維持費の負担が富者に対して圧倒的となるまで，増加しうるのである。

　これは現在[注]すでにアイルランドにおいてそうである。そこではイギリスの国民が同胞に義捐した5000〜6000万ターレルという膨大な補助があるにかかわらず，数千人の飢え死がある。

　アイルランドにおける現在の困窮はバレイショと穀物とが同時に不作であったために起こったのである。けれども，思慮なき人口増加の継続する場合には，同じ困窮が数十年の後に，収穫はよくても，起きるだろう。そしてその場合には全くいやすことができないだろうということは確実に予見することができる。

　この観察には，人口は増加するのに，資本および耕地面積は同じ大きさを維持するという前提が根本にある。しかし後者が増大する場合にも，人口よりは小さな割合で増大するならば，同一の結果が，ただ遅れて現われねばならない，ということは容易に指摘することができる。

　平和は富を生み，富は人口過剰を，人口過剰は貧困を生む。

　この迷路からいかにして脱するか？

　しかしながら，それでは——われわれは問わねばならない——短い平和と中休みと花咲く幸福の時代の後に，人類は大多数がいつも繰り返して貧乏に陥らねばならないであろうか？

　地球に人口が増加するにつれて，将来はますます陰鬱に，貧困はますます大きくかつ避けがたいものとなることが天帝の御意の中にあるだろうか？

　確実に否である。

　それなら，それを満たすことに天帝が人類の幸福を結びつけているところの条件は何であるか？

　注）　1846年に書かれたものである。

第1編　労賃および利率に関してみた可耕荒蕪地に囲繞された孤立国

これこそわれわれの眼前に横たわるところの大問題である——それをここではただ提示するだけでわれわれはその示唆的研究へ進むことはまだできない。

ここで取り扱った問題を正しく理解することは，社会主義者の提議における多くの誤謬を取り去るのに役立つであろう。社会主義者がそのすべての注意を労働を生産的にすることに向けるならば，そしてそれに成功したならば，彼らは労働者の境遇をたぶん改良するであろう。

しかし次のことを看過してはならない——これはすでに研究の全過程から明らかにされていることであるが——すなわち，労働の価値は，ここで言っているところの生産力という意味においては，確定したものでなく他の要素に依存しているのである。なぜならば，それは労働が向けられる対象が有利であるか否かに依存するから。しかしながら，労働が用いられる対象が，有利性の段階においてどのくらい高いかまたは低いかは，労働者の供給が多いか少ないかに依存している。しかし労働者の供給が多いことによって労働の価値および労賃が低下しうる限界は，労働者の生活必需品の合計が形成する。

それゆえ労働の価値，労働の供給および労働者の生活必需品の間には1つの関連がある。

古い経済学者はこの関連の後の2者のみを考察し，そしてそれによって労賃の概念の晦迷に多く貢献している[注]。

経済学者が彼らの観察した2要素よりなるところの労賃を自然的労賃とし，労働者には生活してゆくのに必要なもの以外には天帝から与えられていないという結論をそこから出しているのは，大きな不正を犯したものである。

社会主義者は問題をより高く理解している。なぜかといえば彼らは労働者のために生活費のみならず，享楽物および教養をも要求するからである。

社会主義の国民経済学に対する関係を，シュタイン (Stein) はその才気溢れ

注) ラウ (Rau) は私の知る限りにおいて，この欠陥を救った最初の人である。彼はその『国民経済学原理』において次のように述べている。「労働の価格は価値と費用と競争者に係る。」

る著『現代フランスの社会主義と共産主義』の中で次のような言葉で述べている——

「国民経済学はそれ自身としては，最も深い活力があるところでその法則を把握する場においても，持てる者と労働者との実在する関係を認識するという課題をもつのみである。それは国民経済の未来の姿を予言することはできるであろうが，自ら決定することはできない，なぜなら，それは他に従うことのない基礎原理をもたないからである。しかし社会主義は，それを人類の運命の理想の中に描き出し，それによって，国民経済学を飛び越してそれを利用するもの支配するものとして，自己を位置づける。前者は本質において認識的であり，後者は創造的である。」

私はここに国民経済学者になされた非難を根拠なしと言うことはできない。しかしそれは経済学の現状に対してのみ妥当するのであって，学問の本質そのものではない。なぜなら，経済学が社会主義の原理を自らとって自己のものとするのになんらの妨げもないからである。しかり，私は——本書の進行が示すであろうごとく——「自然労賃とは何か」の問題に深く没入する時は，最後の段階において直接人類の運命に関する問題へ導かれることを発見した。

私の考えによれば，2つの学問の融合によってのみ研究は真理に近づくのである。このような結合によって，社会主義者の空想も，彼らの国民経済法則の無知から生じた提議とともに，翼を切られるであろう。

プルードンもまた——彼の『政治経済哲学』において——この考えであった。彼は国民経済学の改造によって社会主義者の問題を解決しようとしたのである。

主題を離れた後にわれわれは孤立国へ帰る。

資本そのものは死んだもので，人間の活きた力なしには何物をも産出することはできない。

しかしそれと同時に，われわれのヨーロッパの気候において，なんらの資本

第1編　労賃および利率に関してみた可耕荒蕪地に囲続された孤立国

——衣服，生活必需品，道具等——をもたない人間は何物をも産出することはできない。

労働生産物 p は労働と資本の共同生産物である。

そうであるなら，これら2つの要素が，それぞれこの共同生産物に対してもつところの分け前は，いかにして測定すべきか？

資本の効果は，1人の人間の労働生産物が彼がもって働く資本の増加によって増加する量によって測定した。この場合労働は不変の量であり，資本は可変の量である。

もしもわれわれがこの方法を維持して，逆に資本を不変とし，労働者の数を増加すると考えるならば，1つの大経営においては，労働の効果は，労働者を1人だけ増すことによって，総生産物が受ける増加量によって，生産物に対する労働者の分け前が，われわれの認識に達するに相違ない。

1つの企業に投下された総資本が nq 年労働であるとする。企業者は自己の利益に従って，労働者の数を，最終雇用者がその労賃と同じ剰余生産物をなお産出する点を限度とし，その限りにおいて増加する。

そうであればその最終労働者の生産物の大きさは何か？

n 人の労働者が使用されるならば，各人は q 年労働の資本をもって労働する。各労働者の生産物は p，労賃は A とすると，n 人の労働者を使う企業者の賃料（レンテ）は $n(p-A)$ となる。

1人の労働者が解雇されるならば，$n-1$ 人の労働者が残り，そのおのおのは $\dfrac{nq}{n-1}$ 年労働の資本をもって働いている。この資本を q' で示せば，q' は q より大きい。q' 年労働の資本をもって働く人の労働生産物を p' で示す。もって働く資本が増せば，1人の労働生産物は増すから，p' は p より大きい。両者の差 $p'-p$ が r であるとすれば，$p'=p+r$

総生産物は　　$(n-1)p'=(n-1)(p+r)$ である。

労賃支出は $n-1$ 人の労働者に対して $(n-1)A$ である。

ゆえに企業者の賃料は $(n-1)(p+r)-(n-1)A$ である。

— 447 —

さて企業者が合理的に労働者の数を，最終労働者がその労賃だけを産出する点まで増したのならば，彼の賃料は，n 人の労働者を使用しようと $n-1$ 人を使用しようと，同一額でなければならない。そうすると，

$$np - nA = (n-1)(p+\gamma) - (n-1)A$$

でなければならない。すなわち，

$$np - nA = np - p + (n-1)\gamma - nA + A$$
$$0 = -p + (n-1)\gamma + A$$
$$A = p - (n-1)\gamma$$

もし n を無限に大きいとすれば，1は n に対して消失し，

$$A = p - n\gamma$$

資本 $\dfrac{n}{n-1}q = q\left(1 + \dfrac{1}{n} + \dfrac{1}{n^2} + \dfrac{1}{n^3} + \cdots\cdots\right)$ は，n が無限に増加する時は，$q + \dfrac{1}{n}q$ の価値にいくらでも近づく。しかし前章において $\dfrac{1}{n}$ 年労働の資本に対して生産物の変化 $= \beta$ を見出した。本章ではわれわれは，資本が $\dfrac{1}{n}$ 年労働だけ変化する時は，労働生産物における差は $p'-p$ すなわち γ であることを見ている。さて $\dfrac{1}{n}$ 年労働という資本部分に対して生産物の変化は β であるから，資本部分 q に対するこの変化は βq である。すなわち $\gamma = \beta q$ である。そしてわれわれは $n\beta = \alpha$ としたから，$n\gamma = \alpha q$ でもある。したがって

$$A = p - n\gamma = p - \alpha q$$

これと同一の結果をすでに前章において得ている。

すなわちわれわれは2つの異なる方法，すなわち

1) 賃料を，高められた資本が生産物に与える増加から決定する
2) 労賃を，資本総額一定の場合，最終投下労働者の付加生産から決定する

という2つの方法から，労賃に対して同一の表現 $A = p - \alpha q$ に達した。

しかしわれわれは前章において，新農場建設の利益は，相対的国民資本増加の場合の利益と，$p - \alpha q = \sqrt{ap}$ のときにはじめてつりあいがとれ，そして固

第1編　労賃および利率に関してみた可耕荒蕪地に囲繞された孤立国

定状態がそのときはじめて現われうるということをみた。

　ゆえにここで用いた方法によって見出された労賃 $p-\alpha q$ は，可耕の荒蕪地に囲繞された孤立国においても，やはり $=\sqrt{ap}$ にならねばならない。

第20章　資本の生産費および資本賃料

　第5章において，資本の生産費とその価格，すなわちそれに対してわれわれが資本を借りることのできる利子率，との間には，交換財の生産費とその価格との間におけると類似の関係が存在するのではなかろうか，という問題を提起した。

　価格決定の法則の展開にさいし，第13章において交換財は2種類に分けられ，そして第1種は同一費用で任意の数量が生産されうるような交換財を含み，第2種にはそれの生産拡張は必ず費用増加を伴うような交換財が属している。

　第1種には，器具，機械その他多くのものがこれに属する。これらにおいてはそれが実現する効用に支払われるのではなく，生産費が価格に対する規制者となる。したがって使用価値と生産費との間のいかなる関係も，ここでは消滅したような観を呈する。けれども事実はそうでないことは次の考察が示すとおりである。

　われわれは第13章において，使用価値がはなはだ高く，価格がはなはだ低いものとして，犂を例にとった。だからいまの考察の場合にもこの器具を基礎としたいと思う。

　犂の使用価値は生産費によって規制された価格よりも数倍大である。しかしこれの増加の限界は何であるか。たとえば輓畜を24頭有する農場においては，どれだけの犂を人々は維持するであろうか？

　馬というものは全部を犂耕に用いられることはめったにないから，ここでは

10個の犂で間に合う。けれどもまれな場合のために12個の犂を調達することもできる。そして犂の破損によって生ずる労働の混乱をすべて避けようとするならば、ここでは14個の犂もなお使途を見出すことができる。

最初に用いた犂の利益がいかに大きくても、最後に付け加えられた14番目の犂の利益は、非常に小さかったり、あるいは購入価格の利子ならびに年々の減価すらもはや償わなかったりである。

犂の増加の限界を問うならば、答に曰く——

　最後に設けられた犂が、その生産費および維持費を償う限り犂は増加される。

　それゆえ犂の使用価値すなわち効用もまたその価格を一般には決定しない。しかしそれによって犂の増加の限界が確定される。

犂の場合と同じく、1個当たり同一費用をもって無限に増加しうるすべての商品はすべてこのような関係である。

第2種の交換財には穀物が属する。この場合は高められた需要は、従来耕作されていたよりも生産力が低いかまたは不便な位置にある土地の耕作によってのみ、あるいはまた同一の土地においてより集約で費用を多く要する経営を行なうことによってのみ、満たされうるのである。なおこれには新鉱山が発見されなければ漸次深い地層から採掘されなくてはならないところのすべての金属が属する。この種の経済財の増加はその使用価値の中にあらかじめ限界をもっている。

さて資本の増加に対する限界は何であるか。また資本の生産費に対する尺度は何であるか？

資本の利用は、すでにしばしば述べたように、人の労働をより生産的にする。労働の生産物が多くなるにつれて、剰余生産物が多くなり、それに伴って資本生産が容易になる。ゆえに資本の生産は資本が多く形成されるにつれて廉価になる。この点において資本と第2種交換財とは正反対の関係に立っている——前者においては増加すればだんだんと安くなり、後者においては高くな

第1編　労賃および利率に関してみた可耕荒蕪地に囲繞された孤立国

る。資本は，それが安くなる程度に応じて，漸次人の労働の代わりに入り込むことによって，用途を拡大する。

ゆえにもし資本増加に伴って資本の効用が減らないならば，資本生産は無限に進行するであろう。

この効用の減少は2つの原因から生ずる。

1) 資本を構成しているうちで最も有効な器具，機械等が十分に存在している場合には，第10章で詳細に論じたように，新しい資本の生産は効果の小さい器具などへ向かわねばならない。

2) 農業においては，資本の増加は，それが一般に使途を見出すためには，生産力が低く便利のよくない位置にある土地の耕作か，あるいはより集約的で大きい費用を要する経営を行なうようになる——そしてこの場合には最終投下資本はそれ以前に投じたものよりも小さい賃料をもたらす。

資本のこの2側面は，提起した問題の解決をはなはだ困難にする。なおまたこのことから，資本は第1種の交換財にも第2種の交換財にも属さないで，独自の範疇を構成するということが出てくる。

労働がもたらすところの剰余は2つの運命をもつ。すなわちそれは——

a) 後に働かずにそれで生活しようという目的で貯蓄と保存のため

b) 農業または工業へ生産的投資のため

に用いることができる。

第1の関係においては，資本の絶えざる増加は労働者に有利である。なぜならばそのために労賃と剰余は増加し，労働者は短時日の間に将来働かずに生活することのできるだけの貯蓄を得られるからである。

しかし貯蓄はまだ資本ではない。資本の素材にすぎない。貯蓄はその代替物を産出することなしに消費される時には，資本という概念に相当するために必要な継続性を失ってしまう。

貯蓄にはなおもう1つの性質が欠けている。すなわち生産的使用によって人間労働をより有効にするという性質が欠けている。

孤立国　第2部

　商人の手中にある・販・売・目・的の貯蓄は資本である。それによって消費者は必需品を獲得するのに容易となり，かつ経費が少なくなり，したがって国民の厚生はそれによって増進される。これに反して，商人が将来安楽に暮らすために集めて寝かせておくところの貯蓄は資本には属さないであろう。

　そこで営利に用いられない貯蓄を資本から区別し，資本という場合には利子を生む財産のみを理解するならば，われわれの問題は非常に簡単になる。それは資本それ自身ではなくその・果・実・たる賃料が願望の対象となるからである。

　そこでわれわれは次の問題に到達する——

　　賃料の生産費は何であるか。およびいかなる関係において賃料は最小費用で生み出されるか？

　資本は労働の生産物であるが，同時にこの生産物は人間労働を逆に置き換えて，自ら新しい資本の生産に貢献する。ゆえに労働と資本との間には密接な関連と絶えない交互作用があり，それは分離できないようにみえる。

　しかし・本・源・的・資・本(第8章)は純粋に人間の労働から発生したものであり，資本の作用は労働に還元することができたのであるから(第13章)，資本の創造者としての労働が，資本および賃料の生産費に対する唯一の正しい尺度である。

　けれども，商品の価値が最小生産費によって規制され，資本や労働の拙劣不当な使用によってかさんだ費用は，商品の価格で弁償されないと同様に——賃料を生み出すのに必要な労働の最小が生産費の尺度とならねばならない。

　一定額の賃料の生産に必要な労働量に対して，労賃の高さが本質的影響をもっている。そこでわれわれの問題はいまや次のようになる——

　　最小労働量の投下によって賃料が生み出されるような労賃を求めること。

　ここでわれわれは労賃に対して $a+y$ なる表現を選ぶ。ただし y は未知数である。

　新農場の建設による資本生産に向けられた年労働は，第15章によれば $\dfrac{(p-[a+y])y}{q(a+y)}$ なる賃料(レント)の報酬を受ける。

— 452 —

第1編　労賃および利率に関してみた可耕荒蕪地に囲繞された孤立国

所要の賃料を ar とする。

するとこれを生み出すには $ar \div \dfrac{(p-[a+y])y}{q(a+y)} = \dfrac{arq(a+y)}{(p-[a+y])y}$ 人の労働者を必要とする。

例　r を1とした場合の所要賃料は，$a = 100c$，$p = 300c$，$q = 12$ とすれば，上式は $\dfrac{1200c(100c+y)}{(300c-[100c+y])y}$ となる。

$100c$ の賃料の生産に要する労働者の数は，

　　$y = 20c$ の場合には …………………………………………40　人
　　〃　　 $60c$ 　〃　　 ………………………………………22.8 〃
　　〃　　$100c$ 　〃　　 ………………………………………24 　〃

必要な労働者の数は労賃の騰貴とともに無限には減じないことがここに示される。というのは労賃 $a+y$ が $200c$ の場合に $100c$ の賃料を生み出すには，労賃が $160c$ の場合よりもより多くの労働者を必要とするからである。

ゆえに賃料の生産が最小の労働の使用を要するような値が存在しなければならない。

上の関数の微分をとり，これを零に等しいと置けば，われわれは y のこのような値を見出す。$\dfrac{arq(a+y)}{(p-[a+y])y}$ の微分は

$$\begin{aligned}
& arq(p-[a+y])y\,dy - (a+y)(p-a-2y)\,dy \\
=\ & py - ay - y^2 - ap + a^2 \\
& - py + 2ay + 2y^2 \\
& + ay \\
\hline
& y^2 + 2ay + a^2 - ap = 0
\end{aligned}$$

$\quad y^2 + 2ay + a^2 = ap$

$\quad a + y = \sqrt{ap}$

$p = 300c$ ならば，$\sqrt{ap} = 173c$，$y = \sqrt{ap} - a = 73c$

q を上のように 12 とすれば，$100c$ の賃料の生産に必要な労働者の数は 22.4

人である。

それゆえ労賃 $\sqrt{ap}$ は最小労働力をもって賃料を生み出すという条件を満たす。

～～～～～～～～～～

さて，賃料が最小の労働支出によって産出される場合，利率はどうなるか？ 利率の一般的表式は $z = \dfrac{p-(a+y)}{q(a+y)}$ である。

ここで $\sqrt{ap}$ を $a+y$ に代置すれば

$$z = \frac{p-\sqrt{ap}}{q\sqrt{ap}} = \frac{\sqrt{p}-\sqrt{a}}{q\sqrt{a}} = \frac{\sqrt{ap}-a}{aq}$$

となる。

ゆえに $y = \sqrt{ap}-a$ の場合には，利率 z に対して $\dfrac{y}{aq}$ すなわち $1 \div \dfrac{aq}{y}$ という簡単な表式を得る。

もし a，p および y に対してライ麦のシェッフェル数を尺度にとるならば，aq は q 人の労働者が新農場建設による資本製作（第15章）の場合に消費するところのライ麦シェッフェル数，またはその等価物を示す。この aq シェッフェル生産のためには，各労働者は y シェッフェルの剰余をもたらすから $\dfrac{aq}{y}$ 人の労働者が必要である。

ゆえにわれわれは次の注目すべき結果を得る。すなわち，

　利率は，資本生産にさいして消費される生活必需品を生産した労働者の数で，1を割ったものに等しい。

この命題は労賃が $\sqrt{ap}$ に等しく，剰余 y が $\sqrt{ap}-a$ に等しい場合にのみ妥当するということを忘れてはならない。

第21章　資本家と労働者間の分配の法則

労働生産物は労働者と資本所有者との間にいかなる割合で分配されるか。そ

第1編　労賃および利率に関してみた可耕荒蕪地に囲繞された孤立国

してその結果いかなる労賃が労働者へもたらされるか？

賃労働者は正当に次の2つの要求をすることができる――

1) 資本を製作している労働の年労働当たりの賃料は，賃労働者がその労賃から生活必需品を差し引いて残る剰余を利子（die Rente）を得て貸付けた場合の年労働よりも高くてはいけない。換言すれば，両種の労働，資本の中に含められた労働と賃金をもらってなされた労働とは（質の同一を前提として）同一の賃料を生むべきである。

2) 労賃は，資本賃料（die Kapitalrente）の生産が最小の労働支出でできるような高さでなくてはならない。

第2の要求は前章で証明したように，労賃が $\sqrt{ap}$ である場合に満たされる。この労賃が第1の要求をも満足するか否かは，次の計算が決定するであろう。

労賃が $\sqrt{ap}$ に等しい時は，第15章によれば，資本製作労働者の受ける賃料は

$$\frac{(p-\sqrt{ap})(\sqrt{ap}-a)}{q\sqrt{ap}} = \frac{(\sqrt{p}-\sqrt{a})(\sqrt{ap}-a)}{q\sqrt{a}} = \frac{(\sqrt{ap}-a)(\sqrt{ap}-a)}{aq}$$
$$= \frac{(\sqrt{ap}-a)^2}{aq}$$ である。

賃労働者に対しては，剰余が $\sqrt{ap}-a$，利率が $\frac{\sqrt{ap}-a}{aq}$ の場合には，利子は，

$$(\sqrt{ap}-a)\frac{(\sqrt{ap}-a)}{aq} = \frac{(\sqrt{ap}-a)^2}{aq}$$ である。

労賃が $\sqrt{ap}$ で，利率が $\frac{\sqrt{ap}-a}{aq}$ の場合に，資本に固定する労働に対する報酬と賃労働に対する報酬とはつりあう。

労働者がもしも $\sqrt{ap}$ 以上の労働を資本家に要求するならば，この要求は安くなく不当なものであって，拒絶されなければならない。なぜなら，その場合には彼は同一量の労働に対して等しからざる報酬を得るからである。なおまたこのような要求は財産を貯めてその地位を改善しようと欲する労働者自身の利益に衝突するであろう。なぜなら，$\sqrt{ap}$ という労賃が一般となった場合に，

これより高い労賃とともに，もしその労賃率が一般化した場合，それに伴う利率低下によって，労働者が得る利子は，第15章から知られるように，増加せずにかえって減少するからである。

前章において「何が資本増加に対する制限であるか」の問題が提出されたがわれわれはいまやこの問題に対して，消費財を製造する工業における労働が，資本生産の場合よりも大きな賃料を与えられるならば，資本増加は，人口一定の場合には，中止すると答えることができる。

以上われわれは労賃と利率との関係を，4つの方法および観点から決定しようと試みた。すなわち
1) 労働による資本の生成を研究し，次に
2) 労働に代替するものとしての資本を観察し，さらに
3) 利率を最終投下の資本部分の効用によって決定し，そして最後に
4) 最終投下労働者による増収を労賃の尺度として取り上げた。

すべてこれらの研究の結果，$\sqrt{ap}$ なる労賃が優れているという結果になった。かくて私は信ずる——もしも人の組織と自然界とに照応するところの労賃を自然的と呼ぶならば——いまや次の命題を確立することができると：

自然労賃は $\sqrt{ap}$ である。

第22章　土壌の生産力が労賃および利率に及ぼす影響

われわれは自然労賃 $\sqrt{ap}$ を見出した。しかしこの中に労賃は漸次わるくなることはないという保証が労働者に対してあるであろうかを問わねばならない。なぜなら，この労賃は p の大きさに依存するのであるが，その p は資本および労働が投下されるところの土地の生産力に依存するものであるからである。

$\sqrt{ap}$ の値は p の減少するにつれて漸次減少し，$p = a$ となった時には労賃

第1編　労賃および利率に関してみた可耕荒蕪地に囲繞された孤立国

は a，すなわち生存必需額まで低下する。

　土壌の生産力の影響を詳しくみるために，p に対して漸次異なる値を置いてみよう。たとえば $a = 100c$, $q = 12$ として，p が $300c$ の場合には，労賃は $173c$, 利率は 6.1% である。

p	(1)	(2)	(3)	(4)
	$300c$	$200c$	$150c$	$100c$
労賃 $\sqrt{ap}$	$173c$	$142c$	$122c$	$100c$
利率 $z = \dfrac{\sqrt{ap}-a}{aq}$	6.1%	3.5%	1.8%	0

　われわれがそこにみるのは，労働者と資本家とは生産の増加に対して共通の利益を有し，生産が減少する時は両者とも利益を失い，増加する時は両者ともに利益を得るということである。

　問題。$z = 2\%$ の場合に p の値を見出すこと。

　この場合 $\dfrac{\sqrt{ap}-a}{aq} = \dfrac{\sqrt{100p}-100}{1200} = \dfrac{2}{100}$ であるから，

$$\sqrt{100p}-100 = 24$$
$$\sqrt{100p} = 124$$
$$100p = 124^2 = 15376$$
$$p = 153.76$$
$$A = \sqrt{ap} = 124$$

このような低い利率では，新しい資本が集積するのは困難となるであろう——資本集積は資本家の側における享楽の抑制を必要とするから——そしてわずか2％の利益しかない企業へ資本を投下する資本家はおそらくないであろう。ところがそうなった場合においてすら，労賃は労働者の必需額を24％超過するのである。

　労賃が $\sqrt{ap}$ である限り，——これが決定的に重要である——労働者は確かに困難と欠乏とに対して保護されている。

われわれのヨーロッパにおいては事情は全く別である。そこでは無主の土地はもはや見出されない。したがって未耕地の開墾によって雇主の低い労賃からのがれる可能性は労働者から奪い去られている。

ここでは競争が労賃の高さに対して決定的である。ここでは労賃は$a+y$で，yは全く不定であり，利率zはここでは $\frac{p-(a+y)}{q(a+y)}$ である。

yが小さくなればなるほど，zはますます大きくなることは次の例が示すとおりである――

$a=100, \ p=200, \ q=12$ として，
$y=50$ に対しては，$z=2.77\%$
$y=25$ 〃 $z=5.0$ 〃
$y=10$ 〃 $z=6.82$ 〃
$y=0$ 〃 $z=8.33$ 〃

だから労賃をつねに低く下げようとすることは，企業者および資本家の利益である。そして労働者が労賃によって生活必需品をかろうじて獲得している時に，資本家は 8.33％ という高い利率を享受する。

ここに資本家の利益が労働者のそれと分かれるのみならず，両者の利害は対立するのである。

・この・利害・の・対・立・の・中・に，なぜ労働階級と所有階級とが，今後敵対し，和解せずにとどまり，彼らの利害における軋轢(あつれき)がいつまでも片づかない理由が横たわ・っ・て・い・る。

しかし労働者は，雇主の福祉のみならず国民福祉に対しても利益を受けることなく対立する。

工場という組織の発見により，道路・鉄道の敷設により，新取引方法の採用等により，国民所得は始終著しく増加することができる。けれども今日の社会組織においては労働者はそれに少しも触れることはできず，彼の状態は旧態依然である。そして所得の増加はすべて企業者，資本家および土地所有者に帰するのである。

第1編　労賃および利率に関してみた可耕荒蕪地に囲繞された孤立国

1836年にメクレンブルグにおいて，よい耕地1ラスト（6000平方ルート）の普通賃貸料が約100ターレルであった。その後耕地1ラスト当たりの賃貸料は，150～200ターレルに高騰した。

この国民所得の膨大な増加のうち，労働階級へは何物も流れ込まない。そしてわれわれの社会組織をもってしては彼らに何物も流入することはできない。

もしも共同社会的の組織が，このうちから労働者に5分の1でも分かたれねばならないようなものであったならば，幸福と満足が数千の家族の上へ広がったであろう。労働者が1848年に労賃引き上げを迫った騒動と混乱は起こらなかったであろう。そして昔主人と僕婢との間にあったところの美しい家父長的結合が破られなかったであろう。

労働者の階級から所有階級への移行ということは，和解に役立つことができるであろう。ただしそれは労賃の低いことが，ことに次の2つの理由によって，この移行に対する妨害にならない場合である。

1) 今日の労賃率においては，労働者は資本を集積することが全くできないか，またほんのわずかしかできない。だから新資本の製作は全く企業者，資本家および地主の独占になる。

2) 低い労賃の場合には，労働者はその子供に，企業の経営または市民社会の高い地位の資格をとるに必要な知識の獲得のための教育を与えることができない。

それゆえ労賃の低いということのうちに，そのことの永続の根拠がある。この循環からいかにして脱するか？

ヨーロッパの社会が悩んでいるこれらすべての禍は，労賃に対して $\sqrt{ap}$ から離れているために起こるのである。

$\sqrt{ap}$ においては，労働者の労賃は彼の生産物の価値に比例的であるが，われわれの現状においては，労働者の労賃は彼の労働生産物からは全然独立である。

労働者が彼の産出物から分離したことの中に禍の源がある。

孤立国　第2部

　出来高払い（Verdung）の労働者は，日給の者に比べて，労働者の給料が彼の勤勉の程度に従って上下し，したがって労働者はある程度まで自発的に，そして物に対する・・より多くの歓びと愛情とをもって働く，という大きな利点がある。けれども出来高払い労賃の場合には，労働者相互間の競争によって，その給料は低く下がりうるのである。

　出来高払いにおいては，一定量・・・・の労働に対して労賃が支払われるのであって，生産物の中に含まれる労働の価値に対して払われるのではない。ところが労賃が $\sqrt{ap}$ に等しい場合においては，労働者は直接に自己の労働の価値・・・・・・・の分け前にあずかるのである。

　$\sqrt{ap}$ なる労賃がヨーロッパの事情に対して可能であるか否か，またいかなる条件のもとに可能であるか——これはわれわれの従来の研究からは出てこない。本書の後編の題目であるだろう。

　しかし自然的労賃へ完全に帰ることは不可能であっても，もし労働者が労賃のわずかの一部分を彼の労働の生産物に対する分け前において受け取るならば，禍は大いに減らされるであろうことは容易に首肯される。

━━━━━━━━━━

　北アメリカ自由国の状態を見る。

　そこでは孤立国におけるように，豊沃な土地がいくらでも多く，無料または廉価で得られる。

　そこでは孤立国におけるように，市場からの距離が耕作の広がりに限界を置くことができるのみである。けれどもこの限界は河流の蒸気船により，運河，鉄道の敷設によってますます遠方へ押しやられる。

　したがって，そこでは $\sqrt{ap}$ なる労賃が現実となり，実際にそうなっている。なぜなら，北アメリカにおいては，労賃と利率との間に，われわれが豊沃な土壌に対して展開したと同様な関係が見られるからである。

　労働者と資本家との間にこのような関係の結果として，北アメリカには，急速に増大するところの一般的福祉がある。そこには諸階級間の険しい確執はな

第1編　労賃および利率に関してみた可耕荒蕪地に囲繞された孤立国

く，彼らの間には和合と平和が支配する。そして下層階級の間においてすら，初等教育——読み，書き，算術——はヨーロッパにおけるよりもよく行きわたっている。

　最初の人間，もっと恵まれた地帯に立ったところの最初の人間は，同様な状態にあったに相違ない——だから人はおそらくこの状態を楽園と呼んだのであろう。

　このような状態は人口の密度とは調和せず，永久に地球から消え去るであろうか？

　それとも人類は，精神力のより高い形成によって，また激情を理性が支配することによって，この状態を連れ戻し，そして最初の人間が賃金はなかったが天恵によって受けたところのものを自己の賃金によって獲得し，それによって精神的所有の高きに昇ることが人類の使命となりうるだろうか？

第23章　発見された公式の具体的場合への適用

　これまでの研究では，労働生産物，利率および労賃が代数式で表わされた。代数はあらゆる数値を表わすからそれで表わされた公式は普遍的に妥当するものになる。

　しかし具体的場合に対して，代数は一定の数値を代表するのであるから，公式が正しいならば，数でいい表わした結果においても，合理性が現われねばならない。

　本書第2編の対象である労賃，地代間の関係に関する次の研究の場合には，具体的場合に対して，a, q, p, y, およびzを数字で示さなくてはならない。

　この数字はしかし，勝手に取ることは許されないのであって，事実から取らなければならない。なぜなら，事実はその正しいことの試金石でなくてはなら

ないからである。

　他の材料がないので，私はこの代数の値をテロー農場の関係に対して見出そうと思う。そしてその計算は本書の次の部分に載せるであろう。

　日雇労働者は欠乏から守られた相当な生活にどれだけの収入を必要とするか，という問題が，現在重要性をもっていることを考えて，私はいま資料Aにおいて，1833年より1847年に至る14年間のテローの日雇労働者家族の生計費および収入に関する計算を参考にまで付加した。

〰〰〰〰〰〰〰〰〰

　労働者の権利が何であるかを知った者には，力の及ぶ限りこの権利を伸ばさせるという道徳的義務が課せられる。

　20年以上このかた私は私の日雇人に農場収入の一部分を賞与 (Zulage) として分配するという強い希望を抱いていた。ただしこの賞与は彼らの勝手に任さないで，彼らのための資本を作るのに用いるのである。

　当時私の希望実現に2つの障害があった。すなわち

1) 　私の家族に対する義務
2) 　このような制度は隣接農場の労働者の間に不満と動揺を起こすかもしれないという心配

　ところが第1の障害は重要でなくなり，かつ1848年の春には，強制的民族移動の結果，ほとんどすべての農場において労働者に重大な移動承認がなされたから，私は長く抱いていた希望を実行するのに，もはや躊躇することはできなかった。

　その時なされた規定が資料Bに載せてある。

　この種の制度は何よりも終極の結果を考えにおかねばならない。

　1例がこれをよく説明するであろう。

　医者や薬局への支払いが1労働者家族に対して，毎年平均約3ターレル農場主の費用になっていた。もしも農場主が，妥協の結果，年3ターレルを，将来の病気の治療代を自分で負担するという条件のもとに，労働者に与えるなら

第1編　労賃および利率に関してみた可耕荒蕪地に囲繞された孤立国

ば，農場主の支出はそれによって増減しない。けれども，どんな変化が労働者家族の状態と幸福とに起こるだろうか。重く長びく病気が1人の男を襲った場合，治療費のような膨大な金額を，自分で負担することを，家族に対する義務に結びつけることを知っているものはまれであろう。

通例はこの目的に貰った金を貯えておかないで消費してしまい，したがって困難の時にあたっては，助けもなく臥していることになるのである。

これまでの労賃で労働者の実際必要品および相当の欲望が満足されているような場合においても，労賃を高めることによる賞与は同様な現象を結果する。日雇労働者の享楽財は，必要品ときわめて接近し，その間境界線を引けないくらいであるから，将来のために現在の享楽を犠牲とするという力——これは多くの農場主にも欠けている——を彼らに期待すべくもない。反対に労働者はたいていの場合に賞与を消費し，老年のために何物をも貯蓄しない。しかし老年における貧困は，彼がもはや満足できない欲望に多く慣れていればいるほど，いよいよつらく感ずるものである。

一層よくないのは，なんらの制約のない労賃値上げによって，企業者と労働者の対立する利害関係が調停されず，こうしてわれわれの社会状態の根本的な禍が険悪なままにとどまっていることである。

孤立国 第2部

資 料 A

テローにおける日雇労働者家族の生計費と収入の計算

1833年～1847年

第1章 テローの ある日雇労働者家族 (Hofgänger[注1]なし) の1年間の賃金, 1833年7月1日より1847年7月1日まで

注意 労働者が行なった労働量の計算に用いた資料は, 1810年から1820年に至る10年間のよく指導され, 校閲を経た労働計算からとったものである。

1. 打禾労働者の賃金 (Drescherlohn)

1833年から1847年に至る期間に, 穀物の収量はロストック枡[注2]で, 菜種を除き, ライ麦換算[注3]で7447 9/16 シェッフェルであった。

注1) Hofgänger は女の代わりに地主の家の仕事をする男召使いを指す。
2) ロストック・シェッフェル = 5/4 ベルリン・シェッフェル
3) ライ麦換算の場合の計算
　　小　麦1シェッフェル = 1 1/3 ライ麦シェッフェル
　　ライ麦1シェッフェル = ライ麦1シェッフェル
　　大　麦1シェッフェル = ライ麦 3/4 シェッフェル
　　積み置きエンバク1シェッフェル = ライ麦 5/8 シェッフェル
　　半積置きエンバク1シェッフェル = ライ麦 9/16 シェッフェル
　　エンドウ1シェッフェル = ライ麦1シェッフェル

資　料

	ターレル		ライ麦
	Tlr.	szl.	Rostocker Schfl.

　このうち打禾せず束のまま飼料となったのは積み置きエンバク (gehäufte) およそ80シェッフェルで，ライ麦に換算して50シェッフェルに等しい。

　したがって打禾されたのは7397 $\frac{9}{16}$ シェッフェルで，打禾労働者は16シェッフェルをもらった。

　これによって打禾労働者の賃金は462 $\frac{6}{16}$ シェッフェルになった。

　穀物が悪かったり禾束 (Miethen) に立っている場合には，打禾労働者は16シェッフェルでなく14シェッフェルを貰う。これによって生ずる追加手当 (Zulage) は打禾労働者の本来の給料の5％程度である。これが462 $\frac{6}{16}$ シェッシェルに対しては23 $\frac{1}{8}$ シェッフェルになる。したがって打禾労働者の賃金は全体で 462 $\frac{6}{16}$ ＋ 23 $\frac{1}{8}$ ＝ 485 $\frac{1}{2}$ シェッフェル。日雇労働者は当時11人いたから打禾労働者1人当たりの賃金は $=\frac{485\frac{1}{2}}{11}$ ……　　　　　　　　　　　　44 $\frac{2}{16}$

1810～1820年の10年間の平均によると1人1日にライ麦に換算して4.52シェッフェルの打禾をした。これによると7397 $\frac{9}{16}$ シェッフェルの打禾には1637労働日が必要である。11人の日雇労働者で1637日打禾した。これは1人に対して149日になる。

2.　泥炭採掘

　1810年ないし1820年の計算から確実性をもって調

| | | | 44 $\frac{2}{16}$ |

孤立国　第2部

| | 前頁より | — | — | 44 2/16 |

査した限りでは，この期間に年に 254½ 人が泥炭採掘をしており，

　　農場のために　　186850 ソーデ (Soden)
　　村　のために　　286000　　〃
　　　合　　計　　　472850 ソーデ

すなわち，1 人が 1 日当たり 1858 ソーデ採掘している。

1833 年から 1847 年に至る間，11 人の日雇労働者で年平均約 480000 ソーデ採掘している。これは 1 人当たり 43636 ソーデであるがこのうち 10000 ソーデは自家用に掘ったのである。支払われたのは 33636 ソーデで単価は 1000 ソーデ 8 シリングである。………………

33636 ソーデの採掘に，労働者は $\frac{33636}{1858} = 18.1$ 日を要した。

1 日の賃金は 14.9 シル (szl.) になる。

| | | 5 | 29 | |

3.　休閑地の溝掃除

1811〜1820 年の 9 年間に延べ 623½ 人で 5179 ルート (Ruth) の休閑地の溝を掃除した。

これは 1 人当たり 8.31 ルートで，支払われたのは，
　　5179 ルートに対しては単価 1¼ シル…6474 シル
　　困難な溝に対する追給 2 ターレル　…　96 シル
　　　　　　　　　　　　　　　合計　6570 シル

1 人 1 日の給料 $\frac{6570}{623½} = 10.5$ シル

| | | 5 | 29 | 44 2/16 |

— 466 —

資　料

前頁より	5　29	44 2/16

仮定：
1) 1833〜1847 年の期間に同様に年平均 $\frac{5179}{9} = 575$ ルートが清掃された；
2) これは以前と同様に $\frac{623\frac{1}{2}}{9} = 69.3$ 人を必要とした；
3) この清掃のための支払いは年： $\frac{6570}{9} = 730$ シル；
とするとこの期間に支払われた 11 人の労働者の 1 人当たりは，
　a）給料として $\frac{730}{11} = 66$ シル ＝ ……………　　1　18
　b）日雇労働に対して ＝ 6.3

4. その他の溝掘労働

耕地や採草地のなか，道に沿ったり森の周りの新しい溝をひくことや，さらに境界や採草地の溝の清掃で，1810〜1820 年の間に年平均 74.3 人を必要とした。1818/19 年には特別な計算によってこの労働の 1 人の給料は 1 日 10.9 シル。

これらの諸項目の上記期間の支出は，11 人の日雇労働者の各人に対して，
　a）労働日数 $\frac{74.3}{11} = 6.7$ 日
　b）給料 6.7 日，単価 10.9 シル ＝ ……………　　1　25

5. その他の出来高払い労働 (Akkordarbeit)

泥灰土，軟泥の積込みのごときもの。荷車土車による 1815 年——この年泥灰土の大量運搬が始まっ

8　24	44 2/16

前頁より	8	24	44 2/16

た——から1820年に至る間に出来高払いで完成された土地改良に要した費用は毎年貨幣賃金で171ターレル22シル。1818/19年にはこの労働の場合の給料は

　　男は1日当たり　　11.27シル
　　女　〃　　　　　　7.53〃

しかしこれらの資料によって，1833年から1847年の後期に，1人1日の給料がいくらであったかおよびこの労働に従事した日数がどれだけであったかを確実に推定はできない。

土地改良作業の金額は大体同じであったとしても，土地改良の種類（泥灰土施用に代わって腐植土入れと採草地改良が現われた）は根本的に変わり，それに伴ってこの作業が実施される季節も変わった。他方土地改良に参加する家族数や男女の割合も変更を受けた。

しかし各種の綿密な比較によって，次の想定が真実にかなり近づいたようである。

土地改良の場合男は年に22日働き，そして給与は1日10.5シルで……………………………………… 4　39
女は44日，給与は1日6½シル。（金額は後に計算）

6. 現物給与の耕耘

すべての耕耘労働者 (Häker) は穀物をもらう。

　　　　　　　　　　　　　　　　　ライ麦換算
　　ライ　麦　14シェッフェル……14シェッフェル
　　大　　麦　12　〃　　……9　〃

	13	15	44 2/16

資　　料

			前頁より	13	15	$44\frac{2}{16}$

半積置き
エンバク　2 シェッフェル … $1\frac{1}{8}$ シェッフェル
エンドウ　2 　〃　　　… 2 　〃
　　　　　合計　$26\frac{1}{8}$ シェッフェル

　耕耘労働者が貨幣で受けたのは今期の前半において11ターレル，後半では12ターレル，したがって平均 $11\frac{1}{2}$ ターレルである。

　この現物給与で耕耘労働者が働いたのは3月24日から9月10日まで＝33週＝231日。

　このうち仕事をしなかったのは，

日曜日	33 日
祭　日	$4\frac{1}{2}$
住民自身のための泥炭採掘のため	6
泥炭運搬のため	1
市の日	1
収穫祭	$\frac{1}{2}$
病気等のため	5
	51

　残りは地主のための労働に……………… 180日

　現物給与労働者が病気になると，働かなかった1日について4シルを差し引かれる。これが5日で20シルになり，$11\frac{1}{2}$ ターレルの貨幣賃金のうち残るは11ターレル4シルである。

　それゆえ耕耘労働者の180労働日に要する費用は，11ターレル4シルとライ麦 $26\frac{1}{8}$ シェッフェルである。これは1日が2.96シルとライ麦0.145シェフ

				13	15	$44\frac{2}{16}$

孤立国 第2部

| | 前頁より | 13 | 15 | 44 2/16 |

ェルになる。

　ライ麦価格が1シェッフェルにつき40シルの場合
0.145シェッフェル＝ ･････････････････････5.80シル
これに加えて貨幣賃金 ････････････････ 2.96 〃
1労働日に対する労賃は，新貨幣で　　 8.76シル

　この期の前半においては2人の日雇労働者が耕耘労働者として現物給与が与えられたが，後半には1人だけであったから，平均して1½人である。

　これらが現物給与を受けたのは，
　　　1½×11ターレル4シル＝16ターレル30シル
　　　1½×26⅛シェッフェル＝ライ麦39 9/16 シェッフェル

　日雇労働者達は毎年耕耘のときに交代するから，この現物給与は11人に分配されなくてはならない：すると1人当たりは･････････････････････････････････ 1 25 3 9/16

　耕耘労働者の働くのは1½×180＝270日だから，11人の日雇労働者の銘々には $\frac{270}{11} = 24.5$ 日 の鍬をもって働く労働日が当たる。

7. 日給の労働

　1810～1820年の10年間の平均で，ある日雇労働者は地主（Herrschaft）のために284.6日働いた。
　前記の労働者がそのなかから除去するのは，
　　1）打　禾･･････････････････ 149日
　　2）泥炭採掘･････････････････ 18.1 〃

| | | 14 | 40 | 47 11/16 |

— 470 —

資　料

| | | 前頁より | 14 | 40 | 47 11/16 |

 3) 休閑地の溝掘…………………… 　6.3日
 4) その他の溝労働………………… 　6.7〃
 5) その他の出来高払い労働………　22.0〃
 6) 耕　耘…………………………… 　24.5〃
            226.6日

日給労働として残るのは　　　　　　58日
このうち9月1日から3月1日までの冬季になるのは15日で，この間は1日に7シル支払われて，これが………………………………………………………… 2　9
夏季の43日は8シルの日給が支払われて ………… 7　8

8. 現物給

各日雇労働者は以前に彼ら用に播いたライ麦の代わりに，貰うのが……………………………………… ―　―　5

9. 女の労働

10年間の平均によると地主宅の召使いをしない女は，年間に働くのは175.4日，このうち――上で示したように――出来高払いで働いたのは44日，単価 6½ シルで……………………………………………… 5　46
残るその他の労働は131.4日。
女は住居等の代償として無償の農場の日が104日。
支払いのあるのは27.4日で単価4シル ………… 2　14

それゆえ農場召使 (Hofgänger) のいない1人の日雇労働者の1年の給料総額は……………………… 32　21　52 11/16

孤立国　第2部

第2章　テローで飼養した乳牛の収益と費用
1833年7月より1847年7月まで

　労働者が得る副収入のうち，乳牛飼養が重要な役割をもっている。日雇労働者家族に要する費用を計算するためには，乳牛の純収益がどれだけであり，1頭の乳牛を村人のため飼うことが農場にとってどれだけの費用になるかを知らねばならない。

　バター等乳牛の粗収入や乳牛飼養に結びついた費用の調査は，酪農経済が家計と結びついている場合には非常に困難である。なぜなら1つには牛乳やバターの消費をコントロールし数字で示すのがむずかしいし，また他面において酪農に従事している人達は同時にいろいろな仕事を家計の中でしているからである。

　それゆえ，ヴュステンフェルド農場（Wüstenfelde）の大きな酪農場で酪農経済を家計から完全に分離したシュタウディンガー氏が，好意をもって私に各部門に要する労働や費用の計算に必要なことを進んで教えて下さったのは，甚だありがたかった。

　以下の計算においては，ヴュステンフェルドの計算から引用した資料，ことに酪農経済と結合している労働についての資料を利用しており，事情の変化で必要となった修正と併せて，基礎としている。

　テローの乳牛の粗生産額について言えることは：
1）　各年の乳牛の牛乳生産量は計算によってわかる。
2）　1845～48年についてはバターの生産量も引き続いて記入されている。
3）　計算は毎年のバターの価格を完全に示している。
4）　1845/46年に，乳牛の生産したもの全部の価値について骨を折って行なった詳細な計算があり，そしてそれによって牛乳1ポット当たりの価値が計算されている。

資　　料

・・・・・
牛乳生産量　1833年ないし1847年の14年の平均で乳牛は1682ポット(注)の牛乳を出した。

・・・・・・・・・
牛乳のバター含有量　1845年ないし1848年の3年の平均で1ポンドのバターには15⅔ポットの牛乳が必要である。

・・・・・
バター生産量　牛乳全部がバター生産に用いられるとすると，乳牛は $\frac{1682}{15⅔}=$ 107.4ポンドのバターを出したことになる。

・・・・・
家畜の系統　家畜群はユトランド系とイギリス系乳牛とがおよそ同じ割合である。乳牛の重量は生体重で650ポンドと私は見積った。

・・・・・
バターの価格　14年間の平均で，1ポンド樽に入れて量り，そして隣りの町へ生鮮で売られた1ポンドのバターの価格は，——新貨幣で7.77シルであった。1845年から1848年に至る3年間の平均では，測量した100ポンドは（32ロットのポンドで）107.5ポンドであった。それゆえ32ロットの正確なポンドの価格は $7.77\times\frac{100}{107.5}=$ 新貨幣7.23シルである。

・・・・・・・・・・・
農場における牛乳の価値　1845/46年における詳細な計算によって，バターの収入からその販売及び運送費を差引して，また酸化牛乳は豚の肥育による利用によって，1ポットの牛乳は，農場すなわち生産地において，この年0.6953シルの価値をもつことがわかった。

　　バターの価格は，1845/46年に新貨幣8.05シルであった。1833～1847年の平均は，32ロットの1ポンドが7.23シル。2つの価格の間の割合は 8.05：7.23＝1000：898

　　牛乳の価値はバターの価格によって左右されるから，1833年から1847年の期間に対して，1ポットの牛乳の価値は $0.6953\times\frac{898}{1000}=0.625$ または ⅝ シルということになる。

・・・・・・・・・・・・
乳牛1頭の諸生産物の価値　(1833～1847年の平均) 年間1833ポットの牛乳を

注）　100 Pott は，信用できる記載によると，79 Berliner Quart。

孤立国　第2部

出す乳牛の牛乳生産額は 1682×⅝ = 1051 シル = 21 ターレル 43 シル の価値である。

これに仔牛の価値が加わる。1頭の平均価格は1日ないし3日の仔牛で32シル程度である。しかし不妊の牛もあり，流産や死産もあって，すべての乳牛が毎年1頭の仔牛をもつわけではないので，このために10％を割引できるから，仔牛による乳牛収入は29シルどまりである。

そこで乳牛1頭の生産物全体の価値は
21 ターレル 43 シル ＋ 29 シル ＝ 22 ターレル 24 シル　である。

乳牛飼養に関する費用の計算

1. 酪農の労働費用

	Tlr.	szl.

ヴュステンフェルドでは，この費用は，夏季中のバターを除外して——夏にはバターは馬を絞った—— 109 頭に対して 229 ターレル 15 シルと計算された。これは1頭当たり 2 ターレル 5 シルになる。

酪農で娘1人を雇う費用は，そこでは 55 ターレル 46 シルと計算されている。

上述の 229 ターレル 15 シルは $\dfrac{229\,\text{Tlr.}\,15\,\text{szl.}}{55\,\text{Tlr.}\,46\,\text{szl.}} = 4.1$ 人の娘の雇い賃に等しい。

109頭の乳牛に4.1人の娘ということは，娘1人が26.6頭の乳牛を受け持つことになる。乳牛は平均1882ポットの牛乳を出すとすると，1ポンドのバターに17.46ポットの牛乳が必要であるから，乳牛1頭当たりバター生産量は107.8ポンドであった。

テローではこの費用は，娘の賃金が比較的高いこと，バター製造は大人が行なっていること，及び桶納屋 (Büttenscheuern) が夏

— 474 —

資　　料

	前頁より	―	―
には，ヴュステンフェルドのように，牛乳を扱わないために――結局1頭当たり26シルだけ高くなる。労働費用は1頭当たり2ターレル5シル＋26シル＝ ……………………………………		2	31

2. 監督費

乳牛100頭で酪農場が営まれ，クリームやバターの製造その他の副業を行ない，同時に監督もしている場合，私のその維持費の見積りは…………………………………………… 80ターレル
労賃は……………………………………… 40　 〃
　　　　　　　　　　　　　　　　　　　　　　120ターレル

この120ターレルを乳牛100頭に配分すれば，1頭当たり1ターレル9.6シルになる。

家計と酪農とが結合していると，経営の維持費の何割が両部門のそれぞれにかかるかを決定することはほとんど不可能である。

そこで私は，閉鎖的酪農経済におけるのと同額を，1頭当たりの監督費用に付け加える…………………………………… 1　9.6

3. バター用の塩

ヴュステンフェルドでは6年間に625頭の乳牛のために110シェッフェルを必要とした。これは1頭当たり年に0.175シェッフェルになる。単価20シルで ………………………………… ―　3.5

4. 燃　料

ヴュステンフェルドでは乳牛1頭につき泥炭250ソーデまたはハンノキ材1/10輛としている。ポデウイルス (Podewils) は1

| | | 3 | 44.1 |

― 475 ―

前頁より	3	44.1

頭当たりハンノキ1/9クラスターと計算した。

そこで私は乳牛1頭当たり泥炭300ソーデ，1000ソーデを20シルと仮定して……………………………………………………… — 6

5. 薬　品
穀物の粗挽(あらびき)(Schrot)に添えて時々仔牛に与えるもの ………… — 4

6. 酪農諸道具の価格の利子
ここの酪農用諸道具のこれまでの状況によると，その価格は1頭当たり2ターレルしているだろう。その利子4％は…………… — 3.8

木製のクリーム製造用桶(Bütte)の代わりに鉄製の桶をもっている場合は，すべての牛乳用具が鉄縁のものを備えるし，バター製造器を備えている。だから酪農諸道具の調達費はずっと高くなる——しかし，反対に諸道具の維持費および搾乳の労働費は少なくなる。

7. 酪農諸道具の減価と維持費
これらを乳牛1頭当たり評価して…………………………………… — 12

8. 乳牛の減価すなわち価値減少年額
この問題を十分に探究するためには，特別な計算が必要である。次の計算は以下の勘定を基礎としている。
1) 100頭の乳牛のうち1年に死ぬのは3頭，そして2頭は乳量が少ないとか，またはその他の欠陥のために処分される。
2) 強健なものが，3歳のときに導入され，費用は1頭が24タ

	4	21.9

資　料

前頁より

ーレルかかる。

3)　乳牛は 13 歳になると売却される。老乳牛及び乳量不足で処分される若い牛の売却価格は 16 ターレルである。

毎年 100 頭の強健なのが導入される 1 つの畜群の頭数構成はどうなるであろうか？

存在するものの数は；

　　購入したとき………………………………100頭　　3歳牛
　　このうち，1年経過すると………………　95　　4歳牛
　　〃　　　2年　〃　　　………………　90.3　　5歳牛
　　〃　　　3　　〃　　　………………　85.8　　6歳牛
　　〃　　　4　　〃　　　………………　81.5　　7歳牛
　　〃　　　5　　〃　　　………………　77.4　　8歳牛
　　〃　　　6　　〃　　　………………　73.5　　9歳牛
　　〃　　　7　　〃　　　………………　69.8　　10歳牛
　　〃　　　8　　〃　　　………………　66.3　　11歳牛
　　〃　　　9　　〃　　　………………　63　　12歳牛
　　　　　　　　　　　　　　　　合計　802.6

だから毎年の秋に〔100頭の〕強健なものが加わることによってこの畜群は 802.6 頭であり続ける。

しかし他になお 13 歳の売却牛が $63 \times {}^{19}\!/_{20} = 60$ 頭いる。これは売られる。

　60 頭の乳牛による収入額は，1頭 16 ターレル… 960 ターレル
　売却牛以外に年々の処分は 100－60 ＝ 40 頭
　　　うち，死んだもの……………… 24 〃
　　　欠陥のための処理……………… 16 〃

— 477 —

孤立国　第2部

| | 前頁より | 4 | 21.9 |

16頭の処理したものの収入，1頭16ターレル…256ターレル
死亡した24頭の牛の皮革，単価2ターレル
　の価格は……………………………………… 48　〃
売却牛と皮革に対する収入の合計………… 1264ターレル
100頭の強健な牛に対する支出は2400ターレルである。それゆえ，802.6頭の乳牛を，同一数同一価値に維持する費用は，2400－1264＝1136ターレル。1頭当たりは……………… | | 1 | 20 |

9. 乳牛価格の利子

　4歳及び五歳の乳牛の価格を3歳のものと同じくし1頭が24ターレルと仮定しよう。5歳から13歳までは24ターレルから16ターレルへの減価，つまり毎年1ターレルの減価を勘定に入れると，規則的に803頭からなる畜群の価格は次の通りである。

　3歳の乳牛 100　頭
　4歳　〃　 95　〃
　5歳　〃　 90.3 〃
　　　　　　285.3頭　単価24ターレル ＝ 6847.2ターレル
　6歳の乳牛 85.8 〃　単価23　〃　＝ 1973.4　〃
　7歳　〃　 81.5 〃　〃 22　〃　＝ 1793.0　〃
　8歳　〃　 77.4 〃　〃 21　〃　＝ 1625.4　〃
　9歳　〃　 73.5 〃　〃 20　〃　＝ 1470.0　〃
　10歳　〃　 69.8 〃　〃 19　〃　＝ 1326.2　〃
　11歳　〃　 66.3 〃　〃 18　〃　＝ 1193.4　〃
　12歳　〃　 63　 〃　〃 17　〃　＝ 1071.0　〃
　　　　　　802.6頭　　　　　　　　17299.6ターレル

| | | 5 | 41.9 |

資　料

前頁より	5	41.9

802.6 頭が 17299.6 ターレルの価格をもつ。これは1頭につき 21.55 ターレルとなる。これの利子 4 ％は 0.862 ターレル……

	—	41.4

10. 豚の価格の利子

豚が酸化した牛乳の利用の手段として飼われている場合，この支出は乳牛勘定に属する。

もしこの目的で乳牛8頭に単価10ターレルの豚3頭と計算するならば，乳牛1頭当たり $\frac{3 \times 10}{8}$ ターレルで，その利子は……

	—	7.2

11. 酪乳場の建物

乳牛 60 頭の酪乳場の建設費はおよそ 800 ターレルである。その利子…………………………………… 32 ターレル ― シル

消耗，修繕及び火災保険料が建設費の
5/6 ％と見積って …………………… 6 〃　32 〃
煙突の掃除のために………………… 1 〃　32 〃
　　　　　　　　　　　　　　　　40 ターレル 16 シル

この 40 ターレル 16 シルを 60 頭の乳牛に配分すると …………

	—	32.3

12. 豚小屋

乳牛 60 頭の酪農に対して，豚小屋の建設費が約 200 ターレルかかる。このために計算されなければならない賃料は＝ 200 ターレルの 4 5/6 ％，9 ターレル 32 シルである。これは 60 頭の乳牛に配分されると，1 頭に対しては………………………………………

	—	7.7

以上 12 の経費項目は，合計 7 ターレル 34½ シルになるが，農場の乳牛でなく，村の乳牛を飼う場合には落ちる。

	7	34.5

孤立国　第2部

　　　　　　　　　　　　　　　　前頁より　｜　7　34.5

経費計算の続き，村人の乳牛にもかかる経費

13.　乳牛番人の費用

乳牛番人の費用は現物給与[注]と給料とを併せ，彼の妻の仕事に対する給料は差し引いて，約93ターレルである。

1833～47年の14年間に，放牧場にいる村の乳牛と牡牛を含めて827½頭であった。

この期間の後半には村の乳牛全部が冬期には農場で養われた。この期間の前期にはこれらの乳牛の一部分はまだ村にとどまっていた。農場で養った乳牛の総数は784頭である。これは平均して年に56頭になる。すると夏と冬と併せてそのために乳牛番人を雇った乳牛の頭数は $\frac{59+56}{2}=57$½ 頭である。乳牛番人の費用93ターレルを57½頭に配分すると，1頭当たり ……………　｜　1　30

（86頭の畜群に対して，テローの現状では，1頭当たり費用は26シルだけ少ない。）

14.　農場の娘による家畜の水飼の手伝い

この労働は毎日1人の娘の労働時間の¼ほどを必要とする。これは195日で49全労働日になる。1日を7シルに計算して7ターレル7シルになり，これを56頭に配分して，1頭当たりは…　｜　—　6.1

15.　畜舎の糞尿掃除

この労働は25頭に対して1週間に1人の女の1労働日を必要とする。そこで56頭に対し195日間に1人の女の62.4労働日が

注）　乳牛番人が穀物と貨幣で貰う Deputat は，1人の日雇労働者の年給与よりも約5ターレル少ない額であった。

　　　　　　　　　　　　　　　　　　　　　　　　｜　9　22.6

資　　料

前頁より	9	22.6

必要である。女1人の労働の費用は，
　　11月1日から3月25日までは，1日　　6$\frac{2}{9}$ シル
　　3月25日から5月14日　〃　　〃　　9$\frac{1}{3}$ 〃
　　11月1日から5月14日まで平均　　　7　〃
　　それゆえこの労働は62.4日，単価7シル＝9.1ターレルを要し，1頭当たりの額は……………………………………………　　— 7.8

16.　搾乳ボックスの設備 (Milchenbucht)

これは普通乳牛1頭につき$\frac{3}{4}$平方ルートでつくられ，59頭に対しては周囲が26ルートになる。

特別な計算によると，1ルートに，人と馬の労働のほかは柱と牧木 (Koppelricke) の価格の利子とそれらの消耗が加わって――5$\frac{3}{4}$シルを要する。これが26ルートに対して，3ターレル6シルとなり，59頭の各頭に対しては ………………………………　　— 2.6

17.　夜間囲い場の設備 (Nachtkoppel)

14年間に4回ほど夜間囲い場を作ったが，その周囲は約200ルートあり，その建設に200×5$\frac{3}{4}$シル＝23ターレル46シルを費やした。これが4回で95ターレル40シル，14年の平均は1年当たり6ターレル40シル。59頭に配分すると，1頭当たり……　　— 5.6

18.　利子と減価

乳牛の鎖(くさり)，刻藁箱，水槽，また竿などの利子は，1頭当たり，約……………………………………………………… 2シル
修繕と減価はおよそ……………………………………… 3 〃　　— 5

	9	43.6

孤立国　第2部

　　　　　　　　　　　　　　　　　　　前頁より　｜　9 ｜ 43.6

19. 乳牛の飼料にする甜菜を洗って破砕する費用ならびにそれに必要な押切の刃

56頭の乳牛に毎日14シェッフェルの甜菜を与えると，

　a．洗浄と破砕……………………………………3½ シル
　b．28～35シェッフェル用の½メートル押切
　　　の刃……………………………………………5¼ 〃
　c．野菜室（むろ）から甜菜を取り出す費用………1½ 〃
　　　　　　　　　　　　　　　　　　　　　　10¼ シル

毎日10¼シルの支出は1冬195日では41ターレル31シルになり，1頭当たりは35.6シルになる。

しかし甜菜を飼料にすることは，最近になって，しかも一部分の乳牛に対して，行なわれているだけである。全体としては，甜菜が飼料になった時期は，全部の乳牛に対して計算して，1冬，つまりこの期間の14分の1を占めるだろう。

14年に35.6シルは1頭1年については……………………｜ ― ｜ 2.5

20. 乳牛1頭当たり厩舎の賃料

畜舎の建設費の利子，償却，修繕費及び火災保険料を合計して，それから乾草貯蔵のための部屋の賃料を差し引くと，特別な計算によって，1頭の乳牛にかかる厩舎の賃料は…………………｜ ― ｜ 19.9

21. 乾草の貯蔵のための納屋の賃料

上述した計算によるとこの賃料は乾草1台に対して11.5シル。

乳牛は14年間の平均で1頭当たり年1.15台の乾草を受けている。それゆえ1頭にかかるのは1.15×11.5シル …………｜ ― ｜ 13.2

　　　　　　　　　　　　　　　　　　　　　　　　｜ 10 ｜ 31.2

資　　料

前頁より	10	31.2

22. 乾草の獲得費用

1810～20年の10年間において，乾草獲得費用は1台当たり47.4シルであった[注]。

乳牛は1833～47年の間，年に1.15台の乾草を受けた。

それゆえ乾草獲得費用は乳牛1頭に1.15×47.4シル …………　| 1 | 6.5 |

23. 生命保険料

乳牛の生命保険のために，その価値のおよそ¼％ ………………　| — | 2.5 |

| | 11 | 40.2 |

24. 牡牛の維持費

以上乳牛について計算した費用の合計… 11ターレル40.2シル
のうち，牡牛にはかからないのは

No. 1, 2, 3, 4, 6, 7, 10, 11 及び12

であって，その合計は……………………　5　〃　17.1　〃

　　　　　　　　残り　6ターレル23.1シル

これに対し牡牛の年減価額は乳牛より

2倍も高いと見積られるから付加額は……　1　〃　20　〃

牡牛1頭にかかる費用の合計…………… 7ターレル43.1シル

乳牛100頭に3頭の牡牛を置かねばな

らぬと計算すると，この費用が乳牛1

頭に対して7ターレル43.1シル×3/100…………………… | — | 11.4 |

乳牛1頭にかかるすべての費用の合計…………………… | 12 | 3.6 |

注）　1台の乾草の重量は搬入の際には1800ポンドとみなされる。このうち厩舎の中で10～12％は爾後の乾燥と蒸発によって失われる。それゆえ家畜には1台は1600ポンドだけになる。

孤立国　第2部

乳牛1頭にかかるすべての費用の合計……………………………	12	3.6
乳牛1頭の粗収入………………………………………………	22	24
純収益………………………………………………………………	10	20.4

注意　普通行なわれるように，酪農に必要な建物の利子と維持費を控除しないならば，No.11, 12, 20 及び 21 に載せた項目 1 ターレル 25.1 シルだけ費用から落ち，乳牛の収益は 11 ターレル 45.5 シルと計算される。

100 頭の乳牛はそれゆえ 100×10 ターレル 20.4 シル ＝ 1042½ ターレルを生む。

100 頭の乳牛と 3 頭の牡牛，合計 103 頭は彼らが得た飼料に，1042½ ターレルを支払ったのである。

これは 1 頭当たり 10 ターレル 6 シルである。

～～～～～～～～～～

乳牛の純収益およびそれから出てくる飼料利用の厳密な計算は日雇労働者の費用の正確な調査に役立つだけでなく，農業者にとっては次の問題の解答のために絶対的に必要である：

1) 　根菜類の家畜飼料のための栽培は，与えられた地方に対して合理的かつ有利であるか？
2) 　乾草収量の向上を達成するためには，採草地改良にいかなる支出をなすべきか？

～～～～～～～～～～

乳牛の純収益から牧草，乾草，藁の飼料価値を示す問題がまず解決されるなら，耕地に対してはクローバや禾本科の種子を播く費用を，採草地に対しては溝の掃除その他の維持費を差し引けば，耕地放牧と採草地の純収益がわかるのである。

しかしこの純収益が土地地代（Landrente）と同一だと考えてはならない。な

資　料

ぜなら，われわれはすべての種類の穀物その他の作物に対して，純収益を，同じような仕方で計算するし，またそれらが必要とする建物の利子や維持費を計算して差し引くにしても，それによって一般的な文化費は把握されカヴァーされないだろう。

　この一般的文化費には，国家や教会に対する税——これらは土地地代自身から取るべきものである——は加えないにしても，なお次のようなものがある：
　1）　企業者の管理費及び営業利潤，または賃借人達の生計費と利潤
　2）　住宅の価格の利子及びその維持費
　3）　経営資本の利子
　4）　道路，橋や境界の溝の維持費
　5）　村の児童のための学校の維持費
　「普通の家畜飼養によって土地から地代が得られるか，どの程度得られるか」
という問題について，地主の意見が非常に異なっているのは，主として人々が普通，費用評価を実際——長期にわたって行なった計算——から引き出すことをせず，不確実な表面的な意見に追随し，多くの支出項目を看過し忘れているところから生じているのである。

孤立国 第2部

酪農場経営の費用を牛乳生産量に比例する部分と，乳牛頭数に依るものとへ分割すること

		(1) 牛乳生産量に比例する費用		(2) 牛乳生産量とは無関係の費用	
		Tlr.	szl.	Tlr.	szl.
1)	労働費用	2	19	—	12
2)	監督費。これは第1部門におよそ7/8，第2部門に1/8が属するであろう	1	2.4	—	7.2
3)	バター用の塩	—	3.5	—	—
4)	燃料	—	6	—	—
5)	薬品	—	—	—	4
6)	酪農諸道具の価格の利子	—	3.8	—	—
7)	その減価と維持費	—	12	—	—
8)	乳牛の減価	—	—	1	20
9)	乳牛の価格の利子	—	—	—	41.4
10)	豚の価格の利子	—	7.2	—	—
11)	酪乳場建物	—	32.3	—	—
12)	豚小屋	—	7.7	—	—
13)	乳牛番人	—	—	1	30
14)	乳牛の水飼いの手伝い	—	—	—	6.4
15)	家畜小屋の掃除	—	—	—	7.8
16)	搾乳場の設備費	—	—	—	2.6
17)	夜間囲い場の設備費	—	—	—	5.6
18)	乳牛の鎖やまぐさ槽等の利子と減価	—	—	—	5
19)	甜菜根を洗って破砕する費用	—	—	—	2.5
20)	家畜小屋の賃料	—	—	—	19.9
23)	乳牛の保険のために火災保険会社への掛金	—	—	—	2.5
24)	牡牛の維持費	—	—	—	11.4
	合計	4	45.9	5	34

資 料

　乾草の獲得と保存をする費用〔21,22〕は——乾草を飼料にすることが多くなることと，牛乳の生産量とは正比例的には増加しないから——どちらの部門にも属せず，独特の支出部門をなす。

　それゆえ，酪農経営に関係する費用は，3部門に分かれ，乳牛1頭当たりの額は，

　　A．牛乳生産量と正比例する費用……………… 4 ターレル 45.9 シリング
　　B．乳牛自体にかかる費用……………………… 5 　〃　　 34 　〃
　　C．乾草の保存及び獲得費……………………… 1 　〃　　 19.7 　〃
　　　　　　　　　　　　　　　　　以上で　 12 ターレル　3.6 シリング
　　乳牛の生む粗生産額………………………… 22 　〃　　 24 　〃
　　支出部門A及びBの額は…………………… 10 　〃　　 31.9 　〃
　　乾草の獲得及び保存費用を差し引かないなら
　　ば，乳牛の出す余剰は……………………… 11 　〃　　 40.1 　〃

生まれる仔牛の数は，乳牛の数と比例する。仔牛からの収入は乳牛1頭当たり29シリングと計算される。これを乳牛自体にかかる費用から差し引くなら，支出部門Bは1頭当たり5ターレル5シリングになる。

　乳牛の牛乳生産量は1682ポトである。牛乳生産と比例する費用は4ターレル45.9シリングである。

　この費用は1ポトの牛乳に対して $237.9 \text{ szl.} \times \dfrac{1}{1682} = 0.141$ シリングである。

　　牛乳の価格は，1ポト当たり，前に計算したように……… 0.675 シリング
　　これから，費用1ポト当たり………………………………… 0.141 　〃
を引けば，1ポトの牛乳に対する剰余……………………………… 0.484 シリング

100ポトの牛乳に対する剰余は48.4シリング＝1.01ターレルになる。

　ある1頭の乳牛の牛乳生産量は決まった大きさではなく，与える飼料の量と質によって変化する。それゆえ，乳牛の乳量に伴ってその純収益がいかに変化するかを知ることは，農業者にとって非常に関心のあるところである。

孤立国　第2部

　支出のうち牛乳生産量に伴って増減するものを固定して動かない支出から分離することによって，乳牛が出す牛乳の多少にかかわらず，われわれは，与えられた牛乳生産量についての実際からとった計算によって，同一系統同一資質の乳牛が——飼料によっては左右される——あらゆる程度の牛乳生産量に対して生むことのできる剰余を，明示することができるようになったのである。

1頭の乳牛のさまざまな産乳量における剰余，ただし，乾草の獲得・保存費用を差し引かず

乳牛1頭の乳量	産乳量の価値 100ポット当り 1.01ターレル	乳牛1頭当り諸費用	乳牛1頭からの剰余
	ターレル	ターレル	ターレル
2000ポット	20.20	5.10	15.16
1900　〃	19.19	〃	14.09
1800　〃	18.18	〃	13.08
1700　〃	17.17	〃	12.07
1682　〃	16.99	〃	11.89
1600　〃	16.16	〃	11.06
1500　〃	15.15	〃	10.05
1400　〃	14.14	〃	9.01
1300　〃	13.13	〃	8.03
1200　〃	12.12	〃	7.02
1100　〃	11.11	〃	6.01
1000　〃	10.10	〃	5.00
900　〃	9.09	〃	3.99
800　〃	8.08	〃	2.98
700　〃	7.07	〃	1.97
600　〃	6.06	〃	0.96
505　〃	5.10	〃	0

資　料

	Tlr.	szl.

第3章　テローの日雇労働者の受ける現物給与 (Emolumente) の価値

1. 住　居

ベーレン (Behren) の農村建築法に基づいた計算によると，ここではカッテン (Kathen) と呼ばれている4戸建てで大きさもこの地方の古い小屋と同じ農村住宅の建築の費用は990ターレル6シリング，約1000ターレルである[注]。

これは1戸分は250ターレルになる。

	Tlr.	szl.
この利子4％は……………………………………………	10	—
減価，修理及び保険会社掛金は建設資本の5/6％と計算して，これが……………………………………………	2	4
煙突掃除に……………………………………………	—	12
住　居　費……	12	16

2. 菜園，バレイショおよび亜麻畑

30平方ルートの菜園，単価3シリング …………………	1	42
50平方ルートのバレイショ畑，耕地化費を含めて1平方ルート3シリング………………………………………	3	6
30平方ルートの亜麻畑，優秀でよく施肥された耕地で，1平方ルート3.5シリング……………………………	2	9
菜園と耕地……	7	9

注）最近に建てられる Kathen は2部屋と2寝室を有する住宅が約425ターレルで建つようになった。

3. 燃　　料

a) 薪

村の人達は銘々3台の20年の折れた材木や30年の松材を貰った。そのほかになお1～2台の拾い集めまたは開墾材をもらったが，これらは販売価値がなかった。

1棚 (196立方尺の体積) の折れた材や松材はこの時代には2ターレル4シリングという極めて低い価格であった。

それでそれらの材の1台の販売価格は，——人々が自分で行なう切断費用は除いて—— 34.5シリングと計算した。

	Tlr.	szl.
これが3台で………………………………………………	2	7
それに加えて3台の運賃が1台6シリングで…………	—	18

b) 泥炭

村の人達は銘々14000ソーデの泥炭を貰う。1ソーデは½立方尺である。このうち10000ソーデは彼ら自身が切り，4000ソーデは主人から支給される。

切り出しの賃金は1000ソーデにつき9シリングと計算せねばならない。それはこの地方の沼沢地で他所の労働者に支払わねばならないものである。これが4000に対しては……………… | — | 36

泥炭の運賃は1台につき9シリングで，3台では……… | — | 27

泥炭地に対してやはり地代を計算せねばならない。そしてそれは沼沢地が年々継続的に供給することのできるようなソーデ数に割り当てねばならない。私はこの地代を1000ソーデ当たり4.5シリングと計算した。14000ソーデに対しては……………… | 1 | 15

| 燃　　料…… | 5 | 7 |

資　　料

	Tlr.	szl.
4. 乳牛の維持		
前の章の計算によって乳牛1頭の純収益は………………………	10	20
乳牛の維持に関する費用のうち支出項目12番から24番までは農場の乳牛と同じように村の乳牛にもかかる。この額は 12 Tlr. 3.6 szl. － 7 Tlr. 34½ szl. ……………………………	4	17
村の乳牛の維持の費用は，それゆえ………………………………	14	37
村人達は乾草に対して許可料（Werbelohn）を支払う …………	－	24
村の乳牛が農場の費用になるのは…………………………………	14	13
5. 2羽の繁殖ガチョウ及びそのヒナの放牧 この価値は評価が困難である。個々について詳しく評価した後，私は村人がその代わりに地主に渡す2羽の若い成長したガチョウがガチョウ放牧に対するかなり十分な代償と推定することができると考える――そこでここではそれに対しては何も計算に入れない。		
6. 収穫祭のための羊 収穫祭のために村の各戸は1頭の羊の肉を貰う。目方で25～30ポンドである。1ポンドを1¾シリングと計算して …………	1	－
7. 粕 労働者は穀物の打禾労賃（Drescherlohn）のほかに3週間ごとに2シェッフェルの粕（Kaff）を貰う。冬中では14シェッフェルである。そのほかに村の人達はクローバやチモシーの莢や芒も貰う。これらの粕の飼料価値を評価すると，大体………………	－	30

孤立国 第2部

	Tlr.	szl.

8. 羊毛補助金 (Wollgeld)

村人は羊毛1ポンドに16シリング以上支払った分を戻し払いしてもらっている。

平均して各人は約9ポンドの羊毛を買い補償はポンド当たり6シリングほどである[注]。これが……………………………………… 1 | 6

総　括

	Tlr.	szl.
1) 住居………………………………………………………	12	16
2) 菜園，バレイショおよび亜麻畑…………………………	7	9
3) 燃料………………………………………………………	5	7
4) 乳牛1頭の放牧と飼料…………………………………	14	13
5) ガチョウの放牧，これは2羽のガチョウの提供で償われる		
6) 収穫祭用の羊1頭………………………………………	1	—
7) 粕…………………………………………………………	—	30
8) 羊毛補助金………………………………………………	1	6
現物給与の価値……	41	33

第4章　日雇労働者家族の維持に要するその他の費用

1. 医者，外科医および薬屋

村の人達のためのもので，車馬代，配達夫代を含む，世帯当たり約……………………………………………………………… 3 | —

注) 羊毛の購入は，村人にとって特別に煩わしく時間をとった。なぜなら彼らは羊毛を遠方の農村で求めねばならなかったからである。そのため今日テローでは，紡ぐ羊毛のとれる在来種の羊を調達した。そして将来は人々に羊毛補助金の代わりに8ポンドの羊毛を無償で与える計画である——そうすると現物給与の価値は2ターレルないし2.5ターレルだけ増加するだろう。

資　　料

	Tlr.	szl.

2. 村の病人の食事
　1家族当たり見積り……………………………………………… 　1　　—

3. 乳牛保険の掛金
　村で乳牛が死ぬと，農場主は乳牛の価格の 1/3 を補償する。2/3 は乳牛を飼っていた村人が調達し，遺骸は被害者が運び牛の皮は彼のものになる。村にいる28～30頭の乳牛のうち，1年間にほぼ1頭が死ぬ。価格は概ね21ターレルである。農場主の拠出は年に7ターレルである。1頭の乳牛を飼っている日雇労働者家族に対して必要な負担額は……………………………………… 　—　　12

4. 馬　　車
　結婚，子供の洗礼，葬式の際の人々のための馬車，さらにバレイショや亜麻等の取り入れのための日雇労働者にする手伝人出迎えの馬車。これらは1世帯当たりに評価すると………………… 　—　　40
　（日雇労働者の移転はおこっていない。）

5. 火　　酒
　乾草や穀物の収穫のとき，羊の水洗いその他の重労働の場合には，人々は決まって火酒をもらう。そのために増加する費用は1世帯当たり約……………………………………………………… 　—　　40

6. 村民舞踊祭の際の音楽や饗応費
　収穫祭以外に年に普通4回の舞踏祭がある。その費用は1世帯当たりに評価して…………………………………………………… 　—　　42

7. 寡婦，老人，弱者の援助

すでに本書の最初に述べたように，労働者の受け取る日雇労賃は，その功労や労働の費用に対する尺度ではない。

だからわれわれは1家族の年労働をわれわれの考察の単位として基礎にしてきた。しかしこの尺度も，それが労働者の一生涯の平均からとられた場合にのみ役に立つものである。なぜなら，人間の労働力や欲望は人生のいろいろな時期において非常に異なるからである。

労働の費用に対する正しい尺度を得るためには，われわれは1家族の・一・生・の・労・働・をその家族の全生涯にわたる維持費と比較せねばならない。

すべての年齢階層の労働者が見られるひとつの大農場においてこういうことが生ずるのは，実際の労働者，働けなくなった者または保護を要する者の生活費を総括し，見出された総額を労働のできる世帯数に割り当てる場合である。この原則に従って次の計算が立案されたのである。

a．小さな子供のない寡婦は普通成人した子供のところに住んでおり，1年間に受けるのは：――

	Tlr.	szl.	合計 Tlr.	szl.
乳牛1頭の半分だけ，価格で…………	7	6		
ライ麦3シェッフェル，単価40シリング………	2	24		
	9	30	—	—

資　　料

前頁より	9	30	—	—
25平方ルートのバレイショ畑，単価3シリング…	1	27		
15平方ルートの亜麻畑，単価3.5シリング………	1	4		
1台の材木，馬車代を含んで…………………………	—	40		
	13	5		
この時期のこのような寡婦4人に対して……………			52	20
b．1833～47年の間に2人が死んで，どちらも寡婦と子供4人を残した。寡婦の銘々が貰うのは，				
1)　前と同じく男の現物給与全部，価格で…………	41	33		
2)　穀物で本人にライ麦3シェッフェル，子供1人にライ麦3シェッフェルと大麦2シェッフェル，合計して				
ライ麦　15シェッフェル，単価40シリング…	12	24		
大　麦　 8シェッフェル，単価30シリング…	5	—		
	59	9	52	20
しかし，これらのまだ完全に働ける状態にある女の労働の価値がそれに支払われた日給以上であるらしいのが，およそ……………………………………………	18	10		
残りは	40	47		
これが2人の寡婦に対してであるから………………	81	46		
この保護が3年に及んだので…………………………	265	42		
この265ターレル42シリングの保護費を14年に分けると，1年に対しては………………………………			19	—
c．この全期間中1人の廃疾者が農場で暮らした。その生活費は，わずかな仕事の価値を差し引いて……			45	—
			116	20

| | | 前頁より | — | — | 116 | 20 |

d．長く続く病気の場合に村人は無償の贈り物を穀物で貰う。これが平均して年に計算して……………　　6　—

e．1846/47年飢饉の年における村人の異常な救済。この年バレイショ及び穀物で村人になされた贈り物は，当時の価格で計算して，少なくも300ターレルの価値であった。これを14年に分ければ，平均1年に対しては………………………………………………　　21　20

　　　　　　　　　　　　　　　合　計………　143　40注)

この時期に平均して村に住んだ22世帯に割り当てれば，1世帯当たりは……………………………………　　6　26

その他費用の総括

		Tlr.	szl.
1)	医者と薬屋	3	—
2)	病人の食事	1	—
3)	乳牛保険の掛金	—	12
4)	村人のための馬車代	—	40
5)	火酒	—	40
6)	舞踏祭の費用	—	42
7)	寡婦等の援助	6	26
	その他費用の合計	13	61

注）ここに挙げた項目以外に，なお牛乳，食品，果物，着物等の贈り物が村の人に渡された。しかし時たまのことであり，人々の実際上の必要がこれら贈り物の原因ないし動機であったから，私はこれらの支出は経済勘定でなく，主人勘定 (herschaftliche konto) に載せるべきだと考える。

資　料

	Tlr.	szl.
注意		
寡婦等に対する援助費は全村について計算すると………………	143	40
医者と薬屋への支出は22世帯に対して1世帯当たり3ターレルで……………………………………………………………………	66	—
病人の食物は，1世帯1ターレル………………………………	22	—
農場主と労働者の間の家父長制的関係を全面的に破棄した場合に廃止されるであろう援助費の額は……………………………	231	40

1847年の終わりに村の居住者数は138人，そして1833年には約126人，平均して132人である。これから重要な結果が現われる。すなわち本来貧乏人が少しもいない所においても，貧窮化と不足の苦悩を避けるためには1人当たり $\frac{231 ターレル 40 シリング}{132}$ ＝1ターレル36シリングの援助が必要であることが示される。

第5章　テローの日雇労働者家族の労働の費用
(1833〜1847年)

	貨　幣		ラ イ 麦	
	Tlr.	szl.	Schfl	Mtz
1) 1日雇労働者家族の賃金，第1章によって……	32	21	52	11
2) 日雇労働者の受ける現物給与の価値(第3章)…	41	33		
3) 1日雇労働者家族のその他費用（第4章）……	13	16		
合　　計……	87	22	52	11
このうち，労働者の妻が無報酬で紡ぐ8ポンドの亜麻の分が取り去られる，1ポンドにつき3シリング…	—	24		
残　額……	86	46	52	11

— 497 —

孤立国 第2部

	Tlr.	szl.

そこでライ麦のシェッフェルを貨幣でいくらに評価するかという問題が生ずる。

14年間に購入したすべての穀物の購入価格をライ麦に換算してシェッフェル0.94ターレルであった。穀物の運送費，購入費，貯蔵費の総額は，以前はシェッフェル当たり0.112ターレルと計算されたが，今日ではチョウフ湖 (Chaufsee) ができて約0.08ターレルだけ少なくなった。

それゆえ，ライ麦に換算された穀物1シェッフェルの価値は農場において 0.94−0.08 = 0.86 ターレルである。

偶然にこれは，穀物が1810〜15年の期間にもっていた価格とほとんど完全に合致した。この価格は第1部の計算がすべてそれを基礎としたものである。

そこで 52 11/16 シェッフェルは，シェッフェルの単価0.86ターレルで……………………………………………………………………… 45 15
これに加わる貨幣支出が……………………………………………… 86 46
日雇労働者家族の費用総額………………………………………… 132 13

これに対して雇主が得たのは，1810〜1820年の10年間平均によると，男の労働………………………………… 284.6 日間
女の労働………………………………………………… 175.4 日間

私は女の1労働日は平均して男の労働日の2/3に等しいと計算して，これは 175.4×2/3 = 116.9 日になる。

家族の労働を男の労働日に換算すると 284.6+116.9 = 401.5 で，401.5 男子労働日の費用が132ターレル13シリングである。これは全年の平均で

男の1労働日は………………………………… 15.8 シリング
女の 〃 ………………………………… 15.8×2/3 = 10.5 シリング

— 498 —

資　料

　しかしこのなかには，男も女も契約 (Verdung) で働いた日が包括されている。日給の労働日がどれだけ高いかを知ろうとするなら，契約労働者が超過労働によって日給より以上に支払われたものを，費用総額から差し引き，残りを労働日数で割らなくてはならない。男は53.1契約日に13ターレル15シリングを支払われた。

　この53.1日のうち，10日は12月1日から5月1日までの間とするなら，その間の日給は7シリングであるから，男は常に日給で働いていたなら，彼に支払われたであろうのは，

　43.1日は日給8シリングで……………………7ターレル 9シリング
　10日は日給7シリングで……………………1　〃　22　〃
　　　　　　　　　　　　　　　　　　　　　　8ターレル31シリング

協定労働 (Akkordarbeit) による超過支払いは
13ターレル15シリング － 8ターレル31シリング… ＝ 4ターレル32シリング
女は44契約日に対しては，単価6½シリングで……5　〃　46　〃
　日雇労賃では彼女が支払われるのは，
44日，単価4シリングで ………………………3ターレル32シリング
それゆえ超過の支払いは …………………………2ターレル14シリング
これに男の超過支払い………………………………4　〃　32　〃
を加えて超過支払いは全体で……………………6ターレル46シリング
打禾の場合男は149日間に44⅛シェッフェルの
ライ麦を支払われ，単価0.86ターレルで …………37ターレル46シリング
　日雇賃金の場合にはこの時期に支払われるのは：
　a）75日（12月1日から5月1日まで）は単価
　　　7シリング ………………………………………11ターレル45シリング
　b）74日（その他の時）は単価8シリング…………12　〃　16　〃
　　　　　　　　　　　　　　　　　　　　　　　　23ターレル13シリング

孤立国　第2部

したがって，割増支払いの額は，
1. 打禾の場合 ……………………………………14 ターレル 33 シリング
2. その他の労働の場合 ………………………… 6　〃　　46　〃
　　　　　　　　　　　　　　　合　計　21 ターレル 31 シリング
これを1労働者家族の費用総額から差し引くと，
132 ターレル 13 シル －21 ターレル 31 シル ＝ 110 ターレル 30 シルが残る。
それゆえ雇主の費用になるのは男の401½日が… 110 ターレル 30 シリング
したがって，男の1労働日の日雇賃金による費用は ………… 13.2 シリング
女は………………………………………………………………… 8.8 シリング

第6章　テローの日雇労働者家族の収入の計算のための研究

　これに対しては，農場計算は当然完全な情報を与えることができないので，多くの評価を助けにしなくてはならない。しかしながら，私はこの労働者の間で最も識見に富み最も確実な者に相談したから，次の計算は実際にかなり近いと考えてよいだろうと思う。
　労働者の収入の生ずるのは：——
1. 彼らがその雇主から賃金，現物給与等として受けとるものから
2. 彼らが現物給与等に自分で労働を加えて得るところの価値増加から
3. 彼らの家畜に含まれている僅少な資本から。

No. 1
　日雇労働者家族の費用，すなわちそのような1家族が彼らの雇主から受けとるものの価額は，その者にとっての収入であって，その額は，8ポンドの亜麻を紡ぐのに対する24シリングを差し引かないならば，
　第5章によって ………………………………… 132 ターレル 37 シリング

資　料

	Tlr.	szl.	合計 Tlr.	szl.
前頁より転記	—	—	132	37

No. 2　乳　牛

乳牛の粗収入は全部労働者が利用できる。この金額は第2章から……………………………………… 22 | 24

しかし乳牛は，すでに No. 1 で計算した乾草の調達費 24 シリング以外に，労働者に次の費用を負わせる。
1. 乳牛の損耗と減価が毎年………………………… 1 | 8
2. 搾乳用道具の維持費……………………………… — | 12

計 1 | 20

　　　　　　　　　残　額　　21 | 4

ところが No. 1 において 1 頭の乳牛を維持するために，労働者の勘定に算入される費用の額は…………… 14 | 13

それゆえ村人たちは，乳牛をもつことで農場の負担になっている費用額以上に高く乳牛を利用している。その額は…………………………………………… — | — | 6 | 39

No. 3　バレイショ，野菜畑

野菜畑に作った野菜を，そこで収穫できるバレイショと価値において等しいとすれば，80平方ルートのバレイショ畑の収益を見積ることができる。

　食用バレイショ ……………………… 60 平方ルート
　家畜用バレイショ …………………… 20 平方ルート
作付けられたとしよう。

— | — | 139 | 28

孤立国　第2部

前頁より　　　　　　　|―|―|139|28|

収穫は，テローでの14年間の平均で，100平方ルートから

　家畜用バレイショ………………140.8シェッフェル
　食用バレイショ………………　88.5　　〃

これによると収穫量は，

60平方ルートから

　食用バレイショ………………53.1シェッフェル

20平方ルートから

　家畜用バレイショ……………28.2　　〃

このうちから，付着していた土が落ちたり，乾燥したり，腐敗して約10％は減るので，残るのは，

　　　　　食用バレイショ　家畜用バレイショ
　　　　　47.8シェッフェル　25.4シェッフェル

さらに種薯用になるのが　4.8　　〃　　2.8　　〃

消費用に残るのは　43　シェッフェル　22.6シェッフェル

　バレイショはここでは規則的な販売品ではないので，その価値はその生産費によってのみ測られる。

　特別な計算によると，上掲の収量の場合，バレイショの生産費は，その収穫によって消耗される肥料の価値の勘定を加えて，次の額である。

　食用バレイショ1シェッフェル………10シリング
　家畜用バレイショでは………………　6　　〃

　消費されるバレイショの価値は，それによると

|―|―|139|28|

― 502 ―

資　料

前頁より	—	—	139	28
43シェッフェルは単価10シリング＝…………	8	46		
及び22.6　〃　単価6　〃　＝…………	2	40		
	11	38		
No.1で労働者の勘定になっていた80平方ルートの土地は，単価3シリングで………………………	5	—		
耕地の収益は，その上に投下された労働によって高められたのである。その額は……………………	—	—	6	38
No.4　果　物 野菜畑で平均的に収穫される果物の価値の見積り…	—	—	1	—

No.5　**亜麻畑**，30平方ルート

農場では永い間亜麻は栽培されていないので，その収益は農場勘定からは見られない。

鍬頭 (Vorhäker) の報告によるとミルハーン (Milhahn) は30平方ルートから亜麻を平均約80ポンド収穫している。

・・注意　亜麻はいつもよい畑に播種される。その畑は前年休閑耕して，秋にあらかじめ強い施肥をした後に掘り起こされ，そして早春に入念に耕されたものである。この耕地の扱いが，時々繰り返されるリガ (Riga) 種の購入とともに，亜麻の収益の高い理由である。

亜麻の価格は，平均ポンドが4シリングである。

女がこの亜麻を冬に紡ぐと，——これは普通に行なわれているが——それで亜麻の価値を2倍にして，ポ

		147	18

孤立国　第2部

前頁より	—	—	147	18

ンド当たり8シリングに高める。
　これが80ポンド，単価8シリングで……………… 　13　16
　種子の収量は普通30平方ルートから2シェッフェルである。このうち種子用に½シェッフェルを除くから，販売用には1½シェッフェルが残り，単価が1ターレル16シリングだから……………… 　2　—

| 収　入 | 15 | 16 | | |

　No.1の費用計算のなかで，30平方ルートの亜麻畑に対して，単価3½シリングと計算されている……… 　2　9
　よって労働による家族の所得は…………… 　—　—　13　7
　・注・意　これから豊かなよい亜麻畑をもつことが，労働者の福祉にとって，いかに重要であるかということが推論される。
　村人が亜麻を紡ぐことをしなかったならば，女の労働力の大部分が，長い冬の晩に利用されることなく失われるのである。

No.6　**ガチョウの飼育**

　2羽の繁殖用ガチョウから秋に生き残っている若鳥平均13羽を数えることができる。
　このうち2羽は放牧の謝礼として農場へ引き渡す。
　残る11羽のうち労働者は平均して5羽を単価32シリングで売る……………… 　3　16
　そして6羽を自家用に屠殺するが，これは12ポンドに肥育して6×1ターレル12シリングの価値をも

| | — | — | 160 | 25 |

資　料

			前頁より	—	—	160	25
つ。………………………………………………				7	24		
			収　入	10	40		
ガチョウの飼育のための支出							
1.	2羽の繁殖ガチョウと13羽の若鳥の維持のために，夏に約7シェッフェルの大麦を買う。単価27シリング………………………………			3	45		
2.	2羽の老ガチョウを冬の間維持するために大麦2シェッフェル……………………………………			—	40		
3.	ガチョウ6羽の肥育のため大麦6シェッフェル			2	24		
4.	15羽のガチョウの見張りの労賃，1羽3シリング………………………………………………			—	45		
5.	雄ガチョウの維持費の分担金………………			—	6		
6.	食べた粕の価格………………………………			—	20		
			支　出	8	36		
ガチョウ飼育による利益…………………………				—	—	2	4

注意　日雇労働者からガチョウを取り上げ，彼にこれまでの利益に相当する賠償を与えるならば，日雇労働者の利益は以前とかわらない——ただし，彼が必要な羽数の購入に支障がなく，また購入の苦痛が賠償されることを前提としてである。

それを考慮しないと，国はそれによって収入を失う。なぜなら，ガチョウの帽子と雑草取りは大部分が弱者や子供によって行なわれているのに，そうするとそれら労働力を利用させずに置くからである。

				—	—	162	29

孤立国 第2部

| | 前頁より | — | — | 162 | 29 |

No. 7 養　豚

日雇労働者が平均屠殺重250ポンド，フローメン(Flomen) 15ポンドの肥育豚1頭を屠殺する。その価値は

250ポンドの肉，単価3シリング………………	15	30
15ポンドのフローメン，単価6シリング…………	1	42
収　入	17	24

一方養豚のための支出は，

1. 仔豚の購入………………………………	1	24
2. 幼豚飼料の大麦，3シェッフェル，単価27シリング………………………………………	1	33
3. バレイショ226シェッフェル，単価6シリング	2	40
4. 豚に与える酸化牛乳の価格，約…………………	2	—
5. 豚のための粕の価格………………………	—	10
6. 豚の肥育用エンドウ，8シェッフェル，単価36シリング注) ………………………………	6	—
	—	—	162	29

注) ライ麦の中心価格はエンドウの価格と同じであるが，シェッフェル当たり0.86ターレルすなわち41.2シリングであって，日雇労働者の費用計算の際にもその高さで評価した。しかし労働者は，穀物が中心価格より高い時には，ライ麦やエンドウ1シェッフェルに対して40シリング以上は決して支払わないし，反対に穀物が中心価格より以下になったときには，市場価格だけを支払うから，村人が平均して穀物に対して支払う価格も中心価格に達しない。それでここにはライ麦やエンドウ1シェッフェルを36シリンダとみなしたのである。これによって生ずる損失は，みたところ日雇労働者家族の費用計算の際に考慮されねばならないようである。しかしこれは，村人が穀物に対して，それが中心価格以下の時にはそれが農場で有する価値を支払わずに市場価格を支払う——それで購入費用及び運搬費は助かっている——ことによって，かなり帳消しされている。

資　料

前頁より	—	—	162	29
7. 年間の死亡事故による損失, 約 …………	—	16		
費　用	14	27		

これを屠殺豚の価値 17 ターレル 24 シリングから差し引いて，労働者の飼育の労苦に対して残る報酬は …………………………………………… — — 2 45

　注意　豚に与える酸化牛乳の価値は，ここでは費用のうちに加えられねばならない。そうしないと，この価値は労働者に収入として 2 回計算されるからである。これはすでに乳牛の利用のなかに含まれて評価されているのである。

No. 8　牝鶏の利用

これは鶏が食べる穀物の価値を差し引いて，およそ …………………………………………………… — — — 32

No. 9　小麦の落穂集め

小麦の刈跡で落穂を集めるのは，大部分子供がする仕事であるが，各家族平均して年に小麦が約 2 シェッフェルに達し，単価 1 ターレル 8 シリングで ……… — — 2 16

1 労働者家族の収入の合計 …………………… 168 26

これはプロシアコーラン (Pr. Courant) で言えば 196 ターレル 18 シリングである。

孤立国　第2部

農場主にとって1日雇労働者家族の維持は132ターレル13シリングの費用がかかる。

それゆえ日雇労働者は，彼の妻や子供と共に自̇身̇で行なった労働によって，および彼の家畜に入れたわずかな資本によって，

168 Tlr. 26 szl. − 132 Tlr. 13 szl. = 36 Tlr. 13 szl.

という収入の増加を得たのである。

これに貢献したのは：――

	Tlr.	szl.
1. 乳牛	6	39
2. 菜園とバレイショ畑	6	38
3. 果物	1	—
4. 亜麻栽培と紡ぎ	13	7
5. ガチョウ	2	4
6. 豚	2	45
7. 鶏	—	32
8. 落穂拾い	2	16
9. 農場の亜麻紡ぎ	—	24
計	36	13

第7章　テロー村居住者の穀物消費の概観

このような概観が手に入れ難いのは，労働者は彼らが打禾労賃として獲得した小麦の大部分を外部へ売却し，彼ら自身が消費する小麦の数量はわからないからである。偶然に1847～48年はこれに関して例外であって，この年には打禾労働者が余分にもっていた小麦の全部が農場に売られ，そのため計算できるようになった。私はこの再び現われない機会を利用してこの問題についての知

資　料

見を得たし，またこれは他の人に対しても──統計的メモとして──価値をもち得るので，次に結果を伝えることにする。

1847年ヨハニス祭から1848年ヨハニス祭に
至る計算年度内に村人が獲得した穀物の量

〔単位：シェッフェル〕

	小麦	ライ麦	大　麦	エンバク	エンドウ	ライ麦換算合計
1. 現物給与	6	337	150	44	44	529
2. 村人から購入したもの	1	388¾	409½	120¼	17	789³⁄₈
3. 打禾労賃：						
a) 小麦で237シェッフェル内，農場へ売却190 消費に残ったもの	47	─	─	─	─	62¹¹⁄₁₆
b) 小麦以外の穀物は収穫高の⅛	─	53⁹⁄₁₆	44⁵⁄₁₆	140¹²⁄₁₆	23⁴⁄₁₆	198¼⁄₁₆
4. 落穂集めの小麦，見積り	44					58¹¹⁄₁₆
合　　計	98	779⁵⁄₁₆	603¹³⁄₁₆	305	84⁴⁄₁₆	1637¹³⁄₁₆

1847年の年末──すなわち計算した年度の中央において──村の住人の数は，

　大　人 …………………………………………………………… 82人
　14歳以下の子供 ………………………………………………… 56 〃
合　計　　138人

これらがライ麦に換算して1637¹³⁄₁₆シェッフェルの穀物を消費した。1人当たりの消費11.87シェッフェルである。そこで疑問となるのは，これらの穀物のうちどれだけが家畜の飼料になり，どれだけが人によって食べられたかである。

　前章の計算によって1家族に属する家畜の飼料にした穀物を大体計算することができる。次の通りである。

孤立国　第2部

	家畜飼料にした穀物 シェッフェル	ライ麦換算 シェッフェル
1. 年とった繁殖ガチョウに，冬期………	エンドウ　2	1 3/16
2. 若いガチョウに，夏期………………	大　麦　7	5 4/16
3. 6羽のガチョウの肥育に…………	エンバク　3 6/16	3 6/16
4. 若い豚の飼料に…………………	大　麦　3	2 4/16
5. 豚の肥育のために注） ………………	エンドウ　8	8
6. 牝鶏の飼料………………………	大　麦　2	1 8/16
合　　　　　　計		21 1/2

　この年に居住していた家族数は23である。各家族平均して6人である。

　1世帯当たりの穀物消費量 ………………………………… 71.2 シェッフェル
　このうち家畜の飼料になったのが ………………………… 21.5　　〃
　6人の消費に残ったのは …………………………………… 49.7 シェッフェル

　これは1人当たりロストック枡の8.28シェッフェル，5.91ベルリン・シェッフェルに相当する。

　述べておかねばならないのは，この年には，バレイショ病によるバレイショの不作のために，穀物消費がそれ以前の年よりも大きかったということである。

　バレイショ病がまだ拡がっていない1840～41年のものであるが，私は現物支払労働者 (Deputatisten) 7世帯の穀物消費に関する計算をもっている。——この人達は収穫作業をしないので，打禾労賃は貰っていないのである——その結果はここで比較のために役に立つであろう。

　この7家族の穀物消費総量は小麦の落穂集めも含めて次表の如くであった。

注）　前の年にエンドウが不作であったので，豚はエンドウの代わりに大部分大麦で肥育された。

資　料

	7家族による穀物総消費量 シェッフェル	ライ麦換算 シェッフェル
1. 小　　　　麦…………………	14$^{12}/_{16}$	19$^{11}/_{16}$
2. ラ　イ　　麦…………………	216$^{8}/_{16}$	246$^{8}/_{16}$
3. 大　　　　麦…………………	155	116$^{4}/_{16}$
4. エ　ン　バ　ク………………	60$^{4}/_{16}$	37$^{10}/_{16}$
5. エ　ン　ド　ウ………………	58$^{13}/_{16}$	58$^{10}/_{16}$
合　　　　　　計	—	478$^{13}/_{16}$

この7家族の年を通ずる構成は，平均して

　　　　大　人………………………26　人
　　　14歳以下の子供…………19$\frac{1}{4}$人
　　　　合　　計　　　　　45$\frac{1}{4}$人

それゆえ1人当たり消費量は $\dfrac{478^{13}/_{16}}{45\frac{1}{4}} = 10.55$ シェッフェル。

1人当たり穀物消費量は1840～41年のバレイショ豊作の場合にはバレイショ病の流行した1847～48年よりも1.29シェッフェルだけ少ないのである。

6人家族に対してバレイショ病によってひき起こされたライ麦の消費増加は 6×1.29 = 7$\frac{3}{4}$ シェッフェルである。7$\frac{3}{4}$ シェッフェルのライ麦の購入は，以前も窮乏した生活をしていた労働者家族にとって，ほとんど調達しがたいものである。バレイショ病が不幸にして続くならば，この理由からすでに労賃の一般的引き上げは必要事である。

ここに挙げた穀物のほかに，各家族はなお $\frac{1}{2}$ ないし $\frac{3}{4}$ シェッフェルのソバ粉 (Buchweizengrütze) を購入している。

人々が必要とする麦芽は，彼らは自分で作るかまたは大麦と交換して手に入れる。

1国全体の穀物消費量の計算の場合には，国内で消費される火酒の醸造のために，どれだけ向けられるかを考慮しなくてはならない。

孤立国　第2部

資　料　B

農場収入のテロー村内居住者への分与規定

第1条　村内居住者が将来分け前をもつべき収入項目：
1) すべての種類の販売穀物に対する収入，ただし，村内居住者自身が販売した穀物を除く
2) 菜種，甜菜，マメダオシ (Dotter) その他繊維作物に対する収入
3) クローバ種子等に対する収入
4) バレイショに対する収入，ただし村内居住者が販売したものを除く
5) 当地の林業から販売した木材に対する収入
6) 牧羊からの収入
7) 酪農（乳牛飼養）及び養豚からの収入

第2条　計算年度は7月1日に始まり，6月30日に終わる
　　各計算年度の終わりに，すべての穀物貯蔵量ならびに繊維作物，クローバ，禾本科牧草の種子の貯蔵量も量り直され，次の価格で評価される。

小　　　麦（1シェッフェルは）	………	1ターレル16シル(Pr.Cour.)	
ラ　イ　麦	〃	……… 1	〃
大麦（脱皮）	〃	………	36 〃
エ ン バ ク	〃	………	30 〃
エ ン ド ウ	〃	……… 1	〃
菜種と甜菜	〃	……… 1	〃 32 〃
マメダオシ	〃	……… 1	〃

— 512 —

資　　料

クローバ種子(赤, 白とも)1シェッフェル　7ターレル24シル

チモシー種子　　　〃　　………… 2　〃　　24　〃

　この計算の結果，貯蔵物の年度末価値が，年度初めにあったより大きかったら，この超過価値は収入に付け加え，これに反して価値が減っていたら，それは粗収入から減ずるのである。

第3条　穀物の場合と同様に，馬，乳牛，羊，豚の超過価値あるいは減少価値も，計算年度の終わりに，純収入に付加または削減される。

　この計算の場合には，

　馬及び仔馬は1頭につき……………… 70 ターレル (Pr. Cour.)

　乳牛及び牡牛は　　〃　　………… 20　　〃

　羊は年齢を問わず　〃　　………… 2　　〃

　豚は年齢を問わず　〃　　………… 8　　〃

第4条　このようにして算出した収入から次の支出が差し引かれる：

　1) 穀物，繊維作物，バレイショ，クローバや牧草の種子購入のための支出

　2) 馬，乳牛，豚，羊を購入するための支出

　3) 戦時課税や戦費，ただし農場自身で生産された現物の供出や供用は除外する

　4) 火災によって生じた損害，ただしこの損害が火災保険会社の提供する補償額を超過する限りにおいてである。

第5条　これら4つの支出を差し引いた後，上の規定によって計算した収入が5500ターレル (Preuszisch Courant) を超した場合には，次に掲げる階層に属する村内居住者のすべてに，この超過額の1.5％が財産として記入される。

　次の村内居住者がこの配分を受けるべきである。

　1) すべて労働力があり，住居をもっている男と女が共に，あるいは女の代わりに1人の雇人と一緒に，農場のために労働しているところの村の

住人。これに属するのは労働力ある日雇労働者で，その妻が農場の召使いをしている者のすべてである。

2) 現物受給者(Deputatist)，すなわち代理人，鍬頭 (Vorhäker)，山番人，車大工および乳牛番人
3) 学校教師，牧羊者
4) 職工，収穫期にその義務である手伝いを忠実に果たした場合
5) 下僕，その妻が村内の家に住み，かつ農場のために働いているもの。

まだ労働のできる男が成人してどんな重い仕事でもやっている息子と一緒に住んでいる家では，½％を父と子に折半する。

注意　名を挙げた項目の収入は，引用した支出を差し引いて，テロー農場では1833～47年の14年の平均で7500ターレル (Pr. Cour.) になった。収入が変化しないでとどまるなら，この規定によると各村内居住者の分け前は毎年10ターレル (Pr. Cour.) となる。耕作の進歩の結果この収入が毎年1000ターレルだけ増加するなら，労働者の持分は75：85の割合ではなく，10：15の割合で増加する。労働者の利益はこのようにして生産の増加と密接に結合しているのである。農場の収入に分け前をもつ村内居住者の数は，今のところ21人に達している。

第6条　不作の年，または特別な不幸によって，収入が5500ターレルに達しなかったら，その不足分は翌年または翌々年の収入から差し引かれ，そうして残るものが5500ターレルを超過する剰余をもったときはじめて村内居住者は1.5％の分け前を得るのである。

第7条　横領または窃盗をした者は，それが軽微であり，示談となっても，以後の農場収入に対する分け前を失う。この閉め出しが永久的か一定年数だけにするかは，農場主の判断に任す。なお農場主は，強い反抗，扇動の試みのごとき重大な違反を理由として，このような閉め出しを指令することを留保する。

第8条　この制度の目的：

資　料

1) 村内居住者が農場主の幸不幸を直接に分かち，彼と1つの家族を形成して貰いたいこと
2) 労働者が，賃料享受によって年とともにいくらか向上し，着実に増加する収入を喜んで貰いたいこと
3) ことに，労働者にとって心配のない明るい老後が確保されること。彼が緊張した仕事をしていた力強い壮年を了えた後，力も健康も衰えた晩年に，窮乏して他人の慈悲で生活するのでなく，彼の子供の負担になるのでなく，むしろ子供に若干を遺すことができる立場に立つようになることである。

第9条　この目的を達するために次の規定が実施される。

1) 上の規定によって，農場収入の配分に適格の各村内居住者には，貯蓄金庫通帳が渡され，その中に農場収入に対する彼の分け前が毎年記入される。
2) 通帳に記入された額に対して，農場主は4.5％の利子を支払う。
3) 前年の7月1日から当年の6月30日までに生じた農場収入についての分け前の記入は，利子の支払いとともに，毎年クリスマスに行なう――そしてこの贈物はあらゆる関係においてクリスマスプレゼントと考えらるべきである。
4) 貯蓄金庫通帳に記入された資本は，その所有者が60歳を超さない限り，どちら側からも解約通知は出来ない。しかし村内居住者が60歳に達するや否や，彼の資本を自由に処理することができる。
5) 男が60歳に達する前に死んだ場合，その寡婦が通帳に示されている資本を相続する。寡婦は全資本を処理するか，あるいはその一部をあとに残った子供達に支払ってやるかであるが――これは個々の場合に，農場主の考量に任されることである。

この規定は直ちに効力をもち，1847年7月1日から1848年7月1日まで有効である。

ここに示した規定は，現在の農場主の死亡とともに無効となり，その息子達を拘束しない。しかし息子達は貯金通帳に記入された資本の完全な確実性のためにあらゆる可能な配慮をなし，毎年のクリスマスに利子を支払うのに責任をもつべきである。

　それゆえ私の息子達は，または村内居住者も，この小資本を公共の貯蓄金庫へ預けるのが，完全な確実性のために適切と考えるべきである。そうすれば村内居住者は貯蓄金庫が支払う利子を受け取ることになる。

　テロー，1848年4月15日

　　　　　　　　　　　　　　　　　　　　　　　J. H. フォン・チューネン

農業と国民経済に関する
孤 立 国

ヨハン・ハインリッヒ・フォン・チューネン

第3版

シューマッヘル－ツァルヒリン編

第3部

いろいろな樹齢の松造林の地代，最有利輪伐期および立木材積価値を決定する諸原理

ベルリン
ヴィガント・ヘンペル・パーレー社
1875年

第1編

第1章　木材収量

　数回の観察によれば，樹齢30年に達する松は，テローでは100メクレンブルグ平方ルート〔21.7アール〕当たり平均30台の収穫がある。1台は枝材をみなあわせ平均して64リュベック立方フィートに換算する[注]。

　この〔30台の〕なかには普通：

　　7台の用材
　　23台の薪材

がある。

　用材は藁屋根用長材と牧木とである。

　1台の薪には，およそ半棚の丸太と半棚の粗朶ないし枝材が含まれる。1棚(Faden)の容積は196リュベック立方フィートに換算される。

　ディークホーフの営林官ナーゲル(Nagel)氏の見解と調査に基づいて，私は木材成長に関して，次のように仮定する。

注)　メクレンブルグ・ルートは16リュベック・フィート（129パリ・リニーエ）。マグデブルグ・モルゲンは117.9メクレンブルグ平方ルート（100リュベック立方フス=79.1ラインランド立方フス，100ラインランド立方フス=126.4リュベック立方フス）。100メクレンブルグ平方ルートに100リュベック立方フスの木材収量はマグデブルグ・モルゲン当たり93.2ラインランド立方フスと等しく，また逆にマグデブルグ・モルゲン当たり100ラインランド立方フスの収量は100メクレンブルグ平方ルートに107.2リュベック立方フィートの収量に等しい。

孤立国　第3部

　正しい間伐は，森林全体の成長が最大限に達するような空間を個々の樹木につねに与え，その実施のもとに6年生松林まではもともと成長量がなく，立木はそれ以後になって算術比例で——もっとも高齢になるとそうはいかないが——のびるとする。ナーゲル営林官と同じく私は，最初5カ年は植物体の形成に要するとみなし，6年生松林の当地での立木林分 (Holzschlag) をそれ以後の年次における年成長量に等しいと仮定する。

　30年生松林の立木材積 (Holzbestand) を，われわれはテローで100平方ルート当たり30台（1台は64立方フィート）＝ 1920立方フィートと計算した。これは，30−5＝25年間の成長から生ずるので，100平方ルート当たり年成長量＝ 76.8立方フィートとなる。

　年成長量が100立方フィート得られるために必要な面積を，私は簡単なために1「森林モルゲン」(Waldmorgen) と名づける。ここでは100平方ルートから76.8立方フィート得られるから，この森林モルゲンの大きさは，$\frac{100}{76.8} \times 100$ ＝ 130平方ルートになる。

第2章　木材価値

1台の薪材の内容は：
a．½棚の丸太，ここの木材価格が低く，単価
　　2ターレル4シリング[注]だから ·············· 1ターレル 2シリング
b．½棚の灌木材，単価18シリング ············· 　　　　　 9シリング
　　　　　　　　　　　　　　　　　　　　　　 1ターレル11シリング
伐採賃，搬出および棚積みに要する1台当たり費用… 　　　　　21シリング
差引して1台の薪材の価値············· 　　　　　　　　　　 38シリング

　　注）本書で単にターレル (Tlr.) とあるはいつも新ターレル (Thaler N. ⅔) を指
　　　　し，6ターレルがプロシアの7ターレル (Tlr. Pr. Crt.) である。Thaler N ⅔
　　　　は48シリングである。

第1編

23台の薪材の価値は，23×38シリング ……………… 874シリング
1台の用材は，牧柵1本4シリング，藁屋根葺用長材
　1本2シリングの価格の場合，その価値2½ターレ
　ル，すなわち120シリングである。
　だからこれは，7台では……………………………… 840シリング
　　　　　　　　　　　　　　　30台の価値＝ 1714シリング
これは　1台〔64立方フィート〕については…… 平均＝ 57シリング
　　　　1立方フィートについては………… 平均＝ 0.9シリング
　　　　100立方フィートについては………… 平均＝ 90シリング

100年生松材の価値

　太い建築材の価格は，この地方では，現在，1立方フィートで4シリングである。

　そこで，100年生の松のうち，その容積の⅔が建築材に使え，⅓が薪材になるものと計算すれば，次の平均価値である。

　　　2立方フィート，単価 4 シリング ＝ 8.0シリング
　　　1立方フィート，単価0.9シリング ＝ 0.9シリング
　　　3立方フィート　　　　　　　　　 ＝ 8.9シリング
　　　1立方フィート平均　　　　　　　 ＝ 2.97シリング

樹齢による木材の増価

　　　100年生の松材では　立方フィート　2.97シリング
　　　　30　　〃　　　〃　　　　〃　　　0.9　シリング
　　　差70年　　　　　　　　　　　　　　2.07シリング

　これは1カ年の増価，立方フィートにつき0.03シリング，100立方フィート当たり3シリングとなる。

　30年生の松林では100立方フィートが90シリングの価値をもつ。

そこで，30年生と100年生の林の価値差から見出された命題，「1カ年ごとに100立方フィートにつき価値は3シリングずつ高くなる」という命題，これを逆に樹齢の若い林分に適用すれば，100立方フィートにつき価値は：

$$
\begin{aligned}
&29\text{年生の木材} = 87\text{シリング} \\
&28 \quad \text{〃} \quad = 84\text{シリング} \\
&27 \quad \text{〃} \quad = 81\text{シリング} \\
&\text{—} \quad \text{〃} \quad \text{—} \\
&6 \quad \text{〃} \quad = 18\text{シリング}
\end{aligned}
$$

したがって，この地方で幼樹と老樹との間にみられる価格関係から出発すれば，次のような命題が出るのは注目すべきである。

「100立方フィートの松材の価値は，ここでは樹木の年齢に正比例する。」

したがってひとつの森林の1年間の増価，または年地代には，2つの構成部分を含んでいる：

1) 立木材積の増加
2) 既存の立木の価値上昇

第3章 所与の樹齢の松立木の価値決定

これまでの命題設定によって，ここにそれぞれの樹齢ごとの立木の価値が計算される。

林の年齢を $x+5$ 年とすれば，1森林モルゲン当たり立木 $= 100x$ 立方フィートとなる。

100立方フィートの価値3シリングを樹齢に掛算すれば，$3(x+5)$ シリング。したがって，$100x$ 立方フィートの立木は，シリングを単位として，その価値は $3x(x+5) = 3x^2 + 15x$ となる。

— 522 —

第1編

例えば

林分の樹齢	立木材積	100立方フィートの価値	林分の価値	全林分の価値の累計
	立方フィート	シリング	シリング	シリング
6 年	100	18	18	
7	200	21	42	60
8	300	24	72	132
9	400	27	108	240
10	500	30	150	390
11	600	33	198	588
12	700	36	252	840
13	800	39	312	1152
14	900	42	378	1530
15	1000	45	450	1980
…	…	…	…	…

この計算をつづけて，各輪伐期ごとの全林分の価値総額が出せる。

しかしわれわれには，級数の全項を計算せずに，この総額を示すことのできる1つの公式を呈示することが大切である。

この目的のために，立木の増価にあらわれるところの法則性をさらに検討する。

立木の樹齢	立木の価値	第 1 階 差	第 2 階 差
6 年	18		
7	42	24	
8	72	30	6
9	108	36	6
10	150	42	6

その階差が結局一定になるような級数については，その総計は公式によって出される。

オイラー (Euler)（微分学，第1部，第2章，56ページ）によると，

初　　項 = a
第 1 階差 = b
第 2 階差 = c
項　　数 = x
} である級数の場合，その総計は，

$$ax+\frac{x(x-1)}{1\times 2}b+\frac{x(x-1)(x-2)}{1\times 2\times 3}c$$ である。

材積の価値を出すわれわれの級数では，

$a = 18$
$b = 24$
$c = 6$
} であるから，これを上にあてはめると，

$$\frac{x(x-1)(x-2)}{1\times 2\times 3}\times 6 = x^3 - 3x^2 + 2x$$

$$\frac{x(x-1)}{1\times 2}\times 24 = 12x^2 - 12x$$

$$18x = +18x$$

$$総計 = x^3 + 9x^2 + 8x$$

証明：$x = 10$ とおけば，

$$x^3 = 1000$$
$$9x^2 = 900$$
$$8x = 80$$
$$総計 = 1980$$

となり，上の表と一致する。

第4章　種々の輪伐期における立木材積の価値計算

a.　21年の輪伐　　$x+5 = 21$ であるから，$x = 16$

全蓄積の価値 = x^3+9x^2+8x である。

$x = 16$ に対しては，これは

第1編

$$x^3 = 4096$$
$$9x^2 = 2304$$
$$8x = \underline{128}$$

価値 = 6528 シリング，つまり 21 森林モルゲン（1 森林モルゲン = 130 平方ルート）に対して 136 ターレルである。

これは，1 森林モルゲン当たり　　311 シリング = 6 ターレル 23 シリング
　　　　1 平方ルート当たり　　2.39 シリング

b.　28年の輪伐　　$x = 28-5 = 23$, であるから

$$x^3 = 12167$$
$$9x^2 = 4761$$
$$8x = \underline{184}$$

立木蓄積の価値 17112 シリング。これは 28 森林モルゲン（1 森林モルゲン = 130 平方ルート）分である。

これは，1 森林モルゲン当たり　　611 シリング = 12 ターレル 35 シリング
　　　　1 平方ルート当たり　　4.70 シリング

c.　35年の輪伐　　$x = 35-5 = 30$ であるから，

$$x^3 = 27000$$
$$9x^2 = 8100$$
$$8x = \underline{240}$$

立木蓄積の価値 35340 シリング。35 森林モルゲン（1 森林モルゲン = 130 平方ルート）分である。

これは，1 森林モルゲン当たり　1010 シリング = 21 ターレル 2 シリング
　　　　1 平方ルート当たり　　7.77 シリング

d.　42年の輪伐　　$x = 42-5 = 37$

— 525 —

$x^3 = 50653$

$9x^2 = 12321$

$8x = \underline{296}$

立木蓄積の価値63270シリング。42森林モルゲン分。

これは，1森林モルゲン当たり　　1506シリング＝31ターレル18シリング
　　　　1平方ルート当たり　　　11.58シリング

e.　49年の輪伐　　$x = 49-5 = 44$

$x^3 = 85184$

$9x^2 = 17424$

$8x = \underline{352}$

49森林モルゲンの立木価値　102960シリング

これは，1森林モルゲン当たり　　2101シリング＝43ターレル37シリング
　　　　1平方ルート当たり　　　16.16シリング

概　括

	すべての立木蓄積の価値	
	1森林モルゲン当たり （130平方ルート）	1平方ルート当たり
21年輪伐の場合	6ターレル23シリング	2.39シリング
28　〃　〃	12　〃　35　〃	4.70　〃
35　〃　〃	21　〃　2　〃	7.77　〃
42　〃　〃	31　〃　18　〃	11.58　〃
49　〃　〃	43　〃　37　〃	16.16　〃

第5章　林地の地代

われわれが一方では，狩猟などによる副利用ならびに間伐の収益を，他方で

第1編

は監視費用を，さしあたり捨象するなら，森林の地代は，伐採林分 (Abtriebsschlag) の価値から，全立木蓄積の価値に対する利子と，この伐採される林分の再播種費用とを控除したものに等しい。

立木蓄積の価値に対する利子は，前に述べた命題によって計算される。

松の播種は全く失敗に帰することが多いし，また成功したものでもひとつひとつ補植を要するので，私はここでの経験で結論できるのであるが，播種の費用は 1 平方ルート当たり 2 シリング，つまり 130 平方ルートの 1 森林モルゲン当たり 5 ターレル 20 シリングより低くはないと見積る。

輪伐期が $x+5$ 年の場合，主伐林分は $100x$ 立方フィートの材積であり，この 100 立方フィートの価値は $3(x+5)$ シリングで，この林分の収入は次のようになる：

$$3x(x+5) シリング = 3x^2 + 15x$$

例えば

a. **21 年の輪伐**　　$x = 21-5 = 16$ に対しては，伐採林分の価値は，

$3x^2$ ……………………………………………… 768 シリング
$15x$ ……………………………………………… 240 〃
　　　　　　　　　　　　　　　　　　　　計　1008 シリング

立木蓄積の価値は前述の計算で 6528 シリング
利子はこの 4% 　　　　　　　　　= 261 シリング
130 平方ルートの播種費，単価 2 シリング = 260 シリング
　　　　　　　　　　　　　　控 除 額　521 シリング
　　　　　　　　　　　　　　差引剰余　487 シリング

21 森林モルゲンの地代 ……………………………… 487 シリング
これは，1 森林モルゲン当たり ……………………… 23.2 シリング
　　　　　100 平方ルート当たり ……………………… 17.8 シリング

— 527 —

b. 28年の輪伐　$x = 28-5 = 23$

$$3x^2 \cdots\cdots\cdots\cdots\cdots\cdots\cdots\cdots\cdots = 1587$$
$$5x \cdots\cdots\cdots\cdots\cdots\cdots\cdots\cdots\cdots\cdots = 345$$

収　入　1932 シリング

立木蓄積の価値 = 17112 シリング
利子はこの4%……………………………………… 684 シリング
播種費用………………………………………………… 260 シリング

控 除 額　944 シリング
差引地代　988 シリング

これは，1 森林モルゲン当たりの地代 ……………… 35.5 シリング
　　　　100 平方ルート当たりでは ………………… 27.1 シリング

c. 35年の輪伐　$x = 35-5 = 30$

$$3x^2 \cdots\cdots\cdots\cdots\cdots\cdots\cdots\cdots\cdots = 2700$$
$$15x \cdots\cdots\cdots\cdots\cdots\cdots\cdots\cdots\cdots = 450$$

収　入　3150 シリング

立木の価値 35340 シリングで，この利子 …………… 1414 シリング
新規の播種費用 ………………………………………… 260 シリング

控除額　1674 シリング

35 森林モルゲンに対する地代として残るのは　　　1476 シリング
これは，1 森林モルゲン当たり地代 ………………… 42.2 シリング
　　　　100 平方ルート当たりでは ………………… 32.5 シリング

d. 42年の輪伐　$x = 42-5 = 37$

$$3x^2 \cdots\cdots\cdots\cdots\cdots\cdots\cdots\cdots\cdots \quad 4107$$
$$15x \cdots\cdots\cdots\cdots\cdots\cdots\cdots\cdots\cdots \quad 555$$

収　入　4662 シリング

第1編

立木の価値63260シリング，この利子4% ……………… 2531シリング
播種費 ……………………………………………………… 260シリング
　　　　　　　　　　　　　　　控除額　2791シリング
42森林モルゲンに対する地代 ……………………………… 1871シリング
これは，1森林モルゲン当たり地代 ……………………… 44.5シリング
　　　　100平方ルート当たりでは ……………………… 34.2シリング

e. **49年の輪伐**　　$x = 49-5 = 44$

$$3x^2 \cdots\cdots\cdots\cdots\cdots\cdots\cdots\cdots = 5808$$
$$15x \cdots\cdots\cdots\cdots\cdots\cdots\cdots\cdots = 660$$
　　　　　　　　　　　収　入　6468シリング
立木の価値102960シリングの利子……………………… 4118シリング
播種の費用 ………………………………………………… 260シリング
　　　　　　　　　　　　　　　控除額　4378シリング
49森林モルゲンに対する地代 …………………………… 2090シリング
これは，1森林モルゲン当たり …………………………… 42.7シリング
　　　　100平方ルート当たりでは ……………………… 32.8シリング

概　括

輪伐期	収　入	立木価値の利子	播種費	地　代 総当面積たり	1森林モルゲン当たり	100平方ルート当たり
	シリング	シリング	シリング	シリング	シリング	シリング
21年	1008	261	260	487	23.2	17.8
28年	1932	684	260	988	35.3	27.1
35年	3150	1414	260	1476	42.2	32.5
42年	4662	2531	260	1871	44.5	34.2
49年	6468	4118	260	2090	42.7	32.8

孤立国　第3部

第6章　輪伐期に関する課題

課題1　林地に地代の最高をもたらす輪伐期を一般的な算式であらわすこと。

これまで述べた例から明らなことは，輪伐期が21年から28，35，42年と延長するのと，地代の上昇が結びつくこと，しかし，それからさらに49年まで延長すると地代の低下をきたすことである。

地代の最高が現われる時点がなければならないということは，このことからすでに明らかである。

この時点はまことに根気のいる長々しい試験によって見きわめられているのであろうが，しかし，われわれは法則そのものをいま認識しないでも，その法則が現われる公式を示すことは，実地の上でも学問の上でも関心があってよいわけである。

これまでのところで立てた命題と結びつけることによって，そのような公式が明示されるのである，それをこれから計算してみる。

主伐林分の保証する収入は $3x^3+15x$ であって，これから控除されるものは：
1) 全立木蓄積の価値に対する利子
　　立木蓄積の価値は，x^3+9x^2+8x である。
　　　利子はこれに対して4%……………………… $0.04x^3+0.36x^2+0.32x$
2) 1森林モルゲン（130平方ルート）の播種費，単価2シリング……… 260

これらの支出を控除して残る1森林モルゲン当たりの地代は

$$=\frac{-0.04x^3+2.64x^2+14.68x-260}{x+5}$$

この関数が最大になるための x の値を見出すには，周知のとおり，この微分を求め，それを0とおかなくてはならない。

第1編

微分は：

$(x+5)(-0.12x^2+5.28x+14.68)\,dx$

$\quad -(-0.04x^3+2.64x^2+14.68x-260)\,dx$

この式を展開すれば：

$\quad -0.12x^3+5.28x^2+14.68x$

$\qquad -0.60x^2+26.40x+73.40$

$\quad \underline{+0.04x^3-2.64x^2-14.68x+260}$

$\quad (-0.08x^3+2.04x^2+26.40x+333.40)\,dx = 0$

これから，

$\quad x^3-25.5x^2-330x-4167 = 0$

この等式を解くためには，第2項を消さなければならない。そこでこのために $x = y+8.5$ とおく。そうすると，

$\quad x^3 = y^3+25.5y^2+216.75y+\ 614$

$-25.5x^2 = \quad\ \ -25.5y^2-\ 433.5y-1842$

$-330x\ =\ \qquad\qquad\quad -330.00y-2805$

$\underline{-4167\ =\qquad\qquad\qquad\qquad\ -4167}$

$\quad\quad 計\quad y^3-546.75y-8200 = 0$

カルダン (Cardan) の解法によれば，$y^3 = fy+g$ では，

$$y = \sqrt[3]{\left(\frac{g+\sqrt{(g^2-{}^4/_{27}f^3)}}{2}\right)}+\sqrt[3]{\left(\frac{g-\sqrt{(g^2-{}^4/_{27}f^3)}}{2}\right)}$$

われわれの等式 $y^3 = 546.75y+8200$ では，

$\qquad f = 546.75$

$\qquad g = 8200$

$\qquad f^3 = 163,443,326$

$\qquad {}^4/_{27}f^3 = 24,213,826$

$\qquad g^2 = 67,240,000$

$\qquad g^2-{}^4/_{27}f^3 = 43,026,174$

孤立国 第3部

$$\sqrt{(g^2-4/27f^3)} = 6560$$

$$\frac{g+\sqrt{(g^2-4/27f^3)}}{2} = \frac{8200+6560}{2} = 7380$$

$$\frac{g-\sqrt{(g^2-4/27f^3)}}{2} = \frac{8200-6560}{2} = 820$$

$$\sqrt[3]{\left(\frac{g+\sqrt{(g^2-4/27f^3)}}{2}\right)} = \sqrt[3]{7380} = 19.47$$

$$\sqrt[3]{\left(\frac{g-\sqrt{(g^2-4/27f^3)}}{2}\right)} = \sqrt[3]{820} = 9.36$$

これから，$y = 19.47+9.36 = 28.83$

および　　$x = y+8.5 = 28.83+8.5 = 37.33$

主伐林分の樹齢は輪伐期と等しく $x+5$ 年である。

したがって，種々の年齢の木材の価格関係が与・え・ら・れ・て・い・る・場合，間・伐・ (Durchforstung) は価値がないものとすれば，地代が最高になるのは輪伐期が 37.33+5 = 42.33 年の場合だ，ということが結果として出る。

課題2　成長量の価値がその林分の価値の利子をやっと充足するような林分の樹齢を決定すること。

樹齢 $x+5$ 年の林分に対しては，林分の価値は，

　　$3(x+5)x = 3x^2+15x$　である。

これより1年若い林分の価値は，

　　$3(x-1)^2+15(x-1) = 3x^2-6x+3+15x-15 = 3x^2+9x-12$

ゆえに，1カ年の成長量は，

　　$3x^2+15x-(3x^2+9x-12) = 6x+12$　である。

$(x+5)$ 林分の価値の利子は，

　　$(3x^2+15x)4/100 = 0.12x^2+0.6x$　である。

この利子額が成長量の価値に等しいとおけば，

　　$0.12x^2+0.6x = 6x+12$

　　$0.12x^2-5.4x = 12$

— 532 —

第1編

$$x^2 - 45x = 100$$
$$+ (^{45}/_2)^2 = +506.25$$
$$x - 22.5 = \sqrt{606.25} = 24.62$$
$$x = 47.12$$

その林分の立木蓄積の価値に対する利子が，成長量の価値を奪い去り，そのか土地らはもはや地代がもたらされなくなる林分の樹齢は，$x+5 = 52.12$ 年である。

課題3 林分の年齢がどれほどのときに，その林分の立木価値の利子を控除して，剰余が最大になるような木材成長量が得られるか，いいかえれば樹齢何年の時にその林分は最高の地代をもたらすか？

前の課題と同じく，年成長量の価値は ＝　　　　　　　　　　$6x+12$
第 ($x+5$) 番林分の立木蓄積 (Holzvorrat) は ＝　　　　　　$3x^2+15x$
その利子額は ＝　　　　　　　　　　　　　　　　　　　　$0.12x^2+0.6x$

この立木価値の利子を，第 ($x+5$) 番林分上の木材の価値から控除すれば，地代が生ずる。

$$= -0.12x^2 + 5.4x + 12$$

この関数を微分して，0に等しいとおけば，

$$(-0.24x + 5.4)dx = 0$$

ゆえに，　　　　$0.24x = 5.4$
$$x = 22.5$$

$x = 22.5$，つまりその林分の樹齢が27½年に対して，個々の林分の地代が最大に達する。しかしこのことは，最有利な輪伐期に対して未だ何らの基準にならない。そのわけは，輪伐期がどれほどで全林分面積に最高の地代が得られるかということは，全林分についてこのやり方で計算した地代の総計を，林分数で除してはじめて出てくるからである。27年の林分に比べて，それより若い林分はずっと低い地代しか生まないので，すべての林分を平均して地代の最大が得られる時点も当然，個々の林分が最高地代を与える時点を超えるわけで

孤立国　第3部

個々の年についての計算例

林分の樹齢 $x+5$年が	成長量の価値 $6x+12$	立木蓄積価値の利子 $0.12x^2+0.6x$	剰　　　余 $-0.12x^2+5.4x+12$
$x=1$　の場合	18	0.72	17.28
$x=10$　〃	72	18.00	54.00
$x=21$　〃	138	65.52	72.48
$x=22.5$　〃	147	74.25	72.75
$x=24$　〃	156	83.52	72.48
$x=30$　〃	192	126.00	66.00
$x=42.33$　〃	266	240.44	25.56
$x=47$　〃	294	293.28	0.72

ある。

　なお，地代を出すには，このやり方で得られた剰余から，さらに播種費を控除しなければならない。

　その時々の蓄積，つまり立木成長量自身から利子を差し引くという上述の手続きが正しいかどうか，またこの場合とちがって，利子が翌年になってはじめて支払われる借入資本の場合，その前年度の立木価値に対する利子だけを計算すべきではなかったかどうか，という疑問が出るかもしれない。

　しかし，労働の賃金と資本の収益との厳密な分離の場合，年度末払いの労賃にはすでに利子が含まれるという理由から，労賃は日々支払われる，とわれわれは仮定しなければならないのと同じように，年度末に支払われる利子にはすでに利子の利子が含まれるという理由から，立木価値の利子は日々支払われるか，ないし，計上される，とわれわれはここでも仮定しなければならない。

第7章　間　　伐

　間伐に関して林学はさらに興味ある問題を提供する。
　間伐によって個々の樹木に好きな空間を与えることができる。この空間が大

第 1 編

きいほど，個々の樹木の成長量は大きくなる。しかし同時に所与の森林面積当たりの立木数が減少する。したがって樹木の間隔には，全森林面積の成長量が最大になる点がなければならない。

問題 1　この最大を達成しなければならない場合，この点はいったいどこにあるのか，また個々の樹幹が支配すべき間隔についての基準は何であるか？

問題 2　ここで樹木の直径，ないし材積は幹距数（Abstandzahl）についての基準として役立つか？

問題 3　間隔の比例的変化にともなって，個々の樹木の成長量と全森林面積の成長量はどう変わるか？

私の知る限りでは，これらの問題は林学ではほとんど提起されず，また解明されることは非常に少ない。

まずわれわれの当面の研究でとりわけ関心の問題は：

間伐を勘定に入れるとき，間伐の価値をどう決定するか，また最有利輪伐期はどうなるか，ということである。

主伐林分の価値との関係における，あるいは残存立木の価値との関係における間伐の価値については，定評ある林業家たちの言うことには相互に大きな開きがあるので，そこからはひとつも支持点が得られない。

間伐の収量と価値は根本的に，間伐に際しての樹木の間隔の大小に係わるのであり，この点について林業家たちの拠って立つところの原則の相違から，間伐によって得られる木材価値についての報告の相違が出てきているらしい。

私自身の経験は，そこから確固とした決定を引き出すにはあまりにも不十分である。

しかしここでまず問題は数値の当否というよりも，最有利輪伐期についての問題を解明することのできる方法を提示することであろう。そのわけは，もしその方法が見出されるならば，おのずからそれぞれの場合に応じて——その上地方によって異なるところの——数字が与えられて，求める結果が導き出されるだろうからである。

孤立国 第3部

そこで私はその意味で，次の命題を取り上げる。

1) 松樹林分では始めの数年は播種のあと間伐が行なわれない。そのわけは一方ではこれによって木材成長に少しも利益が生じないであろうし，他方では間伐の費用がそれで得られる木材の価値を超過するであろうからである。

2) 第6年から10年までの松の成長量を，その次の成長量の $2/3$ と仮定する。たとえば第11年の年総成長量を150立方フィートに等しいとすれば，第6から第10年まで通して成長量は $2/3 \times 150 = 100$ 立方フィートである。

そこでもし総成長量から残存立木へ年100立方フィートを繰り入れるとすれば，上に挙げた5カ年はどれも間伐木材を供しない。反対にもし残存立木へ年75立方フィートしか繰り入れないとすれば，5カ年の成長量より毎年25立方フィートが，そしてそれに続く年度の成長量より毎年75立方フィートが，次の間伐になるわけである。

3) ここで仮定するように，もし，第11年から松の樹冠を閉じ，各樹幹には全面積の成長量が最大になる空間を配するとすれば，11年間の樹木の成長によって，すでに空間が狭くなり，間伐によって一部分樹幹を除去しない限り，第12年の最大成長量は実現しないことになる。同じことが各後続年次に起こる。

植付けでなく播種した松林では，樹幹の間隔が不揃いになるので，このような伐り透かし（Lichtung）が行なわれることは確かに可能であろう。しかし年々の伐り透かし費用は，とくに幼齢の立木の場合，得られる素材の価値を超えるであろうから，それゆえ実際には，間伐は年々ではなくて，幾年かの期間をおいて行なわれている。

しかしわれわれは公式を立てるのには，森林全体で最大の価値成長量を達成すべき空間を個々の樹木につねに与えるという仮定が必要である。このことは立木の年成長量の一部分が毎年間伐によって除去されることを前提とする。

しかし年々繰り返される間伐は実際上は行ない得ないので，次のように問題を考えてみる必要がある。つまり期間をおいて繰り返す間伐からの収入は，ひ

とつの規則的な順序，つまり立木の残存林分の価値と関係をもつ級数で表わせないかということである。

この解答には次のことが役に立つ：

将来の収入を現在の資本価値に計算することは，利子率が与えられるならば，正確にできる。だからひとつの輪伐期間中に定期的に生ずる収入の資本価値の総額も同様である。また，一定の法則によって年々増加してゆく賃料の資本価値を示す計算もできる。また逆にひとつの資本価値を累年増加する賃料に分解することもできる。したがって，すべての将来の間伐の現在価値もまた数理的明確さをもって立木蓄積の価値に比例する項をもつところのひとつの累進級数によって，示すことができる。

間伐の価値を規則的に累増する級数であらわすことに対して可能なもう1つの異論は次のものである。それは：

定期的に行なう伐り透かしでは，樹幹が正常な空間をもつのは継続的ではなく2，3年に限られる。したがって，木材価値の年成長量が最大というわけにもゆかなくなる。しかしそれがわれわれの提案している公式の根拠として仮定しているものである。

この反対はまことにもっともであり，間伐期間が長い場合にはそれから生ずる偏差は相当大きいと思われる。この偏差をできるだけ小さく制限するために，われわれは次にのべるような計算を仮定しなければならない。それは：

間伐は接近した期間で行なわれること，そしてその期間の中央においては正常な状態になるような空間を樹幹に与えることである。この前提のもとでは実際の結果とわれわれの計算との偏差は著しくはないであろうし，したがってこれをあらかじめ度外視してもよいと信じる。

この研究の次の目的は，間伐の価値を勘定に入れるときに，地代の最高が得らるべき輪伐期が変わるかどうか，その程度はどうかを追求することである。

しかし，十分なデータがないので，われわれは木材収量と間伐材の価値とに関して仮定的数値でもって計算を導き出して，この認識を得るよりほかない。

孤立国 第3部

したがって私はここで次の仮定を基礎にすることにする。

1) 第11年以後は毎年，1年の立木成長量からその ⅓ が間伐で除去され，その成長量の ⅔ が残存立木に繰り入れられる。そしていま残存立木の年増加量を1森林モルゲン当たり100立方フィートと仮定すれば，1年の総成長量は150立方フィートであり，間伐からの立木収量は年50立方フィートになる。

2) 1立方フィート当たりの間伐材の価格は，次の2つの理由から，残存立木のそれよりも低い：

a．われわれがここで前提にするのは，播種林であるが，この間伐の場合除去されるのはすでに徒長した樹幹である。またこのほかにおそらく次の間伐までに徒長するだろうと見込まれる樹幹もある。しかしこれは通常は比較的柔弱な樹木にあたり，直径が短いので1立方フィート当たりの価値も低いものである。

b．間伐材の伐出し，搬出，運搬は，主伐林分からの立木の伐採，搬出に比べてはるかに手間と費用がかかる。しかしわれわれはつねに立木が伐木と調製の費用を控除した後にもつ価値だけを眼中におくから，すでにこの理由からして間伐材はより低く勘定されるのは当然である。

この2つの理由をいっしょにして，私は1立方フィート当たりの間伐木材の価格を残存立木の ⅔ と仮定する。

これから次の概算が出てくる。

第11年以後は年の総成長量は1森林モルゲン当たり150立方フィートであり，このうちから間伐によって50フィートが除去される。

後者は，残存立木の価値の ⅔ である $50 \times ⅔ = 33⅓$ 立方フィートの価値をもつ。

したがって間伐の毎年の価値所得は，残存立木の年増価の $\frac{33⅓}{100} = ⅓$ になる。

第1編

例　第3章の表によると

立木の樹齢	林分の価値	増　価　額	増価額累計
$x+5 = 10$ 年	150		
11 年	198	48	48
12 年	252	54	102
13 年	312	60	162
14 年	378	66	228
15 年	450	72	300

この表を一見してわかることは，増価額累計が林分それ自体の価値よりもつねに150だけ少ないことである。このことはとりも直さず次の事情に他ならない。立木の価値は第6年から第 $(x+5)$ 年までのすべての林分の増価の累計からなり，第6年から第11年までの成長量150は，もし立木に年に100立方フィート増加させようとすれば，この5カ年は間伐収益が生じないからここでは脱落しているのである。同様にここで考慮された累計もまたその立木価値よりも150少ないのである。

$x+5$ 年生の林分の価値は，第4章により，$3x^2+15x$ である。したがって第11年から第 $(x+5)$ 年生までの林分の増価は，$3x^2+15x-150$ である。

すべての間伐の価値は，この累計の⅓，すなわち，$x^2+5x-50$ である。

したがって総収入は，

1)　主伐林分から　　　　　　　　　　　$3x^2+\ \ 15x$
2)　間伐から　　　　　　　　　　　　　$x^2+\ \ \ 5x-\ 50$

　　　　　　統計　　　　　　　　　　　$4x^2+\ 20x-\ 50$

これから控除されるのは：

1)　全立木の価値に対する利子，$0.04x^3+0.36x^2+0.32x$
2)　1森林モルゲン（130平方ルート）
　　の播種費用，単価2シリング　　　　　　　　　260

　　　　　　　剰余　　$-0.04x^3+3.64x^2+19.68x-310$

この剰余を林分の数で割れば，1森林モルゲンにつき地代は

$$\frac{-0.04x^3+3.64x^2+19.68x-310}{x+5}$$ となる。

いま，$x=30$ であるなら，

		計
$-0.04x^3 = -4\times270 =$		-1080
$3.64x^2 = 9\times364 =$	3276	
$19.68x = 3\times196.8 =$	590	
$-310 =$		-310
	3866	-1390	$=2476$

林分の数 $x+5=35$ で割れば，地代は，

　1森林モルゲン当たり　………70.8シリング
　100平方ルート当たり…………54.5シリング

$x=40$ の場合

$-0.04x^3 = -4\times640 =$		-2560
$3.64x^2 = 16\times364 =$	5824	
$19.68x = 4\times196.8 =$	787	
$-310 =$		-310
	6611	-2870	$=3741$

45で割れば，地代は，

　1森林モルゲン当たり　………83.1シリング
　100平方ルート当たり…………63.9シリング

$x=50$ の場合

$-0.04x^3 = -4\times1250 =$		-5000
$3.64x^2 = 25\times364 =$	9100	
$19.68x = 5\times196.8 =$	984	
$-310 =$		-310
	10084	-5310	$=4774$

第1編

55で割れば，地代は，
　1森林モルゲン当たり　………86.8シリング
　100平方ルート当たり…………66.8シリング

$x = 60$ の場合

$-0.04x^3 = -4 \times 2160 =$		-8640
$3.64x^2 = 36 \times 364 =$	13104	
$19.68x = 6 \times 196.8 =$	1181	
$-310 =$		-310
	14285	-8950	$=5335$

林分数65で割れば，地代は，
　1森林モルゲン当たり　………82.1シリング
　100平方ルート当たり…………63.1シリング

輪伐期別に地代を示せば，

	森林モルゲン当たり	100平方ルート当たり
$x+5 = 35$ 年	70.8シリング	54.5シリング
$= 45$ 年	83.1シリング	63.9シリング
$= 55$ 年	86.8シリング	66.8シリング
$= 65$ 年	82.1シリング	63.1シリング

以上から，われわれは第6章のような代数計算をおこなわずとも結論として，地代が最高になる輪伐期は54年と55年の中間にあるといえる。

しかしながら，この地代はまだ真実の林地地代ではない。そのわけは，林地地代そのものを示すには，なお狩猟・放牧地などから生ずる副利用収入をこれに付け加えなければならないし，また反対に造林に要する看視および管理費用をこれから控除しなければならないであろうからである。看視および管理費用は，それによって森林盗難の多少が左右されるものであるが，森林の規模と位置によってまったく著しく異なるものである。この際私は，この費用は些少の

— 541 —

孤立国　第3部

副利用を差引清算して，1森林モルゲン当たり8シリング，つまり100平方ルートにつき6.2シリングかかると仮定する。

第8章　森林地代 (Waldrente)

われわれは農業の場合，農場地代 (Gutsrente) と土地地代 (Bodenrente〔訳注：第1部では Landrente としたもの〕) を区別した。前者は資本と土地との共同の生産物をなすが，後者は建物などの設備に投下された資本の利子を農場地代から控除してあとに残る部分からなるとした。これと同じようにわれわれは，造林の場合にもまた，土地からと立木蓄積に含まれる資本からとの収益を，「森林地代」という名称で総括し，これを林地地代と区別することができる。

森林地代の計算

主伐林分からの収入は .... $3x^2+15x$
間伐からの収入は .... $x^2+ 5x-50$

　　　　　　　　　　　　　　　　　　　　　収入　$4x^2+20x-50$

支出は，播種の費用 260
$x+5$ 森林モルゲンの管理費用，単価8シリング .... $8x+ 40$

　　　　　　　　　　　　　　　　　　　　　支出　$8x+300$

これらの支出を差し引き，森林地代 .... $4x^2+12x-350$

　$x = 30$ の場合は
　　　$4x^2 = 4\times 900$ 3600
　　　$12x = 12\times 30$ 360
　　　-350 .... $-$ 350
　　　35森林モルゲンの森林地代 3610

これは45で割って1森林モルゲン当たり103.1シリングとなる。

— 542 —

第1編

$x = 40$ の場合は,

$4x^2 = 4 \times 1600$ ……………………………… 6400

$12x = 12 \times 40$ ……………………………… 480

-350 ……………………………………………… $- 350$

6530

1森林モルゲン当たりの森林地代, 145.1 シリングとなる。

$x = 50$ の場合は,

$4x^2 = 4 \times 2500$ ……………………………… 10000

$12x = 12 \times 50$ ……………………………… 600

-350 ……………………………………………… $- 350$

55 森林モルゲンの森林地代 ……………………… 10250

1森林モルゲン当たりの森林地代186.4 シリングとなる。

$x = 60$ の場合は,

$4x^2 = 4 \times 3600$ ……………………………… 14400

$12x = 12 \times 60$ ……………………………… 720

-350 ……………………………………………… $- 350$

65 森林モルゲンの森林地代 ……………………… 14770

1森林モルゲン当たり森林地代は227.2 シリングとなる。

森林地代 (Waldrente) と林地地代 (Bodenrente) との比較

林地地代は,第5章で見出された地代から管理費用として1森林モルゲン当たり8シリングを控除すると出る。

輪伐期	森 林 地 代 1森林モルゲン当たり	林 地 地 代 1森林モルゲン当たり	森 林 地 代 と 林 地 地 代 の 割 合
35 年	103.1 シリング	62.8 シリング	100 : 61
45 年	145.1	75.1	100 : 52
55 年	186.4	78.8	100 : 42
65 年	227.2	74.1	100 : 33

前表に明らかなとおり，輪伐期が長くなるにつれて森林地代はのびるが，林地地代はしだいに森林地代中に占める割合を小さくしてゆき，55年の輪伐期ですでに最高限に達する。

最高の林地地代を保証する輪伐期の場合，1森林モルゲンは78.8シリングを生む。これは100平方ルート当たり60.6シリングとなり，メクレンブルグ面積である1ラスト播き面積[訳注]＝6000平方ルート（約50マグデブルグ・モルゲン）に対しては75.7ターレルとなる。これから推論すれば，立木収量と立木価格に関して仮定したわれわれの前提が妥当である事情のもとでは，農業によっては56.5ターレル以下の土地地代 Landrente（小作料と考え違いしないこと）を生産する土地は，農業によるよりも高い利用が松の植栽によってなされるといえる。

比較的大きい農業者にとっては，林地と穀物地との自然境界がどこにあるかということは，実践的意義のある問題である。この問題に決定を下せる計算のできる数字となると，もちろん地域性の相違に応じて極度に相違するし，またすでに2つの相隣りあう農場の間でも相互の差異が大きいものである。とはいえ，その計算をどのようにすべきかの方法は，広く一般的な使途が見出されるのである。

しかしながら，林地と耕地との間の自然境界は，薪材の生産が植林の主目的となった場合には根本的に変わってくる。そのためにはわれわれは，こうした事情について，もう少し見てみなくてはならない。

第9章　矮林または萌芽林

高木林（Hochwald）に適しない草地（Wiesengründe）や下級畑（niedriger

訳注）Last Acker は 1 Last（300 Hectlitter の量目）の穀物を播種できる面積単位。日本の1年播きと同じ表現。

第1編

Acker) は，少しばかりの用材のほかは，薪材しか供しないものである。

これらでは，2つの理由によって高地での場合に比べて，回転が小さくなくてはならない。それは，

1) 薪材の価値は樹幹の太さ――したがって樹齢――に伴って増すけれども，その割合は建築用材の場合に比較してずっと低いこと。
2) 高齢になると，芽の出方が不安定・不完全になること。

これらの理由からここでは通常20年期の回転を厳守する。

私は，自分の観察によりテローの雑木林の収益について，次の計算を立案した。

20年周期の場合，整然と生え揃った矮林の100平方ルートが，主伐の際に供給するのは平均して：

　　4頭立て14台の薪材
　　4頭立て1台の用材

これから出来るものは，

　　6½ 棚の割木と丸薪，単価2ターレル4シリ
　　　ング ·· 13ターレル26シリング
　　8棚の柴枝，単価20シリング ··············　3　〃　16　〃
　　½ 棚の用材，ただし轅・梯柱・橇・欄柱用 …　3　〃　―　〃
　　以上15台の収入 ································ 19ターレル42シリング

これは1台当たり1ターレル15.6シリングになる。

　　伐木・伐出し，搬出・棚付けの費用は，私の
　　計算では1台当たり ······························ 21シリング
　　この費用を控除して，残る1台の価値は ········· 42.6シリング
　　薪材だけをみると，14台の収入は16ター
　　レ42シリング。これは1台当たり ········· 1ターレル9.8シリング
　　このうち控除すべき費用 ·························· 21シリング
　　　　差引して残る1台の価値　　　　　　　　　36.8シリング

孤立国 第3部

そこで，毎年 100 平方ルート伐られる 2000 平方ルートの矮林に対し，
用材と薪材の剰余収入は 15 台，単価 42.6
シリングで， 13 ターレル 15 シリング
これは，1 ラスト播き面積 6000 平方ルート
に対しては， 39 ターレル 45 シリング
森林地代を見出すには，この収入から次の支出を控除しなければならない：
1) 欠株補充のための補植苗の費用
   6000 平方ルートに …………………………… 3 ターレル
2) 若い発芽を押しつけられないように守るため
   の幼木林におけるホップ蔓草切り……………約 2 ターレル
3) 管理および看視費用，100 平方ルート当たり
   6.2 シリング，6000 平方ルート分………………… 7 ターレル 36 シリング
   支　出　12 ターレル 36 シリング

これを差し引けば 6000 平方ルートに対する
森林地代…………………………………… 27 ターレル 9 シリング
林地地代は，その立木蓄積に固定された資本の利子をこの森林地代から控除すれば出る。

100 平方ルート当たり，その主伐林分の立木蓄積は 15 台である。さて，私はさほど大きな誤差がないものと信じて仮定するのであるが，立木の年成長量が第 1 年から第 20 年まで等量だとすれば，全林分平均の立木蓄積は 7½ 台である。これで 2000 平方ルートの全 20 林分の総立木蓄積量は 150 台となる。主伐林分の 1 台の価値は 42.6 シリングである。全蓄積の木材の平均価値は，この総額の約 ⅔，つまり 1 台当たり 28.4 シリングと見てよいであろう。

これにより，20 林分（1 林分 100 平方ルート）＝ 2000 平方ルートでは，全立木の価値は 150×28.4 シリング ＝ 88 ターレル 36 シリングとなる。それで 6000 平方ルートの面積に対する

立木蓄積の資本価値 (Kapitalwert) は………… 266 ターレル 12 シリング

第1編

　　利子はこの4％になるのだが……………… 10ターレル 31シリング
　　森林地代……………………………………… 27　〃　　 9　〃
からこの利子を控除すれば,
　　6000平方ルートの矮林の林地地代である。…… 16　〃　　26　〃

　整然と生い茂った矮林6000平方ルートのこの地代はあまりにも少ないので,1つの農場で畑・草地または放牧地よりも価値の少ない土地の上の矮林は,すべて伐り倒すべきだと思いたくなるものである。

　しかしながら,必要な木材がその農場ではもはや満たされず,これを購入せざるを得ないとなると,木材が農場自体においてもつ価格に注目すべき変化が生ずる。

　木材を購入しなければならないと,これに支払う価格のみならず,その運送費もかかる。それとともに木材に対する年ごとに繰り返される欲求が満たされるかどうかの不安が大きくなる。このためにその隣人たちの機嫌に左右されるし,また彼らが木材を売りたがらないか,またはその余分の林を伐り払ってしまうことに踏み切ったときは,木材を数マイルの遠くから取り寄せざるを得ない仕儀となるかもしれない。

　こうしたことによって,調達費によって制約される木材価格は,その農場自体で,従前の販売価格の2倍ないし3倍にすらはね上がるかもしれない。

　以上を顧慮すると,薪材の需要が矮林からの伐木によって充足されないとき,土地が草地ないし放牧地として利用されて6000平方ルート当たり土地地代40ターレルないしそれ以上もあがる箇所を,矮林の育成に使うということは,的はずれでないといえよう。

　ともかくこうした状況のもとでは,薪材の生産を自己の木材需要の最小限に限定することは節約になることである。

　しかし農場主はみな,その余分の薪林を伐り払うという利害関係を等しくもつからその結果必然的に薪材が欠乏せざるをえない。そして生産価格 (Produktionspreis) ——このなかには林地が畑または草地として提供することのできる

— 547 —

地代をも含む——と販売価格 (Verkaufspreis) との間のズレが続くのもそれほど長くはない，つまり人為によらずして自然そのものの所為であるところの原生林が残る限りの間だけのことである。

第10章　間伐収益が最有利輪伐期および林地地代に及ぼす影響

　われわれの研究は，与えられた木材価格に対して，林業が最高の林地地代を保証するような輪伐期を見出すことを，とくにねらってきた。
　この課題が解決されると，この研究は一般的な，さらに高次の課題を解決する途をひらくことができる。すなわち，
　「木材の生産価格が最低になるような輪伐期を決定すること。」
　間伐収益が最有利な輪伐期にどう影響するかの問題を解明するために，われわれはこの研究のはじめに間伐を前提するにはした——そのわけは，これなしでは年々の増価を最大にするという要求が満たされえないからであった——だが，われわれは間伐の収益を捨象してきた，つまりいいかえれば，間伐からの収益は，得られる木材の伐採費および調製費によって吸収されると仮定してきたのである。
　そこでそれから先の研究には，われわれは次の前提に立って構築した。すなわち間伐は1つの純益 (reine Ertrag) を生む。そしてこの純収益として多くの場合現実に近いと思われる数字を仮定した。
　計算してその結果を比較してみたところ，上にのべた問題の解答に寄与するものが得られた。

a.　間伐が純収益を生まない場合
　この場合，第5章により，最有利な輪伐期は42年である。
　そのときの林地地代は森林モルゲン当たり，第5章により44.5シリングか

第1編

ら，8シリングの管理費用を引き，36.5シリングである。

b. 間伐が前掲の価値をもつ場合

この場合は，最有利な輪伐期は55年で，そのとき林地地代は1森林モルゲン当たり78.8シリングである。

このa, bの比較からわかることは，間伐の純収益が付加されることにより：

1) 輪伐期が42年から55年にまで延びること，
2) 林地地代が1森林モルゲン当たり36.5シリングから78.8シリングに高まることである。

しかし，ここでは1立方フィート当たり立木価値はその樹齢と正比例して強力に上昇することを根拠にしているのであるが，この場合ですら輪伐期が55年よりも長くなるとどうしても割に合わなくなる，ということは全く注目すべきであり，また興味深いことである。

しかし全地域の森林所有者がみな自己の利害関係に目覚めて長期の輪伐をいっさい行なわないとすれば，太い建築材の育成は全然なくなるであろう。しかし太い建築材が全くないというわけにはいかないから，その生産は価格の上昇によって喚起され，割に合うようにならねばならない。

これによってみれば，もしこの太い建築材の生産価格が償われるべきだとすると，われわれが仮定したよりさらに加重した比例関係で樹齢に応じ1立方フィート当たりの立木価格が上昇しなければいけないように思われる。

とにかくわれわれの研究によって到達した認識は，間伐の価値が0から残存立木の増価の⅛に上昇すると，輪伐期は老齢立木の価格の上昇がなくとも，42年から55年に延びるということである。

しかし残存立木の価値に対する間伐の価値の比率は決して一定の大きさではなく，間伐の方法いかんに完全に依存することである。

したがって次のような間伐方法はないかという問題がおのずから出てくるわけである。すなわち，間伐価値が立木価値との割合で高まることによって，最

— 549 —

有利輪伐期が延長され，太い建築材が，幼齢材と老齢材との間の価格比の上昇がなくても，有利に生産されるようになる間伐方法はないかという問題である。

第11章　営林官ナーゲル氏の間伐方法

　ディークホーフの営林官ナーゲル氏は，1825年のメクレンブルグ農業年報 (mekl. Annalen der Landwirtschaft) の第2年次・下半期の中に貴重な森林価値の計算を提供した。彼は鋭敏な実地林業家であり，その計算は私個人にとっては偉大な価値がある。それは林業による土地収益と間伐方法に関して私にはじめて光明を与えてくれたからである。

　私が，この論文から得たものと，間伐方法についてこの著者の口頭の説明や報告によって経験したものとを，ここですすんで報告しようとするわけは，この林業家が高齢であり，そのいろいろな研究の成果は公刊の機会がもうないであろうと思うからである。

　この間伐方法は，次のような原則と命題に基づいている。
1) 計算の基礎になっている松林は，播種によらず，直線に植栽することによって造られる。
2) 第1回の間伐は，松の樹齢15年のときに行ない，1条おきに条の樹全部を除去する。第2回の間伐は樹齢21年のとき，各条とも1株おきに樹を除去する。この(第2回の)操作はその後の間伐の場合にも続けられる。
3) 正方形に立ち並ぶ樹が，成長して互いの幹距 (Abstand der Bäume) がその直径のわずか10倍になったときに，1回間伐を行ない，株数の半分を伐り去る。この原則にしたがって次のように間伐される。

　　　第3回の間伐は樹齢　　30年
　　　第4回の間伐は樹齢　　42年
　　　第5回の間伐は樹齢　　60年

第1編

　　第6回の間伐は樹齢　　84年
　　そして全伐は樹齢　　120年

4) この間伐方法では，成長量は立木の幼いときも老齢になっても同じ大きさであり，立木材積は算術級数で増加する。しかし植物体の最初の養成のために成長量の得られない若干の年数を見込み，これを計算に入れる。ただしこれは土壌の相違によって異なるものである。

～～～～～～～

そこでわれわれは次の問題に当面することになる：
　　この間伐方法は土地地代と最有利な輪伐期に対してどのような影響を及ぼすであろうか？
この種の間伐でも最高の年成長量が求められるかという問題についてはしばらくおくとして，われわれはまず1年の総成長量を1森林モルゲン当たり150立方フィートと仮定する。

しかし，ここでは間伐により除去されるのは，1年の立木成長量の⅓ではなくて半分であり，したがって50立方フィートではなく75立方フィートとなる。そして残存立木の増加は年に100立方フィートではなくて，75立方フィートになる。

ここでは弱い抑圧されている樹幹が除去されるのではなくて，樹幹の占めている位置が選伐を決定するので，当然間伐材は残存立木と等しい販売価格をもつわけである。

さらにこの間伐方法ではたちどころに運搬可能な道がいたるところにできるので，木材の伐り出しには節約が大きい。そこでわれわれは現実とさほど大きな開きなしに次のように仮定し得る。すなわち間伐材は残存立木と1立方フィート当たり等しい販売価格ばかりでなく，等価値をももつということである。

以上の規定にしたがって，地代について次の普遍的な算式が出てくる：

樹齢 $x+5$ 年の林分の立木材積は …………………… $75x$ 　立方フィート
100 立方フィートのもつ価値は …………………… $3x+15$

これは　$75x$ 立方フィートでは……………………… $2.25x^2+11.25x$

間伐は主伐林分と同じ価値を提供する。ただし差があるのは，第6年から第10年までの諸林分に対しては，第7章の場合のように間伐価値が勘定にはいらないため，主伐林分の価値から控除をしなければならないのである。

ここではこの控除高は，　　　　　$150 \times \dfrac{75}{100} = 112.5$

すると全間伐の価値は，　　　　$2.25x^2+11.25x-112.5$ 注)

主伐林分と間伐を合わせて　　　$4.50x^2+22.50x-112.5$

このうちから，控除されるのは，

1) 全立木の価値に対する利子。これは，立木の年増加量が100立方フィートの場合，　　　$0.04x^3+0.36x^2+0.32x$

   立木の年増加量が75立方フィートの場合，利子は上の ¾ の高さにしかならないから，その額は，

   $$0.03x^3+0.27x^2+0.24x$$

2) 植付け費用は，播種費用と等しいとわれわれはあらかじめ仮定するので260である。

以上2つの支出を控除して，$x+5$ 森林モルゲンに，次の地代が残る。

$$-0.03x^3+4.23x^2+22.26x-372.5$$

いま，x の値を順次 50，60，70，80 および 90 とおき，管理費用として1森林モルゲン当たり8シリングを控除すれば，1森林モルゲン当たりの林地地代がそれぞれ算出される。すなわち，

輪伐期　55年の場合……………………………………129.6シリング

〃　　　65　〃　　……………………………………141.4シリング

〃　　　75　〃　　……………………………………147.0シリング

注)　ここに誤りが1つある。これに私は後になって気づいた。それでこの誤りは以下の章に持ち越される。すなわち正確には，第21章で出している計算のとおり，間伐収益 $= 2.25x^2+11.25x-75$ となる。しかしこの誤りから起こる偏差は大きくない。そして以下の計算ではどこでも1森林モルゲン当たり1シリングにも達しない。

第 1 編

  輪伐期　85 年の場合……………………………………143.8 シリング
   〃　　95　〃　　……………………………………139.5 シリング
　この場合林地地代が最高になるのは，75 と 76 年の間にあたる。

　われわれが最初に考えに入れた間伐方法の場合（第 7 章），55 年の輪伐期で最高の林地地代，1 森林モルゲンにつき 78.8 であった。

　今度は，これが 55 年の輪伐期では 129.6 となり，75 年の輪伐期ではじつに 147 となっている。

　以上によれば，ナーゲル式間伐方法はその結果として林地地代の異常な増大をきたすかに見える。

　にもかかわらず，この比較はわれわれの研究にとって規準としては役立たせられない。それは次の根拠からである。

　1）　15 年でする 1 回の間伐で利益があるためには，植付けは法外に密植ならざるを得ないし，そうするとこの費用は播種の場合の費用額——それはここでは勘定に入れたという程度にすぎない——の幾倍にもかさむであろう。しかし疎植にするとすれば，初年次は計算された成長量を大幅に下回るし，またそうなると第 1 回の間伐はおそらくようやく第 30 年目になって行なってはじめて利益が得られることになるであろう。

　2）　この方法では，間伐の期間が林分の晩年には，広く開くので，その結果，間伐の直前は樹木の状態が混みすぎるし，また間伐の直後は樹木の間隔が 2 倍になり，計算で仮定しているところの成長量の最大が得られるためには，広すぎるということになる。

　3）　間伐にあたって樹木の整然たる状態を保障するために，ただ樹が占める位置だけを重んずるというのでは，その結果当然，病害ないし成長不良の樹が沢山残らざるをえず，主伐の時になって，薪材がわれわれが計算で仮定したよりも多くなり，建築用材が少なくなるわけである。

　以上挙げた事情により，この算出した林地地代がどれほど低くなるかということは，私にはちょっと見当もつかない。

しかし議論の余地のないことがある。それはこの場合林分に固定する資本，したがってまたそれに対して計算された利子が，第1の間伐方法（第7章）の場合よりも¼だけ少ないという事情が，ナーゲル式方法で出てくる比較的高い土地地代に対して，きわめて重要な関与をしていることである。

しかし立木資本の減少が林地地代に及ぼす影響を，純粋に，つまり阻害的な副次的事情の作用なしに，認識できるようになるためには，われわれは間伐によって成長量の半分を除去するという原則を，直播林分にも適用してみなければならない。

第12章　間伐が成長量の半分を除去する場合の直播林分の林地地代と輪伐期

直播林分では，たとえ樹幹の全く整然たる配置が正方形で得られなくとも，それでも間伐で強度の伐り透かしをすることによって，栽植林分におけると全く同じように，ここでも成長量の半分を除去することができる，ということはおそらく疑問の余地がないと思われる。

ナーゲル式方法の難点，すなわち樹幹が混みあうかと思えば，また間が広くなりすぎることは，間伐期間を縮めればほとんど解決できる。以下で私が，第1回の間伐を15年，第2回を25年，第3回を35年というようにつづいて10カ年ごとに改めてゆく，と仮定するゆえんはここにある。

反対に，ナーゲル式方法の利点，つまり間伐材が1立方フィート当たり価格では残存立木と等しくできるということは，直播林分ではできないことである。そのわけは，前にも述べたとおり，ここでは比較的価値の低い樹幹を間伐によって選択することと，それと同時にそうした木材の入手は森林からの牽き出しないし，滑り出しの費用がきわめて高くなるからである。したがってわれわれは前と同じく，間伐材の価値を1立方フィート当たり，残存立木の⅔にしかな

第1編

らないと見積る必要がある。

そこで，間伐の価値は，
$$\tfrac{2}{3}(2.25x^2+11.25x-112\tfrac{1}{2})$$
となる。したがってナーゲル式方法に比べ，$0.75x^2+3.75x-37\tfrac{1}{2}$ だけ少ない。

主伐林分からの収入ならびに利子および播種費用の支出は同様に前と変わらない。

前章で地代は，
$$= -0.032x^3+4.23x^2+22.26x-372\tfrac{1}{2}$$
間伐での収入減は，
$$\underline{0.75x^2+\ 3.75x-\ 37\tfrac{1}{2}}$$
ゆえに，差引して直播林分の地代は，
$$= -0.03x^3+3.48x^2+18.51x-335$$

そこで，前章と同様に x の値を順次変えていって，1森林モルゲン当たり管理費用を8シリング控除すれば，次の結果となる：

林地地代の額は

輪伐期が	1森林モルゲン当たり
55年の場合	92.7 シリング
65年 〃	97.0 〃
67年 〃	97.1 〃
75年 〃	95.0 〃

最高の林地地代は，67年の輪伐期の場合に現われる。

森林地代は，$3.75x^2+18.75x-355$ である。

これは，8シリングの管理費用を差し引いて，

55年の輪伐期では	173.4 シリング
65年 〃	211.8 〃
75年 〃	250.0 〃

孤立国 第3部

森林地代と林地地代との関係

輪 伐 期	森 林 地 代	林 地 地 代	比 率
55年の場合	173.4 シリング	92.7 シリング	100 : 53.5
65年 〃	211.8	97	100 : 45.8
75年 〃	250	95	100 : 38

第13章　2つの間伐方法の比較

A　立木の年成長量の3分の1を除去
B　立木の年成長量の2分の1を除去

1.　間伐で除去される立木の部分に関して

　樹齢15年で第1回の間伐が行なわれ，その後10年ごとにこれを繰り返すとすれば，間伐材の立木に占める割合は，次に述べるとおりである。
A．成長量の ⅓ が間伐で除かれる場合。
　樹齢15年では，その立木は，

$$5 \times 100 + 5 \times 150 = 500 + 750 = 1250 \text{ 立方フィート}$$

　そのわけは，第5〜10年の年成長量＝100立方フィート，第10〜15年の年成長量＝150立方フィートだからである。
　この中から間伐で除去するのは，5×50＝250立方フィート，すなわち立木の ⅕ にあたる。

　　　残存立木は……………………………………… ＝ 1000 立方フィート
　　　これに加わる10カ年の成長量 …………… ＝ 1500　　〃
　　　　樹齢25年における立木　　　　　　　　　 ＝ 2500 立方フィート

　この中から第2回間伐で除去するのは，10×50＝500立方フィート，すなわち立木の ⅕ である。

第1編

残存立木は	＝ 2000 立方フィート
これに加わる 10 カ年の成長量	＝ 1500 立方フィート
樹齢 35 年の立木	＝ 3500 立方フィート

次の間伐で，除去するのはさらに 500 立方フィート，すなわち立木の $1/7$ を除去する。

この計算をさらにつづけると，立木のうち間伐で除去する割合は，次のようになる。

樹齢　45 年において	$1/9$
55 年　〃	$1/11$
65 年　〃	$1/13$
75 年　〃	$1/15$

B. 成長量の半分が間伐で除かれる場合。

| 樹齢 15 年では，この立木材積は | ＝ 1250 立方フィート |
| 間伐の収量は，$5×25+5×75=125+375$ | ＝ 500 立方フィート |

すなわち立木の $2/5$ にあたる。

残存立木は	＝ 750 立方フィート
10 カ年間の成長量	＝ 1500 立方フィート
樹齢 25 年の立木	＝ 2250 立方フィート

間伐で除去するのは，$10×75=750$，すなわち立木の $1/3$。

こうして，間伐で除去する分を樹齢の立木に対する割合で示せば，

樹齢 35 年の第 3 回間伐では	材積の $1/4$
〃　45 年の第 4 回　〃	〃　$1/5$
〃　55 年の第 5 回　〃	〃　$1/6$
〃　65 年の第 6 回　〃	〃　$1/7$
〃　75 年の第 7 回　〃	〃　$1/8$

孤立国　第3部

2. 森林地代に関して

1森林モルゲン当たり，森林地代は，

	A方法では	B方法では
輪伐期35年の場合	103.1 シリング	シリング
〃　45　〃	145.1	
〃　55　〃	186.4	173.4
〃　65　〃	227.2	211.8
〃　75　〃	—	250.0
〃　—　〃	—	—
〃　105　〃	389.0	363.8

これからいえることは，

1) Aの方法は，Bの方法に比べ，提供する森林地代は大きい。
2) 森林地代は，輪伐期が長くなるとともに連続して，しかもきわめて著しく上昇する。

簡単な計算をしてわかったこの結果から明らかになったことは，何故に世人はこうも長い間，そしてかくも頑強に，軽度の間伐と長期の輪伐期に固執してきたかということである。

しかし，実際は，このような計算から出てくるのは次の真理に過ぎない。つまり，大きな資本は小さい資本よりも多くの利子をもたらす，ということである。

それというのも，長期の輪伐期では，森林地代のうちかなり大きな部分が立木に固定された資本の利子から出てくるからである。

Aでは（第7章）全立木の価値に対する利子は，
$$0.04x^3 + 0.36x^2 + 0.32x$$
$x=100$，つまり輪伐期105年では，1森林モルゲン当たり，利子は415.5となる。

したがって，この場合には立木に固定された資本の利子が森林地代全部を，それがどれほど大きくとも，上回る。そうすると，森林所有者は樹木を全部伐

— 558 —

第1編

り払い，それで自由になった資本を利付きで貸付け，土地を裸で寝かせておくならば，これまでの造林経営の場合よりも，より多くの収入を得るであろう。

3. 林地地代に関して

森林モルゲン当たり林地地代	A 方 法 で は	B 方 法 で は
輪伐期 35 年 の 場 合	62.8 シリング	シリング
〃　　45　　〃	75.1	
〃　　55　　〃	78.8	92.7
〃　　65　　〃	74.1	97.0
〃　　75　　〃	—	95.0
〃　　—　　〃	—	—
〃　　105　　〃	−26.5	52.2

　これによれば，最高の林地地代は，Aの方法で得られるのは1森林モルゲン（130平方ルート）当たり78.8シリングで，これは6000平方ルートの面積に対しては75.7ターレルになる。これに対して，Bの方法の最高林地地代は，1森林モルゲン当たり97.1シリング，すなわち6000平方ルート当たり93.3ターレルである。AとBのこの比は，78.8：97.1＝100：123，つまりBはAよりも林地地代が23％多い。

　しかしBの方法には，これまでまだ考察されなかったもうひとつの別の事情が役立っている。樹々の光線配置（Lichtstellung）が大きければ，森林の総成長量が同じであっても，個々の樹幹の成長量は大きくなる。しかし樹齢にともなって増加する木材1立方フィート当たり価値は，樹齢を重ねた樹幹の直径の大きいことにのみよるのである。そしてもし間伐方法が相違した場合樹木の直径の年増加量が相違するならば，樹齢の代わりに，その直径が1立方フィート当たり立木価値の基準として採用されなければならない。

　仮にAの方法で個々の樹木の直径が年に⅙インチだけ，Bの場合には年に⅕インチ増加するものとすれば，樹木はAの場合やっとその樹齢72年で，Bの場合はすでに樹齢60年で，直径1フィートの太さに達するであろう。そし

孤立国　第3部

てその樹齢差にもかかわらず，両樹は等しい価値をもつであろう。

　もしAについて仮に木材の年増価額が1立方フィート当たり0.03シリングだと推定して妥当であるならば，Bについてはこの増価額は1立方フィート当たり0.036シリングと計算すべきであろう。

　いまはただ例示したにすぎないこの数値を基準にするならば，Bの剰余収益はほぼ50％にも達するのである。

　しかし，根拠のある計算を出すことができるためには，樹木の直径は，光線を受ける場合，どのように成長するかという法則を知らねばならない。

　ともかく，本章で見出した結果は見逃せないものがある。もし改良間伐法によってあらゆる松林の純収益が23ないし50％だけ高まり得るならば，これは林業主に利用されるようになるばかりでなく，さらに国民所得もこれによって相当程度高まるからである。

　しかし，ここで私は，いまのところこの研究自体まだ未完成のものと表明せざるを得ない。

　そのわけは，BについてもAと同じく，1森林モルゲン当たりの年成長量を150立方フィートと仮定しているからである。しかし，伐り透かしの疎密がただ個々の樹木の増大ばかりにとどまらず，森林全体の総成長量にも影響を及ぼすということ，したがって2つの相異なる間伐方法に対して同一の年成長量が仮定されるのではよろしくないということは，恐らく疑う余地はないだろう。

　とはいうものの，AとBのどちらで年の総成長量が大きいか，また両者はどういう比例関係になるか，という問題は，個々の樹木の成長量と，それに与えられる空間とがどういう関係に立つか，ということを知らない限り，解決できないのである。

　したがって，知識のうえの進歩は，完全な満足ではなく，ますます高い問題へ引き入れられる，ということがここでも見られる。

第 1 編

4. 輪伐期に関して

これまでの研究から,われわれにわかったことは,最有利輪伐期は間伐収益とともに変化するということ,そして土地から最高の地代が得られる輪伐期は次の通りであること,である。

a) 間伐材に価値がない場合には ……………………………………… 42 年
b) 間伐で立木成長量の 1/3 を選伐し,この間伐材が残存材の価値
   の 2/3 のときは ……………………………………………………… 55 年
c) 間伐により成長量の半分が除去され,間伐材が残存立木の価値
   の 2/3 のときは ……………………………………………………… 67 年

これから断定できることは,最高の利得 (Gewinn) が得られる輪伐期は,間伐の収益性が高まるにつれてますます長期化するということである。

しかし,成長量の半分を伐り去る強度の間伐の場合ですら,最有利輪伐期は 67 年を超えないことは注目に値する。しかし松は樹齢 67 年でもまだ太い建築材とはならない。だからすでに前に述べた見解,すなわち原生林が消失した後にもまだ太い建築材の生産が必要ならば,建築材 1 立方フィート当たりの価格は,樹齢による価格よりももっと強い割合で累進すべきだとする見解が認められると思われる。

そこでわれわれは一歩進んで,さらに長い輪伐期に対して障害となり,これを不利益化するところのものを考察するならば,長い輪伐期の場合その立木に投入される大きな資本にその理由を見出す。このことは 105 年期の回転の場合はっきりみられる。この場合 A の方法では立木資本の利子は森林地代全部を呑み尽すばかりでなく,さらに 1 森林モルゲン当たり 26.5 シリングを超過する。

これに対し B の方法による同年期の回転では,立木資本が 1/4 だけ少ないので,まだ林地地代 52.2 シリングを得られる。このことは,長い輪伐期の不利益を,立木の減少によって,すなわち間伐の際,強度に伐り透かしをすることによって,緩和し得ることをわれわれに教える。

この伐り透かしをどの程度まで行なうのがよいかは,次の研究対象である。

孤立国　第3部

第2編

第14章　森林全体の年増価が最大になるためには，樹木相互間の距離はその直径との割合でどの程度が必要か？

　この割合はたしかに樹種の相違により，また同じ樹種でも土地の相違により大きく違いが出るはずである。したがって，ここで法則といったものは全く考えられないと思われる。

　しかしここではあらゆる樹種と土質を包括するような法則などを問題にするのではなく，与えられた樹種（ここでは松）について一定の土地で法則を見出して，それにもとづいてその先の結論を出そうとすることだけが問題である。

　しかしこの具体的な場合についても法則などないのだと主張しようとする人があるならば，私はその人に次の設問をする。もし世人がこれから以下に述べるような試験を行なうとすると，はたして自然はその返答をしぶるであろうかと。

　すなわち，全く均一な土地からなる1つの圃場を8等分し，全体に松を斉一に播種するとする。そしてこれに年々間伐を繰り返すことによって，可能な限り，幹距を，幼生から主伐にいたるまで，

第1区では	直径の8倍
2　〃	〃 9 〃
3　〃	〃 10 〃
4　〃	〃 11 〃

第2編

　　第5区では　　　直径の12倍
　　　6　〃　　　　　〃　13　〃
　　　7　〃　　　　　〃　14　〃
　　　8　〃　　　　　〃　15　〃

にするのである。

　たしかにこの場合自然は返答をしぶることはないだろう。——そしてもしわれわれが，おこり得る障害を均衡できるように，繰り返してこの試験を，同一土地で，同一条件のもとに行なうならば，この具体的な場合についてその法則が見出されるであろう。

　しかし，このような試験は樹種・土質・気候のいかんを問わず，それを行なうのに絶対的な障害はないのであるから，その試験がむずかしい点を別とすれば，この自然法則探究の可能性については議論の余地がない。

　このような実験をするには，しかし観察者の側に大きな心構えが要求される。つまり膨大な経費と，最も不都合なことは年月，を要する。個々の人間の生涯を超過する年月を要する。したがってこの問題がまだ事実によって解明されていないとしても，怪しむに足りない。しかし私には不思議に思われるのであるが，間伐理論のどのような基礎づけでもこの問題にどうしても帰着するわけであるのに，樹木に要求される空間とその直径との比例に関する数値についての報告が，たとえ単なる仮説であっても，私の知っている林業書のなかにはひとつも見出されないことである。

　この題目に関するただ1つの支持点を，私は営林官ナーゲル氏の間伐方法に見出す。

　第11章ですでに述べたように，氏の企図する間伐は，幹距がその直径の10倍になったとき行ない，そのとき樹林の半数を除去することによって残存樹幹に2倍の面積余地を新たに与えることになる。

　いま，直径の平方$= \delta^2$を面積の単位および尺度とすれば，各個の樹木は間伐直前には$100\delta^2$，間伐直後にはこの200単位の空間をもつ。

各樹木が間伐期間の初めに有する $200\delta^2$ の相対的空間は，年ごとに小さくなる。なぜならそれで測る単位——直径——が着々と成長し，間伐期間の終わりには，この相対的空間は $100\delta^2$ まで低下するからである。

　この操作では，樹木は初めには過多の空間を，期間の終わりには過少の空間をもつことになる。そしてわれわれはこれから推定して，その期間の中央で樹木は正常な場所をもつとしうるにすぎない。

　しかし，間伐期間の中央では，樹木に与えられる面積は，

$$\frac{200\delta^2 + 100\delta^2}{2} = 150\delta^2$$

$150\delta^2$ の面積では，しかし幹距は，

$$\sqrt{150\delta^2} = 12.25\delta$$

　そこで，私はこれにより次の仮定を設けて考察をすすめる：

　　森林面積から最大の年増価を得るためには，樹木の株間は，1本の樹の中心点から，これを囲んで正方形に並ぶ隣りの樹の中心点までの間隔が，その直径の12倍となるような密度でなければならない。

　この仮定の検討と必要な場合の修正を，私は実地林業家にゆだねざるを得ない。

第15章　個別樹木の直径と材積における成長量

　営林官ナーゲル氏の仮定は，幹距が正常な場合には，直径の年増加量は，算術比例で行なわれ，そして最初植物体の形成に必要な年数を過ぎると，高い樹齢では例外であるが，毎年等しい大きさである，というのである。

　例：植物体の形成に必要であり，したがってそのために成長量を計算しない年数を5とし，そして第6年からの直径の成長量を年 $\frac{1}{5}$ インチ，つまり $1/60$ フィートとすれば，樹木の直径は次のようになる。

第 2 編

樹齢　25 年には　　20×⅕ ＝　4 インチ
　〃　　35　　〃　　30×⅕ ＝　6　　〃
　〃　　45　　〃　　40×⅕ ＝　8　　〃
　〃　　55　　〃　　50×⅕ ＝ 10　　〃
　〃　　65　　〃　　60×⅕ ＝ 12　　〃

~~~~~~~~~~~~~~~~

直径 1 フィート，高さ 71 フィートの樹木の体積の算定

樹木は枝をとり付けた円錐体をしている。しかし，正円錐体に必要とされるよりもいくぶん中ぶくれが普通である。

コッタ (Cotta) 氏はその『一覧表』で，等しい高さと底面積をもつ樹木の体積と数学的円錐体のそれとの間に成立する関係を表示している。──そのお蔭でわれわれには計算がまったく楽になった。

表 I（5 頁）と表 II（23 頁）により，1 フィートの直径で高さ 71 フィートの円錐体の体積は 18.59 立方フィートである。

表 IV（32 頁）により，松では円錐体の体積に対する腹張り樹の体積の比例は，100：129 である。これにより中腹張りの松 (Entasteter Kiefer) の高さ 71 フィート，直径 1 フィートのものの体積は　18.59×1.29 ＝ 23.98　立方フィートである。

しかし円錐体のかわりに 4 稜のピラミッドを比較のための基準にすれば，計算はずっと簡単になる。

高さに対する直径比を，$1：h$ だとすれば，直径 δ に対して高さは $h\delta$ となる。ピラミッドは，その底面が正方形をなしており，その各辺は樹木の直径に等しく，つまり底面積 ＝ δ^2 の場合，体積は $\frac{1}{3}h\delta×\delta^2 = \frac{1}{3}h\delta^3$ である。

$h = 71$，$\delta = 1$ に対しては，ピラミッドの体積は $\frac{1}{3}×71 = 23.67$ 立方フィート。樹木の体積は 23.98 立方フィート。

したがって，この場合その差は 0.31 立方フィートにすぎないこと，そして

腹張り樹木の体積を求めるには，ピラミッドの体積に 1.013 を乗じなければならない。

樹幹の完全利用，つまり枝条のすべてを含めた幹の利用の場合，樹木全体の体積と円錐体の体積との割合は，コッタの表Ⅳ（32頁）によると，167：100 である。

円錐体の体積は …………………………………………… ＝ 18.59 立方フィート
樹本全体の体積は 18.59×1.67…………………………… ＝ 31.05 立方フィート

これをピラミッドの体積と比べてみると，両者の割合は， 23.67：31.05 ＝ 100：131.2 となる。

したがって，枝条をすべて含めた樹木の体積を求めるには，相当するピラミッドの体積に 1.312 を乗ずればよい。

ピラミッドの体積は，$\frac{1}{3}h\delta \times \delta^2$ ……………………………………… $= \frac{1}{3}h\delta^3$
したがって，樹木の体積は………………………………… $= \frac{1.31}{3}h\delta^3$

$h = 71$ では，$\frac{1.31 \times h}{3} = \frac{1.31 \times 71}{3} = 31$ となり，樹木の体積について最も簡明な表現 $31\delta^3$ を得る。

これは　$\delta = 2$ では，体積 ＝ 248 立方フィート
　　　　$\delta = 1$ では，体積 ＝ 　31 立方フィート
　　　　$\delta = \frac{1}{2}$ では，体積 ＝ $^{27}/_8$ 立方フィート

～～～～～～～～～～

直径の年増加量が $\frac{1}{6}$ インチ ＝ $^1/_{72}$ フィートの場合， 1フィートの直径の樹木の〔年〕成長量は体積でどれほどの大きさになるか？

早春に太さ1フィートの樹木が，秋には直径が $1^1/_{72} = {}^{73}/_{72}$ フィートとなるわけである。

この樹木の体積は，

$$31\left(\frac{73}{72}\right)^3 = 31 \times \frac{389017}{373248} = 32.31 \ 立方フィート$$

樹木の体積は 31 から 32.31 立方フィートに増加するから，成長量は 1.31 立

方フィート，つまり立木体積の $\frac{1.31}{31} = 4.2$ ％の成長率がみられる。

直径の年成長量を α フィートと一般的に表示すれば，直径は夏のうちに成長して δ から，$\delta + \alpha$ になる。

直径 $= \delta + \alpha$ の樹木の体積は，
$$= 31(\delta+\alpha)^3 = 31(\delta^3+3\delta^2\alpha+3\alpha^2\delta+\alpha^3)$$

早春の体積は $= 31\delta^3$

体積の成長量は，したがって $31(3\delta^2\alpha+3\delta\alpha^2+\alpha^3)$ である。

第16章　間伐で除去すべき成長量部分の計算

　間伐収量に関する林業家の見解に大きな相違があり，また立証された正しい間伐原則も全然見当たらない現状では，私はこれまで間伐収量を成長量に対する割合で仮説的に仮定し得たにすぎなかった。

　林業の基本題目の1つに関し，このような学問上の欠陥がみられる場合，最有利輪伐期を決定することは林業による土地収益を正確に計算することと同様にむずかしい。

　それゆえ学問上の根拠ある間伐原則を発見しようとする希求と必要には切実なものがあるといえよう。

　そこで問題になるのは，このような法則の探求は総じて可能であろうか，また可能だとして，現存するデータはそのために十分であろうかということである。

　そこで，私が営林官ナーゲル氏の森林評価から一部分引用し，一部分導き出したところの命題が，このためにはたして十分であるかどうかを，検討してみる。

　前に1つ1つ引用した命題を，私はここに箇条書きにしてひとまとめにし概観しやすくする。

孤立国　第3部
第1命題　幹距がその直径の12倍の場合，森林の年増加が最大になる。
第2命題　最初の植物体形成に必要な数年と，高樹齢期とを除けば，樹木相互間の距離が正常である場合，樹木個体の直径の年増加量は同じであって，定数である。
第3命題　第2命題と同じ制限と条件のもとで，全森林の材積の年成長量もまた同じであって常数である。

そこで，この命題を根拠にして以下の考察を行ない，求める法則がこれから導かれるかどうかを試してみる。

第2命題を根拠とした前章の計算によってわかったことは，樹木個体の体積の〔年〕成長量は，$31(3\delta\alpha^2+3\alpha^2\delta+\alpha^3)$ 立方フィートであることであった。第1命題により各樹木は，$12\delta \times 12\delta = 144\delta^2$ の空間を必要とする。

いま，森林面積を w 平方フィートとすれば，早春にはこの面積に $\frac{w}{144\delta^2}$ 本の樹木が立つ。この数に樹木各個体の成長量を乗ずれば，森林の総成長量が出る。秋には樹木の直径は δ から $\alpha+\delta$ に成長する。このとき各樹木の要する空間は $144(\alpha+\delta)^2$ である。森林全面積では $\frac{w}{144(\alpha+\delta)^2}$ 本分の樹木空間を要する。ところがそこには $\frac{x}{144\delta^2}$ 本の樹木が立っているから，正常な空間を与えるには，$\frac{w}{144\delta^2} - \frac{w}{144(\alpha+\delta)^2}$ 本の樹木を伐り去らなければいけない。その樹木各個の体積は，$31(\alpha+\delta)^3$ 立方フィートである。この材積を総成長量と比較すると，成長量と間伐収量との割合がどうなるかがわかる。

したがって，δ の値が与えられれば，提出された課題を計算で解く可能性が出てくる。

しかし，この算式をそれぞれ異なった直径の樹木に適用すると，成長量と間伐収量との割合は同じでなく，例えば一方で $\delta = \frac{1}{2}$ であるのに他方では $\delta = 1$ ということがわかる。

そこで，この相違の原因はといえば，樹木がその成長量の最大を得るためには，その直径の成長に応じてたえず拡大された空間をもたねばならないにかか

第 2 編

わらず，われわれは樹木が早春に要した空間 $144\delta^2$ をそのまま夏の期間を通じて十分だとみなしたのによる。

　実地ではこのような細かな穿鑿(せんさく)は閑人のそらごとと見られるかもしれない。しかし自然法則を探究しようと思えば，われわれはその動きをささやかな移り変わりまでも追求しなければならない，そして 1 つの与えられた値の δ ばかりでなく，δ のあらゆる値に対して成長量と間伐収量との間の正しい関係を明らかにするような公式を発見するためには，われわれはさらに深く困難な研究を前にして逡巡は許されない。

　夏期の成長期間中，日々，時々刻々と樹木の直径は伸長しつづける。したがって樹木は来る日ごとに，その前日より広い面積空間を要する。もしわれわれが樹木が日々に必要とした空間を計算するときに，日ごと日ごとの面積空間を加算して，それを日数で割るならば，われわれは樹木が夏の期間中に必要とした空間をほぼ正確に出すことができるであろう。もしわれわれが時間を基準にとれば，結果はさらに正確になるであろうし，さらにできれば刻々の直径の増加量を決定するならば，計算は現実と完全な一致が保証されるであろう。

　いま，漸増する空間所要量について，展望を得るため，われわれは夏期を 10 期 (Zeitabschnit) に分けて例示してみる。

　直径 = 1 とすれば，

	直　径	樹木が要する空間
第 1 期には	$1+ {}^1/_{10}\alpha$	$(1+ {}^2/_{10}\alpha + {}^1/_{100}\alpha^2)144$
2　〃	$1+ {}^2/_{10}\alpha$	$(1+ {}^4/_{10}\alpha + {}^4/_{100}\alpha^2)144$
3　〃	$1+ {}^3/_{10}\alpha$	$(1+ {}^6/_{10}\alpha + {}^9/_{100}\alpha^2)144$
4　〃	$1+ {}^4/_{10}\alpha$	$(1+ {}^8/_{10}\alpha + {}^{16}/_{100}\alpha^2)144$
5　〃	$1+ {}^5/_{10}\alpha$	$(1+ {}^{10}/_{10}\alpha + {}^{25}/_{100}\alpha^2)144$
6　〃	$1+ {}^6/_{10}\alpha$	$(1+ {}^{12}/_{10}\alpha + {}^{36}/_{100}\alpha^2)144$
7　〃	$1+ {}^7/_{10}\alpha$	$(1+ {}^{14}/_{10}\alpha + {}^{48}/_{100}\alpha^2)144$
8　〃	$1+ {}^8/_{10}\alpha$	$(1+ {}^{16}/_{10}\alpha + {}^{64}/_{100}\alpha^2)144$
9　〃	$1+ {}^9/_{10}\alpha$	$(1+ {}^{18}/_{10}\alpha + {}^{81}/_{100}\alpha^2)144$
10　〃	$1+ {}^{10}/_{10}\alpha$	$(1+ {}^{20}/_{10}\alpha + {}^{100}/_{100}\alpha^2)144$
総　　計		$(10+11\alpha+3.85\alpha^2)144$

この総計を期間数 10 で割れば，樹木が夏期に要する中位の空間

$$(1+1.1\alpha+0.385\alpha^2)144$$

が出る。

そこで，α と α^2 の係数の序列を観察してみると，α の係数の総計は自然数（1，2，3 など）を 2 倍して 10 で割ったものの総計だということがわかる。

α^2 の係数の総計はこれに対して，自然数 1，2，3 などを 2 乗して 10^2 で割ったものの総計に等しい。

いまもしわれわれが夏期を n 個の期に分けるとすれば，α の係数の総計は，

$$(1+2+3+\cdots\cdots n)\frac{2}{n}=\frac{n(n+1)}{2}\times\frac{2}{n}=n+1$$

α^2 の係数の総計は，

$$(1+4+9+\cdots\cdots n^2)\frac{1}{n^2}$$

ところが，1 から n までの自然数の 2 乗の総計は $\frac{2n^3+3n^2+n}{6}$，したがって α^2 の係数の総計は，

$$\left(\frac{2n^3+3n^2+n}{6}\right)\frac{1}{n^2}=\frac{1}{3}n+\frac{1}{2}+\frac{1}{6n}$$

または，$\frac{2n^2+3n+1}{6n}$

われわれはこれによって，樹木が n 個の期間に要する空間の総計を算出した。そこで樹木が n 個の期間よりなるひと夏に要する空間を計算するには，われわれは算出した総計を n で割らなければならない。

すると，直径 1 フィートの樹木が要する面積空間として次の表式を得る。

$$\left(1+\frac{n+1}{n}\alpha+(\frac{1}{3}+\frac{1}{2n}+\frac{1}{6n^2})\alpha^2\right)144 \text{ 平方フィート}$$

いま早春の樹木の直径を 1 の代わりに δ とすれば，直径 δ の樹木についての面積空間所要量が上の計算から導かれる。

第 2 編

$$\left(\delta^2+\frac{n+1}{n}\alpha\delta+(\frac{1}{3}+\frac{1}{2n}+\frac{1}{6n^2})\alpha^2\right)144$$

そこで，αの係数の構成について，さらに考察をすすめてみよう。

われわれは各期に対して同じものを見出したのである。なぜというに系列 $(1, 2, 3……n)\frac{2}{n}$ の最終項 n に初項1を加え，そしてまず項数の半分を，その後に第2因数 $\frac{2}{n}$ を乗じたからである。

そこでしかし，n は不定数であり，これは好きな大きさに考えられる。したがって，期間の数は，それをわれわれは算術級数で初項と仮定し，上の取扱いでは終項に加えたものであるが，その大きさはまったく n の大きさによるのであって，たとえば $n=1000$ ではひと夏の1000分の1になる。

しかしこの期間は，われわれが勝手に作った期間なので，自然に存在するものではない。そのわけはたとえばひと夏という期間の1000分の1は，それ自体さらに先立つ期間から成りたっているからである。

ここで自然の従う法則を認識するには，われわれが勝手に作った期間を単位としたり，終項に加えるようなことをしてはよくない。われわれはむしろ本来的に生成したものを終項に付け加えるべきであった。しかしこれは量ではなくして，質であって，1つの大きさに加えられるものではない。その大きさがはじめて現われるのは，われわれがその生成過程の流れのなかで期間を作るときである。

したがってわれわれは初項を，それが量である限り，0と考えなければならない。そう考えると，αの係数は変化して，$\frac{n+1}{n}$ から $\frac{n+0}{n}=1$ になる。

これと同じ結果は，無限分割の場合と同じように n を無限大とし，したがって $\frac{1}{n}$ を無限小とした場合に，出てくる。なぜならば，この場合，αの係数は $\frac{n+1}{n}=\frac{n}{n}+\frac{1}{n}$ であるから，無限小数 $\frac{1}{n}$ は加算の場合（乗ずる場合ではない）0と考えられ，係数は $\frac{n}{n}=1$ に等しくなるからである。

$n=\infty$ とおくと，α^2 の係数 $\frac{1}{3}+\frac{1}{2n}+\frac{1}{6n^2}$ のうち第2，第3項は0であ

るから，係数は $\frac{1}{3}$ である。

以上により，早春に直径 $=\delta$ の樹木が，夏の全期間中所要の面積空間は

$(\delta^2+\alpha\delta+\frac{1}{3}\alpha^2)144$ である。

以上でわれわれはこれらの諸命題について認識を得たので，次に間伐収量の計算に移ることができる。

樹木は夏季全体を通じてつねに正常な空間を得ているとわれわれが仮定するからには，それに続くことは，間伐もまた樹々の直径の増加に継続的に歩調を合わせて行なう必要があるということである。

1. 樹木個体の成長量

各樹木の直径は，

春期の初めには……………………… $=\delta$;

秋期には…………………………… $=\alpha+\delta$;

樹木の体積は，

早春には…………………………… $=31\delta^3$

秋期には…………………………… $=31(\delta+\alpha)^3$

$\qquad\qquad\qquad\qquad\qquad\quad =31(\delta^3+3\alpha\delta^2+3\alpha^2\delta+\alpha^3)$

これから控除する早春の樹木体積 $31\delta^3$ を差引して

成長量……………………………… $=31(3\alpha\delta^2+3\alpha^2\delta+\alpha^3)$

2. 森林全面積の成長量

すでに見たとおり，樹木が夏の全期間中平均して要する空間は，

$144(\delta^2+\alpha\delta+\frac{1}{3}\alpha^2)$

したがって，森林面積 w の上には，$\dfrac{w}{144(\delta^2+\alpha\delta+\frac{1}{3}\alpha^2)}$ 本が立ち得る。個々の樹木の成長量は $31(3\alpha\delta^2+3\alpha^2\delta+\alpha^3)$ である。

したがって，全樹木の総成長量は，

$$\frac{31w(3\alpha\delta^2+3\alpha^2\delta+\alpha^3)}{144(\delta^2+\alpha\delta+\frac{1}{3}\alpha^2)} = \frac{31w}{144}\times 3\alpha$$

例： $w = 144000$ 平方フィート $= 562.5$ 平方ルート
$\alpha = \frac{1}{6}$ インチ $= \frac{1}{72}$ フィートとすれば，森林の成長量は，

$$31\times\frac{144000}{144}\times\frac{3}{72} = 31000\times\frac{3}{72} = 1292 \text{ 立方フィート}$$

3. 残存立木の成長量

春期の初めには各樹木の直径は δ，その体積は $31\delta^3$，その所要空間は $144\delta^2$ である。

したがって森林面積 w に立ち得る樹木数は，$\frac{w}{144\delta^2}$ である。

したがって，その森林の立木蓄積は，

$$\frac{w}{144\delta^2}\times 31\delta^3 = \frac{31w\delta}{144}$$

秋期，成長期間の終わりには，樹木の直径は $\delta+\alpha$，体積は $31(\delta+\alpha)^3$，樹木の所要空間は $144(\delta+\alpha)^2$ である。森林面積 w に立ち得る樹木数は，したがって $\frac{w}{144(\delta+\alpha)^2}$ 本。この樹木数に各樹木個体の体積を乗ずれば次のようになる。

$$\frac{w}{144(\delta+\alpha)^2}\times 31(\delta+\alpha)^3 = \frac{31w(\delta+\alpha)}{144}$$

これから，春期の初めの立木 $\frac{31w\delta}{144}$ を控除すれば，残存立木の成長量が出る。

$$\frac{31w(\delta+\alpha)}{144} - \frac{31w\delta}{144} = \frac{31w}{144}\times\alpha$$

われわれは総成長量が $\frac{31w}{144}\times 3\alpha$ であることを見出している。このうち秋期に残存するのが，わずか $\frac{31w}{144}\times\alpha$ であるから，間伐が除去するのは，

$$\frac{31w}{144}\times 3\alpha - \frac{31w}{144}\times\alpha = \frac{31w}{144}\times 2\alpha$$

孤立国　第3部

そこでわれわれは，きわめて注目すべき結論を得る，すなわち，

　　樹木の正常な状態の場合，間伐収量は材積でみて，残存立木の成長量の2
　　倍である。

　例　$\delta = 1$ フィート，$\alpha = \frac{1}{2}$ フィート，$w = 1440000$ 平方フィート $= 5625$ 平方ルートとする。

　夏の全期間を通じて樹木の所要する空間は $(\delta^2 + \alpha\delta + \frac{1}{3}\alpha^2) 144$ で，これに上の数値を代入すれば，144×1.014 平方フィートとなる。

　林地に立ち得る樹木数は，したがって，

$$\frac{1440000}{144 \times 1.014} = 9862 \text{ 本}$$

　早春に直径1フィートの樹木は，夏を経て成長し，1½フィートの直径となり，その体積は $31 \times 1^3 = 31$ 立方フィートから $31 (\frac{3}{2})^3 = 32.31$ 立方フィートに成長する。

　樹の成長量はしたがって，$32.31 - 31 = 1.31$ 立方フィート。これは夏期全体を通じて正常な空間をもつところの9862本の樹木に対しては，総成長量 $= 9862 \times 1.31 = 12919$ 立方フィートとなる。

　継続的に行なわれる間伐により，夏の間におびただしい樹木が除去されるが，それは正常な空間の創出に必要なものである。秋には，1½フィートの直径の樹木に対して，正常な空間は，$144 (\frac{73}{72})^2 = 144 \times \frac{5329}{5184}$ である。したがって，森林全面積に立ち得る樹木数は，$1440000 \div 144 \times \frac{5329}{5184} = 9728$ 本

　　1本の体積は，秋には……………………………　32.31　立方フィート
　　したがって，残存立木は 9728×32.31 ………… $= 314311$　〃
　　早春の立木は…………………………………… $= 310000$　〃
　　ゆえに，残存立木の成長量は…………………… $=$　4311　立方フィート
　　総成長量は……………………………………… $=$　12919　〃

したがって，間伐により除去されたのは8608立方フィート。

　（ここで間伐収量が残存立木の増加量のちょうど2倍きっちりとならないの

第 2 編

は，十進法による計算のせいにすぎない。）

~~~~~~~~~~~~~~~~~

　計算をもっと簡単で容易に展望するには，仮定をかえて，間伐が夏期間中にわたって継続的にでなくして，秋期に1度行なわれる，としてみればよい。この場合には上に述べた林地上に秋期にまだ10000本の樹幹（1本が32.31立方フィート）が存在する。

　　　したがって，その全立木蓄積は……………… ＝ 323100 立方フィート
　　　早春にあった立木蓄積は………………………… ＝ 310000　　〃
　　　　　ゆえに，総成長量は　　　　　　　　　　　　13100 立方フィート

　そこで，樹木は秋期の間伐によって正常の空間が与えられるとすれば，上に計算したように9728本しか座がないので，したがって272本は除去しなければならないことがわかる。

　　　この間伐収量は，272×32.31 ……………… ＝ 8789 立方フィート
　　　総成長量は ……………………………………… ＝ 13100　　〃
　　　このうち森林に残るのは ……………………… ＝ 4311　　〃

残存立木の成長量が間伐収穫に対する比例は，したがって，

　　　4311：8789 ＝ 100：204

　したがって，この場合でも間伐からの収量は総成長量の 2/3 を超える。

　しかし，この計算は数理上の正確さを欠く。そのわけは樹木が早春にしか正常の株間が与えられず，夏を経るうちに，直径が増加して混みあうことになり，それではここに計算した成長量を達成することもできないからである。この計算方式はまた直径が異なった樹について，残存される成長量と間伐収量との割合が異なってくる。したがって，これは代数計算から出る命題が普遍妥当性をもつにもかかわらず，これでは自然を貫く法則を認識することができない。

　しかし，樹木が春でなく夏期の最中に要する空間をとりあげて，これを根拠にするならば，両計算方式の結果における食い違いはほんのわずかである。

第17章　批　判

　前章の主な内容は，私が1828年にとりまとめて書きおろしたものであった。
　しかしこの研究結果は，われながら意外でもあり，また実際とも，信頼すべき林業家の意見ともあまりに相違しているので，私は推論に誤りがあるかと思い，結論それ自体に信をおく気になれなかったものであった。
　その当時，私にはこれを改めて検討してみる暇がなかったので，この研究はそのままとなり，私は忘れかけていた。
　しかし最近になって私は，種々の樹齢の立木の価値につき，また松の植栽により土地が与える地代について，はっきりさせたい気になった。ところが，林地地代は輪伐期と間伐収量に根本的に依存する。継続研究がすぐ突き当たるのはやはり，最有利輪伐期それ自体がまたしても間伐収量に依存するというところに帰ってくる。それでこの題目が研究の中心点となったのであった。
　しかし，間伐収量に関するデータが私には欠けているし，またこの点で私が従うことのできる権威者というものを知らなかったので，私は，間伐収量の残存立木に対する割合について種々の命題を仮説的に仮定し，種々の方式の間伐が輪伐期と林地地代に及ぼす作用を比較して真理に近づくことで満足せざるを得なかったわけである。
　こうしてこの第1編ができ上がったのであった。しかしこの題目に一歩ずつ突っ込んでゆくごとに仮説的な命題では解決できない問題にぶつかり，そして一歩一歩と進むにつれてはっきりするのは，これに関して自然の内部を貫く法則を知りたいという欲求であった。
　こうしたことから私は止むに止まれず1828年の自分の研究に立ち戻った次第である。
　そこで，私は細心の注意をもって当時の書き下ろしを繰り返し再検討した。

第2編

ところが推論そのものには想像したような誤りを発見するには至らなかった。

それで私は推論に含まれる矛盾を指摘する試みを誰かにやってもらうほかはない。

しかしそれは叶えられていないので，批判はおのずからナーゲル氏の命題に向かわざるを得ない。その命題はわれわれの計算——それが符号ではなく数値で行なわれる限り——の基礎になっているのであるが，私にはそれが正しいことを請け合って，到達した結果が間違いか，それとも一般の意見が間違いかを決着させることはできないのである。

この目的でわれわれはこれから次の問題に向かう。すなわち，ナーゲル氏の命題の修正は，われわれの研究の主要結論："樹木の正常な状態の場合，間伐の木材収量は総成長量の $2/3$ に達する" に対して影響があるかどうか，どこまであるか，の問題に向かうのである。

ナーゲルの第1命題，森林面積が最高の成長量を示すためには，樹木相互間の距離がその直径の12倍でなければならないとする命題は，たしかにもっと検討を重ねる必要がある。

そこで 12 とは異なった幹距数に対して問題の命題は修正を受けるかどうかを研究せねばならない。

この点を確かめるには，いまわれわれは前の計算で幹距の数値として採った 12 の代わりに r とおき，正常な空間として採った $144\delta^2$ の代わりに $r^2\delta^2$ とおけば，われわれは総成長量については公式 $\frac{31w}{r^2} \times 3\alpha$，残存立木の成長量については公式 $\frac{31w}{r^2} \times \alpha$ を得る。総成長量のうち残存立木に繰り入れられないものが間伐の収穫であり，したがってここでは $\frac{31w}{r^2} \times 2\alpha$ になる。

したがって間伐は総成長量の $2/3$，つまり残存立木の成長量の2倍が供されるという結果をわれわれは再び得る。そこで，r は 10 でも 15 でも，またそのほかのどの数でも，それが森林の最高の成長量を供する要求に相応する数であればよいからして，そこからいえることは，正常な幹距について検証が進んで，どのような数が正しいと認識されようとわれわれの発見した法則はそれに

は無関係だということである。

―――――

　ナーゲルの命題の第2「樹木の直径の増加量は算術級数に従う」からナーゲルの命題の第3「森林全面積の立木の増加量は算術級数である」が導き出される。これは次に示すとおりである。

　いま，樹木の直径の規則的な年成長量を α，正常な幹距を r，樹齢 n 年の早春の樹木の直径を δ とすれば，前章で示したとおり，面積 w の森林には $\frac{w}{r^2\delta^2}$ 本が立つことができる。各樹木の体積（第15章）$= 31\delta^3$ であり，立木材積は，$\frac{w}{r^2\delta^2} \times 31\delta^3 = \frac{31w\delta}{r^2}$ である。

　$n+1$ 年の早春には樹木の直径は $\delta+\alpha$ となり，面積 w の上には $\frac{w}{r^2(\delta+\alpha)^2}$ 本が立つことができる。各樹木の体積は $31(\delta+\alpha)^3$ となり，立木材積は，$\frac{w}{r^2(\delta+\alpha)^2} \times 31(\delta+\alpha)^3 = \frac{31w(\delta+\alpha)}{r^2}$ である。さきに，第 n 年の早春には立木材積は $\frac{31w\delta}{r^2}$ であった。この立木材積を差し引けば，第 n 年の成長量（前章どおり）$= \frac{31w}{r^2} \times \alpha$ が出る。

　$n+2$ 年の早春には樹木の直径は $\delta+2\alpha$ となり，樹木の体積は $31(\delta+2\alpha)^3$ である。森林面積 w 上に立ち得る樹木数は，$\frac{w}{r^2(\delta+2\alpha)^2}$ 本。立木材積はしたがって $\frac{w}{r^2(\delta+2\alpha)^2} \times 31(\delta+2\alpha)^3 = \frac{31w(\delta+2\alpha)}{r^2}$ である。これから，第 $n+1$ 年〔早春〕の立木材積 $\frac{31w}{r^2}(\delta+\alpha)$ を差し引けば，第 $n+1$ 年の成長量 $\frac{31w}{r^2} \times \alpha$ が出る。

　第 $n+1$ 年の成長量は，このように第 n 年のそれと等しい。そして容易に展望できるとおり，計算を第 $n+2$ 年，第 $n+3$ 年等々について続ければ，いつも同じ結果が出るであろう。

　したがって森林面積の残存立木材積は，各樹木個体の直径の増加量に正比例して増加するわけである。

　ナーゲルの命題，森林の残存立木材積は算術級数で増加する，に対しては，

第2編

しかし多くの林業家が現実ではこの命題が実証されないという事実を証拠にすることができるといって反対している。

営林官ナーゲル氏はこれに対して，経験がこの命題に相応しないところでは，間伐で誤りを犯しているのだと反論している。

どちらが正しいのか？

われわれはこれと，尊敬すべき林学のベテラン・営林長官コッタ氏の報告とを比較しよう。

同氏はその，『立木の材積と成長量決定のための一覧表』41頁で，ザクセン

樹　齢	立木材積 立方フィート	成　長　量 立方フィート
20 年	2940	
21 〃	3123	183
30 〃	4850	
31 〃	5053	203
40 〃	6950	
41 〃	7166	216
50 〃	9150	
51 〃	9374	224
60 〃	11350	
61 〃	11564	214
70 〃	13450	
71 〃	13654	204
80 〃	15450	
81 〃	15644	194
90 〃	17350	
91 〃	17534	184
100 〃	19150	
101 〃	19324	174
110 〃	20820	
111 〃	20978	158
120 〃	22320	
121 〃	22460	140

州の耕地等級で第10等，つまり最高級の土地における松造林の蓄積を前表のとおり表示している。

この表では，樹木の成長量は若齢では高くなり，老齢ではしかし低下している。

しかしコッタ自身は，彼はごく晩年になってやっと正しい間伐原則の認識と応用に到達したということを証言している（『造林』第4版，106頁）。それで，彼の収穫表を案出した観察が，間伐過少の立木を根拠としているということは，まことにありうることと思われる。老齢の立木に対してはその可能性が高い。そのわけは間伐原理はやっと近年になって語られるようになったのであり，老齢の立木で，最初の若齢時代から正しく処理されたものは恐らくないだろうからである。

そこで，コッタの表がナーゲルの命題から偏向しているのもまたナーゲル反対の根拠としては役立たないが，ナーゲルの命題の正しいことが証明されたことにもならない。

そこで，われわれが追求しなければならないことは，われわれの研究結果がその根拠としたこの命題に従っているかどうか，その程度いかんである。

この目的でわれわれは――コッタの命題に似せて――成長量は初めは上昇し，そして最高点に達し，それからは低下すると仮定しよう。

いま，n年生の樹木の直径の年成長量をαとする。そこで，この樹齢が上昇成長の段階にあるものとすれば，直径の増加量はαより大きい。しかし，n年がもし漸減成長の段階にあるとすれば，直径の増加量はαより小さい，つまり$(1-t)\alpha$。しかしこの両方の場合を総括し，一本化して$(1\pm t)\alpha$で表わす。

そこで，われわれは前のパラグラフでみたαの代わりに$(1\pm t)\alpha$を，$144\delta^2$の代わりに$r^2\delta^2$を置いて，計算を行なえば次の結果が出る。

1) 総成長量 $= \dfrac{31w}{r^2}(1\pm t)3\alpha$

第2編

2) 残存立木の成長量 $= \dfrac{31w}{r^2}(1\pm t)\alpha$

両者の割合は，したがって次のようになる。

$\dfrac{31w}{r^2}(1\pm t)3\alpha : \dfrac{31w}{r^2}(1\pm t)\alpha = 3 : 1$

したがって，この割合はわれわれが前章で発見したものとまさに一致している。そして同時に，法則——それによると正常な間伐では間伐木材収量が残存立木の成長量の2倍に達するという法則——の正しいことは，ナーゲルの命題の正しさから独立していることが証明されたわけである。

～～～～～～～～～～～

したがって，この側面からはわれわれの研究結果は反対されない。しかし，森林の樹木が最高の成長量を供すべき場合に，樹木が要求する空間が，樹木の直径とは全く何ら関係もない，と証明できるならば，それは崩れ去る。

しかし正常な空間についての基準としては，何としても樹木自体からのみ採り上げられ得るのであって，その直径がこれに役立たないとすれば，おそらく基準となり得るものは樹木の材積のほかにはないだろう。

そこでわれわれは仮説として，森林面積が最高の成長量を供すべき場合に樹木個体が要する空間は，樹木の材積に正比例する，と仮定してみたい。

$31\delta^3$ 立方フィートの体積の樹木が要する空間は r^2 平方フィートである。

1立方フィートの材積当たりの空間は，したがって $\dfrac{r^2}{31\delta^3}$ 平方フィートとなる。

夏の期間中に樹木の直径は δ から $\delta+\alpha$ に成長し，その体積は $31\delta^3$ から $31(\delta+\alpha)^3$ に成長するとする。さて1立方フィートの材積は $\dfrac{r^2}{31\delta^3}$ 平方フィートの空間を要するのであるから，翌年には $31(\delta+\alpha)^3$ 立方フィートの体積の樹木が $31(\delta+\alpha)^3 \times \dfrac{r^2}{31\delta^3}$ の空間を要する。

したがって，w の森林面積に立ち得る樹木数は，

$w \div 31(\delta+\alpha)^3 \dfrac{r^2}{31\delta^3} = \dfrac{w\delta^3}{r^2(\delta+\alpha)^3}$ 本である。

孤立国　第3部

各1本の樹木の体積は $31(\delta+\alpha)^3$ であるから，森林の立木材積は，$\dfrac{31w\delta^3}{r^2}$ となるわけである。

これと，早春の森林立木材積とを比較すれば，残存立木の成長量が出る。

早春には樹木の体積は $31\delta^3$，樹木が必要とする空間は r^2 平方フィート。したがって w の面積に立ち得る樹木数は $\dfrac{w}{r^2}$ 本。森林の材積は $\dfrac{w}{r^2}\times 31\delta^3 = \dfrac{31w\delta^3}{r^2}$ である。

翌年について立木材積はいぜんとして前年の春とちょうど同じ大きさの $\dfrac{31w\delta^3}{r^2}$ であることがわかった。

このことからいえるのは，もし樹木の材積が，樹木の要する空間の基準であるならば，総成長量を毎年間伐によって除去しなければならず，森林の立木材積の増加が行なわれないことになる。これは不合理である。

例　いま $\delta=1$, $\alpha=\frac{1}{2}$, $r=12$ フィート，それに $w=1440000$ 平方フィートとする。

すると，樹木の体積は $31\delta^3=31$ 立方フィート，樹木の所要空間は144平方フィート。したがって1立方フィートの材積につき所要空間は $144/31=4.645$ 平方フィートとなる。

樹木の直径は早春には1フィートが秋期には1½フィートの太さとなり，その体積は $31(\frac{3}{2})^3=32.31$ 立方フィートとなる。そこで，このときの樹木所要空間は $32.31\times 4.645=150.1$ 平方フィートとなる。w，つまり1440000平方フィートの面積に立ち得る樹木数は，このとき $\dfrac{1440000}{150.1}=9595$ 本である。

そのとき，森林の材積は $9595\times 32.31=$…………………310014立方フィート
早春の立木材積は，10000×31 立方フィート…………310000　　〃

したがって，立木材積は早春と秋期とは等しい大きさとなる。これは成長量の全部を除去する間伐を前提としている。

これから一般にいえることは，もし樹木の要する正常な空間を，あらゆる樹

第 2 編

齢段階でその材積に適合させるものとすれば,森林の成長量の全部を間伐によって除去せざるを得ず,森林の立木材積は同一にとどまるであろうということである。

もし逆に,ある太さ,たとえば直径 1 フィートの太さの樹木で占めている森林の立木材積を正常立木材積（Normalbestand）と考えるならば,後年になってはじめて残存樹木に増大が見られるが,それは伐り去られた樹幹に含まれていた材積と等しい増大であろう。しかし,より若い林分は,まだどれも正常な立木材積をもっておらず,樹幹の除去ごとに正常な立木材積からますます遠のくから,若齢の立木ではまったく間伐をしてはいけない。するとこれは樹木の所要空間を求める闘争によって引き起こされる荒廃化のあらゆる恐怖に金を払うことになるに相違ない。

ここで設けた仮説がこのような不合理と矛盾をきたすとすれば,これは無価値として捨て去らなければならない。

しかし,樹木自体のうちにその所要空間に対する基準が含まれているに相違ないから,樹木の直径が正常な幹距と面積要求とに対して基準たるべきだという仮定に立ち戻る以外に途は残されていない。

～～～～～～～～～～～～～～～

間伐は成長量の $2/3$ を除去すべきだということが,ここでまた林学の定理として証明されると,ただの実地家は次のようにいうであろう。

「実際にはどこにもないような空虚な前提にもとづく法則の知識が,私に何の役に立つだろうか？　そこでは同じ太さ,同じ成長の樹木が林中裸地は少しもなく,同一幹距で整然と揃っていると前提されている。そこでは継続的な間伐が仮定されているが間伐は実地では数年の期間を経てはじめて繰り返せるものなのだ。このような空虚な基礎の上に築かれた研究はいったい何ほどの応用が私にできるだろうか？」

わたしはこれに答える。

造林を支配する自然法則の探究を目ざすこの研究が,実地林業に対してもつ

— 583 —

関係は，ちょうど純粋の幾何学がその応用に対するのと同じである。

　純粋の幾何学は空虚なフィクションにもとづく。それは拡がりのない点，幅のない線を仮定するが，これらは現実にはどこにもないものである。それでもそれは，実践幾何学の不動の基礎であり，前者なくしては後者は単なる暗中模索になる。

第18章　成長量のわずか3分の1を残存立木に繰り入れる場合の林地地代と最有利輪伐期

　この場合は，年成長量の $\frac{2}{3}$，したがって $\frac{2}{3} \times 150 = 100$ 立方フィートが間伐により除去される。このうち樹齢5年から10年までの林分だけは，例外であって，年成長量が150ではなく，100立方フィートにしかならず，このうち50立方フィートが残存立木材積に繰り込まれ，50立方フィートを間伐で伐去する。

　第3章によれば，立木材積の年成長量が，1森林モルゲン当たり，100立方フィートになるときは，第 $x+5$ 林分の木材価値は ………………… $3x^2+15x$
そして第1から $x+5$ 林分までの全立木の木材価値は………… x^3+9x^2+8x
　しかし，この場合のように，立木の年増加量が100立方フィートではなく，50立方フィートにしかならないとすれば，両者の価値は半減する。

　間伐収益は，次の計算で出てくる。
a．間伐材1立方フィート当たり価値が〔残存〕立木の価値と等しい場合。
　樹齢5年から10年生までの林分を除いて，樹木は間伐木材を年に1森林モルゲン当たり100立方フィートを供給する。
　第3章でわれわれは，100立方フィートの立木成長量につき，主伐林分の価値は年々 $3x^2+15x$ であることを知った。
　そこで，1年から $x+5$ 年生の林分を通覧して，われわれにわかることは，

第2編

主伐林分の価値は全林分の増加の総計より上回ることである〔第7章〕。

いま，各林分の供給する年間伐収量は100立方フィート，つまりちょうど立木材積の成長量と等しいとするならば，全間伐材の価値もまた主伐林分の価値すなわち $3x^2+15x$ に等しいわけである。しかし，6年から10年生までの林分の成長量は，それ以上の年齢のものよりも少なく，そしてそれから出る間伐収量は100ではなく，50立方フィートにすぎないから，これに対して10年生立木の価値，つまり（第3〔および第7〕章による）150の半分を控除しなければならない。

以上により，差引き，間伐に対して $3x^2+15x-75$ の収益が残る。

b．間伐材1立方フィート当たり価値が残存立木のそれの ⅔ にすぎない場合。

この仮定をわれわれの研究の根拠とすると，（aで）計算した収益から減じなくてはならない。それで全間伐材の価値に対して，次の式をもつことになる。

$$\tfrac{2}{3}(3x^2+15x-75) = 2x^2+10x-50$$

この状態を通してわれわれは，

1) 総成長量は150立方フィートであり
2) 残存立木材積は年に50立方フィートだけ増大する
3) 間伐は1森林モルゲン当たり年に100立方フィートを供給する

という場合について，林地地代の額に対する普遍的な算式を設定するところに立つことになる。

収　　入

1) 主伐林分から……………………………………… $1.5x^2+ 7.5x$
2) 間伐から……………………………………… $\underline{2x^2+ 10x- 50}$
　　　　　　　　　　　収入計　　$3.5x^2+17.5x- 50$

支　　出

1) 全立木材積の価値 = $0.5x^3+4.5x^2+4x$

孤立国　第3部

に対して4%の利子 …………………… $0.02x^3+0.18x^2+0.16x$
2) 播種費，130平方ルート分，単価2シリング ……………………… 260
3) 管理および看視費用，$x+5$ 森林モルゲン分，
　　単価8シリング ……………………………………… $8.00x+40$

　　　　　　　　　支出計　$0.02x^3+0.18x^2+8.16x+300$
　収入から支出を引いて，林地地代……　$-0.02x^3+3.32x^2+9.34x-350$

いま，x の値を 50，60，70 等々と逐次おいてゆけば，われわれは次の結果を得る。

　　　　　　　　　　　　　　　　　1森林モルゲン当たり林地地代
　　55年の輪伐に対して ………………………… 107.6 シリング
　　65年　　 〃　　　 ………………………… 120.6 　〃
　　75年　　 〃　　　 ………………………… 129.5 　〃
　　85年　　 〃　　　 ………………………… 134.2 　〃
　　93年　　 〃　　　 ………………………… 135.0 　〃
　　95年　　 〃　　　 ………………………… 134.7 　〃
　　105年　　〃　　　 ………………………… 131.3 　〃

これからいえることは，最高の林地地代は93年の輪伐の際に現われる。

　　　　　　　　　　　比　　較

年成長量のうち間伐で除去する割合が	最有利輪伐期（年）	1森林モルゲン当たり林　地　地　代（シリング）
3分の1の場合………	55	78.8 〔第8章〕
2分の1　 〃　 ………	67	97.1 〔第12，13章〕
3分の2　 〃　 ………	93	135.0

　ここで一目瞭然と示されるのは，強度間伐にともなって，林地の純収益が増大し，最有利輪伐期が延び，またこれとともに太い建築木材の生産も有利化する，ということである。

第2編

　以上の研究の場合われわれは，間伐の一面だけしかとりあげなかった。すなわち，それが林地地代に及ぼす影響を森林の成長量が一定の場合について考察してきた。

　しかし，間伐の強弱にともなう樹木の光線配置の広狭は，ただ樹木個体の直径の成長量ばかりでなく，森林の総成長量にも同じ影響を及ぼすものである。

　ところで，この成長量に及ぼす間伐の作用をおさえて計算することがわれわれにできないとすると，提出された課題の解決は未完成に終わる。

　われわれはこれから，このような解決への試みを携えて，新たな複雑な研究の閾をまたぐとしよう。

孤立国　第3部

第3編

第19章　樹木の成長量はそれに与えられる空間といかなる関係にあるか？

　この問題でわれわれがまっさきに考慮に入れるべきことは，所与の直径の樹木がその根を張り得る空間のことである。

　もう幾年も前のことであるが，当地で耕地に土入れするため，道端に立っている芯止めの柳（Salix alba）の根もとの土を掘り取った。そのとき私ははっきり見たが，柳の根が樹列から4ルート離れたところにあった。ほかのひとで樹木からずっと6ルートも離れたところにその根があるのを確かめた人もある。この樹列の反対側に国道があり，溝によって樹から遮断されている。樹々は，その直径が約9インチあり，16フィート離れて立っている。そこで，樹木は道路の方向へは根を少しも伸ばさないと仮定しても，それでも各樹木が利用する面積が，1×4 = 4平方ルート = 1024平方フィートである[訳注]。その直径の平方，つまり δ^2 はこの場合 3/4×3/4 = 9/16 平方フィートである。したがって根が張る面積は 1024÷9/16 = 1820δ^2 になる。

　その柳が仮に3年ごとに芯止めされなかったとすれば，樹幹はおそらくもっとずっと太くなっていたであろうが，根張りは多分こんなに拡がっていなかったであろうと思われる。

　　訳注）　この幹距1ルートは16 リュベック・フィート。1平方ルート = 16×16フィート = 256平方フィート。4平方ルート = 1024平方フィート。

—588—

第3編

　しかし，根張りの量はどの樹種も同じわけではない，特に松と樺の場合は柳よりも小さい。しかし白楊 (Kanadensische Pappel) はこの点，柳に優る。
　しかし樺については私は当地で次のような観察をした。
　ここの園地には，12フィート幅の間隔をとった2列の樺並木を植えめぐらせてあり，樺の幹距は16フィートで，その直径は平均して $7\frac{1}{2}$ インチ＝$\frac{5}{8}$ フィートである。
　並木の片側には甜菜を植えた1団地が接している。
　この甜菜は平均して16フィートの幅でまことに貧弱に立っているのであるが，残り全部の畑では突然立派なかぶになっている。この截然たる区別は多分，樹の根張りが16フィートの距離を限界としていることの証拠を示していると思われる。したがって，樹木が利用する面積は $(6+16)\times16=22\times16=352$ 訳注) 平方フィートである。樹木の直径の平方は，$\delta^2=\frac{5}{8}\times\frac{5}{8}=\frac{25}{64}$ 平方フィート。これにより樹がその根を張る面積は $352:\frac{25}{64}=901\delta^2$ である。これにより，樹木が正方形に植えられる場合，その幹距 $\sqrt{901\delta^2}=30\delta$ が出る。このことから，樺はその直径の30倍の幹距であっても，なおよく森林の全面積にその根を張りめぐらして，木材生産に利用することができるのであろう。
　私は孤立した松の根張りを観察する機会をこれまでもたなかったし，ほかのデータももち合わせないままに松と樺がその根張りの大きさは等しいと仮定した。
　1本立ちの樹木の成長量は，密集した森林の1本1本の樹にくらべてずっと大きい。そしてわれわれが断定できることは，相対的な空間の減少にともなって樹木の成長量もやはり減少するということである。樹木相互の幹距がその直径に対してだんだんと狭くなるならば，樹木の成長が完全に止まる時点にゆきつくであろう。この時点は，成長量が0になるところであるが，幹距が0になってしまうよりもずっと前に実現する。

　訳注）（2列幅の中央から樹根までの $\frac{12}{2}$＋樹根から不良生育限界までの幅16)×（幹距16）＝$22\times16=352$

そこで，樹冠が混むため成長を止め，その成長量が０になったときに与えられている空間を，私は樹木の生存維持に要する空間と名づける。

このような相対的空間の減少が起こるのは，樹齢の若い樹のある森林で樹幹がどしどし太くなるのに樹木を除去しない場合である。

この場合，各樹木の占める絶対的空間はもとどおりのままであるが，空間は直径との割合においてずんずん狭くなってゆくのである。

そこでわれわれは地勢と土質が全く均一な１つの森林をとって考えてみる。そこでは樹木はみな大きさも健かさも生命力も均一であるし，またその樹間も等間隔である。そうすれば，樹木が年々成長してゆくのに間伐を一切行なわないときは，やがて樹木はその生存維持に要する空間しかもたないという時点にゆきつくであろう。

このような前提条件のもとでは，樹木の成長終止はまたその枯死なのであるから，個々の樹でなく，全森林のすべての樹木が一度に死滅する。

もし誰かがこれを疑い，あえて次の言をなすとしよう。

　「この場合も１本ずつ枯死し，それが他の樹に空間を与えることになる。そしてわれわれが現実に至るところで見るとおり，この場合も死滅が全樹木同時ということはない」と。

それなら私は反問せねばならない。どの樹が生き残り，どの樹が枯死するのか。立地・幹距・健康・生活力がどの樹木もみな同じであるから，あの樹と完全に等しく生き残るべきはずのこの樹が何故に枯死するか，という理由をわれわれはひとつも挙げ得ないであろう。

われわれが知っているとおり，もし成畜に与える飼料をある限度まで減量すると，もはや肉は付かず，到達したその状態を保っている。そこでもしこれに増量してやると，こんどは体重が増加してくる。この増加は増量の作用としてだけ考慮されるべきである。そのわけは以前の給与量は生存を維持する以上の作用はしていなかったからである。

もし未成年の幼畜——仔牛，仔豚など——に成畜を飼うに足る量の飼料を与

第3編

えるなら，これらはその大きさも体重もいちじるしく増加する。体の肥大とともに飼料の欲求も高まる。そこでこれに前どおりの量の飼料を引きつづき給与していると，だんだん家畜の成長量が減退して，結局止まってしまう。幼畜に対して飼養と生体成長とに十分であった量の飼料は，年をとって大きくなった家畜に対しては，ただほんの生存維持に足りるにすぎない。しかし幼畜にとって成長ということは自然の摂理であって，おそらく，もし飼料不足のために成長が止まるときは，それは成畜の場合の停止状態とはちがって，死にいたるであろう。

樹木相互間のある一定の比例的な樹木の幹距の場合には，その成長が止まり，そして樹木がその時残された空地からそのとき摂取する養分は，成長用にはならず，生存維持にまわるだろうということは否定できないから，ここに動物界と植物界との間に明白な類推が成り立つ。

樹木の成長がもはや生じない幹距を $m\delta$ とし，そのとき樹木が利用する面積を $m^2\delta^2$ とすれば，いまもし間伐によって幹距が $(m+1)\delta$ となる場合は，ふたたび成長がはじまる。そしてそのときこの成長は，〔これまで〕受けていた空間全部の所産ではなくて，樹木が〔あらたに〕獲得した空間の増加分の所産として目にうつるのである。

生存維持に要する量の養分は，動物ではその体の容積にふり向けられるが，樹木の場合はその直径の平方〔面積〕に向けられる。この点で両者の差異があるように見える。しかし，根張りはただ表面ばかりでなく同時に深いところでも生じることを考えると，生存維持に要する空間は同時に樹木の容積にも関係すると見られる。

この比較をもう少しつづけてみよう。

生体量600ポンドの乳牛は日に12ポンドの乾草またはその等価物を生存維持に必要とし，より完全な飼養には20ポンドの乾草を消費する場合に，われわれは第13, 14, 15, 16, 17, 18, 19および第20ポンドの増糧分は，ミルク・肉などの動物生産物のいつも同量の増加を引きおこすと仮定する。

この点で動物と樹木との間に根本的差異がある。

動物に供される増糧はその目の前に投ぜられ，動物によってあますところなく消費され利用され得る。

これと反対に森林中の樹木には養分の増量は，直接に樹幹の傍へではなく根張りの範囲が広くなることによって，より遠いところでのみ与えられる。そしてこの比較的遠くで与えられる養分を，樹木は，近いところにあるものと同じ程度には吸収できないのである。

樹木の主根はまっすぐではないが，方向を定めて，放射状に分布する。したがって幹から遠ざかる程度につれてしだいに疎らになってゆき，その毛根を土中に侵入させ地中の養分を吸収することが幹に近いところのようにはいかないのである。

もし樹木の直径の長さにつれて累増する半径で樹幹の周りに同心円を描くならば，同心の輪ができるが，この輪の面積は輪が樹幹から遠く離れるほど多くなってゆき，その結果，次第に多量の植物養分を含むに至るであろう。ところが一方では遠くなればなるほど樹木の地中養分吸収力は低下してゆく。——そこで，この減少はどのような法則によって起こるのかが問題になる。

もし，たとえば樹木の直径の 8，12，16 倍というようないろいろな相対的幹距の場合，樹の成長量がどうなるかということについて完全に信頼できる観察が 3 つあるならば，そこから法則はおのずと姿を現わすであろう。

このような観察がないので，われわれは仮説的な仮定を立てて満足せざるを得ない。そしてその正否はそれが与える結果によってはじめて検討できるわけである。

そこで，私は次の命題を立てる。

　正方形に立ちならぶ樹木が，その生存維持に $m\delta$ の幹距を必要とし，そして $(m+1)\delta$ の幹距の場合直径の成長量を g とすれば，幹距 $(m+2)\delta$ では成長量は $2g$，幹距 $(m+3)\delta$ では $3g$，以下さらに進んで，樹木がその根を張り所与の空間を利用しうる能力が限界となるところまでつづく。

第3編

例：生存維持に要する幹距 $m\delta = 6\delta$, 直径 $\delta = 1$ フィートとすれば, いまもし幹距7フィートに対する成長量1リニーエ[訳注]であるとすると,

 幹距 8 フィートに対する成長量は ……………………… 2 リニーエ
  9 〃   〃 ……………………… 3 〃
  10 〃   〃 ……………………… 4 〃
  11 〃   〃 ……………………… 5 〃
  12 〃   〃 ……………………… 6 〃

上述の命題は, 独立している樹木の下で栽培された園芸作物や農作物等が, 樹幹の近くでは生育が最も貧弱で, 樹幹から遠くなるにつれてだんだん良好になるさまを観察すると, きわめて確からしさをもっている。

そこで, 幹距がきわめて狭い場合, 成長が完全に止まるが, 幹距がきわめて広い場合には土地の一部分が完全に利用されないままであるか, または利用不足をきたすとすれば, 森林全体の立木成長量が最大に達するような一定の幹距があるはずで, これをどうして見出すか, そこが問題となる。

この課題の解決には第15章と第16章でみつけた命題が必要であろう。この両章を指示するだけにせず, 私は読者が展望を容易にできるよう, ここにこれら命題を要約してみる。

直径 $=\delta$ の樹木の体積は $31\delta^3$ である。幹距 $=r$ に対する直径の成長量は α である。直径 $=\delta$ の樹が要する面積は $r^2\delta^2$ である。したがって森林面積 w の上に立ち得る樹木数は $\dfrac{w}{r^2\delta^2}$ 本となる。

各樹木の体積が $31\delta^3$ 立方フィートであるから, 全森林面積の立木材積は,

$$\frac{w}{r^2\delta^2} \times 31\delta^3 = \frac{31w\delta}{r^2}$$

樹木の直径は, 早春に δ であり, 夏の経過で成長して, α だけ増大するから, 秋期には直径は, $\delta+\alpha$ となる。

このときの樹木の体積は,

訳注) 1 Pariser Linie ≒ 4.43cm, 1 Lubeck Fuss = 129.9 Linien

孤立国　第3部

$$31(\delta+\alpha)^3 = 31(\delta^3+3\alpha\delta^2+3\alpha^2\delta+\alpha^3)$$

これから早春の体積 $31\delta^3$ を差し引けば，各樹木の成長量 $= 31(3\alpha\delta^2+3\alpha^2\delta+\alpha^3)$，が出る。直径が夏の間に，$\delta$ から $\delta+\alpha$ に成長した樹木は夏期を通じて平均して $r^2(\delta^2+\alpha\delta+\frac{1}{3}\alpha^2)$ の空間を必要とする。

したがって森林面積 w に立ち得る樹木数は $\dfrac{w}{r^2(\delta^2+\alpha\delta+\frac{1}{3}\alpha^2)}$ 本である。この本数に各樹木の成長量を乗ずると，森林の総成長量が出る。

$$\frac{w}{r^2(\delta^2+\alpha\delta+\frac{1}{3}\alpha^2)} \times 31(3\alpha\delta^2+3\alpha^2\delta+\alpha^3) = \frac{31w}{r^2} \times 3\alpha$$

このうちから，間伐が 2/3 を除去するので，総成長量のうち残存立木の成長量に繰り込まれるのは，$\dfrac{31w}{r^2}\times\alpha$ 立方フィートである。

さて，もし樹木相互間の幹距が変化して，r の代わりに y となるならば，この成長量はどう変化するか。

樹木相互間の距離が r であるなら，成長を生ずる幹距の部分，それを有効幹距と名づけることのできる部分は，$r-m$ である。〔変化した〕y に対する有効幹距は $y-m$ である。

さてこの有効幹距と樹木の直径の成長量とは正比例するから，

$$r-m : y-m = \alpha : \frac{y-m}{r-m}\times\alpha \ \ \text{である。}$$

いま，幹距 y に対する成長量を z で表わせば，

$$z = \frac{y-m}{r-m}\times\alpha \ \ \text{である。}$$

森林面積全体に対しては，このときの残存立木の成長量は，

$$\frac{31w}{y^2}\times z = \frac{31w}{y^2}\times\frac{(y-m)\alpha}{r-m} = \frac{31w\alpha}{r-m}\times\frac{y-m}{y^2} \ \ \text{となる。}$$

しかし，成長量 α の大きさは，ただ幹距数ばかりでなく，同時に土壌や樹木の立地にも関係する。そこで，この公式を具体的な場合に応用するについては，私は次のような立地を仮定する。すなわち樹が最大の増価を生む場合の正常空間をつねに保つときに，直径の年成長量が 1/6 インチ，つまり 1/72 フィート

— 594 —

に達するような立地を仮定する。

　ところが，この条件を満足する幹距は何か？

　この点については私は，ナーゲルの命題から引き出される要点のほかには何も持ち合わさない。それによれば，幹距は直径の12倍たるべしとするので私は $r = 12$ と仮定する。森林面積 w についてはわれわれはどのような任意の面積を仮定してもよい。ここでは私は1森林モルゲン，つまり130平方ルート＝33280平方フィートとおく。a, r のこれらの値に対して，上の公式は，次のように表わされる。

$$\frac{(31 \times 33280 \times \frac{1}{2})}{12-m} \times \frac{(y-m)}{y^2} = \left(\frac{14329}{12-m}\right) \times \left(\frac{y-m}{y^2}\right)$$

　この成長量を表わした式のなかに，変数 y のほかに，もう1つ未知の，しかし定数 m がある。

　しかしながら，m の値の決定，つまり樹木の成長が完全に止むときの幹距数の決定については，われわれにとって自然観察がまったく欠けている。

　したがって，幹距と成長量の比例を数字ではっきりさせようとするわれわれの努力はここで壁に突き当たり，われわれはついにあきらめざるを得ない，かのようにみえる。

　しかし幸いにして解析を用いれば m の値を既知の先行命題から見出すことができるのである。

　成長量を表わす式 $\left(\frac{31wa}{r-m}\right)\left(\frac{y-m}{y^2}\right)$ のなかで，第1の因数は定数であって，関数の微分により変化を受けない。第2の因数 $\frac{y-m}{y^2}$ では，y が変数である。そしてこの因数を微分して，0に等しいとおけば，y の値がどのような場合に成長量が最大に達するかが出てくる。

　その微分は，

$$d\left(\frac{y-m}{y^2}\right) = y^2 dy - (y-m) 2y\, dy = 0$$

　ゆえに　　　　　　　　　$y^2 - 2y(y-m) = 0$

孤立国　第3部

$$y^2 - 2y^2 + 2my = 0$$
$$y^2 = 2my$$
$$y = 2m$$
$$m = \tfrac{1}{2}y$$

　われわれはナーゲルの命題により，幹距 $=12$ のときに，最大成長量が生ずることを知っている。さて〔上式により〕$y = 2m$ に対して同様に最大の成長量が生ずるわけであるから，

$$y = 2m = 12$$
および　　$m = 6$

でなければならない。

　成長量について上に見出した算式 $\dfrac{14329}{12-m} \times \left(\dfrac{y-m}{y^2}\right)$

において，m の値を6とおけば，この式は次のように変わる。

$$\dfrac{14329}{6} \times \left(\dfrac{y-m}{y^2}\right) = 2388\left(\dfrac{y-6}{y^2}\right)$$

この算式によって，われわれは任意の幹距について成長量を計算できる。

　　幹距数　　　　　　　　　　1森林モルゲン当たり成長量
　　$y = 6$ の場合…………………$2388 \times 0 \quad = 0$ 立方フィート
　　　7　〃　………………………$2388 \times {}^1\!/_{49} = 48.7$ 〃
　　　8　〃　………………………$2388 \times {}^1\!/_{32} = 74.6$ 〃
　　　9　〃　………………………$2388 \times {}^1\!/_{27} = 88.4$ 〃
　　　10　〃　………………………$2388 \times {}^1\!/_{25} = 95.5$ 〃
　　　11　〃　………………………$2388 \times {}^1\!/_{24.2} = 98.7$ 〃
　　　12　〃　………………………$2388 \times {}^1\!/_{24} = 99.5$ 〃
　　　13　〃　………………………$2388 \times {}^7\!/_{169} = 98.9$ 〃
　　　14　〃　………………………$2388 \times {}^2\!/_{49} = 97.5$ 〃
　　　15　〃　………………………$2388 \times {}^1\!/_{25} = 95.5$ 〃
　　　16　〃　………………………$2388 \times {}^5\!/_{128} = 93.3$ 〃

第3編

$y = 17$の場合 …………………………… $2388 \times {}^{11}/_{289} = 90.9$立方フィート

　　　18　〃　……………………………$2388 \times {}^{1}/_{27} = 88.4$　〃

　　　24　〃　……………………………$2388 \times {}^{1}/_{32} = 74.6$　〃

　　　30　〃　……………………………$2388 \times {}^{2}/_{75} = 63.7$　〃

　8倍の幹距（樹木の直径をつねに基準としている）の場合，ここでは正常幹距12倍の場合にみられる成長量の約 ¾ の成長量しか生じない。7倍の幹距の場合は正常の場合の半分にも達しない。

　したがって，樹木の過密がどのような不利益になるかがはっきりとわかる。しかしながら，まったく奇妙なことであるが，生木を伐り除くことに反対するのは人間的感情であるようにみえる――木こり，森林見張人などは厳格な監督がないと間伐で樹に適切な空間を与えるようにはなかなか動かないものである。

　広すぎる幹距は狭すぎる場合よりも，森林全体の成長にとって不利益がずっと少ないことがここに示されている。8倍の幹距，つまり正常なそれの ⅔ では，24倍つまり正常な幹距の2倍の場合よりも，成長量は高くないのである。

　この表では30倍の幹距の場合ですら，7倍の幹距の場合よりもまだまだ大きい成長量がみられる。

　私は前に，独立している松はその根をその直径の30倍まで拡げる能力をもっていると勝手に仮定した。それによれば，各樹木が30倍の幹距をもつような森林では，各樹木の成長量は独立した樹木の成長量と等しいだろう。

　さて，独立した樹木の根張り能力も，独立樹木の成長量も，いずれも観察によって調べるべきであって，そこにわれわれが立てた仮説の検討・補正への重要な契機があるのである。

　われわれの計算では，直径の増加量は有効幹距と同じ作用をする。後者の有効幹距は12倍の距離の場合には$12-6=6$，30倍の場合には$30-6=24$である。したがって両者の比は$6:24=1:4$である。

　いま，12倍の幹距の場合，年増加量が ⅙ インチのときは，独立した松では

その直径の年成長量は $4 \times \frac{1}{6} = \frac{2}{3}$ インチになるはずである。

これに対して，もし松がその根をその直径の24倍の距離，つまりその限界まで張る能力があるときは，その独立した樹木の成長量は年々 $3 \times \frac{1}{6} = \frac{1}{2}$ インチになるであろう。

樹木の成長量についての2,3の観察：

1) 38年前に播種した当地の松林の端で，14本の樹の直径（地上4フィートのところを測定）が合計118インチに達した。これは1本当たり8.43インチになる。この樹齢＝38年から植物体の形成に要した5年を差し引いて数えると，1年に成長量は $\frac{8.43}{33} = 0.255$ インチ，つまり約 $\frac{1}{4}$ インチということになる。

この林の内部で無作為選択の14本の樹幹の直径を測定すると，その結果は計67インチであった。これは1本当たり4.8インチとなり，年成長は $\frac{4.8}{33} = 0.145$ インチ，つまり約 $\frac{1}{7}$ インチになった。

2) 12フィート幅，幹距16フィートの並木で，栽植してから23年になる白樺10本が今は合計87インチの直径であるから，各1本の平均は8.7インチである。植えたときは白樺の太さは $1\frac{1}{2}$ インチであったと思われる。したがって成長量は23年で7.2インチ，年に0.313インチ，すなわちほぼ $\frac{1}{3}$ インチになる。

3) 25年前に伐採したひとつの樫の林，当時おそらく80年から100年生の樹齢のものからなっていたのだが，そのなかに目立って貧弱な生い立ちのため伐り残された1株の細い樹があった。その当時の直径はせいぜい $7\frac{1}{2}$ インチだったと私は見積る。25年後の現在，この樹は地上——4フィートで測って——直径が $17\frac{1}{2}$ インチである。したがってその成長量は年 $\frac{10}{25} = \frac{2}{5}$ インチである。この樹は自由に立っているのではなく，縮み込んでいる。そのわけは現在樹齢25年の樫と栗の若樹に囲まれて，その根張りをおさえられているからである。

しかし注意しなければならないのは，この樹の樹高の伸びが直径の増加とま

ったく釣り合いがとれないままであることである。

4) 樹の育ちに好都合な土地に並木仕立てで20年前に植えたポプラがいま直径21インチになっている。植えるときその樹の太さは2インチであっただろう。したがってその成長量は20年で19インチ，年に0.95，ほぼ1インチになる。並木の列の幅は10フィートにすぎず，列をなしている樹間距離は16フィートである。

この並木の端，つまり2方が開いたところに立つポプラはいまその直径が23インチもあるから，その成長量は年1.05インチである。

以上の記録は，独立した松の成長量を決定するには，不十分なものである。しかし私があえてこれを提出するゆえんは，これを機会に練達の林業家たちが，この主題に関してその観察の報告に心を致されんことをねがうからである。

第20章 総成長量の計算

この計算に入る前に，われわれはこれまでの研究の経過をもう一度ふり返ってみなければならない。

「孤立国」第1部でいたるところで根底においた思考過程にしたがい，われわれはここでも単純な前提から出発した。そして造林の場合考慮される諸力のうち，最初1つを研究にとり入れ，その他の契機はこれをいったん捨象した。それは後で再びそれだけを研究題目にするためである。

こうしてわれわれは第1，第2編では，間伐率にかかわりなく，総成長量を同じ大きさ，すなわち1森林モルゲン当たり150立方フィートと仮定した。そしてこれによって知り得たのは，間伐によって総成長量から除去される部分が少ないか多いかにより，したがって立木および立木に固定する資本から差し引かれる部分の多少によって，林地地代と最有利輪伐期がどんな影響を受けるか

ということであった。

われわれがこれにより会得したのは，樹木の間伐の強弱は，た・と・え・そ・れ・が・成・長・量・に・影・響・し・な・い・場・合・で・も・，林地地代と最有利輪伐期に及ぼす影響度がいかに驚くべきものであるか，ということであった。

しかしながら，われわれがいまや幹距とその成長量との関係について算式を得たからには，間伐の強弱が森林全体の成長量と同時に木材収量に及ぼす影響を研究題目とすることができるのである。

これまで仮説として仮定した150立方フィートの総成長量の代わりに，われわれはいまや，これまでの研究で築きあげた次に述べる諸命題から，任意の幹距に対応する成長量を計算することができる。

1. 樹木の直径 δ に対して体積は $31\delta^3$ である。

2. 樹木の幹距が $y\delta$ で，樹木の生存維持に要する幹距が $m\delta$ であるときは，直径の成長量は $\dfrac{y-m}{r-m} \times \alpha$ フィートであり，w 平方フィートの森林面積における成長量は $\left(\dfrac{31w\alpha}{r-m}\right)\left(\dfrac{y-m}{y^2}\right)$ 立方フィートである。この場合 r と α は経験により与えられたものと考えられる。

3. 最高の木材成長量が生ずるのは $y = 2m$ のときである。

そこで，経験によって，樹木の幹距 $r = 12$ フィートに対して，直径の増加量 $\alpha = ½$ フィートということが与えられるならば，r と α にこの値を，そして $m = ½y$ と置けば，公式 $\left(\dfrac{31w\alpha}{r-m}\right)\left(\dfrac{y-m}{y^2}\right)$ は次のようになる：

$$\left(\dfrac{31w}{72(12-½y)}\right)\left(\dfrac{y-½y}{y^2}\right) = \left(\dfrac{31w}{72(12-½y)}\right)½y$$
$$= \dfrac{31w}{72}\left(\dfrac{1}{24y-y^2}\right)$$

y の値がどのようなときに，この関数が最大になるか？

この微分を0とおけば，

$$\dfrac{31w}{72}(-24dy+2ydy) = 0$$

ゆえに，$2y = 24 \quad y = 12$

第3編

残存立木の成長量は $\dfrac{31w}{72}\left(\dfrac{1}{24y-y^2}\right)$ で，これに $y=12$ とおけば，

$$\dfrac{31w}{72}\left(\dfrac{1}{288-144}\right)=\dfrac{31w}{72\times144} \text{ 立方フィート となる。}$$

いま $w=130$ 平方ルートの森林モルゲン $=130\times256$ 平方フィートとすれば，成長量は，

$$\dfrac{31\times130\times256}{72\times144}=\dfrac{31\times130\times2}{9\times9}=99.5 \text{ 立方フィート}$$

となり，したがって前章の表と一致する。

4. 第11年以後，総成長量は残存立木の成長量の3倍となる。

第6年から第10年まで〔年〕成長量は後年の総成長量の ⅔ となる。最初の5カ年の成長量は，第6年のそれとあわせて1カ年分に計算する。したがって最初5カ年間は成長量が計算されないことになる。

したがって間伐にする木材は，第11年以後は残存立木の増加量の2倍になるが，第6から第11年まではそれと同量である。

これら諸命題の具体例への適用

A. 主伐林分の立木材積

林分の年齢を……………………………………… 77年とすれば，
このうち成長量が見込めないのが………………… 5年あるから，
　　　　　　　　　　　　　　　　　　　残りは　72年

樹木の直径の年増加は，⅙ インチ＝½ フィート。これは77年生の樹木では，直径 $72\times\frac{1}{72}=1$ フィートとなる。

樹木の体積は $31\delta^3$，つまりここでは31立方フィートとなる。幹距を直径の12倍とする場合に，可能な立木数は，1森林モルゲン，130×256 平方フィートの面積上に $\dfrac{130\times256}{144}=\dfrac{130\times16}{9}=231$ 本となる。

したがって主伐林分の立木材積は，$231\times31=7161$ 立方フィートである。

ところが，各樹齢の林分の立木材積は既出の表（第19章）から算出すること

— 601 —

ができる。それは樹齢から5年を差し引き，残った年に本表に与えられている〔年〕成長量を乗ずるのである。例えば77年生の林分で，幹距12倍，そして〔年〕成長量99½立方フィートの場合，1森林モルゲン当たり立木材積は，72×99½ = 7164立方フィートとなる。

第1編でわれわれは，ここで行なった観察によって，130平方ルートにつき成長量を100立方フィートと計算してきたわけである。

ナーゲルの命題によると幹距12倍の場合，その樹の直径は年々 $1/6$ インチだけ増加することにより立木の年成長量は，130平方ルートにつき99½立方フィートとなる。

こうして2つの全く異なった源泉から算出したものが，結果ではほとんど相接して落ち合ったということはまことに妙である。

コッタはその一覧表（42頁）で，最上級地の77年生松の立木をザクセンの1エーカー当たり14860立方フィートとしている。これはメクレンブルグの単位に換算すれば，

$$14860 \times \frac{36}{100} = 5350 \text{ 立方フィート，100平方ルート当たり。}$$

または，1森林モルゲン，130平方ルート当たり6955立方フィート。

したがって，われわれの計算結果〔7164立方フィート〕と，この有名な林業家の報告との間にはわずか3％の開きしかここではみられない。

そこで以下の計算では私は，1森林モルゲン当たり成長量を99½立方フィートの代わりに，ラウンドして100立方フィートを採る。

B．間伐の木材収量

残存立木の成長量が，1森林モルゲン当たり100立方フィートになるときは，間伐は第11年以降の年には200立方フィートを，第6年から第10年までは年に100立方フィートを供する。

$x+5$ 年間の森林では，その総成長量は，これにより，

第3編

1) 主伐林分から……………………………………… $100x$ 立方フィート
2) 第6から第10年までの間伐から ……………………   500
3) 第11年から主伐までの間伐からは
   $(x-5)200$……………………………………… $200x-1000$
   　　　　　　　　　　　　　　総　計　　$300x-500$

平均して年に $\dfrac{300x-500}{x+5}$

$x=72$ では，この値は274立方フィートとなる。

第21章　種々の幹距に対する林地地代(Bodenrente)と最有利輪伐期

A．幹距が直径の12倍の場合

残存立木の成長量が1森林モルゲン当たり100立方フィートであって，輪伐期 $x+5$ 年では，第3章により主伐林分の価値は $(3x^2+15x)$ シリングである。この内訳は，

1) 第6年から第10年までの最初の5年分 ……………………………… 150
2) 第11年以降，主伐の年までの分……………………… $3x^2+15x-150$

いま，もし間伐木材1立方フィートが主伐林分のそれと等しい価値をもつものとすれば，間伐の価値は次のとおり。

1) 第6年から第10年までの5カ年分の間伐は，年に100立方フィートを供し，その価値は第3章により……………………… 150
2) 第11年以降，主伐採までの間伐は，年に200立方フィートを供し，その価値は，
   $2(3x^2+15x-150)$ ……………………… $6x^2+30x-300$
   　　　　　　　　　　　　　　合計　　$6x^2+30x-150$

孤立国　第3部

しかし，間伐材は主伐林分の木材の価値の ⅔ にしかならないから，間伐全部の価値は減じて，

⅔ $(6x^2+30x-150)$ になる ……………………………… $= 4x^2+20x-100$

これに主伐林分が加わる……………………………………… $= \underline{3x^2+15x}$

収入総計　$7x^2+35x-100$

・・
支出：

すべての立木の価値は，第3章により，x^3+9x^2+8x

これに対する4％の利子 ………………………… $0.04x^3+0.36x^2+0.32x$

$x+5$ 森林モルゲンの管理および看視費

単価8シリング……………………………………………… $8.00x+40$

130平方ルートの播種費用，単価2シリ

ング……………………………………………… $\underline{260}$

支出総計 $= 0.04x^3+0.36x^2+8.32x+300$

この支出総計を収入総計から引くと林地地代が出る。

$-0.04x^3+6.64x^2+26.68x-400$

いま，x に逐次異なる値を置けば，

輪伐期15年の場合	1森林モルゲン当たり林地地代…	32.7	シリング
25	〃	〃 …… 98.8	〃
35	〃	〃 …… 151.3	〃
45	〃	〃 …… 194.0	〃
55	〃	〃 …… 227.9	〃
65	〃	〃 …… 253.3	〃
75	〃	〃 …… 270.4	〃
85	〃	〃 …… 279.4	〃
90	〃	〃 …… 280.8	〃
95	〃	〃 …… 280.3	〃
105	〃	〃 …… 273.0	〃

ここでは，最有利輪伐期は90年となる。このときの林地地代は，1森林モルゲン当たり280.8シリング＝5ターレル40.8シリングである。

B．幹距が樹木直径の8倍の場合

この幹距数に対しては，第19章により，立木成長量は1森林モルゲン当たり74.6立方フィートである。われわれはこれを75立方フィートとおく。

そうすると，主伐林分の価値，間伐価値および森林総立木の価値はわれわれがAで幹距12倍の場合に算出した値の¾となる。これによりわれわれは次の一般式を得る。

主伐林分の価値……………………………… $2.25x^2+11.25x$
間伐の価値…………………………………… $3.00x^2+15.00x-75$
　　　　　　　　　　　　　　収入　$5.25x^2+26.25x-75$

支出
立木材積の価値の利子……………… $=0.03x^3+0.27x^2+0.24x$
管理および看視費……………………………………… $8.00x+40$
播種費……………………………………………………… 260
　　　　　　　　　　支出総計　$0.03x^3+0.27x^2+8.24x+300$

これを収入から差し引けば，林地地代
である。………………………………… $-0.03x^3+4.98x^2+18.01x-375$

この式から，

輪伐期 $x+5=55$ 年の場合　　林地地代……………167.7シリング
〃　　65　〃　　　　〃　　…………187　〃
〃　　75　〃　　　　〃　　…………200　〃
〃　　85　〃　　　　〃　　…………206.8　〃
〃　　92　〃　　　　〃　　…………207.7　〃
〃　　95　〃　　　　〃　　…………207.5　〃
〃　　105　〃　　　　〃　　…………202.2　〃

孤立国　第3部

これで，92年期の伐採が最有利であることが わかる。そしてそれは1森林モルゲン当たり林地地代207.7シリングを保証する。

C．樹木相互間の幹距がその直径の7倍のとき

残存立木の成長量は，第19章によればこの幹距の場合48.7立方フィートである。いまこれを50立方フィートの成長量と考えれば，この場合の林地地代の計算はすでに第18章で行なっている。すなわち最有利輪伐期は93年であり，このときの林地地代は1森林モルゲン当たり135シリングと出ている。

結　果

直径を単位とした　幹　距	1森林モルゲン当たり残存立木の成長量	輪　伐　期	1森林モルゲン当たり　林　地　地　代
12　倍	100立方フィート	90　年	280.8シリング
8　〃	75　〃	92　〃	207.7　〃
7　〃	50　〃	93　〃	135　〃

これで明らかになったことは，幹距が縮小するとともに最有利輪伐期は延びるが，それはわずかでしかないこと，そしてまた，林地地代が成長量よりもいくらか大きな割合で減ずることである。

幹距を異にする場合，立方フィート当たり木材価値の基準になるのは，しかし樹齢ではなくして，樹木の直径である。さてその直径は森林の総成長量に比例するから，7倍の幹距の場合，林地地代は，その土地が12倍の幹距の場合に提供する地代額の約半分，8倍の幹距の場合は約¼がた低下する。

幹距が12倍の場合の森林地代

　　収入
1)　主伐林分から……………………………………… $3x^2+15x$
2)　間伐から，前のように⅔($6x^2+30x-150$) ……… = $\underline{4x^2+20x-100}$

　　　　　　　　　　　　　　　　　　　　計　$7x^2+35x-100$

第3編

支出

$x+5$ 森林モルゲンの管理および
　看視費，単価8シリング………………………………………　　$8x+\ 40$

130平方ルートの播種費，単価
　2シリング……………………………………………………　　　　260
　　　　　　　　　　　　　　　　　　　　　支出　　$8x+300$

この支出を差し引くと，$x+5$ 森林モルゲン
　分の森林地代（モルゲン＝130平方ルート）……………　$7x^2+27x-400$

これは

輪伐期					森林地代
15年に対しては	………	1森林モルゲン当たり	森林地代	38	シリング
25	〃	………	〃	118	〃
35	〃	………	〃	192	〃
45	〃	………	〃	264	〃
55	〃	………	〃	335	〃
65	〃	………	〃	406	〃
75	〃	………	〃	477	〃
85	〃	………	〃	548	〃
90	〃	………	〃	583	〃
95	〃	………	〃	618	〃
105	〃	………	〃	688	〃

　森林地代は2つの構成部分よりなる，1)林地地代，2)立木に固定する資本の利子。次表は，輪伐期が相異なる場合に，いかなる比例を両者がとるかを示す。
　林地地代が輪伐期90年の場合最大に達するにかかわらず，森林地代はさらに上昇をつづける。しかしながら，後者の上昇は資本投下が大きいことにもとづくものであって，きわめて高い輪伐期の場合には森林地代がほとんど立木資本の利子のみからなるようになる。

孤立国　第3部

輪　伐　期	1 森林モルゲン当たり	
	林　地　地　代	立木資本の利子
15　年の場合	32.7 シリング	5.3 シリング
25　〃	98.8	19.2
35　〃	151.3	40.7
45　〃	194	70
55　〃	227.9	107.1
65　〃	253.3	152.7
75　〃	270.4	206.6
85　〃	279.4	268.6
90　〃	280.8	302.2
95　〃	280.3	337.7
105　〃	273	415

第22章　立木蓄積のどれだけの部分が，10年ごとに繰り返す間伐によって，各時期に除去されるか？

12倍の幹距の場合，第6年から第10年までの1森林モルゲン当たりの年総成長量……………………………………………… 200立方フィート
そして第11年以降は，……………………………… 300 〃
このうち，第6年以降は年に100立方フィートが残存立木に繰り込まれ，残りが間伐される。

1)　樹齢15年における立木材積は：
　　a）第6年から第11年未満までの成長量……… 1000立方フィート
　　b）第11年から第15年まで通しての成長量 ………… 1500 〃
　　　　　　　　　　　　　材積　2500 〃
このうち，残存立木材積 ……………………………… 1000 〃
間伐用に残るのは1500立方フィート，つまり，材積の ⅗ である。

— 608 —

第3編

2) 樹齢25年における間伐：

成長量は，10カ年で，……………………………… 3000 立方フィート
材積　　4000

このうち，残存立木に属するのは ……………………… 2000

間伐が2000立方フィート，つまり蓄積の ½ を供する。

3) 樹齢35年での間伐：

成長量は10カ年で，………………………………… 3000
材積　　5000

このうち，残存立木の材積 ……………………………… 3000

間伐が2000立方フィート，つまり立木蓄積の ⅖ を供する。

この計算をさらにつづけてゆくと，間伐によって得られる蓄積の部分は次の通りである。

第4回間伐（樹齢45年）の場合 ……………………………… ⅛
5 〃　（〃 55 〃）〃 ……………………………………… 2/7
6 〃　（〃 65 〃）〃 ……………………………………… ¼
7 〃　（〃 75 〃）〃 ……………………………………… 2/9
8 〃　（〃 85 〃）〃 ……………………………………… ⅕
9 〃　（〃 95 〃）〃 ……………………………………… 2/11

第23章　われわれの計算結果の現実からの偏差

われわれの研究の根拠とする前提は，

1) 間伐は継続的に行なわれ，しかも成長量に比例して行なわれること，
2) 樹木は全部がその健康・生活力・太さを等しくするということ，
3) 樹木はみな正方形に並ぶこと，そのうえどこも相互間に正常な幹距をとっていること，また主伐までどこにも裸地がみられないこと，である。

現実は以上の諸前提から大きくズレているのであって，それが全体として木材収量の減少にひびいている。

これらの偏差のうち次に述べるものは最も重要だと思われる：

1) 間伐が継続的でなく，期間をおいて行なわれる場合——これは現実では普通のことになっている——樹林はこの期間の中央でしか正常幹距が与えられ得ない。そこで中央の前後の年では成長量はわれわれが計算したよりも少なくなる。この減収量は，第19章の諸命題により算出されるわけである。間伐の間隔が10年ではまだそれほど著しくはないが，間伐が20年ごとにしか行なわれないとなると，もう非常に大きくなる。

2) 直播仕立ての造林では，所与の面積たとえば1森林モルゲンの立木数を総括して正常な空間を保たせることはできるが，しかし樹木各個に正常な空間を与えるというところまではゆかない。この方法によると，ある場所の樹は，最大成長量を得るのに必要な正常な幹距よりも密植になるかと思えば，他のところでは疎植になるのである。

例えば1森林モルゲンのうち，その半分が直径の10倍の幹距の木立ちであり，あと半分が14倍の幹距の木立ちだとすれば，第19章により，その〔年〕成長量は次のようである。

   10倍の幹距では，……………………… 95.5/2 = 47.75 立方フィート
   14倍の幹距では，……………………… 97.5/2 = 48.75 立方フィート
1森林モルゲンの成長量は，   96.8 立方フィート
ところが，正常な幹距の場合には
すべての樹の成長量は一様に ……………………… = 99.5 立方フィート

3) 災害。森林は風倒害，山火事，虫害，大きな獣による傷害，猟人による傷害等にさらされている。

これらの災害から森林を守り得る保険会社があるならば，保険料が収入のうちから控除されるであろう。このような保険会社がないので，森林所有者はこのような災害から起こる損失を，その経験から割り出した平均額だけを，災害

第3編

がなければ可能な収入のうちから控除しなければならない。

4) 盗難。盗伐はおそらくどこでも完全には防げないものであり，これによって森林所有者は予定収入の一部を失うことになる。

林業家が森林の情況について申告している木材収益からは，以上の損失を控除しているが，われわれの完全に規則的な立木について計算上見出した収益のうちからもこれらを控除せねばならない。われわれの計算した収益が大多数の林業家の報告よりずっと多いのはなぜかということが，これで一部分明らかになる。しかしこのほかにも相違のおこる原因がある。それは林業家には最初の幼齢からずっと完全に規則的に間伐されたような老齢の立木などはひとつもないから，したがって彼らの経験から割り出した収益計算は，このような立木には適用されるものでもない，ということである。

項目1と2に述べた偏差の額は，第19章によって計算すると，大体正確につかめるであろう。項目3と4の額はしかし，まったく樹木の立地，そのほかの地域的事情および地方住民の性格によるものであって，地点によってそれぞれ特別に斟酌されるべきものである。

しかしながら，理論的研究の与える大きな成果は，われわれがそれによってほかのどのような関係とも比較できて，もって統一的な見解に帰一できるような1つの立脚点に到達するということである。

ここで私が取り扱っている諸項目について，私は次のように仮定する。すなわち，理想的な諸前提からズレることにより生ずる木材収量の減少高は，結局，計算して出た収入の$\frac{1}{8}$減となる，と仮定する。しかしそのときは同時に立木に固定した資本の利子もまた$\frac{1}{8}$だけ減少する。

われわれの計算にはさらに暗黙の前提が基礎になっている。それは屋根丸太や豆の支柱から梁(ﾊﾘ)にいたるまであらゆる類の木材がつねに市場を見出し，毎年売ることが可能であるということである。そのような広くしかも確実な市場などはしかし，大都市の近傍と航行可能な運河・河川沿いでしか見られない。

しかしそのような良好な立地にないときは，建築材および用材の販売は偶然

によるのであって，数マイルの圏内に多少の建築が計画されるとか，多少の牧柵などに使われて需要があるとかであろう。だから，規則的な木材販売はここではまだ確立していないのである。

　いまここでもし間伐を規則的に行なおうとすれば——このことは計算した木材収益を得るのには必要なことであるが——，多年にわたって建築材および用材の一部を棚上げし，そして薪材としてあまりにも低い価格で売らざるを得ないであろう。あるいは貯木庫を設けなければならないであろうが，そのときにはそのために資本利子と余分の保管費用を控除しなければならないのである。

　こうしてでる出費は，やはりそれぞれ立地の相違により異なってくるはずである。

　私が基礎に置く立脚点として，私は木材価値の減少によって生ずる収入減を，第21章で計算した総額の¼と仮定する。

　以上によって，第21章で示した収入から減る分は；
1) 木材収量の減少分として ⅓，つまり ……………………………33⅓ %
　　　　　　　　　　　　　　　　　　　　　　　残り　66⅔ 〃
2) 木材価値の減少分として，¼ つまり25 %
　　これは 66⅔ に対しては ……………………………………………16⅔ %
　　　　　　　　　　　　　　　　　　　　　　　残り　50　〃

したがって第21章で算出した収益100のうち50が残るのである。

　そこで，実際との比較の際は，私は第21章で計算した収入の半分しか見込まないことにする。

第24章　林地の地代と農地の地代の比較

第21章により，樹木の正常な幹距の場合，1森林モルゲン当たり収入は，
1) 主伐林分から………………………………… $(3x^2+\ 15x)$ シリング

第3編

2) 間伐から……………………………………… $4x^2+ \quad 20x \quad -100$
$$\overline{\quad 7x^2+ \quad 35x \quad -100\quad}$$

このうちからの控除額
　　立木資本の利子……………………… $0.04x^3+0.36x^2+ 0.32x$
$$\overline{\quad}$$
　　　　差引残，収入　$-0.04x^3+6.64x^2+34.68x \quad -100$

輪伐期 $x+5=90$ 年では，これは年収入 290.8* シリングとなる。(これから管理および播種の費用10** シリングを控除すれば，第21章でみたとおり，林地地代 (Bodenrente) 280.8 シリングになる。)

しかし前章で述べた理由により，収入はこの総計の計算の半分に減少し，$\dfrac{290.8}{2}=145.4$ シリングとなる。6000平方ルートでは，139.8ターレル。

このうちから，管理および播種の費用，1森林モルゲン当たり10シリング，つまり6000平方ルートにつき9.6ターレル，を控除すれば，林地地代は，

　　1森林モルゲン当たり ……………………………… 135.4 シリング
　　100 平方ルート当たり ……………………………… 104.2　　〃
　　6000 平方ルート当たり …………………………… 6252.0　　〃
　　　　　　　　　　　　　　　　　　　または　130.2 ターレル

農地の地代

――休閑耕後ライ麦で穀収10シェッフェル（100平方ルートから10ベルリン・シェッフェル）の耕地に対する地代――

いまこの耕地が家から210ルートの平均距離にあるときは，(「孤立国」第1部第11章により) 農場の純収益から建物やそのほか土地から分離できる物件に含まれる資本の利子を控除した後に，70000平方ルートの農地は土地地代 (Landrente) 954 ターレルを生む。

これは1ラスト播種面積，つまり6000平方ルート（約50マグデブルグ・モルゲン）につき，81.8 ターレルになる。

訳注）　* 291.7，** 10.9

孤立国　第3部

　これに対して，6000平方ルートの面積が造林によって供する林地地代は，130.2ターレルであるのを見た。

　したがってわれわれはまことに驚くべく注意すべき結果に到達した。つまり穀収10シェッフェルというすぐれて肥力の高いライ麦地で，松の植栽によって穀作によるよりも60％高い地代が生ずる，ということである。

　この関係は，肥沃度のいっそう低い土地では，もっとはっきりしてくる。

　仮にいろいろな種類の土地における木材収量が，その土地の穀収と正比例するものであるとすれば，次のような結果が出る。

　1)　穀収9シェッフェルの土地においては

木材収量，および同時にまた木材収入も，ここでは穀収10シェッフェルの土地におけるより1/10だけ少ないから，その額は，

　　6000平方ルートから　　9/10×139.8＝ ……………………125.8ターレル
このうち控除すべき播種費
　　および管理費………………………………………………… 9.6　　〃
　　　　　差引6000平方ルートに対する林地地代　　116.2ターレル
土地地代は（「孤立国」第1部，第11章により）65.1ターレルである。

　2)　穀収8シェッフェルの土地においては

収入は，8/10×139.8 ………………………………………………111.8ターレル
このうち控除すべき播種などの費用……………………………… 9.6　　〃
　　　　　　　　　差引残り，林地地代　　102.2ターレル
農作が与える，土地地代は，6000平方ルートにつき ……… 48.5ターレル

　3)　穀収7シェッフェルの土地においては

木材からの収入，7/10×139.8 ……………………………………97.8ターレル
このうち控除すべき費用…………………………………………… 9.6　　〃
　　　　　　　　　差引残り，林地地代　　88.2ターレル
　この土地の土地地代は………………………………………… 31.9ターレル

　4)　穀収6〔シェッフェル〕の土地においては

第3編

木材からの収入, $\frac{6}{10}\times 139.8$ ………………………	83.8 ターレル
このうち控除すべき出費……………………………………	9.6 〃
差引,林地地代	74.2 ターレル
農作によってこの土地が与える土地地代は,わずかに…………	14.3 ターレル

森林地代 (Waldrente)

——これは,林地地代と立木に固定した資本の利子とからなり,木材総収入のうちから播種および管理費用を控除して求める——

収入は：

1) 主伐区から（第21章）………………………………	$3x^2+15x$
2) 間伐から……………………………………………	$4x^2+20x-100$
合計	$7x^2+35x-100$

90年の輪伐 ($x=85$) に対しては,これは1森林モル

ゲン当たり593シリング,6000平方ルート当たりは………	570.2 ターレル
前章に述べた偏差を考えると,この半額しか計上できない,…………………………………………………………	285.1 ターレル
このうち,播種および管理費用が控除される………………	9.6 〃
差引して,森林地代	275.5 ターレル
穀収9シェッフェルの土地では,収益は $\frac{9}{10}\times 285.5$ ………	256.6 ターレル
このうち,控除すべき前述の出費………………………………	9.6 〃
差引,森林地代	247.0 ターレル

この計算を逐次すすめると,次のとおりになる；

穀収8シェッフェルの土地では,森林地代は,…………………	218.5 ターレル
7 〃 〃 …………………	190.0 〃
6 〃 〃 …………………	161.5 〃

— 615 —

孤立国　第3部

総　括

6000平方ルートの面積は，それが輪伐期90年の松樹の造林に利用されるか農作に利用されるかによって，生むものは：

土地の収穫力が	造林の場合の林地地代	農作の場合の土地地代	両者の比例	森林地代
穀収10シェッフェルの時	130.2ターレル	81.8ターレル	160：100注)	275.5ターレル
〃　9　〃	116.2	65.1	179：100	247
〃　8　〃	102.2	48.5	211：100	218.5
〃　7　〃	88.2	31.9	276：100	190
〃　6　〃	74.2	15.3	485：100	161.5

注：この比較では農作の収益をつねに100とした。

植林が農作と比べて挙げる収益の差は，穀収5，4，3，と土地等級が下がってゆくと，これよりさらに開いてゆく。しかしこのような地目では第1期はおそらく建築材を望めないであろう。そうなると計算はまったく異なってくる。

農作で無価値の土地だけが松植栽に当てて割に合うという，また上等の土地はみな松を伐り払うべしという当地方で支配的な通念は，われわれの計算結果と最も鋭く対立する。

しかし，われわれの理想的前提からの偏差が現実には生ずるが，これは第23章で十分すぎるほど割引いている。私の見地によれば，どれほど多くの事情の下でも，割引はこれより少なくてすむので，収益はここに算出したよりももっと高くなると思われる。

この通念は，建築材が仮定された価格をもつような地方ではどこでも，まったく誤っていると私は考えざるを得ないのであって，この通念の原因を追求するのは興味深いことであろう。

これはおそらく，森林の管理に欠陥が多いこと，特に間伐方法に誤りがあることにより立木成長量が減少するばかりでなく，中間利用もまた大部分失われているのであるが，そこに原因があるらしい——そしてこのような経験をたよりにして，ひとつの通念がそこに形成され，それが別に深く検討もされずに数

代を通して保持されることがありがちなのである。

さらにわれわれの研究が指摘するところは，原生林がしだいに消滅してゆくと，建築材はその価格がだんだん高くなってゆく，という不安はまったく根拠のないものだということである。

反対に，合理的林業の知識が普及して，これが浸透した暁には，建築用の松材1立方フィートにつき4シリングという価格は主張できなくなり，低落せざるを得ないことになるであろう。

第25章　実際への適用

A．メクレンブルグの一般事情に関して

1つの都会がその木材需要を一部分は1マイル，一部分は5マイル離れた地方から充足し，双方からの木材に等しい価格が支払われるものとすれば，木材の価値は都会に近い森林では，遠いほうの森林でよりも，4マイル分の輸送費の額だけ高い。しかしこの差はきわめて大きい。そして——「孤立国」第1部で証明したように——都会から1マイルと5マイル離れた農場間の穀物の価値における差よりもずっと大きいのである。

林地地代と土地地代における変化は，この生産物の価値における変化と密接な関連がある。

しかしいま，都会から5マイル離れた地方で，すでに造林地の地代が農地のそれに優っているとすれば，これは都会の近くではずっと大きな程度で言えるはずである。

したがって，合理的には都会の近くでは土地は，遠い地方に比べて樹木が豊富なはずである。

そこでわれわれがメクレンブルグの比較的大きな都会，ロストック，シュウェリンおよびウィスマールを眺めてみると，現実は正反対になっていることを

見るのである。われわれがこれらの都会に近づくほど，ますます森林は消えていく，そしてラーゲからロストックへの街道沿いは，わずかの例外はあるが，樹ひとつない禿げ野原が目に入る。これに反してテローからラーゲへの街道に沿い，ロストックから5〜6マイルの地方では，木材はきわめて低い価値しかもたないのだが，いたるところ森林でとり囲まれているという状況がみられる。

したがってここでは比較的大きな都会は森林破壊者のようにみえるが，反対に遠方の植林には保護者になりすましているようである。

ここには何たる矛盾が理論と実践との間にみられることであろう！

しかしこうした結果，ロストックでは街道開通前は，薪材1棚に14から16ターレルが支払われたのである。

しかしもっと困ることは，メクレンブルグのバルト海岸沿いでは，松または唐檜の建築材の需要は，その土地で自給できないで，大部分はスウェーデン，ノルウェーおよびフィンランドから輸入せねばならないことである。

ロストックのある有名な商人で，自分で大きな材木商をしている人が，メクレンブルグの木材輸入について私の質問に対し次の説明をしてくれたのは：

> 彼が北の港から年々ロストック向けに輸入する木材の価値は50000新ターレルに達すると見積られること，そしてウィスマールの木材輸入量とほぼ等しい額であろうということ，

であった。

このほかにデミン経由でかなりの量の板材が北部メクレンブルグへ輸入される。

そこで，北部メクレンブルグには，穀作によるよりも松の植栽によるほうが，いっそう高度の利用ができるような土地が十分あるから，土地所有者は，もし彼らがその利害と合理的林業を認識するならば，現在建築材の代金として外国に向けている少なくとも100000ターレルの支払いを，その地方のために節約することが将来できるであろう。

第3編

　これは，通俗の見解が貴金属の流出の節約は国民所得の増大だと誤信するのとはわけがちがい，むしろこれは反対にすらなるのである。それを次に例示しよう。

　メクレンブルグはアンゲルンとユートランドから輸入する澱粉類の代金としておそらく，輸入木材代金と同じ額を外国に支払っていた。この金は育成牛によって周知の如く国内に保持することができた。しかしその若牛をここで育成しようとすると，そのため乳牛と肥育牛の保持が減少せねばならないであろう。そしてこれによってバターと肥育牛の輸出が120000ターレルだけ減少するときは，100000ターレルの流出の節約は，国には利益がなく，逆に20000ターレルの損失となるわけである。

　しかし木材の代金として国外に出る金の関係はこれと全く異なる。そのわけは，前章でのわれわれの計算によれば，穀収6シェッフェルの土地は，それが農地として地代を生む額の4倍以上も造林によって生む。したがっていま国外に流れる100000ターレル分の木材を生産するには25000ターレルの犠牲を要するにすぎないからである。

　だから，木材需要の国内生産によって，所得を少なくとも75000ターレルだけ年々高めることになる。

　この利益がこれほど高いにかかわらず，いまのところメクレンブルグの南部にはまだ国民所得増大の源泉が豊富にある。

　南メクレンブルグでは砂質で農地としてわずかしか地代を生まない土地が大部分である。そしてエルデ河とハーフェル河の舟運開発によって，木材の販路はベルリン向けとハンブルグ向けに開かれる。そしてそれは2市場に向かうから供給過剰のおそれが全くない。

　メクレンブルグが育林の拡充改善の点で，国富の向上のためのきわめて広汎な分野をもっているということは，まことに嬉しいことである。

　B. テロー農場の特殊事情に関して

われわれは第21章で、90年と35年との輪伐期での林地地代の割合を求め、それが280.8：151＝100：54であることを知った。

したがって長期の輪伐期は短期の輪伐期に比べてきわめて割がいいのである。

それにもかかわらず、私はテロー農場では35年の回転を採用したのである。

そこでこれをもって知行不一致とか発表した見解の事実上の否定と見誤られないように、ここで私はテロー農場の土地柄を簡単に述べなければならない。

多くの場所に散在する松林は、総計わずか13000平方ルート（110マグデブルグ・モルゲン）にすぎない。

これらの森林の土地はきわめて変化が多く非常にさまざまである。そして一部分は砂、一部分は砂礫地（Schrindstell）と粘質地（Lehmhügel）の混合した良好な畑土壌よりなるが、下層は粘土質泥灰土（Lehmmergel）を含む。

初めに松は、砂礫地を除き、あらゆる土質で急速な成長をみせる。しかし樹齢30年で粘土のところの樹は、だんだん野生のエゾイチゴ（Rubus idaeus）に蔽われ、病弱になり、次つぎに枯死した。このようにして最もよくない裸地が生じ、これがだんだんと拡がり、私はこのため、自分の意思に反して、短期の輪伐期を採らざるを得なくなったわけである。

研究計画

本書のつづきとして，次の研究対象を取り上げなくてはならない。

第 4 編

第26章　私的森林所有者はその森林を略奪するのが利益だとつねに考える，というコッタ氏の見解に対する批評。

第27章　われわれの計算と，いろいろな林業家の評価および報告との比較，
　　　　A．主伐林分の木材収量に関して，
　　　　B．幹距数値に関して，
　　　　C．間伐収量に関して。
　　　林業家が間伐収量を不自然に過小評価する理由を可及的に究明するため，ハルティヒ氏（Hartig）の間伐収益計算との比較。

第28章　どうしても総成長量のわずか ⅓ しか残存立木材積に繰り入れられない時，間伐を一切行なわなかったら，その他の ⅔ はどうなるか？

第 5 編

第29章　造林に決められた土地が，これまで一度も播種されていない場合，その造林の価値はどうして計算するか？
　　　　A．ナーゲル氏の方法とその計算報告。
　　　この計算には，輪伐期は最高の林地地代が生ずる点を超えて延長するのはよろしからず，とする原則に対する矛盾を含む。
　　ナーゲルは120年の輪伐期を仮定し，1000平方ルートの林地の価格を300.3 ターレルと算定する，しかしこのうちから播種費用は控除すべきである。

孤立国　第3部

　ところが氏自身の算定によれば，1000平方ルートは30年輪伐の場合 4×212.6 = 850.4 ターレルの価値をもち，60年の輪伐では 2×307.1 = 614.2 ターレルである，ただしこのうち播種費を控除すべきである。

　したがって土地は60年の輪伐では，120年輪伐の場合に比べてほぼ2倍の価値をもつのである。

第30章　われわれの算定法による地価計算。

第31章　いかなる輪伐で最高の地価がここで生ずるか？

第34章　この算定地価と既存の規則的な林分になっている森林の林地地代との比較。

第 6 編

孤立国への道

第35章　林業圏の外側の地域には木材販売は生じない。各農場はそれぞれ，自分の必要物だけを生産する。ここでの研究課題は，いかなる間伐方法，いかなる輪伐期によって木材は最少の経費で生産されるかということである。

　さて，ここでは，その土地が穀作によって与えることのできる土地地代が，木材の生産価格 (Produktionspreis) の構成分として現われる。

　しかしその土地地代は都会から遠くなるにつれてしだいに低下する。そこで問題は，土地の地代の高低が林業経営にいかなる影響を与えるか，ということになる。

第36章　種々の太さの木材の価格を決定する諸原理。土地は短年期では細い木材を，長年期では太い木材を供するだろうが，土地は同一地代をもたらさねばならない。その限りではこの問題の解答はやさしい。しかし長い輪伐期においては，比較的細い木材が間伐からの副収入として得られるのである。

研究計画

　そこで生産費は価格の尺度となることをやめ，財貨の価格学説は適用が利かなくなる。しかしこの価格も純然たる偶然であり得ない。するとそれを決定する要因はいったい何か？　この問題は，もしわれわれがそれを個々の地域についてではなく，一般的に提出すると，極めて難しいようにみえる。おそらくこの点に関して拠りどころを与えうるのは，整然と運営されている森林の保証する林地地代と，まだ播種していない土地の価値計算との比較であろう。

第37章　都会での木材価格の高低は，林業圏においてその林業経営にいかなる影響を及ぼすか？

　・・・・・・・・・・・・・・・・・・・・・・・・・・・
　いろいろな地代の土地における薪材としてのブナ材の生産費

　ブナは，平地で高い地代を生むところの優良地でしか植栽され得ないので，ブナの生産価格はきわめて高く定まるから，原生林の消滅とともにわれわれの森林から将来消え去り，ゆくゆくは造園観賞樹として姿をとどめるにすぎないであろう。だからブナ材の永年供出義務を賦課することがいかに反国民経済的であるか，またメクレンブルグ下院議会が大量のブナ材の供給を永久に引き受けようとするようなやり方がいかに軽率かということがこれでわかる。

　山間地域でのブナ材の生産費はまったく違う。この地域では良い粘土質の土地は険岨な傾斜面のために農地としてではなく放牧地としてしか利用されず，そしてそのようにしてわずかしか地代を生み得ないのである。

第 7 編

第38章　最高の林地地代は，われわれの計算によれば90年の輪伐の場合に生ずる。しかし90年生の木材ではまだ太い梁(ハリ)にはならないし，また鋸(ノコ)挽(ビキ)にかける材木にもならない。そこでわれわれは長期輪伐に障害となってくるものを考察すると，その原因が立木資本の利子のひどい増大にあることを知る。

　しかし，その立木資本は何も不変量ではなくわれわれはそれを樹木の大量の

伐り透かしによって根本的に減らすことができる。しかし樹木の大量の伐り透かしにともなって同時に成長量が減る。しかし成長量は各幹距数について，それぞれ第19章で算定できる。そしてわれわれはそれによって利子の減少も成長量の減少も計算できる立場にある。

樹木がその用途に適した形をもつことを要するならば，建築材向けの松はきちんとした場所が必要になる。しかしその樹木が建築材として必要な幹長と真直な姿勢にいったん達し，問題はその直径を太らせることだけになれば，樹は有用性を失うことなくあらゆる伐り透かしに堪えることができる。

樹木は樹齢90年でその必要な形状と長さに達することはたしかである。

そこで，樹木に90年以後は12倍の幹距の代わりに24倍の幹距を与えるものとすれば，立木資本は——森林全体のでなくて，最後の林分のそれは¼に減る。

24倍の幹距の場合，第19章によれば，成長量は〔12倍幹距に対し〕99.5対74.6の割合，つまり1対¾の割合で低下する。

相対的な幹距のこの変化は林地地代にどう影響するか？

90年輪伐では，第21章により，林地地代は1森林モルゲン当たり280.8シリングである。そこで問題となるのは，樹木に24倍の幹距を与えた場合，樹齢90年以上の林分でも，なおよく同一もしくはより高い林地地代を生み得るかどうか，である。

この問題は，最後の林分の成長量の価値から，その林分に固定している資本の利子を控除すれば解ける。

12倍の幹距の場合，$x+5$年生の林分は$100x$立方フィートの立木材積をもっている。

100立方フィートの価値は$3(x+5)$である。

したがってその林分の価値は$3x^2+15x$。

この林分が主伐されないなら，その翌年度の立木価値は，次のとおり：

第$x+6$年生林分の立木材積は………$(x+1)100$立方フィート

研究計画

100 立方フィート当たり価値は $\cdots\cdots\cdots\cdots\cdots\cdots$ $3(x+6)$
この林分の価値は $\cdots\cdots\cdots\cdots\cdots\cdots$ $3(x+1)(x+6) = 3x^2+21x+18$
これから控除すべき前年度の林分の価値 $\cdots\cdots\cdots\cdots\cdots$ $\underline{3x^2+15x}$
差引すれば残存立木の年成長量 $\cdots\cdots\cdots\cdots\cdots\cdots\cdots\cdots\cdots\cdots$ $6x+18$
第21章により立木材積資本は〔第 $x+5$ 年に〕

$$x^3+9x^2+8x$$

輪伐が1カ年延長すると，x が $x+1$ にかわるから，

$$\begin{array}{rl} x^3 \to & x^3 + 3x^2 + 3x + 1 \\ 9x^2 \to & 9x^2 + 18x + 9 \\ 8x \to & 8x + 8 \\ \hline 計 & x^3 + 12x^2 + 29x + 18 \end{array}$$

これから前の資本を引く $\cdots\cdots\cdots\cdots\cdots\cdots$ $\underline{x^3+ 9x^2+ 8x}$
資本の増加がでる $\qquad\qquad\qquad\qquad\qquad$ $3x^2+21x+18$
われわれは $x+6$ 年目に対して $x+5$ 年目
 の木材価値を計算に入れただけである。それは $\quad\underline{3x^2+15x}$
$\qquad\qquad\qquad\qquad\qquad\qquad\qquad$ 差 $\qquad$ $6x+18$
すなわちちょうど最終の年の価値増加と同じである。
主伐林分からと間伐からと収入は，あわせて，

〔第21章Aによると〕 $7x^2+35x-100$

ここで x の代わりに $x+1$ と置き換えると，

$$\begin{array}{rl} 7x^2 \to & 7x^2 + 14x + 7 \\ 35x \to & 35x + 35 \\ -100 \to & -100 \\ \hline & 7x^2 + 49x + 42 - 100 \end{array}$$

これから x 年に対する収入 $\cdots\cdots\cdots\cdots\cdots\cdots$ $\underline{7x^2+35x \qquad -100}$
 を差引き，収入増加 $\qquad\qquad\qquad\qquad\qquad$ $14x+42$

孤立国　第3部

すなわち前の計算より $14x+42$ だけ多いのである。

　　$x=85$ に対しては，増収は，

$$14x = 1190$$
$$+42 = 42$$
$$\cdots\cdots 1232$$

資本の増加額は：

$$3x^2 = 21675$$
$$21x = 1785$$
$$+18 = 18$$
$$23478$$

　　この4％の利子は……………………………………………… 939

　　　　　　　　　　　　　　　　　　残　額　　　293

　　これから管理費用に……………………………………………… 8

　　　　　　　　　　　　　残り林地地代　　　285

　主伐林分の増価分のうち，その林分の価値に固定した資本の利子を上回る剰余は，輪伐が全林分平均に対して生むところの林地地代と同じ高さのはずである。そのわけは，その主伐林分の剰余がこれより大きいとすれば，その結果として輪伐は延びるはずであるし，より小さいとすれば輪伐は縮まるはずだからである。

　そこで次の問題が出てくる。すなわち，いかなる輪伐期の場合に，主伐林分の提供する剰余と，全輪伐が与える林地地代の平均とが，等しくなるか？

　収入は，$14x+42$ であり，これから管理費用の8シリングを控除したものは $14x+34$ である。

第 $x+5$ 林分の価値は　　　　　　　　　　　$3x^2 +\quad 15x$
これに1カ年間の増価を加え，　　　　　　　　　　$6x+18$
　　第 $x+6$ 林分の価値 …………………… $3x^2 +\quad 21x+18$
これに対する利子〔4％〕……………… $0.12x^2 + 0.84x + 0.72$

— 626 —

研究計画

これを，上の収入 ……………………………………………… $14.00x+34.00$
から差し引けば，第 $x+6$ 林分の収益 ……………… $-0.12x^2+13.16x+33.28$

そこで，この剰余が，平均林地地代である 280.8〔第 21 章 A〕に達するのは，x の値がいくつの場合であるか？

等しいと置くと：

$$
\begin{aligned}
-0.12x^2 + 13.6x + 33.28 &= 280.8 \\
-12x^2 + 1316x + 3328 &= 28080 \\
-3328 &= -3328 \\
\hline
-12x^2 + 1316x &= 24652 \\
x^2 - 109.6x &= -2054 \\
+3003 &= +3003 \\
x - 54.8 = \sqrt{949} &= 30.8 \\
x &= 85.6
\end{aligned}
$$

求める輪伐期　$x+5 = 90.6$ 年

立木材積の価値増加は 1 カ年で， ………………………………… $6x+18$
間伐材の収穫は，数量では主伐の増加量の 2 倍，
　価値ではその $2 \times 2/3 = 1\tfrac{1}{3}$ 倍，だから $1\tfrac{1}{3}(6x+18) =$ …………… $\underline{8x+24}$
　　　　　　　　　　合計して収入 $=$ 　　　　　　　　　　　$14x+42$
これから，管理費用 …………………………………………………… $\underline{8}$
　を差し引くと，残りは，　　　　　　　　　　　　　　　　　　$14x+34$
第 $x+5$ 林分の木材価値は，$3x^2+15x$。
　これに 1 年間の増価 $6x+18$ を加えると
　　第 $x+6$ 林分の木材価値 $= 3x^2+21x+18$
これに対する 4% の利子は， ……………………………… $0.12x^2+0.84x+0.72$
〔上の差引残りから〕この利子を控除すれば，
　　剰　余 ………………………………………………… $-0.12x^2+13.16x+33.28$
　である。これは，$x = 85$ の場合には：

孤立国　第3部

$$-0.12x^2 = \qquad -867$$
$$+13.16x = 1118.60$$
$$+33.28 = \quad 33.28$$
$$\overline{\qquad\qquad 1151.88}$$

　　　　残り，林地地代　　284.88

　次に，もし森林が第90年の後に，幹距が〔直径の〕24倍になるように伐り透かしをした場合，収入，立木資本および林地地代はいかに変化するか？

　成長量も1カ年の成長からの収入も，第19章によれば〔12倍の幹距の場合に比べて〕，$99.5 : 75.6 = 4 : 3$ の割合で低下する。

　したがって年収は，……………………$¾(14x+42) = 10.5x+31.5$
これから，控除すべき管理費は，……………………………………… 8
　　　　　　　　　　　　残り，収入　　$10.5x+23.5$

　もし，現在12倍の幹距を有する樹木に，24倍の幹距を与えようとすると，わずか¼の樹木数しか残らないことになり，そのために材積資本は¼に落ちる。すなわち，

$¼(3x^2+21x+18) =$ ………………………… $0.75x^2+ 5.25x+ 4.5$
これに対する利子は，……………………… $0.03x^2+ 0.21x+ 0.18$
この利子を，上の収入……………………………$10.5x+23.50$
　から差し引けば，　　林地地代は　　$-0.03x^2+10.29x+23.32$
となる。$x = 85$ に対してこれは

$$- 0.03x^2 = \qquad -216.75$$
$$+10.29x = +874.65$$
$$+23.32 = \quad 23.32$$
$$\overline{\qquad +897.97}$$

　　　　残り，林地地代，　　681.22

　したがって，われわれはきわめて明白な結果を得た。すなわち，樹木の伐り透かしを拡大することによって，林地地代は285から681へと上昇する，つまり2倍以上も多くなる，ということである。

輪伐期を120年，つまり $x=115$ とおいてみるときは，

$-0.03x^2 = -{}^3/_{100} \times 13225 =$　　　　-396.75
$10.29x =$　　　　　　　　　　$+1183.35$
$+23.32 =$　　　23.32
　　　　　　　　　　　　　　　$\overline{1206.67}$
　　　林地地代，　　　809.92

$x=135$ とすれば，輪伐期は $=140$ 年となり，そして

$10.29x = 1389.15$
$+23.32 = 23.32$
　　　　　$\overline{1412.47}$
$-0.03x^2 =$　　-546.75
　　林地地代，$\overline{865.72}$

林地地代はここではまだ上昇しつづけている。それでこれが最大になるのは x がいかなる値のときかが問題になる。

関数　$-0.03x^2+10.29x+23.32$　の微分を0とおけば，

$-0.06xdx+10.29dx = 0$
$\overline{}$
$0.06x = 10.29$
$\overline{}$
$x = 171.5$

そして，最有利輪伐期は，176.5 年となる。

これによれば176年の輪伐は140年のそれよりもまだ有利だというわけであろう。

しかしながら，140年の輪伐期が供する木材よりも太いものは，おそらくほとんどどこでも需要がないし，それにそうなると1立方フィート当たりの木材価値は直径の太さにはもはや比例して増大しないので，この計算によると林地地代の最高は140年期の伐採において達せられている。

この計算では次に述べるような共働する事情が捨象されている。

1) 幹距数をそのままにしておく場合，恐らく第90年以降の成長量は個々樹幹についても森林全体についても，漸減するということ。

2) これに対して，幹距を2倍にした場合は，個々の樹幹の年成長量は1/6インチ以上大きく，それで1立方フィート当たりの木材価値もわれわれが計算したのよりもずっと大きい割合で上がる，ということ。

3) 樹木を非常に明るく伐り透かした場合，木材成長量の大部分は樹枝と樹冠に転移し，樹幹形成にまわる成長量部分は相対的に少ない，ということ。

この理論を十分かつ完全に拡充するには——しかし私はそれを他の人にやってもらわねばならないが——この共働する事態を勘定に入れなくてはならない。

私はここで，計算を複雑にしないため91年輪伐についても140年輪伐についても，等しくその幹距数を24と仮定した。

しかし，林地地代を年々最大に到達させるためには，強間伐は1度にではなく，逐次に行なうべきであるし，またそれぞれの樹齢に応じ，もしくはむしろ各直径ごとに，いちいち異なった幹距数で行なうべきであることは疑う余地のないことである。つまり，立木資本の利子を控除した年収益が最高になるような幹距数を，樹木の各々の太さごとに見つけることが課題となる。

われわれはこれまで最高の価値増加を目標においてきた。しかしこんどはこの目標が変わって，立木資本の利子を超過する余剰の最高，つまり最高の林地地代を，輪伐期全体についてではなくして，各年度について求めてみることにする。

樹木の幹距と成長量との関係について第19章で展開した算式によって，われわれはこの課題を計算できるところまで来ている。

12倍の幹距では，残存立木の成長量は1森林モルゲン当たり100立方フィートであって，年増価は間伐をあわせて，$14x+42$ である。

幹距 y では，第19章により，残存林分の成長量は，$2388\left(\dfrac{y-6}{y^2}\right)$ 立方フィートである。

したがって立木成長の収量と価値は，2つの幹距12倍と y 倍とに対して次のような割合になる：

研究計画

$$100 : 2383\left(\frac{y-6}{y^2}\right) = 1 : 23.88\left(\frac{y-6}{y^2}\right)$$

ところが，幹距12に対しては，価値は $14x+34$ である。これから割り出すと，幹距 y では，立木の1年の成長量の価値は次のとおりである。

$$23.88\left(\frac{y-6}{y^2}\right)(14x+\overset{42*}{34})$$

（＊収入は $14x+42$ である。ここでは8シリングの管理費を控除したが，これは木材収量に対して比例せず一定であるから，控除すべきでない。）

$$= (334x+\overset{1002}{812})\left(\frac{y-6}{y^2}\right)$$

$$= \frac{(334x+\overset{1002}{812})y-2004x-\overset{6012}{4872}}{y^2}$$

第 $x+5$ 林分の立木価値は，

12倍の幹距の場合，…………………………………	$3x^2+\ 15x$
これに，1カ年の立木成長量………………………	$6x+18$
を加えると，第 $x+6$ 林分の価値………………	$3x^2+\ 21x+18$
この利子額は，〔4％〕……………………………	$0.12x^2+0.84x+0.72$

森林面積 $w\delta^2$ の上に，幹距 $12\delta^2$ の場合には，$\frac{w\delta^2}{144\delta^2} = \frac{w}{144}$ 訳注) 本の樹が立つことができる。幹距 $y\delta$ の場合には，この面積の上に12倍の幹距のものと等しい太さの樹が $\frac{w\delta^2}{y^2\delta^2} = \frac{w}{y^2}$ 本立つことができる。

したがって，その立木資本とその利子の割合は，2つの幹距の場合，次のようになる。

$$\frac{w}{144} : \frac{w}{y^2} = \frac{1}{144} : \frac{1}{y^2} = 1 : \frac{144}{y^2}$$

次に，われわれは研究の場を，主伐年の次年度の代わりに，その前年度をとって考えてみる。

第 $x+5$ 年度には，木材価値は100立方フィート当たりに

訳注) 第16章以下では森林面積を w としたが，ここでは $12\delta^2$ の場合を1とする幹距による比例をみるため δ^2 を消去する必要で w^2 とおく。

孤立国　第3部

$3(x+5) = 3x+15$

立木材積は $100x$ 立方フィート,

したがって立木材積の価値は, $3x^2+15x$,

前年度の価値は, 100 立方フィート当たり,

$$3(x+4) = 3x+12$$

立木材積は, $(x-1)100$ 立方フィート,

したがって立木材積の価値は,

$(x-1)(3x+12) = 3x^2+12x-(3x+12) =$ ……………… $3x^2+\ 9x-12$

第 $x+5$ 年度における価値 ……………………………… $3x^2+15x$

　　　　　　　　　　　　差引き増価額　　　　$6x+12$

輪伐の最終年度での間伐の収穫は200立方フィート,つまり残存立木へ繰り込まれた木材の2倍である。この100立方フィート当たり単価が等しい場合には間伐収入は $2(6x+12) = 12x+24$ となるであろう。

しかし, 間伐木材は残存立木の価値の ⅔ しかないので, 間伐収入はそれだけ割引して, ⅔$(12x+24) =$ ……………………………………… $8x+16$

これに, 残存立木の価値 ………………………………… $6x+12$

　　　　　　　　　　　を加えて年収入　　　$14x+28$

このうちから主伐年の立木の価値に対する利子を控除すべきである。しかし,間伐材における成長量の価値に対しても利子を控除するかどうかは疑問が残るので,われわれは利子を第18章の計算によって出さなければならない。

第18章78頁〔第21章103頁〕により,第1から第 $x+5$ 年までの全立木の価値は x^3+9x^2+8x である。

第 $x+4$ 年に対しては,上式の x を $x-1$ に置き換えると,

　　x^3 は, $(x-1)^3 =$　　　　　$x^3-3x^2+\ 3x-1$

　　$9x^2$ は, $9(x-1)^2 =$　　　　　$9x^2-18x+9$

　　$8x$ は, $8(x-1) =$　　　　　　　$8x-8$

　　　　　　　　　　　　　　　$x^3+6x^2-\ 7x$

研究計画

この価値が次年度の価値＝……………………………	$x^3+\ \ \ 9x^2+\ \ \ 8x$
から差し引かれて，資本増加は，…………………	$3x^2+\ \ 15x$
これの利子は…………………………………………………	$0.12x^2+\ 0.6x$
これを〔年〕収入……………………………………………	$14x+28$
から差し引くと，　　　　　剰余＝	$-0.12x^2+13.4x+28$

$x=85$ の場合

$$-0.12x^2 = \ \ -867$$
$$13.4x = 1139$$
$$+\ 28 = \ \ \ 28$$
$$\overline{\hspace{2em}1167}$$

剰余　　　300

これから管理費 8 シリングを控除すれば，林地地代 292 となる。

しかし平均林地地代は 280.8 にすぎない，したがって

90 個の林分の林地地代は，$90\times280.8=$……………………25272

第 90 年だけが生む林地地代は，………………………………　292

89 カ年に対して残るのは ……………………………………24980

これは 1 カ年につき，…………………………………… 280.67

したがって，このわずかな差はおそらく，最有利輪伐期がちょうど 90 年きっちりではなく，すこしこれより延びること，に原因があるのであろう。

12 倍の幹距では，成長量は 100 立方フィート。

y 倍の幹距では，第 19 章により，残存立木の成長量は，

$$2388\left(\frac{y-6}{y^2}\right)\ 立方フィート$$

したがって，2 つの幹距の間の比は，

$$100:2388\left(\frac{y-6}{y^2}\right)=1:23.88\left(\frac{y-6}{y^2}\right)，である。$$

幹距 12 に対しては，われわれは〔立木と間伐をあわせた〕成長量の価値 $14x+28$ を見出している。

したがって，幹距 y の場合，上の成長量の価値は，

$$23.88\left(\frac{y-6}{y^2}\right)(14x+28)$$

$$=(334x+668)\left(\frac{y-6}{y^2}\right)$$

$$=\frac{(334x+668)y-2004x-4008}{y^2}$$

幹距が 12 倍と y 倍の場合の第 $x+5$ 林分の立木資本の割合

樹木の直径が δ とすれば，森林面積 $w\delta^2$ に立ち得る樹木数は，

a．12 倍の幹距では，$\dfrac{w\delta^2}{144\delta^2}=\dfrac{w}{144}$ 本

b．y 倍の幹距では，$\dfrac{w\delta^2}{y^2\delta^2}=\dfrac{w}{y^2}$ 本である。

ここでは樹々は同一の直径を前提とするから，材積と樹木数は比例する。これにより幹距 12 倍と y 倍では，その材積の比は，

$$\frac{w}{144}:\frac{w}{y^2}=1:\frac{144}{y^2},\text{ である。}$$

さて，12 倍の幹距では，立木資本の利子の総額は $0.12x^2+0.6x$ である。y 倍の幹距では，この利子は，

$$(0.12x^2+0.6x)\frac{144}{y^2}=\frac{17.3x^2+86.5x}{y^2}$$

この利子を，収入 ……………………………… $\dfrac{(334x+668)y-2004x-4008}{y^2}$

から差し引くと，$\dfrac{(334x+668)y-17.3x^2-2090.5x-4008}{y^2}$

y の値がいくつのときにこの関数は最大になるか？

この微分は，

$(334x+668)\,y^2dy$

$-(334x+668)2y^2dy+(17.3x^2+2090.5x+4008)2y\,dy$
___

研究計画

このようにして

$$(334x+668)y = 34.6x^2+4181x+8016$$
$$y = \frac{34.6x^2+4181x+8016}{334x+668}$$

いま，この公式に x の次の値を入れると，y の値は，

$x = 0$ では， $y = 8016/668 = 12$

$x = 100$ では， $y = 23$

$x = 1$ では， $y = 12.2$

さて，12倍の幹距では利子が $0.12x^2+0.84x+0.72$ であるから，

y 倍の幹距の場合の利子は $= (0.12x^2+0.84x+0.72)\dfrac{144}{y^2}$

$$= \frac{17.3x^2+121x+103}{y^2}$$

収入は $\dfrac{(334x+\overset{1002}{812})y-2004x-\overset{6012}{4872}}{y^2} : y^2$ である。

この利子 $\dfrac{(121x+103+17.3x^2)}{y^2}$ を差し引くと

林地地代 $\dfrac{(334x+\overset{1002}{812})y-2125x-\overset{6115}{4975}-17.3x^2}{y^2}$

になる。

$\overset{\cdots}{y}\overset{\cdots}{の}\overset{\cdots}{値}\overset{\cdots}{が}\overset{\cdots}{い}\overset{\cdots}{く}\overset{\cdots}{ら}\overset{\cdots}{の}\overset{\cdots}{と}\overset{\cdots}{き}\overset{\cdots}{に}\overset{\cdots}{こ}\overset{\cdots}{の}\overset{\cdots}{関}\overset{\cdots}{数}\overset{\cdots}{が}\overset{\cdots}{最}\overset{\cdots}{大}\overset{\cdots}{に}\overset{\cdots}{な}\overset{\cdots}{る}\overset{\cdots}{か}$ ？

y について微分を求め，これを0と置けば，

$(334x+\overset{1002}{812})y^2dy+(17.3x^2+2125x+\overset{6115}{4975})2ydy$
$-2(334x+\overset{1002}{812})y^2dy$

$(334x+\overset{1002}{812})y = 34.6x^2+4250x+\overset{12230}{9950}$

よって $y = \dfrac{34.6x^2+4250x+\overset{12230}{9950}}{334x+\underset{1002}{812}}$

いま，$x = 10$ とすれば $y = 555910/4152 = 13.5$

孤立国　第3部

$x = 100$ とすれば $y = 780950/34212 = 22.8$
もし, $x = 60$ 〃 $y = 389510/20852 = 18.7$
　　$x = 80$ 〃 $y =$ 　　　　　　　20.8
　　$x = 100$ 〃 $y =$ 　　　　　　　22.8
　　$x = 120$ 〃 $y =$ 　　　　　　　24.5

成長量 $= 6x+18$ の利子を勘定に入れないで，第 $x+5$ 年の利子だけを勘定するとすれば，

$$y = \frac{34.6x^2+4180x+12024}{334x+1002}$$

これは，$x = 0$ では，　　$y = 12$
　　　　$x = 1$ では，　　$y = 12.16$

この場合，$x = 0$ でも，$x = 1$ でも，y の値はちょうどではなくて，12 より少しだけ大きいので，この計算のはじめに基準年として採るのは，第 x 年と第 $x+1$ 年の間の差ではなく，第 $x-1$ 年と第 x 年との間の差でなければならない，ということは確からしい。

しかしこれから生ずる偏差は，ここで計算した林地地代にはさほど大きな影響はない。そしてわれわれはまたしても大かたの意見と鋭く対立するところの結果に到達したのである。

つまり，樹形形成が完了してそこで強い伐り透かしを行なう場合には，林地地代は極度に高まるのである。それとともに太い木材の生産費は細い木材に比較してずっと低下するのである。

そこでこの方法が一般的に適用されない間は，森林所有者は，太い木材の生産によって莫大な利得を獲得するのである。

しかしこの強い伐り透かしはきわめて漸進的に行なうのでなければならないと思われる。そうしないと風倒木の出るおそれがあるからである。

風倒の危険はブナにはない。また薪材の生産の場合にも樹形をやられることはない。松ではその樹形形成のために，森林を閉鎖状態にしておかざるを得な

— 636 —

いのだが，ブナではその若齢の時代からここで展開した理論どおりに間伐を行なうことができる——このことはブナ材の生産価格に甚大な影響があることであろう。

樹木の直径と樹高との割合

まず単一の要因を採り上げてそれを究め，そのほかの共働要因はしばらく捨象するという私が守った原則に従って，私はこれまでは直径の樹高に対する割合を $1:h$ とし，h は1つの定数として取り扱ってきたわけである。

しかし現実ではこの割合は変わるのである。それは樹木が大きくなるつれてこの割合は小さくなるからである。

ナーゲルによれば次の割合がみられる。

　　直径が 1/10 フィートなら　　高さは直径の 80 倍
　　　　2/10　　〃　　　　　　　　〃　　79 〃
　　　　3/10　　〃　　　　　　　　〃　　78 〃
　　　　⋮　　　⋮　　　　　　　　⋮　　⋮
　　　　1　　　〃　　　　　　　　〃　　71 〃
　　　　⋮　　　⋮　　　　　　　　⋮　　⋮
　　　　2　　　〃　　　　　　　　〃　　61 〃

もしわれわれが，この変化してゆく割合を一般的な算式でまとめ上げるとすれば，それはきわめて複雑となり，計算は非常に困難になるであろう。しかし，この公式の特殊な場合への適用ということならば，長さの割合の変化が木材収量と林地地代とに及ぼす影響は簡単に計算して数字を出すことができる。

しかしわれわれの研究の妥当性にとって，より重要なのは次の問題である：
　　普遍妥当性あるものとして定立された命題もまたそれによって尻尾を捉えられたり変更されたりすることはないか？

この問題に解答する前に，われわれは樹木のもつもうひとつほかの特性を考えに入れなくてはならない。すなわちその下枝が逐次に脱落してゆくことである。規則的な間伐を行なう場合ですら，光の当たらない下枝は順次に枯れてゆきそれが地上に落ちて，いわゆる拾い柴（Leseholz）になる。この拾い柴の収益

は長い年月のうちには馬鹿にならないもので，ナーゲルの計算によればこれは相対的な樹高の減退から生ずる損失を償うのである。いいかえれば，樹木の成長量は，樹木が年々落とす拾い柴を合算すると毎年——樹齢に老若があろうとも——つねに等しく，しかもそれは樹木がまだ若齢時代の長さの割合をもっていたときと同量に達するのである。

　このことがあってもわれわれの研究基礎，個々の樹木の直径の成長量だけではなく，森林全体の成長量も算術級数をもって増加するという基礎は，力を失わない。

　しかし拾い柴を間伐収量に合算すると，それによってもちろん主伐林分の収量に対する間伐収量の割合が変わり，そのときは前者〔間伐〕は後者〔主伐〕の収量の2倍を上回るであろう。このことによって主伐林分の価値および最有利輪伐期すらも数字上の補正を要することにもなる。

　この補正は，しかしながら，強度間伐とともに林地地代が上昇し，最有利輪伐期も延びるという展開された法則に抵触できるほど重要なものではない。

――――――――

樹木の伐り透かしを拡げ大きくする場合，直径と樹高との割合がどうなるかについて，もっともっと解明してほしい点が多々ある。たとえば，

1) 完全独立している樹木の場合，樹高の直径に対する割合は，群立している樹木に比べずっと小さい。そこでこの割合は，森林の中でも，幹距数の拡大につれてどう変わるか，そしてどういう法則によるか？

2) 独立している樹木は，その根を，閉鎖状態の樹と同程度に数多く，またその直径と比例して，地下深く拡げるのか？　また樹を強制して地中へ深く入らせるためにはそれ〔閉鎖〕が必要なのか？

3) 各種の土質の上できわめて較差の大きい樹の長さ関係は，主として下層土の状態に密接な関係があるのではないか？

シューマッヘル-ツァルヒリン版　編集者序

　本書第1部は1826年に第1版が現われ，第2部第1編は1850年，同第2編および第3部は1863年である。

　第1部が出現して50年，著者が亡くなって25年の間に，本書は，ベルリンのヴィガント・ヘンペル・パーレー社によって出版されつつあった農業古典文庫に加えられた。同文庫の第1巻は J. G. コッペ（Koppe）の『農業と畜産』である。

　しかし本書の古典性が認められたのは，近年になってはじめてではない。

　農業経済の著述家では，テアー，フォン・レンゲルケと並んで，特にフォン・ウルフェンがあった。この数字と公式の人は"テローの古典的土壌"で収穫された骨の折れる研究の結果の重要性を徹底的に称賛した。1842年にフォン・ウルフェンは著者へ手紙を書いている。"このような農業経済上の著作が出版されたのは――貴下の初版がはじめてであると思います"。

　国民経済の著述者では，ラウ，ロッシャー，ヘルフェリッチ，バウムシュタルクが，本書の各部が出版されると，すぐに科学界に紹介し，そのなかに横たわっている真理に注目し，そして若い人達の力を研究と批判に刺激する労をとった。

　第1部の出版の際と同じく，第2部第1編も"ひとつの「私に触るる勿れ（noli me tangere）」として長い間驚嘆された"。内容豊富なチューネンの本を閉じることがこの恐怖心に打ち克つことのようにみえた。著者が数学をしばしば用いるのは個人的な道楽ではないことを人々が考慮するとき，本書中の数字と公式に対する恐怖心も追々と消え，研究の妨げにもならなくなった。多くの学者にとって代数式がいかに煩わしく不愉快であるかが，彼にはよくわかって

編集者序

いた。しかし"数学の適用は，真理がそれなしには見出せない場合には許されなくてはならない"という彼の主張の正しさに何人が異議を挟むであろうか。

1826年にチューネンは次のように書いている。"徐々として創作され，徐々として生まれた孤立国を汝は恐らく養うであろう。徐々としてそれは公衆のなかへ拡がるであろう。そしてその全生涯に「徐々（ラングザーム）」という称号が届けられるだろう"。

徐々として——しかし功績のあった人の記念品へ敬意を払う世論の輪は拡がり続けている。

"われわれの科学はいつかは沈むものであろうが，チューネンの仕事は再び起き上がる可能性あるものに属する"。——"チューネンの労作のなかには同時代の英仏の国民経済学の流行文献全部よりも多くの経済的教訓と効果（コンシケンツ）が含まれている"。——アレキサンダー・フォン・フンボルトの等温線とチューネンの経済圏は科学の画期的進歩である"。——似たような価値評価の表現をバウムスタルク，F. バウア，K. ブラウン，エンゲル，ヘルフェリッヒ，G. ヘルマン，ラベリール，Th. ミトッフ，ロドベルタス，ロッシャー，H. レースラー，シュライデン，フランツ，シュルツ，L. シュタイン，ヴィスケマン，ウォルコフ，フォン・ウルフェンにおいて，それからチューネンの学説の理解において誤解や錯誤を犯している若い科学者においてすら見られるのである。

ロドベルタスは"チューネンは国民経済学に2つのものを齎した。数学と公式そして心である。チューネンは精密な方法と最上の博愛的な心を結合した——滅多に結びつかない贈り物である"と言っているが，それはこの人の存在と研究を一貫した道徳的誠実さと結びついて，その業績を人間学の領域のものと説明しているのである。

本書の第1部には「利率，穀価，土壌肥沃度，及び租税が農業に及ぼす影響に関する研究」を含んでいて，「各種の農業方式の立地」，ロドベルタスの正しい指摘によれば「各種農業方式の相対的有利性の法則」を教えている。

このチューネンの法則のなかには，"それは第1にそして直接には，人間の

編集者序

共同生活の大きな中心点のまわりに形成されている経済圏を,そのように誘導しているのは何か,を決定すること以外には他の目的はないのであるが,同時に人々の上がったり下がったり動揺する営みの説明,その短い表現,その空間的姿を見出すのである"。

今日の列国のなかにおいて,1つの国民の尊敬の念を起こさせるような優れた地位,および歴史におけるその役割は,国民の労働によって生産される物質的ならびに精神的財貨の総額によって本質的に決まるものである。この財貨の総額は1つの可変量である。その絶えざる増加,現状維持,あるいはその漸減も,労賃の高さおよびその利率や地代との関係に左右されることが少なくない。あまりにも少ない労賃の結果,労賃のために働いている階級が麻痺して,その働きが低下しないだろうか? あまりにも低い利率の場合資本蓄積の刺戟はしぼまないだろうか? 芸術と科学の飛躍は妨げられるべきでない。交流生活の雄大さは減じてはならない。温かく高く躍動する公共生活の代わりに,近づく死の冷たさが歩み寄ってはならない。経済的発展が,無数の後退の後にはじめて,あるいは数世代の苦悩を通してはじめて,買い取られてはならない。"そうではなくて,人類はその発達とより高い天職を,平和で明朗に導かるべきである"。そこで現われたのが,チューネンが教えているように,人々が社会問題との関連で正しくも"未来への天才的予言者"と呼んだところの科学に対して重大な問題,共同生産物の労働・資本および土地所有者の間への分配が自然的に行なわれる法則を探求するという問題,が現われたのである。この問題はチューネンには,孤立国を基礎とする見解という形の下でのみ解けるように見えた。そして第1部出版の後1826年に彼の自然労賃とその利率および地代との関係に関する研究が始まった。研究の歩みとその結論は,ほとんど25年の精神的労働の末に,本書第2部第1編に示された。彼の正確な論証の鎧をつけて目立たないが犯し難い法則は次のように告げる:

$$自然労賃 = \sqrt{ap}$$

この公式の広く理解されている解釈のなかで,ロドベルタスによって解か

編集者序

れ，彼の独自の研究に基づくところの表現を借用するのだが，次の法則が重要である。

"上昇する生産性に伴い上昇する労賃は実際上自然的な労賃である"。

この法則の抽象的な真実は，われわれが直ちに，あらゆる労働方面に対して自然労賃を，いつでも，そして変化する事情の下において，単純な計算によって，決めることができるようになるということではない——それは誤解であって，われわれが，しばしば，他の場面では鋭い思想家の場合ですら，陥るところの誤解である。このような誤解はこの労作において遵守されている研究方法に少し注意を払うなら，これを避けるのに困難ではない。この方法の正しさの完全な是認を，読者は第2部の第1編の序論のなかでみるだろう。しかし本書を学ぶことによる効果，最終的にお金になって現われるところの効果は，批判者が，普遍的法則と現実の国や個々の所有の特殊事情とを，著者の方法によって結合することに成功し，そして正しい思考と計算によって異常な関係に対して妥当するところの特殊な結果を発見すること，成功することが多ければ多いほどいよいよ豊富になるのである。

孤立国においては，その前提の下で，自然労賃は $\sqrt{ap}$ である。すなわち，労賃は必要な生活維持費だけに制限されるのでなく，上昇する労働生産性とともに上昇するのである。そこで生ずる疑問は：今日のヨーロッパの事情の下で，そのような労賃が可能だろうか，どのようにしてそれが労働者に確保されるであろうか？——労働者自身が時代や変革が彼らの幸福に結びつくものと考えてそれに乗ずることを理解しない時に，あるいは国民経済の状態の発展が，しばしばみるように，労賃引き上げはただ名目だけで，実質的でなかったりあるいは足踏みにすぎないような発展である時に，時代が労賃を上げるように何が労働者階級に役立つだろうか。最後にあげた問題は次の理由から完全に根拠あるものである。すなわち，時と所により，労働の強さと価値によって，必然的に種々さまざまである労賃の高さに関して，ひとつの適切な判断をえようとする場合，銀貨や金貨で表現した労賃の高さでなく，実質労賃，すなわち労働

— 642 —

者自身とその家族がその労賃で調達できるところの生活必需品と享楽品の総額が重要であるからである。

チューネンの学説のこの〔第２〕部の判断の多くの場合，彼はそこの労働者に，農場収入の一部分を特別手当〔資料Ｂ〕として与えているのであるが，この特別手当は労働者達の処理に任せたのではなく，彼らに代わって資本の形成に用いられるのだから，自然労賃の法則は，チューネンが彼の農場経済で個別経営に対して引き出したもので，それ以上により広い効果は認められないかのような印象を与えるのは奇怪である。この場合，そこでは次のような諸問題が論じられないままになっているのであろう。すなわちそのような制度は"ひとつの賞与制で，超過労賃を与うべきものである"とみるべきかどうか——"能率を高めるのに適しており，それゆえに労賃の現在の基準からの上昇が正当であるところの労働者の報酬方法の異色のひとつという点についてだけ問題となるのかどうか"，それともそれによって"利潤への参加"が承認されるのかどうか。

しかし，それがそれとしてどのように判断されようと，このひとつの効果をもって，チューネンの法則は片付くものではない。私は $\sqrt{ap}$ という公式とその発見者の独特な説明に相応する多くの効果があると思う：——

第１の効果：労賃 $\sqrt{ap}$ が施行されるということは，一般的な関心事である。ことに国民の精神的財貨を配慮し増加している人達は，上昇する生産性とともに増加する労賃をひとしく喜ぶであろう。

第２の効果：国の労働者総体が，チューネンが彼の「労賃と利子率の間の関係に関する研究の結果導かれた考察」のなかで，高位の者と同じように最も低い者にも指示したところの条件，それによって労賃は $\sqrt{ap}$ 以下には下がらない，すなわち必要な生活維持費にまで下がることはない，という条件を満たすようになる。

第３の効果：われわれの国民経済全体としての状態が，自然労賃は妥当しないというふうに展開するとした場合には，自然労賃を導入するためにはわれわ

編集者序

れの国民経済の状態はどのような改善に着手できるか，また着手せねばならないか，という問題が生ずる。――国民の改革が先行した後に，なお社会の改革があらゆる生活部門において必要だろう。そうしなかったらドイツのヘラクレス〔Hercules，ギリシャ神話中で，12の偉業を成し遂げた偉大な英雄〕の仕事は半分しかできないだろう。

孤立国では労働者は国民の労働生産性の上昇に伴って上昇する労賃を自由に楽しむ。しかし自然労賃を実際において無制限に採用する要求は，われわれの現在の社会組織の場合には，果たされることではないとチューネンは説明している。どういう条件の下で，換言すれば，われわれの社会組織がどういう変更をしたら自然労賃が支配的になることができるかについて，チューネンにおいて価値ある暗示がみられるのであって，社会問題が混乱していない孤立国における研究の全計画の後に，政党を愚弄して，政党なしに解決できると言い，そうしたいとも言い，解決に対する暗示をしているのをみる。しかし，当時は矛盾がまだ今日のように尖鋭でなかったためか，あるいは永久の真理を求める人というものは彼の唇から"私の円を乱す勿れ"(Noli turbare circulos meos) という呼び声が出る時までに死に追い付かれることが少なくないためか，どちらかであるが，あの社会改革は，彼の考察の対象ではあったが，チューネンの場合統一的研究の対象とはならなかった。彼自身がかかる社会的組織の改革の原理をあらゆる方面からアルキメデス〔Archimedesはギリシャの数学者，物理学者〕の槓杆でもって，示すことに成功したにしても，この社会改革のために途を開くという重要な予備工作が必要である。個々の労働部門における複雑性を骨を折って考察することによる現実的関係の研究がすでに，ひとつの巨大な課題を蔵しており，しかし，それを成し遂げることが，それから先の処理のために必要な前提条件である。

第4の効果："労働者について何が権利であるかを認識した者には，その権利を実現する道徳的義務も課せられる――彼の力にある限度において"。このように書いたチューネンは，思考と行動を一致させようといつも努め，国民の

なかにまで彼の法則の第3の効果が実現されるとは期待しないが，"労働者達が彼らの労賃の一部を彼らの労働生産物への分け前として貰うなら"，現在の"悪い状態は非常に減るだろう"と確信して，彼は彼の労働者に農場の収入の一部を与えた。労賃の引き上げによって，彼は彼の法則の第1の効果を実現したが次の条件付きであった。彼はこの労賃の引き上げをその条件に結びつけ，彼は彼の労働者家族に，労賃に関する彼の第2の効果の命令に従って生活する刺戟と物的基礎を与えた。

テロー農場の経営計算の結果によって，他のところで次のことが指摘されている。すなわち，チューネンによって彼の法則――労働生産性の向上に伴う労賃の上昇――の規定に従って選ばれた労賃引き上げの方式は，利率の高さや地代の額を下げることはないということ，またもし労働者が彼らの労働生産物を勤勉，技量そして誠実によって，10％だけ高める能力と準備があり，そしてテローでの経験のように農場の収入を労働者に分けることによる地主に加わる軽くない費用を，種々の面における利益によって凌駕するならば，労賃の増加は，新しく創造された生産の泉から流れるものだということである。

チューネンはそのような制度の型にはまった様式を頭に描いたものではないこと，労働者階層が異なるによって，付帯する諸事情によって，時と所によって，種々さまざまに展開をせねばならないこと，さらに熟練労働者，教育のある労働者，資本をもった労働者が協同生産のために結合するというようなものも認めることができるとしたことは，ここに言及する必要がないだろう。労働者が彼の労働の成果に分け前をもつとき，彼がそれによって労働に対してより大きい自己責任感と愛情をもつとき，彼が勤勉，熟練そして誠実によって彼の労働生産物を高め，そしてそれによって労賃を高め，そして彼の幸福の上昇は彼自身の肩にかかっていることを理解するとき，彼の貯蓄への欲望が固くなり，それによって彼が彼の子供達によりよい肉体的・精神的教育をするための手段を獲得するとき，そしてその上品な職業への教育が労賃の上昇と永続的な相互作用をするとき，その時こそ自然労賃の継続的実現にとって不可欠の前提

編集者序

条件が国民のなかに活発になる時であろう。しかしその漸増する作用につれて同時に，社会運動が平和な路線で設けられるのを見たいという希望が盛り上がることであろう。社会問題は，一般的文化関係の職務に置かれ続けているから，解決しないかもしれないが，しかし，久遠の神の法則，地上の財のために格闘している人達を眼をさまさせるところの久遠の神の法則は，すべての人間の啓蒙と教育とに広く明るく燈火を向けるだろう。

1863年に私はチューネンの科学的遺産を公開に付するための選択を委任された。この「遺稿からの報告」はその時には本書の第2部第2編〔本訳書には割愛する〕および第3部として出された。

チューネンが労賃と地代の関係に関する研究をさらに続けることができなかったのは非常に残念なことである。しかし，幸いにして，テロー農場の経営からのそのための資料が発見され，発見された方式の具体的な場合への適用が立証された。

設定した問題は大きいこと，そして本書の計画とそこで用いられている方法とが，正に多くの若い科学者を鼓舞して，先生が未完のままに残さねばならなかった研究を続けてもらいたいものである。第2部第1編の序言のなかで述べている継承への期待が，約束されたことになってもらいたいものである。

重要で面白くみえるところでは，研究が断片的であっても，それは留保にしなかった。2，3のものは恐らく研究の暗い途上の明るい星である。いずれにしても，正しく判断し，研究の方法に対して特に注意を払った。

労賃と地代の関係に関する研究と農業重学に関する小論がならんだ。

第1部の序文のなかで約束した土地の耕作費と純収益に関する計算に，労働日記の摘要，ならびにテロー農場の穀物収益の概観が付け加えられている。それによってめずらしい統計的なメモだけでなく，本書に見出される計算と推論の基礎が与えられている。"ひとつのこのような経営の永年の結果のありのままの記述が，考えはするがあまり計算をしないすべての農業者に向かって示したところの高い実際的利益はまったく無視して，――それによって研究そのも

― 646 ―

編集者序

のが十分に敬意を表わされることにはならないのだが——この公表によって，第2部第2編の多くの同様な付論による以上に"バウムシュタルク(Baumstark)の証言によって"チューネンの理論的研究および方式のどの1つも，その他について述べているどの法則も，彼が多年観察し比較した農業経営の事実に基づき建設されたのでないものはない。彼の農業経営はほぼ半世紀間実際のための科学的経営問題に捧げられた最大級の研究営造物であった"ということが完全に証明された。われわれの前に横たわっているのは，自然法則的真理を求めて骨を折って獲得した本書の基礎であり，われわれには先生がさまよった発見の途が明らかにわかるのである。

　第1部では"平均距離"の公式が与えられている〔第11章〕。この公式は個々の耕地の農場主の家までの位置に応じて，耕作費と純収益との十分な計算を容易にした。この公式を見出した方法の説明と証明の仕方は，数学にとっても興味あるものであり，第2部第2編第7章の最後に掲げてある。同じところにチューネンの印刷した本と論文の目録が添えてある。

　林業経済に関する1論文が，本書の第3部として，"いろいろな樹齢の松造林の地代，最有利輪伐期および立木材積価値を決定する諸原理"を含んでいる。

　チューネンの林業経済の研究に対して，バウル (F. Baur) は次のように言っている。"孤立国の著者は森林価値計算および林業経済一般についての若干の問題，それは今日に至るまでほとんど提起されなかったし，解決もされなかった問題を，考察の範囲に引き寄せ，そしてそれらの問題をもっぱら高度の数学の助けによって解くべく研究をした。また彼は本書の第1部においてすでに森林価値計算の2，3の問題，それは最近において改めて話題になり，今日においてもまだ感情家を多かれ少なかれ刺戟するものであるが，それを彼は非常に明確に扱っている。それら彼の興味ある研究，それは彼がすでに40年前に下書したところであるが，それがこの頃になって，別の側面から新しく打ち樹てられ，今もなお熱心に多くの方面においてまったく正当に主張されている見解

— 647 —

編集者序

と主要な点において一致している"。

　個々の内容からすれば古い時代に属することであり，歴史的価値だけのものに見えるに相違ないが，本書の精神に立ち入って徹底的考察をするときは，この発見されて科学の財産となった法則は，あらゆる時代に対して価値を主張するものだという認識に達するのである。土地の耕作費等々の計算は，今日他の場所において適用するなら，常に違った数字を示すだろうが——それから導き出された法則は不変である。私はこの科学的遺稿を選択するにあたって，"チューネンの法則は他日徹底的研究の源泉になるに相違ないように見えるという称賛の声が大きくなればなるほど"控え目にしないのが私の義務と心得ねばならなかった。

　われわれはそれのみならず，チューネンがそう理解していたように，常に終局的結果を見失わず，科学の成果から経済生活にとって重要な推論を引き出すことを学ぶのである。彼は，ドイツにまだ鉄道がほとんどなかった時代に，彼の改良された交通手段の孤立国の形態に対する影響に関する研究を通して，鉄道の敷設や経営は個人に任すべきでないと熱心に警告している。

　さらに，イギリス政府が，"穀物法"に関する論議の頃に，大陸の小麦生産に対する需要とこちらで拡がっていた意見を規制したことがあるが，それは主としてチューネンの計算と応答であった。それは1828年に雑誌で特に注目に値するとされ，"反対"(Reflexionen)第2部第2編の§6，1で展開された考え方に近いものである。チューネンは"少なくとも行き過ぎの穀物法"と題している。しかし1846年になってはじめてイギリスの関税の横木は倒れた——国家学史は，あの当時すでに珍しく明瞭に把握したチューネンの意見に対して，賞讃の言葉を見るであろう。

　農業重学に関しては，土地耕作の自然を支配する法則に関する支配的見解の慎重な吟味が，次のような疑問を投げかけるだろう：孤立国における"地力"や"有機質の含量"についてのチューネンの定義は，より正確な，農業を営むのに価値のより高い定義で置き換えられたか——農業重学はその"ユークリッ

— 648 —

編集者序

ド"を発見したか？　断じて否である。

近年の無気力の原因とみることのできる錯誤，すべての農業者の実際上の問題を自然科学的に解決しようとする錯誤は――フランツ・シュルツ (Franz Schulze) によると――無数である。しかしそのような骨折りが無駄であるという認識は，チューネンと同時代のテアー，フォン・ウルフェン，フォン・リーゼ，フォン・フォークトその他によって準備された農業重学の努力，もちろん，偏見なしにその研究の途を追求し，拡張し，正確にし，建設した自然科学の代表者達の有効な骨折りに支えられてではあるが，農業重学の努力を想起させるに相違ない。この観察によって，第2部第2編の第5章のなかの手紙の報告が生まれ，かつそれと同時に，本書第1部と併せて，あの問題に対するチューネンの立場を明瞭に示した。――自然科学の農業への適用が他方においていかに有効になろうとも，農業における経験およびそれを通して発見された一般的にあるいは地域的に妥当する法則は，農業のさらなる建設のための避くべからざる基礎であり，そうであり続ける。このことは，本書の著者が発見した農業上の法則については，まったく特別に肝要なのである。

科学的研究に身を捧げる人達に対し，その道がいかに優雅でなく，ひからびて苦難であろうとも，チューネンは次のような，彼の苦労と労働に満ちた生涯に確かめたところの生活信条を残している。

"恐らくこれ以上に価値のある積極的な職業はないだろう。すなわち思想をその最後の隠れ家まで追跡し，自己の誤りを追跡する。誤りの源泉を発見すれば，われわれは単にその誤りから自由になるだけでなく，将来における同様な過失に対しても安全である"。

1875年5月12日

　　　　　　　　　　　　　　　　　　　　　　　　　ツァルヒリン

ウェンチヒ版　チューネン伝

　チューネンは1783年6月24日にオルデンブルグのイェーフェルランド (Jeverland, Oldenburg) にあるカナリエンハウス (Kanarienhaus) の農場においてフリースランド人の地主たる旧家に生まれ，その家の高尚な思想と独立的な精神とは彼の骨髄に浸透していた。幼くして父を失ったのであるが，父は当時として非凡な知識を数学および工学方面に有し，この息子の指導者ともなり相談相手ともなりえた人である。したがって母が——母はフランスから来た書籍商でイェーフェルの市会議員の娘で，美しくて愛情深く，よく働いて教養があったと記述されているが——自らその息子の教育を引き受けねばならなかったのであって，1789年再婚するまで彼女は全く独力で教育したのである。彼女が多感で素直な子供の感情に与えた影響は深くあったに相違ない。「私の母の涙が私を教育した」とチューネンが，成年になった後幼時を追憶して，母のことを語ったということである。
　ヤーデ河 (die Jahde) 岸の小港ホークジール (Hooksiel) の新しい家庭へ行った母に従って，チューネンは，精神的に早熟であったが身体が弱かったので，まずそこの学校へ通い，後に14歳の時からイェーフェルのいわゆる「高等」学校へ通学した。当時すでに数学に対する愛好——これはまたブッテル (Buttel) の商人である継父からも注入されたものであるが——が現われたが，それは彼の科学的研究上重要な役割を演じたものである。ところが彼は父の農場の管理を引き継がねばならなかったし，それがまた彼の個人的嗜好に合っていたので，1799年以来農業の習得に専心し，最初グリーツハウス (Gerrietshaus) というイェーフェルの貴族の農場で馬の手綱曳きとして農業に必要な技術を習得しようとした。この実際的学校に関連してシュタウディンガー (Staudinger) 指導の

チューネン伝

　ハンブルグ市外グロース・フロットベック (Gross-Flottbeck) の農業研究所を訪問したことは，当時有名な，イギリス農業に経験ある議員フォン・フォークト (von Voght) との信義ある交際を得て，彼を益すること大であったけれども，彼はまだ満足できないところがあった。生来実際上の問題をも理論的に考える傾向をもっていたところの彼の精神は，単なる知識の材料を勤勉に集めることをもって満足しなかった。彼は彼の修学時代のことでいつも兄弟に不平をいっていた。すなわち20年間も下級労働に従事することがあまりに多く科学的研究に従事することはあまりに少なかったと。大農業理論家であるツェレのアルブレヒト・テアー (Albrecht Thaer) ――この人を1803年に訪ね，そしてアダム・スミスと共に生涯その師と尊敬した――が初めて彼の学問的欲求を幾分満たすことができた。

　ゲッチンゲン大学に同年の秋に入学し，そこで彼の理論的研究を完結させようとしたのであるが，学窓にあるのはわずかであった。きわめて短期間だけアカデミックな生活をしたのである。研究の目的で1804年の秋メクレンブルグ (Mecklenburg) へ休暇旅行をしたことが思わぬ転換を彼の生涯にもたらした。学友の妹ヘレネ・ベルリーン (Helene Berlin) と相愛し，彼女をできうる限り速やかに家庭へ迎えたい希望は，ついに彼を動かして大学を中途でやめ，またワッセン (Wassen) の父の農場を売却してメクレンブルグへ実際農業者として移住した。しかし時勢はこのような計画に好都合でなかった。結婚式を挙げることができたのは1806年1月14日であり，様子がわからないのでチューネンがただ小作したところのアンクラム市外ルブコウ農場 (Gut Rubkow bei Anklam) はよく調べると耕地悪く収益少ないことがわかった。戦争のための飢餓および宿営，租税，脅迫がこれに加った。献身的努力にかかわらずそれからそれへと重なってくる困難を克服することはこの若い農場主にはできなかった。1808年6月にこの農場から手を切ることができたのは彼には幸運と言うことができる。

　かかる困難な事情の下にあっても彼が科学的研究を継続することを知ってい

たのは，いかにそれが彼の内心の欲求であったかを示すものである。テアーのイギリス輪栽式農業の導入に対し彼は根本的批判を加えた。ただ根本的に比較するためには当時なお材料と安定とを欠いていた。チューネンが躊躇しながらテロー (Tellow) 農場を買ったことが彼の不確かな生活を終わらせ，1810年には彼は家族とともにそこへ定住した。そこで彼は最初の10年間静かに隠遁して生活し，彼の農場を当時の模範経営にした。彼はその閑暇を精細な簿記に用いたが，それは彼の後年の広く深い理論的研究に確乎たる基礎を与えたものである。「私はテローの計算を，実行できる範囲で，かつ私の計算の目的が必要とする範囲で着手した」と弟に手紙を書いている。「労働勘定・穀物および現金勘定は同一程度に広範にかつ正確に行なわれなければならない。そしてそれはほとんど全部私の手でなされなければならなかった，でないと全体の統一と確実さとが失われたであろう。」最高の科学的熱情以外にはこのような利益もなく趣味もない仕事を聖化するものはない。

　1820年の頃に目的は達せられた。当時の農業上の問題に関する2,3の自然科学的小論文は彼の主著の先駆をなした。しかし，チューネンが彼の研究と考察の総計を公開しようとするまでには幾年かが経過した。がとにかく『孤立国』の最初の芽はずっと過去へ遡らせる。「すでに若い頃，私がフロットベックのシュタウディンガーの研究所においてハンブルグ近郊の農業を学んでいた時に私は孤立国の最初の構想を描いた」と著者は後に自らいっている。1803年に書かれた「グロース・フロットベック村の農業」がすでに最初の暗示を示している。後にはますます決定的に特徴ある色彩が現われている。今や彼の著作はほとんど完成したのであるが，彼はそれを手離す気にはなれなかった。もちろん彼は名声ある著述家として耀こうという野心は持たなかった。むしろ彼は敵意ある攻撃を恐れ，不快な論争へ引き込まれることを懸念した！　リカアドの場合と同様に，友人が抵抗する彼から――彼にとっては独自の明瞭な洞察がしたかったのみだ――ほとんど腕づくで原稿を奪って印刷に付した。印刷はハンブルグのペルテス (Perthes) が引き受けた。大枚75ターレル――それも400

チューネン伝

冊の見本刷が売れた後に，書籍で支払われることになっていた——をペルテスは不滅の著書の謝礼金として著者に捧げた。

「穀物価格・土壌肥力および租税の農業に対して与える影響の研究」というのが 1826 年に『農業と国民経済に関する孤立国』の第 1 部として本が出た時の副題であった。その成功は非常なもので，ロストック (Rostock) 大学哲学部がチューネンに対して 1830 年に名誉博士の称号を与えたのは一般の気分を表現したにすぎない。改訂増補の第 2 版は 1842 年に出版された。しかし著者が提出している問題はまだ半分しか解決されていない。1826 年に稿のなった『真摯なる夢——労働者の運命について』は博愛的精神を有する孤独な思想家の深い面貌をわれわれに示す。この研究を少なくも大体において完了することは彼に命ぜられていたことだろう。『孤立国』第 2 部の第 1 編として 1850 年に公にされた論文「自然労賃ならびにその利率・地代との関係」においてこの研究の主要な結果が示されている。

最高潮の時だ。1848 年にフランクフルトの国会議員 (Mandat) にという内達が申出されたが，健康を顧慮して辞退せねばならなかった。そして 1850 年 10 月 22 日に彼の平和な生涯は終わりを告げた。彼の死んだのはテローにおいてである。彼は家をその時までに注意深く整理した。また彼の学問上の遺し物も保存されて残り，『孤立国』第 2 部第 2 編および第 3 部として 1863 年に出版された。最も重要なのはおそらく著者の手紙であって，これをシューマッヘル–ツァルヒリン (H. Schumacher-Zarchlin) が彼のチューネン伝（1868 年版）の中で公にしている。この手紙はわれわれが彼の著書から研究家として描いた肖像を幸いにも補完してくれる。

彼の墓石の上に $\sqrt{ap}$ の墓標が刻みこんであるが，この数学的方式は彼が「自然的あるいは本来の労賃」に対して発見したと信じたものであり，彼自身の言葉によれば，「自然的労賃は，労働者の必需品と彼の労働生産物との中比数」で「労働者の必需品（穀物または貨幣で表現する）と彼の労働の生産物（同じ尺度で測る）とを乗じその平方根を求める時に」生ずる。今日においては何人も

— 653 —

チューネン伝

この命題では社会政策は何も始まらないことを知っている。それはチューネンもまた彼の生存中において経験したところである。孤立国においても，チューネンの前提自身の下においても，これが正しくないことは，後に種々の側面から，また種々の観点を導入して，徹底的に示された通りである。それは彼の代数学的表現に対する個人的愛好心の所産であり，数学を国民経済的現象に適用した場合のその能力に関する彼の不思議なる自己欺瞞の所産である。

それにもかかわらず，チューネンは，グリューンベルグ教授 (Grünberg) が正当にも指摘している通り，国民経済学史ことにドイツのそれにおいて，興味ある存在である。彼にいたるまではドイツはフランスやイギリスの土壌の上に成長した国民経済の教義に対して全然迎合的状態であった。彼はその発展において1つの転換期を意味した。もちろん彼もまたアダム・スミスに精神的に依存しているのであって，彼自身スミスをこの分野における彼の教師であるといっている。けれども彼がその著書においてなしとげたことは，他人の思想の単なるくり返しや手入れではない。彼は声の低い編纂者ではない。むしろ彼はわれわれの認識を，一列の独立的理念によって，また同時に1つの方法によって推敲したものである。その方法というのは，その助けによって彼が独自の労作において，未来の国民経済理論的特殊研究に対する1つの雛型を作ったものである。

チューネンは1820年のシルベスター祭に，彼の弟に対してつぎのように書いている。「今日は私の生涯において重要かつ快適な日になるであろう。なぜなら今日10年間のはなはだ苦労なる労作を完了したからである。私が15年以前に，最初に作物の吸収力に関する法則を追跡した時に，私はこの理念の霊感をえた。それは私にとって重要であって，その完成のために私の生涯を捧げる価値あるように思えた。私が自分の空想を自由にして活躍させつつ，結論の上に結論を築き，漸次新しい発見へ進んだ時が，私にとっては良き時代であった。けれども悲しいことに私は次のごとく認めねばならない。すなわち私がこの方法で創造したすべてのことはその最後の結論においても現実と決して一致

できない,そして私が何かおそらく役に立つことおよび実際的に用いうることをもたらそうと欲する場合には,私は私の計算の基礎を経験から取らねばならないことを認めねばならない。私がこのことを認識した時に,私は理念の発展は中止して,すべての力と時間とを現実の研究のために向けるということを,私は自分自身の固い掟とした。」

かくして彼にとっては,この認識以後においては,経験による確認ということがすべての観察の動かしえない出発点となった。けれども彼の認識欲は強制的にこの境界の彼方へ彼を駆った。彼はアダム・スミスに対して,重要な場合において人生を解明するのでなく人生を単に「記述」することをもって満足したという正しい理由によって批難したところの彼は,自からそこにとどまることができず「存在することの代わりに合理的なものを追求し,したがって目的自身が確立さるべきである」となしている。しかも彼はその場合に最初から,リカアドを知ることなく,かの抽象的遊離化的方法を用いた。その方法は,彼がよくその用法を理解したものであり,「1つの思考形式」であって,これに関して彼は,それは非常に広く適用されうると考えられるので,「彼の書物全体の中で最も重要な点」をなす,としている。

この思考形式が『孤立国』である。「経済的力の観察のための装置,あたかも真空室が物理的力の観察のための装置であるごとく」,「概観を容易となしかつ広めるところの絵画的説明法」「現象の交錯せる絲を純粋な透視法の中で明かにするために,理論が置いたところの鏡」である。すなわちそれは補助的機構である。「われわれが物理学において,また農業におけるすべての研究において,用うるところの処理方法に似た思考的操作,すなわち唯一の研究せんとする要因を数量的に増加し,他のすべての要因を不変として置くのである。」それであるから,研究者は,決して現実の大地を放棄したのではない。孤立国に形態を与えたところの原則は,現実においてもまた存在しているのである。けれども同じものがこの場合にもたらすところの現象は,異なった形態において現われる,けだし,それと同時に,非常に多くの関係が共働するからであ

る。これは除去せねばならないものである。「幾何学者が広さのない点，幅のない線をもって計算しても，かかるものは現実には存在しない。それと同じように，われわれも，1つの作用する力をすべての副次的事情や偶然的なものから脱却させるべきである。そしてかくのごとくして初めてそれがわれわれのここにある現象に対していかなる役割を有するかを認識することができるのである。」

　しかしながら，個々の経済的要因とその作用との間の関係を具体的に確定するために，「作用する力をすべての面倒な事情や偶然的なものから脱却せしめ」それを科学的研究のために孤立化させるといっても，それは何時でもできることだろうか。チェーネン自身は彼の方法を，前述した通り「広汎な適用が可能である」と言っているが，決して唯一の正しい方法であるとはいっていない。彼の方法は，容易に満たすことのできない前提として，本質的なものと副次的なものとの間の正しい区別がいるし，さらに諸要因の孤立化の方法によってえられた結果を複雑な現実の事実と結合することが必要である。まさにチューネンの独自の研究の成果が，その能力の限界を示すものである。この方法は彼の「穀物価格・土壌肥力および租税の農業に与える影響の研究」においては不滅の真理に導いた。とくにアダム・スミスの誤った地代理論をリカアドの意味における訂正へ導いた。その場合彼はなかんずくリカアドに対して，地代発生の原因として土質の差のみならず，位置の良否を観察の前面へ押し出した。しかるにこの方法は，チューネンの「自然的」労賃に関する激情的熱心さをもってなされたる考察の場合においては，彼自身は彼の学のこの部分に大きな理論的のみならず実際的意義を与えることができると信じたのであったが，何の役にも立たなかった。

　すでに前世紀の20年代の中頃，見透しのきくこの農業者は「労働者の生産物に対する彼の自然的分け前如何」の問題が，科学的研究の基礎の上に，平和的均衡の方法において答えることができない場合において，近世社会が直面するところの重大なる危険を知っていた。彼は1842年に次のごとく書いている。

チューネン伝

「人類発展の各進歩が幾度ともない後退の後に実現し，流血と数代の苦悩によって贖（あがな）われなければならないということは，たしかに世界精神の計画あるいは神意の中にはない。真理と正義とを認識することの中に，利己心の抑制，それによって富者が不正な所有物を自発的に返却するところの利己心の抑制の中に，人類を発達と向上とへ平和的に清く導くところの手段がある。」

　しかも，彼にとって社会問題の核心，経済的階級対立の解消の核心，「産業企業者（たとえば工場主，借地農，および単なる管理人ですら）の報酬が労働者の労賃に比して」不均衡であるのを除去するための核心は，結局彼にとっては教育問題であった。この教育問題は彼の考えによれば，国民の性格の変更によるに非ずんば解決しえざるものである。彼は問う，「もし国民性が変わって労働者も中流階級と同じように窮乏から守られた生活，子供の精神生活を欲望の中に算入し，これらの欲望満足が確保されるまで結婚を延ばすようになったらどんな結果が生ずるだろうか？」——「第1の直接の結果は労働者の供給減少と労賃の上昇であろう」と答えて言う。「人もし労働者がその子孫によき教育を与えるために将来結婚をひかえるという犠牲を払うことを期待するならば，現在の青年に精神的啓発に対する欲望が，喚起されねばならない。しかしこれはよい学校教育によってのみえられるのであるから，そして現在の労働者はよい教育の費用を払う力も意思もないのだから，教育設備は国費で整えられ維持されねばならない。」

　彼はさらに続ける。「これが完全に行なわれ，労賃は高められ，労働者が企業者の持たねばならない学校教育をうけるならば，従来両階級の間にあった柵は破れる。後者の独占はなくなり，低い生活になれた労働者の子弟が企業者と自由競争をはじめるから，産業利潤は低減するであろう。無能な企業家（管理人等を含めて）は労働者階級になって行かねばならず，その有能なものはもはや報酬の少ない営業を捨てて，研究に没頭したり，官吏として尽力したりするであろう。そしてこの方面にも大きな競争が起きて，官吏の俸給は低下し，国家の行政費が節約されることになるだろう。」

チューネン伝

　このような社会状態においては，きわめて僅少の非常に富んだ人口だけが労働せずに生活することができると彼は考えるのである。労働ははなはだ高く支払われ，労働者・産業企業家および官吏の報酬の間には今日よりもはるかに僅少の差が存するようになるだろう。そして今日においては，一部の人間が肉体的労働の重圧の下にほとんど倒れるほどで，彼の生活を楽しむことができないでおり，他の一部が労働を恥じ，彼の体力の使用を忘れ，そしてその償いとして健康と歓喜とを喪失しているが，その時にはおそらく主要な職業階級は彼らの時間を精神的仕事と適度の肉体的労働とに分割し，そして人間は再び自然的状態へ，すべて彼らの能力と素質とを発揮し完成するという彼らの本来の姿へ立ち返えるであろう。最後に人が次のことを考えるならば，すなわち教育が普及するとともに，機械や農耕における発明発見のできる能力ある人の数もまた増加するということ，またこのような発明発見は人間の労働を有効にし，より大きい生産物によって報いるということ，したがって文化の発達に伴って人類は苦労な肉体的労働を除くであろうということを考えるならば，次のように結論をすることができるであろう。すなわち何カ年かの後には人類は極楽のような状態に到達することができる。そこでは人類は無為の裡にいるのではなく，精神と肉体とを用い，健康と歓喜とを強めるところの適度の活動の裡にその日を送るであろう。

　チューネンが1826年に人類社会の新秩序に関して描いたところの「夢想」は，多くの彼の先駆者および追随者のそれよりも現実に近いだろう。しかし，人類の将来に関する彼の夢に含まれている考えが，われわれをして悲運と和解させ，また歴史発展の裡において人類の幸福な未来を予見させて，いかに感情に快くとも，その実現の可能性が示されない限り，この夢は1つのユートピアである，と彼は25年後において言っている。実現するものは，人類の組織から必然的に発展するもののみである。

　彼は1850年において，次の通り叫んでいる。

　「労働者の高い労賃による教育という真面目な願いも，これらが人間の自然

の中にある本性と力とに一致するものであることを示さずしては，何の役にたつものであろうか？　労賃が上昇する場合に工場が閉鎖されるのを見ないだろうか？　労賃の高い場合には瘠地の耕作は全部やめられて放棄して置かれるのではないだろうか？——そして労働者の運命は今日以上悪くなりはしないだろうか？　人間性から発する法則を明らかにするところの科学の奥深く突き進むことのみが，この問題に結論を与える。だからもしわれわれがこの人類の運命に深く触れる問題に関して説明をえようと欲するならば，行手の道はいかに不快で飾気なくかつ荊棘に満ちていようとも，われわれは科学的研究に進まなければならない。」

チューネンはわれわれにとってこの荊棘の道における先導者である。リストおよびロドベルタスと併せて彼はたとえアカデミックな生活の外にあり，したがって各学派の外にあったとはいえ，ドイツ社会科学の新建設にとって先覚者である一群の研究者に属するのである。全く特殊な意味において彼は思想家であった。認識の実際的目的は彼においては中心にはなかった。しかし，認識それ自身が，彼の同時代の人リカアドのように，やむにやまれぬ欲求であった。その上彼は，2種の科学的天稟，それは一個人においてかくも完全に共存することのめったにないところの科学的天稟——細密なる観察力と推理力とを彼一身の中に結合したのである。ロドベルタスが強調しているように，彼は「具体的方法を人間味ある心と結びつけた」のであるから，天才の作として永久に伝わる価値のある彼の労作が生まれたのである。それゆえロッシャーが彼のことを次のように言うのは正しい。

「われわれの学問がいつの日にか沈み去るとしても，チューネンの労作は再び回復する可能性を有するものの1つである。」

(1910年，ウェンチヒ)

解説——チューネンの時代とその学説

1

　ハインリッヒ・フォン・チューネンは，1783年ドイツのオルデンブルグに，ある農園主の息子として生まれ，ゲッチンゲン大学に学び，東独ロストックの近傍にテロー農場を手に入れてこれを自ら経営した人である。ここにおける精密な記録を材料とするところの主著『農業と国民経済に関する孤立国』が，最初に出版されたのは1826年である。没したのは1850年で，19世紀の前半にドイツで活動した人である。

　彼の生まれた1783年といえば，日本では徳川10代将軍家治の時代であって，長い鎖国によって世界から耳を塞ぎ，わずかに長崎を通して西洋を望見していたが，もはやそれが許されなくなりつつあった頃である。蘭学は進歩的日本人にとっては捨てておけないものとなり，大槻玄澤の『蘭学階梯』が成ったのがこの年であった。北辺，西海ともに騒がしく，林子平の『海国兵談』が毀版せられ，禁固に入れられたのもこの前後である。また彼の没した1850年といえば，その3年後には米使節ペリーが浦賀に来た頃である。スペイン・ポルトガルが世界の代表的勢力であった時代は過ぎて，フランス・オランダの盛大から，イギリスがその産業的背景をもって7つの海を支配する時代に移ろうとしつつあった頃である。ロシアもまたシベリアを経て東洋に港を求めていた。アメリカ合衆国はちょうどチューネンの生まれた年にその独立をイギリスに承認され，西漸運動は太平洋岸に達し，さらに海の彼方に新しい生命を伸ばそうとして日本の門戸を叩いたのであった。世界は大変革をしつつあった時代である。

　ヨーロッパはフランス大革命や，ナポレオンの支配を崩した自由戦争等を通

解説　チューネンの時代とその学説

して近代資本主義国家が成長した時代であったこというまでもない。パリの暴動が最初にバスチーユの監獄を襲ったのはチューネンが生まれた年から数えて6年後である。革命によってかちえたフランス国民議会は, 1789年に農民から人格の隷属性を除き，農場の自由な所有を認め，賦役制の廃止を宣言した。1804年のナポレオン法典はこの自由を再確認した。18世紀末から19世紀初頭にかけてフランス人が征服した地域にはフランスと同様の自由がもたらされた。このゆえにこそフランスの支配は,その専制と圧迫にかかわらず,重い軛（くびき）からの解放として，各地において少なくも当初においては快く迎えられたのであった。ヨーロッパの片田舎であったドイツもこの影響を受けざるをえなかった。

　プロシアの権力がイェナの敗戦によって蹂躙せられ，国王は君主国の最後の一線にまで退いた。1807年には屈従的なチルシット和約がナポレオンとの間に結ばれた。プロシア国の再建は，農民にかかっている重圧をのぞき，今まで伸びることを妨げられていた人間の力に自由な活動を許すこと以外に途はないことを，国王もその側近も確信した。ウイルヘルム3世は一度は退けていたシュタインをメーメルに召して農民解放への決然たる第一歩を踏み出した。1807年の「土地所有簡易化，地所の自由使用，ならびに農村住民の人格に関する勅令」がそれであった。これは19世紀前半に起こった大規模な農業改革の端緒であり，かつ基礎をなしたものであって，自由な農民階級の憲法であった。この憲法は，すべての住民に不動産の所有を認め，貴族が農民や市民の土地を獲得することも，農民や市民が貴族の土地を獲得することも自由となり，貴族の市民的営業を認め，農場の分割や分割売りも自由となり，土地所有に基づくすべての隷属関係は消滅し，出生によっても婚姻によっても相続によっても契約によっても隷属関係は成立せず, 1810年の聖マルチン祭以後すべての隷属制は停止され，自由人として土地所有あるいは契約に基づく義務のみが存続することを宣言するものであった。

　かくのごとき農制上の改革はたとえ上からのものであったとはいえ，ドイツの農村を新しいものとした。それは，長い隷属的生活によって精神的に鈍重な

解説　チューネンの時代とその学説

　農民が自由となって自己の農場で自存独立の主人となる可能性をあたえたことはいうまでもないが，貴族すなわち騎士階級を農企業者として発展させたこと，ならびに今まで全くみられなかったところの農業労働者が発生したということであった。ゴルツは『独逸農業史』の中で新しい農企業者について次のように述べている。「19世紀の初頭にも尚大多数の大土地所有者は，自己を特権身分である貴族の一員なりと，彼等の国君の役人なりと，而して彼等の家来共の主人なりと考へていた。之に結ばった権利並びに義務を行使するために，彼等の土地は彼等にとって絶対に不可欠な基礎として役立った。彼等は土地所有者たることは自覚したが，農場経営者或は農企業者とは考へなかった。たしか18世紀の後半には，自己の農場のために自ら努力し，苦労した所の騎士領所有者の数は少なからず増加したが，それでも彼等は常に彼等と同身分の人々の間のほんの少数者にすぎなかった。」ところが「19世紀の前半には農村貴族或は騎士領所有者に大変革がもたらされた。彼等は農民に対する支配及び多くの他の特権を失った。彼等はしかし依然として貴族であり，大土地所有者であった。彼等はその上——そしてこのことが最重要なことだが——独立の農業実際家，農企業家となった。彼等の得たところは彼等の失ったところよりも遙かに多かった。彼等は一つの職業を得た。それは彼等の身分，彼等の能力及び彼等の正当な要求に似つかはしいものであったし，その上彼等に大影響をあたへ，又彼等の生来の支配者的才能に一つの大なる活動余地をあたへた。加ふるにこれは国家社会に非常に有用且つ時勢によって必要となった職業であった」（山岡亮一邦訳，185, 192頁）。

　一言でいえば，地主が封建的殻を破って資本家へ転移した時代であった。チューネンが活動したのはかくのごとき時代のドイツであって，彼もまたかかる新しい農企業者の耀かしき1人であった。

2

　チューネンの時代を説明するのに，もう1つの面を補っておく必要があると

解説　チューネンの時代とその学説

思う。それは以上のごとき政治的ならびに制度上の改革と相互規定的関係にあるところの技術上の改革についてである。これを世界史的にみるならば，近代産業革命の基礎をなしたところの技術的諸発明は，すでに完成しており，それがイギリスの産業的興隆の1つの有力な起点をなしていたのであるが，農業における技術的発達は未だしであったという点である。すなわち第1の産業革命，換言すれば手工業またはマニュファクチュアから工場制生産への移行の出発点をなすものは，人間の手の操作に代わるところの作業機の応用であって，たとえば紡績機はその代表的なものであるが，ハーグリーヴスがその広く工業に応用された機械の特許を得たのは1770年であった。第2の産業革命を誘致した蒸気機関，すなわち動力としての人間に代わって機械的原動機が応用されたのは18世紀の末期，チューネンの青年時代に相当するものであって，カートライトが織機に蒸気機関を応用したのは1789年であり，気動織機のために仕事を奪われた織工たちによって彼の工場が焼打ちされたのは1791年であった。だから蒸気犂も可能になっていたわけではある。

　ところがこの時代において，農業改革として日程に上っていたのは，そのような技術的革命ではなくて，農業経営組織の問題であった。すなわち土地諸関係の歴史的形態や残存物（たとえば耕地交叉，強制的輪作農法，共同体的土地利用形態）を多く残存させていたところの停滞的な三圃式農法に代わるべき穀草式農法，輪栽式農法が唱導され，それと結びつくべき家畜の飼養や牧草栽培が課題となっていたにすぎなかった。それはアルプレヒト・テアーの合理的農業の原理によって代表される時代であった。この著名なる医者は自ら農業に志し，当時広く行なわれていた三圃式農業の欠陥について確信を抱いた彼は，経験と科学とを基礎としたところの体系を求めたのであった。そしてヨーロッパの片田舎の農学者たるテアーがこれをさがし当てたのは，資本主義の先進国たるイギリスにおいてであった。

　当時イギリスにおいては，ノルホーク式農法は過去の遺物となり，家畜の改良に進みつつあったのであった。彼はアーサー・ヤングの著述に基づいて『英

国農業』を叙述し，農業組織の根本原則のドイツ農業への適用可能性についての思索をしたのであった。チューネンの立地論は，ドイツのその当時の貧弱な交通状態を前提として，上の問題に対して定式を与えたということができる。地力の回復を休閑耕という自然力に委ねる土地利用方法（三圃式）から，家畜，飼料作物の導入という集約的方法（穀草式，輪栽式）への推移によって，耕耘の様式そのものには基本的変化なしに大きな生産性の昂揚があったのである。農民解放＝土地改革による企業農の出現はこれを可能としたのみでなく，必要としたのであった。テアー，チューネンの時代のドイツはまさにかくのごとき段階にあったのである。彼らは東ドイツにおける大土地所有の後身たる大企業農に対する理論的，したがって実践的指導者であったのである。

　自然力によって地力を回復する三圃式農法が中世の停滞的社会の基礎となっていたのに対して，より高度の地力の利用は地力維持に関する科学を要求する。それは19世紀後半においてリービッヒを代表者とする農芸化学の進歩となり，これが施肥方式，肥料生産の科学的研究へと発展するのである。しかしそれは19世紀後半において科学として完成したものであって，テアー，チューネンの時代にあっては，その端緒たる農業重学，地力均衡の考察があるにすぎない。これが当時の農業の技術的段階を象徴しているということができると思う。

3

　しかしチューネンを農学者というのは誤りであって，彼の本質は経済学者たる点にあったといわねばならない。彼は『孤立国』第2部の巻頭に，「アダム・スミスは国民経済学において，テアーは農学においてわが師である」といっているが，彼は農作物を植物としてみているのではなく，これを商品としてみており，価値としてみているのである。企業農の最高収益が彼の考え方においていつも最終的な審判官になっているのであって，彼の本質は経営経済学者である。

解説　チューネンの時代とその学説

　経済学研究者として彼の名を高からしめたのは，いうまでもなく『孤立国』開巻第1頁からつぎつぎとくり展べられている問題の単純化，数学をもってする論理の美しさである。チューネンを論じたもので彼の方法論を言わないものはないから，それは今は説く必要がないと思う。私はここで経済学的にみた彼の学説の2つの特徴，それらはいずれも彼の時代と，その時代において彼の置かれていた地位によって強く影響されていることを指摘したいと思う。

　第1に資本制生産における剰余価値の基本的形態は利潤であるが，チューネンにおいては利潤という概念がなく，地代という概念がその位置に据っているということである。これはイギリスでも初期の経済学，たとえばペティの『政治算術』(1690年)などにおいてみられるところであるが，ドイツにおいてはこれよりはるかに後のチューネンの時代において，まだ資本主義に入ったばかりであったことに照応するということが許されるかもしれない。前にも述べたように，彼が東ドイツの企業農，それは農民解放以前における封建的大土地所有者の転移形態たる企業農，をいつも眼中に置いたことを考えるとき容易に理解できることである。だから企業農といっても，地主経営という内容のものである。だからこそ平均利潤という考え方もないわけである。剰余価値が直接生産者——たとえこの場合においては賃労働という形式をとっているにせよ——から資本家でなくて地主の手に帰し，地代が剰余の剰余ではなく，剰余価値の基本的形態をなす段階に属するものといわねばならない。さればこそ地代の説明にあたっても，農産物の都市における価格そのものは与件として与えられたものであり，ただ市場に対する距離の差という要素のみが考察に入りくるわけである，地代において封建的貢納ではなく貨幣をみていたに相違ないし，また労働が価値の源泉であることを認めたにせよ，チューネンの経済理論は資本主義社会の全貌をその基礎から理解せしめるというものではないといわねばならない。

　第2にチューネンの理論は労賃を理解する段になるとユートピアンのそれであるという点である。彼自身それを「夢」と呼んでいるのである。名文をもっ

解説　チューネンの時代とその学説

て労働者の運命について語っている。彼の研究がはなはだ科学的であったにかかわらず，彼の性格は高い情操と，深い人間愛を有したことは労賃論のいたるところにおいて読者が感ずるところである。生活必需量以上に出るところの生産物の分け前が労働者に与えられるべきことを主張するところの彼のいわゆる自然労賃——チューネンが労働者の友たりし記念としてその墓石に刻まれているという $\sqrt{ap}$ なる式で表わしたところの自然労賃——は，企業者はすべての面において最大収益を追求するという原則から導き出されているのである。すなわち農業経営組織の決定を地主経営の最高地代(レント)に求めるのと同様に，自然労賃の決定を農場所有者の最高賃料(レント)に求めているのである。私は彼の労賃論を読むことが好きであるとともに嫌いである。

　この両者の論理の一貫性も，農業組織決定論においては，新しいブルジョアたらんとする地主経営の合理性追求によって積極的意義を彼の時代に有したものであるが，自然労賃論はかえって労資協調，否資本主義以前の家父長的関係を労資の間に続けようとするところの反動性の面を露呈したものとせざるをえない。リュビモフはその地代論においてチューネンの労賃論が労働者に対して同情的であるのは，ドイツにおけるプロレタリアートの運動の微力であったことに帰しているが，私はこれもやはりチューネンが置かれていた東プロシアの大土地所有者という本質を脱しきれない企業農の必然的性格であったというべきかと思う。封建的土地所有と農奴の関係が，チューネンの理論にみるごとく地主経営的大農とその賃労働者の関係に姿をかえて継承され，それは資本主義の成熟した後までも尾を引き，ナチス・ドイツの物の根柢をなしたものではなかろうか。こういう意味をも尋ねつつ『孤立国』を読むならば，われわれは今日の日本においても本書から多くを学びとることができると思う。

（1946年7月5日　近藤）

（日本評論社，世界古典文庫 10, 11）

訳者あとがき

　『孤立国』の原著が逐次刊行された過程を概観すると，農業立地論として広く親しまれている第1部が刊行されたのは1826年，その改訂第2版は1842年である。自然労賃とは何かを早くから求めた労賃論が『孤立国』第2部として出版されたのは彼が没する1850年である。さらによく整理された遺稿が，シューマッヘル-ツァルヒリンの手によって孤立国第2部第2編および第3部として出版された。前者は労賃論に関する研究論文の他にフォン・フォークトなどにあてた研究上の手紙を含んでおり，後者は林業経理に関する論文である。それらをすべて総合編集して，シューマッヘル-ツァルヒリンが『孤立国』第3版として出版したのは1875年である。

　しかし，私たちの年代の者が『孤立国』を手にすることができたのは，さらに年代が下って出版されたウェンチヒ版（1910年，第2版1921年）であった。これはシューマッヘル-ツァルヒリンが編集追加した部分を省いている。したがってこれによった私の1929年の日本訳（成美堂，後に日本評論社，農山漁村文化協会）も労賃論のうち第2部第2編と第3部林業論を欠いていた。本訳はシューマッヘル-ツァルヒリン版によって，第1,2,3部を収めたのであるが，膨大な資料である第2部第2編は，私の体力を考えて割愛した。旧訳の文語体は日本経済評論社清達二氏の助力をえて口語体に改めることができた。

　第3部を加えることができたのは，私の喜びである。故熊代幸雄教授の『チューネンの林業地代論』(1979年，みずほ社）を台本とすることを，関係各位の了解をえて実現したのである。私が改訳に近い手を加え，林学専門家平田種男，鈴木尚夫両教授の校閲を乞うたものである。ただ例えば Rente, Landrente, Bodenrente の使い分けなど意見の一致しないものについては私の責任で決め

訳者あとがき

ている。

付け加えた3つの序文のうち，ツァルヒリンのものは「孤立国」の内容の比較的詳しい解説と当時における反響をよく紹介しており，ウェンチヒのものは，チューネンの伝記に重点を置いているが，チューネンの学問研究のあり方，ことに労賃論について，批判的な見解を示している点が特徴である。私のものは，彼の時代を顧みることに重点を置いたものである。これらを蛇足になるの

『孤立国』の3つの版の構成対照

H. Schmacher-Zarchlin 版 (1875)	H. Waentig 版 (1910)	近藤・熊代版 (1989)
Ist. Band (1826) 　1. Abs. Gestaltung 　2. Abs. Vergleichung 　3. Abs. Abgaben 　Anhang 　Erklälung	I Teil 　1. Abs. Gestaltung 　2. Abs. Vergleichung 　3. Abs. Abgaben 　Anhang 　Erklälung	第1部―穀価，肥力，租税 　第1編　孤立国の形態 　第2編　現実との比較 　第3編　公課の作用 　付　録 　図解の説明
II Teil Arbeitslohn 　1. Abtheilung (1850) 　　Einleitung 　　1 er Abs. 　　　Anlage A 　　　〃　　 B 　2. Abtheilung 　　§1〜4 　　§5 Statik 　　§6 Kleinene 　　§7 Grundlagen	II Teil Arbeitslohn 　　Einleitung 　　1 er Abs. 　　　Anlage A 　　　〃　　 B	第2部　自然労賃その利率 　　・地代との関係 　序　論 　第1編 　　資料　A 　　　〃　　 B
III Teil Kieferwaldung 　1〜3 er Abs. 　　(Fortsetzung) 　4〜7 er Abs.		第3部　松林の地代・最有利輪伐期および林分の価値決定の諸原理 　第1〜3編 　　(研究計画) 　第4〜7編

訳者あとがき

を恐れず加えたのは，この愛すべき古典が今日の日本において広く読まれ理解されることに意義があると考えるからである。

　なお，巻頭に掲げた「度量衡等の説明」は原著では，第1部第1版にヨーロッパの読者のために英仏等への換算に重点を置いたものを掲げているが，本訳では，第3部に関係するものを加え，かつ日本の読者にとって役立つようメートル法との関連を主とした。

　1989年7月

近　藤　康　男

「孤立国」訳書出版一覧

第1部,第2部（近藤康男訳）
　　1929年「農業と国民経済に関する孤立国」を成美堂より出版。
　　1943　改版,日本評論社。
　　1947　日本評論社「世界古典文庫」として第1,2部を分冊で,
　　　　　改版出版。「解説＝チウネンの時代とその学説」を付す。
　　1956　日本評論新社「社会科学双書」として4分冊で出版。
　　1974　「近藤康男著作集」（農山漁村文化協会）第1巻に収録。
第3部（熊代幸雄訳）
　　1979年「チューネンの林業地代論」として,みずほ社より出版。

〔訳者略歴〕

近藤康男（こんどう・やすお）

1899年愛知県岡崎市に生まれる。
1925年東京大学農学部農業経済科卒業。1941年東京大学教授。
1959年同大学定年退職，同年武蔵大学経済学部教授。1977年
同大学定年退職。1979年(社)農山漁村文化協会会長を経て，
1984年(財)農文協図書館理事長（現在）。
主著 『近藤康男著作集』全14冊，1975年，農山漁村文化協会
『日本農業論』上下，1970年，御茶の水書房

熊代幸雄（くましろ・ゆきお）

1911年北海道三笠市に生まれる。
1931年旧制福岡高校理科乙卒業。1934年東京帝国大学農学部
農業経済学科卒業。1942年北京大学農学院教授。1946年福岡
農業専門学校教授。1950～74年宇都宮大学農学部教授。1961
年農学博士。1974～76年新潟大学農学部教授。1979年死亡。
主著 校訂訳註『斉民要術』（西山武一と共同）1959年，東
大出版会，1969年，アジア経済出版会
『比較農法論』1969年，御茶の水書房

近代経済学古典選集―1
チューネン 孤立国

1989年12月10日　第1刷発行

訳者　近　藤　康　男
　　　熊　代　幸　雄
発行者　栗　原　哲　也

発行所　株式会社　日本経済評論社
〒101東京都千代田区神田神保町3-2
電話03-230-1661　振替東京3-157198

乱丁・落丁本はお取替えいたします。　　太平印刷・小泉製本
　　　　　　　　　　　　　　　　　　　　　　　　©1989
　　　　　　　　　　　　　　　　　　　　Printed in Japan

近代経済学古典選集−1
チューネン 孤 立 国
(オンデマンド版)

2013年11月30日 発行

訳 者　　近藤　康男
　　　　　熊代　幸雄
発行者　　栗原　哲也
発行所　　㈱日本経済評論社
　　　　　〒101-0051　東京都千代田区神田神保町3-2
　　　　　電話 03-3230-1661　FAX 03-3265-2993
　　　　　E-mail: info@nikkeihyo.co.jp
　　　　　URL: http://www.nikkeihyo.co.jp/

印刷・製本　株式会社 デジタルパブリッシングサービス
　　　　　　URL http://www.d-pub.co.jp/

乱丁落丁はお取替えいたします。　　　　　Printed in Japan
　　　　　　　　　　　　　　　　　　　ISBN978-4-8188-1675-6

・本書の複製権・翻訳権・上映権・譲渡権・公衆送信権（送信可能化権を含む）は、
㈱日本経済評論社が保有します。
・|JCOPY| 〈㈳出版者著作権管理機構　委託出版物〉
本書の無断複写は著作権法上での例外を除き禁じられています。複写される場合は、
そのつど事前に、㈳出版者著作権管理機構（電話 03-3513-6969、FAX 03-3513-6979、
e-mail: info@jcopy.or.jp）の許諾を得てください。